网页制作与设计
从新手到高手：
Dreamweaver+Flash+Photoshop CC
(图解视频版)

博智书苑 编著

北京日报出版社

图书在版编目（CIP）数据

网页设计与制作从新手到高手 ：Dreamweaver+Flash+Photoshop CC：图解视频版 / 博智书苑编著. -- 北京 ：北京日报出版社, 2015.11
ISBN 978-7-5477-1796-7

Ⅰ. ①网… Ⅱ. ①博… Ⅲ. ①网页制作工具 Ⅳ. ① TP393.092

中国版本图书馆 CIP 数据核字(2015)第 215002 号

网页设计与制作从新手到高手：Dreamweaver+Flash+Photoshop CC ：图解视频版

出版发行：北京日报出版社
地　　址：北京市东城区东单三条 8-16 号 东方广场东配楼四层
邮　　编：100005
电　　话：发行部：（010）65255876
　　　　　总编室：（010）65252135-8043
网　　址： www.beijingtongxin.com
印　　刷：北京凯达印务有限公司
经　　销：各地新华书店
版　　次：2016 年 3 月第 1 版
　　　　　2016 年 3 月第 1 次印刷
开　　本：787 毫米×1092 毫米　1/16
印　　张：21.75
字　　数：451 千字
定　　价：58.00 元(随书赠送 DVD 一张)

前　言 FOREWORD

内容导读

在飞速发展的信息社会中，网站已经成为非常重要的宣传平台，各行各业对网站的需求不断加大，要求也越来越高，对于优秀的网站设计与开发人员供不应求。不过，要想要真正成为一名专业的网站设计与开发人员并非易事。因为网站建设是一门综合性较高的学科，涉及市场需求研究、网站策划、网页平面设计、网页页面排版、网站程序开发、数据库设计、网站的推广运作等多个方面。为此，我们特别组织长期从事网站设计与开发的专业人员精心编写了本书。

目前 Dreamweaver、Flash 和 Photoshop 仍是网页制作的首选工具，它们具有强大的网页设计、动画制作和图像处理功能。它们无论从外观还是功能上都表现得非常出色，这三款软件的组合可以高效地实现网页的各种功能，因此无论是经验丰富的设计师还是初出茅庐的初学者，都能得心应手地学习和使用，并能轻松满足不同的需求，真切地体验到它们为创意工作流程带来的全新体验。

本书共分为 16 章，主要内容包括：

- ☑ 网页设计与网站建设基础
- ☑ Dreamweaver CC 轻松入门
- ☑ 添加网页基本对象
- ☑ 创建网页链接
- ☑ 使用表格布局网页
- ☑ 使用模板和库制作网页
- ☑ 使用表单
- ☑ 使用行为创建网页
- ☑ 使用 CSS 样式布局网页
- ☑ Flash CC 快速入门
- ☑ 使用元件、实例与库
- ☑ 创建基本的 Flash 动画
- ☑ Photoshop CC 快速入门
- ☑ 使用 Photoshop 处理网页图像
- ☑ 滤镜应用与切割、优化输出
- ☑ 企业网站设计综合实例

主要特色

本书从网页设计流程入手，深入介绍了 Dreamweaver CC、Flash CC 和 Photoshop CC 在网页设计与制作中的实际应用，将最实用的技术、最快捷的技巧、最丰富的内容完美地呈现给读者，使读者在掌握软件功能的同时迅速提高网页制作技能，并极大地提高其从业素质。本书主要具有以下特色：

从零起步，循序渐进

本书非常注重基础知识的讲解和对软件操作的练习。在讲解软件功能的同时，遵循阅读与学习的阶段性特点，循序渐进地传授，注重读者的理解与掌握。

注重操作，讲解系统

为了便于读者理解，本书结合大量的应用实例进行深入讲解，读者可以在实际操作中深入理解与掌握使用三款软件进行网页设计的各种知识。

- **图解教学，以图析文**

本书在介绍软件应用和网页制作的过程中均附有对应的图片和注解，便于读者在学习过程中直观、清晰地看到操作过程，更易于理解和掌握，提升学习效果。

- **边学边练，快速上手**

本书结合大量典型实例，详细讲解了三款软件在网页设计与制作过程中的应用方法与技巧，循序渐进、讲解透彻，能使读者边学边练，快速上手。

光盘说明

本书随书赠送一张超长播放的多媒体 DVD 视听教学光盘，由专业人员精心录制了本书所有操作实例的实际操作视频，并伴有清晰的语音讲解，读者可以边学边练，即学即会。

光盘中还超值赠送了由本社出版的《电脑软硬件维修从新手到高手（图解视频版）》和《Word/Excel/PowerPoint 2013 三合一办公应用从新手到高手（图解视频版）》的多媒体光盘视频，一盘多用，超大容量，物超所值。

适用读者

本书浅显易懂，指导性强，主要定位于希望快速进入网页设计领域的初、中级用户，特别适合初级网页设计和制作人员、大中专学生及网页设计爱好者，也适用于网页设计培训班学生和自学读者使用。

售后服务

如果读者在使用本书的过程中遇到问题或者有好的意见或建议，可以通过发送电子邮件（E-mail：bzsybook@163.com）联系我们，我们将及时予以回复，并尽最大努力提供学习上的指导与帮助。

希望本书能对广大读者朋友提高学习和工作效率有所帮助，由于编者水平有限，书中可能存在不足之处，欢迎读者朋友提出宝贵意见，在此深表谢意！

编　者

目 录 CONTENTS

第1章 网页设计与网站建设基础

第2章 Dreamweaver CC 轻松入门

第3章 添加网页基本对象

第4章 创建网页链接

第 5 章 使用表格布局网页

第 6 章 使用模板和库制作网页

第 7 章 使用表单

第 8 章 使用行为创建网页

第 9 章 使用 CSS 样式布局网页

第 10 章 Flash CC 快速入门

第 11 章 使用元件、实例与库

第 12 章 创建基本的 Flash 动画

第 13 章 Photoshop CC 快速入门

第 14 章 使用 Photoshop 处理网页图像画

第 15 章 滤镜应用与切割、优化输出图像画

第 16 章 企业网站设计综合实例

Chapter 01 网页设计与网站建设基础

在制作网页之前，需要对网页设计与网站建设有一个全面的了解和认识。本章首先介绍网页的基本概念及色彩搭配，然后学习网站制作的基本流程，了解网站是如何从无到有的；此外，网页版式与风格设计也是建设一个成功网站的关键。

本章要点

- 网页设计基础知识
- 网站建设流程

知识等级

网页制作初级读者

建议学时

建议学习时间为 30 分钟

1.1 网页设计基础知识

网页凭借精美的页面、丰富的信息和便捷的获取方法吸引着越来越多的客户，下面简要介绍网页及其相关概念。

1.1.1 网页、网站和首页

在学习相关知识之前，要先了解网页的相关概念及基本定义等，如网页、网站和首页等。

1. 网页

网页是 Internet 的基本信息单位，一般网页上都包含文本和图片等信息，复杂一些的网页上还会有声音、动画及视频等多媒体内容。网页经由网址来识别与获取。当浏览者输入一个网址或单击某个链接时，在浏览器中显示出来的就是一个网页。如下图所示为正常显示的网页。

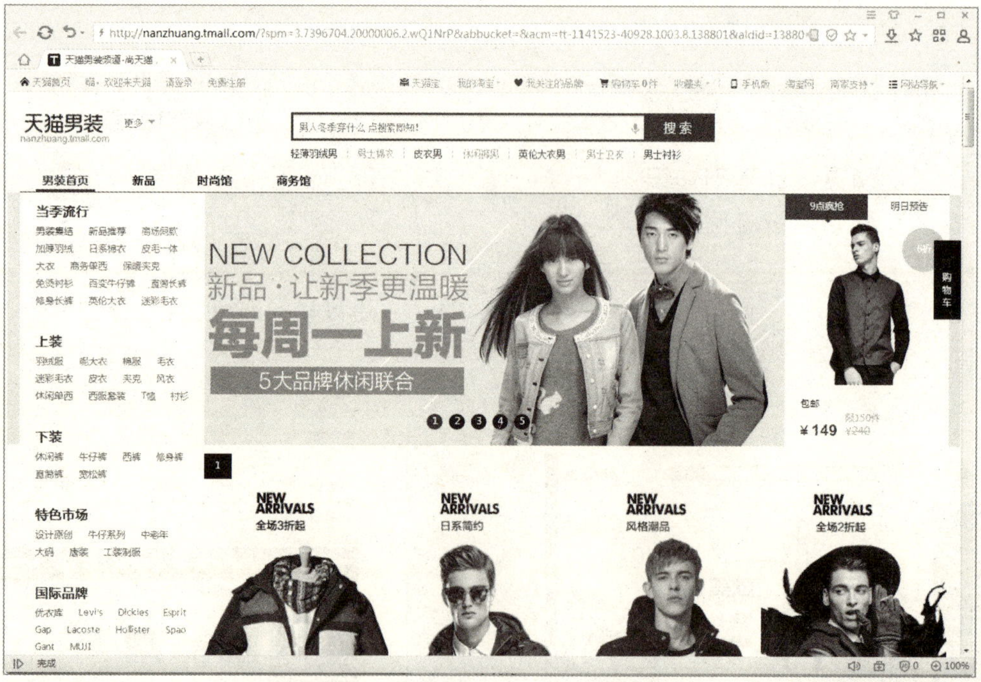

2. 首页

进入网站首先看到的是其首页，首页集成了指向二级页面及其他网站的所有链接。

浏览者进入首页后可以浏览相应信息并找到感兴趣的主题链接，通过单击该链接以跳转到其他网页。例如，当浏览者输入网址 www.tmall.com 后出现的第一个页面，即“天猫”网站的首页。如下图所示为天猫网和美团网的首页，浏览者可以根据首页的导航进入其他页面，了解更多内容。

3. 网站

网站（Website）就是把一些网页等信息文件通过超链接的形式关联起来形成的信息文件的集合。如下图所示为新浪网站。

1.1.2 网页基本元素的功能

Internet 中的网页虽然千变万化，但通常由网站 Logo、导航条、横幅、内容版块和版尾或版权版块等组成，下面将分别对其进行介绍。

1. 网站 Logo

网站 Logo 是指网站的标志、标识。成功的网站 Logo 有着独特的形象标识，在网站的推广和宣传中会起到事半功倍的效果。一个设计优秀的 Logo 可以给浏览者留下深刻的印象，为网站和企业形象的宣传起到十分重要的作用。

网站 Logo 一般在网站的左上角或其他醒目的位置。企业网站常常使用企业的标志或注册商标作为网站的 Logo。如下图所示为天猫和新浪网网站的 Logo。

2. 导航条

导航条是网页设计中不可或缺的基本元素之一。导航条链接着各个页面，只要单击其中的超链接就能进入相应的页面。

导航条的形式多种多样，其中包括文本导航条、图像导航条和动画导航条等。导航栏一般放置在页面的醒目位置，让浏览者能在第一时间看到它。一般有 4 个常见的位置：页面的顶部、左侧、右侧和底部。如下图所示为导航条在顶部和左侧的网页。

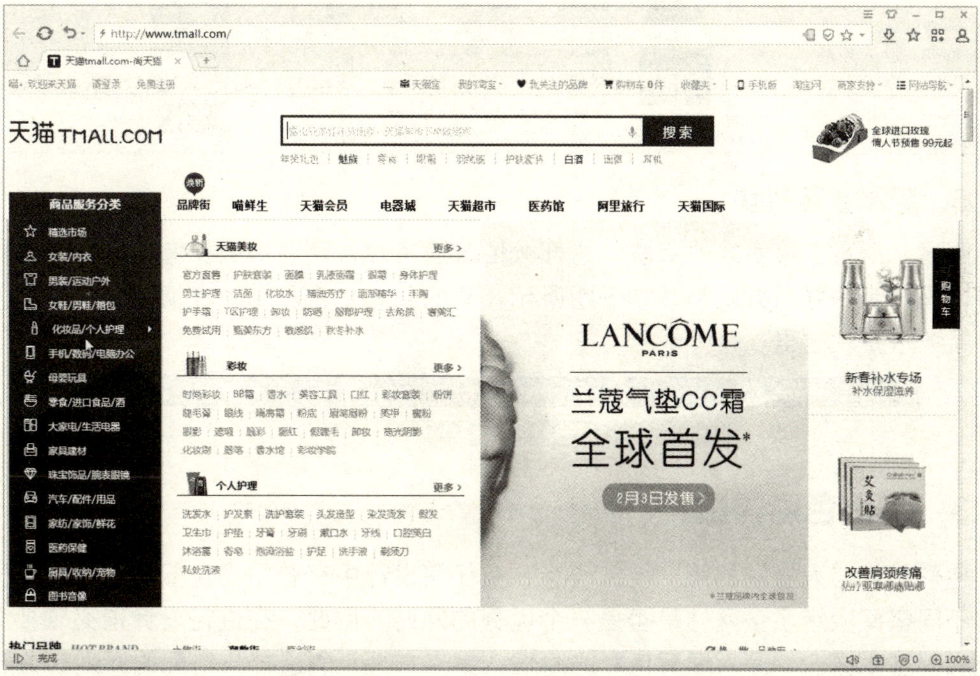

3. 横幅

横幅（Banner）的内容通常为网页中的广告。在网页布局中，大部分网页将 Banner 放置在与导航条相邻处或其他醒目的位置，以吸引浏览者，如下图所示。

4．内容版块

网页的内容版块是整个页面的组成部分。设计人员可以通过该页面的栏目要求来设计不同的版块，每个版块可以有一个标题内容，并且每个内容版块主要显示不同的文本信息，如下图所示。

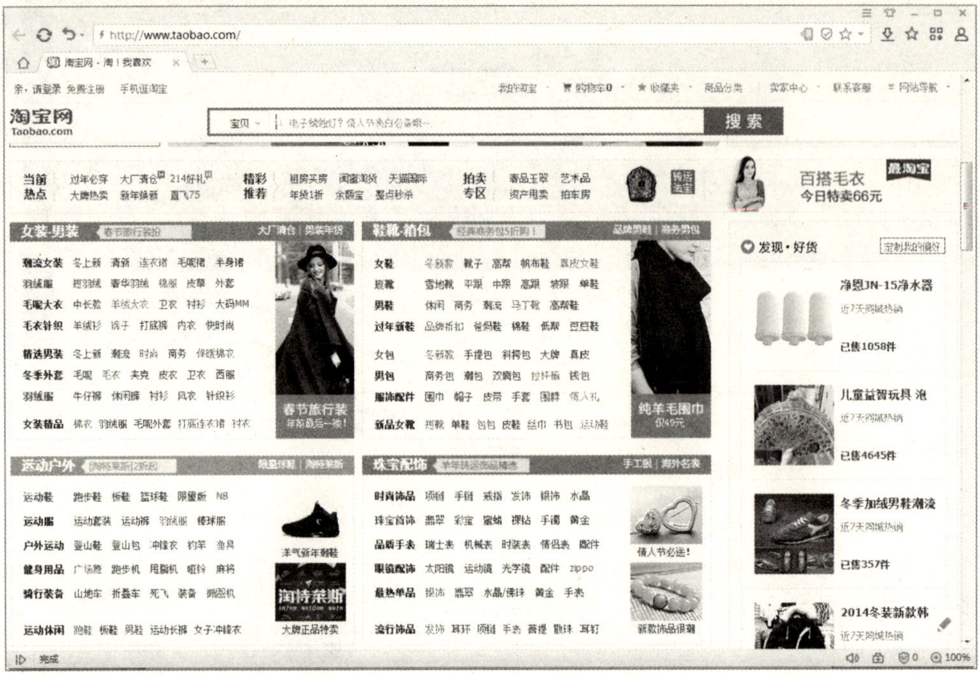

5．版尾或版权块

版尾，即页面最底端的版块。这部分位置通常放置网页的版权信息，以及网页所有者、设计者的联系方式等，如下图所示。有的网站也将网站的友情链接及一些附属的导航条放置在这里。

1.1.3 网页色彩搭配

色彩作为与人接触的第一视觉语言，在任何设计中有着相当重要的影响。不同颜色的不同搭配决定了该网站是否是一个优秀的网站。因此，在进行设计前必须要先了解色彩的基本概念，深入理解色彩的原理，重点掌握色彩选择与搭配的原则和方法。

1．网页配色的基础

色彩分为两大色系：无彩色和有彩色，其中黑白灰属于无彩色，而光谱中的全部色都属于有彩色。

凡是色彩都一定同时具备色相、明度、纯度三种属性，简称色彩三要素，它们是色彩中最重要的，也是最稳定的三个要素。其中，色相就是色彩的相貌；明度就是色彩的明暗度，也称亮度；而纯度就是色彩的鲜艳程度，也叫彩度、饱和度。

色彩中不同的色相、明度和纯度给人们的色彩感觉也不同，有冷暖感、进退和膨胀感、轻重感、软硬感、华丽和朴素感以及明快与忧郁感等，如红色代表阳光积极、热情，属于暖色系；而蓝色代表稳重、沉静、消极，属于冷色调。

2．网页色彩搭配原理

◎ **色彩的鲜明性**：网页的色彩要鲜艳，容易引人注目。

◎ **色彩的独特性**：要有与众不同的色彩，使浏览者对网页的印象强烈。

◎ **色彩的合适性**：即色彩和设计者表达的内容与气氛相适合，如用粉色体现女性站点的柔美。

◎ **色彩的联想性**：不同的色彩会产生不同的联想，如由蓝色想到天空，由黑色想到黑夜，由红色想到喜事等，选择色彩要和自己网页的内涵相关联。

3．网页色彩搭配技巧及注意事项

网页色彩在很大程度上影响着浏览者对网页的第一印象。网页的整体色调要和网页主题相照应，不同的风格、不同的主题其色彩运用都有所不同。

下面将介绍一些网页色彩搭配技巧及注意事项。

（1）使用一种色彩。单一色彩会使网站产生单调的感觉，然而通过调整透明度或者饱和度则会产生新的色彩，这样的页面看起来色彩统一，有层次感。

（2）使用两种色彩。先选定一种色彩，然后选择它的对比色。通过对比可以突出重点，产生强烈的视觉效果。

（3）采用同一个色系，即用一个感觉的色彩，如淡蓝，淡黄，淡绿。

（4）运用黑色和一种彩色。黑色一般用作背景色，与其他色彩搭配使用，如果设计合理，则能产生更好的视觉效果。

（5）在搭配主色调时不要将所有颜色都用到，尽量控制在两种色彩以内。

（6）背景和正文的对比最好大一些，可以使用一些花纹简单的图像，以突出主要内容。

1.2 网站建设流程

规范的网站建设应该遵循一定的流程，合理的流程可以最大限度地提高工作效率。网站建设流程主要由网站结构规划、网站的制作、网站的测试、网站的上传与发布4个部分组成，下面将分别对其进行介绍。

1.2.1 网站结构规划

网站是由许多网页组成的，如何将这些内容组织成一个设计独特、受人欢迎的网站，就需要设计人员对网站的内容、结构等各方面有一个很好的规划设计。创建一个网站，一般需要考虑以下几个方面：

1．确定网站的主题及风格

在创建网站之前，首先要先确定网站的主题及风格，明确网站设计的目的和主要

针对的访问者，将这些问题充分考虑后再结合客户的需求逐步去实现网站的建设。

2. 规划网站整体结构

确定网站中的栏目和层次。一个网站是由若干个网页组成的，设计时要通过合理的整体规划将网页组织起来形成网站。网站栏目实质上就是网站内容的大纲索引，规划栏目的过程实际上就是细化网站内容的过程。

网站栏目设计原则有三：一是网站内容重点突出，二是方便访问者浏览，三是便于管理者进行维护。此外，网站栏目划分要服从并体现网站主题。

3. 收集整合网页素材

确定网站主题和整体结构后，要根据网站主题组织网站内容、收集合适的素材，素材包括很多种，如图片、音频、文字和视频等，然后将收集到的资料转换成网页能识别的文件格式，将图片转换成适用于网页的格式。

1.2.2 网站页面的制作

在制作网站的过程中要进行全面的考虑，主要分为以下三大步：

1. 确定网页版面布局

在制作网页时，要先把大的结构设计好，再逐步完善小的结构设计；要先设计简单的内容，再设计复杂的，即先大后小、先简单后复杂。这样设计方便在出现问题时进行修改。要根据网站设计目标和主要浏览对象设计好网页的版式及网页的内容。

2. 制作网页

网页包括静态网页制作和动态网页制作。

制作网页时要按照版面布局灵活运用模板和库，提高制作效率。或将版面设计成一个模板，当制作相同版面的网页时，就可以以此模板为基础创建网页。

对于在网页中经常出现的内容，可以做成库项目，以后只要改变库项目，就可以很快地对使用它的所有页面进行相应的修改。

3. 丰富网页内容

为了使网页更加美化，视觉效果更加突出，可以通过 Flash 动画、视频等技术手段来丰富网页内容。

1.2.3 网站的测试

当网站制作完成后，需要对网站进行审查和测试。测试的对象不仅是网页，而是整个网站及所涉及的所有链接，测试内容包括功能性测试和完整性测试两个方面。

功能性测试就是要保证网页的可用性，达到最初的内容组织设计目标，实现所规定的功能，浏览者可以方便、快速地寻找到自己所需的内容。

完整性测试就是保证页面内容显示正确，链接准确。具体的测试主要有浏览器兼容性测试、平台兼容性测试和超链接完好性测试。

1．浏览器兼容性测试

目前浏览器有很多种，它们对 HTML 和 CSS 等语法的支持度是不同的。这两大浏览器分别拥有各自的卷标语法，其版本越高，所支持的语法就越多。

如果在网页中应用了某浏览器的专有语法或较新的 HTML，在其他浏览器中浏览时可能会导致显示错误。在 Dreamweaver 中提供了可以检查网页中是否含有某版本，浏览器不能识别的语法功能，设计者可以借助其进行检查。

2．平台兼容性测试

设计者要为用户着想，必须最少在一台 PC 和一台 Mac 机上测试自己的网站网页，看看兼容性如何。

3．超链接完好性测试

超链接是连接网页之间、网站之间的桥梁，浏览者是不愿意访问一个经常出现“找不到网页”的问题网站的，设计者必须检测超链接的完好性，保证链接的有效性，不要存在坏链接。

如果在测试过程中发现错误，要及时修改，在准确无误后方可正式上传到 Internet 上。

1.2.4 网站的上传与发布

网站制作完成后，需要将其发布到互联网上。在发布之前，要先申请域名和主页空间，然后利用专用软件上传，FTP 有很多种软件，最著名的是 CuteFTP 和 LeapFTP，也可以用 Dreamweaver 内置的 FTP 工具进行上传。

Chapter 02 Dreamweaver CC 轻松入门

Dreamweaver CC 是一款专业的网页制作软件，它将可视布局工具、应用程序开发功能和代码编辑支持组合在一起，功能强大，使各水平层次的开发人员和设计人员都能够快速创建专业的基于标准网站和应用程序的界面。本章将引领读者初步认识 Dreamweaver CC。

本章要点

- Dreamweaver CC 工作界面
- 站点的创建与管理
- 网页文档的基本操作
- 设置页面属性

知识等级

网页制作初级读者

建议学时

建议学习时间为 40 分钟

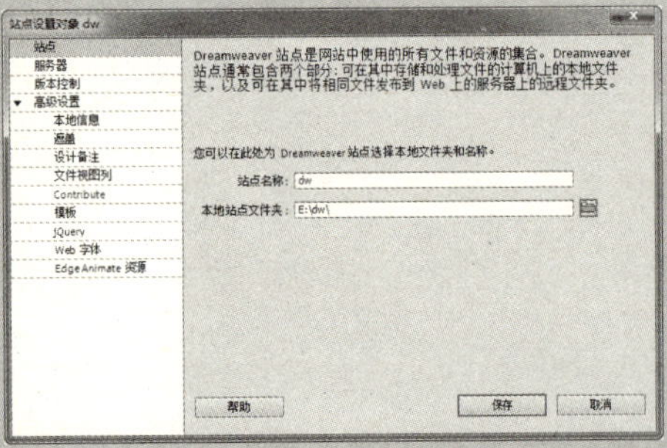

2.1 Dreamweaver CC 工作界面

下面主要介绍 Dreamweaver CC 的工作界面，了解各个部分的功能，以便在右侧的学习中可以更好地理解和熟练地运用。

Dreamweaver CC 的工作界面主要包括菜单栏、文档工具栏、文档窗口、“属性”面板和面板组，如下图所示。

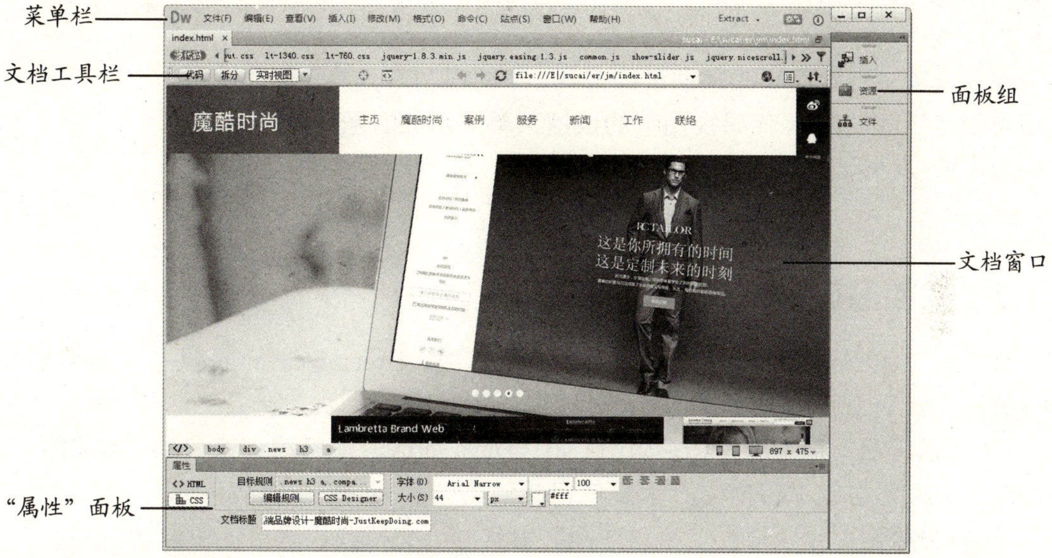

2.1.1 菜单栏

菜单栏中包含了 Dreamweaver 中大多数的命令，它是编辑和管理网页文件的重要工具。菜单栏主要包括“文件”、“编辑”、“查看”、“插入”、“修改”、“格式”、“命令”、“站点”、“窗口”和“帮助”菜单，如下图所示。

单击菜单名称，或按住【Alt】键的同时按键盘上各菜单英文名称的首字母，都能打开相应的下拉菜单，显示其中的命令。

Dreamweaver CC 还为一些命令提供了快捷键，它们是单击菜单命令的快捷方式。例如，单击“插入”|“表格”命令或按【Ctrl+Alt+T】组合键，都可以弹出“插入表格”对话框。

2.1.2 文档工具栏

文档工具栏中包含一些按钮，使用这些按钮可以在文档的不同视图间快速进行切换，但在实时视图与设计视图之间切换时，需要单击工具栏中的下拉按钮，如下图所示。

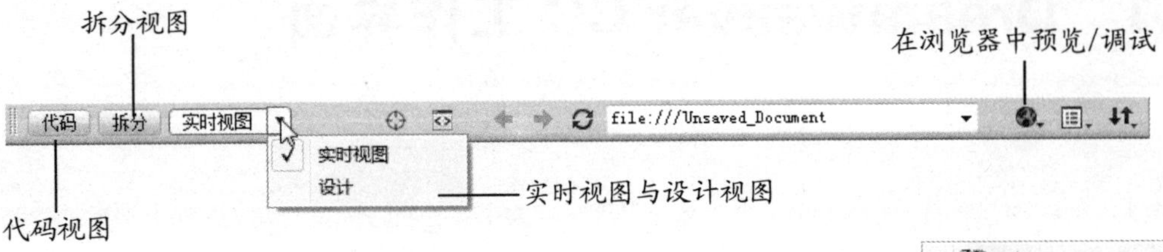

文档工具栏中还包含一些与查看文档、在本地和远程站点间传输文档有关的常用命令和选项，如“在浏览器中预览/调试”按钮 。

视图选项中包含了一些辅助设计工具，不同视图下其显示的选项也不尽相同，例如，代码视图下的快捷菜单显示如右图所示，其中各个选项都只应用于代码视图下。

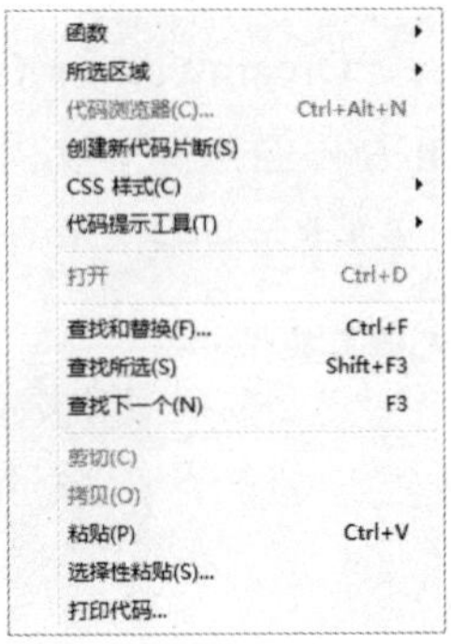

2.1.3 文档窗口

文档窗口用于显示当前创建和编辑的网页文档。Dreamweaver 提供了 4 种查看文档的方式：代码视图、拆分视图、设计视图和实时视图。

◎ **代码视图：**用于编写和编辑 HTML、JavaScript、服务器语言代码（如 PHP 或 ColdFusion 标记语言（CFML），以及任何其他类型代码的手工编码环境）。

◎ **拆分视图：**用于在一个窗口中同时看到同一文档的代码视图和设计视图。

◎ **设计视图：**用于可视化页面布局、可视化编辑和快速应用程序开发的设计环境。在该视图中，Dreamweaver 显示文档的完全可编辑的可视化表示形式，类似于在浏览器中查看页面时看到的内容。

◎ **实时视图：**与设计视图类似，实时视图更逼真地显示文档在浏览器中的表示形式。实时视图不可编辑，不过可以在代码视图中进行编辑，然后通过刷新实时视图来查看所做的更改。如下图所示为实时视图下的文档窗口。

2.1.4 “属性”面板

“属性”面板主要用于查看和更改所选对象的各种属性，每种对象都具有不同的属性。在“属性”面板中包括两种选项，一种是 HTML 选项，如下图所示。

另一种是 CSS 选项，单击“属性”面板中的 CSS 按钮，可以在 CSS 选项中设置各种属性，如下图所示。

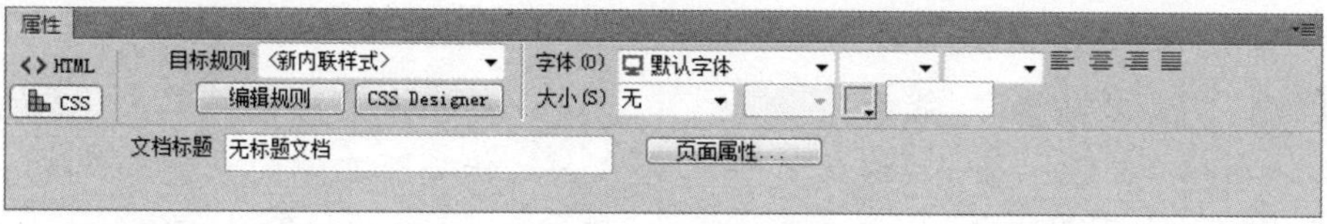

2.1.5 面板组

Dreamweaver CC 各种工具面板集成到面板组中，如“插入”面板、“文件”面板、等，如下图所示。单击“窗口”命令，可以根据需要选择隐藏或显示面板。

2.1.6 “插入”面板

“插入”面板中有两种显示方式，一种以菜单方式显示，另一种以制表符方式显示。“插入”面板包括常用类别、结构类别、表单类别、媒体类别和收藏夹类别等，如下图（左）所示。选择“常用”类别，其选项如下图（右）所示。

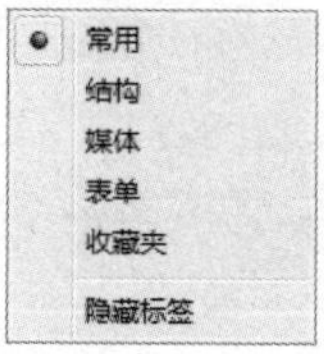

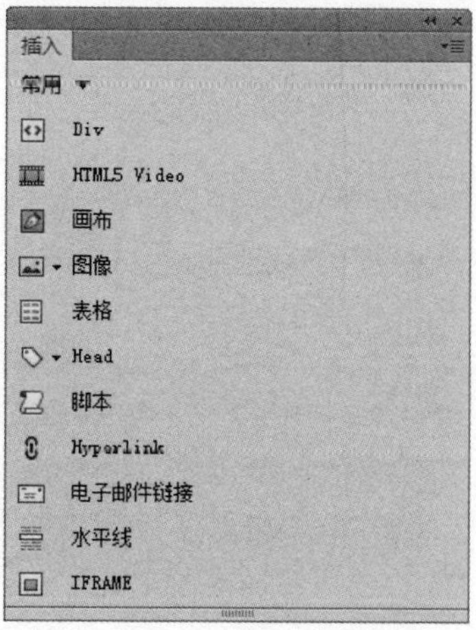

2.2 站点的创建与管理

制作网页之前，一般先在本地创建一个站点 这个站点实际上就是一个文件夹，将与制作网页有关的文件都放在此文件夹中。需要注意的是，要把不同类型的文件放到不同的文件夹下，例如，images 文件夹用于存放图像文件，素材文件夹用于存放素材。下面将介绍如何使用 Dreamweaver 创建一个站点，并对创建的站点进行设置。

2.2.1 创建站点

在 Dreamweaver CC 中创建站点非常简单，创建本地站点的具体操作方法如下：

01 **单击“新建站点”命令** 启动 Dreamweaver CC，单击“站点”|“新建站点”命令，如下图所示。

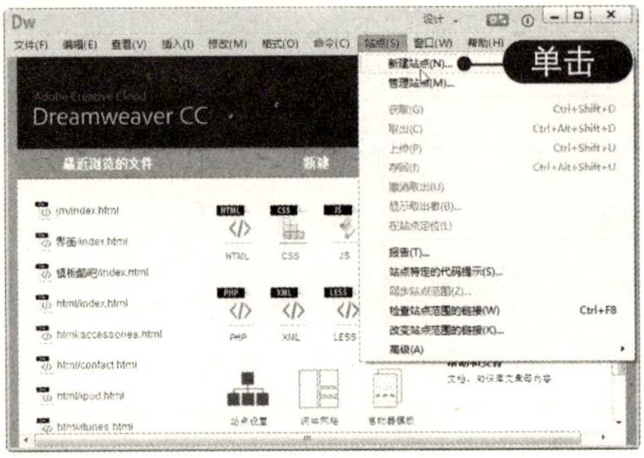

02 **输入站点名称** 弹出“站点设置对象”对话框，选择左侧的“站点”选项，在右侧输入站点名称，如下图所示。

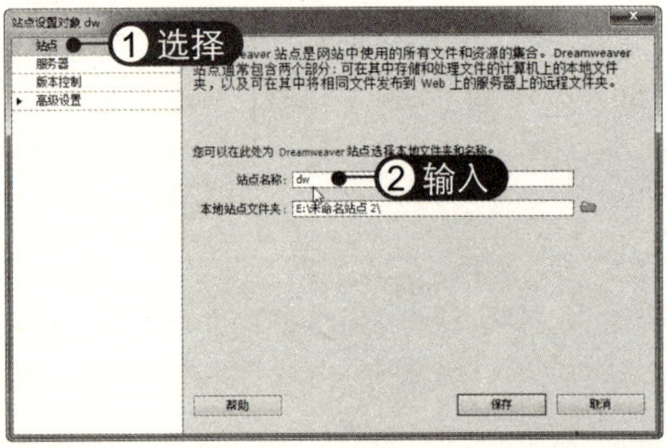

03 **单击浏览按钮** 单击“本地站点文件夹”右侧的浏览按钮，如下图所示。

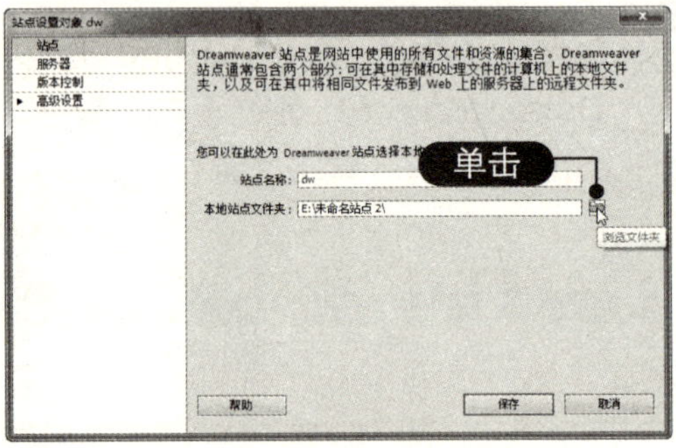

04 **选择站点存储路径** 弹出“选择根文件夹”对话框，选择存储位置，然后单击“选择文件夹”按钮，如下图所示。

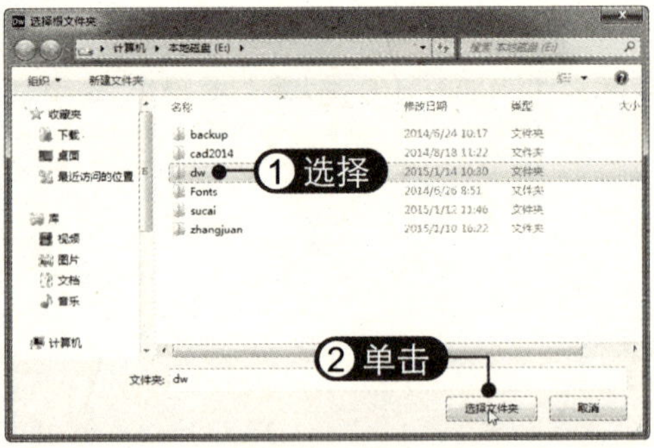

知识加油站

由于不同的网页服务器对文件名有不同的规定，所以建议文件名全部以英文小写命名。

05 单击“保存”按钮 返回“站点设置对象”对话框，单击“保存”按钮，如下图所示。。

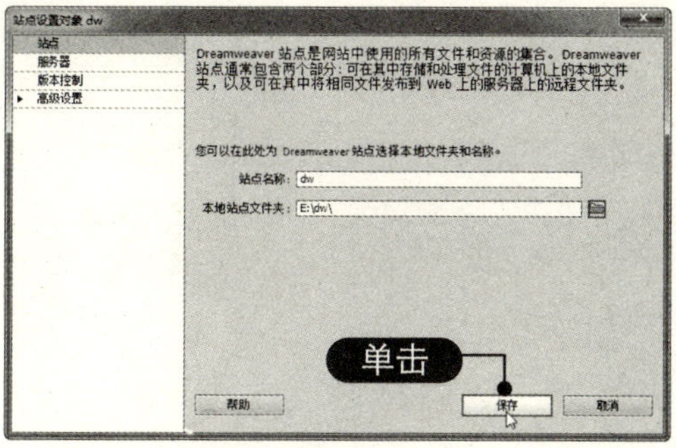

06 查看站点文件 单击“窗口”|“文件”命令，打开“文件”面板，可以看到站点中的文件，如下图所示。

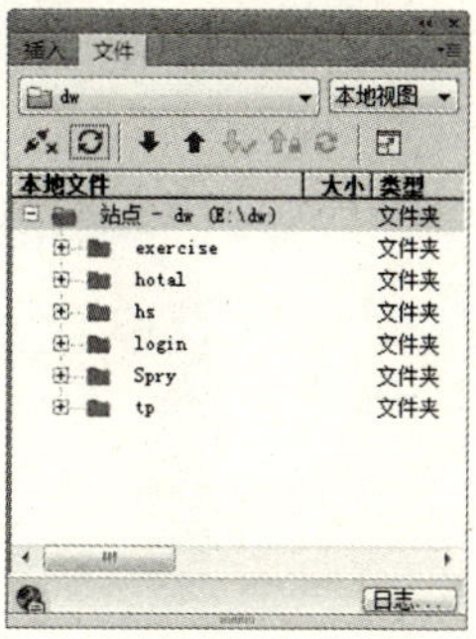

2.2.2 设置站点

站点的设置对象包括站点、服务器、版本控制和高级设置 4 个类别，其中高级设置中又包括了 9 个选项，如下图所示。

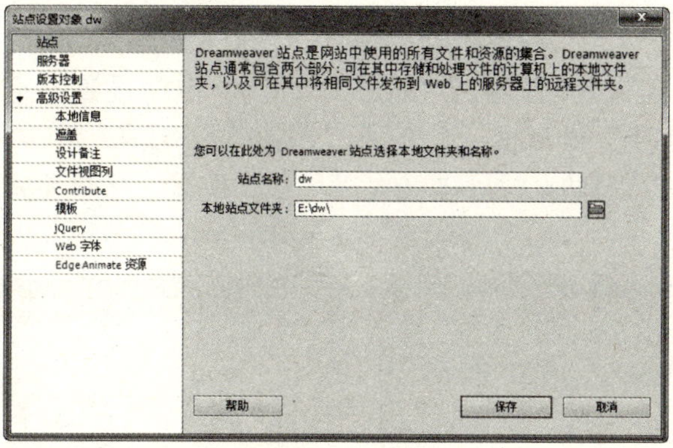

◎ **本地信息**：用于设置本地站点的基本信息。

◎ **设计备注**：提供与文件相关联的备注信息，单独存储在独立文件中。可以使用该功能来记录与文档关联的其他文件信息。

◎ **遮盖**：用于设置“遮盖”功能。该功能能够实现在执行“获取”或“上传”等操作时，排除本地或服务器上的特定文件或文件夹的效果。

◎ **文件视图列**：主要用于设置在“文件”窗口中各文件需要显示的信息。

◎ **模板**：用于设置站点模板在执行更新操作时是否重新设置模板文件中链接文档的相对路径。

◎ **Web 字体**：用于设置站点使用的特殊字体的存放路径。

2.2.3 管理站点

在 Dreamweaver CC 的“管理站点”对话框中，可以实现对站点的编辑、删除、复制、导入和导出操作。下面将详细介绍如何对站点进行管理。

1. 删除站点

单击“站点”|“管理站点”命令，弹出“管理站点”对话框。选中站点，在下方单击“删除当前选择的站点”按钮━，即可对不再使用的站点执行删除操作。需要注意的是，该操作只是在 Dreamweaver CC 中清除该站点信息，不会删除站点中的实际文件，如下图所示。

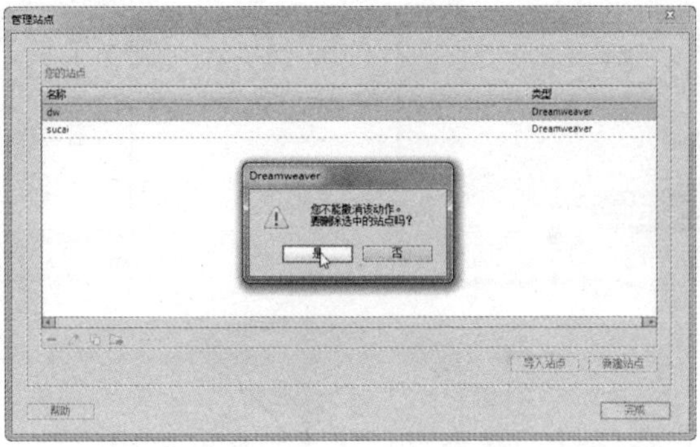

2. 编辑站点

通过编辑站点可以实现对站点信息的修改，具体操作方法如下：

01 单击“编辑当前选定的站点”按钮 打开““管理站点”对话框，选中站点后单击“编辑当前选定的站点”按钮✎，如下图所示。

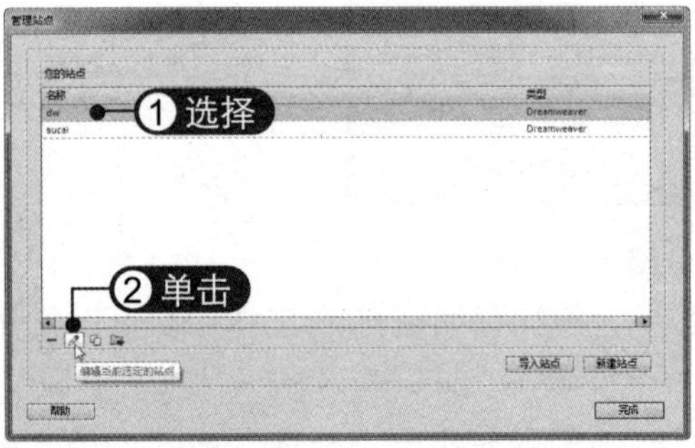

02 重新设置站点信息 弹出“站点设置对象”对话框，可对站点信息进行重新设置，然后单击“保存”按钮，如下图所示。

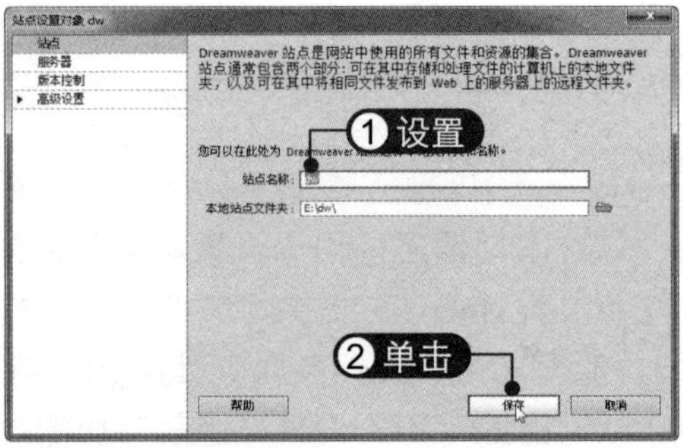

3. 复制站点

在“管理站点”对话框中，如果要创建多个结构相同的站点，可选中站点后单击“复制当前选定的站点”按钮⧉，即可实现对选中站点的复制，如下图所示。

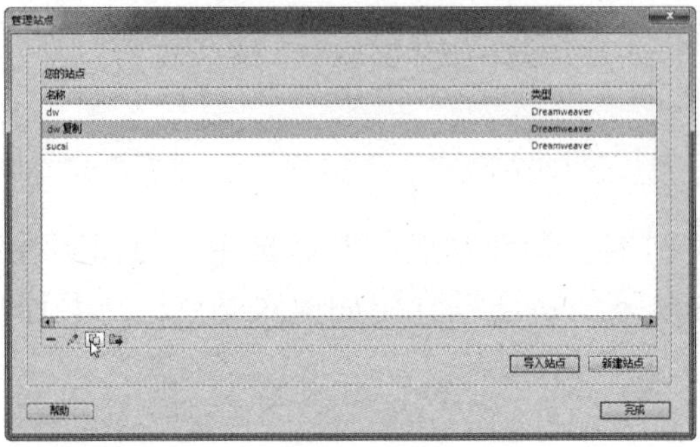

默认情况下，复制站点的存储路径和源站点路径一致。如果要修改站点的存储路径，可在“管理站点”对话框中双击复制的站点名称，弹出“站点设置对象”对话框，在“本地站点文件夹”文本框中设置存储路径，如下图所示。

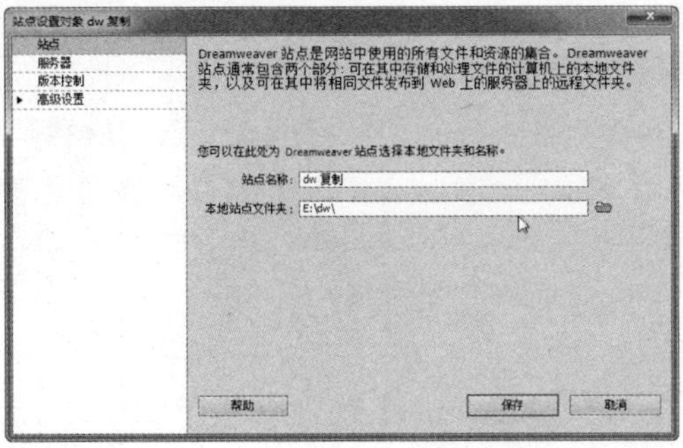

4．导出站点

在“管理站点”对话框中导出站点，可以将当前站点配置文件（*.ste）导出到指定路径下，具体操作方法如下：

01 单击“导出当前选定的站点”按钮 选中要导出的站点，然后单击“导出当前选定的站点”按钮，如下图所示。

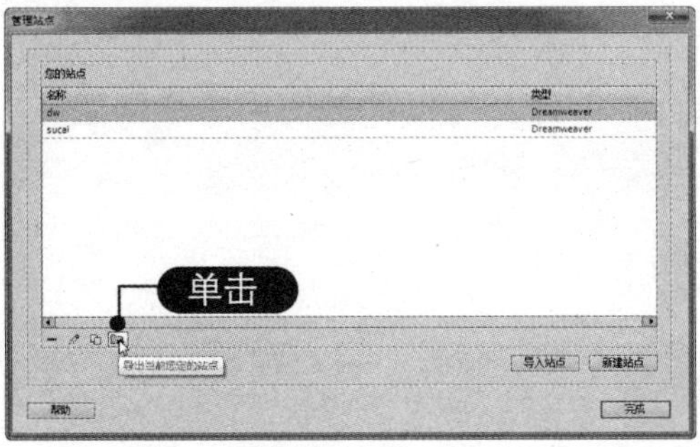

02 保存文件 弹出“导出站点”对话框，设置保存路径和文件名，然后单击“保存”按钮，如下图所示。

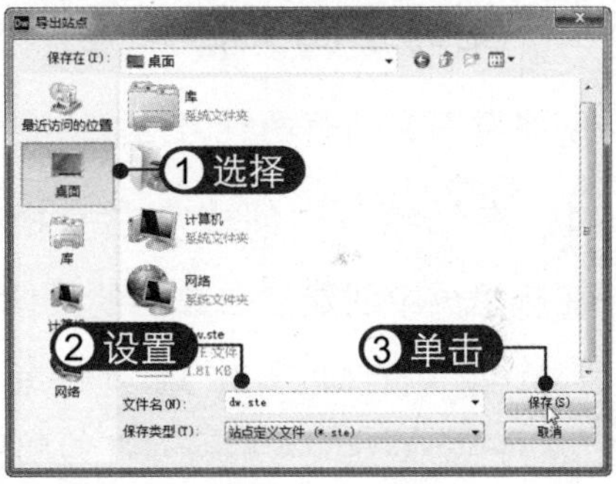

5．导入站点

在“管理站点”对话框中导入站点，可以将站点的配置文件导入到 Dreamweaver 中，具体操作方法如下：

01 单击“导入站点”按钮 在“管理站点”对话框中单击“导入站点”按钮，如下图所示。

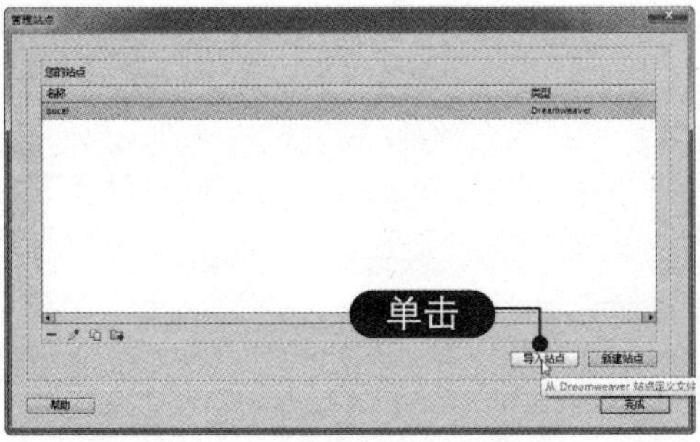

02 选择配置文件 选择要导入的站点配置文件，然后单击“打开”按钮，如下图所示。

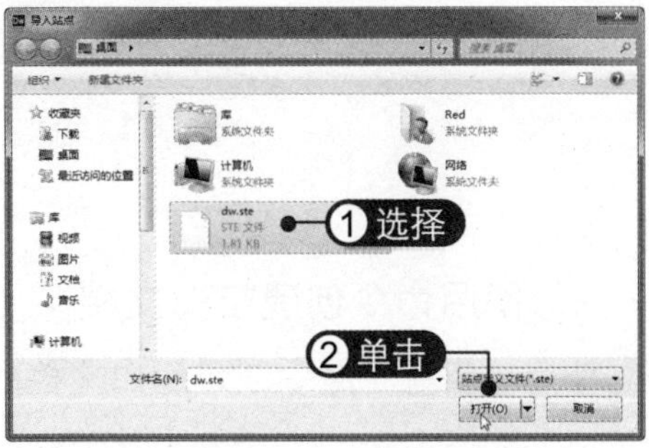

03 **单击“完成”按钮** 此时站点文件重新导入到站点中，单击“完成”按钮，如下图所示。

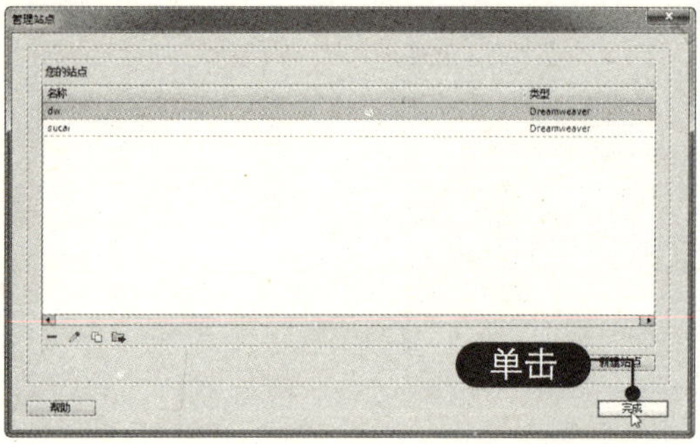

04 **查看站点文件** 打开“文件”面板，即可查看导入站点中的文件信息，如下图所示。

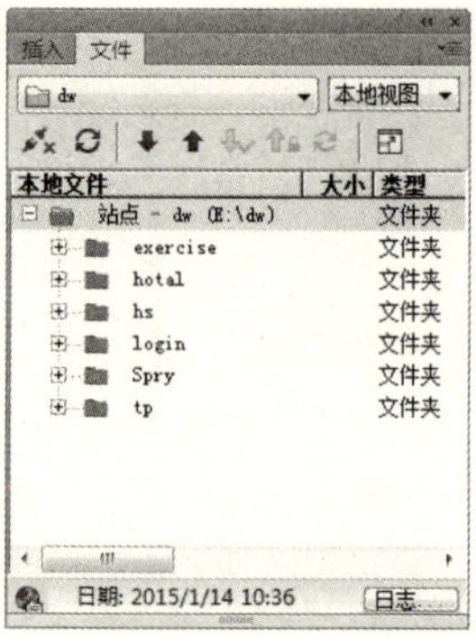

2.3 网页文档的基本操作

在 Dreamweaver 中编辑的网页通常被称为文档，文档的创建、存储、打开、关闭及预览是网页制作中最基本的操作。

2.3.1 创建空白文档

创建空白文档有两种方法，一种是在起始页中创建，另一种是使用命令创建。

1. 在起始页中创建空白文档

在起始页中创建空白文档的具体操作方法如下：

01 **单击 HTML 选项** 启动 Dreamweaver CC，在打开的起始页中单击“新建”栏中的 HTML 选项，如下图所示。

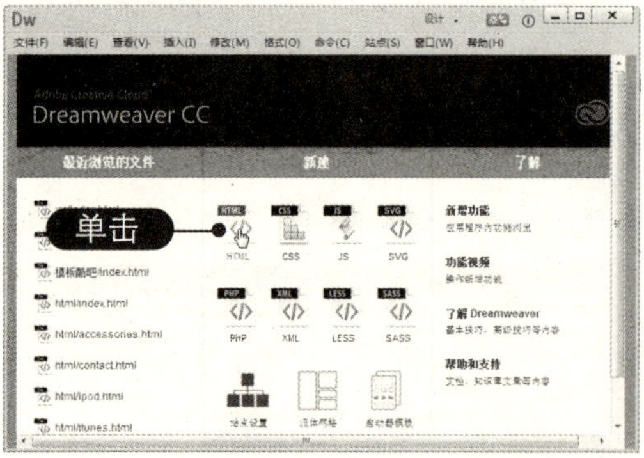

02 **查看文档** 此时即可创建一个空白文档，如下图所示。

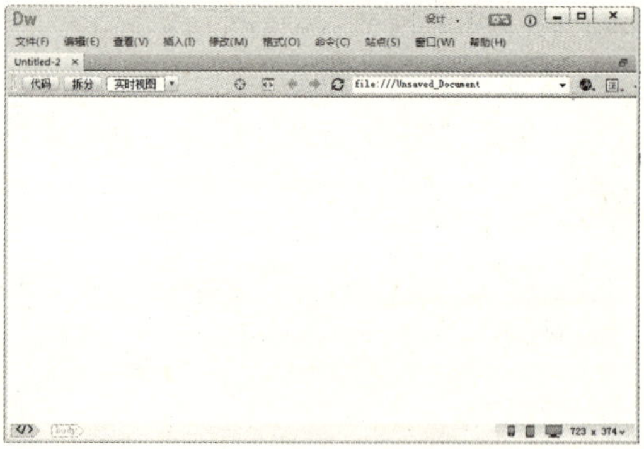

2. 使用命令创建空白文档

使用“新建”命令创建空白文档的具体操作方法如下：

01 单击“新建”命令 单击“文件”|“新建”命令，如下图所示。

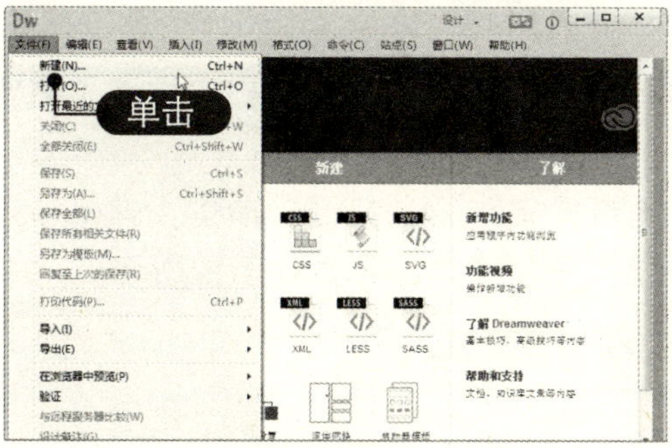

02 选择文档类型 弹出“新建文档”对话框，在左侧选择“空白页”和文档类型，然后单击“创建”按钮，即可创建一个空白文档，如下图所示。

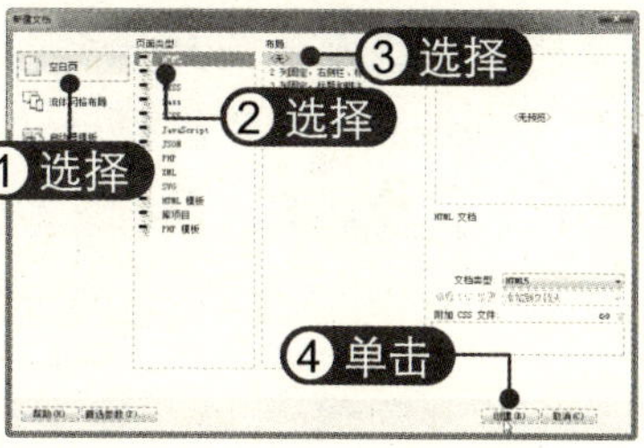

2.3.2 保存和关闭网页文档

保存和关闭网页文档是网页制作中一个重要的操作，下面将介绍如何保存和关闭网页文档。

1. 保存网页文档

新建网页文档后应先将其保存到电脑中，具体操作方法如下：

01 单击“保存”命令 在菜单栏中单击“文件”|“保存”命令，如下图所示。

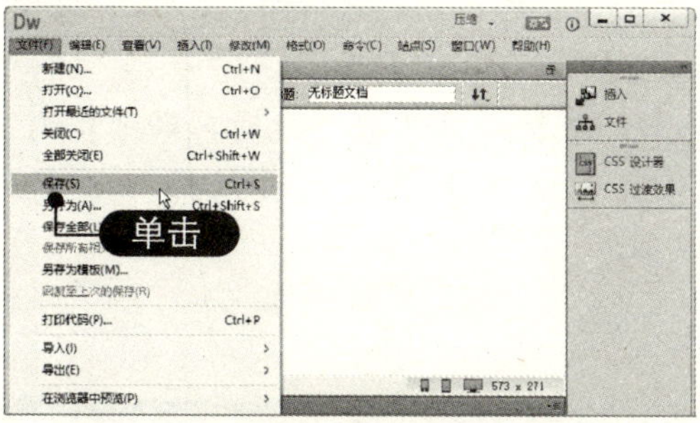

02 选择路径并输入文件名 弹出“另存为”对话框，选择路径并输入文件名，然后单击“保存”按钮，如下图所示。

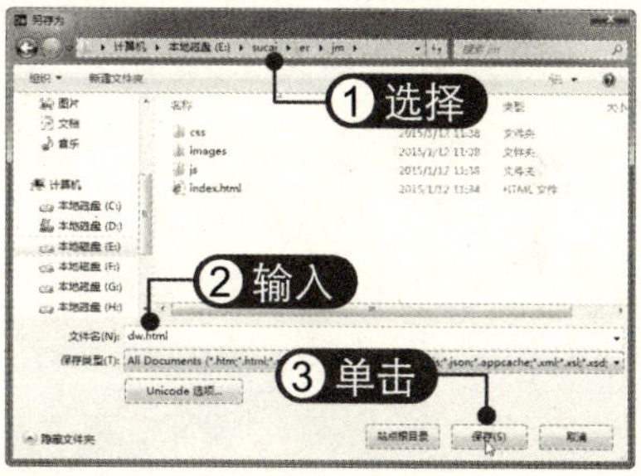

2. 关闭正在编辑的网页

关闭正在编辑的文档的具体操作方法如下：

01 单击“关闭”命令 在菜单栏中单击“文件”|“关闭”命令，如下图所示。

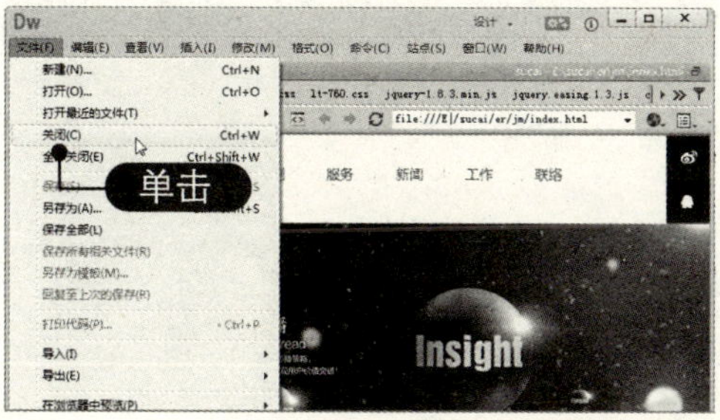

02 保存更改 弹出提示信息框，单击“是”按钮保存文档，单击“否”按钮则不保存对文档的更改，如下图所示。

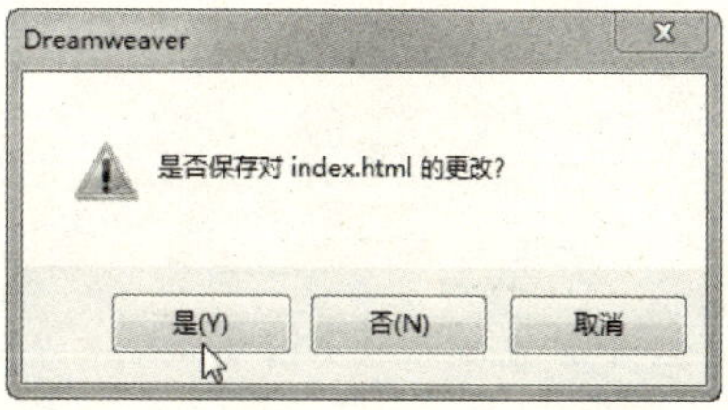

2.3.3 打开网页文档

打开现有文档有多种方法，下面将介绍几种常用的打开操作。

启动 Dreamweaver CC，显示起始页。如果在“打开最近的项目”栏中列出了需要打开的文档，则直接单击文档名即可。

在 Dreamweaver CC 已经启动的情况下，单击“文件”|“打开”命令，弹出“打开”对话框，选择需要打开的文档，然后单击“打开”按钮即可，如下图所示。

2.3.4 预览网页

在 Dreamweaver CC 中制作网页时，可以随时在浏览器中进行浏览，以查看网页的显示效果，具体操作方法如下：

01 选择预览选项 在文档工具栏单击“在浏览器中预览/调试”按钮，在弹出的下拉列表中选择“预览方式：Internet Explorer”选项，如下图所示。

02 查看网页效果 此时，即可在浏览器中查看当前网页效果，如下图所示。

知识加油站

在预览网页时，既可以单击文档工具栏中的“在浏览器中预览/调试”按钮，也可以直接按【F12】键。

2.4 设置页面属性

在制作网页时，页面属性的设置非常重要。页面的属性主要包括背景图像、普通文本、背景颜色、普通文本颜色、链接文本颜色及页面边距等，下面将详细介绍如何对其进行设置。

2.4.1 设置外观属性

外观属性包括普通的文本属性设置、页面边距设置及页面背景的设置，下面将进行详细介绍。

1．设置背景图像

设置网页背景图像的具体操作方法如下：

01 单击“页面属性”按钮 新建文件，并命名为“ym sx.html”。在“属性”面板中单击“页面属性”按钮，如下图所示。

02 单击“浏览”按钮 弹出“页面属性”对话框，选择左侧的“外观（CSS）”分类，然后单击右侧的“浏览”按钮，如下图所示。

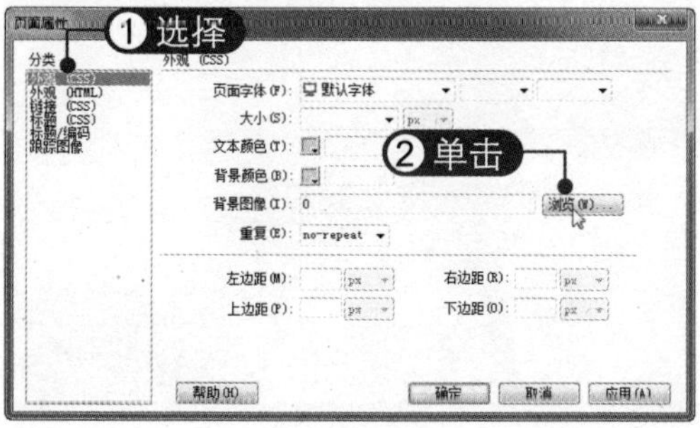

03 选择图像 在弹出的“选择图像源文件”对话框中选择要插入的图像，单击“确定”按钮，如下图所示。

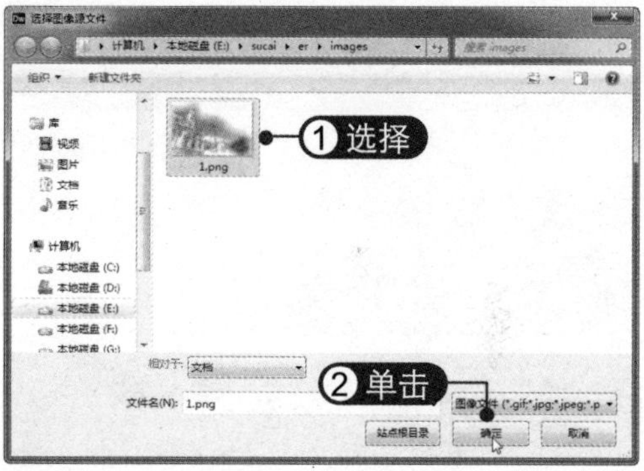

04 设置重复方式 设置重复方式为no-repeat（即不重复），然后单击“确定”按钮，如下图所示。

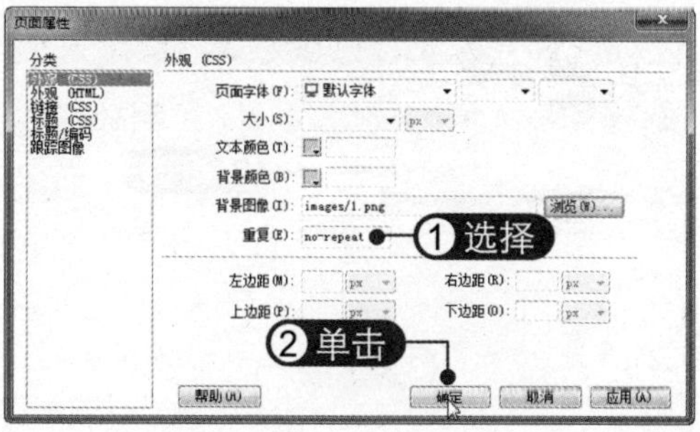

05 **保存文件** 单击菜单栏中的“文件”|“保存”命令，或按【Ctrl+S】组合键保存文件，如下图所示。

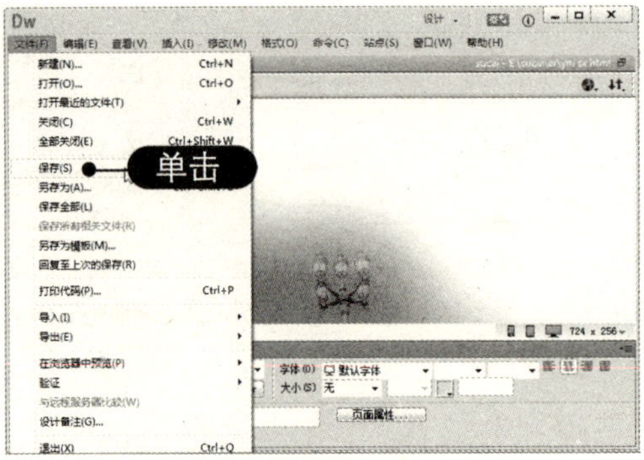

06 **预览网页效果** 单击文档工具栏中的“在浏览器中预览/调试”按钮，或直接按【F12】键预览网页背景效果，如下图所示。

2．设置文本属性

设置文本属性的具体操作方法如下：

01 **单击“页面属性”按钮** 在“属性”面板中单击“页面属性”按钮，如下图所示。

02 **设置外观属性** 弹出“页面属性”对话框，选择左侧的“外观（CSS）”分类，在右侧设置字体、大小和颜色等，单击“确定”按钮，如下图所示。

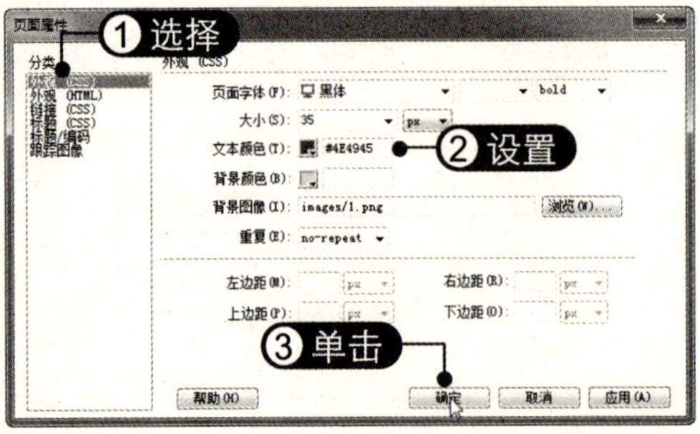

03 **输入文本** 在文档窗口中输入所需的文本，如下图所示。

04 **预览网页效果** 按【Ctrl+S】组合键保存文件，按【F12】键预览网页文件，效果如下图所示。

3. 设置背景颜色

设置网页背景颜色的具体操作方法如下：

01 单击“页面属性”按钮 新建文件，在“属性”面板中单击“页面属性”按钮，如下图所示。

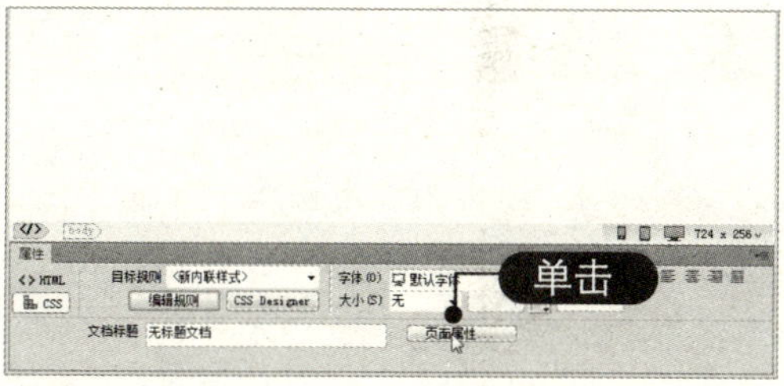

02 单击背景颜色按钮 弹出“页面属性”对话框，选择左侧的“外观（CSS）”分类，在右侧单击背景颜色按钮，如下图所示。

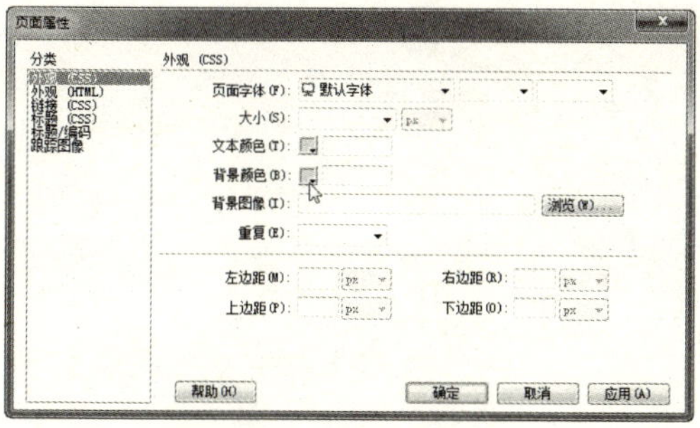

03 选择颜色 在弹出的颜色选项框中选择需要的颜色，然后单击“确定”按钮，如下图所示。

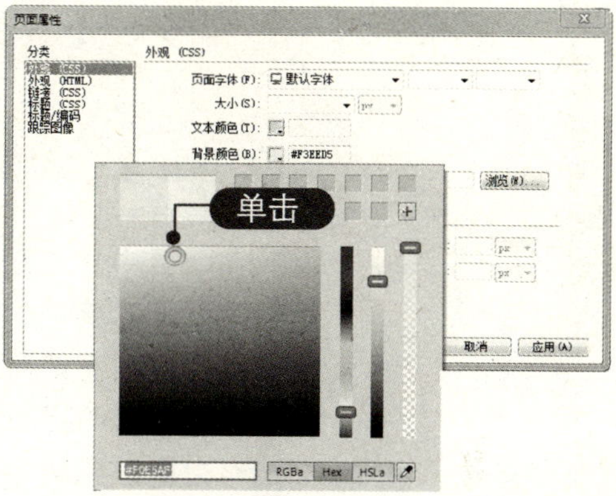

04 查看背景效果 按【Ctrl+S】组合键保存文件，效果如下图所示。

2.4.2 设置链接属性

超链接文字有 3 种状态，分别是未访问、激活和已访问。为了方便浏览者清楚哪些网页已经被浏览过，可以把超链接文字的 3 种状态设置为不同的颜色，以示区分。设置链接属性的具体操作方法如下：

01 单击“页面属性”按钮 打开素材文件，在“属性”面板中单击“页面属性”按钮，如下图所示。

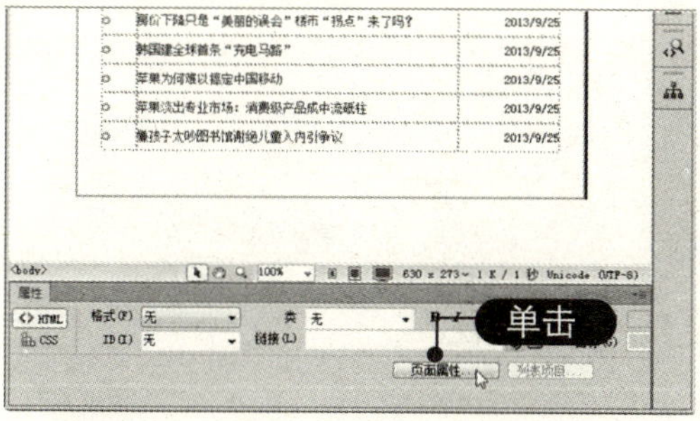

02 设置链接颜色 弹出“页面属性”对话框，在左侧选择“链接（CSS）”选项，在右侧设置链接后颜色，单击“确定”按钮，如下图所示。

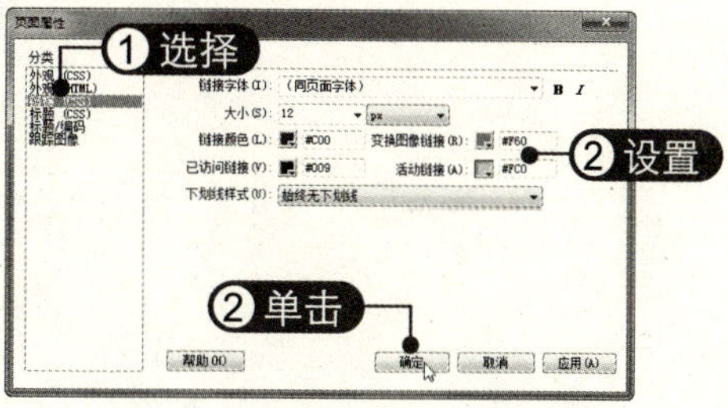

Chapter 03

添加网页基本对象

在网页中文本是基本信息的载体，是网页中的基本元素，也是获取信息最直接、最直观的方式。而图像是吸引和加深浏览者对网站印象的有效表现形式，也是对文本传达的说明及解释。而随着网页技术的不断发展，人们已经不再满足于静态网页，声音、动画也更多在网页中得到应用，本章将详细介绍在网页中添加和编辑网页基本对象的方法。

本章要点

- 在网页中添加文本
- 在网页中插入图像

知识等级

网页制作初级读者

建议学时

建议学习时间为 50 分钟

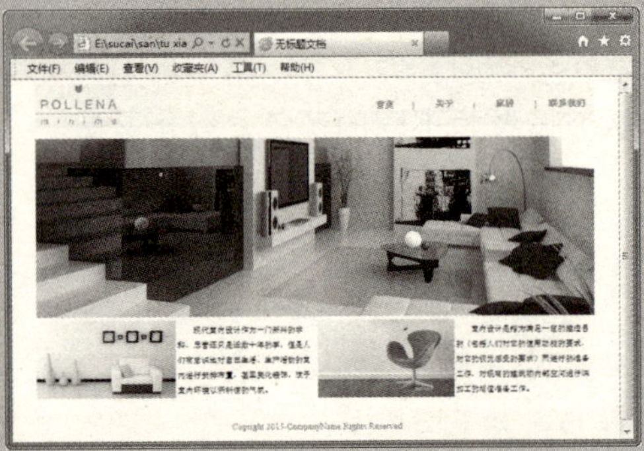

3.1 在网页中添加文本

在网页中，文本是基本信息的载体，是获取信息最直接、最直观的有效方式，并且文本占用的空间非常小，因此在网络中传输速度非常快，下面将详细介绍如何插入文本。

3.1.1 添加普通文本

下面将详细介绍在网页中添加普通文本的方法，包括直接输入文本、导入外部文档数据、设置文本属性。

1. 输入文本

在 Dreamweaver CC 中添加文本的方法很多，可以从其他程序中复制或剪切一些文本，直接粘贴到 Dreamweaver CC 文档窗口中，其中最直接的方法是输入文本，具体操作方法如下：

01 定位光标 打开素材文件“wen zi\index.html”，将光标定位在要输入文本的位置，如下图所示。

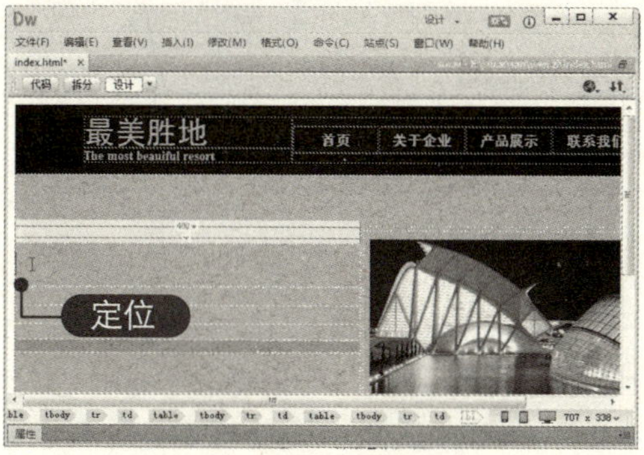

02 输入文本 根据需要输入所需文本，效果如下图所示。

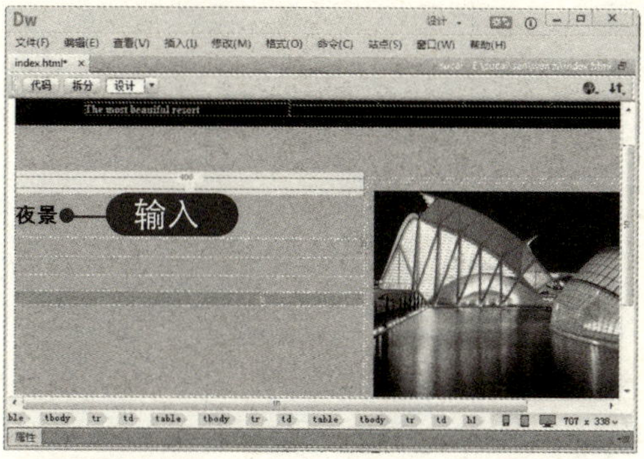

2. 导入外部文档数据

在网页中可以导入 Word 文档中的文本数据，具体操作方法如下：

01 单击“Word 文档”命令 单击“文件”|“导入”|“Word 文档”命令，如下图所示。

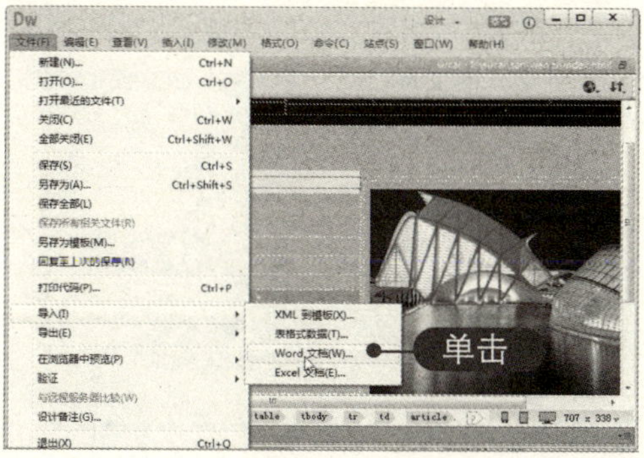

02 选择 Word 文档 在弹出的对话框中选择要导入的 Word 文档，然后单击“打开”按钮，如下图所示。

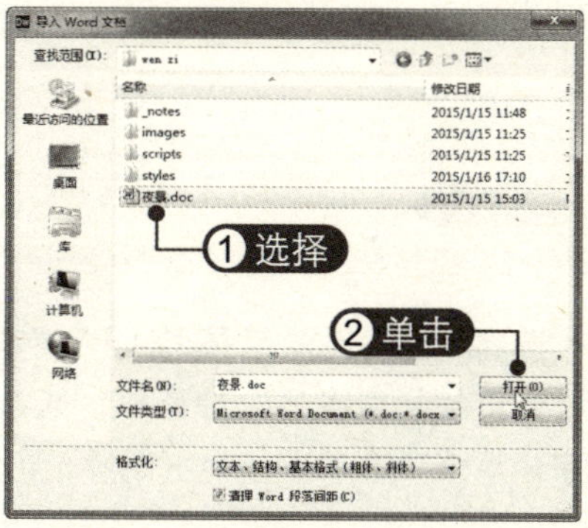

03 保存文件 在网页编辑窗口中查看导入的 Word 文档，按【Ctrl+S】组合键保存文件，如下图所示。

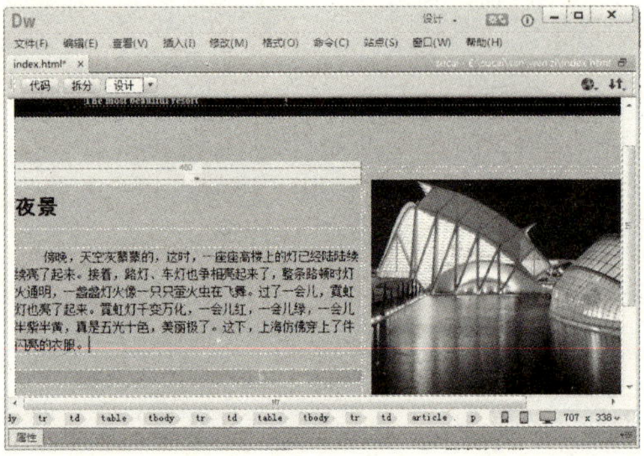

04 预览网页效果 按【F12】键预览网页，效果如下图所示。

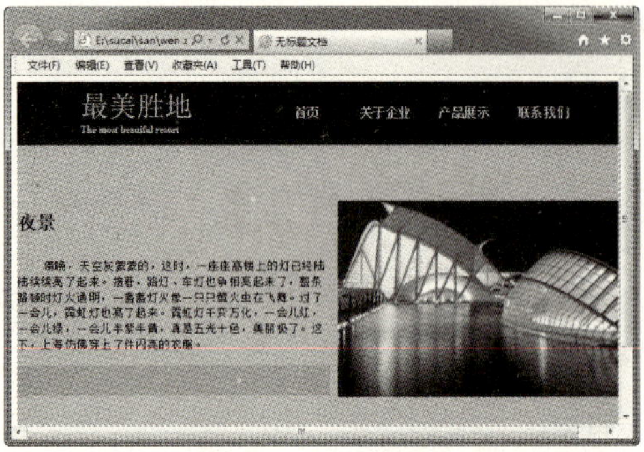

3. 设置文本属性

网页中的文本不仅仅只是解释说明的作用，在一定程度上也会影响整个页面的视觉效果。为了让整个页面看起来更有条理、更美观，可以通过“属性”面板设置文本格式，具体操作方法如下：

01 单击 CSS 按钮 将光标定位到“夜景”标题行中，在“属性”面板中单击 CSS 按钮，单击“字体”下拉按钮，如下图所示。

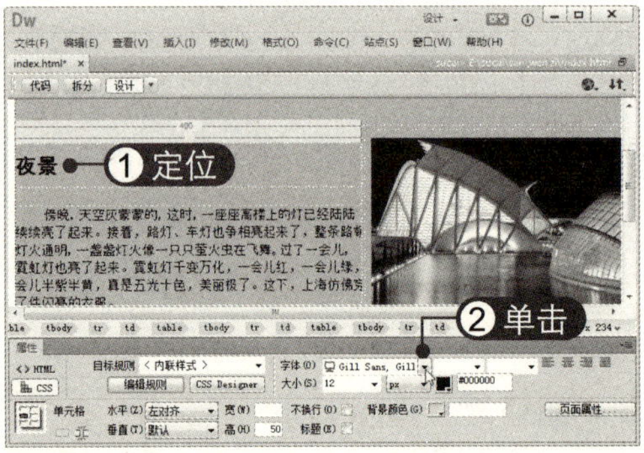

02 选择“管理字体”选项 在弹出的列表中选择“管理字体”选项，如下图所示。

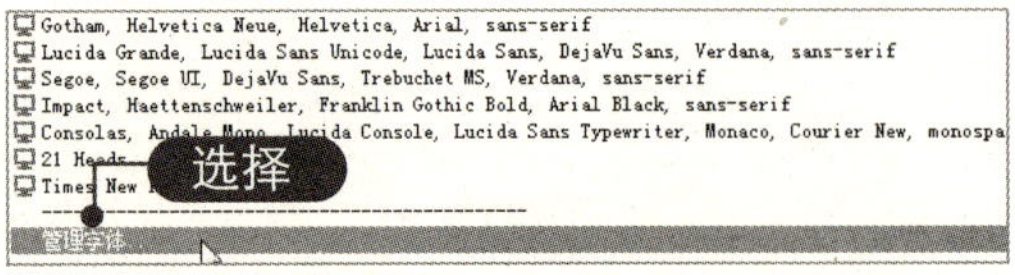

03 选择“自定义字体堆栈”选项卡 弹出“管理字体”对话框，选择“自定义字体堆栈”选项卡，如下图所示。

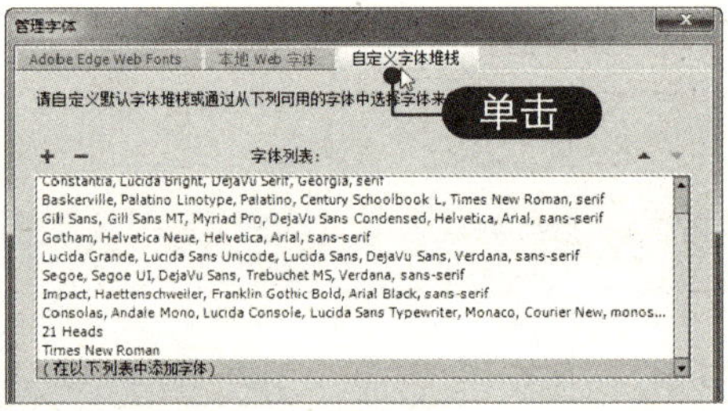

04 添加字体 在“可用字体”列表框中选择要添加的字体，单击 << 按钮将其添加到左侧的“选择的字体”列表框中，此时在字体列表中将显示添加的字体，单击“完成”按钮，如下图所示。

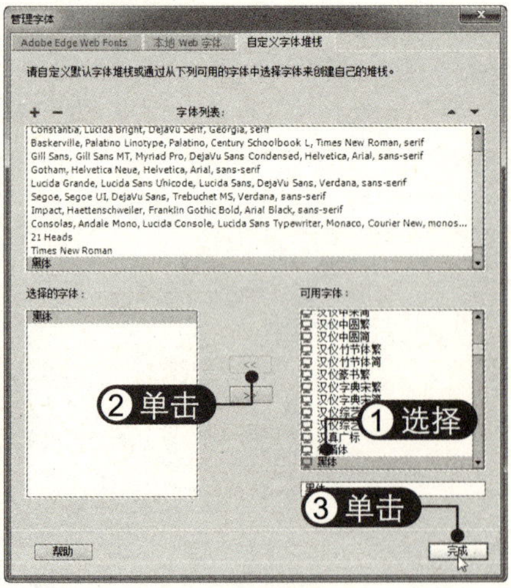

05 设置字体属性 在字体下拉列表中选择“黑体”，在“大小”文本框中输入16，如下图所示。

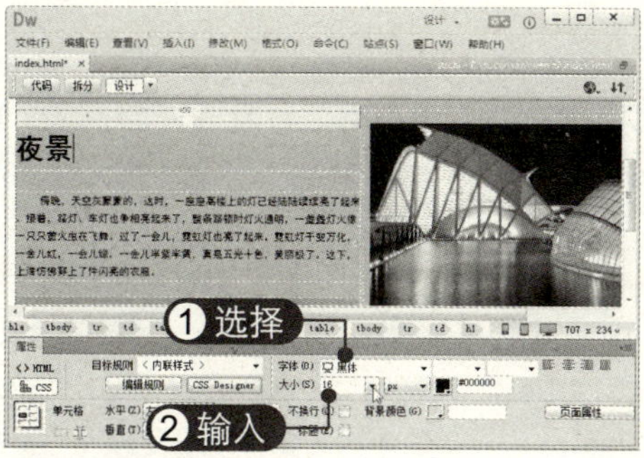

06 设置字体类型 将光标定位到正文中，在“属性”面板中设置字体的类型为“黑体”，如下图所示。

07 设置字体大小 在“属性”面板中设置正文字体大小为14，如下图所示。

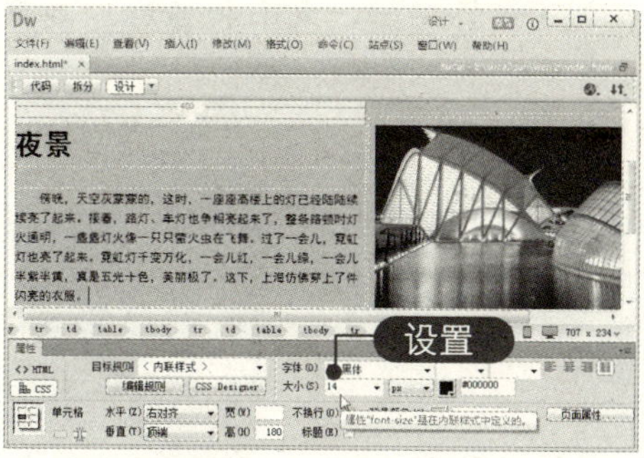

08 预览网页 按【Ctrl+S】组合键保存文件，按【F12】键预览网页，效果如下图所示。

3.1.2 插入其他文本元素

在 Dreamweaver CC 中，除了可以插入普通的文本外，还可以插入日期、水平线、特殊字符等文本元素。

1. 插入日期

插入日期的具体操作方法如下：

01 单击“日期”命令 继续将光标定位到需要插入日期的位置，在菜单栏中单击“插入”|“日期”命令，如下图所示。

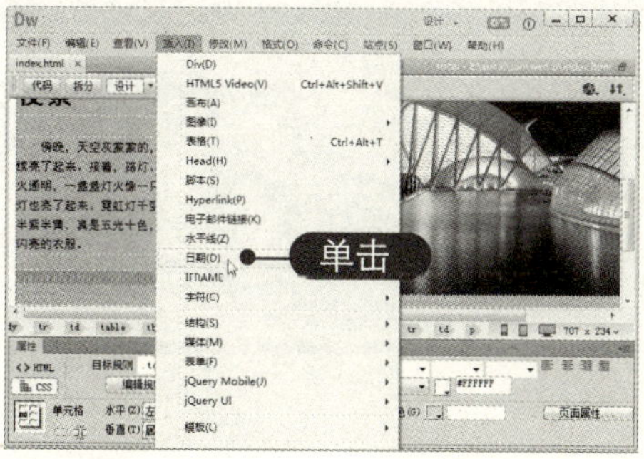

02 选择日期格式 弹出“插入日期”对话框，选择需要的日期格式，如选择日期格式，单击“确定”按钮，如下图所示。

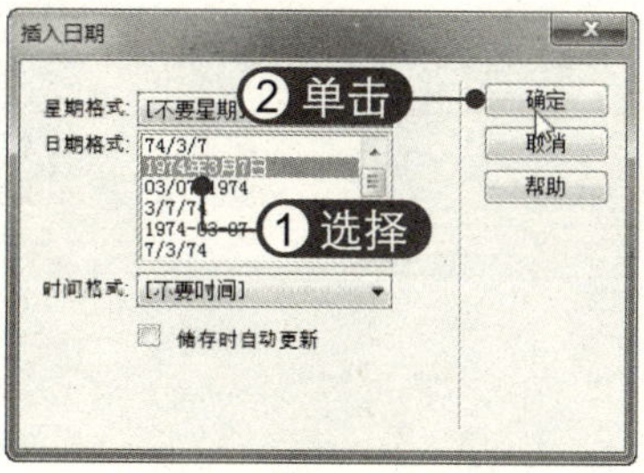

03 设置日期字体属性 将光标定位到日期行中，在“属性”面板中可以设置日期字体的类型、大小和颜色，如下图所示。

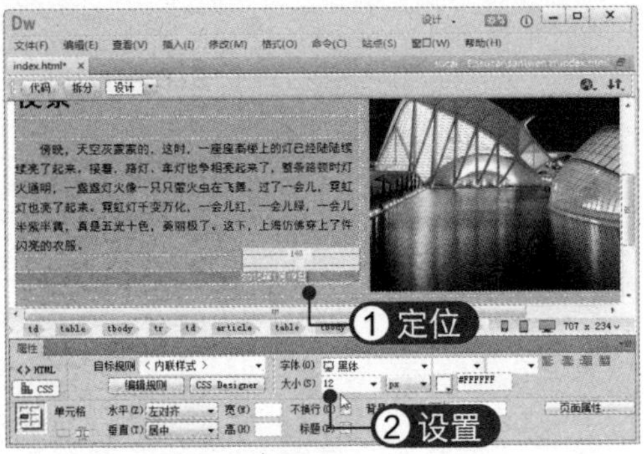

04 预览网页效果 按【Ctrl+S】组合键保存文件，按【F12】键预览网页，效果如下图所示。

2. 插入水平线

插入水平线的具体操作方法如下：

01 单击“水平线”命令 将光标定位到需要插入水平线的位置，在菜单栏中单击“插入”|“水平线”命令，如下图所示。

02 插入水平线 在光标定位的位置出现一条水平线，效果如下图所示。

03 设置水平线属性 选中水平线，可以在“属性”面板中设置水平线的大小、对齐方式等，如下图所示。

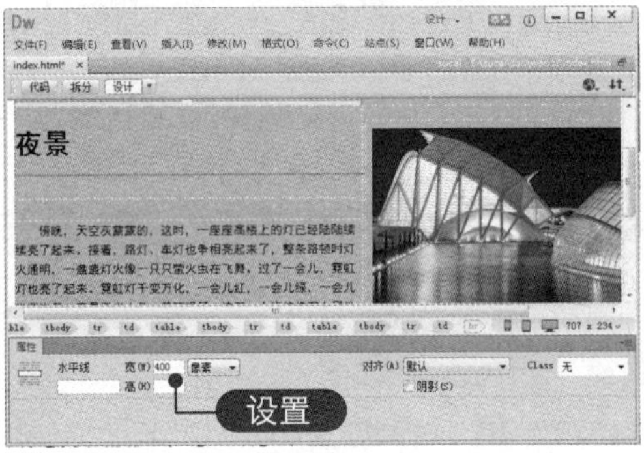

04 预览网页效果 按【Ctrl+S】组合键保存文件，按【F12】键预览网页，效果如下图所示。

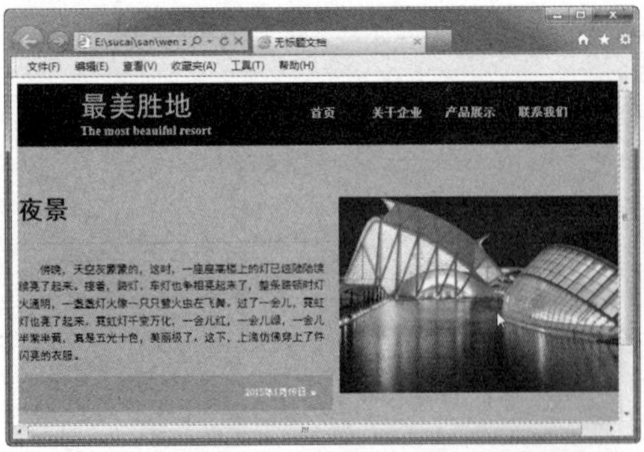

3. 插入版权字符

插入版权字符的具体操作方法如下：

01 定位光标 将光标定位到需要插入版权字符的位置，如下图所示。

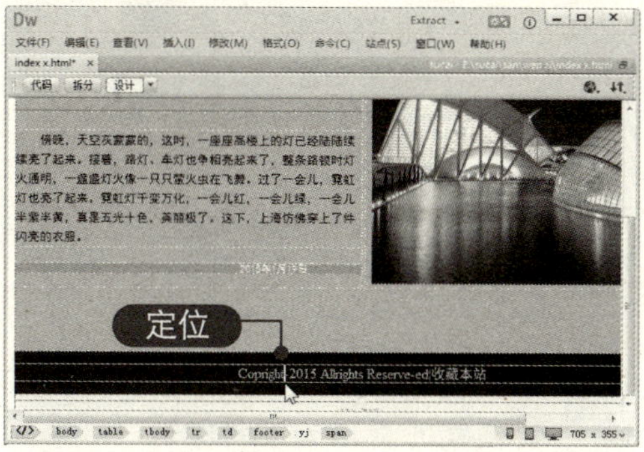

02 单击“版权”命令 在菜单栏中单击“插入”|“字符”|“版权”命令，如下图所示。

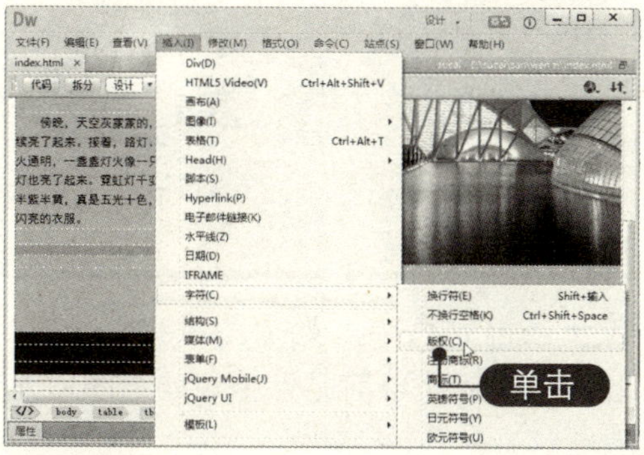

03 插入版权字符 此时在光标位置即可插入了版权字符，效果如下图所示。

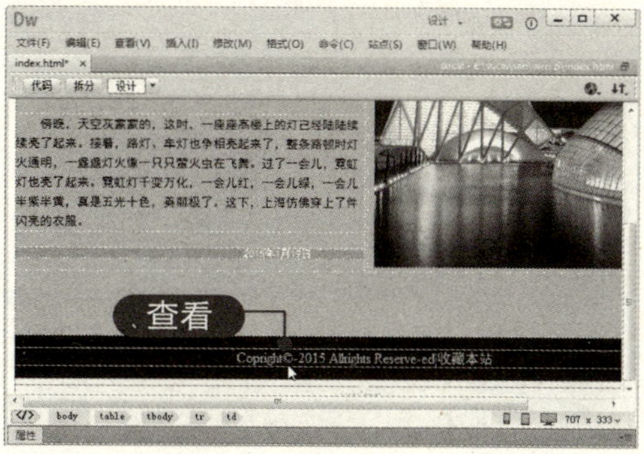

04 预览网页效果 按【Ctrl+S】组合键保存文件，按【F12】键预览文件，效果如下图所示。

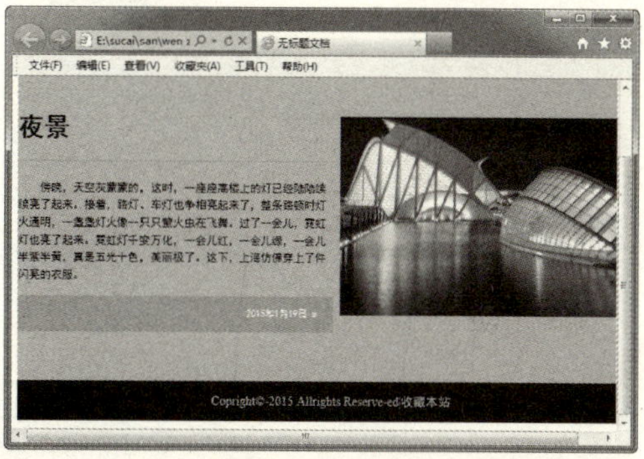

知识加油站

许多浏览器（尤其是旧版本的浏览器）无法正常显示很多特殊字符，因此在网页中尽量少用特殊字符。

3.2 在网页中插入图像

图像是网页构成中最重要的元素之一，美观的图像会为网站增添生命力，同时也能加深用户对网站的印象，从而提高网站的浏览率。

3.2.1 插入图像

在网页中插入图像的具体操作方法如下：

01 定位光标 打开素材文件“tu xiang\index.html”，将光标定位在要插入图像的位置，如下图所示。

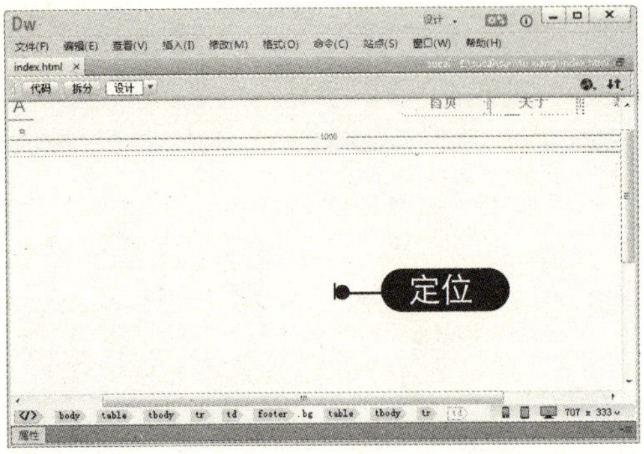

02 单击“图像”命令 在菜单栏中单击“插入”|“图像”|“图像”命令，如下图所示。

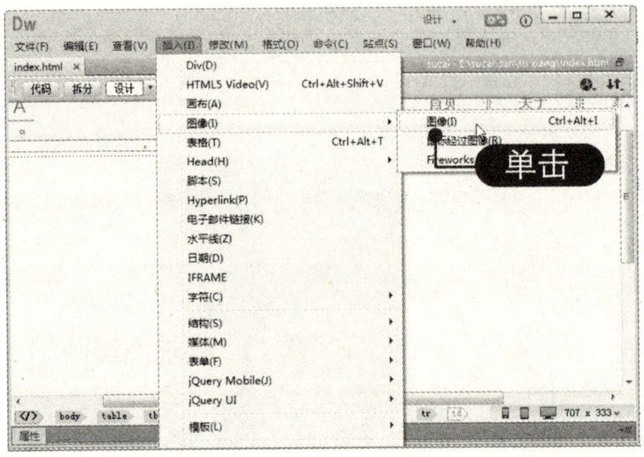

03 选择插入图像 弹出“选择图像文件”对话框，选择需要插入的图像，单击“确定”按钮，如下图所示。

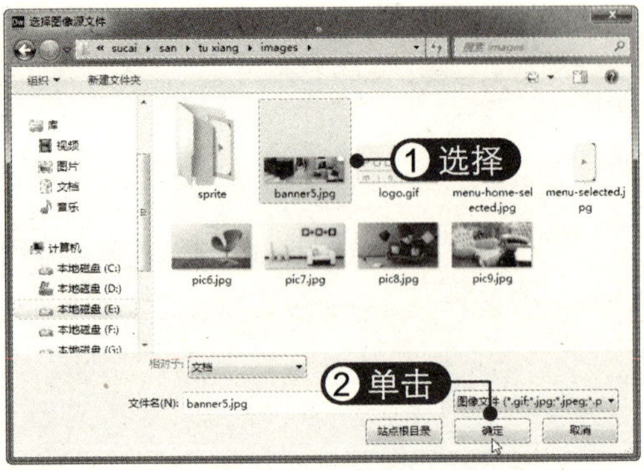

04 预览网页效果 保存文件，按【F12】键预览网页，如下图所示。

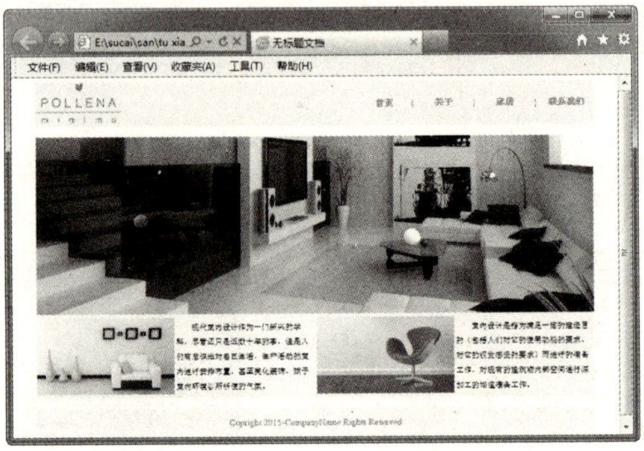

为了确保引用的正确性，该图像文件必须位于当前站点中。如果图像文件不在当前站点中，将弹出提示信息框，询问是否要将此文件复制到当前站点中，如下图所示。

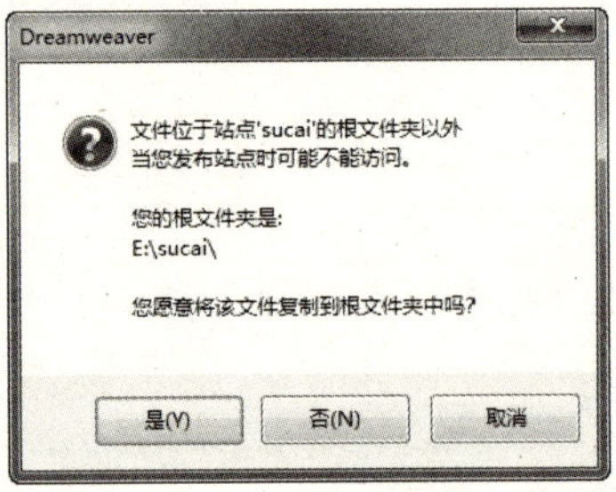

3.2.2 设置图像属性

选中图像，单击“窗口”|“属性”命令，打开“属性”面板，从中可以设置图像的基本属性，如下图所示。

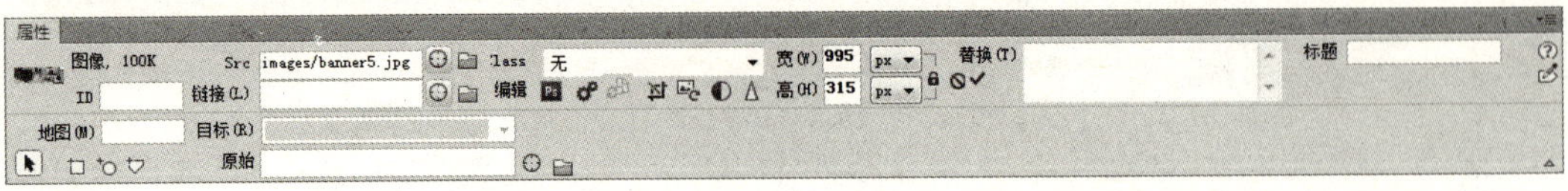

“属性”面板中各参数的具体含义如下：

◎ **宽、高**：图像的宽度和高度，其默认单位是“像素”，也可以用“点”、“英寸”或“毫米”作为单位。当在文本框中输入其他单位数值时，Dreamweaver 自动将其转换为像素。

◎ Scr：图像的具体路径，通常单击按钮，在弹出的“选择图像源文件”对话框中选择图像文件。

◎ Class：对图像进行类的定义。

◎ **替换**：图像的替换文字。当用户的浏览器不能正常显示图像时，在图像的位置会用这个替换文字代替图像。

◎ **链接**：设置图像链接的目标页面。

◎ **地图**：用于制作图像映射。

◎ **目标**：链接时的目标窗口或框架，在其下拉列表中包括“_blank”、new、“_parent”、“_self”和“_top”5个选项，其中：

_blank：将链接文件载入一个未命名的新浏览器窗口中。

_parent：将链接文件载入含有该链接的框架的父框架集或父窗口中。

_self：将链接的文件载入该链接所在的同一框架或窗口中。

_top：在整个浏览器窗口中载入所链接的文件，因而会删除所有框架。

◎ **原始**：当前图像的低分辨率副本的路径。

3.2.3 编辑图像

在 Dreamweaver CC 中提供了基本的图像编辑功能，无须使用外部图像编辑应用程序即可修改图像，如对图像进行裁剪、调整亮度和对比度、锐化、重新取样等。。

1. 裁剪图像

使用 Dreamweaver CC 内置的基本图像编辑功能可以裁剪图像，删除图像中不需要的部分，具体操作方法如下：

01 单击“裁剪”按钮 选中要裁剪的图像，在“属性”面板中单击“裁剪”按钮，如下图所示。

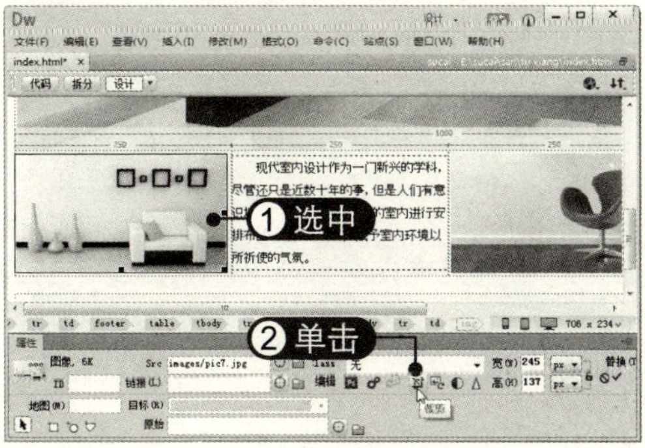

02 确认裁剪操作 弹出提示信息框，单击“确定”按钮，如下图所示。

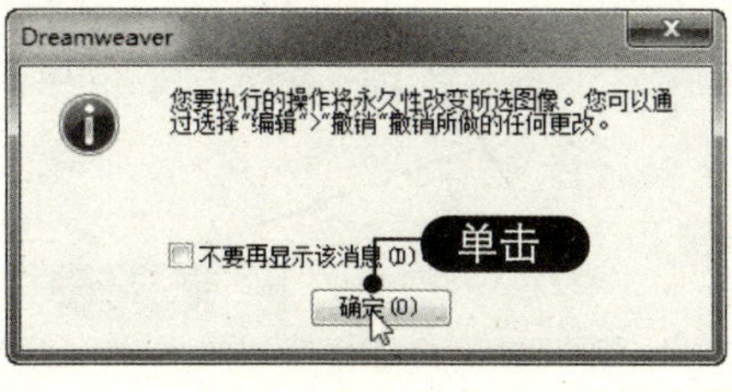

03 裁剪图像 此时图像周围会出现裁剪控制点，调整裁剪控制点至合适位置，如下图所示。

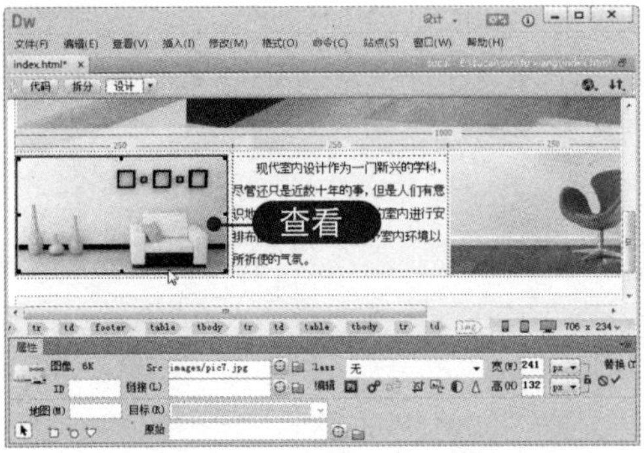

04 完成裁剪操作 在图像上双击或按【Enter】键即可完裁剪操作，效果如下图所示。

2. 调整图像的亮度和对比度

在 Dreamweaver CC 中提供了调整图像亮度和对比度的功能，可以对图像的高亮显示、阴影和中间调进行简单的调整，具体操作方法如下：

01 单击“亮度和对比度”按钮 选中要调整的图像，在“属性”面板中单击“亮度和对比度”按钮，如下图所示。

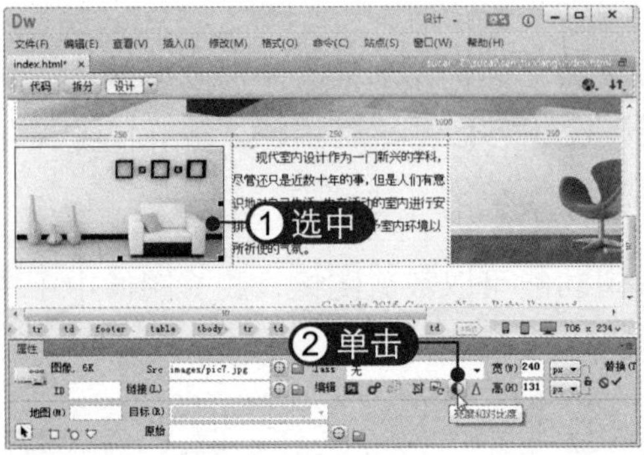

02 确认调整操作 弹出提示信息框，单击“确定”按钮，如下图所示。

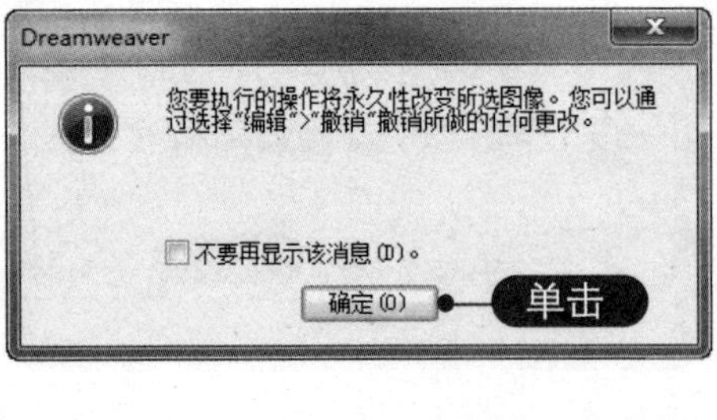

03 设置参数 弹出“亮度/对比度”对话框，拖动亮度和对比度的滑块（向右为增加，向左为降低，取值范围100~100）。选中“预览”复选框，可以在调整图像的同时，预览图像的变化，单击“确定”按钮，如下图所示。

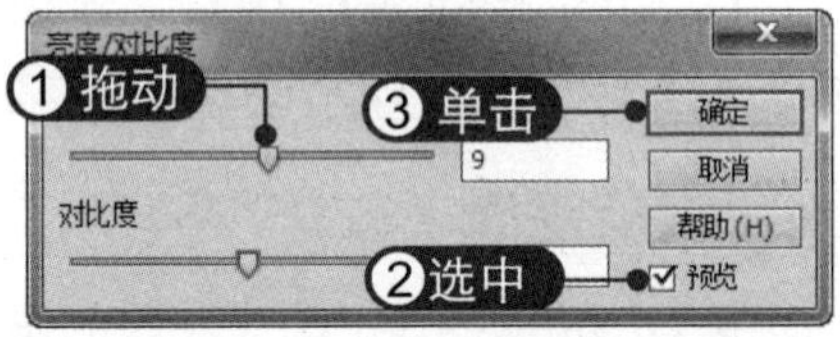

04 查看调整效果 此时，即可查看调整图像亮度和对比度后的效果，如下图所示。

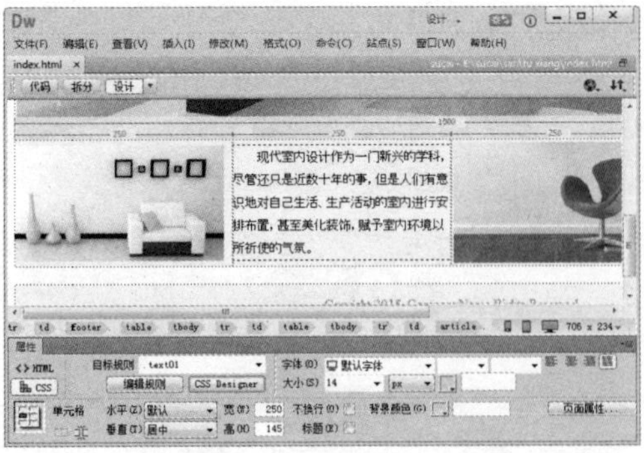

3. 锐化图像

锐化操作将增加图像边缘像素的对比度，从而增加图像的清晰度或锐度，具体操作方法如下：

01 单击“锐化”按钮 选中要调整的图像，在“属性”面板中单击“锐化”按钮，如下图所示。

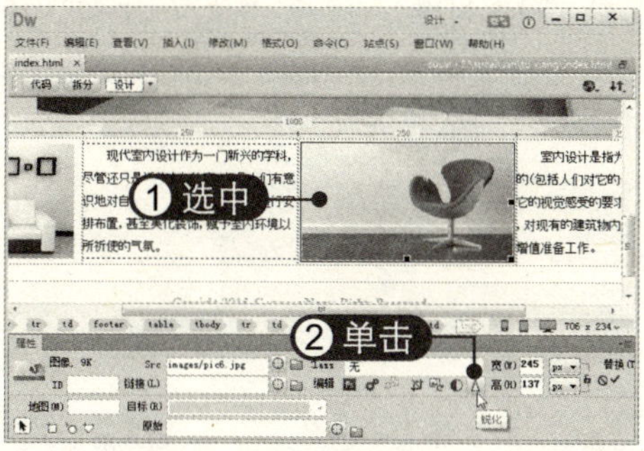

02 确认锐化操作 弹出提示信息框，单击“确定”按钮，如下图所示。

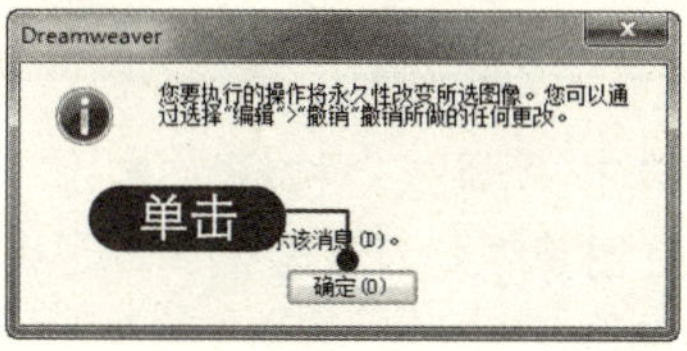

03 设置参数 弹出“锐化”对话框，拖动滑块，选中“预览”复选框，单击“确定”按钮，如下图所示。

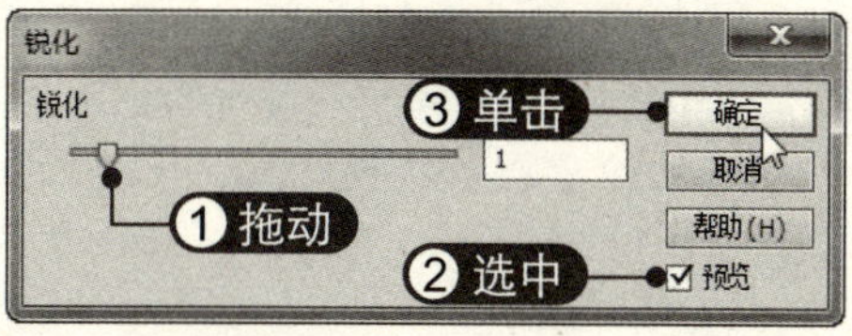

04 查看效果 此时，即可查看图像锐化后的效果，如下图所示。

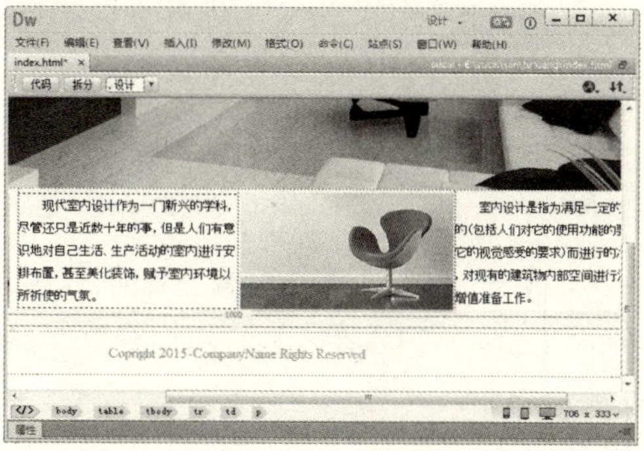

4. 重新取样

在 Dreamweaver 中重新调整图像的大小时，可以对图像进行重新取样，以容纳新尺寸。利用该功能可以添加或减少已调整大小的图像文件的像素，以便与原始图像的外观尽可能匹配，具体操作方法如下：

01 单击“重新取样”按钮 选中要调整的图像，在“属性”面板中单击“重新取样”按钮，如下图所示。

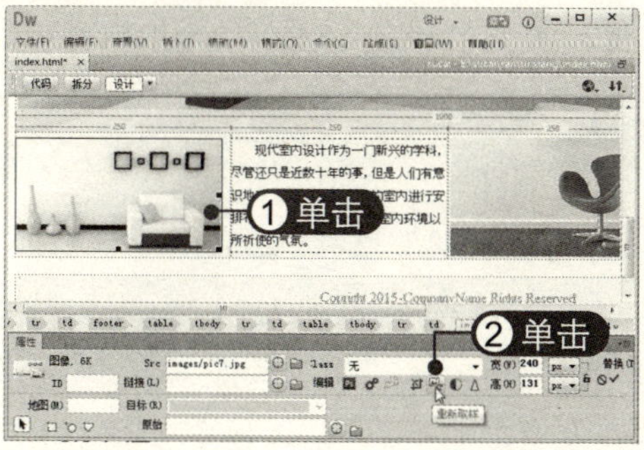

02 查看效果 在弹出的提示信息框中单击“确定”按钮，即可查看图像重新取样后的效果，如下图所示。

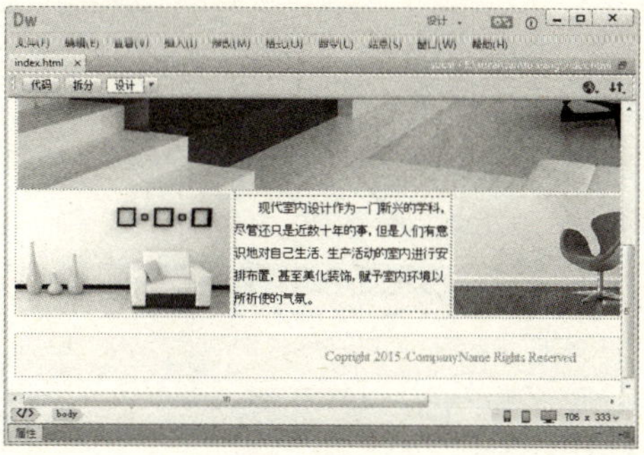

3.2.4 插入鼠标经过图像

在浏览器中查看网页时，当鼠标指针经过图像时，该图像就会变成另外一幅图像，当鼠标指针移开时，该图像又会还原为原来的图像，这种效果在 Dreamweaver 中可以非常方便地制作出来。

插入鼠标经过图像的具体操作方法如下：

01 定位光标 打开素材文件“tu xiang\jg tx.html”，将光标定位到要插入图像的位置，如下图所示。

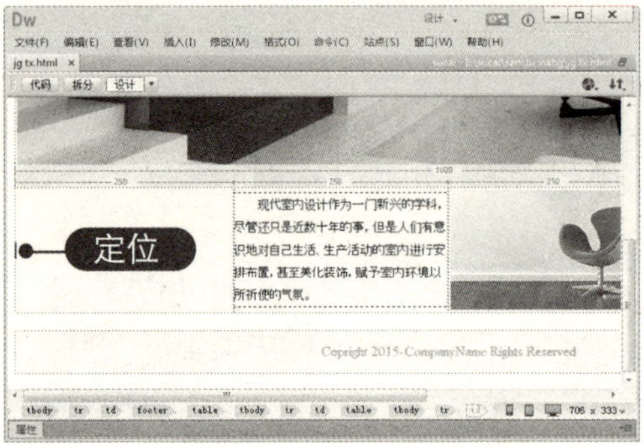

02 单击“鼠标经过图像”命令 单击“插入”|“图像”|“鼠标经过图像”命令，如下图所示。

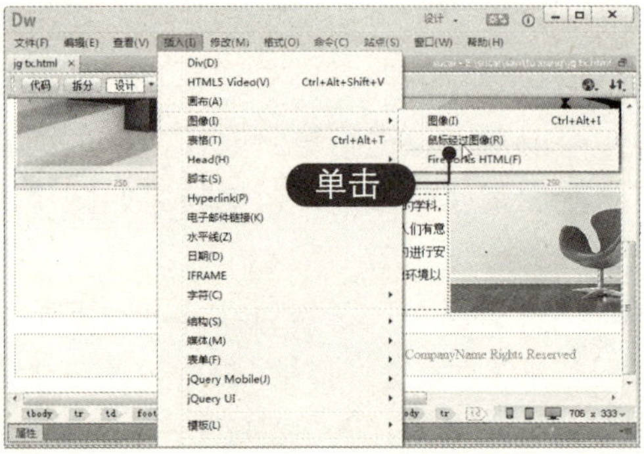

03 单击“浏览”按钮 弹出“插入鼠标经过图像”对话框，单击“原始图像”文本框右侧的“浏览”按钮，如下图所示。

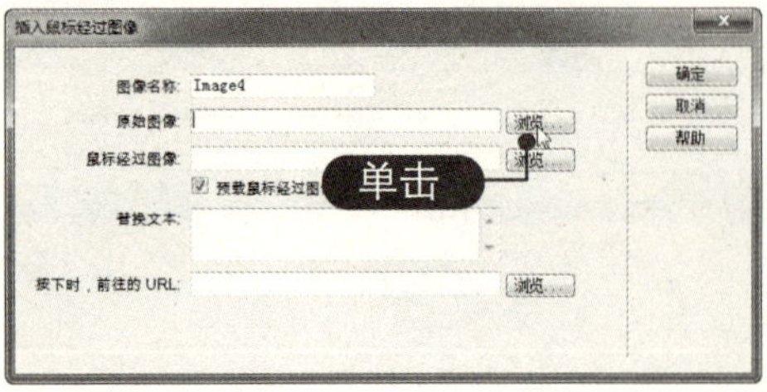

04 选择图像 弹出“原始图像”对话框，选择原始图像，然后单击“确定”按钮，如下图所示。

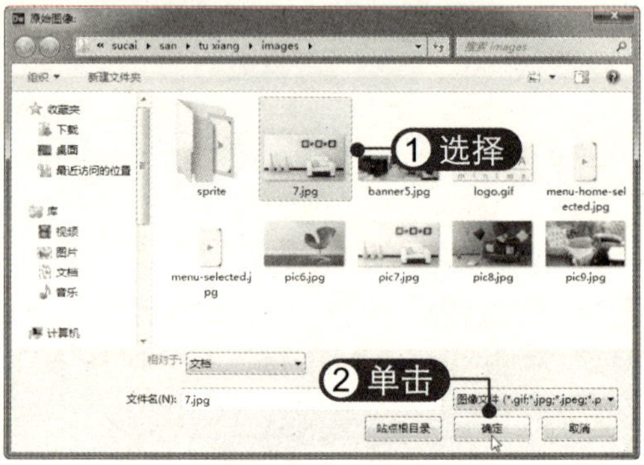

05 单击“浏览”按钮 单击“鼠标经过图像”文本框右侧的“浏览”按钮，如下图所示。

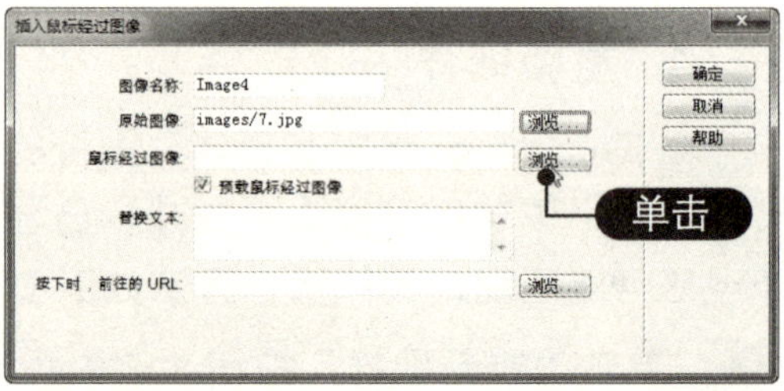

06 选择图像 弹出“鼠标经过图像”对话框，选择鼠标经过时要显示的图像，单击“确定”按钮，如下图所示。

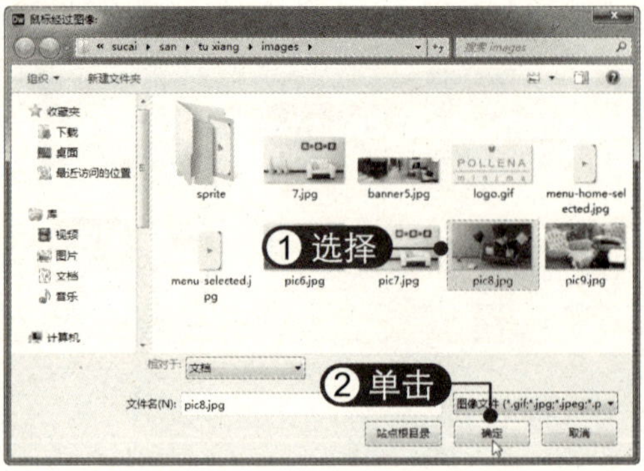

07 保存文档 返回“插入鼠标经过图像”对话框，单击“确定”按钮，保存文档。按【F12】键预览网页，鼠标经过前图像效果如下图所示。

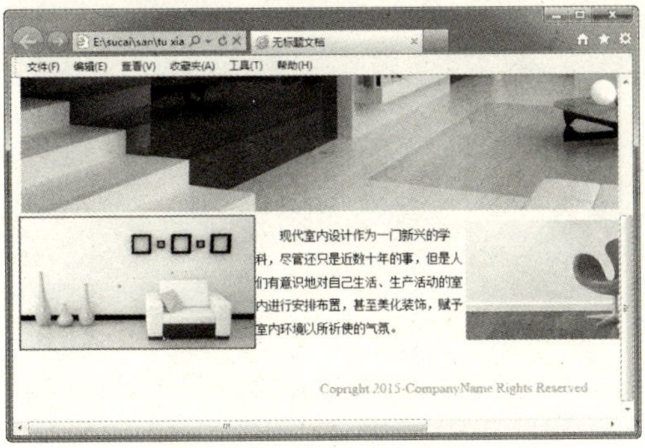

08 查看图像效果 当鼠标指针移至图像上时，图像显示效果如下图所示。

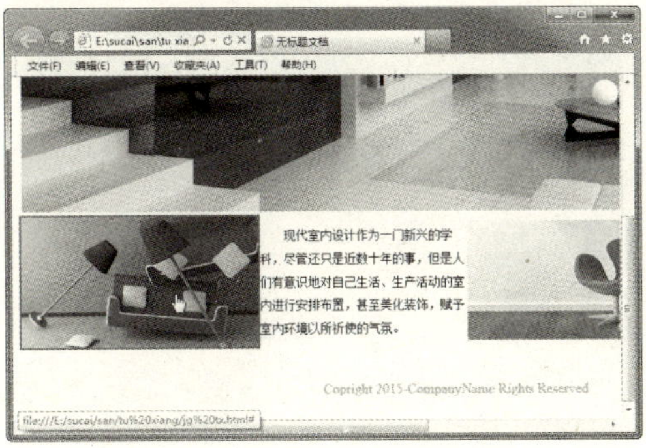

3.2.5 插入 Flash 动画

Flash 动画是目前网上最流行的动画格式，它使原本静态的网页显得更加有活力。在 Dreamweaver CC 中可以将制作好的 Flash 动画直接插入到网页文档中，具体操作方法如下：

01 定位光标 打开素材文件“mei ti\index.html”，将光标定位到要插入 Flash 动画的位置，如下图所示。

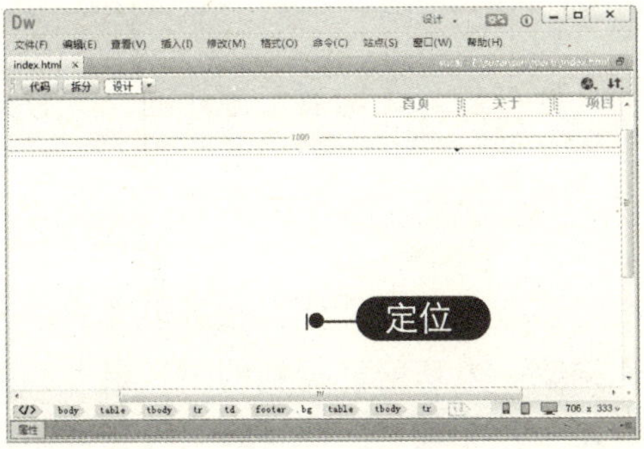

02 单击 Flash SWF 命令 单击菜单栏中的“插入”|“媒体”| Flash SWF 命令，如下图所示。

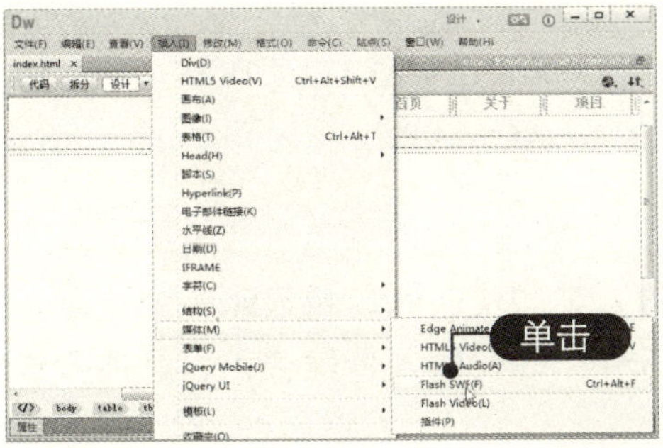

03 选择动画文件 弹出“选择 SWF”对话框，选择要插入的动画文件，然后单击“确定”按钮，如下图所示。

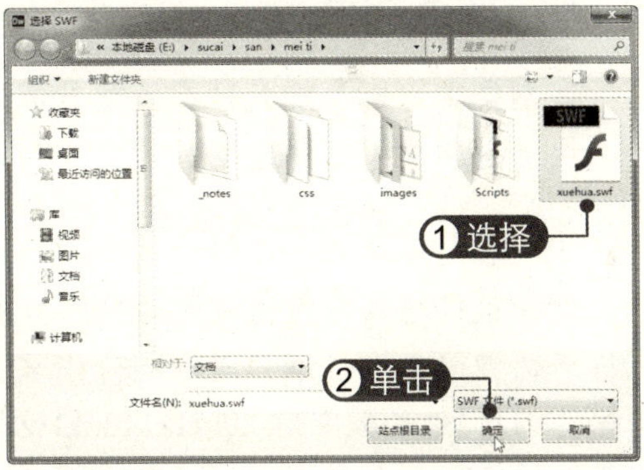

04 输入文字 弹出“对象标签辅助功能属性”对话框，可以在标题文本框中输入对 Flash 动画解释说明性文字，然后单击“确定”按钮，如下图所示。

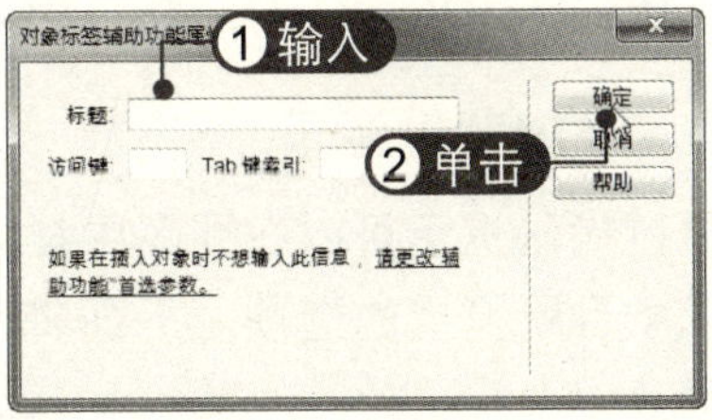

05 设置属性 选中 Flash 动画文件，可以在“属性”面板中设置大小、品质、对齐方式、透明度等，如下图所示。

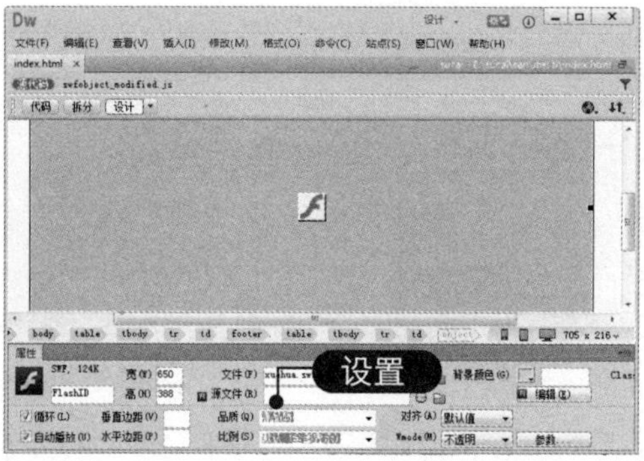

06 预览网页效果 按【Ctrl+S】组合键保存网页，按【F12】键预览网页，效果如下图所示。

知识加油站

插入Flash动画的方法除了可以使用菜单栏中的“插入”|“媒体”| Flash SWF命令外，也可以在“插入“面板中单击“媒体”类别下的Flash SWF按钮，其作用是相同的。

3.2.6 插入声音

在网页中可以添加各种不同格式的声音文件，但在加入之前要考虑用途、文件大小、声音品质和浏览器差别等因素。

1. 关于音频文件格式

音频文件格式常见特点有：要在电脑上播放或是处理音频文件，也就是要对声音文件进行数模转换，这个过程同样由采样和量化构成。人耳所能听到的声音最低的频率是 20Hz，最高频率是 20kHz，20kHz 以上人耳是听不到的，因此音频文件格式的最大带宽是 20kHz，故而采样速率需要介于 40~50kHz 之间，而且对每个样本需要更多的量化比特数。音频数字化的标准是每个样本 16 位-96dB 的信噪比，采用线性脉冲编码调制 PCM，每一量化步长都具有相等的长度。在音频文件的制作中，正是采用这一标准。

音频格式日新月异，常见的音频格式包括：CD 格式、WAVE（*.WAV）、ALFF、AU、MP3、MIDI、RealAudio、VQF、OggVorbis、AAC、APE。

2. 添加背景音乐

通过代码提示可以在视图中插入代码，在输入某些代码时，将显示一个列表，列出完成条目所需要的选项。下面将通过代码提示介绍如何插入背景音乐，具体操作方法如下：

01 打开文件 在文档工具中单击“代码”按钮，如下图所示。

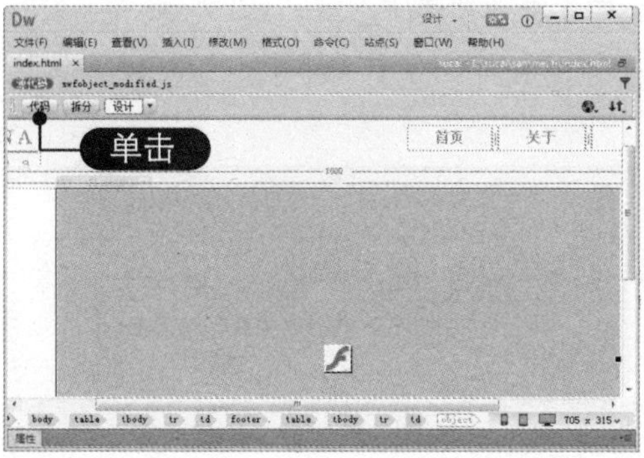

02 选择标签 切换到代码视图，在代码视图中找到<body>标签，并在其后面输入“<”以显示标签列表，向下滚动该列表，双击 bgsound 标签将其插入到代码中，如下图所示。

03 选择标签 如果 bgsound 标签支持属性，可按空格键以显示该标签允许的属性列表，从中选择 scr 属性，如下图所示。

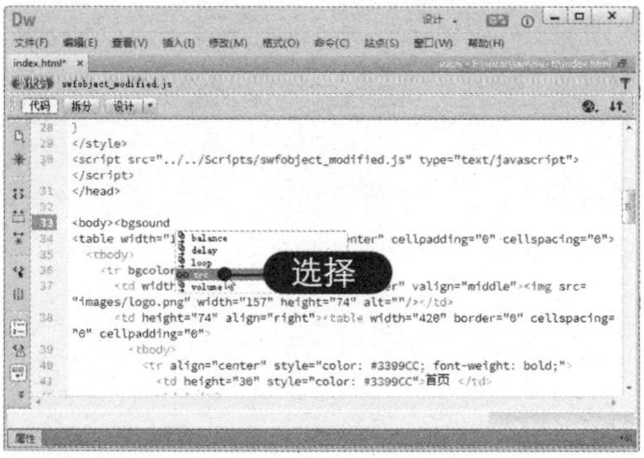

04 查看效果 按【Enter】键出现“浏览”选项，选择该选项，如下图所示。

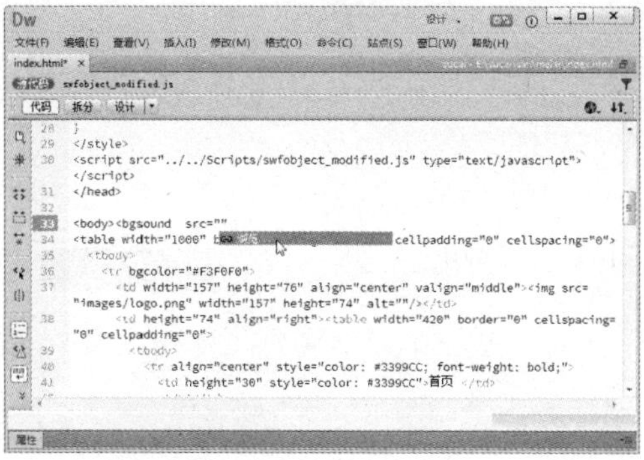

05 选择文件 弹出“选择文件”对话框，选择音乐文件，单击“确定”按钮，如下图所示。

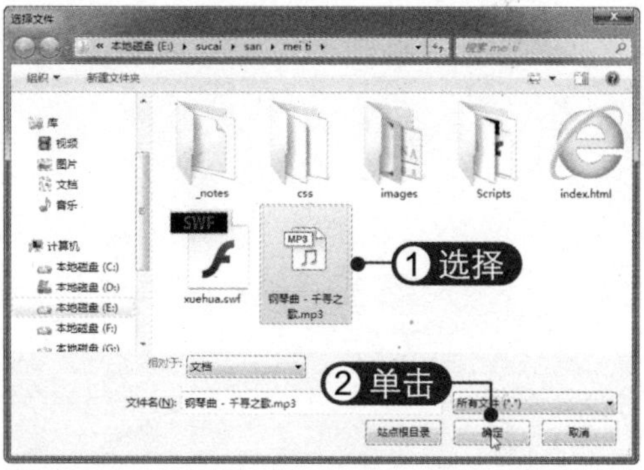

06 选择 loop 属性 在新插入的代码后按空格键，在属性列表中双击 loop 属性，如下图所示。

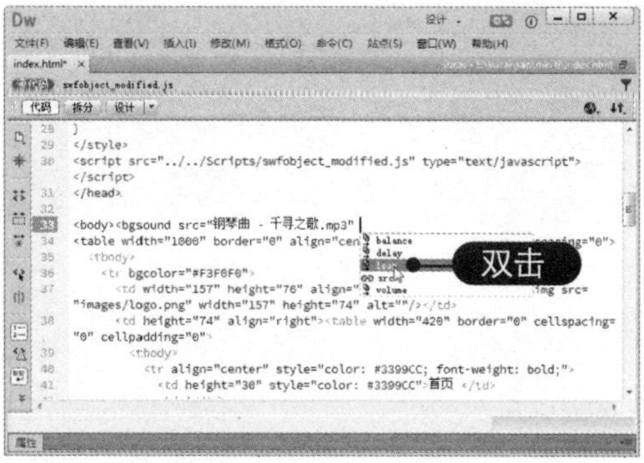

07 输入符号 显示“-1”选项，双击该选项将其插入到代码中，在代码最后输入“>”，如下图所示。

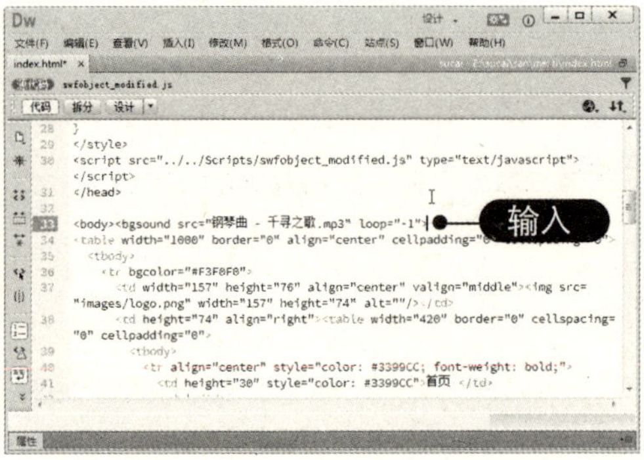

08 预览网页效果 按【Ctrl+S】组合键保存网页，按【F12】键预览网页，查看背景音乐效果，如下图所示。

Chapter 04

创建网页链接

超链接是网页中最重要、最基本的元素之一。每个网站实际上都由很多网页组成，这些网页是通过超链接的形式关联在一起的，链接的目标可以为另一个网页、相同网页上的不同位置、一张图片、一个电子邮件地址、一个文件，甚至是一个应用程序。若页面之间彼此是独立的，那么这样的网站是无法运行的，正是因为有了网页之间链接，才形成了纷繁复杂的网络世界。

本章要点

- 认识超链接
- 管理网页超链接
- 在网页中创建超链接

知识等级

网页制作初级读者

建议学时

建议学习时间为 40 分钟

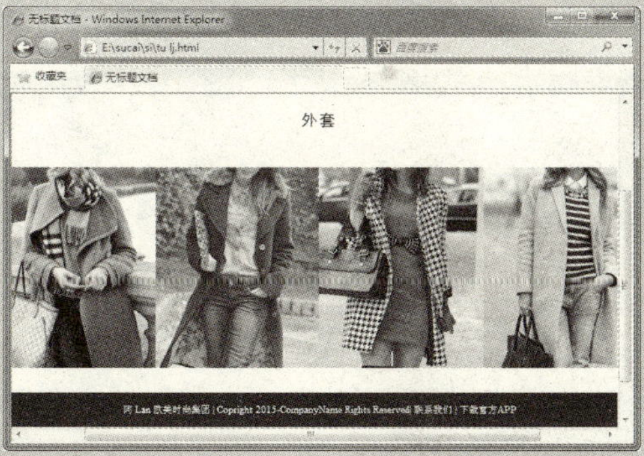

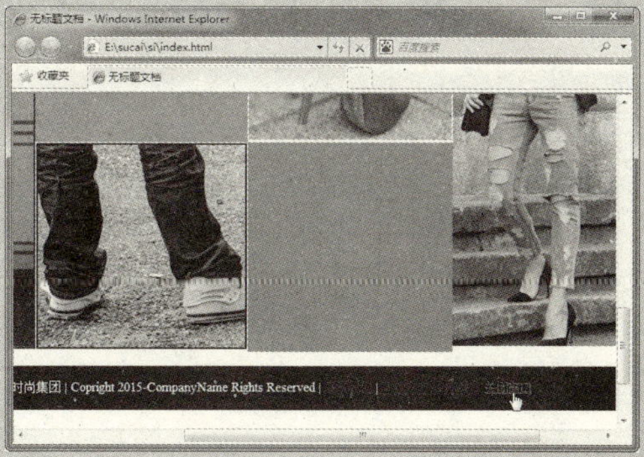

4.1 认识超链接

超链接是从一个网页或文件到另一个网页或文件的链接，包括图像或多媒体文件，还可以指向电子邮件地址或程序。当网站访问者单击超链接时，将根据目标的类型执行相应的操作，即在 Web 浏览器中打开运行。

要正确地创建超链接，就必须了解链接与被连接文档之间的路径，每个网页都有一个唯一的地址，称为统一资源定位符（URL）。当在网页中创建内部链接时，一般不会指定链接文档的完整 URL，而是指定一个相对当前文档或站点根文件夹的相对路径。

4.1.1 绝对路径

绝对路径是包括服务器规范在内的完全路径，不管源文件在什么位置，通过绝对路径都可以非常精准地将目标文档找到，除非它的位置发生变化，否则链接不会失败。

采用绝对路径的好处是它同链接的源端点无关，只要网站的地址不变，无论文档在站点中如何移动，都可以正常实现跳转而不会发生错误。另外，如果希望连接到其他站点上的文件，就必须使用绝对路径。

采用绝对路径的缺点在于这种方式的链接不利于测试。如果在站点中使用绝对路径，那么要想测试链接是否有效，就必须在 Internet 服务器端对链接进行测试。

4.1.2 相对路径

相对路径也叫文档相对路径。在当前文档与所连接的文档处于同一文件内时，文档相对路径特别有用。文档相对路径还可用于连接到其他文件夹中的文档，方法是利用文件夹的层次结构指定从当前文档到所连接文档的路径。

4.2 管理网页超链接

超链接是网页中不可缺少的一部分，通过超链接可以使网站中的网页构成一个有机的整体。通过管理网页中的超链接，也可以对网页进行相应的管理。

4.2.1 自动更新链接

当在本地站点内移动或重命名文档时，Dreamweaver 可更新指向该文档的链接。当将整个站点储存在硬盘上时，自动更新链接功能最适用，Dreamweaver 不更改远程文件夹中的文件。

自动更新链接具体操作方法如下：

单击“编辑”|“首选项”命令，弹出“首选项”对话框，在左侧中的“分类”列表中选择“常规”选项，如下图所示。

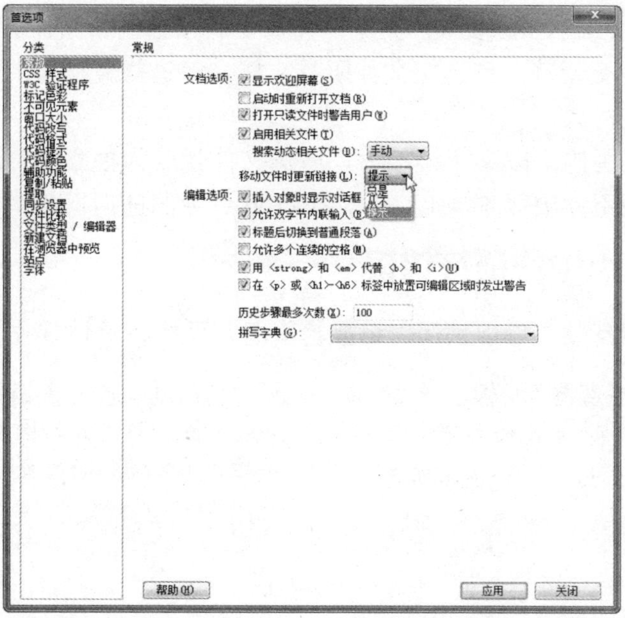

在“移动文件时更新链接”下拉列表中选择“总是”或“提示”选项。若选择“总是”选项，则每当移动或重命名文档时，Dreamweaver 将自动更新指向该文档的所有链接；如果选择“提示”选项，则在移动文档时 Dreamweaver 将显示“更新文件”对话框，列出此更改影响到的所有文件。

4.2.2 在站点范围内更改链接

除了每次移动或重命名文件时让 Dreamweaver 自动更新链接外，还可以手动更新所有链接，使它们指向其他位置。更改链接的具体操作方法如下：

01 **打开文件** 单击“窗口”|“文件”命令，打开“文件”面板，在面板中选择一个本地站点中的文件，如下图所示。

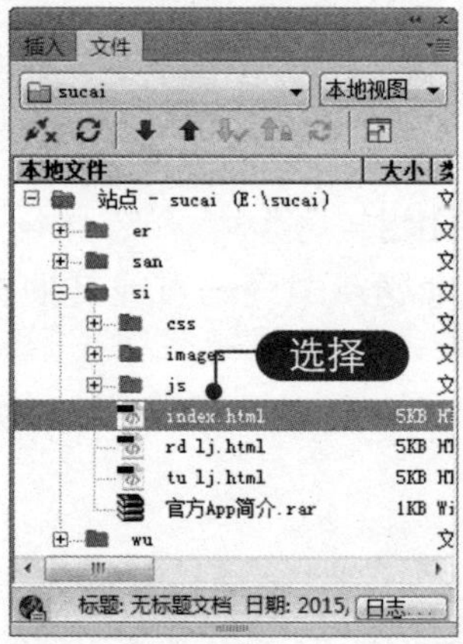

02 **更改站点范围内的链接** 单击“站点”|“改变站点范围的链接”命令，弹出“更改整个站点链接”对话框从中设置链接，单击“确定”按钮，即可，如下图所示。

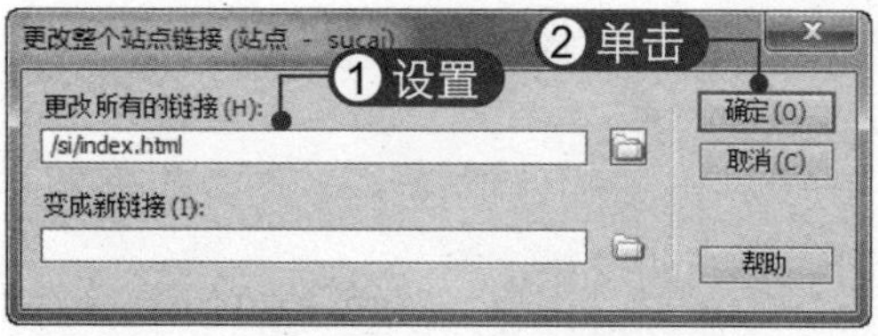

“更改整个站点链接”对话框中的参数含义如下：

◎ **更改所有的链接：** 单击按钮，浏览并选择要取消其链接的目标文件。

◎ **变成新链接：**单击□按钮，浏览并选择要链接到的新文件。

Dreamweaver 更新链接到选定文件所有文档，使这些文档指向新文件，并沿用文档已经使用的路径格式。

在整个站点范围内更改某个链接后，所选文件就成为独立文件。这时就可以安全地删除此文件，而不会破坏本地 Dreamweaver 站点中的任何链接。

4.2.3 检查站点中的链接错误

要检查网站的链接，可以使用“链接检查器”面板，具体操作方法如下：

01 打开“链接检查器”面板 单击“窗口”|“结果”|“链接检查器”命令，打开“链接检查器”面板，如下图所示。

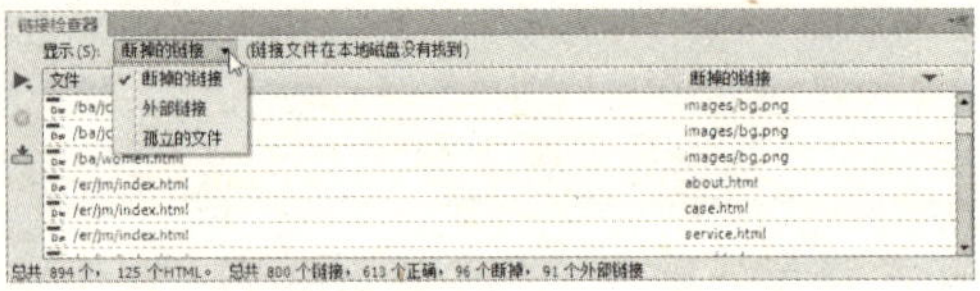

02 选择检查链接选项 单击面板左侧的蓝色箭头，在弹出的下拉列表中选择“检查当前文档中的链接”选项，如下图所示。

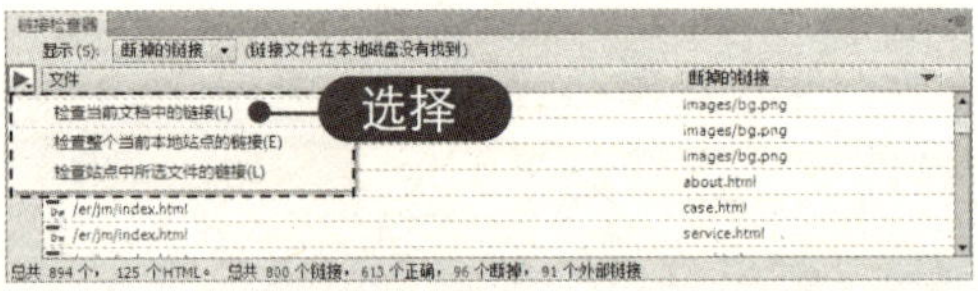

03 自动检查站点链接 此时，链接检查器会自动开始检查站点链接，检查完毕后在下方的状态栏查看效果，如下图所示。

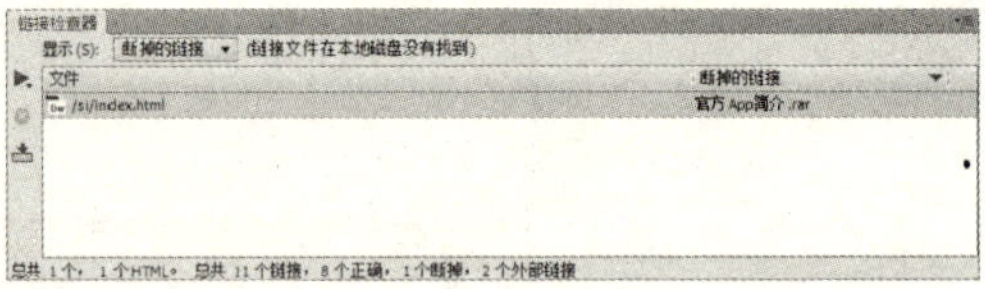

04 修改无效链接 在“断掉的链接”中重新设置链接文件。

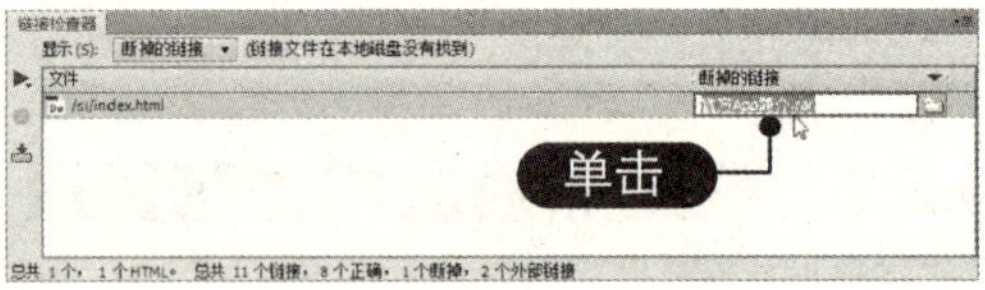

4.3 在网页中创建超链接

在网页中可以应用多种超链接的方式，如图像链接、热点链接、电子邮件链接，以及脚本链接和空连接。下面将介绍在网页中创建超链接的方法与技巧。

常见的超链接主要有以下几种类型：

◎ **网页间链接：**指链接到其他文档或文件的超链接。

◎ **网页内链接：**也称为命名锚链接，指链接到本地站点中同一页或其他页特定位置的超链接。

◎ **电子邮件链接：**指可以启动电子邮件程序，允许用户撰写电子邮件并发送到指定邮箱的超链接。

◎ **空链接：**指未指定目标文档的链接。

◎ **图像热点链接：**可以在一张图像上创建多个链接区域，这些区域可以是矩形、圆形或者多边形，这些链接区域就称为热点链接。当单击图像上的热点链接时，就会跳转到所链接的页面上。

4.3.1 创建图像链接

当浏览网页时，鼠标指针经过图像时会出现一个手形图标，提示浏览者这是带有链接的图像，此时单击鼠标左键会打开所链接的网页，这就是图像超链接。创建图像链接的具体操作方法如下：

01 选中图像 打开素材文件“index.html”，选中图像，如下图所示。

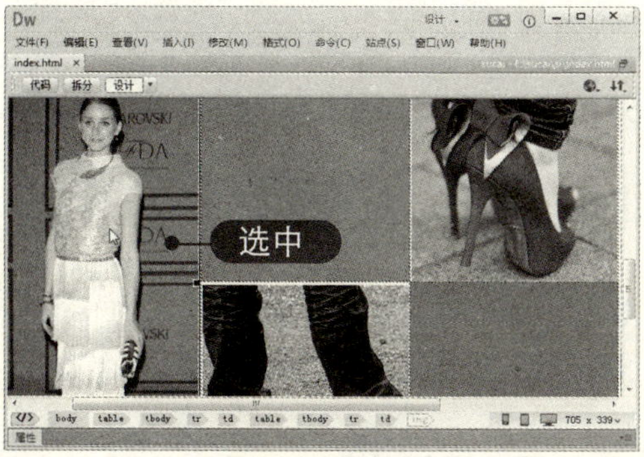

02 单击“浏览文件”按钮 在“属性”面板中单击“链接”文本框右侧的“浏览文件”按钮，如下图所示。

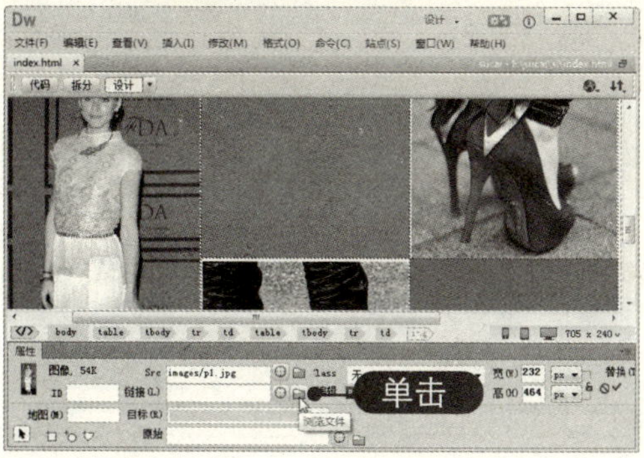

03 选择链接文件 弹出“选择文件”对话框，选择所要链接的文件，然后单击“确定”按钮，如下图所示。

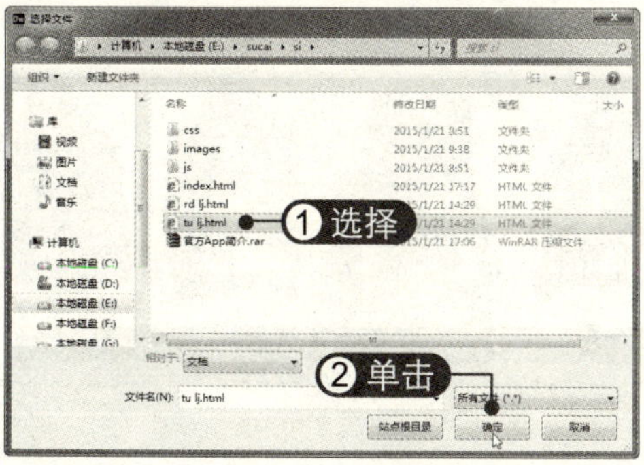

04 查看链接 此时在“属性”面板的“链接”文本框中可以看到创建的链接，如下图所示。

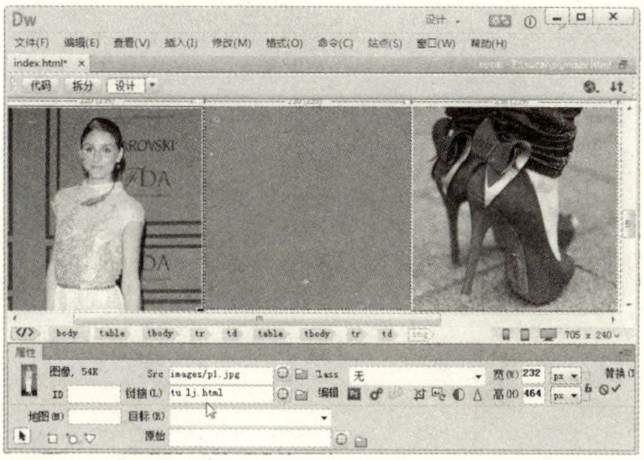

05 预览网页效果 按【Ctrl+S】组合键保存网页，按【F12】键进行预览，在浏览器中单击链接图片，如下图所示。

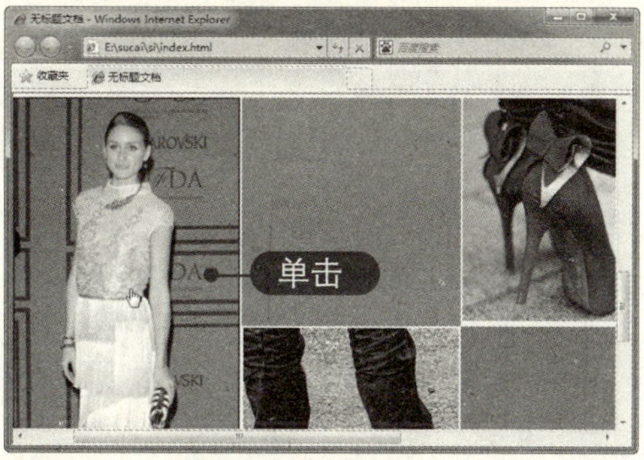

06 打开被链接网页 此时即可自动跳转到被链接的网页，如下图所示。

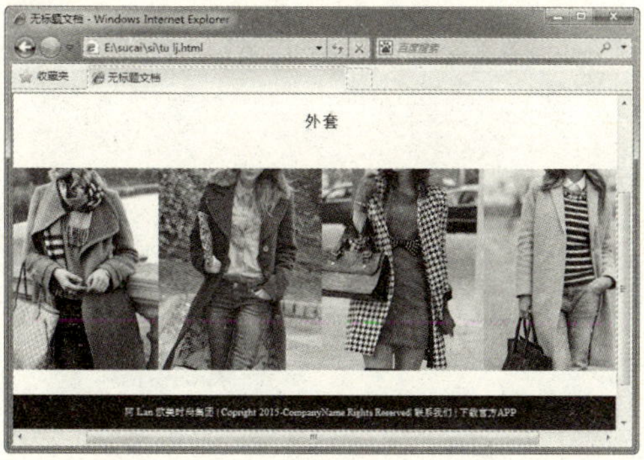

4.3.2 创建图像热点链接

图像热点链接可以将一幅图像分割为若干个区域，并将这些区域设置成热点区域（简称热区）；然后将不同热点区域链接到不同的页面，当浏览者单击图像上的不同热点区域时就能实现跳转。创建图像热点链接的具体操作方法如下：

01 单击“矩形热点工具”按钮 选中图像，在“属性”面板中单击“矩形热点工具”按钮，如下图所示。

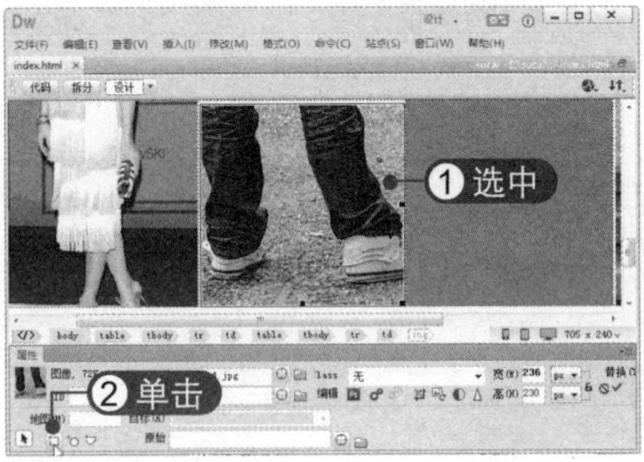

02 绘制矩形热区 在选中的图片上绘制一个矩形热区，如下图所示。

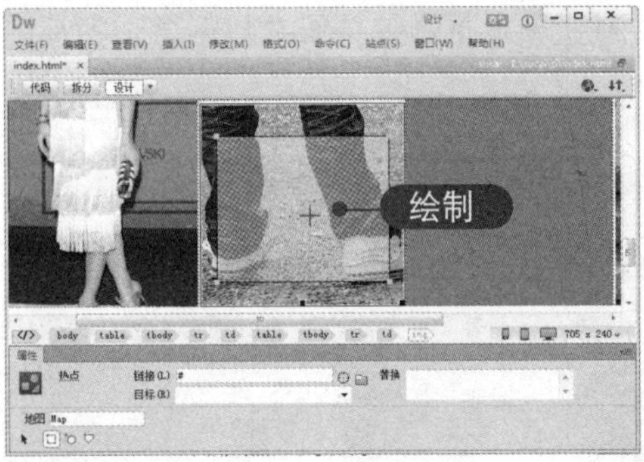

03 单击“浏览”文件按钮 在“属性”面板中单击“链接”文本框右侧的“浏览文件”按钮，如下图所示。

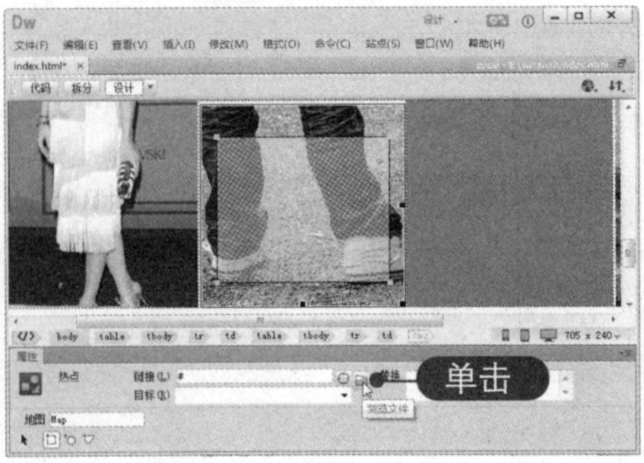

04 选择链接文件 弹出“选择文件”对话框，选择所要链接的文件，然后单击“确定”按钮，如下图所示。

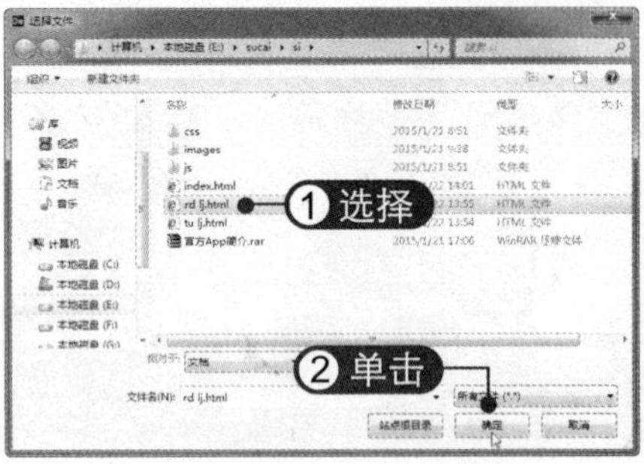

05 预览网页效果 按【Ctrl+S】组合键保存网页，按【F12】键进行预览，在浏览器中单击热点区域，如下图所示。

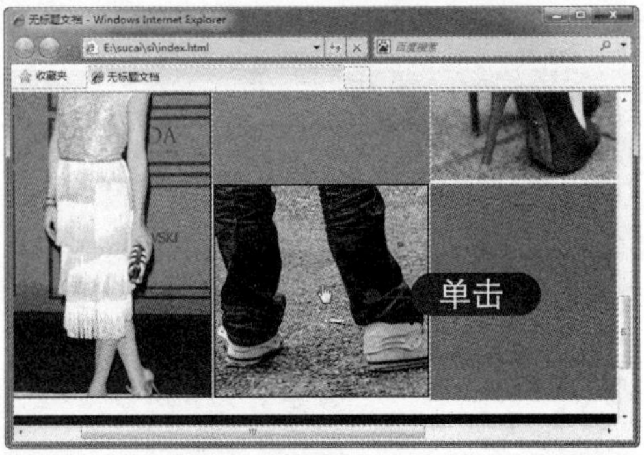

06 查看被链接网页 此时即可自动跳转到被链接的网页，如下图所示。

4.3.3 创建电子邮件链接

电子邮件链接又称E-mail链接，就是将电子邮件地址作为超链接的链接目标。当用户在浏览器上单击指向电子邮件地址的超链接时，将会打开默认的邮件管理器的新邮件窗口。

创建电子邮件链接的具体操作方法如下：

01 单击“电子邮件链接”命令 选中要创建电子邮件链接的文本，然后单击“插入”|“电子邮件链接”命令，如下图所示。

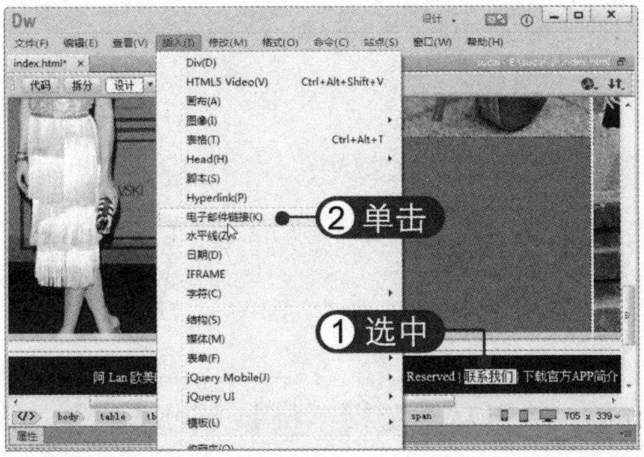

02 设置链接选项 弹出“电子邮件链接”对话框，设置文本和电子邮件地址，然后单击“确定”按钮，如下图所示。

03 预览网页效果 按【Ctrl+S】组合键保存网页文档，按【F12】键进行预览。单击“联系我们”文本超链接，如下图所示。

04 查看链接效果 此时就会弹出邮件编辑窗口，如下图所示。

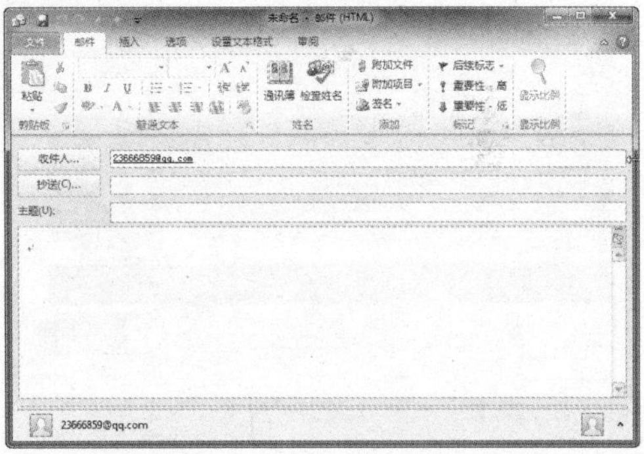

知识加油站

单击电子邮件链接后，系统将自动启动电子邮件软件，并在收件人地址中自动添加电子邮件链接所指定的邮箱地址。

4.3.4 创建空链接

空链接是一种无指向的链接，使用空链接可以为页面上的对象或文本附加行为。创建空链接的具体操作方法如下：

01 输入“#” 选中“登录”文本，然后在“属性”面板的“链接”文本框中输入“#”，如下图所示。

02 预览网页效果 按【Ctrl+S】组合键保存网页文档，按【F12】键在浏览器中预览网页效果，如下图所示。

4.3.5 创建下载文件链接

如果超链接指向的不是一个网页文件，而是其他文件（如 RAR、ZIP、MP3 或 EXE 文件等），单击超链接时就会自动下载文件。如果在网站中提供下载资料，就需要为文件提供下载链接。

创建下载文件链接的具体操作方法如下：

01 单击“浏览文件”按钮 选中“下载官方 APP”文本，然后在“属性”面板中单击“链接”文本框右侧的“浏览文件”按钮，如下图所示。

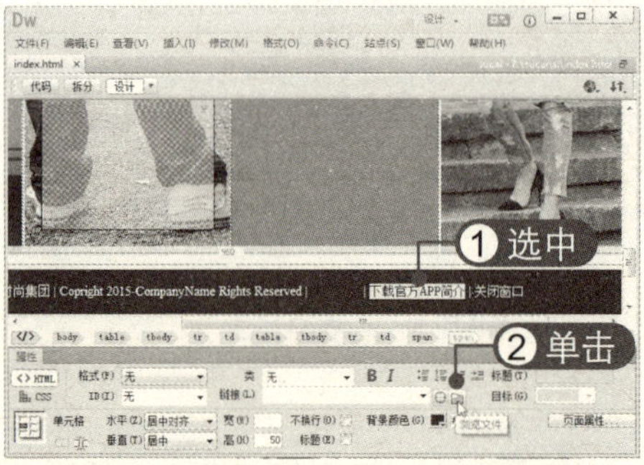

02 选择下载文件 弹出“选择文件”对话框，选择要下载的文件，然后单击“确定”按钮，如下图所示。

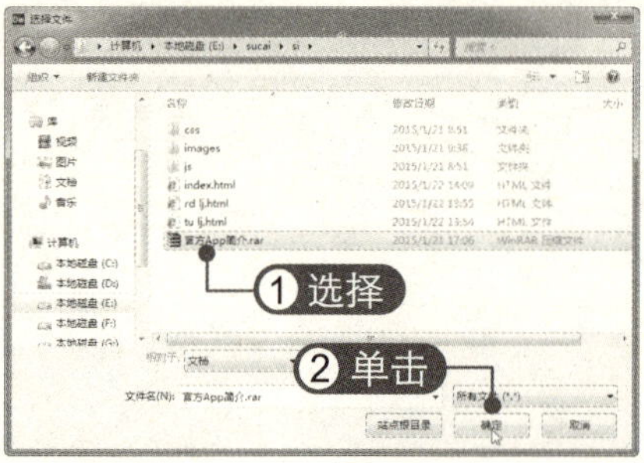

03 单击文本链接 按【Ctrl+S】组合键保存网页，按【F12】键进行预览，单击“官方 App 简介”文本超链接，如下图所示。

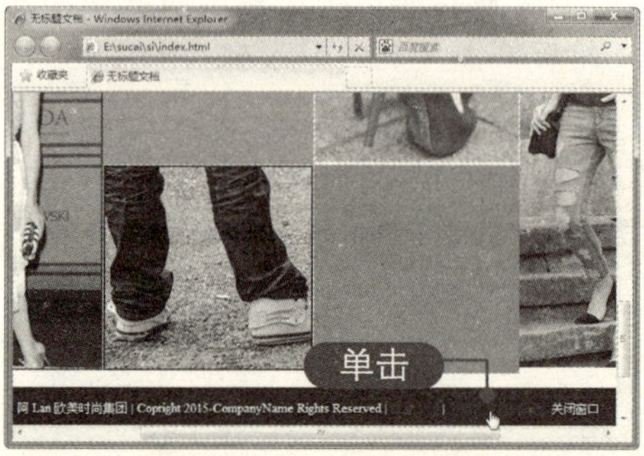

04 下载文件 此时就会弹出“文件下载”对话框，单击“保存”按钮即可下载指定的文件，如下图所示。

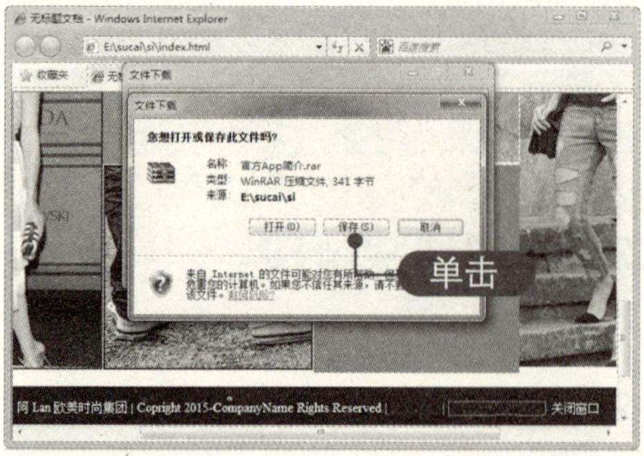

4.3.6 创建脚本链接

脚本链接用于执行 JavaScript 代码或调用 JavaScript 函数，它非常有用，能在不离开当前网页的情况下为访问者提供有关某项的附加消息。脚本链接还可以用于访问者单击特定项时执行计算、表单验证和其他处理任务。

下面以创建关闭网页脚本链接为例进行介绍，具体操作方法如下：

01 选中文本 选中“关闭窗口”文本，如下图所示。

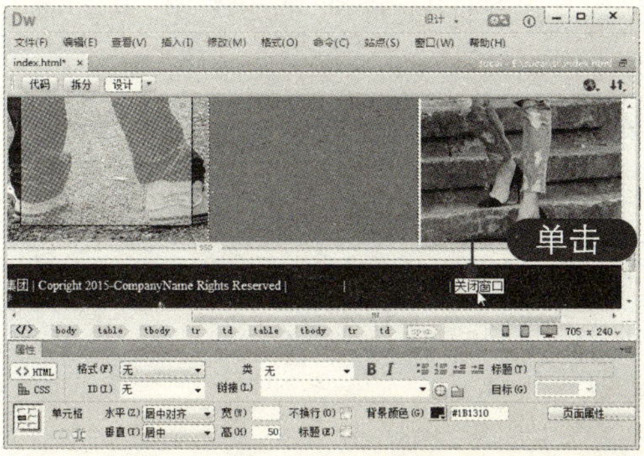

02 输入代码 在“属性”面板的“链接”文本框中输入“javascript:window.close()”，如下图所示。

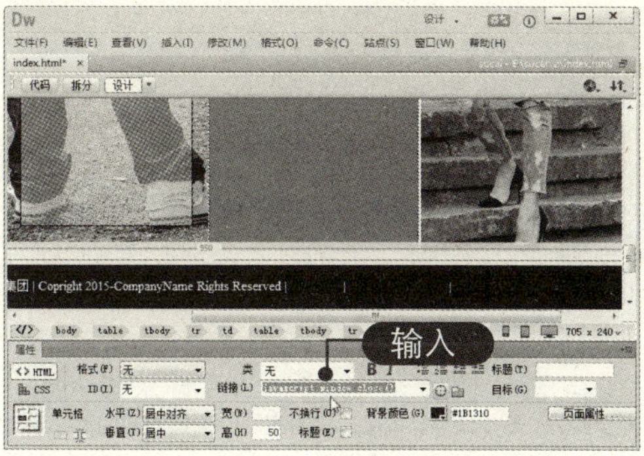

03 预览网页效果 按【Ctrl+S】组合键保存网页，按【F12】键进行预览，单击“关闭窗口”超链接，如下图所示。

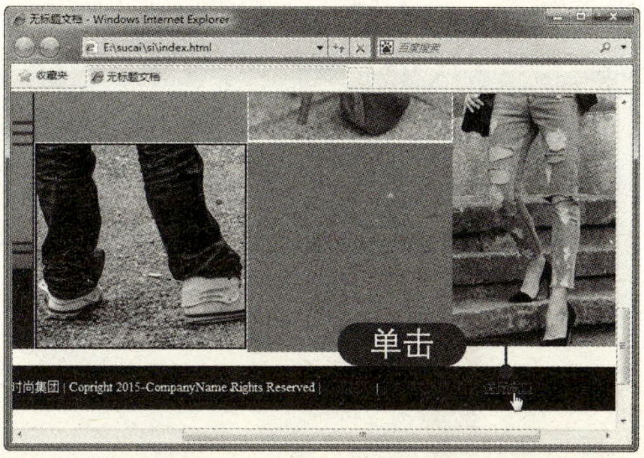

04 查看脚本链接效果 此时会弹出提示信息框，单击“是”按钮即可关闭网页，如下图所示。

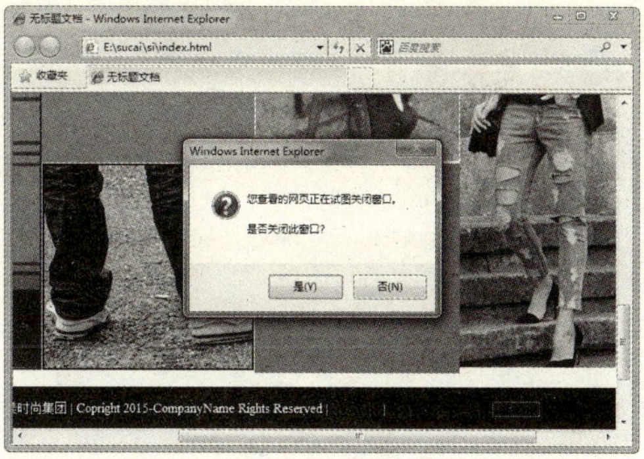

Chapter 05

使用表格布局网页

表格是网页排版设计的重要工具，使用表格不仅可以对页面中的图像、文本等元素进行准确的定位与布局，还可以用于排列各种数据。本章将详细介绍如何使用表格布局网页。

本章要点

- 插入表格
- 选择表格
- 表格和单元格属性的设置
- 表格和单元格的编辑
- 导入及整理表格内容

知识等级

网页制作初级读者

建议学时

建议学习时间为 45 分钟

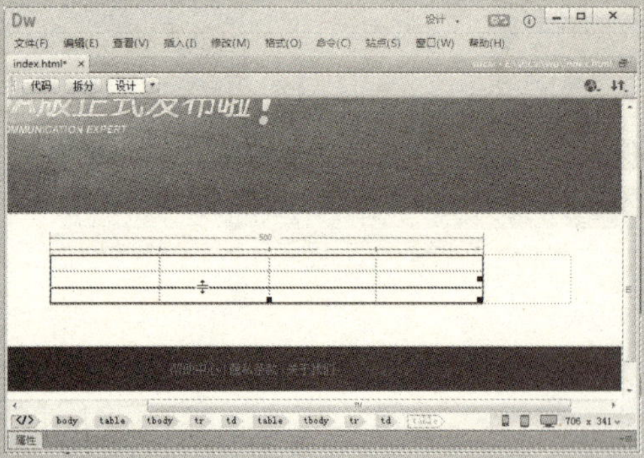

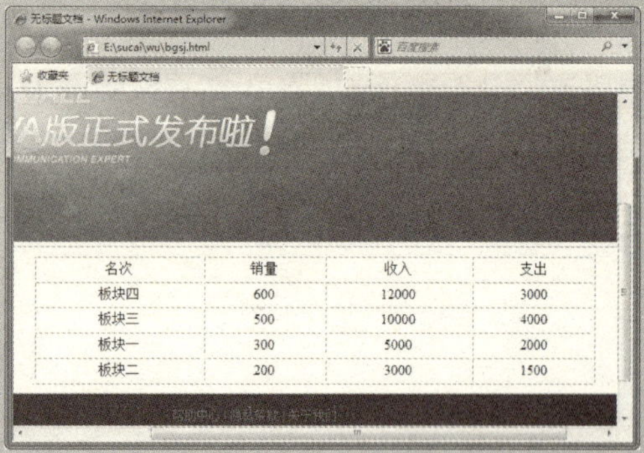

5.1 插入表格

表格是网页中重要的“容器”，它使网页结构紧凑、整齐，使网页内容的显示一目了然。在 Dreamweaver CC 中表格的基本操作包括新建表格、添加内容等。表格分为两种：普通表格（无嵌套）和嵌套表格。下面将分别介绍如何创建普通表格和嵌套表格。

5.1.1 插入普通表格

使用菜单命令插入普通表格的具体操作方法如下：

01 定位光标 打开素材文件“index.html”，将光标定位到要插入表格的位置，如下图所示。

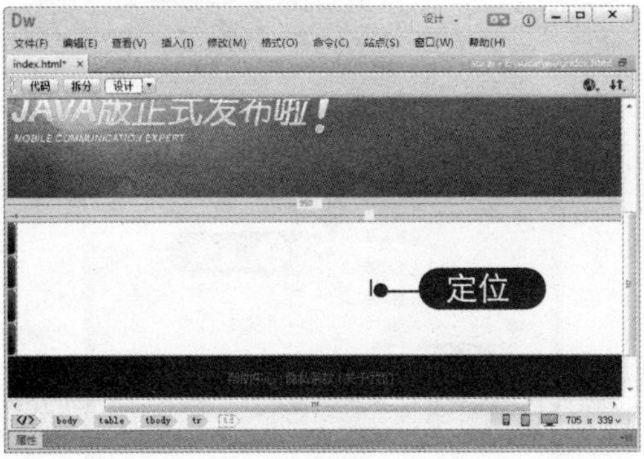

02 单击“表格”命令 单击菜单栏中“插入”|“表格”命令，如下图所示。

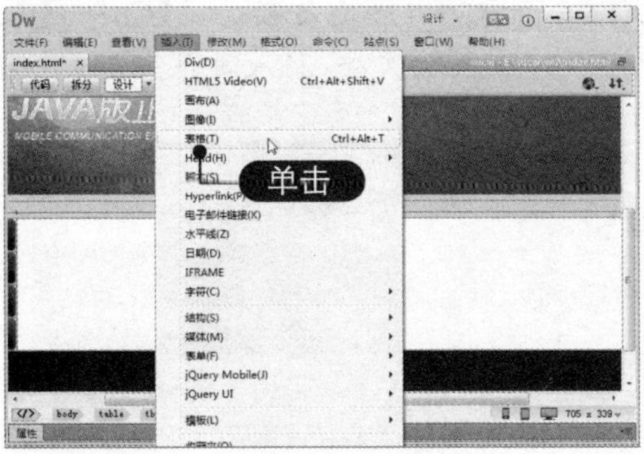

03 设置表格参数 在弹出的“表格”对话框中设置表格参数，单击“确定”按钮，如下图所示。

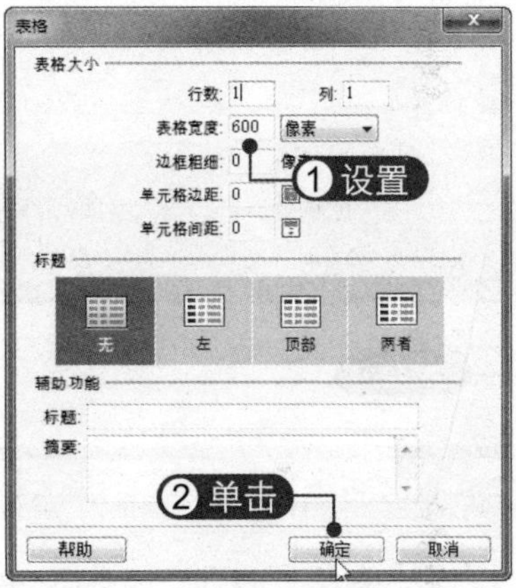

04 查看插入表格效果 【Ctrl+S】组合键保存文档，插入表格的效果如下图所示。

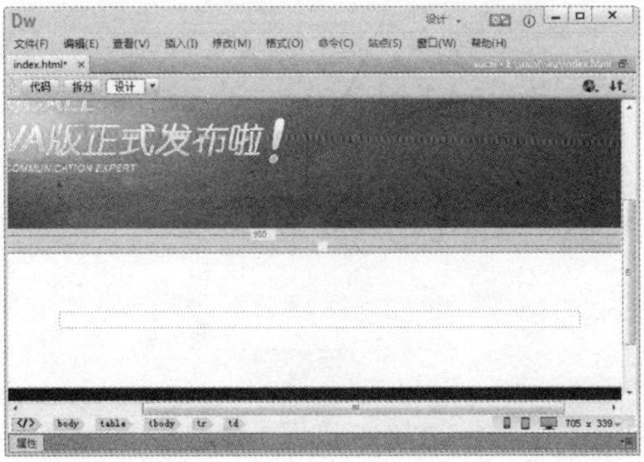

除了可以使用菜单命令插入表格外，还可以单击“窗口”|“插入”命令，打开“插入”面板，在“常用”类别中选择“表格”选项，如下图所示。

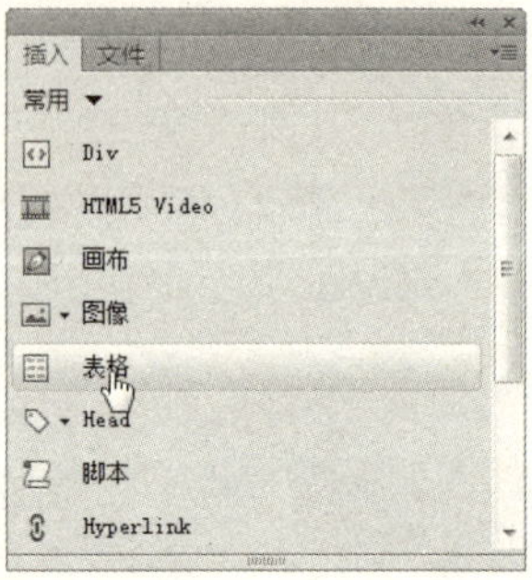

5.1.2 创建嵌套表格

在表格中再插入新的表格，称为表格的嵌套。采用这种方式可以创建出复杂的表格布局，这也是网页布局常用的方法之一。

创建嵌套表格的具体操作方法如下：

01 定位光标 将光标定位到目标单元格中，如下图所示。

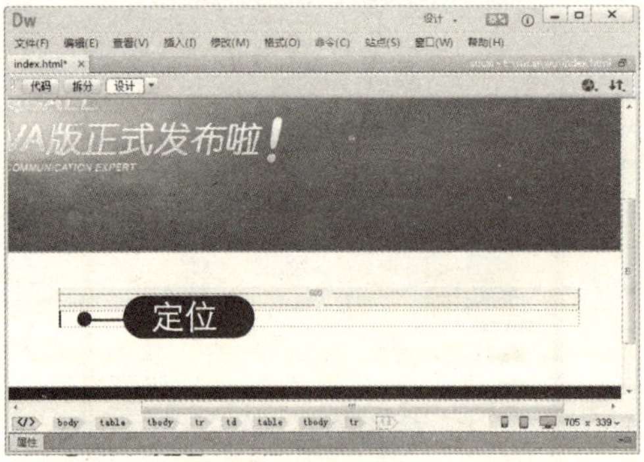

02 选择“表格”选项 打开“插入”面板，在“常用”类别下选择“表格”选项，如下图所示。

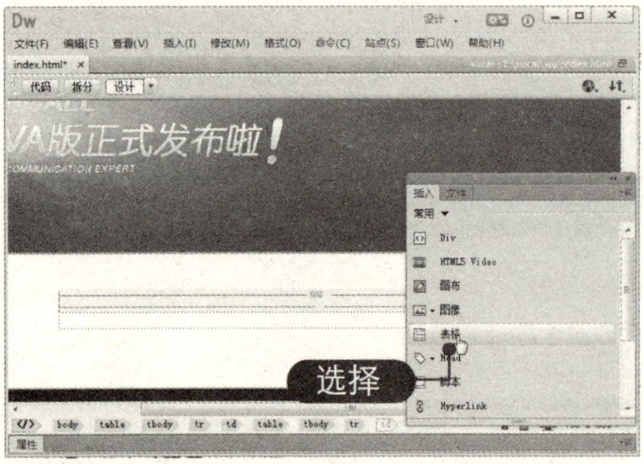

03 设置表格参数 在弹出的“表格”对话框中设置表格参数，单击“确定”按钮，如下图所示。

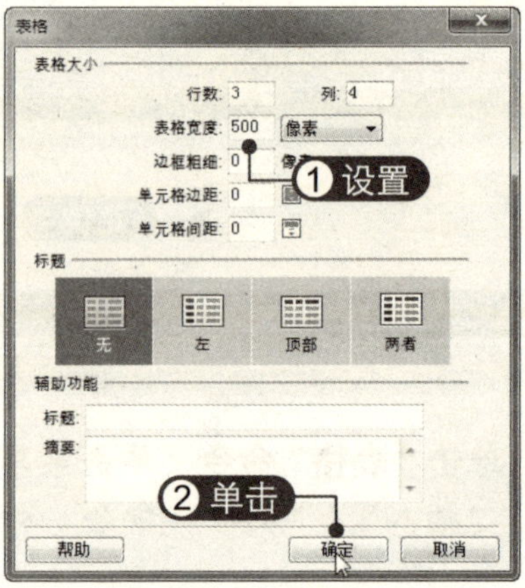

04 查看插入表格效果 按【Ctrl+S】组合键保存文档，插入嵌套表格的效果如下图所示。

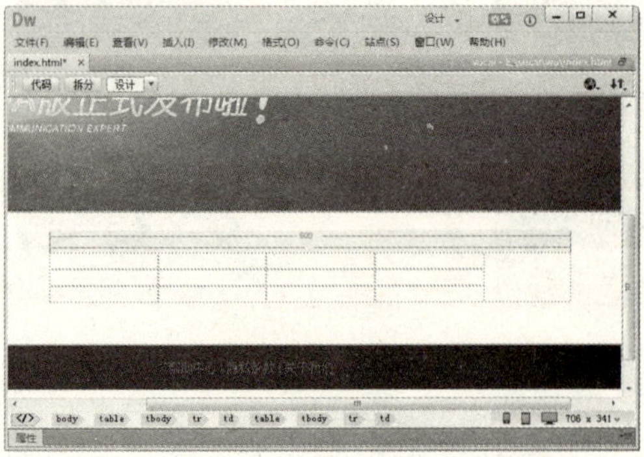

在“表格”对话框中各参数的含义如下：

◎ **行数**：在文本框中输入新建表格的行数。

◎ **列**：在文本框中输入新建表格的列数。

◎ **表格宽度**：用于设置表格的宽度，其中右侧的下拉列表中包含百分比和像素。

◎ **边框粗细**：用于设置表格边框的宽度，如果设置为 0，在浏览时则看不到表格的边框。

◎ **单元格边距**：单元格内容和单元格边界之间的像素数。

◎ **单元格间距**：单元格之间的像素数。

◎ **标题**：可以定义表头样式，4 种样式可以任选一种。

◎ **标题（辅助功能）**：定义表格的标题。

◎ **摘要**：用于对表格进行注释。

5.2 选择表格

在编辑网页表格时，可以一次选择整个表、行或列，也可以选择一个或多个单独的单元格。当光标移到表格、行、列上时，Dreamweaver 将高亮显示选择区域中的所有单元格。

5.2.1 选择整个表格

在对表格进行编辑之前，首先要选中它。选择整个表格的方法如下：

方法 1：单击表格中任意单元格边框线，即可选择整个表格，如下图（左）所示。

方法 2：在代码视图中选择整个表格代码区域，即<table>和</table>标签之间代码区域，如下图（右）所示。

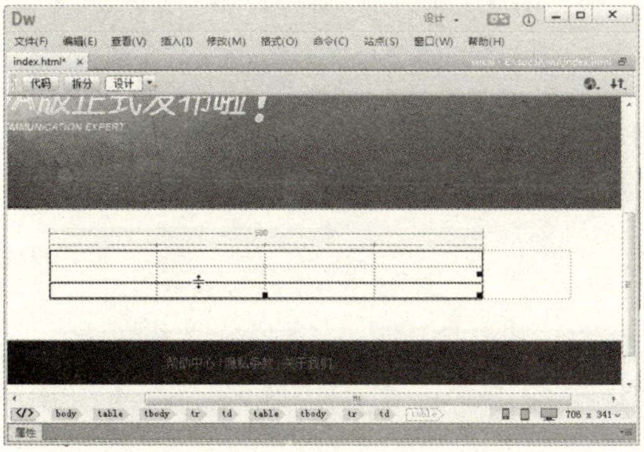

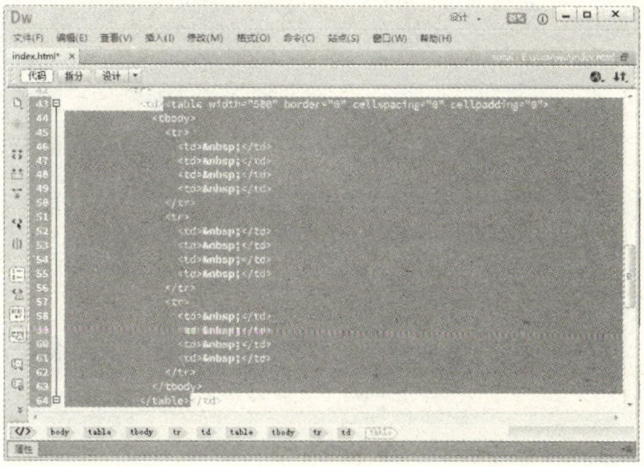

方法 3：将插入点置于表格中，在文档窗口底部单击<table>标签，即可选择整个表格，如下图（左）所示。

方法 4：右击单元格，在弹出的快捷菜单中选择“表格”|“选择表格”命令，即可选择整个表格，如下图（右）所示。

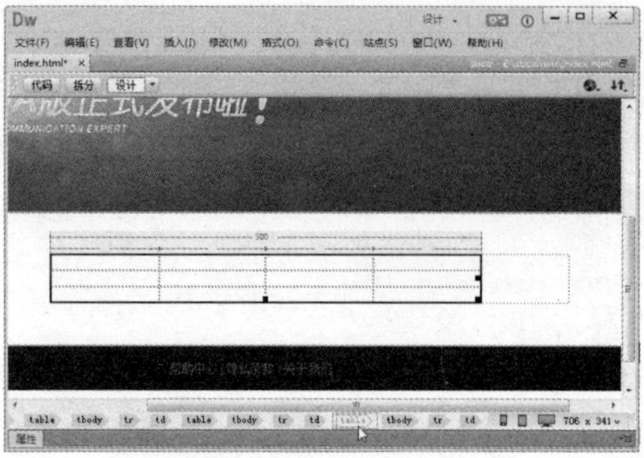

5.2.2 选择行或列

选择表格行或列的方法有两种，具体方法如下：

方法 1：当鼠标指针位于选择的行首或列顶，其形状变为黑箭头时，单击鼠标左键即可选中行或列，如下图所示。

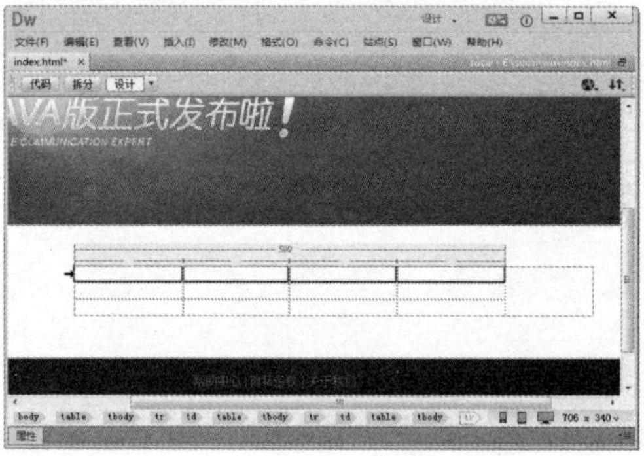

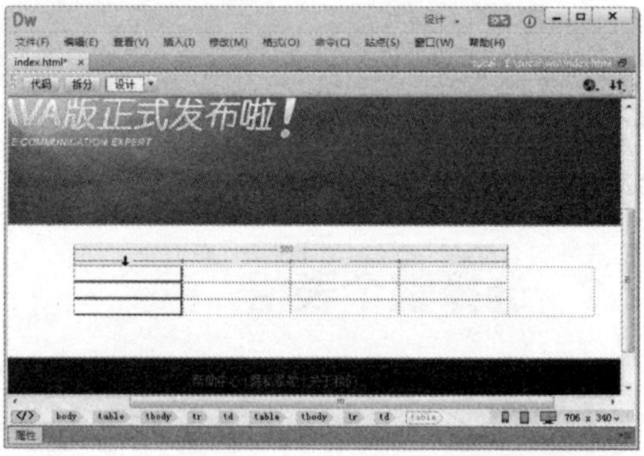

方法 2：按住鼠标左键不放从左至右或者从上至下拖动，即可选中行或列，如下图所示。

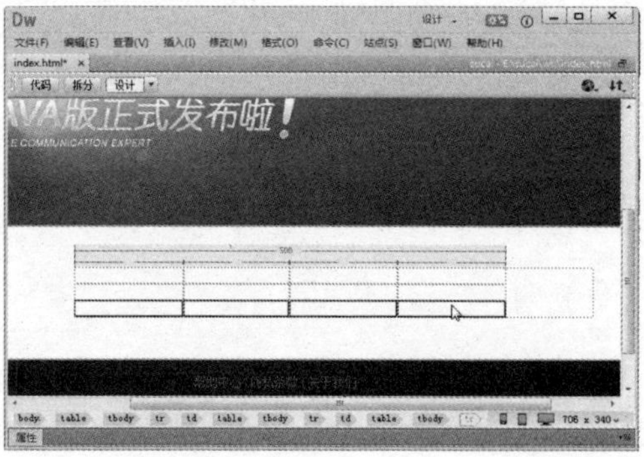

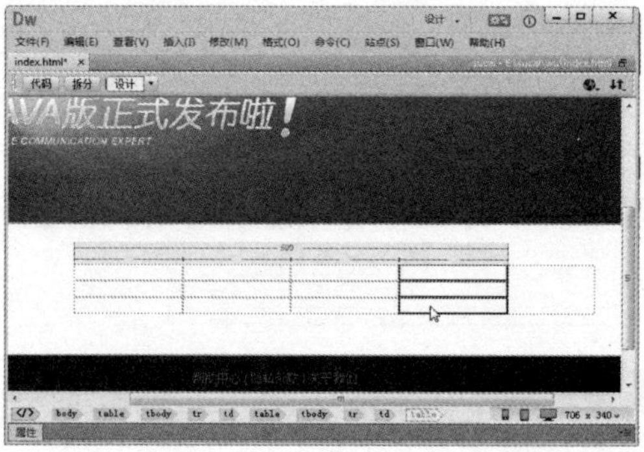

5.2.3 选择单元格

选择表格中的单元格有两种方式，一种是选择单元格，另一种是选择多个单元格，具体方法如下：

方法 1：按住【Ctrl】键的同时单击单元格，即可选中一个单元格，如下图（左）所示。

方法 2：将插入点置于要选择的单元格内，在窗口底部单击<td>标签，即可将其选中，如下图（右）所示。

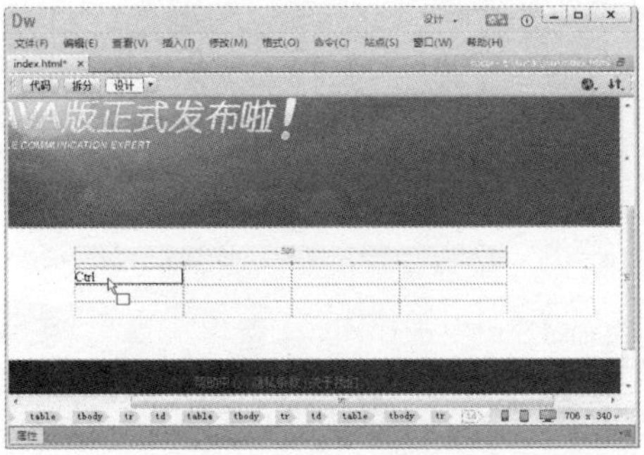

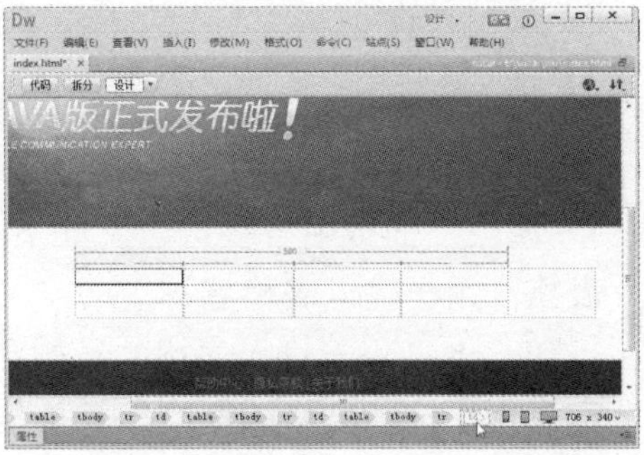

方法 3：将插入点置于要选择的单元格内，按【Ctrl+A】组合键即可选择单元格，如下图（左）所示。

方法 4：按住【Shift】键不放单击多个单元格中的第一个和最后一个，可以选择多个相邻的单元格，如下图（右）所示。

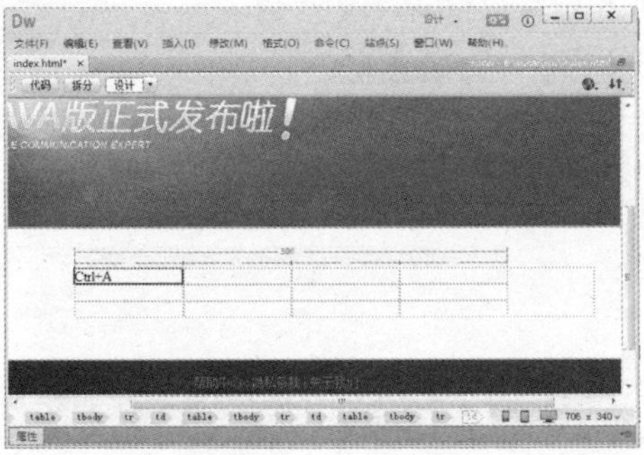

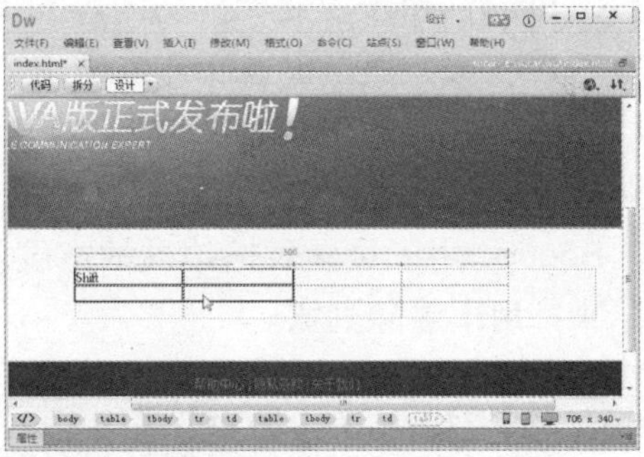

方法 5 按住【Ctrl】键不放拖动鼠标或单击多个单元格，可以选择多个相邻或不相邻的单元格，如下图所示。

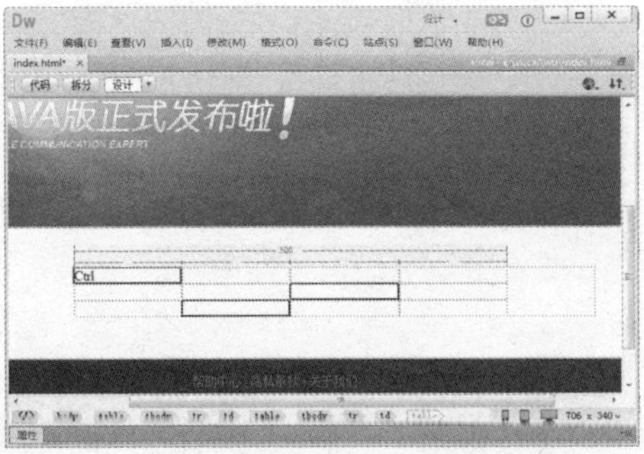

5.3 表格和单元格属性的设置

利用"属性"面板对表格属性进行设置可以美化表格，从而实现网页布局所需要的效果。表格的属性设置包括设置表格的大小、边框、间距、填充和对齐方式等。

5.3.1 设置表格属性

选择表格后，"属性"面板中会显示相应的属性。选择整个表格时，表格"属性"

面板中的选项如下图所示。

表格“属性”面板中各参数含义如下：

◎ **表格**：用于输入表格名称。

◎ **行和 Cols**：用于输入表格的行数和列数。

◎ **宽**：用于输入表格的宽度，其单位可以是“px”和“%”。

px：选择该项，表明该表格的宽度值是像素值。这时表格的宽度是绝对宽度，不随浏览器窗口的变化而变化。

%：选择该项，表明该表格的宽度值是表格宽度与浏览器窗口宽度的百分比数值。这时表格的宽度是相对宽度，会随浏览器窗口大小的变化而变化。

◎ Cellpad：用于设置单元格内容和单元格边界之间的像素数。

◎ CellSpace：用于设置相邻的表格单元格之间的像素数。

◎ Align：用于设置表格的对齐方式，有“默认”、“左对齐”、“居中对齐”和“右对齐”4 个选项。

◎ Boder：用于设置表格边框的宽度。

◎ ：用于清除列宽。

◎ ：将表格宽由百分比转换为像素。

◎ ：将表格宽由像素转换为百分比。

◎ ：用于清除行高。

1. 设置表格宽度

表格的宽度是以“百分比”或“像素”为单位的，调整表格宽度的具体操作方法如下：

01 **选择表格** 选择一个表格，如下图所示。

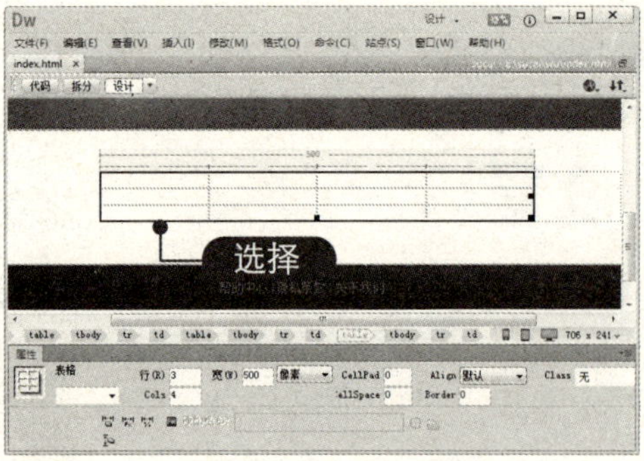

02 **设置表格宽度** 在“属性”面板中设置表格的宽度为 550 像素，如下图所示。

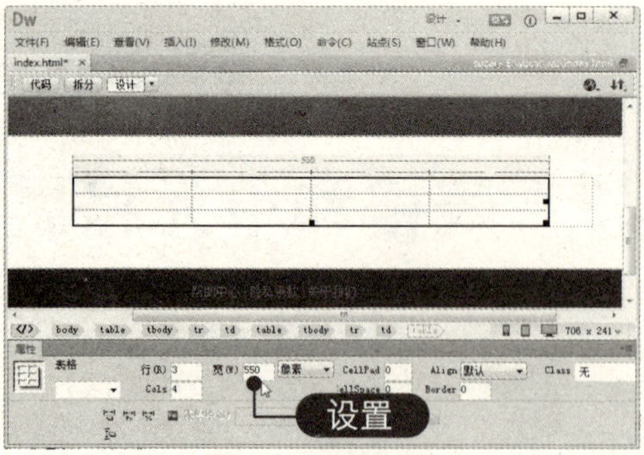

2. 修改表格对齐方式

表格的对齐方式用于确定表格相对于同一段落中其他元素的显示位置，其中包括左对齐、右对齐和居中对齐。

修改表格对齐方式的具体操作方法如下：

01 查看对齐方式 选择表格，在“属性”面板中查看对齐方式，如下图所示。

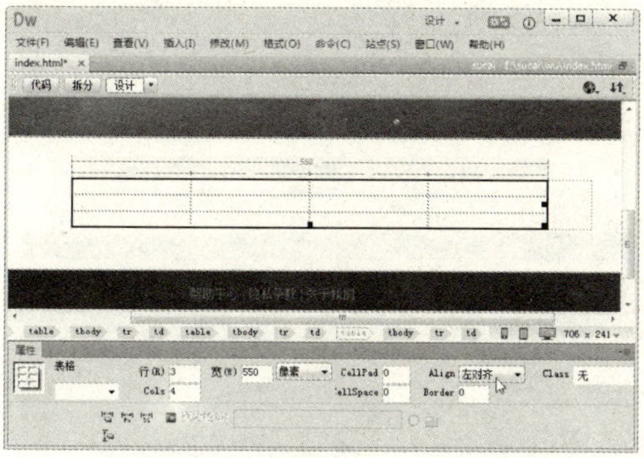

02 选择对齐方式 单击“对齐”下拉按钮，选择对齐方式为“居中对齐”，如下图所示。

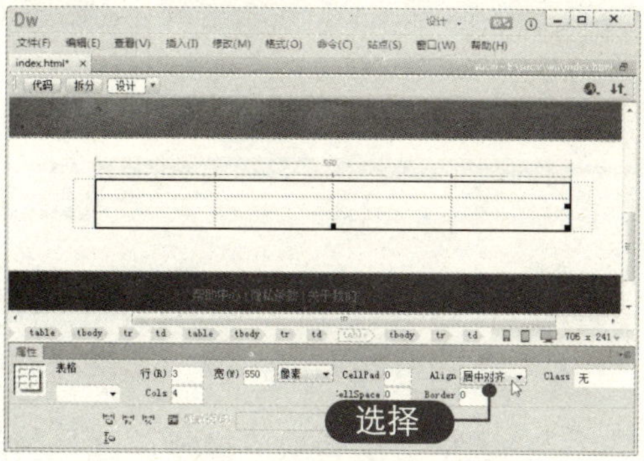

3. 修改边框粗细

边框粗细是指表格边框的宽度，以“像素”为单位。在插入表格时，默认边框为1像素。若要确保浏览器显示的表格没有边框，则需要将边框设置为0像素。

修改表格边框粗细的具体操作方法如下：

01 设置表格边框 选择表格，在“属性”面板中设置表格的边框为1像素，如下图所示。

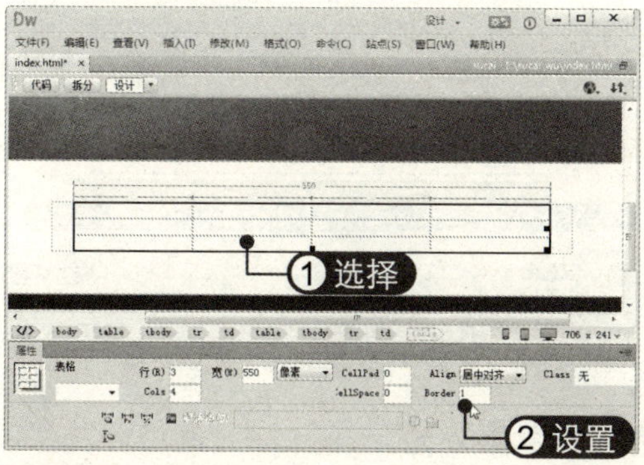

02 查看预览效果 按【Ctrl+S】组合键进行保存，按【F12】键进行预览，效果如下图所示。

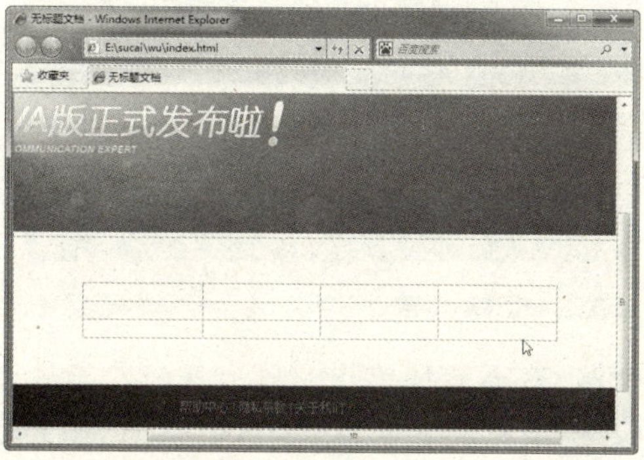

知识加油站

对于表格边框的粗细，除了可以在“属性”面板中修改外，还可以在代码视图中找到对应表格的border="1"代码，修改其中的数值。

4. 设置填充

填充是指单元格内容和单元格边框之间的距离，以“像素”为单位。设置填充的具体操作方法如下：

01 选择表格 在表格中输入文字，在网页文档窗口中选择整个表格，如下图所示。

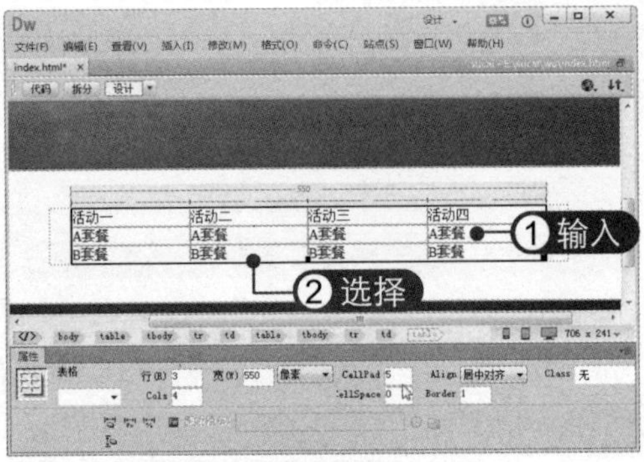

02 设置填充 在“属性”面板中设置“填充”为5像素，效果如下图所示。

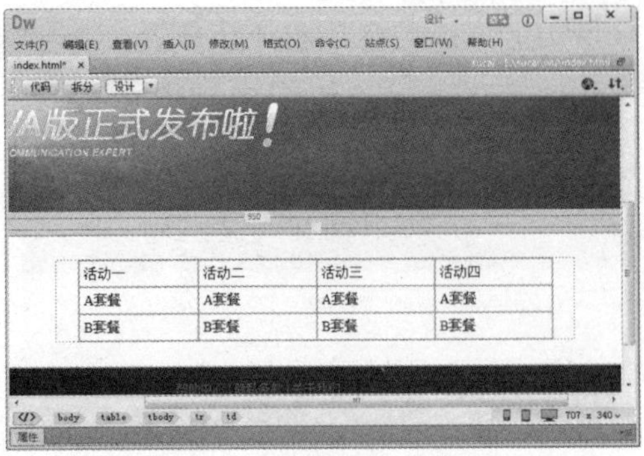

5. 表格宽度转换

“将表格宽度转换成像素”就是将表格中列宽设置为以“像素”为单位表示当前宽度；“将表格宽度转换成百分比”是将表格中每一列的宽度设置为以占文档窗口宽度百分比表示当前宽度。

下面以将表格转换成百分比为例进行介绍，具体操作方法如下：

01 选择表格 选择一个表格，如下图所示。

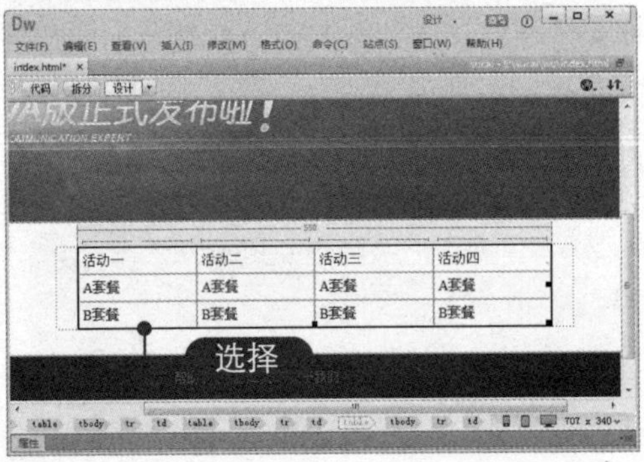

02 查看表格宽度 在“属性”面板中表格的宽度显示为550像素，如下图所示。

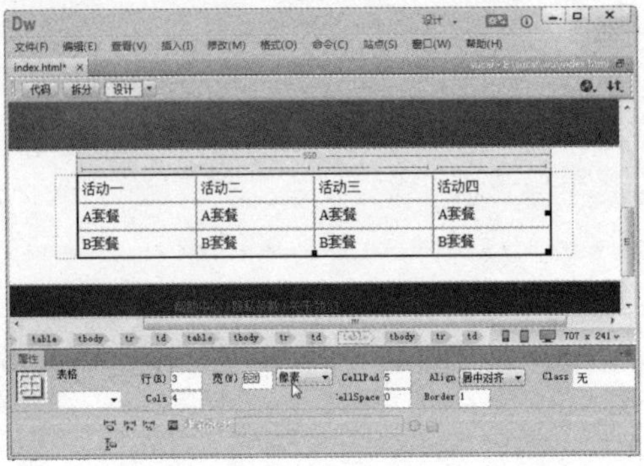

03 单击转换按钮 在“属性”面板中单击“将表格宽度转换成百分比”按钮，如下图所示。

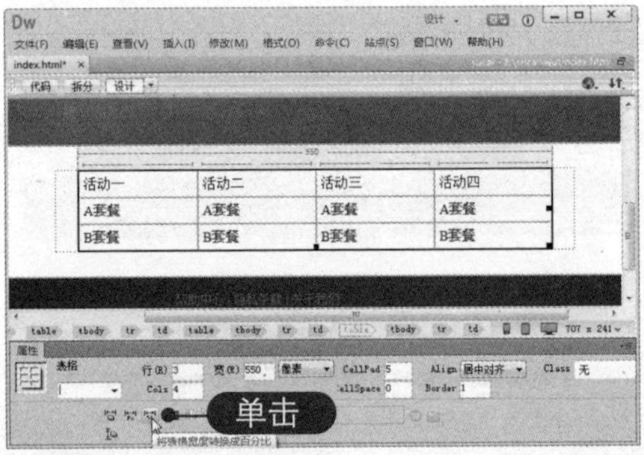

04 查看设置效果 此时表格的宽度显示为92%，效果如下图所示。

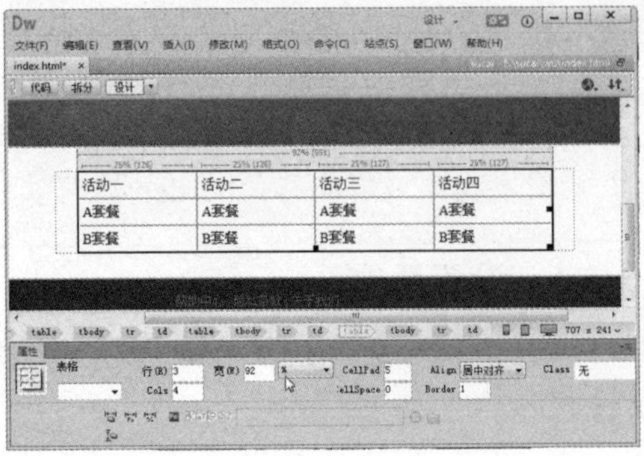

5.3.2 设置单元格属性

选中任一单元格，在“属性”面板中显示该单元格的属性。可以在“属性”面板中设置单元格的各种属性，如下图所示。

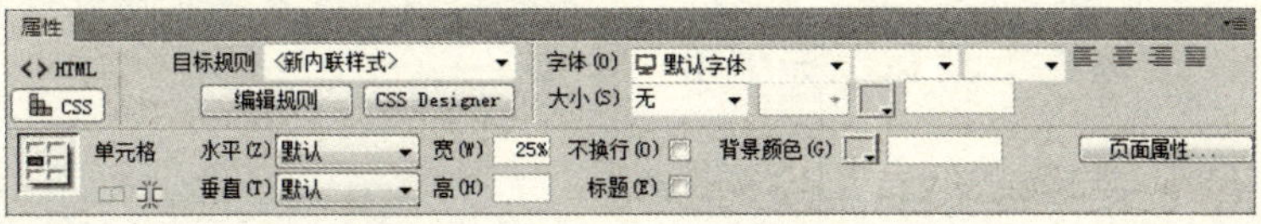

1. 设置单元格对齐方式

单元格对齐属性包括“水平”和“垂直”。“水平”用于指定单元格、行或列内容的水平对齐方式，如“左对齐”、“右对齐”和“居中对齐”等；“垂直”用于指定单元格、行或列内容的垂直对齐方式，如“顶端”、“居中”、“底部”和“基线”等。

设置单元格对齐方式的方法如下：

01 **选择单元格** 选择要设置对齐方式的单元格，如下图所示。

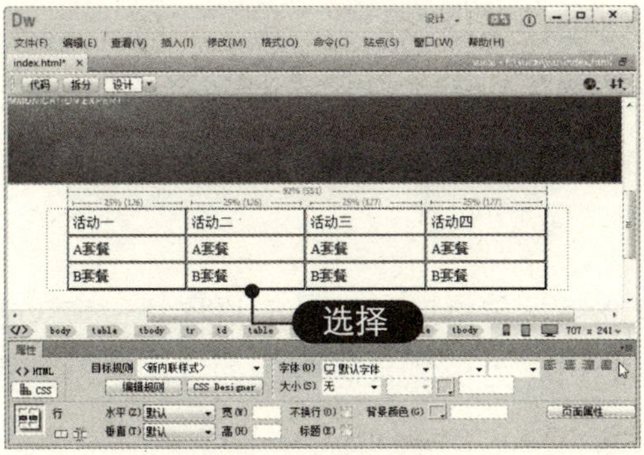

02 **设置对齐方式** 在“属性”面板中设置水平对齐方式为“居中对齐”，垂直对齐方式为“居中”，效果如下图所示。

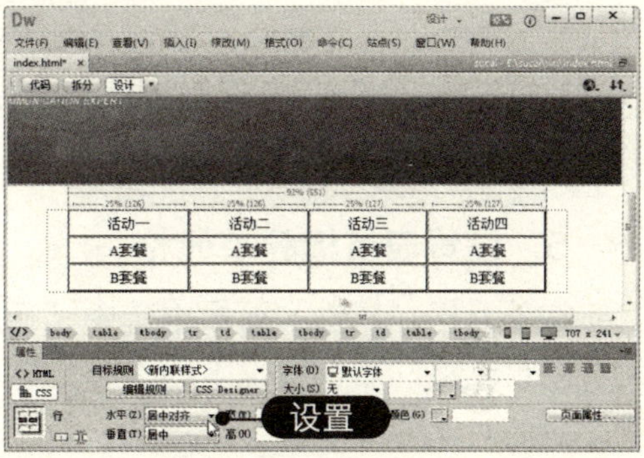

2. 设置单元格宽和高

宽和高是指所选单元格的宽度和高度，以“像素”为单位，或按整个表格宽度或高度的百分比指定。修改单元格宽和高的具体操作方法如下：

01 **选择单元格** 选择需要设置高度的单元格，如下图所示。

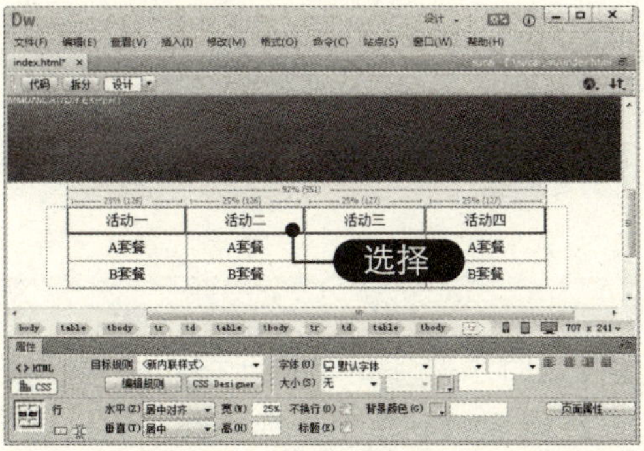

02 **设置单元格高度** 在“属性”面板中设置单元格高度为 40 像素，如下图所示。

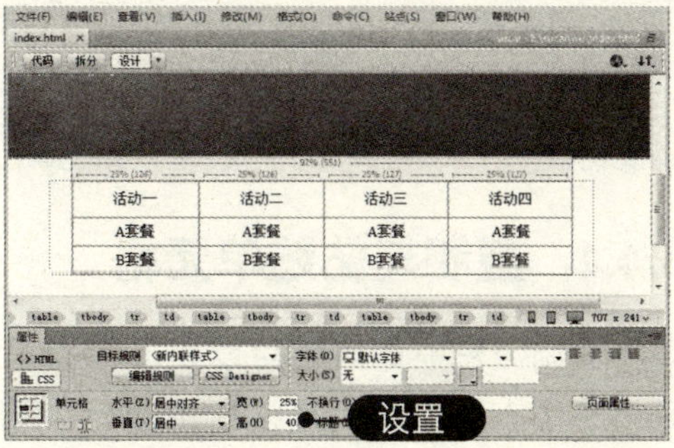

3．设置单元格背景颜色

通过对单元格设置背景颜色，可以使表格的外观更加美观，具体操作方法如下：

01 设置单元格背景颜色 选择要设置背景颜色的单元格，在“属性”面板中单击“背景颜色”按钮，如下图所示。

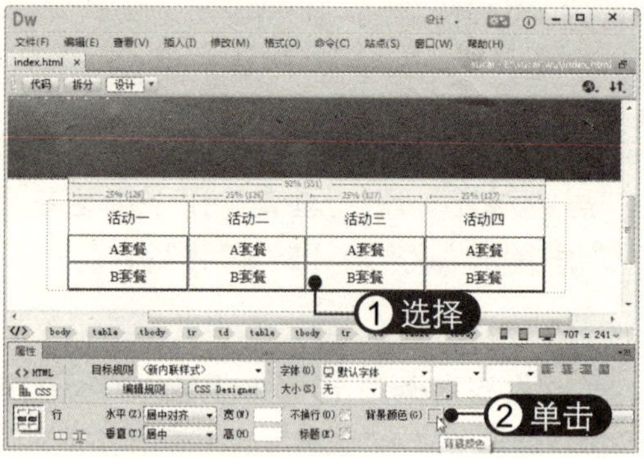

02 查看单元格效果 选择背景颜色后，查看单元格效果，如下图所示。

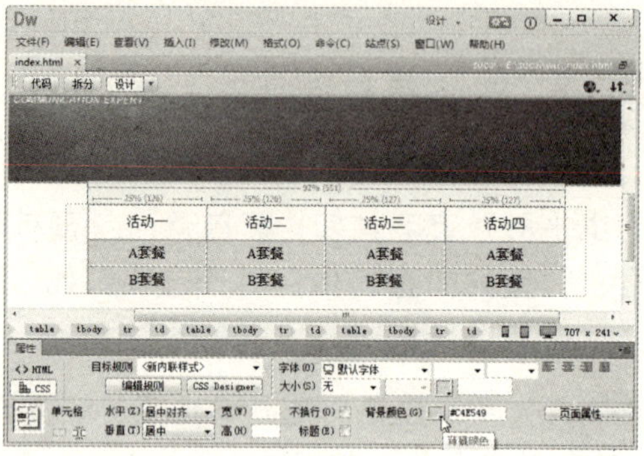

4．设置不换行

不换行是指防止换行，从而使指定单元格中的所有文本都在一行上。如果在单元格“属性”面板中选中“不换行”复选框，则当输入数据或将数据粘贴到单元格时，单元格会加宽来容纳所有数据。

5．设置表格标题单元格

在单元格“属性”面板中选中“标题”复选框，可将所选的单元格格式设置为表格标题单元格。默认情况下，表格标题单元格的内容为粗体且居中。如下图所示为预览之后的对比效果图。

未选中“标题”复选框

选中“标题”复选框

5.4 表格和单元格的编辑

在创建表格后，可以对表格进行编辑操作，如合并或拆分表格单元格，添加或删除表格行或列，调整行高或列宽，以及设置表格标题等。

5.4.1 复制与粘贴单元格

复制与粘贴的表格可以是一个或多个单元格，此时表格保留了单元格的格式设置。可以在插入点或现有表格所选部分中粘贴单元格。当要粘贴多个单元格时，剪贴板的内容必须和表格的结构或表格中将要粘贴这些单元格的部分兼容。

复制与粘贴单元格的具体操作方法如下：

01 单击“拷贝”命令 选中要复制的表格，然后单击“编辑”|“拷贝”命令，如下图所示。

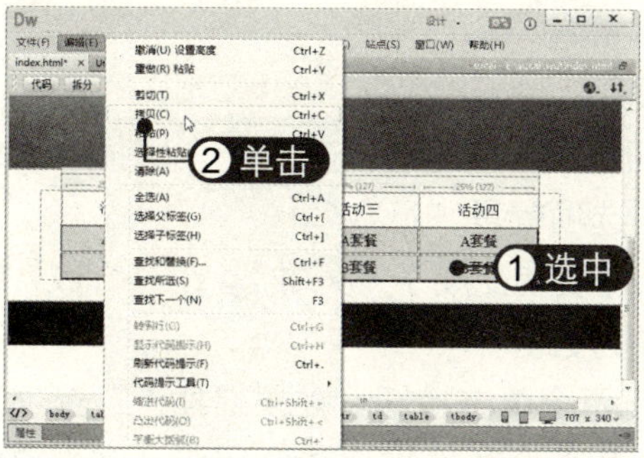

02 粘贴表格 新建文档，将插入点置于文档中要粘贴的位置，按【Ctrl+V】组合键进行粘贴即可，如下图所示。

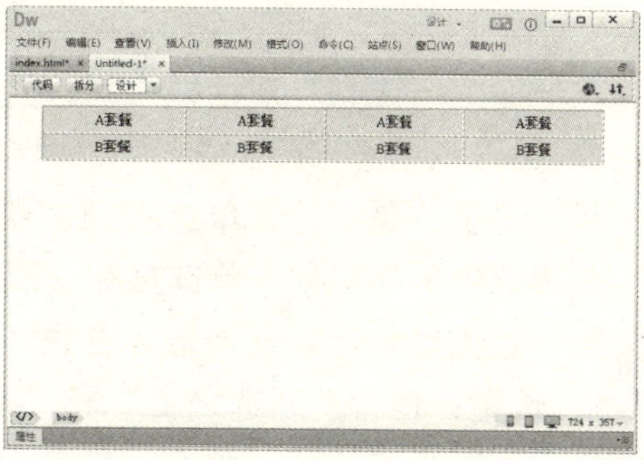

5.4.2 添加与删除行和列

在制作网页的过程中，在表格中添加行和列是经常用到的表格基本操作之一。下面将详细介绍行和列的添加与删除方法。

1. 添加行或列

当表格的行或列不足时，就需要添加行或列，具体操作方法如下：

01 定位光标 将光标定位于要添加行或列的位置，如下图所示。

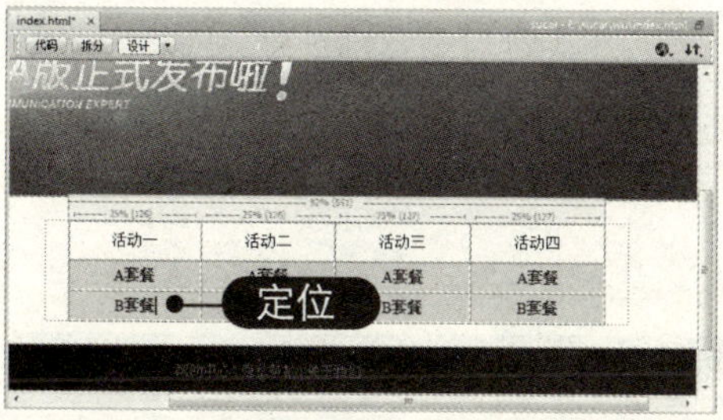

02 插入行 单击“修改”|“表格”|“插入行”命令，如下图所示。

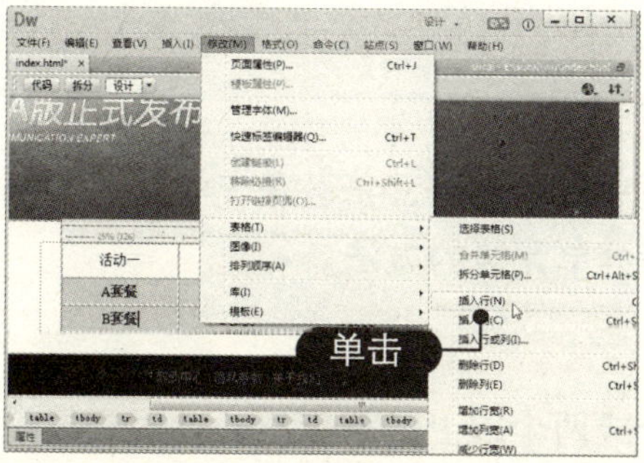

03 查看插入效果 此时即可插入一行单元格，效果如下图所示。

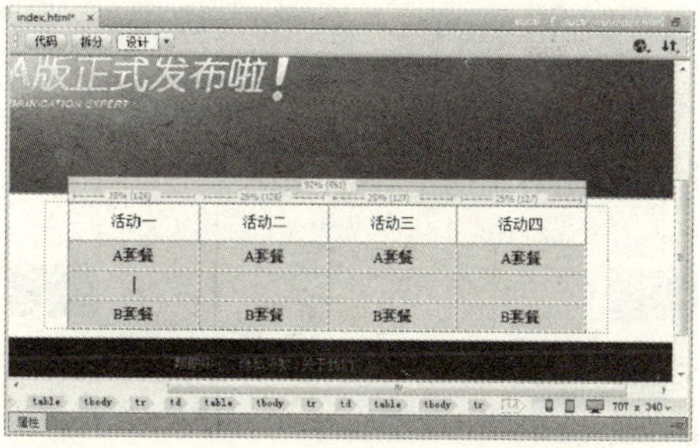

04 插入列 同理，单击“修改”|“表格”|“插入列”命令，此时即可插入一列单元格，效果如下图所示。

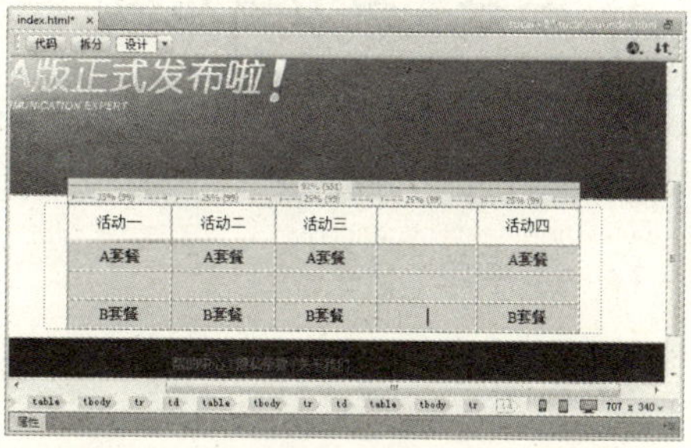

若需要根据详细设置插入行数、列数和插入的位置时，可单击“修改”|“表格”|“插入行或列”命令，在弹出的对话框中进行详细设置即可，如下图所示。

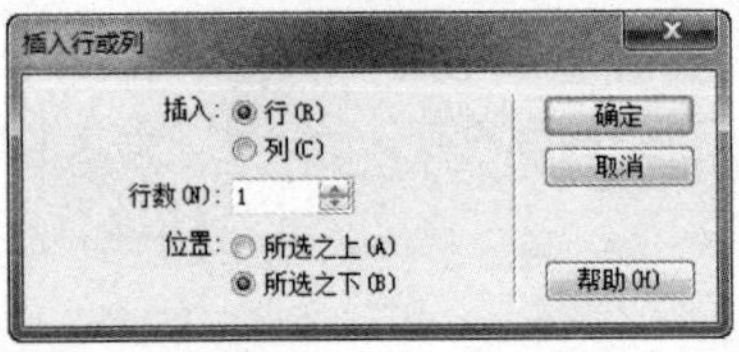

在“插入行或列”对话框中可以进行如下设置：

◎ **插入：**包含“行”或“列”两个单选按钮，一次只能选择其中一个来插入行或列。默认选中的是“行”单选按钮，所以下面的选项就是“行数”。

如果选中的是“列”单选按钮，那么下面的选项就变成了“列数”。在“行数”或“列数”数值框中可以直接输入要插入的行数或列数。

◎ **位置：**包含“所选之上”和“所选之下”两个单选按钮。如果“插入”选项选中的是“列”单选按钮，那么“位置”选项后面的两个单选按钮就会变成“在当前列之前”和“在当前列之后”。

2. 删除行或列

下面将介绍如何删除多余的行或列，具体操作方法如下：

01 选择“删除行”命令 将光标移到要删除行的某一单元格中并右击，在弹出的快捷菜单中选择“表格”|“删除行”命令，如下图所示。

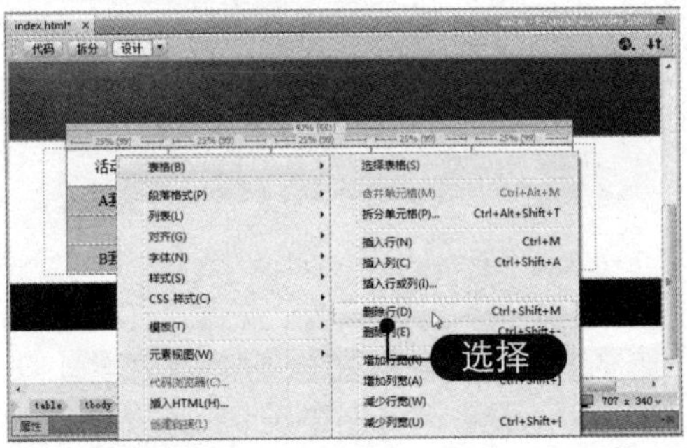

02 查看删除行效果 此时即可删除当前所选择的行，效果如下图所示。

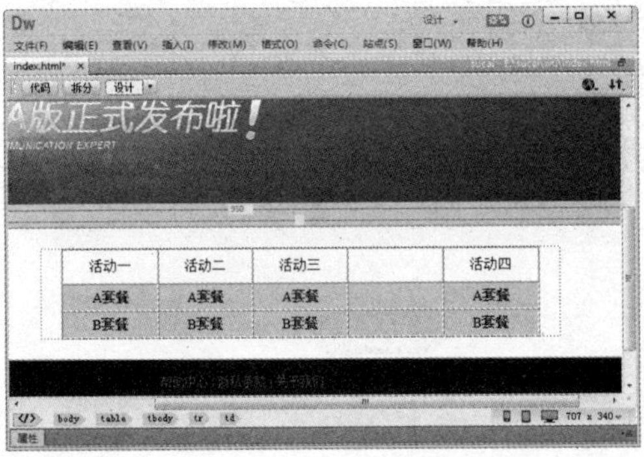

同理，若要删除列，将光标定位到列的某一单元格中并右击，在弹出的快捷菜单中选择“表格”|“删除列”命令即可。

5.4.3 合并与拆分单元格

合并单元格是指将多个连续的单元格合并成一个单元格，拆分单元格是指将一个单元格拆分为多个单元格，下面将介绍合并与拆分单元格的方法。

1. 合并单元格

在使用的表格过程中，有的内容需要占两个或两个以上的单元格，此时需要把多个单元格合并成一个单元格，具体操作方法如下：

01 单击“合并单元格”命令 选择要合并的多个单元格，单击“修改”|“表格”|“合并单元格”命令，如下图所示。

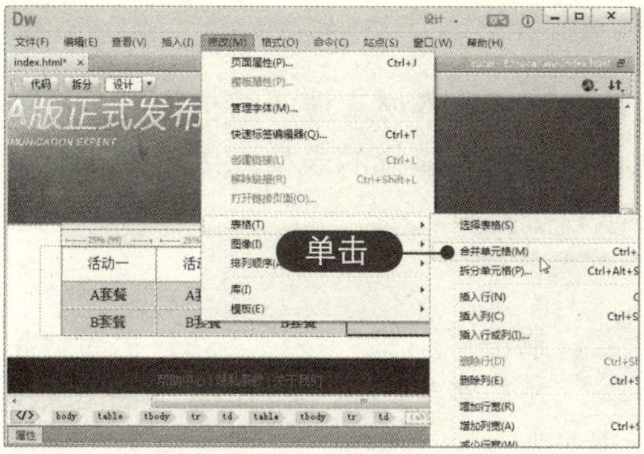

02 查看合并效果 此时选中的多个单元格即被合并成1个单元格，效果如下图所示。

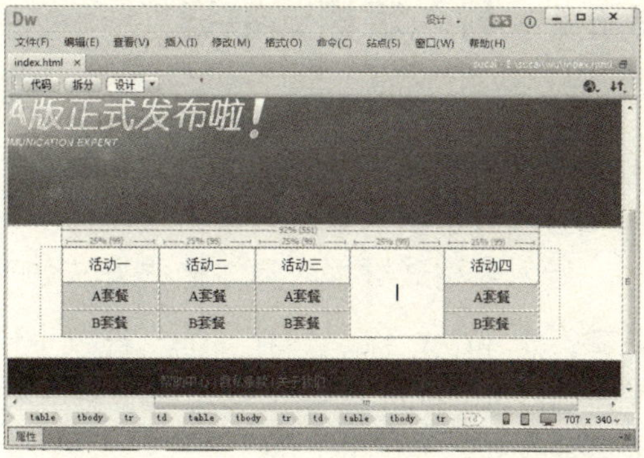

2. 拆分单元格

拆分单元格的具体操作方法如下：

01 定位光标 将光标定位到要进行拆分的单元格中，如下图所示。

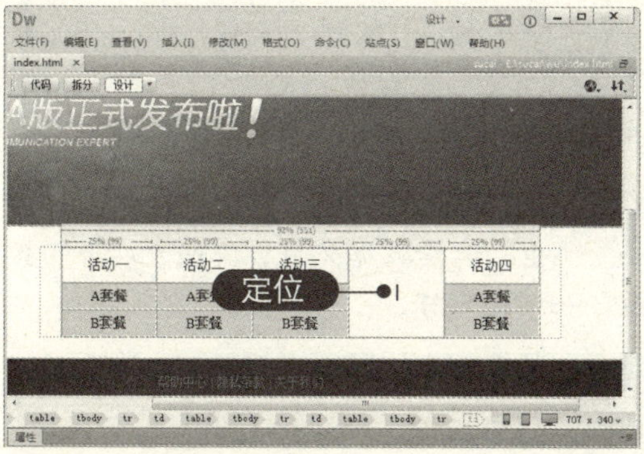

02 单击“拆分单元格”命令 单击“修改”|“表格”|“拆分单元格”命令，如下图所示。

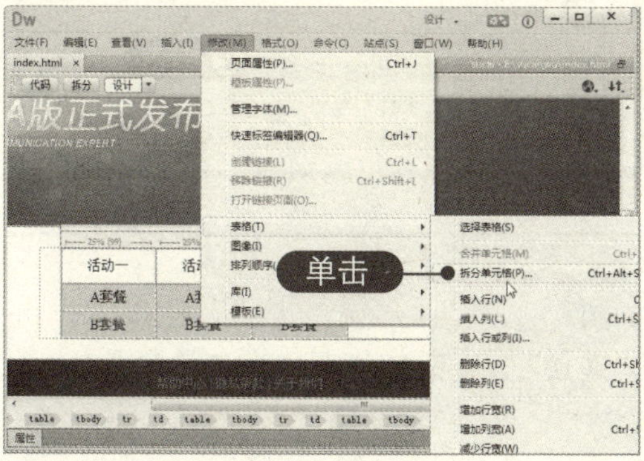

03 设置拆分参数 弹出“拆分单元格”对话框，选中“行”单选按钮，设置“行数”为4，单击“确定”按钮，如下图所示。

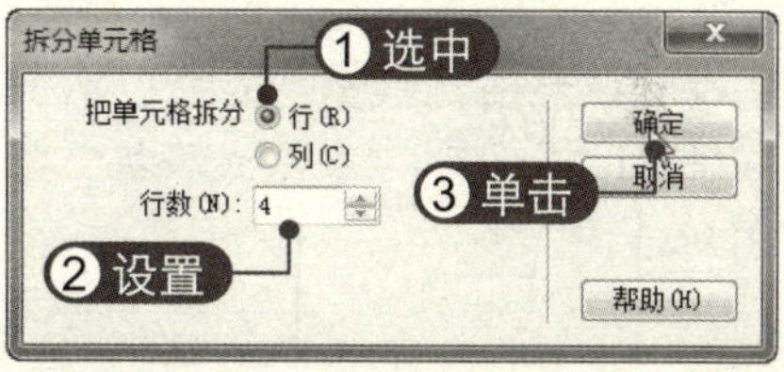

04 查看拆分效果 此时即可将单元格拆分成4行，效果如下图所示。

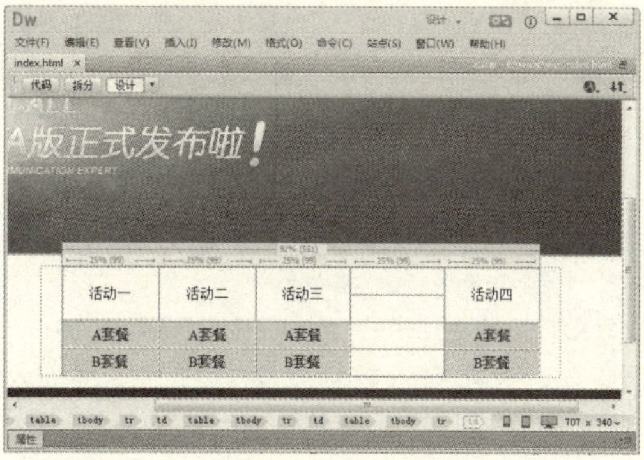

5.5 导入及整理表格内容

为了更加快速而有效地处理网页中的表格和内容，Dreamweaver CC 提供了多种自动处理功能，包括导入表格式数据和排序表格。

5.5.1 导入表格式数据

Dreamweaver CC 中的导入表格式数据功能能够根据素材来源的结构为网页自动创建相应的表格，并自动生成表格数据。因此，当遇到大篇幅的表格和内容编排而手头又有相关表格式素材时，便可使网页编排工作轻松的多。

导入表格式数据的具体操作方法如下：

01 定位光标 打开素材文件"bgsj.html"，将光标定位于要导入表格的位置，如下图所示。

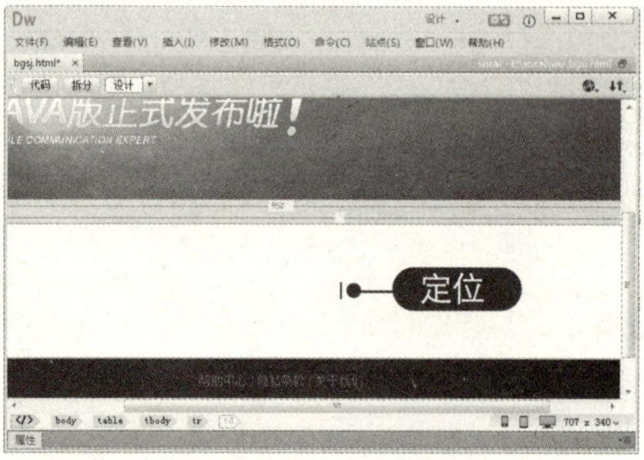

02 单击"表格式数据"命令 单击"文件"|"导入"|"表格式数据"命令，如下图所示。

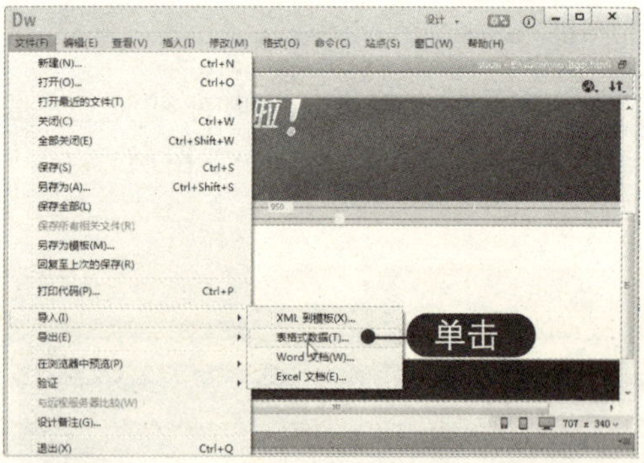

03 单击"浏览"按钮 在弹出的"导入表格式数据"对话框中单击"数据文件"文本框右侧的"浏览"按钮，如下图所示。

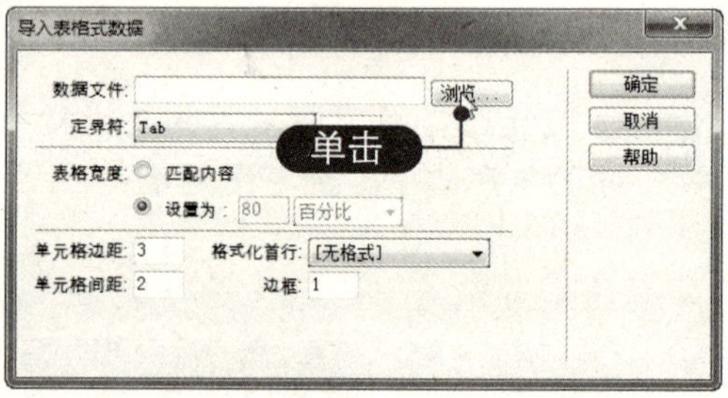

04 选择数据文件 弹出"打开"对话框，选择数据文件，单击"打开"按钮，如下图所示。

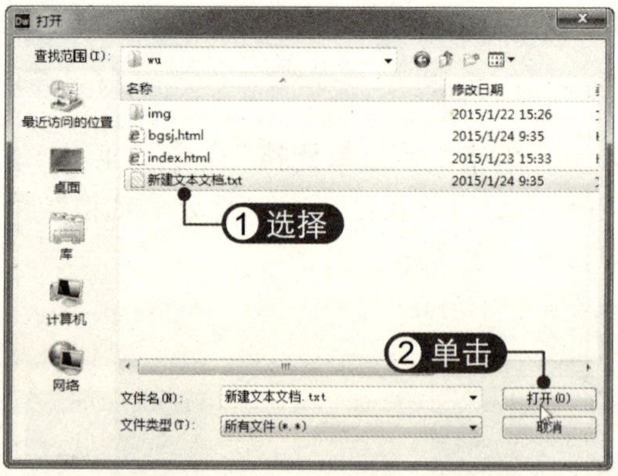

知识加油站

在导入数据表格时注意定界符必须是"逗点"，否则可能会造成表格格式的混乱。

05 设置参数 在“定界符”下拉列表中选择“逗点”选项，在“表格宽度”选项区中选中“设置为”单选按钮，输入80，单击“确定“按钮，如下图所示。

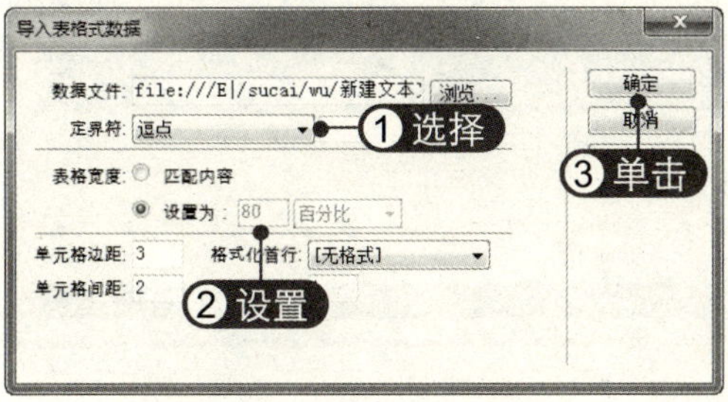

06 预览网页效果 此时即可导入表格式数据，按【Ctrl+S】组合键保存文档，按【F12】键在浏览器中预览效果，如下图所示。

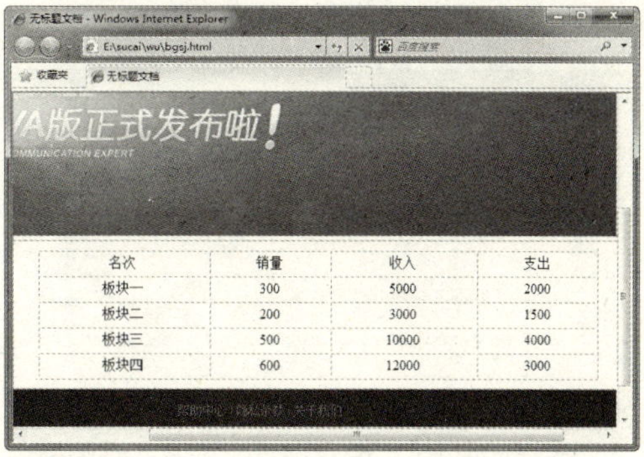

在“导入表格式“对话框中，各参数的含义如下：

◎ **数据文件**：输入要导入数据文件的保存路径和文件名，或单击右侧的“浏览“按钮进行选择。

◎ **定界符**：选择定界符，使其与导入的数据文件格式匹配。有Tab、“逗点”、“分号”、“引号”和“其他”5个选项。

◎ **匹配内容**：选中此单选按钮，可创建一个根据最长文件进行调整的表格。

◎ **设置为**：选中此单选按钮，可设置表格的宽度及其单位。

◎ **单元格边距**：设置单元格内容和单元格边界之间的像素数。

◎ **格式化首行**：设置首行标题的格式。

◎ **边框**：以“像素”为单位设置表格边框的宽度。

5.5.2 排序表格

排序表格是针对具有格式的数据表格而言，并根据表格中的数据来排序，具体操作方法如下：

01 选中表格 选中要进行数据排序的表格，如下图所示。

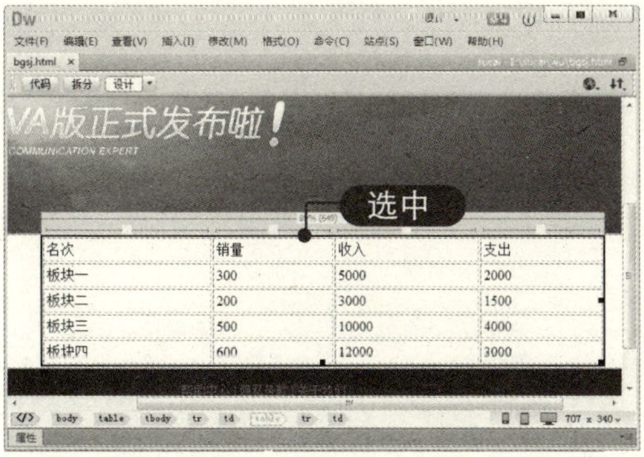

02 单击“排序表格”命令 单击菜单栏中的“命令”|“排序表格”命令，如下图所示。

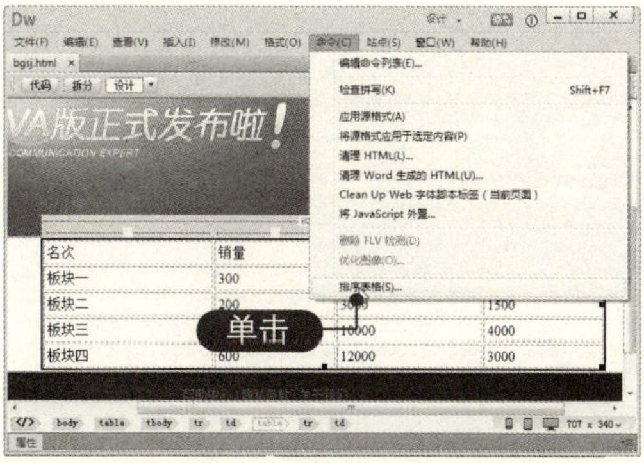

03 **设置排序选项** 弹出“排序表格”对话框，将“排序按”设置为“列 2”，“顺序”设置为“按数字顺序降序”，单击“确定”按钮，如下图所示。

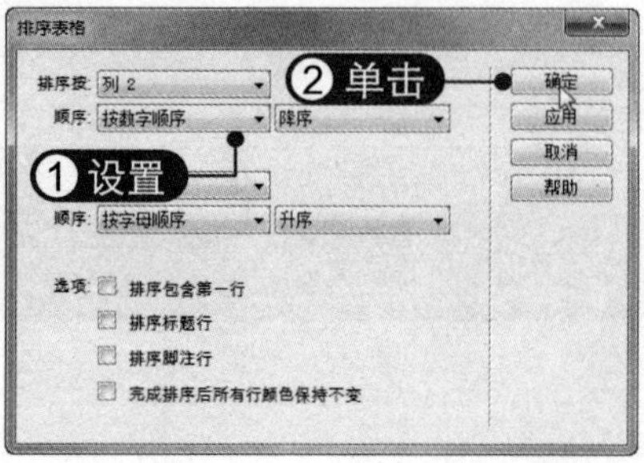

04 **查看排序效果** 对表格进行排序，效果如下图所示。

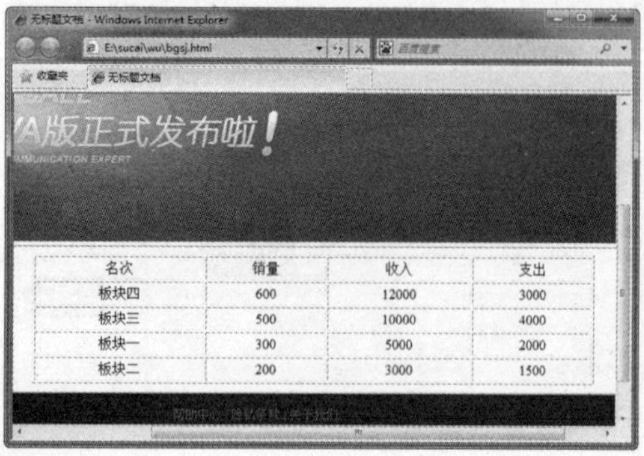

在“排序表格”对话框中，各参数的含义如下：

◎ **排序按**：确定哪个列的值将用于对表格排序。

◎ **再按**：确定在不同列上第二种排列方法的排列顺序。

◎ **顺序**：确定是按字母还是按数字顺序，以及升序还是降序对列排序。

◎ **排序包含第一行**：指定表格的第一行应该包括在排序中。

◎ **排序标题行**：指定使用与 body 行相同的条件对表格 thead 部分中的所有行排序。

◎ **排序脚注行**：指定使用与 body 行相同的条件对表格 tfoot 部分中的所有行排序。

◎ **完成排序后所有行颜色保持不变**：指定排序之后保留排序行中标记的原有属性。

Chapter

06 使用模板和库制作网页

在进行大量的页面制作时，很多页面会用到相同的布局、图片和文字等元素。为了避免重复劳动，可以使用模板和库功能将具有相同版面结构的页面制作成模板，将相同的页面元素制作成库项目，并存储在库文件中以便随时调用。

本章要点

- 创建模板
- 创建可编辑区域
- 创建与应用库项目

知识等级

网页制作中级读者

建议学时

建议学习时间为 40 分钟

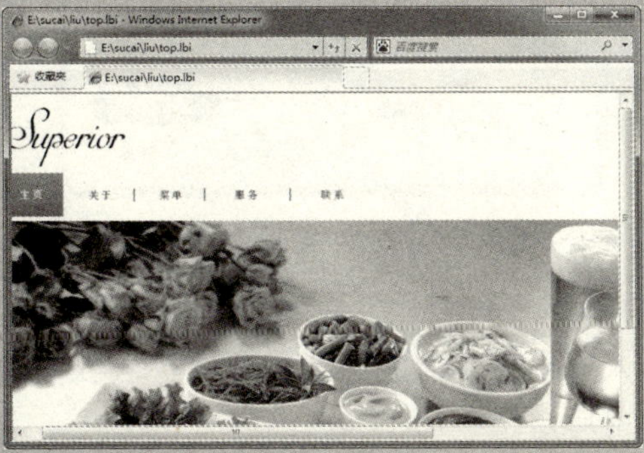

6.1 创建模板

在网页制作中有很多操作是重复的，如页面顶部和底部在很多页面中都一样，而同一栏目中除了某一块区域外，版式、内容完全一样。如果将这些工作简化，就能够大幅度地提高工作效率，而 Dreamweaver 中的模板就可以解决这一问题。模板主要用于同一栏目中的页面制作，本地站点用到的所有模板都保存在网站根目录下的 Templates 文件夹中。

6.1.1 新建模板

从空白文档中直接创建模板的具体操作方法如下：

01 选择“无”选项 单击“文件”|“新建”命令，弹出“新建文档”对话框，选择“空白页”|HTML|“无”选项，如下图所示。

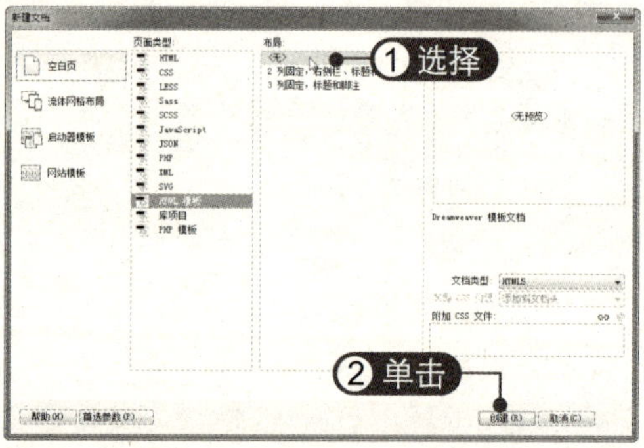

02 创建空白文档 单击“创建”按钮，即可创建一个空白文档，如下图所示。

03 保存文件 单击“文件”|“保存”命令，如下图所示。

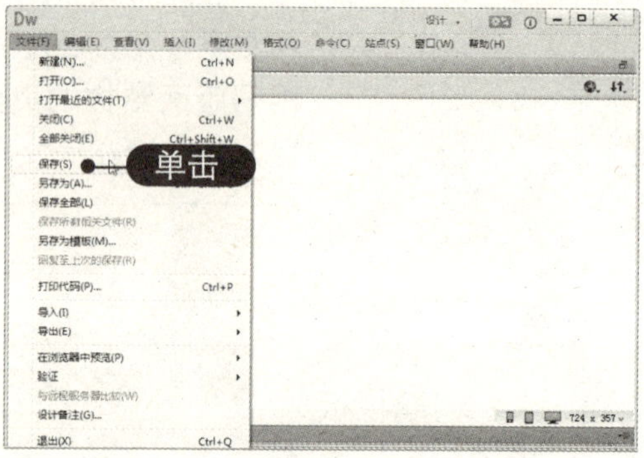

04 确认保存操作 弹出 Dreamweaver 提示信息框，单击“确定”按钮，如下图所示。

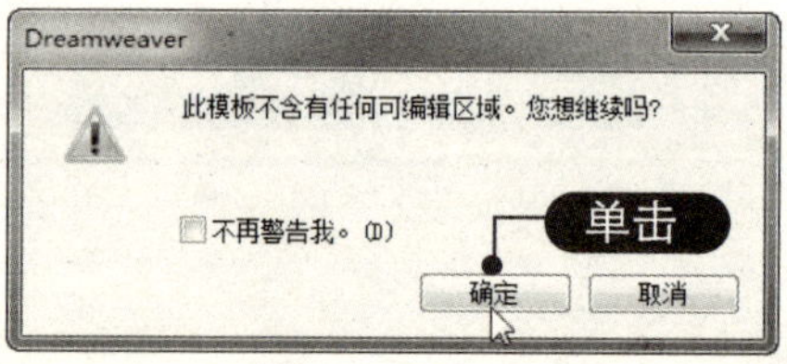

05 单击“保存”按钮 弹出“另存模板”对话框，在“另存为”文本框中输入 moban，然后单击“保存”按钮，如下图所示。

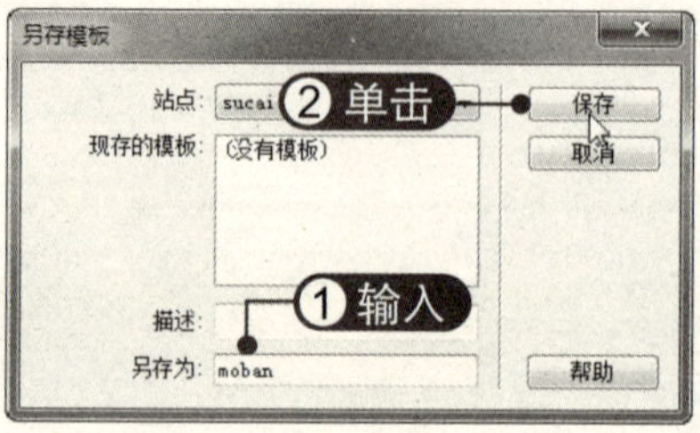

06 查看模板文件 按【Ctrl+S】组合键保存文档，即可完成模板的创建，如右图所示。

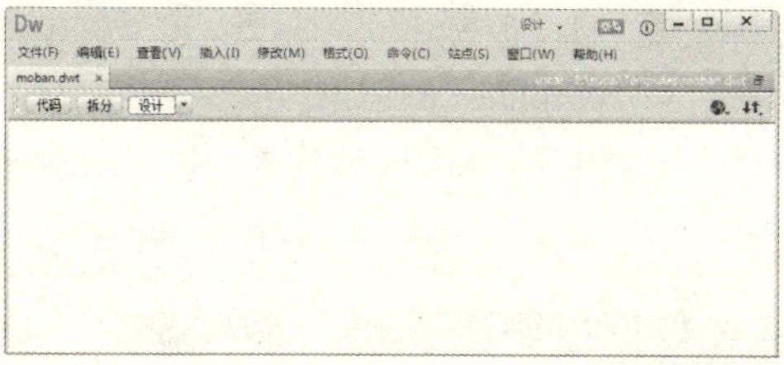

6.1.2 从现有文档创建模板

从现有文档创建模板的具体操作方法如下：

01 单击“另存为模板”命令 打开素材文件“index.html”，单击“文件”|“另存为模板”命令，如下图所示。

02 设置另存选项 弹出“另存为模板”对话框，在“站点”下拉列表中选择sucai，在“另存为”文本框中输入moban2，单击“保存”按钮如下图所示。

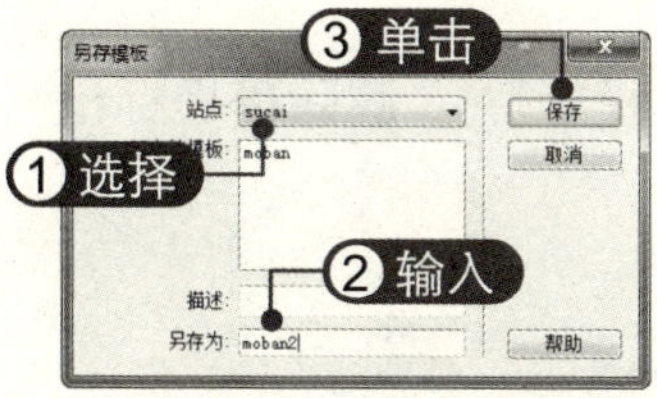

03 确认更新链接 弹出Dreamweaver提示信息框，提示是否更新链接，单击“是”按钮，如下图所示。

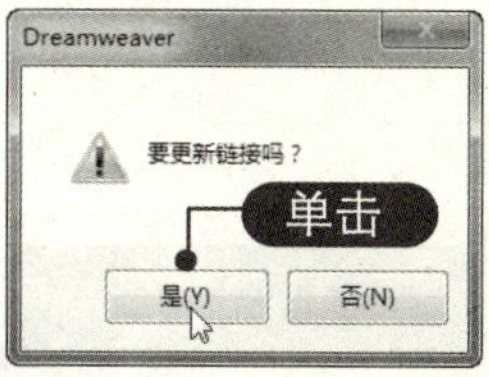

04 查看文档 按【Ctrl+S】组合键保存文档，即可将文档另存为模板，如下图所示。

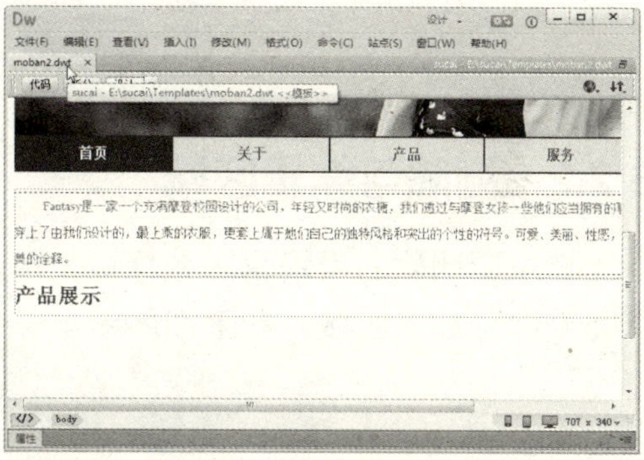

6.2 创建可编辑区域

可编辑区域就是基于模板文档的未锁定区域，是网页套用模板后可以编辑的区域。在创建模板后，模板的布局就固定了，如果要在模板中针对某些内容进行修改，即可为该内容创建可编辑区域。

6.2.1 插入可编辑区域

创建可编辑区域的具体操作方法如下：

01 定位光标 打开素材文件“Templates\moban2.dwt，”将光标定位于要创建可编辑区域的位置，如下图所示。

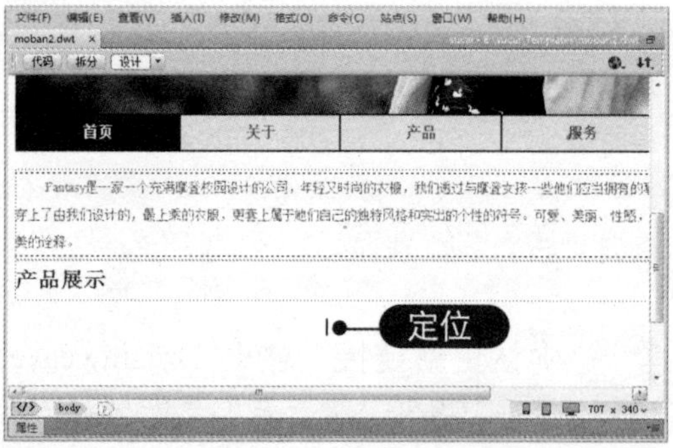

02 单击“可编辑区域”命令 单击“插入”|“模板”|“可编辑区域”命令，如下图所示。

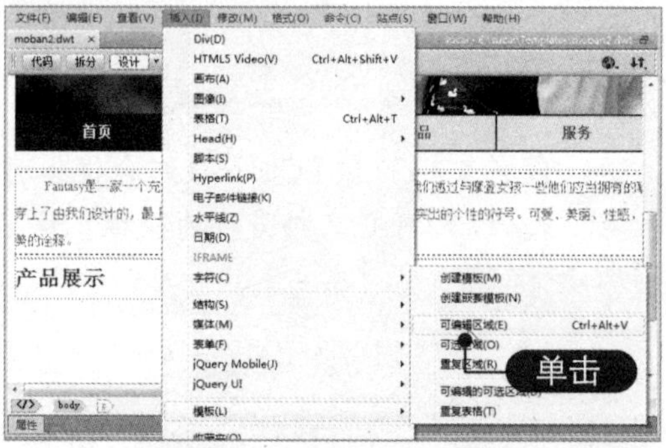

03 确认新建操作 弹出“新建可编辑区域”对话框，单击“确定”按钮，如下图所示。

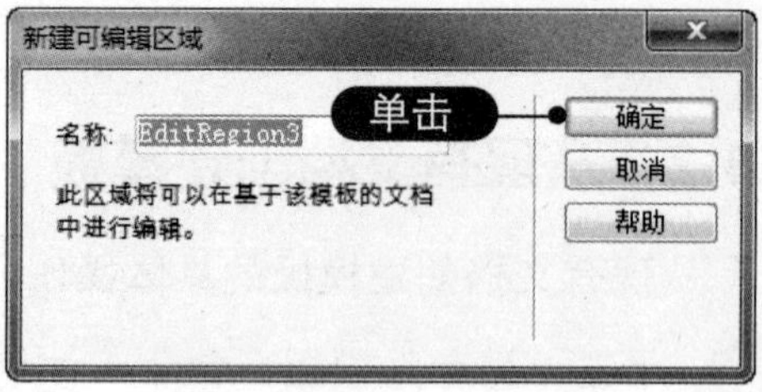

04 查看创建效果 此时即可创建可编辑区域，效果如下图所示。

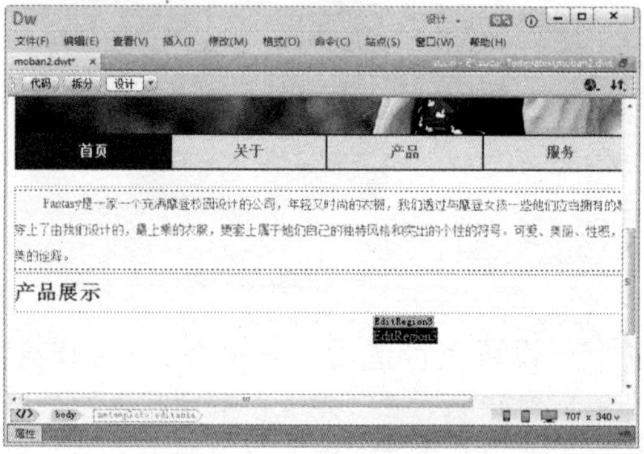

6.2.2 删除可编辑区域

选中要删除的可编辑区域标记，单击“修改”|“模板”|“删除模板标记”命令，即可删除可编辑区域，如下图所示。

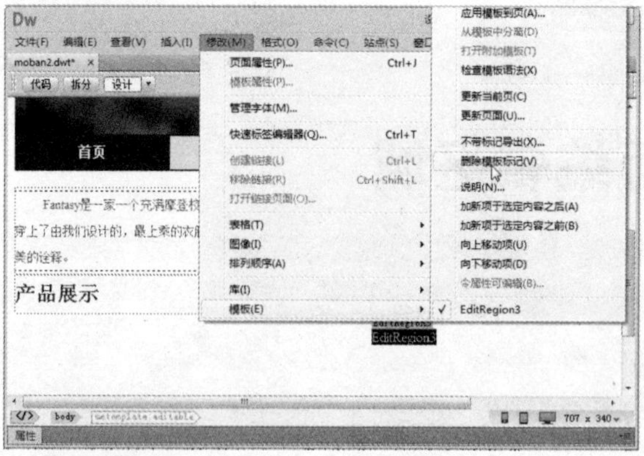

6.2.3 应用模板创建网页

创建模板之后，就可以应用模板快速、高效地设计风格一致的网页。应用模板创建网页的具体操作方法如下：

01 选择“网站模板” 单击“文件”|“新建”命令，弹出“新建文档”对话框，选择“网站模板”| sucai | moban2，单击“创建”按钮，如下图所示。

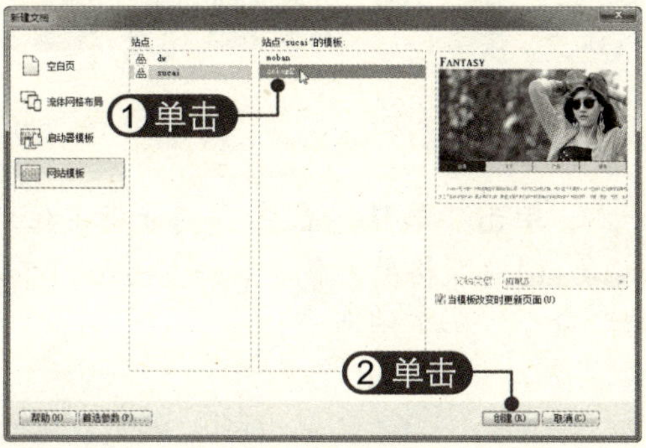

02 利用模板创建网页 此时即可利用模板创建网页，效果如下图所示。

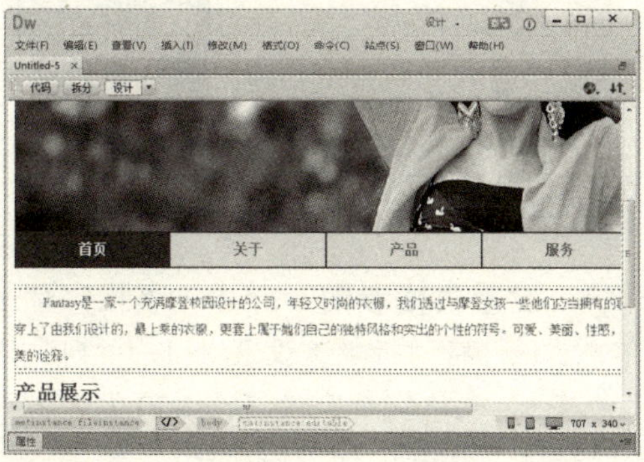

03 保存文件 单击“文件”|“保存”命令，弹出“另存为”对话框，在“文件名”文本框中输入名称，单击“确定”按钮，如下图所示。

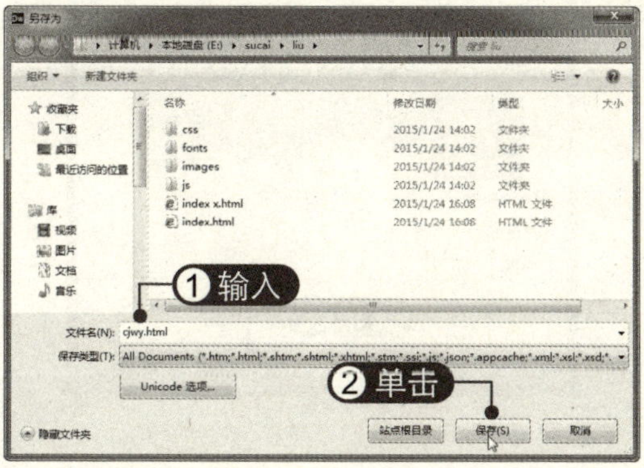

04 定位光标 将光标置于可编辑的区域中，如下图所示。

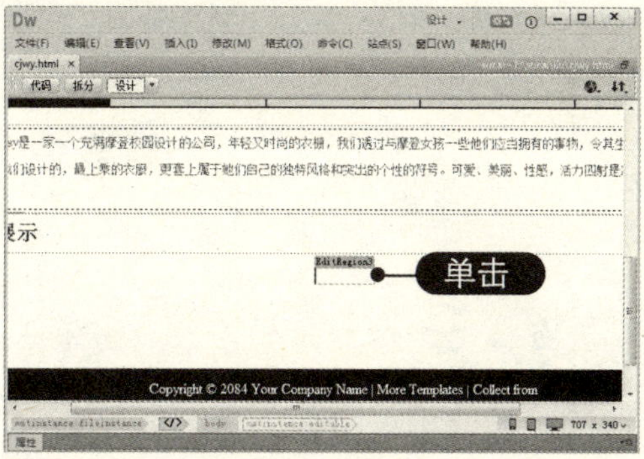

05 设置表格参数 单击“插入”|“表格”命令，弹出“表格”对话框，将“行数”设置为1，“列”设置为4，“表格宽度”设置为900像素，“边框粗细”设置为1像素，单击“确定”按钮，如下图所示。

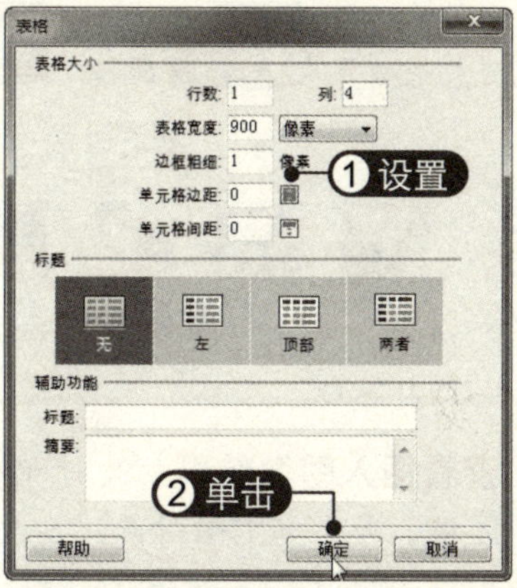

06 设置单元格 选中单元格，在“属性”面板中将单元格设置为“水平居中”和“垂直居中”，设置“高”为220，如下图所示。

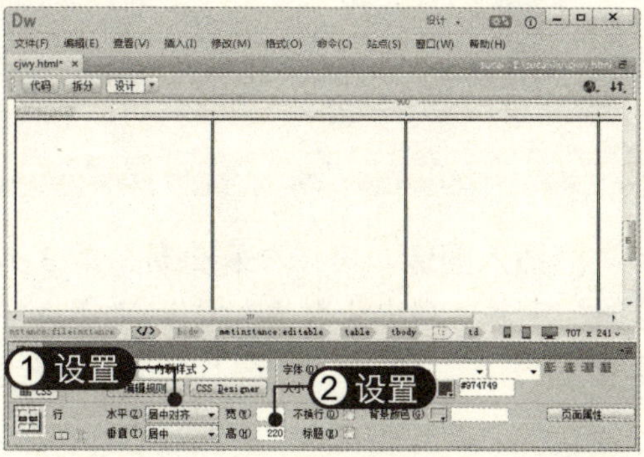

07 单击“图像”命令 将光标置于表格的第 1 列单元格中，单击“插入”|“图像”|“图像”命令，如下图所示。

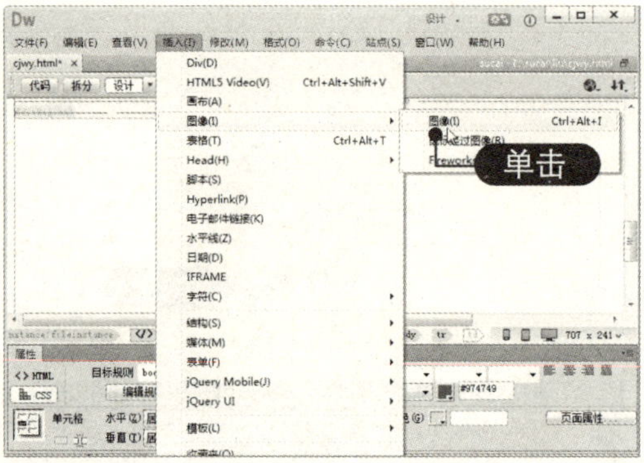

08 选择图像 在弹出的“选择图像源文件”对话框中选择需要插入的图像，单击“确定”按钮，如下图所示。

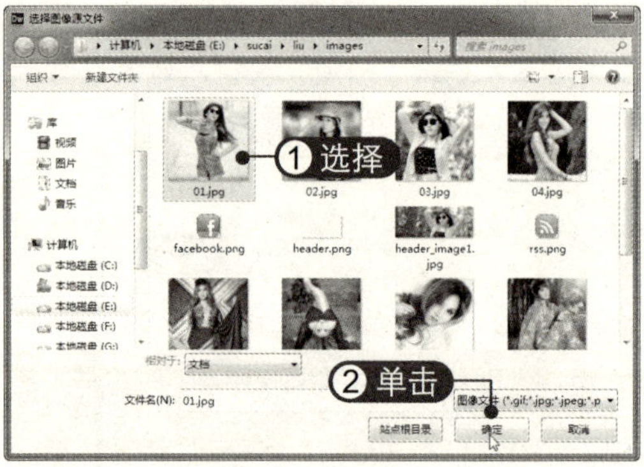

09 查看插入图像效果 此时即可插入图像，效果如下图所示。

10 插入图像 同样在第 2 列、第 3 列和第 4 列中分别插入图像，效果如下图所示。

11 单击“表格”命令 将光标定位到图像表格的右侧，单击“插入”|“表格”命令，如下图所示。

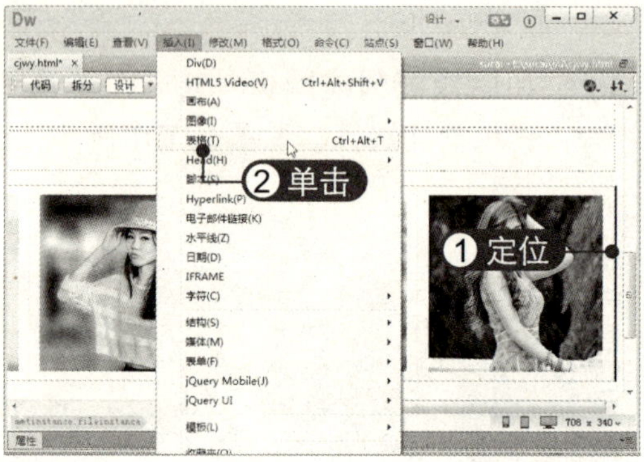

12 设置表格参数 弹出“表格”对话框，将“行数”设置为 1，“列”设置为 4，“表格宽度”设置为 850 像素，单击“确定”按钮，如下图所示。

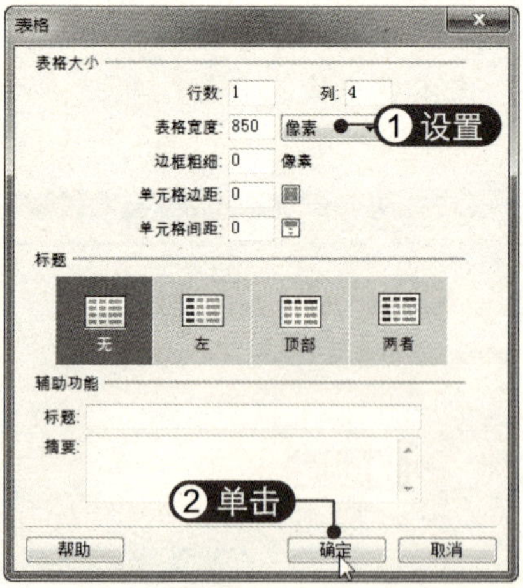

13 **设置对齐方式** 选中整个表格，在“属性”面板中设置Align为“居中对齐”，如下图所示。

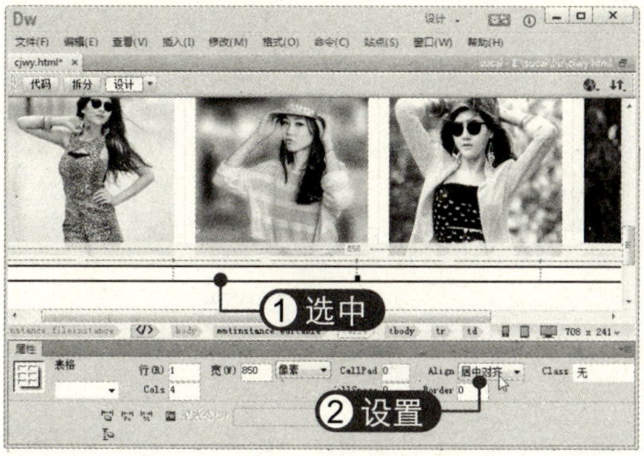

14 **设置单元格属性** 选中四个单元格，在“属性”面板中设置“水平”对齐方式为“左对齐”，“垂直”对齐方式为“居中”，且前三个单元格的宽度为225，如下图所示。

15 **输入文本** 在单元格中输入文本，按【Ctrl+S】组合键保存文档，按【F12】键预览效果，如下图所示。

知识加油站

在创建模板时，可编辑区域和锁定区域都可以进行修改。但是，在利用模板创建的网页中，只能在可编辑区域中进行更改，而无法修改锁定区域中的内容。

6.3 创建与应用库项目

在Dreamweaver中，另一种维护网页风格的方法是使用库项目。如果说模板从整体上控制了网页风格的话，库项目则从局部上维护了网页的风格。

库是一种用于存储想要在整个网站上经常重复使用或更新的页面元素（如图像、文本和其他对象）的方法，这些元素统称为库项目。

6.3.1 创建库项目

用户可以先创建新的库项目，然后编辑其中的内容，也可以将网页中选中的内容作为库项目进行保存。如果使用了库，就可以通过修改库更新所有采用库项目的网页，不用逐个修改网页元素或重新制作网页。

创建库项目的具体操作方法如下：

01 **选择“库项目”类型** 单击“文件”|“新建”命令，弹出“新建文档”对话框，选择“空白页”中的“库项目”类型，单击“创建”按钮，如下图所示。

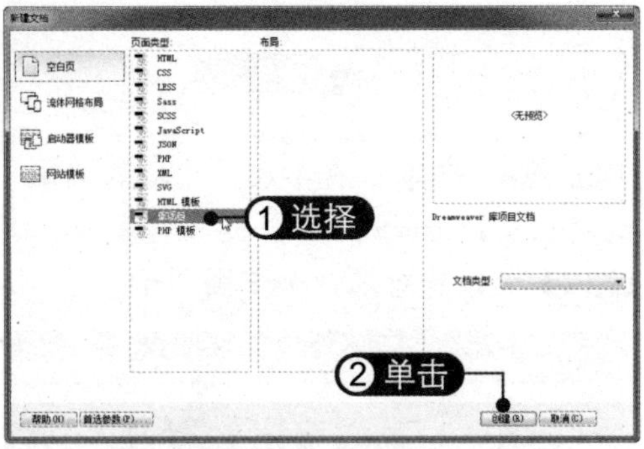

02 **查看空白文档** 此时即可创建一个空白文档，效果如下图所示。

03 **单击“另存为”命令** 单击“文件”|“另存为”命令，如下图所示。

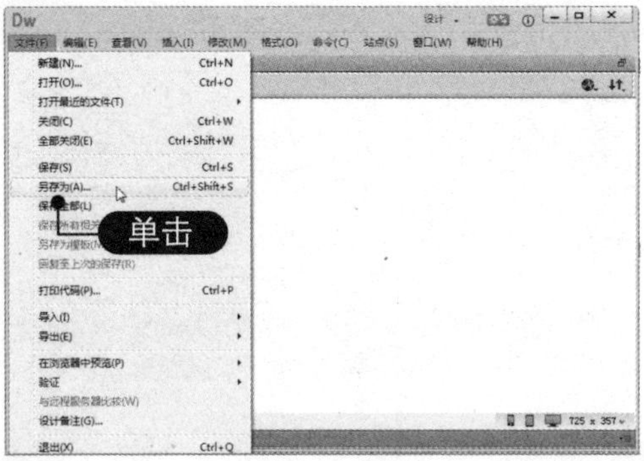

04 **选择文件保存格式** 弹出“另存为”对话框，在“保存类型”下拉列表中选择库文件（*.lbi），在“文件名”文本框中输入 top，然后单击“保存”按钮，如下图所示。

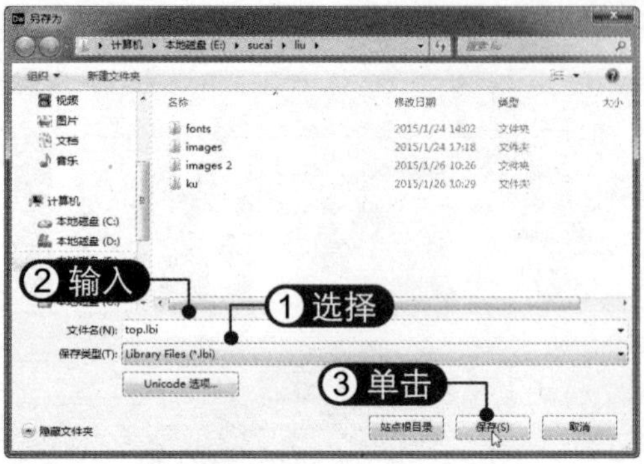

05 **设置表格参数** 将光标置于文档窗口中，单击“插入”|“表格”命令，弹出“表格”对话框，将“行数”设置为 1，“列”设置为 1，“表格宽度”设置为 1000 像素，单击“确定”按钮，如下图所示。

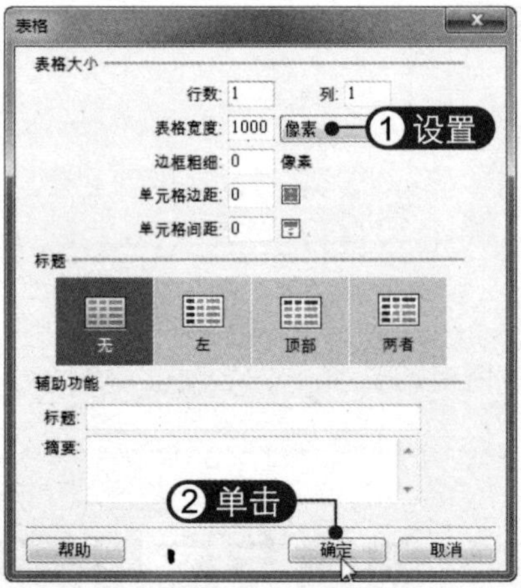

06 **插入表格** 此时即可插入表格，效果如下图所示。

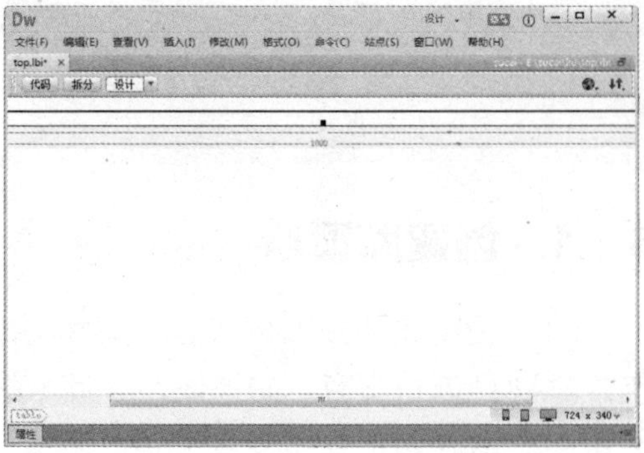

07 选择图像 将光标置于单元格中，单击“插入”|“图像”|“图像”命令，弹出“选择图像源文件”对话框，选择需要的图像，单击“确定”按钮，如下图所示。

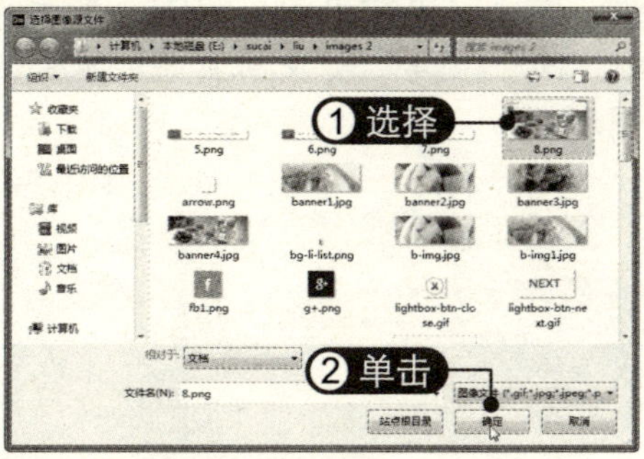

08 查看预览效果 此时即可插入图像，按【Ctrl+S】组合键保存文档，按【F12】键在浏览器中进行预览，如下图所示。

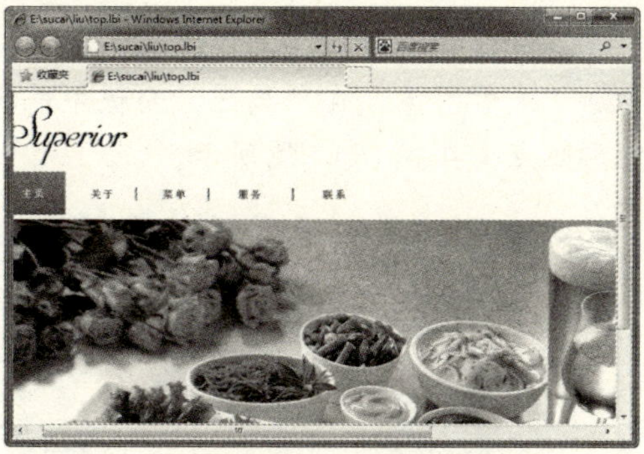

6.3.2 应用库项目

使用库比使用模板具有更大的灵活性，创建库项目后就可以将其插入到其他网页中。在网页中应用库项目的具体操作方法如下：

01 定位光标 打开素材文件“yy ku.html”，将光标定位到文档中，如下图所示。

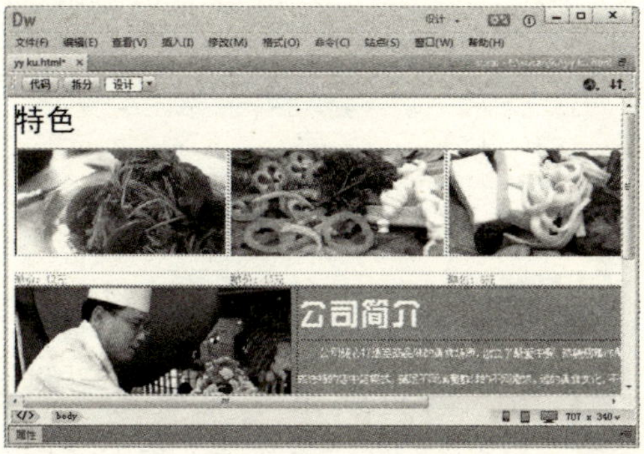

02 单击“库”按钮 单击“窗口”|“资源”命令，打开“资源”面板，在面板中单击“库”按钮，显示库项目，如下图所示。

03 插入库项目 选中库项目 top，单击左下角的“插入”按钮 插入 ，如下图所示。

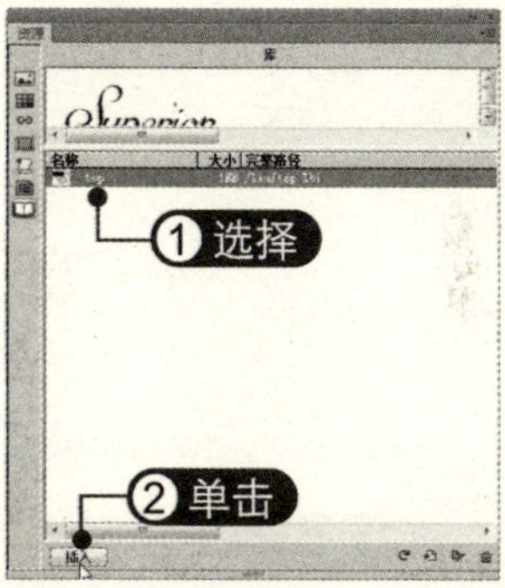

04 预览网页 按【Ctrl+S】组合键保存文档，按【F12】键在浏览器中进行预览，如下图所示。

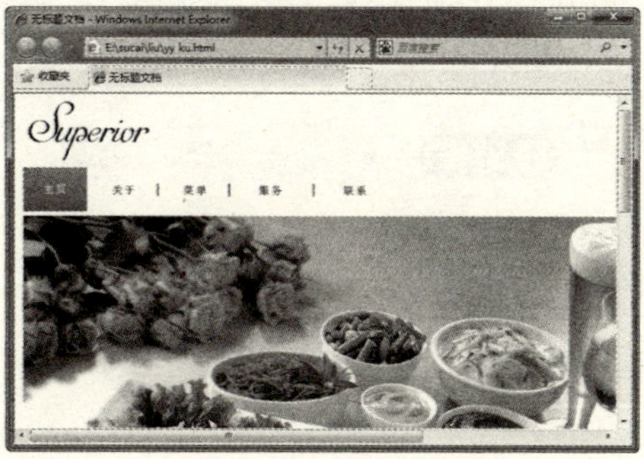

6.3.3 修改库项目

通过修改某个库项目可以修改整个站点中所有应用该库项目的网页，具体操作方法如下：

01 选择矩形热点工具 打开库文件，选中图像，在“属性”面板中选择矩形热点工具，如下图所示。

02 绘制热点 在横幅图像上绘制热点，并在“属性”面板单击“链接”文本框右侧的“浏览”按钮，如下图所示。

03 选择链接图像 弹出“选择文件”对话框，选择被链接的图像，单击“确定”按钮，如下图所示。

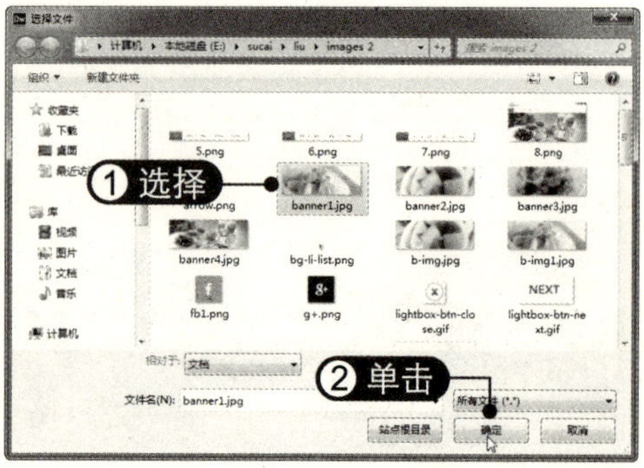

04 单击“更新页面”命令 单击“修改”|“库”|“更新页面”命令，如下图所示。

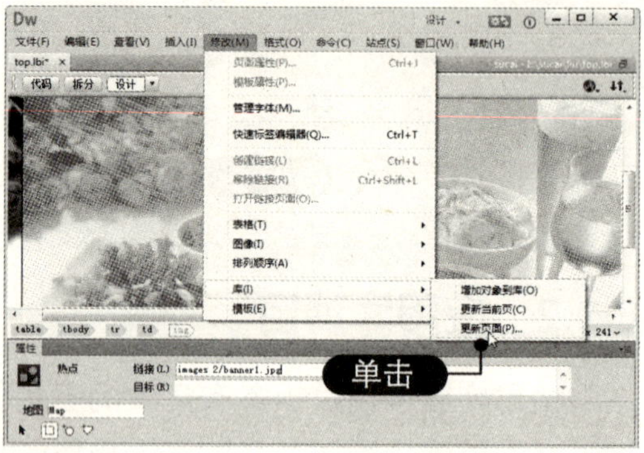

05 单击“开始”按钮 弹出“更新页面”对话框，单击“开始”按钮，即可更新文件，如下图所示。

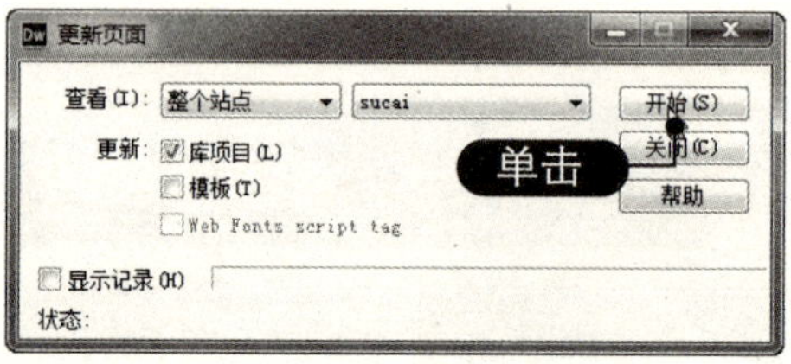

06 预览网页效果 更新完成，按【Ctrl+S】组合键保存文档，按【F12】键在浏览器中进行预览，如下图所示。

07 单击图像 单击图像即可转换到被链接的图像，如下图所示。

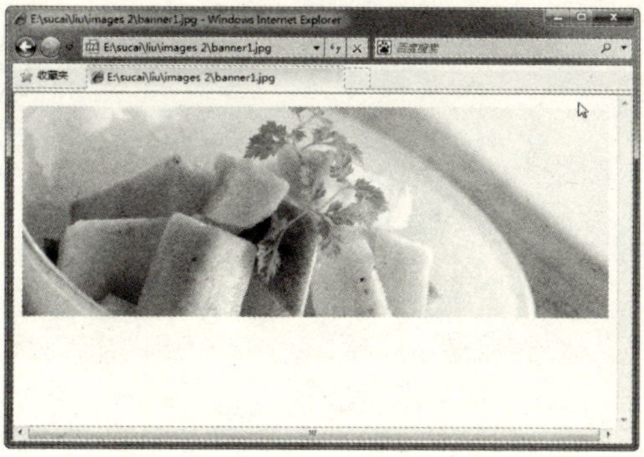

08 查看文件 打开应用库项目的文件，可以看到文件已被更新，如下图所示。

Chapter 07

使用表单

表单是用户和服务器之间的桥梁，专门用于接收访问者填写的信息，从而采集客户端信息，使网页具有交互功能。表单可以包含允许进行交互的各种对象，包括文本域、列表框、复选框、单选按钮、图像域、按钮以及其他表单对象。本章将详细介绍表单对象的使用方法与技巧。

本章要点

- 表单的创建
- 表单对象的添加

知识等级

网页制作中级读者

建议学时

建议学习时间为 50 分钟

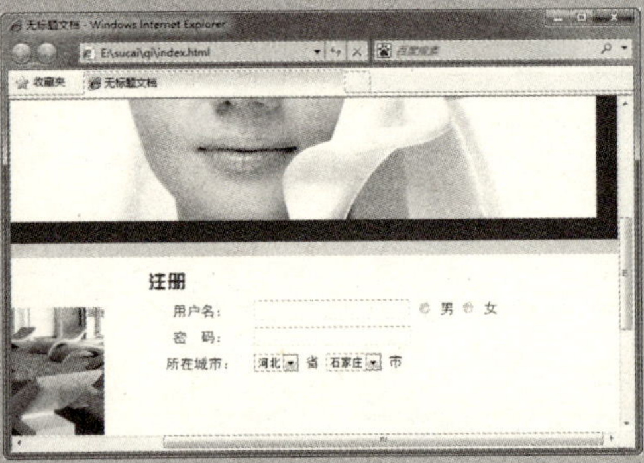

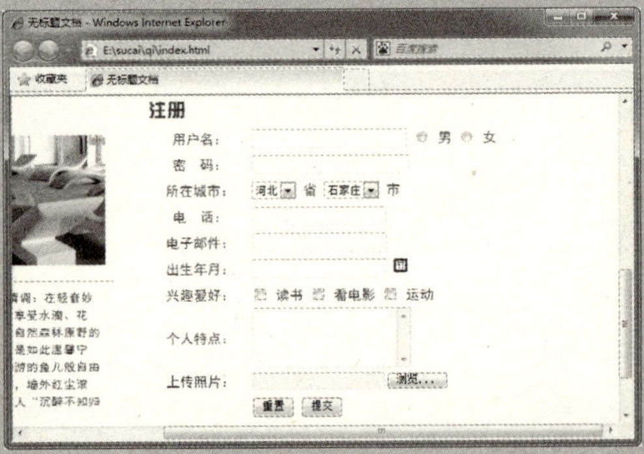

7.1 表单的创建

在制作要实现信息交互的动态网页时，表单是一个必不可少的选项。它是接收用户信息的重要窗口，然后交由服务器端的脚本处理相关信息，并进行反馈。下面将详细介绍如何在网页中创建表单。

7.1.1 了解表单

一个完整的表单设计可以分为两个部分：表单对象部分和应用程序部分，它们分别由网页设计师和程序设计师来设计完成。如下图所示为使用表单的网页。

其过程是这样的，首先由网页设计师制作出一个可以让浏览者输入各项资料的表单页面，这部分属于在显示器上可以看到的内容。此时的表单只是一个外壳而已，不具有真正工作的能力，需要后台程序的支持。接着由程序设计师通过 ASP 或 CGI 程序来编写处理各项表单资料和反馈信息等操作所需的程序，这部分浏览者虽然看不见，却是表单处理的核心。

表单用<form></form>标记来创建，在<form></form>标记之间的部分属于表单的内容。<form>标记具有 action、method 和 target 属性。

◎ action 的值是处理程序的程序名，如<form action=“URL”>，如果这个属性值是空值（""），则当前文档的 URL 将被使用，用户提交表单时，服务器将执行这个程序。

◎ method 属性用于定义处理程序从表单中获得信息的方式，可取 GET 或 POST 中的一个。GET 方式是处理程序从当前 html 文档中获取数据，这种方式传送的数据量是有所限制的，一般限制在 1KB 以下。POST 方式传送的数据比较大，它使当前的 html 文档把数据传送给处理程序，传送的数据量要比使用 GET 方式传送大的多。

◎ target 属性用于指定目标窗口或目标帧，可选当前窗口_self、父级窗口_parent、顶层窗口_top 和空白窗口_blank。

7.1.2 创建表单

使用表单必须具备的条件有两个：一个是含有表单元素的网页文档，另一个是具备服务器端的表单处理应用程序或客户端脚本程序，它能够处理用户输入到表单中的信息。创建一个基本表单的具体操作方法如下：

01 插入表单 打开素材文件“index.html”，将光标定位在要插入表单的位置，在“插入”面板“表单”类别中单击“表单”按钮，如下图所示。

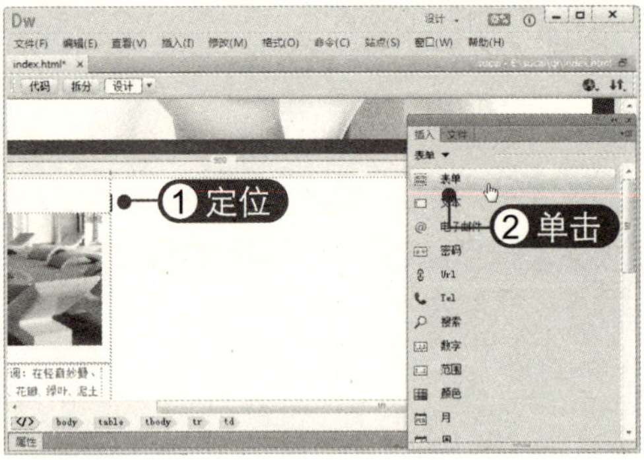

02 查看表单 此时在网页中显示一个红色的虚线框，即插入了一个空表单，如下图所示。

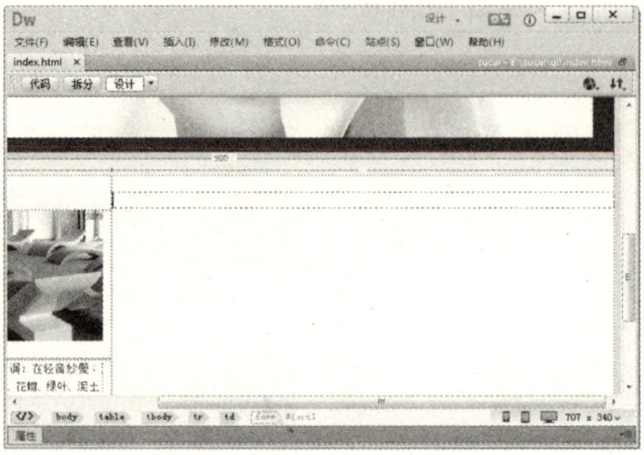

除了使用“插入”面板创建表单外，还可以使用菜单栏中“插入”|“表单”|“表单”命令，具体的使用方法会在后面的操作中详细介绍。

7.1.3 设置表单属性

单击红色虚线框选中表单，在“属性”面板中可以查看表单的相关属性，如下图所示。

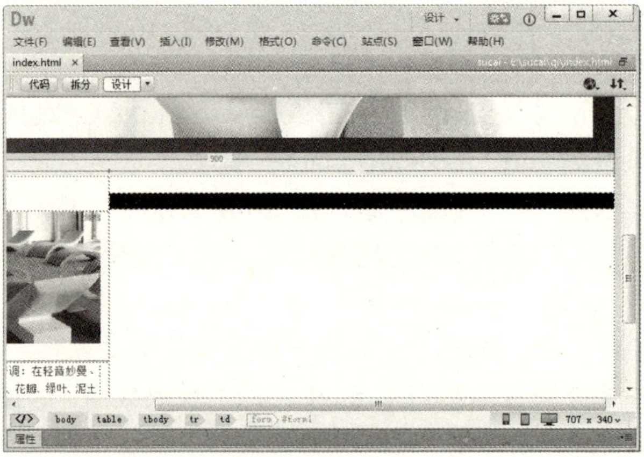

表单属性值的具体含义如下

◎ ID：用于输入标识该表单的唯一名称。

◎ Action：用于指定处理该表单的动态页或脚本路径。可以在 Action 文本框中输入完整的路径，也可以单击文件夹图标浏览应用程序。

◎ Method：在 Method 下拉列表中选择将表单数据传输到服务器的传送方式，其中包括 3 个选项：

POST：使用 HTTP post 方法发送数据，此方法将单个消息中的数据发送给服务器。

GET：使用 HTTP get 方法发送数据，此方法将表单域内容放置在 URL 查询字符串中。

默认：使用浏览器默认的方式，一般默认为 GET。

◎ Enctype：用于设置发送数据的 MIME 编码类型，一般情况下应选择 application/x-www-form-urlencoded。

◎ Target：使用“目标“下拉列表指定一个窗口，这个窗口中显示应用程序或者脚本程序将表单处理完成后所显示的结果。

_blank：反馈网页将在新窗口中打开。

_parent：反馈网页将在副窗口中打开。

_self：反馈网页将在原窗口中打开。

_top：反馈网页将在顶层窗口中打开。

◎ Accept Charset：用于指定一系列字符集，服务器必须支持这些字符集，从而得以正确地解释表单中的数据。

◎ Class：在 Class 下拉列表中选择要定义的表单样式。

7.2 表单对象的添加

在创建表单后，即可向其中添加表单对象。在 Dreamweaver 中可以创建各种表单对象，如文本框、单选按钮、复选框和按钮等，下面将分别介绍添加各种表单对象的方法。

7.2.1 添加文本域

文本域可以接受任何类型的输入内容，可以是单行或多行。添加文本域的具体操作方法如下：

01 单击“表格”命令 将光标置于表单中，单击“插入”|“表格”命令，如下图所示。

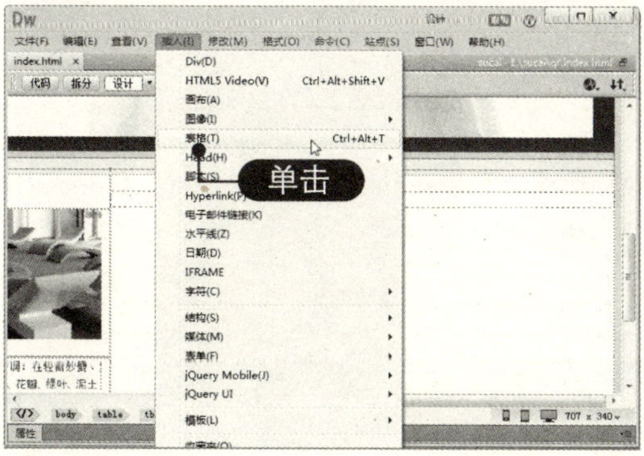

02 设置表格参数 弹出“表格”对话框，设置“行数”为 11，“列”为 2，“表格宽度”为 500 像素，单击“确定”按钮，如下图所示。

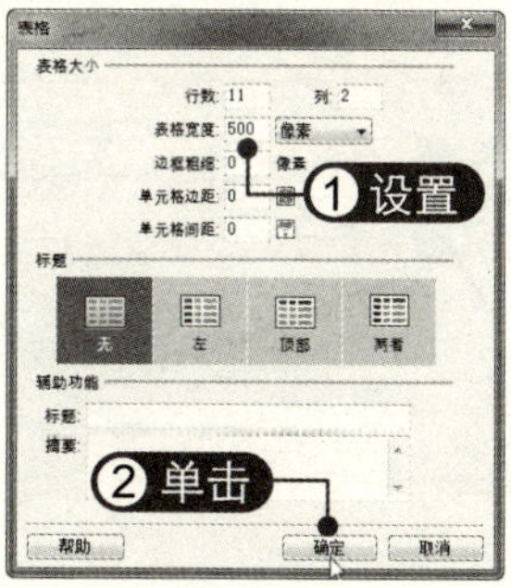

03 设置表格对齐方式 选中整个表格，在“属性”面板中设置 Align 为“居中对齐”，如下图所示。

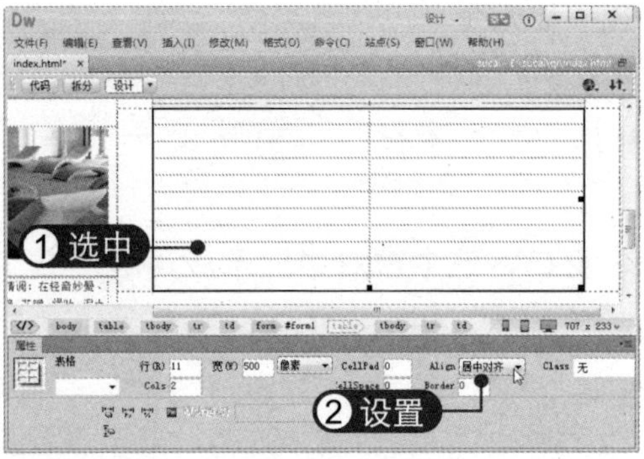

04 设置文本属性 选中第 1 行的 2 个单元格并右击，选择“表格”|“合并单元格”命令，输入文本“注册”，在“属性”面板中设置相关属性，效果如下图所示。

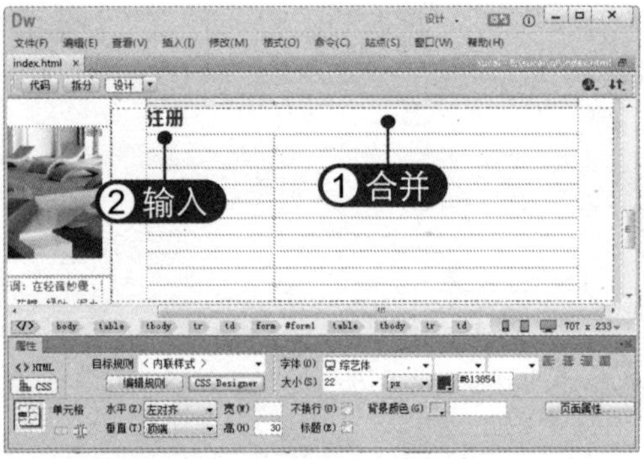

05 设置单元格属性 选中第 1 列单元格，在“属性”面板中设置“水平”为“居中对齐”，“宽”为 120，“高”为 30，如下图所示。

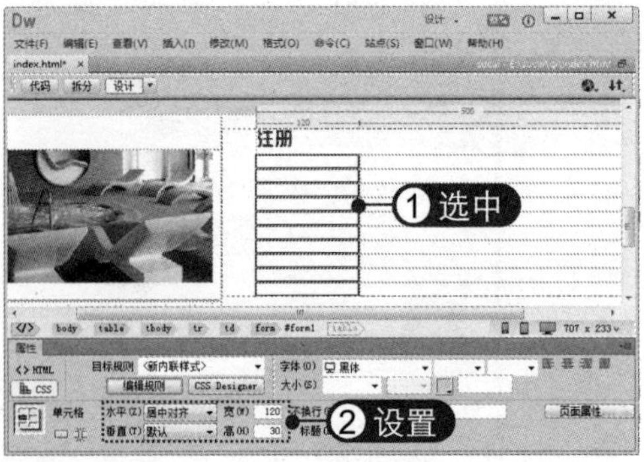

06 输入文本 将光标置于表格的第 2 行第 1 列单元格中，输入文本“用户名：”将“大小”设置为 16 像素，文本颜色设置为“#613854”，如下图所示。

07 定位光标 将光标置于表格的第 2 行第 2 列单元格中，如下图所示。

08 插入文本域 单击“插入”|“表单”|“文本”命令，如下图所示。

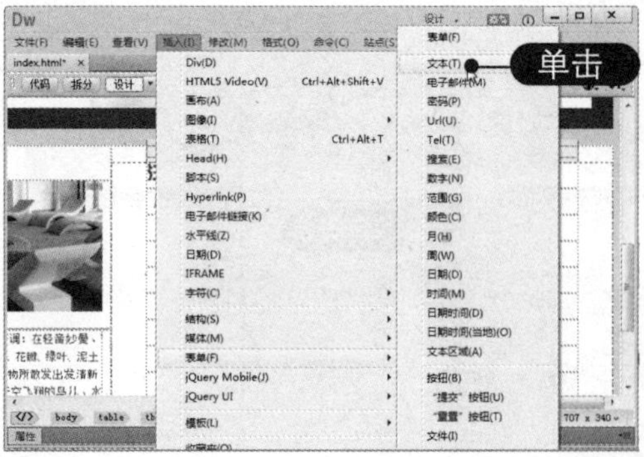

09 设置文本域属性 此时即可插入文本域。选中文本域，可在“属性”面板中设置相关属性，如下图所示。

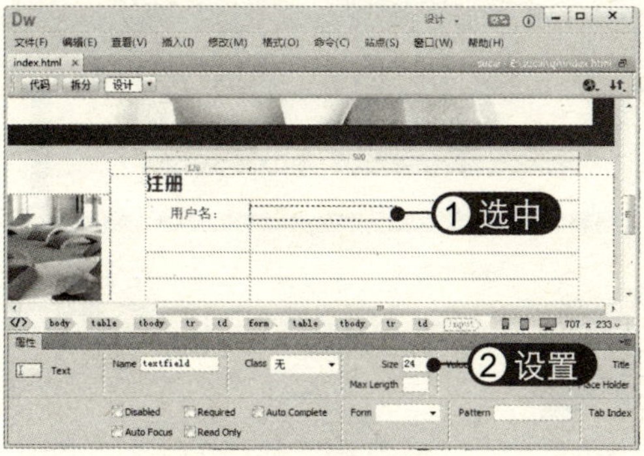

10 预览网页 按【Ctrl+S】组合键保存文档，按【F12】键在浏览器中预览，此时即可在文本域中输入用户名，如下图所示。

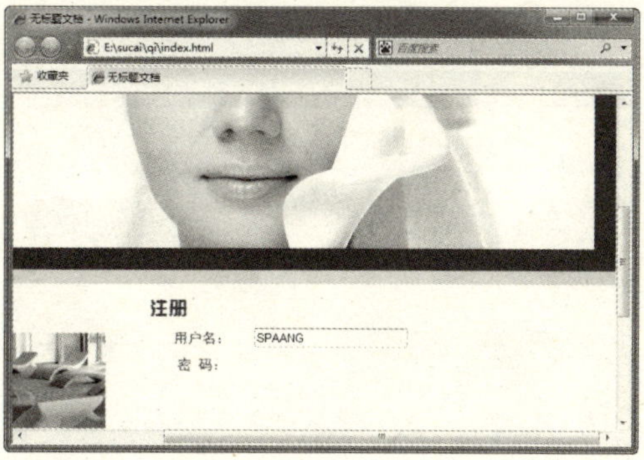

7.2.2 添加单选按钮

单选按钮只允许从多个选项中选择一个选项。单选按钮通常成组使用，在同一组中的所有单选按钮必须具有相同的名称。添加单选按钮的具体操作方法如下：

01 定位光标 将光标定位于表格的第2行第2列文本域的右侧，如下图所示。

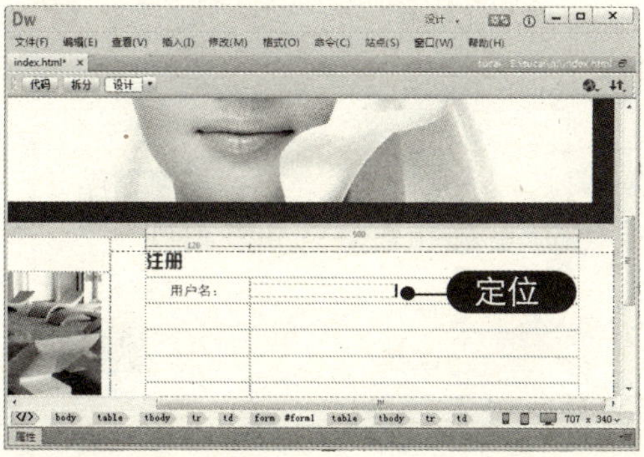

02 插入单选按钮 单击“插入”|“表单”|“单选按钮”命令，插入单选按钮，效果如下图所示。

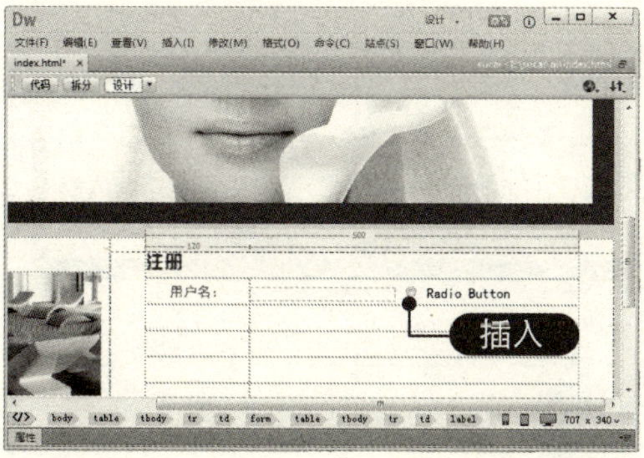

03 设置单选按钮属性 选中插入的单选按钮，在“属性”面板中设置相关属性，如下图所示。

04 设置文本属性 将光标置于单选按钮的右侧，输入文本“男”，在“属性”面板中设置相关属性，如下图所示。

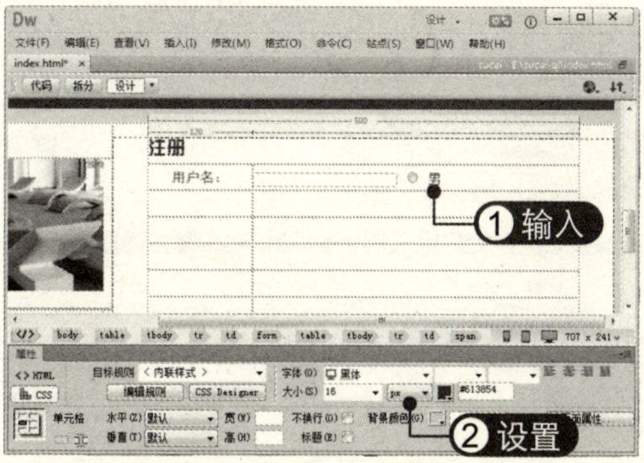

05 插入第二个单选按钮 按照同样的方法，插入第二个单选按钮，效果如下图所示。

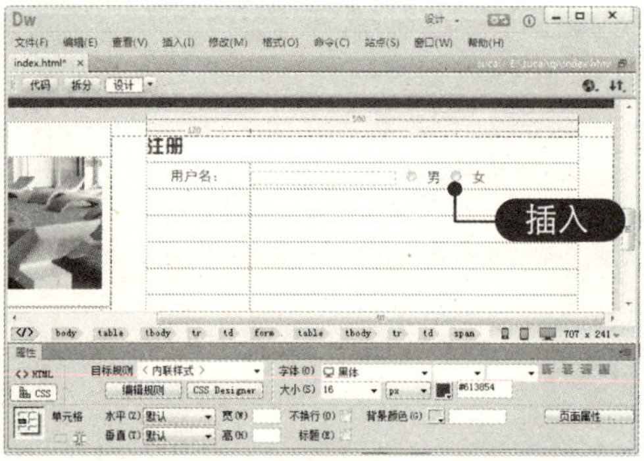

06 预览网页 按【Ctrl+S】组合键保存文档，按【F12】键在浏览器中预览，如下图所示。

7.2.3 添加密码域

在密码域中输入的文本一般是被圆点或星号代替的，以免旁观者看到。添加密码域的具体操作方法如下：

01 输入文本 将光标置于表格的第 3 行第 1 列单元格中，输入文本“密码：”，在“属性”面板中设置相关属性，如下图所示。

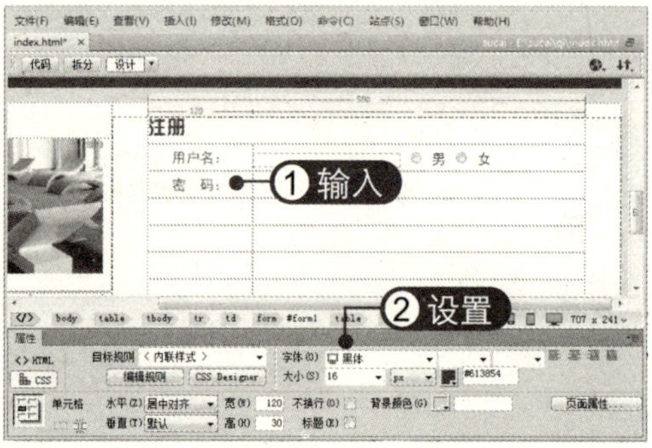

02 插入密码域 将光标置于表格的第 3 行第 2 列单元格中，单击“插入”|“表单”|“密码”命令，插入密码域，效果如下图所示。

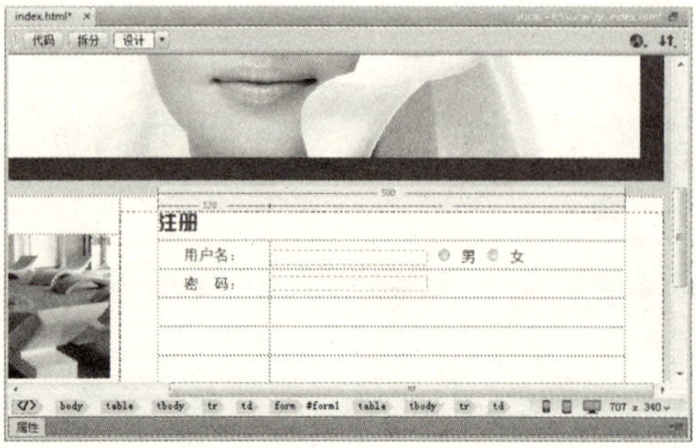

03 设置密码域属性 选中插入的密码域，在“属性”面板中设置相关属性，如下图所示。

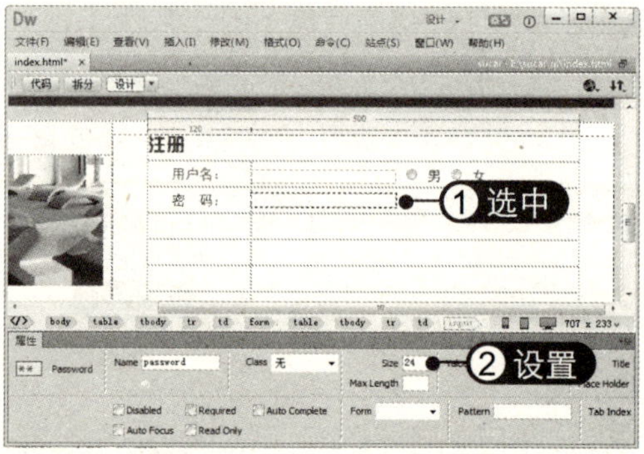

04 预览网页 按【Ctrl+S】组合键保存文档，按【F12】键在浏览器中预览，如下图所示。

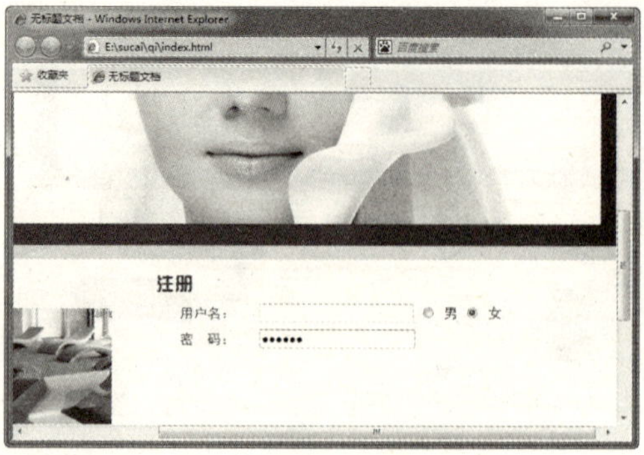

7.2.4 添加选择域

选择域使访问者可以从列表中选择一个或多个项目，当空间有限但需要显示许多项目时，即可添加选择域。如果想对返回服务器的值予以控制，也可以使用选择域。选择域与文本域不同，在文本域中用户可以随心所欲地输入信息，甚至包括无效的数据，而使用选择域则可以设置某个菜单返回的确切值。

在表单中可以插入两种类型的选择域：一种是用户单击时下拉的菜单，另一种是显示可供用户从中选择的可滚动项目列表的菜单。添加选择域的具体操作方法如下：

01 输入文本 将光标置于表格的第4行第1列单元格中，输入文本“所在城市：”，在“属性”面板中设置相关属性，如下图所示。

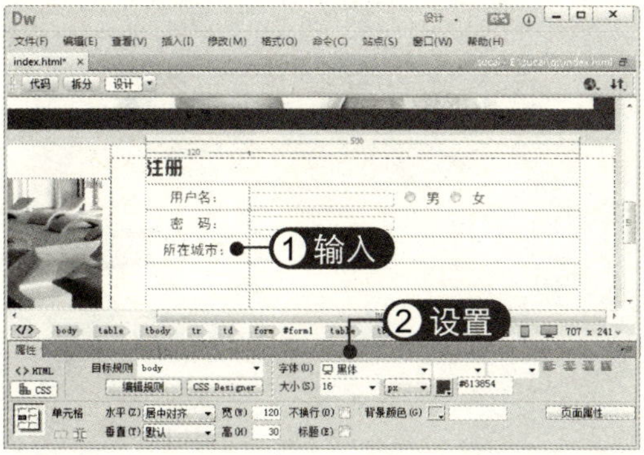

02 插入选择域 将光标置于表格的第4行第2列单元格中，单击“插入”|“表单”|“选择”命令，插入选择域，效果如下图所示。

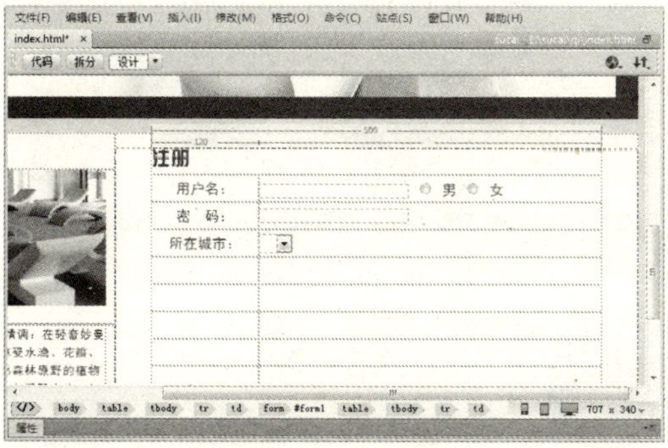

03 单击“列表值”按钮 选中插入的选择域，在“属性”面板中单击“列表值”按钮，如下图所示。

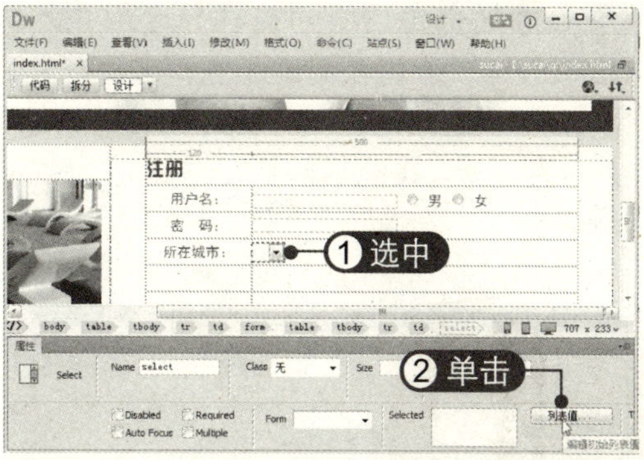

04 输入项目标签 弹出“列表值”对话框，单击⊞或⊟按钮添加或删除项目，并输入项目标签，如下图所示。

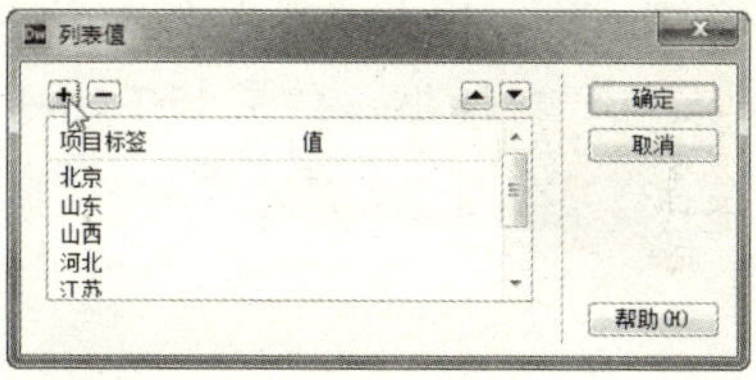

05 调整选项顺序 单击▲或▼按钮，调整菜单中选项的顺序，然后单击“确定”按钮，如下图所示。

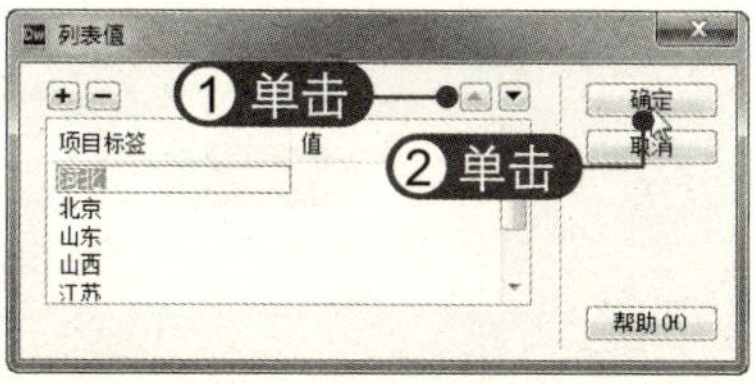

06 输入文本 将光标定位到选择域的右侧，输入文本“省”，在“属性”面板中设置相关属性，如下图所示。

07 添加选择域 用同样的方法在文本“省”右侧再次添加选择域，如下图所示。

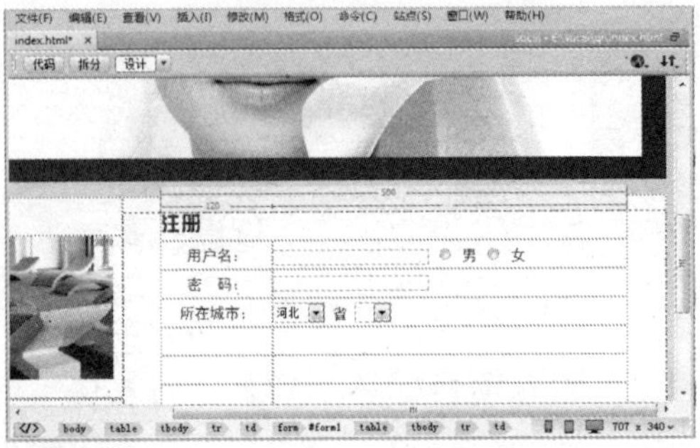

08 打开“列表值”对话框 单击“属性”面板中的“列表值”按钮，弹出“列表值”对话框，效果如下图所示。

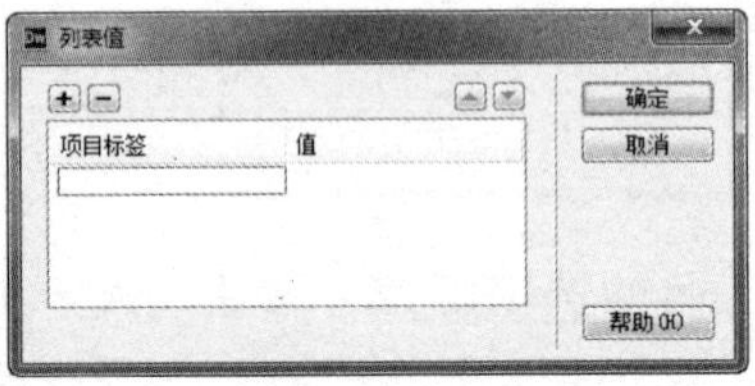

09 调整选项顺序 在“列表值”对话框中添加项目标签，调整选项顺序，单击“确定”按钮，如下图所示。

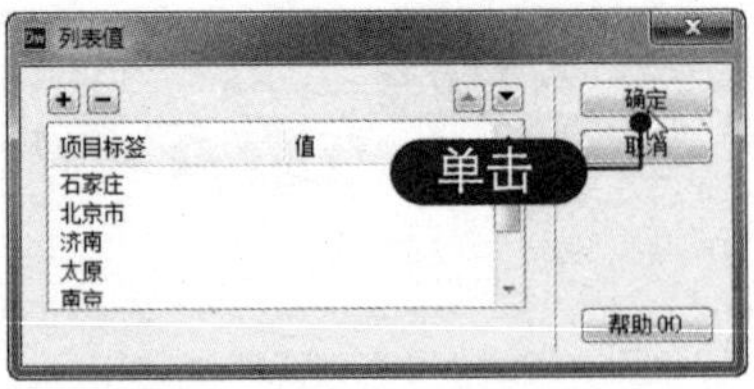

10 定位光标 将光标定位到选择域的右侧，如下图所示。

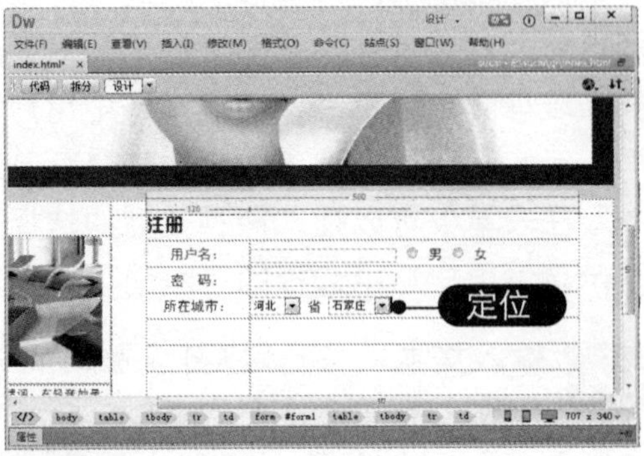

11 输入文本 输入文本“市”，在“属性”面板中设置相关属性，如下图所示。

12 预览网页 按【Ctrl+S】组合键保存文档，按【F12】键在浏览器中预览，如下图所示。

7.2.5 添加 Tel 域

添加 Tel 域的具体操作方法如下：

01 输入文本 将光标置于表格的第5行第1列单元格中，输入文本“电话：”，在“属性”面板中设置相关属性，如下图所示。

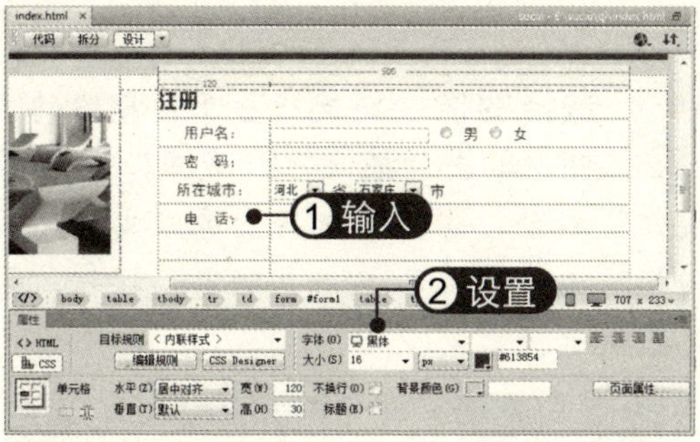

02 插入 Tel 域 将光标置于表格的第5行第2列单元格中，单击“插入”|“表单”|Tel 命令，插入 Tel 域，如下图所示。

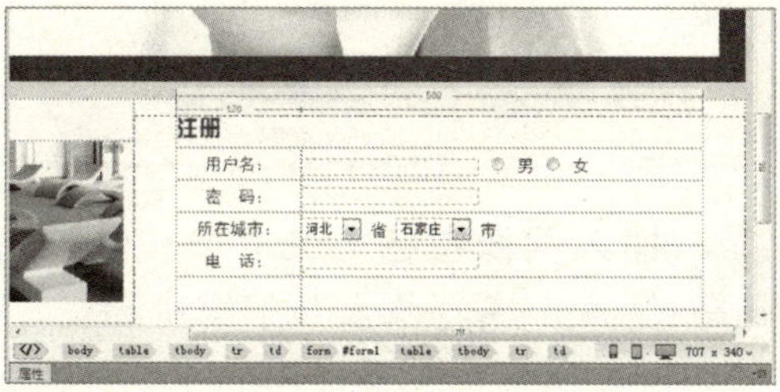

03 设置 Tel 域属性 选中插入的 Tel 域，在“属性”面板中设置相关属性，如下图所示。

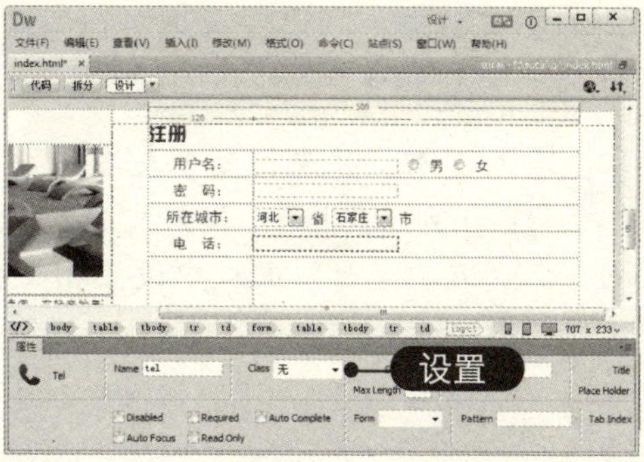

04 预览网页效果 按【Ctrl+S】组合键保存文档，按【F12】键在浏览器中预览，如下图所示。

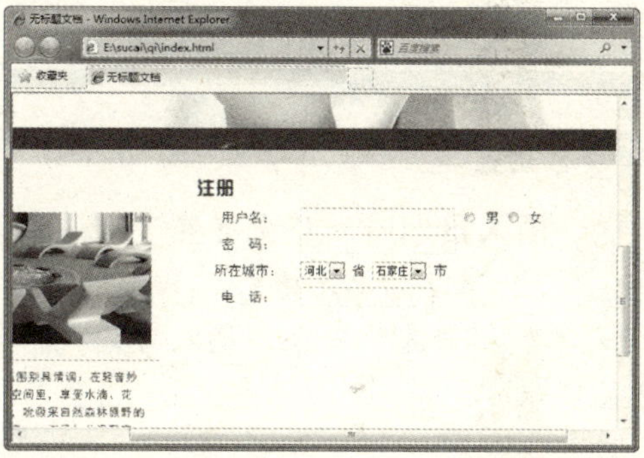

7.2.6 添加电子邮件域

添加电子邮件域的具体操作方法如下：

01 输入文本 将光标置于表格的第6行第1列单元格中，输入文本“电子邮件：”，在“属性”面板中设置相关属性，如下图所示。

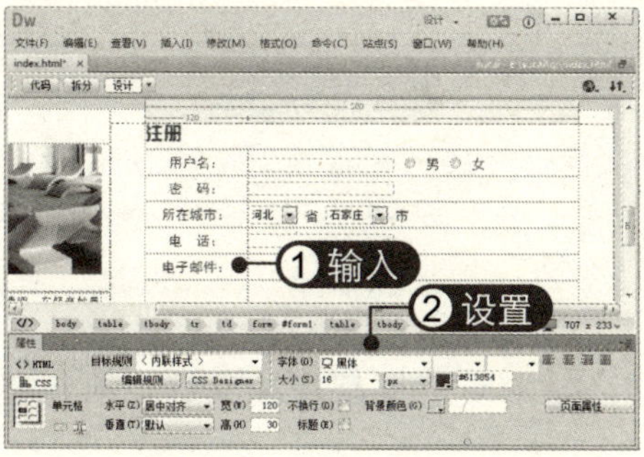

02 插入电子邮件域 将光标置于表格的第6行第2列单元格中，单击“插入”|“表单”|“电子邮件”命令，插入电子邮件域，效果如下图所示。

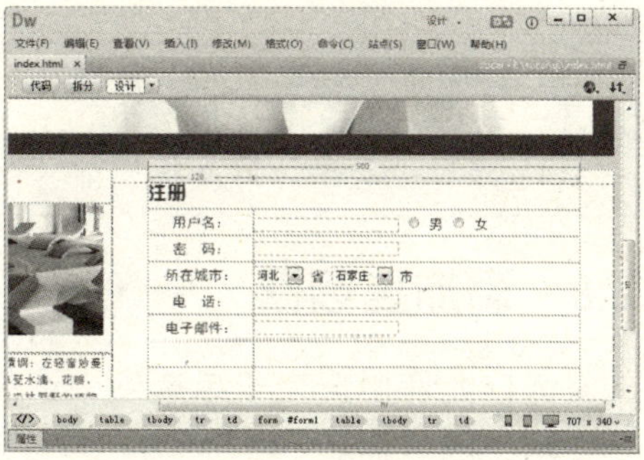

7.2.7 添加日期域和图像按钮域

在 Dreamweaver 中可以使用指定的图像作为按钮，如果使用图像按钮来执行任务而不是提交数据，则需要将某种行为附加到表单对象上。添加日期域和图像按钮域的具体操作方法如下：

01 输入文本 将光标置于表格的第 7 行第 1 列单元格中，输入文本“出生年月：”，在“属性”面板中设置相关属性，如下图所示。

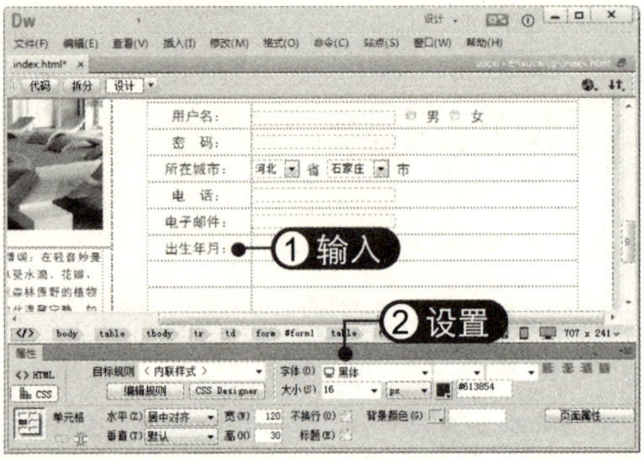

02 插入日期域 将光标置于表格的第 7 行第 2 列单元格中，单击“插入”|“表单”|“日期”命令，插入日期域，如下图所示。

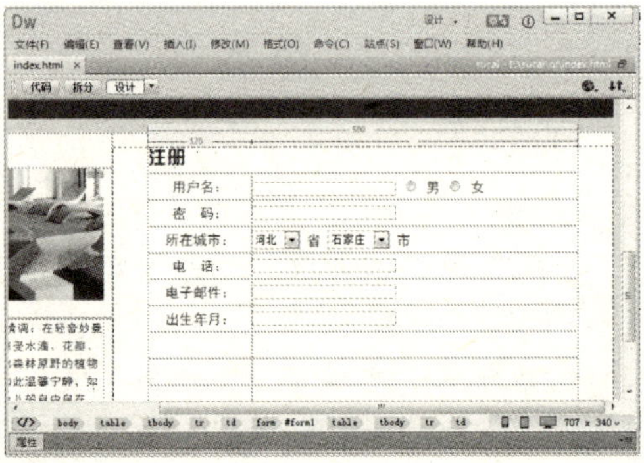

03 选择图像 将光标置于日期域的右侧，单击“插入”|“表单”|“图像按钮”命令，弹出“选择图像源文件”对话框，选择图像，单击“确定”按钮，如下图所示。

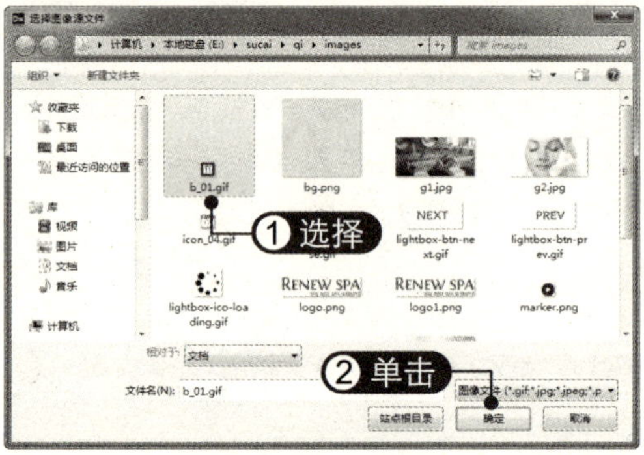

04 插入图像按钮 此时即可插入图像按钮域，效果如下图所示。

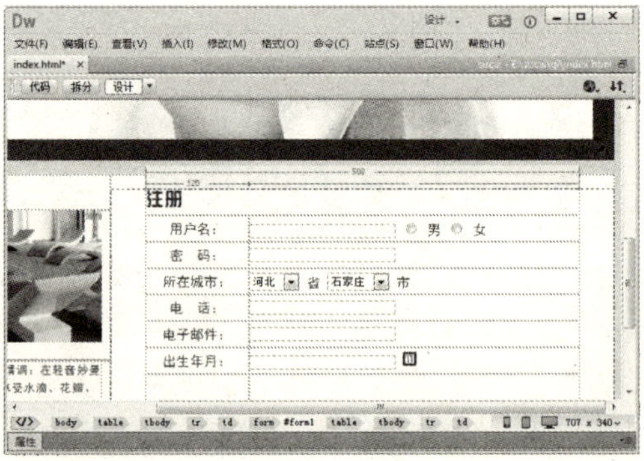

知识加油站

单击“表单”插入栏中的“图像按钮”，也可以插入图像按钮域。

7.2.8 添加复选框

复选框允许用户在一组选项中选择多个选项，每个复选框都是独立的，所以必须有一个唯一的名称。

添加复选框的具体操作方法如下：

01 输入文本 将光标置于表格的第8行第1列单元格中，输入文本“兴趣爱好：”，在“属性”面板中设置相关属性，效果如下图所示。

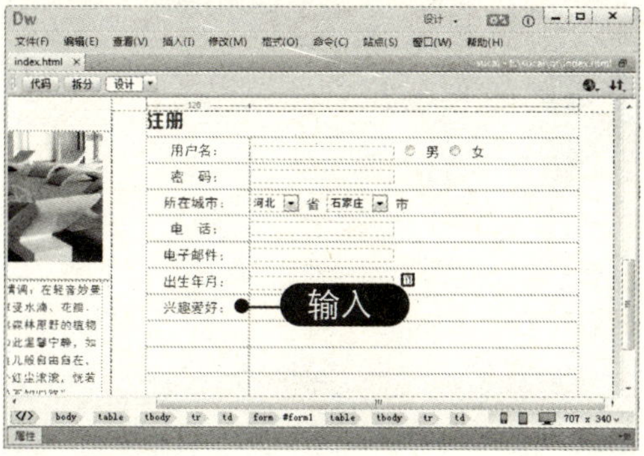

02 插入复选框 将光标置于表格的第8行第2列单元格中，单击“插入”|“表单”|“复选框”命令，插入复选框，如下图所示。

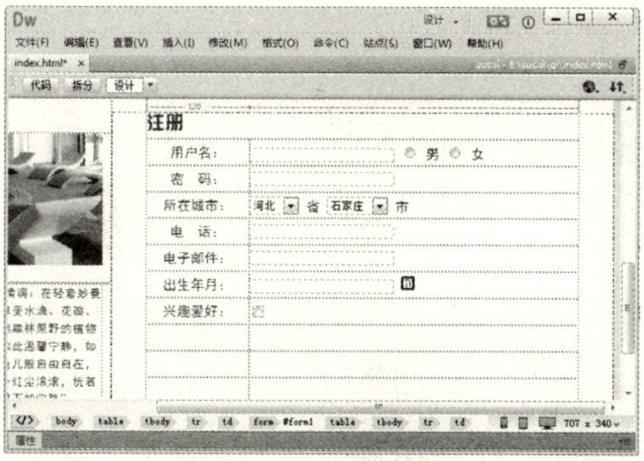

03 输入文本 将光标定位到复选框的右侧，输入文本“读书”，在“属性”面板中设置相关属性，效果如下图所示。

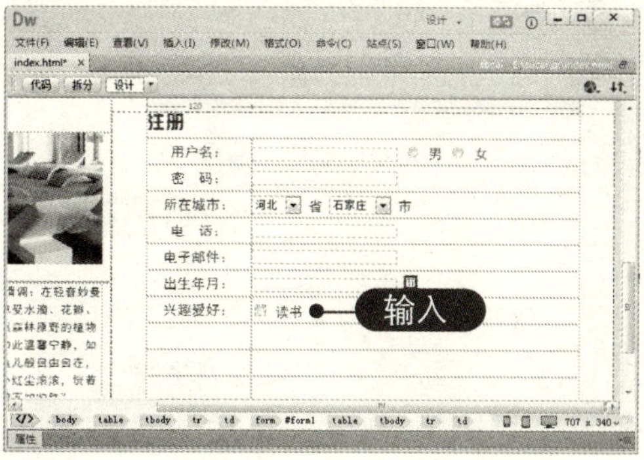

04 插入复选框 按照同样的方法，插入右侧的复选框，效果如下图所示。

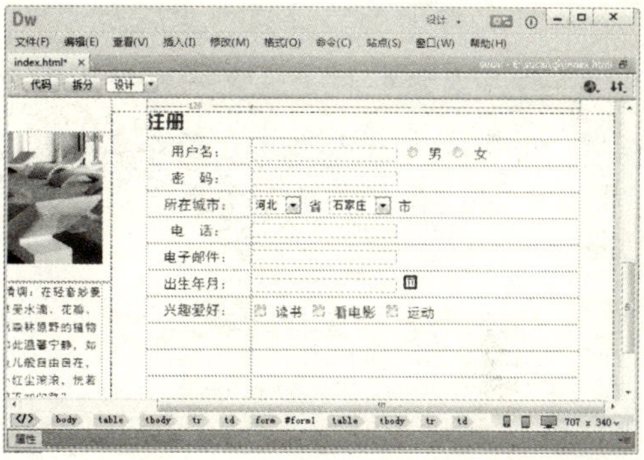

7.2.9 添加文本区域

添加文本区域的具体操作方法如下：

01 输入文本 将光标置于表格的第9行第1列单元格中，输入文本“个人特点：”，在“属性”面板中设置相关属性，效果如下图所示。

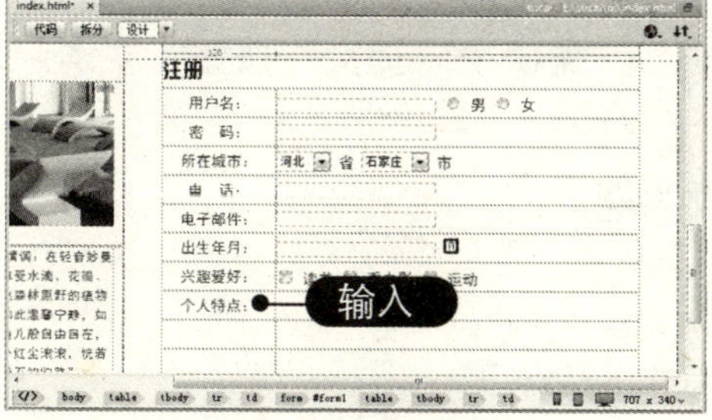

02 插入文本区域 将光标置于表格的第9行第2列单元格中，单击“插入”|“表单”|“文本区域”命令，插入文本区域，效果如下图所示。

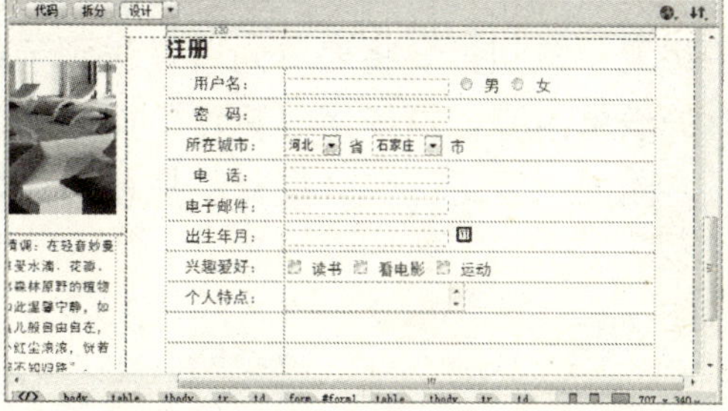

03 **设置文本区域属性** 选中插入的文本区域，在“属性”面板中设置相关属性，如下图所示。

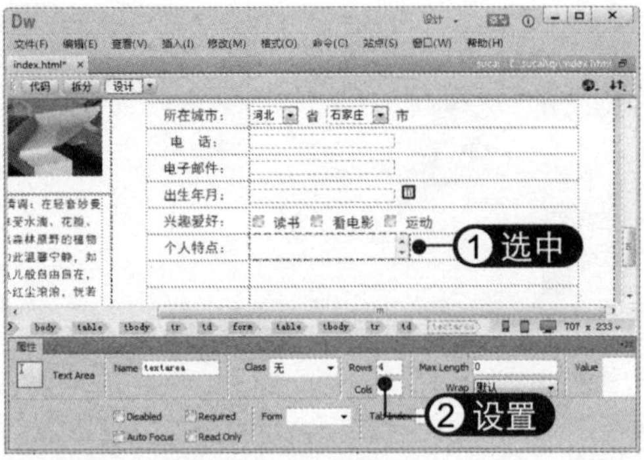

04 **查看文本区域效果** 按【Ctrl+S】组合键保存文档，添加文本区域的最终效果如下图所示。

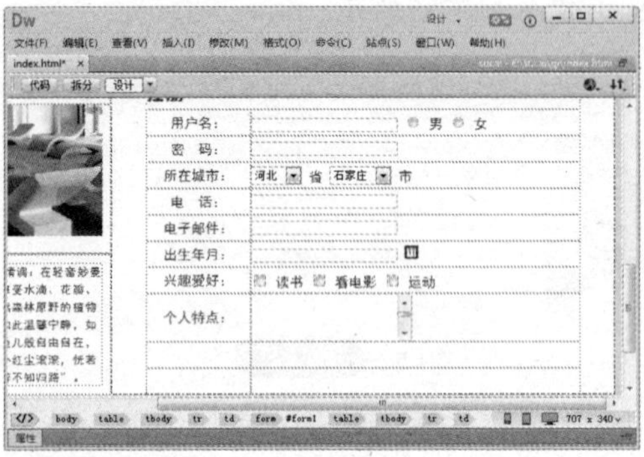

7.2.10 添加文件域

文件域使浏览者可以选择其电脑上的文件，如处理文档或图像文件，并将该文件上传到服务器。文件域的外观与文本域类似，只是文件域还包括一个“浏览”按钮，浏览者可以手动输入要上传的文件路径，也可以使用“浏览”按钮选择文件。

添加文件域的具体操作方法如下：

01 **输入文本** 将光标置于表格的第 10 行第 1 列单元格中，输入文本“上传照片：”，在“属性”面板中设置相关属性，如下图所示。

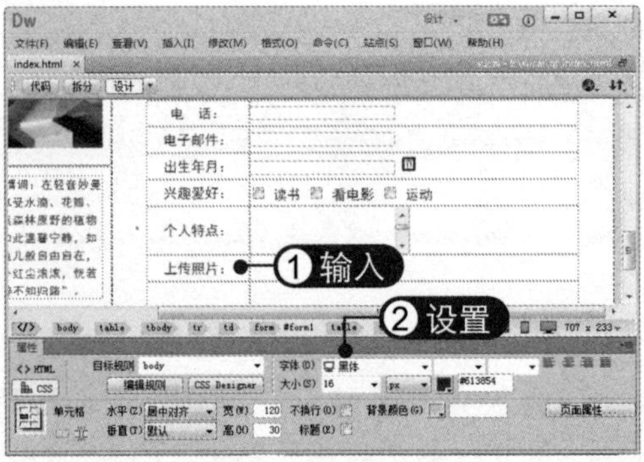

02 **插入文件域** 将光标置于表格的第 10 行第 2 列单元格中，单击“插入”|“表单”|“文件”命令，插入文件域，效果如下图所示。

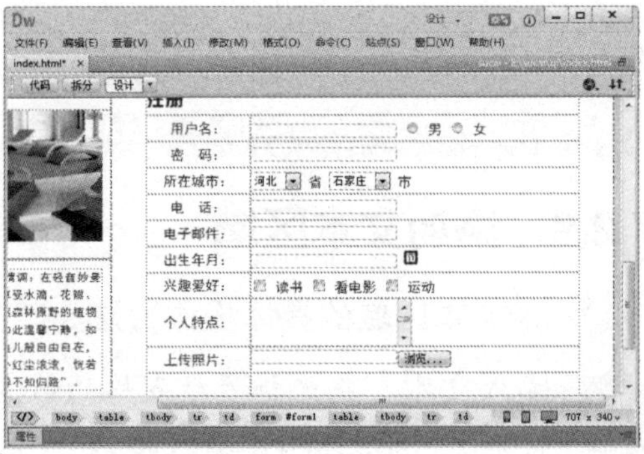

7.2.11 添加“重置”和“提交”按钮

对表单而言，按钮是非常重要的，它能够控制对表单内容的操作，如“提交”或“重置”按钮：要将表单内容发送到远端服务器上，需使用“提交”按钮；要清除现有的表单内容，需使用“重置”按钮。

添加“重置”和“提交”按钮的具体操作方法如下：

01 插入“重置”按钮 将光标置于表格的第 11 行第 2 列单元格中，单击“插入”|“表单”|“重置”命令，插入“重置”按钮，如下图所示。

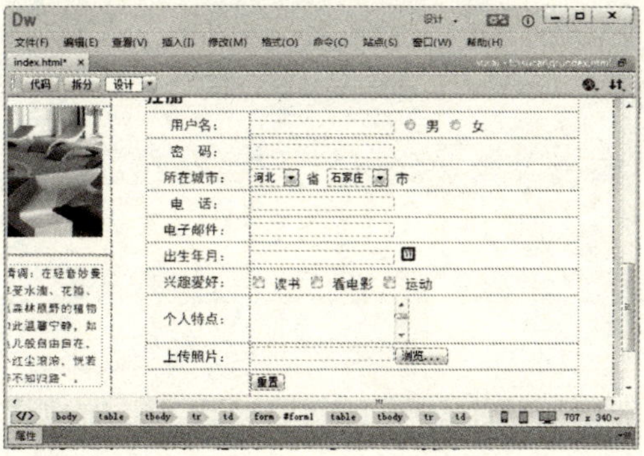

02 插入“提交”按钮 将光标置于“重置”按钮的右侧，单击“插入”|“表单”|“提交”命令，插入“提交”按钮，效果如下图所示。

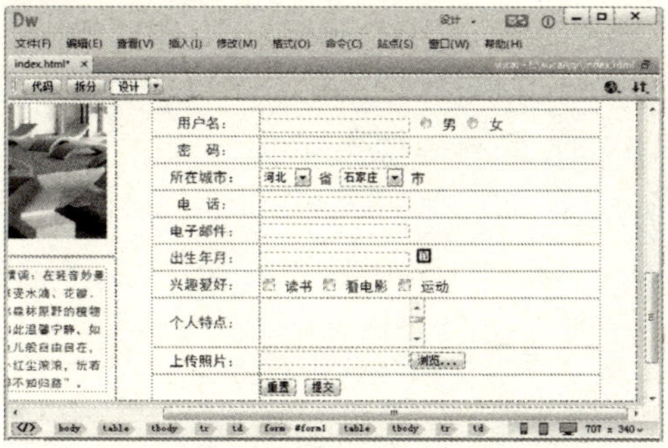

03 设置按钮属性 选中插入的任一按钮，在“属性”面板中可以设置其相关属性，如下图所示。

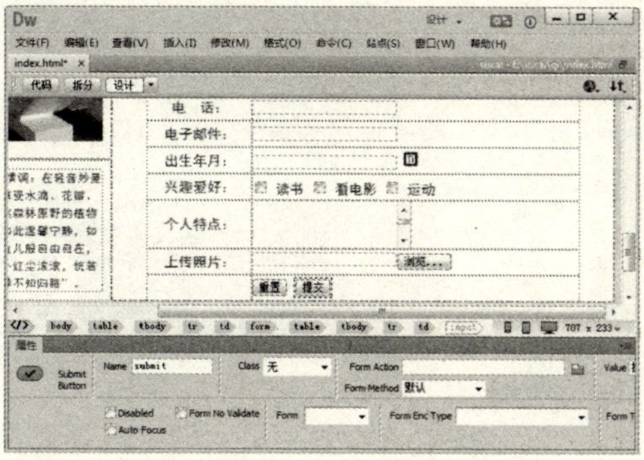

04 预览网页 按【Ctrl+S】组合键保存文档，按【F12】键在浏览器中预览，如下图所示。

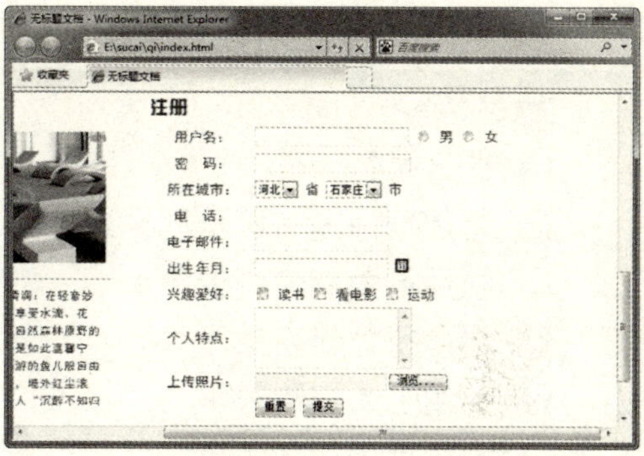

Chapter 08

使用行为创建网页

行为是 Dreamweaver 提供的快速制作网页特效的工具，可以让不会编程的设计者也能制作出漂亮的特效。一个行为是由事件和动作组成的，事件是动作被触发的结果，而动作是用于完成特殊任务的预先编好的 JavaScript 代码，如打开浏览器窗口和播放声音等。本章将学习行为在网页制作中的使用方法。

本章要点

- 什么是行为
- 利用行为调节浏览器窗口
- 利用行为制作图像特效
- 利用行为显示文本
- 利用行为控制表单
- 利用行为应用效果

知识等级

网页制作高级读者

建议学时

建议学习时间为 90 分钟

8.1 什么是行为

在 Dreamweaver 中，行为是事件和动作的组合。事件是特定的时间或用户在某时所发出的指令后紧接着发生的，而动作是事件发生后网页所要做出的反应。

8.1.1 关于行为

有许多网页不只包含文本和图像，还有许多其他交互式的效果，例如，当鼠标指针移到某个图像或按钮上时，特定位置便会显示出相关信息，或同时打开另一个网页等。这就是本章中将要介绍的内容——行为，使用它能在网页中实现许多精彩的交互效果。

行为是用于动态响应用户操作、改变当前页面效果或是执行特定任务的一种方法。行为是由对象、事件和动作构成的。

◎ 对象是产生行为的主体。网页中的很多元素都可以称为对象，如整个 HTML 文档、插入的图片、文字等。

◎ 事件是触发动态效果的条件。网页事件分为不同的种类，有的与鼠标有关，有的与键盘有关，如鼠标单击、按下键盘上的某个键等。有的事件还和网页有关，如网页下载完毕、网页切换等。对于同一个对象，不同版本的浏览器支持的事件种类和多少也是不一样的。实际上事件是浏览器生成的消息，指示该页的浏览者执行了某种操作。例如，当浏览者将鼠标指针移到某个链接上时，浏览器为该链接生成一个 onMouseOver 事件（鼠标上滚），然后浏览器查看是否存在当为该链接生成该事件时浏览器应该调用的 JavaScript 代码（这些代码是在被查看的页面中指定的）。不同的页面元素定义了不同的事件，例如，在大多数浏览器中 onMouseOver（鼠标上滚）和 onClick（鼠标上单击）是与链接关联的事件，而 onLoad（网页载入）是与图像和文档的 body 部分关联的事件。

◎ 动作是由预先编写的 JavaScript 代码组成的，这些代码执行特定的任务，如打开浏览器窗口、显示或隐藏 AP 元素、图片的交换、链接的改变、弹出信息等。Dreamweaver 提供的动作是由软件工程师精心编写的，提供了最大的跨浏览器兼容性。

Dreamweaver 提供大约 20 多个行为动作，如果用户需要更多的行为，可以到 Adobe Exchange 官方网站（http://www.adobe.com/cn/exchange）以及第三方开发站点上进行搜索并下载。

8.1.2 Dreamweaver 中可添加的动作

所谓动作，就是设置交换图像、弹出信息等特殊的 JavaScript 效果。在设定的事件发生时运行动作，下表列出了 Dreamweaver 中默认提供的动作种类及其说明。

Dreamweaver 中常见的动作

动作种类	说　明
弹出消息	设置的事件发生之后，显示警告信息
交换图像	设置的事件发生之后，用其他图片来取代选定的图片
恢复交换图像	在运用交换图像动作之后，显示原来的图片
打开浏览器窗口	在新窗口中打开
拖动 AP 元素	允许在浏览器中自由拖动 AP 元素
转到 URL	可以转到特定的站点或者网页文档上
检查表单	检查表单文档有效性时使用
调用 JavaScript	调用 JavaScript 特定函数
改变属性	改变选定客体的属性
跳转菜单	可以建立若干个链接的跳转菜单
跳转菜单开始	在跳转菜单中选定要移动的站点之后，只有单击按钮才可以移到链接的站点上
预先载入图像	为了在浏览器中快速显示图片，事先下载图片之后显示出来
设置框架文本	在选定的框架上显示指定的内容
设置文本域文本	在文本字段区域显示指定的内容
设置容器中的文本	在选定容器上显示指定的内容
设置状态栏文本	在状态栏中显示指定的内容
显示-隐藏 AP 元素	显示或隐藏特定的 AP 元素

8.1.3 事件

事件就是在特定情况下发生触发行为动作的结果。例如，如果出现了单击图片之后转移到特定站点的行为，这是因为事件被指定为 onClick，所以执行在单击图片的一瞬间转移到其他站点的动作。下表列出了 Dreamweaver 中常见的事件及其说明。

Dreamweaver 中常见的事件

事　件	说　明
onAbort	在浏览器窗口中停止加载网页文档操作时发生的事件
onMove	移动窗口或框架时发生的事件
onLoad	选定的对象出现在浏览器上时发生的事件
onResize	访问者改变窗口或帧的大小时发生的事件

续表

事　件	说　明
onUnLoad	访问者退出网页文档时发生的事件
OnClick	用鼠标单击选定元素的一瞬间发生的事件
onBlur	当鼠标指针移到窗口或帧外部,即在这种非激活状态下发生的事件
onDragDrop	拖动并放置选定元素的一瞬间发生的事件
onDragStart	拖动选定元素的一瞬间发生的事件
onFocus	鼠标指针移到窗口或帧上并激活之后发生的事件
onMouseDown	单击鼠标右键一瞬间发生的事件
onMouseMove	鼠标指针指向字段并在字段内移动时发生的事件
onMouseOut	鼠标指针经过选定元素之外时发生的事件
onMouseOver	鼠标指针经过选定元素上方时发生的事件
onMouseUp	单击鼠标右键，然后释放时发生的事件
onScroll	访问者在浏览器上移动滚动条时发生的事件
onKeyDown	当访问者按下任意键时发生的事件
onKeyPress	当访问者按下和释放任意键时发生的事件
onKeyUp	在键盘上按下特定键并释放时发生的事件
onAfterUpate	更新表单文档内容时发生的事件
onBeforeUpdate	改变表单文档项目时发生的事件
onChange	访问者修改表单文档的初始值时发生的事件
onReset	将表单文档重新设置为初始值时发生的事件
onSubmit	访问者传送表单文档时发生的事件
onSelect	访问者选定文本字段中的内容时发生的事件
onError	在加载文档的过程中发生错误时发生的事件
onFilterChange	选定元素的字段发生变化时发生的事件
OnfinishMarquee	用功能来显示的内容结束时发生的事件
OnstartMarquee	开始应用功能时发生的事件

8.2 利用行为调节浏览器窗口

使用“行为”面板可以调节浏览器窗口，如打开浏览器窗口、调用脚本、转到 URL 等各种效果。

8.2.1 使用“打开浏览器窗口”行为

使用“打开浏览器窗口”行为可以在一个新的窗口中打开 URL，可以指定新窗口的属性（包括其大小）、特性（是否可以调整大小、是否具有菜单栏等）和名称。例如，可以使用此行为在浏览者单击缩略图时在一个单独的窗口中打开一个较大的图像。使用此行为还可以使新窗口与该图像恰好一样大。

使用“打开浏览器窗口”行为的具体操作方法如下：

01 单击“行为”命令 打开素材文件“index1.html”，选中文档窗口的<body>标签，单击“窗口”|“行为”命令，如下图所示。

02 选择“打开浏览器窗口”选项 在打开的“行为”面板中单击“添加行为”按钮，在弹出的下拉列表中选择“打开浏览器窗口”选项，如下图所示。

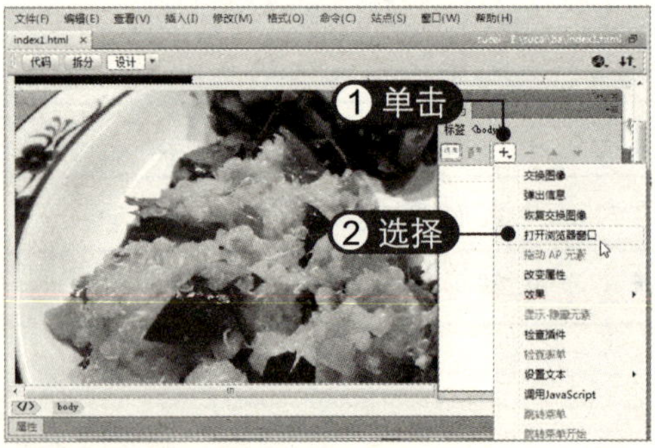

03 单击“浏览”按钮 弹出“打开浏览器窗口”对话框，单击“要显示的 URL”文本框右侧的“浏览”按钮，如下图所示。

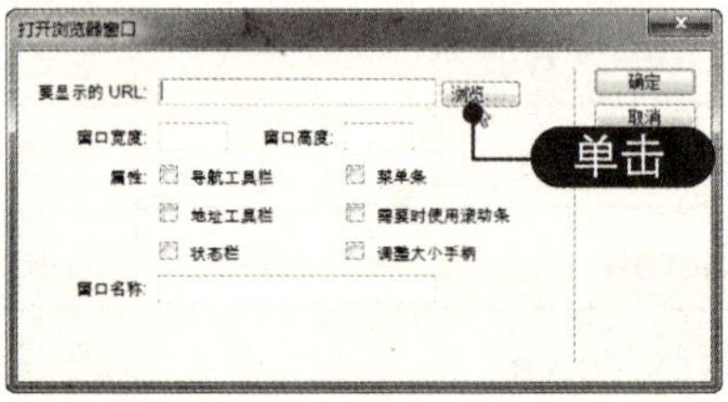

04 选择图像 弹出“选择文件”对话框，选择图像，然后单击“确定”按钮，如下图所示。

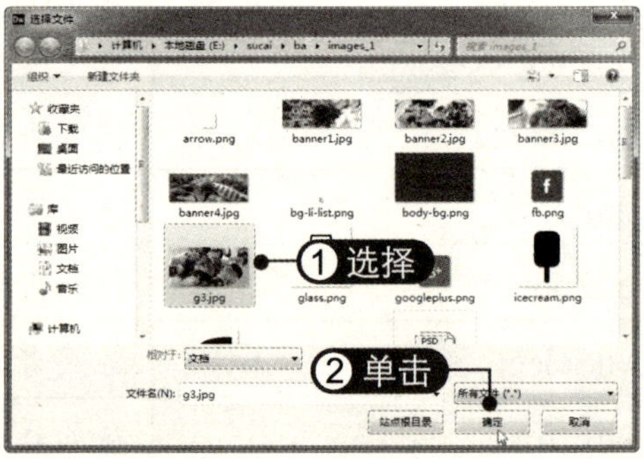

05 设置参数 返回“打开浏览器窗口”对话框，可以设置窗口的大小、属性和名称，单击“确定”按钮，如下图所示。

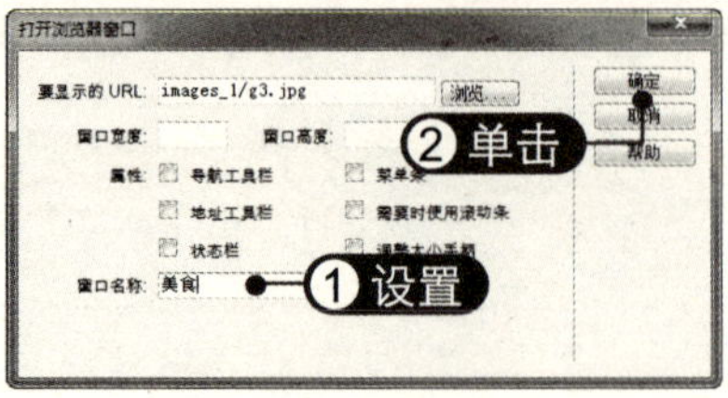

06 **选择事件** 单击下拉按钮，在弹出的下拉列表中选择所需的事件，如下图所示。

07 **预览网页** 按【Ctrl+S】组合键保存网页，按【F12】键在浏览器中预览，如下图所示。

08 **查看设置效果** 在页面中任意单击鼠标左键，效果如下图所示。

在“打开浏览器窗口”对话框（如下图所示）中可以进行参数设置。其中，各选项的含义如下：

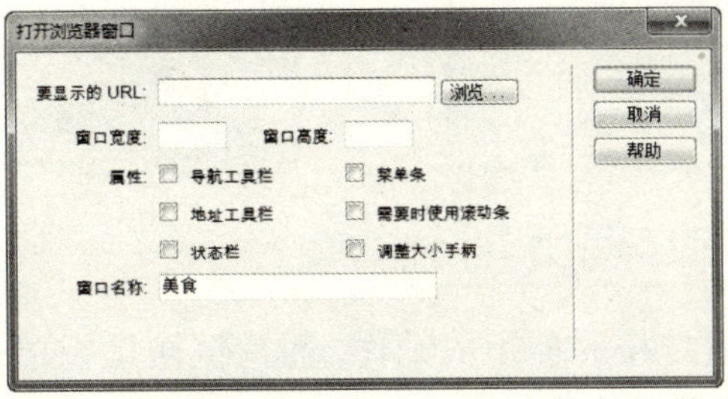

◎ **要显示的 URL**：用于设置浏览器窗口中要打开链接的路径。

◎ **窗口宽度**：用于设置窗口的宽度。

◎ **窗口高度**：用于设置窗口的高度。

◎ **属性**：用于设置打开浏览器窗口的一些参数。选中“导航工具栏”复选框，则包含导航条；选中“菜单条”复选框，则包含菜单条；选中“地址工具栏”复选框，则在打开的浏览器窗口中显示地址栏；选中“需要时使用滚动条”复选框，如果窗口中的内容超出窗口大小，则显示滚动条；选中“状态栏”复选框，则可以在弹出的窗口中显示滚动条；选中“调整大小手柄”复选框，则浏览者可以调整窗口的大小。

◎ **窗口名称**：给当前窗口命名。

8.2.2 调用 JavaScript 脚本创建自动关闭网页

“调用 JavaScript”动作允许使用“行为”面板指定当前某个事件应该执行的自定义函数或 JavaScript 代码行。调用 JavaScript 脚本创建自动关闭网页的方法如下：

01 单击“添加行为”按钮 打开素材文件“index2.html”，选中文档窗口底部的<body>标签，在“行为”面板中单击“添加行为”按钮+，如下图所示。

02 选择“调用 JavaScript”选项 在弹出的下拉菜单中选择“调用 JavaScript”选项，如下图所示。

03 输入代码 弹出“调用 JavaScript”对话框，在 JavaScript 文本框中输入“window.close()”，然后单击“确定”按钮，如下图所示。

04 预览网页 按【Ctrl+S】组合键保存网页，按【F12】键在浏览器中预览，效果如下图所示。

8.2.3 创建转到 URL 网页

“转到 URL”是设置链接时使用的动作。通常链接是在单击后跳转到相应的网页，但“转到 URL”动作是在把鼠标指针放上后或双击时都设置为不同的事件来进行链接。创建转到 URL 网页的方法如下：

01 选择“转到 URL”选项 打开素材文件“index3.html”，在“行为”面板中单击“添加行为”按钮+，在弹出的下拉菜单中选择“转到 URL”选项，如下图所示。

02 单击“浏览”按钮 弹出“转到 URL”对话框，单击 URL 文本框右侧的“浏览”按钮，如下图所示。

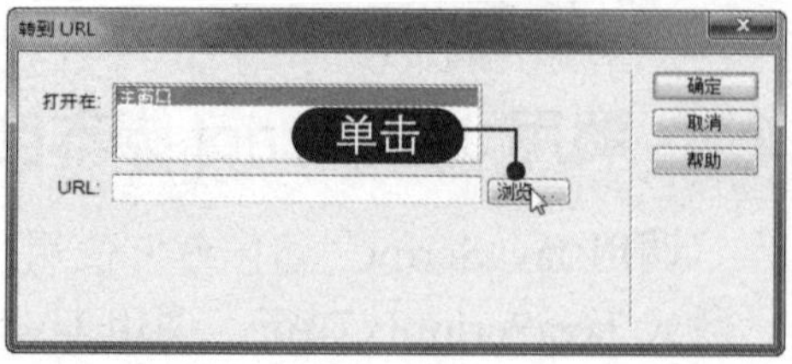

03 选择链接文件 弹出“选择文件”对话框，选择链接文件，然后单击“确定”按钮，如下图所示。

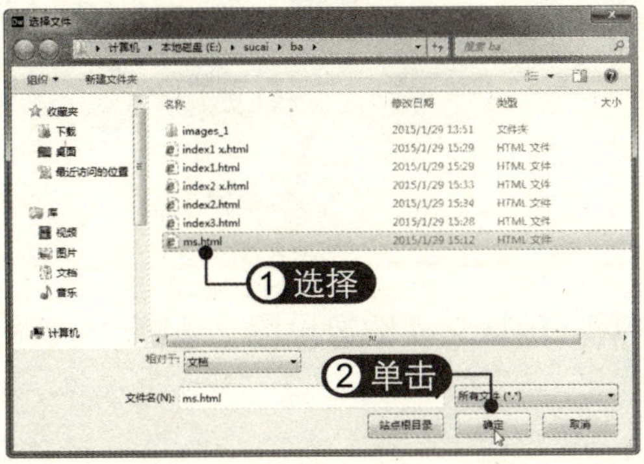

04 确认添加文件 返回“转到 URL”对话框，即可看到已经添加的文件，单击“确定”按钮，如下图所示。

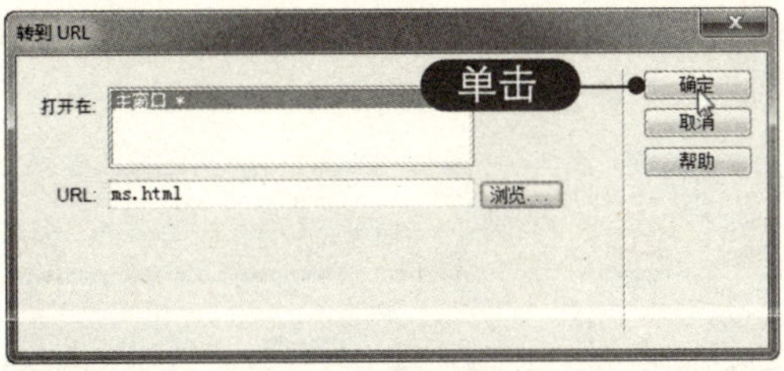

05 查看添加的行为 返回网页文档，在“行为”面板中查看添加的行为，如下图所示。

06 查看跳转效果 按【Ctrl+S】组合键保存网页，按【F12】键在浏览器中预览，查看跳转效果，如下图所示。

知识加油站

使用“转到URL”行为可以在当前页面中设置转到的URL。当页面中存在框架时，可以指定在目标框架中显示设定的URL。

8.3 利用行为制作图像特效

利用行为可以使网页对象产生各种特效，下面将介绍交换图像与恢复交换图像和预载入图像行为的使用方法。

8.3.1 交换图像与恢复交换图像

交换图像就是当鼠标指针经过图像时原图像会变成另一张图像。如果组成图像交换的两张图像尺寸不同，Dreamweaver 会自动将第二张图像的尺寸调整为第一张图像的大小。

交换图像与恢复交换图像的具体操作方法如下：

01 单击“添加行为”按钮 打开素材文件“index4.html”，选中要交换图像的原图像，在“行为”面板中单击“添加行为”按钮 +，如下图所示。

02 选择“交换图像”选项 在弹出的下拉菜单中选择“交换图像”选项，如下图所示。

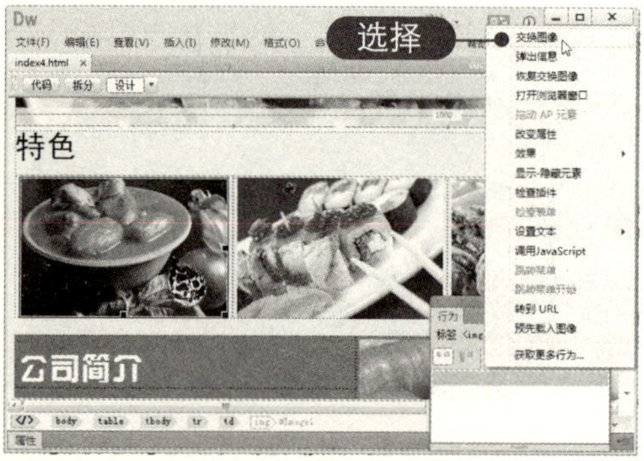

03 单击“浏览”按钮 弹出“交换图像”对话框，单击“设定原始档为”文本框右侧的“浏览”按钮，如下图所示。

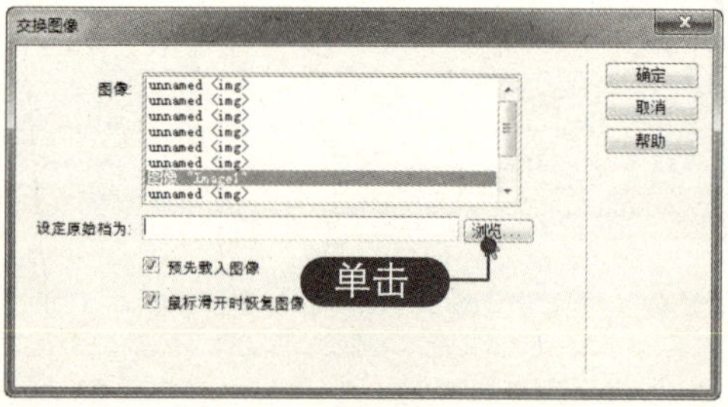

04 选择图像 弹出“选择图像源文件”对话框，选择图像，然后单击“确定”按钮，如下图所示。

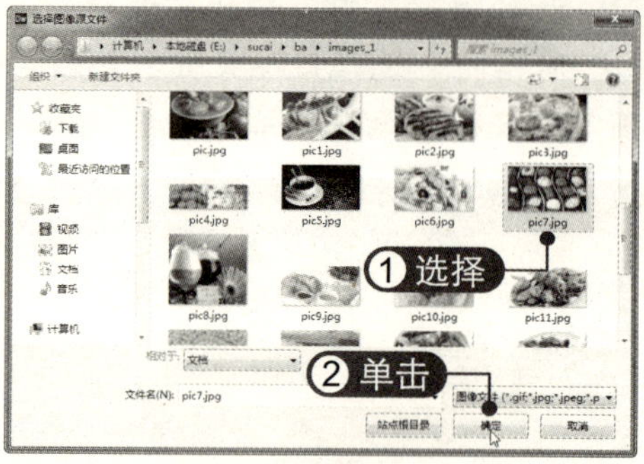

05 确认交换图像设置 返回“交换图像”对话框，单击“确定”按钮，如下图所示。

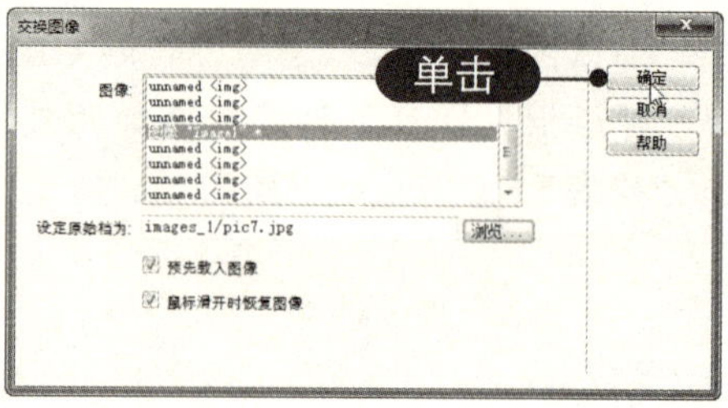

06 查看添加的行为 在“行为”面板中查看添加的行为，如下图所示。

07 预览效果 按【Ctrl+S】组合键保存网页文档，按【F12】键进行预览。鼠标指针未放到图像上时，效果如下图所示。

08 查看效果 将鼠标指针放到图像上，效果如右图所示。若把鼠标指针移开，图像又变为原始图像。

在“交换图像”对话框中可以进行以下设置，如下图所示。其中，各选项的含义如下：

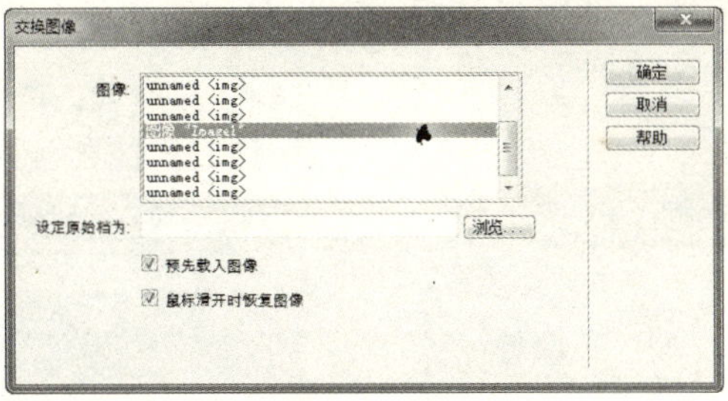

◎ **图像**：在列表框中选择要更改的源图像。

◎ **设定原始档为**：单击“浏览”按钮，选择新图像文件，文本框中显示新图像的路径和文件名。

◎ **预先载入图像**：选中此复选框，则在载入网页时新图像将载入到浏览器的缓存中，防止当图像该出现时由于下载而导致的延迟。

◎ **鼠标滑开时恢复图像**：选中此复选框，则当鼠标指针离开图像时，图像会自动恢复为原始图像。

8.3.2 预先载入图像

“预先载入图像”行为不会使网页中选中的图像（如那些通过行为或 JavaScript 调入的图像）立即出现，而是先将它们载入到浏览器缓存中。这样做可以防止当图像应该出现时由于下载而导致延迟。预先载入图像的具体操作方法如下：

01 单击“添加行为”按钮 打开素材文件“index5.html”，选中图像，在“行为”面板中单击“添加行为”按钮+，如下图所示。

02 选择“预先载入图像”选项 在弹出的下拉菜单中选择“预先载入图像”选项，如下图所示。

03 **单击“浏览”按钮** 弹出“预先载入图像”对话框，单击“图像源文件”文本框右侧的“浏览”按钮，如下图所示。

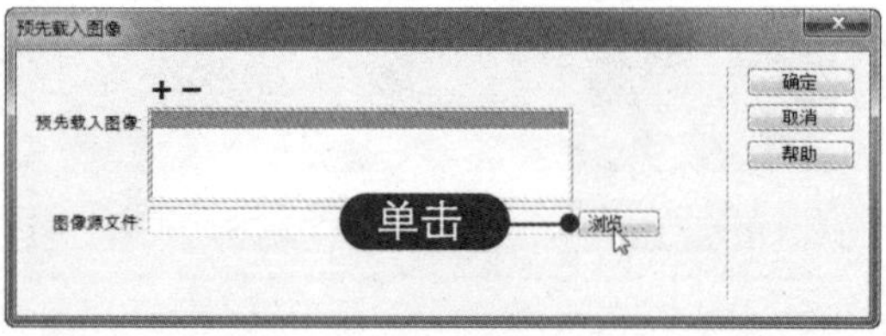

04 **选择预先载入的图像** 在弹出的对话框中选择预先载入的图像，单击“确定”按钮，如下图所示。

05 **确认载入设置** 返回“预先载入图像”对话框，单击“确定”按钮，如下图所示。

06 **预览网页** 在“行为”面板中查看添加的行为。按【Ctrl+S】组合键保存文档，按【F12】键在浏览器中预览，如下图所示。

8.4 利用行为显示文本

利用行为可以设置弹出信息、设置状态栏、设置容器的文本、设置文本域文本，以及设置框架文本等。

8.4.1 设置弹出信息

弹出信息显示一个带有指定信息的警告对话框，因为该警告对话框只有一个“确定”按钮，所以使用此动作可以提供信息，而不能为用户提供选择，具体操作方法如下：

01 **单击“添加行为”按钮** 打开素材文件“index6.html”，单击文档窗口底部的<body>标签，在“行为”面板中单击“添加行为”按钮 +，如下图所示。

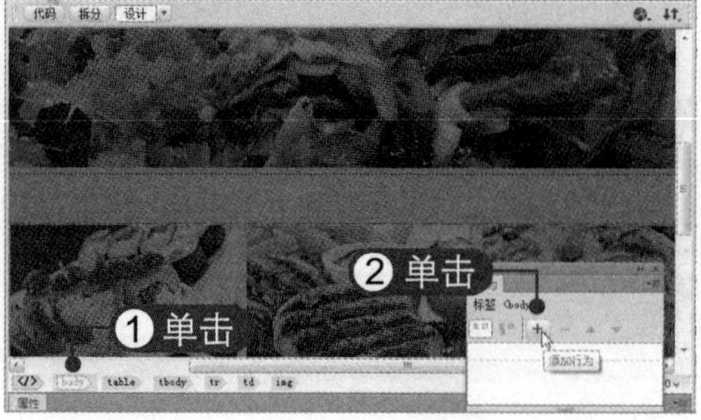

02 **选择“弹出信息”选项** 在弹出的下拉菜单中选择“弹出信息”选项，如下图所示。

04 输入消息文本 弹出“弹出信息”对话框，在“消息”文本框中输入所需的内容，然后单击“确定”按钮，如下图所示。

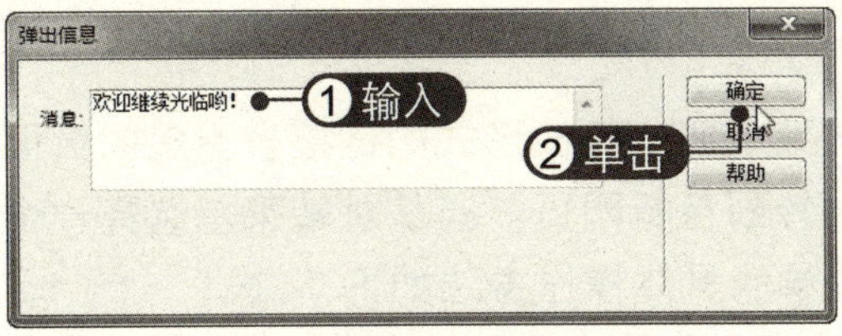

05 预览网页 按【Ctrl+S】组合键保存网页文档，按【F12】键在浏览器中预览效果，如下图所示。

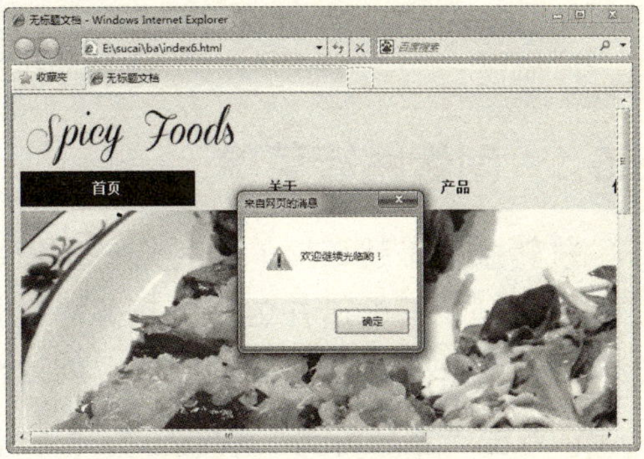

8.4.2 设置状态栏文本

使用“设置状态栏文本”行为可以设置在浏览器窗口底部的状态栏中显示消息，例如，可以使用此行为在状态栏中加入一些欢迎词或提示信息等，具体操作方法如下:

01 单击“添加行为”按钮 打开素材文件“index7.html”，单击文档窗口底部的<body>标签，在“行为”面板中单击“添加行为”按钮 +，如下图所示。

02 选择“设置状态栏文本”选项 在弹出的下拉菜单中选择“设置文本”|“设置状态栏文本”选项，如下图所示。

03 输入文本 弹出“设置状态栏文本”对话框，在“消息”文本框中输入文本，然后单击“确定”按钮，如下图所示。

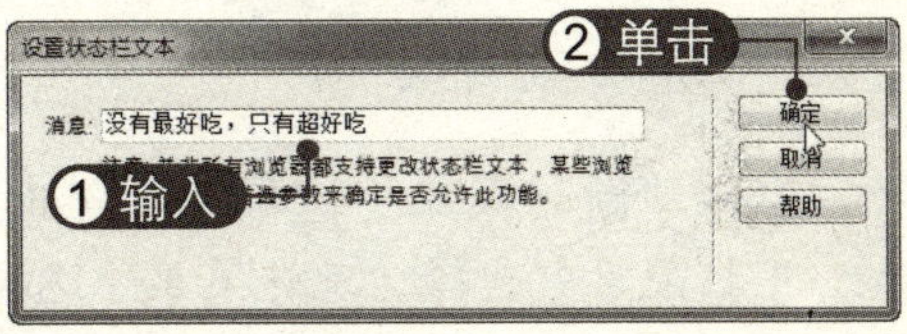

04 预览状态栏效果 按【Ctrl+S】组合键保存网页文档，按【F12】键在浏览器中浏览状态栏效果，如下图所示。

8.5 利用行为控制表单

下面将详细介绍如何利用“跳转菜单”和“检查表单”行为控制表单，这在制作网页导航和利用表单获取用户反馈时经常用到。

8.5.1 创建跳转菜单

跳转菜单是超链接的一种形式，使用跳转菜单要比其他形式的链接省更多的页面空间。当浏览者单击并选择下拉菜单时就会跳转到目标网页。当从跳转菜单选择一个选项时，就会链接到相应的网页。创建跳转菜单的具体操作方法如下：

01 单击“添加行为”按钮 打开素材文件“caidan.html”，选中插入的跳转菜单，在“行为”面板中单击“添加行为”按钮 +，如下图所示。

02 选择“跳转菜单”选项 在弹出的下拉菜单中选择“跳转菜单”选项，如下图所示。

03 单击“浏览”按钮 弹出“跳转菜单”对话框，单击“菜单项”列表框上方的+按钮，在“文本”文本框中输入该项的内容，或在“菜单项”列表框中选择需要的选项，然后单击“选择时，转到 URL”文本框右侧的“浏览”按钮，如下图所示。

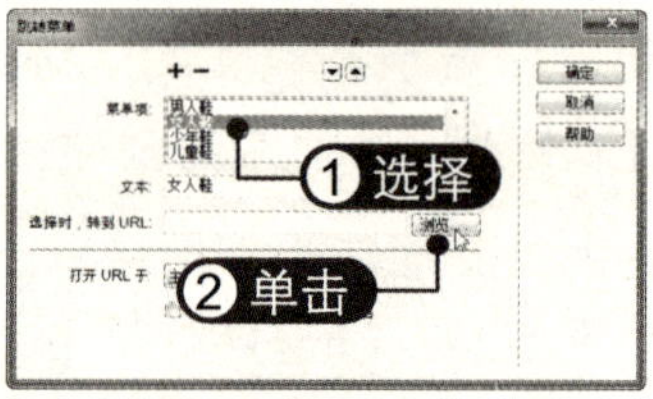

04 选择链接文件 弹出“选择文件”对话框，选择 women.html 文件，单击“确定”按钮，如下图所示。

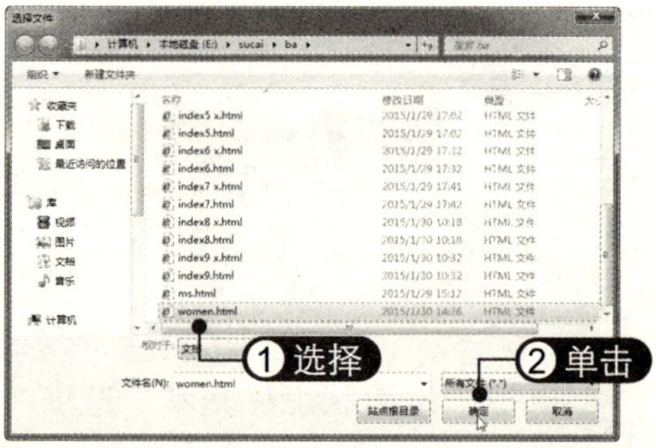

05 确认跳转设置 返回“跳转菜单”对话框，单击“确定”按钮，如下图所示。

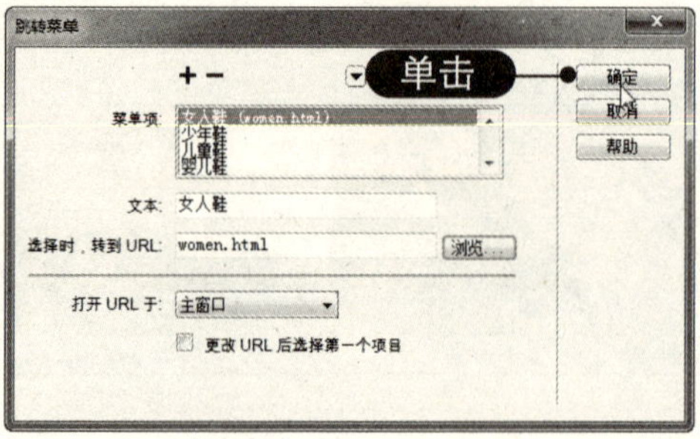

06 查看添加行为 在“行为”面板中查看添加的行为，如下图所示。

07 选择“女人鞋”选项 按【Ctrl+S】组合键保存文档，按【F12】键在浏览器中进行预览。在跳转菜单中选择“女人鞋”选项，如下图所示。

08 查看跳转效果 此时即可打开链接的“women.html”网页，效果如下图所示。

在“跳转菜单”对话框中可以进行如下设置：

◎ 单击+按钮添加一个菜单项，再次单击该按钮可添加另一个菜单项。选定一个菜单项，单击−按钮可将其删除。

◎ 选定一个菜单项，然后用▼▲按钮在列表中向上或向下移动此菜单项。

◎ 在“文本”文本框中，为菜单项输入要在菜单列表中出现的文本。

◎ 在“选择时，转到 URL”域中单击“浏览”按钮，找到要打开的文件，或在文本框中输入该文件的路径。

◎ 在“打开 URL 于”下拉列表中选择文件的打开位置。若选择“主窗口”选项，则在同一窗口中打开文件。

◎ 若要使用菜单选择提示，则选中“更改 URL 后选择第一个项目”复选框。

知识加油站

跳转菜单不仅可以节省页面空间，也可以让浏览者更加清楚、快捷地找到自己需要的选项。

8.5.2 检查表单

使用“检查表单”行为可以检查指定文本域的内容，以确保用户输入了正确的数据类型。使用 onBlur 事件将此行为分别附加到各文本域，在用户填写表单时对文本域进行检查；或使用 onSubmit 事件将其附加到表单，在用户单击“提交”按钮的同时对多个文本域进行检查。将此行为附加到表单，可以防止表单提交到服务区后文本域包含无效的数据。

使用“检查表单”行为检查指定文本域的具体操作方法如下：

01 单击“添加行为”按钮 打开素材文件“jcbd.html”，选中表单域，在“行为”面板中单击“添加行为”按钮+，如下图所示。

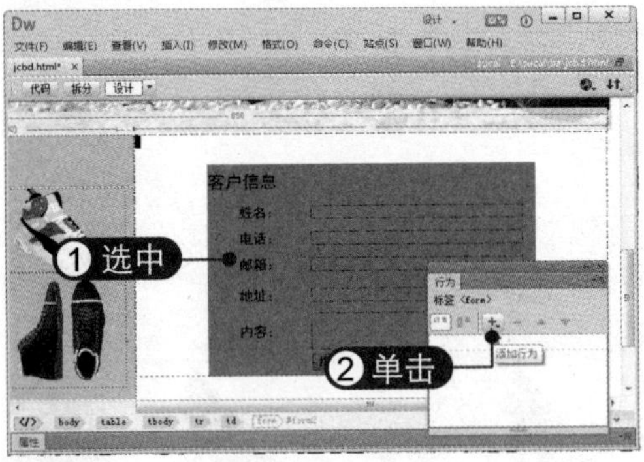

02 选择“检查表单”选项 在弹出的下拉菜单中选择“检查表单”选项，如下图所示。

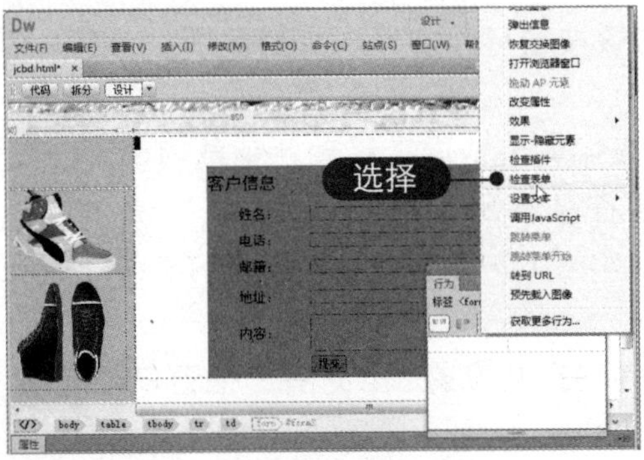

03 设置检查表单参数 弹出“检查表单”对话框，进行相应的设置，单击“确定”按钮，如下图所示。

04 查看添加的行为 在“行为”面板中查看添加的行为，如下图所示。

05 输入数字 按【Ctrl+S】组合键保存文档，按【F12】键在浏览器中进行预览。在“邮箱”表单中输入数字，单击“提交”按钮，如下图所示。

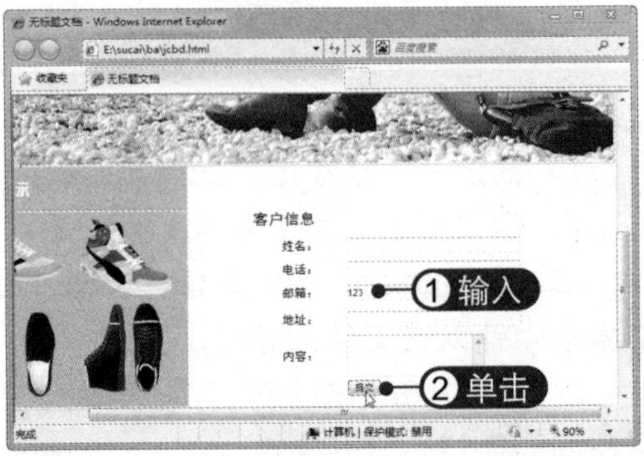

06 查看效果 当在文本域中输入不规则的电子邮件地址时，表单将无法正常提交到后台服务器，这时会出现提示信息框，并要求重新输入，如下图所示。

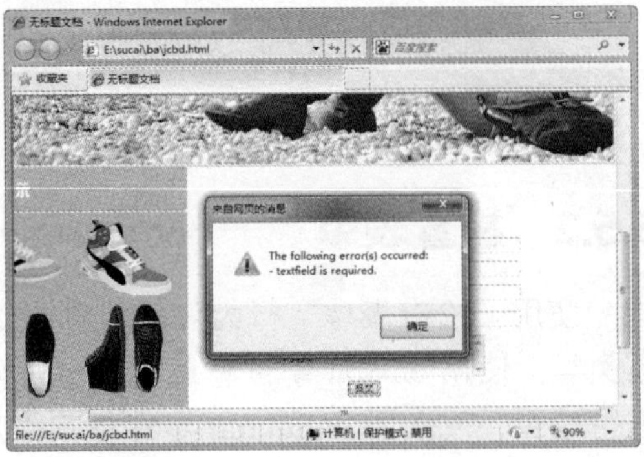

在“检查表单”对话框的“可接受”选项区中可以进行如下设置：

◎ 任何东西：若该文本域是必需的但不需要包含任何特定类型的数据，则选中“任何东西”单选按钮。

◎ 电子邮件地址：使用此单选按钮可检查该文本域是否包含一个“@”符号。

◎ 数字：使用此单选按钮可检查该文本域是否包含数字。

◎ 数字从：使用此单选按钮可检查该文本域是否包含特定范围内的数字。

8.6 利用行为应用效果

要向某个元素应用效果，该元素当前必须处于选定状态，或其必须具有一个 ID。例如，若要向当前未选定的 DIV 标签应用高亮显示效果，该 DIV 必须具有一个有效的 ID 值。如果该元素尚且没有有效的 ID 值，则需在 HTML 代码中添加一个 ID 值。

8.6.1 应用 Blind（百叶窗）效果

应用 Blind 效果的具体操作方法如下：

01 单击“添加行为”按钮 打开素材文件“index8.html”，选择要应用效果的内容或布局对象，在“行为”面板中单击“添加行为”按钮 +，如下图所示。

02 选择 Blind 选项 在弹出的下拉菜单中选择“效果”| Blind 选项，如下图所示。

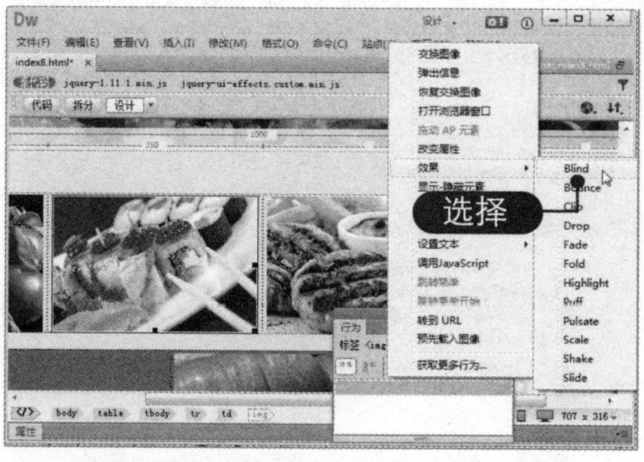

03 设置参数 弹出 Blind 对话框，在“目标元素”下拉列表中选择“<当前选定内容>”选项，设置“效果持续时间”为 1000ms，“可见性”为 hide，“方向”为 up，单击“确定”按钮，如下图所示。

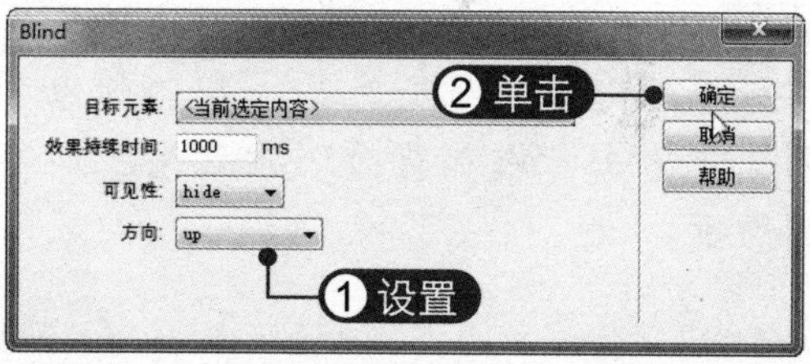

04 查看添加的行为 在“行为”面板中查看添加的行为，如下图所示。

05 **预览网页** 按【F12】键在浏览器中进行预览。在对象上未单击鼠标左键之前，如下图所示。

06 **预览应用效果** 在对象上单击鼠标左键之后，图像由下到上逐渐消失，最终隐藏，效果如下图所示。

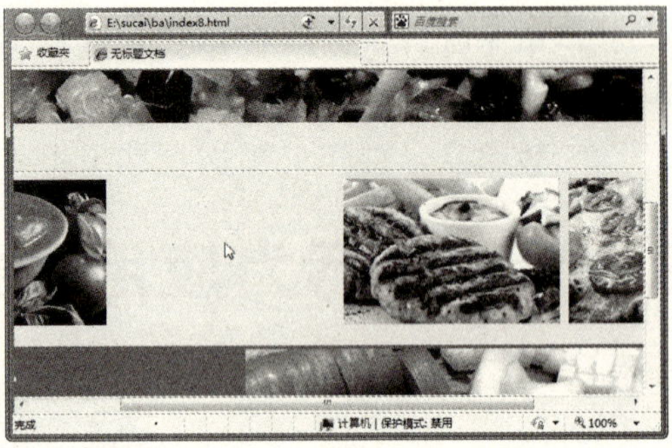

在 Blind 对话框中可以进行如下设置：

◎ **目标元素**：用于选择某个对象的 ID。如果已经选择了一个对象，则显示“<当前选定内容>”选项。

◎ **效果持续时间**：用于设置出现此效果后所持续的时间，用“毫秒”表示。

◎ **可见性**：用于设置图像的可见性，有三个选项，即 hide、show 和 toggle。

◎ **方向**：在此设置图像的变化方向，即 up、down、left、right、vertical 和 horizontal。

8.6.2 应用 Bounce（晃动）效果

应用 Bounce 效果的具体操作方法如下：

01 **单击“添加行为”按钮** 打开素材文件“index9.html”，选择要应用效果的内容或布局对象，在“行为”面板中单击“添加行为”按钮 +，如下图所示。

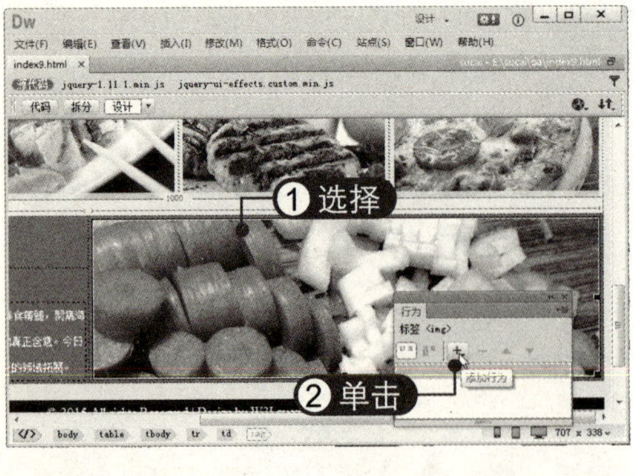

02 **选择 Bounce 选项** 在弹出的下拉菜单中选择“效果”| Bounce 选项，如下图所示。

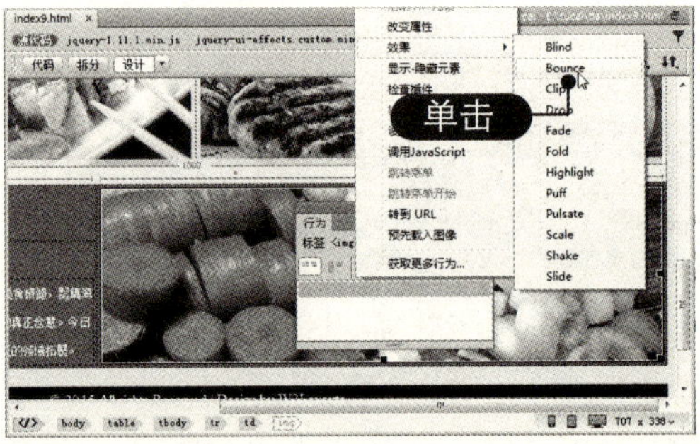

03 **设置参数** 弹出 Bounce 对话框，在“目标元素”下拉列表中选择“<当前选定内容>”选项，设置“效果持续时间”为 1000ms，“可见性”为 hide，“方向”为 right，“距离”为 20 像素，“次”为 5，单击“确定”按钮，如下图所示。

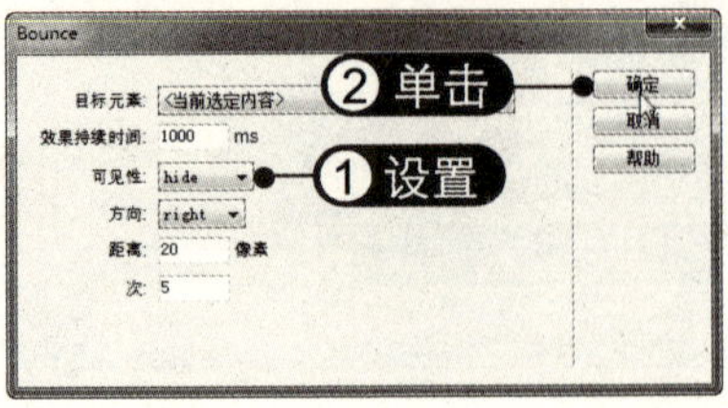

04 **查看添加的行为** 在“行为”面板中查看添加的行为，如下图所示。

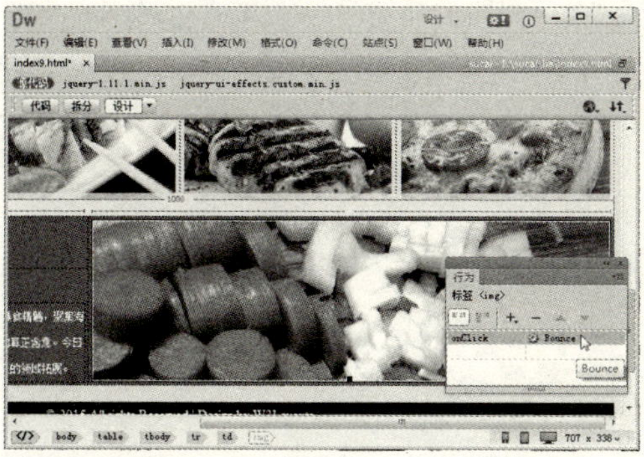

05 **预览网页** 按【F12】键在浏览器中进行预览。在对象上未单击鼠标之前，如下图所示。

06 **查看应用效果** 在对象上单击鼠标之后，图像在晃动 5 次之后隐藏起来，如下图所示。

在 Bounce 对话框中，各项参数的含义如下：

◎ **目标元素**：用于选择某个对象的 ID。如果已经选择了一个对象，则显示“<当前选定内容>”选项。

◎ **效果持续时间**：用于设置出现此效果后所持续的时间，用“毫秒”表示。

◎ **可见性**：用于设置图像的可见性，有三个选项，即 hide、show 和 toggle。

◎ **方向**：在此设置图像的变化方向，即 up、down、left 和 right。

◎ **距离**：用于设置图像晃动的距离。

◎ **次**：用于设置图像晃动的次数。

Chapter 09

使用 CSS 样式布局网页

CSS（Cascading Style Sheet，层叠样式表）是一种用于控制网页元素样式显示的标记性语言。它可以有效地对页面的布局、字体、颜色、背景和其他效果实现精确的控制，也便于对网页进行维护和更新。本章将详细介绍 CSS 样式的基本概念和语法，以及 CSS 样式设置和 CSS 定位等知识。

本章要点

- CSS 基本知识
- 设置 CSS 样式
- CSS 定位
- 常见的布局类型

知识等级

网页制作高级读者

建议学时

建议学习时间为 90 分钟

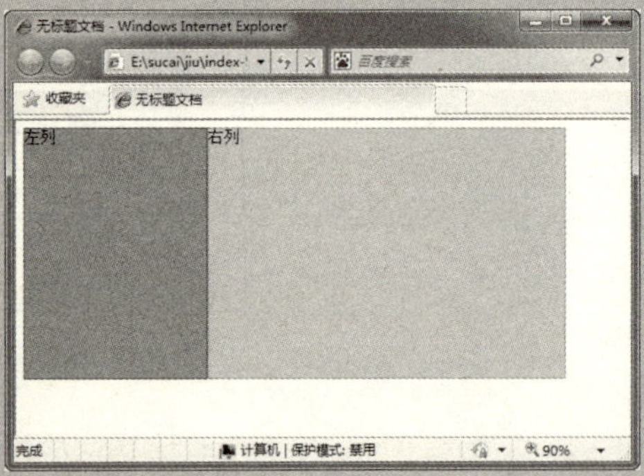

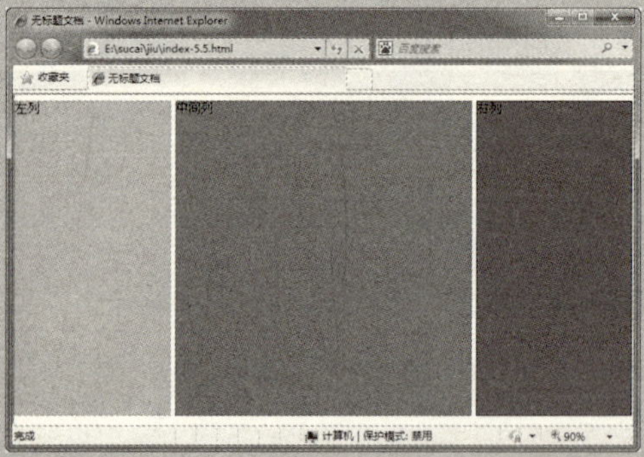

9.1 CSS 基本知识

在制作网页时，对文本的格式化是一件很繁琐的工作。利用 CSS 样式（Cascading Style Sheet）不仅可以控制一篇文档中的文本格式，还可以控制多篇文档的文本格式。因此，使用 CSS 样式表定义页面的文字将会使工作量大大减少。

9.2.1 CSS 的基本概念

CSS 是 Casading Style Sheet 的缩写，也称为层叠样式表或级联样式表。样式表是对以前 HTML 语法的一次重大革新。如今网页的排版格式越来越复杂，很多效果需要通过 CSS 来实现。Dreamweaver CC 在 CSS 功能的设计上有了很大的改进。

所谓样式，就是层叠样式表，用于控制一个文档中某一文本区域外观的一组格式属性。CSS 样式可以用于一次性对若干个文档所有的样式进行控制。同 HTML 样式相比，使用 CSS 样式表的好处在于它除了可以同时连接多个文档外，当 CSS 样式有所更新或被修改之后，所有应用该样式表的文档都会被自动更新。

9.1.2 CSS 的基本语法

CSS 规则由两个主要的部分构成：选择器和声明（一条或多条声明），其中：选择器通常是需要改变样式的 HTML 元素；每条声明由一个属性和一个值组成，如下图所示。

选择器{属性: 属性值; 属性: 属性值; }

对应到实际的代码中为：

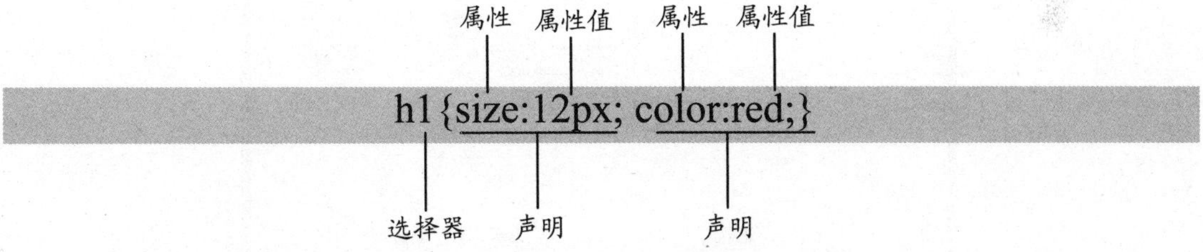

在使用样式表的过程中，经常会有几个选择器用到同一属性，例如，规定 HTML 页面中凡是粗体字、斜体字、1 号标题字显示为红色，按照上面介绍的方法写为：

```
B{ color:red;}
I{ color:red;}
H1{ color:red;}
```

显然这样书写十分麻烦，引进分组概念会使其变得简洁明了，可以写成：

```
B，I，H1{ color:red;}
```

用逗号分隔各个选择器标志，把 3 行代码合并成 1 行。

此外，同一个选择器可以定义为多种属性，例如，规定把 H1 ~ H6 各级标题定义为红色黑体字，带下划线，应写为：

```
H1, H2, H3, H4, H5, H6{
    color:red;
    text-decoration:underline;
    font-family:"黑体";
}
```

9.2 设置 CSS 样式

控制网页元素外观的 CSS 样式用于定义字体、颜色、边框和字距等属性，可以使用 Dreamweaver 对所有的 CSS 属性进行设置。CSS 属性被分为 9 大类型，即"类型"、"背景"、"区块"、"方框"、"边框"、"列表"、"定位"、"扩展"和"过滤"，下面将分别对其介绍。

9.2.1 设置"类型"属性

在 CSS 样式定义对话框左侧的"分类"列表中选择"类型"选项，在右侧可以设置 CSS 样式的类型参数，主要用于定义文字的字体、字号、样式和颜色等，如下图所示。

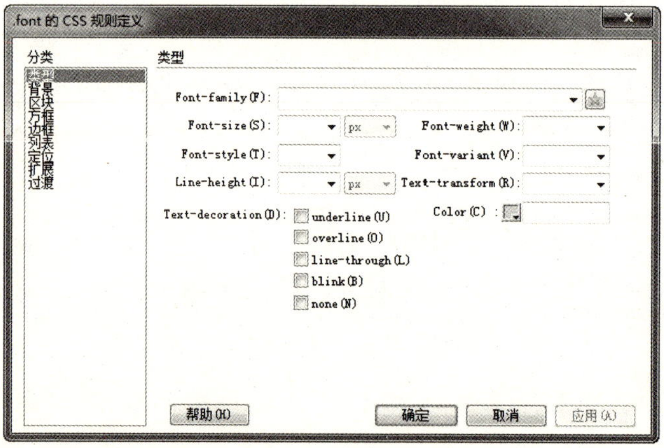

在 CSS"类型"中的各项参数含义如下：

◎ Font-family：用于设置当前样式所使用的字体。

◎ Font-size：用于定义文本大小。可以通过选择数字和度量单位来选择特定的大小，也可以选择相对大小。

◎ Font-style：用于将"正常"、"斜体"或"偏斜体"指定为字体样式，默认设置为"正常"。

◎ Line-height：用于设置文本所在行的高度。选择"正常"自动计算字体的行高，或输入一个确切的值，并选择一种度量单位。

◎ Text-decoration：用于向文本中添加下划线、上划线或删除线，或使文本闪烁。正常文本的默认设置为"无"。"链接"的默认设置是"下划线"。将"链接"设置为"无"

时，可以通过定义一个特殊的类删除链接中的下划线。

◎ Font-weight：用于对字体应用特定或相对的粗体量，“正常”等于400，“粗体”等于700。

◎ Font-variant：用于设置文本的小型大写字母变量，Dreamweaver 不在文档窗口中显示该属性。

◎ Text-transform：用于将选定内容中每个单词的首字母大写，或将文本设置为全部大写或小写。

◎ Color：用于设置文本颜色。

9.2.2 设置“背景”属性

“背景”属性的属性项主要用于设置背景颜色、背景图像等属性，可以对网页中的任何元素应用背景属性，如下图所示。

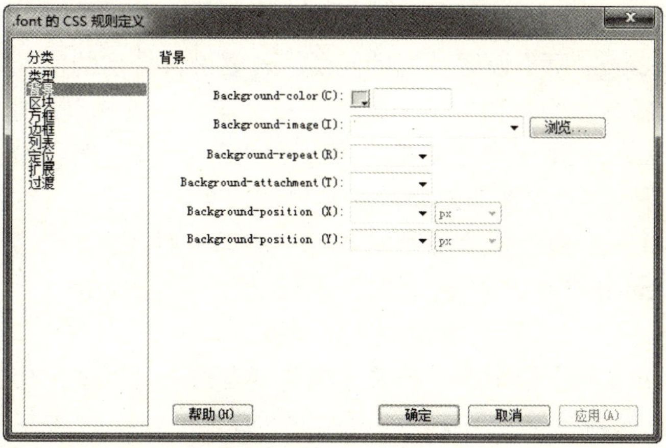

在 CSS“背景”中的各项参数含义如下：

◎ Background-color：用于设置元素的背景颜色。

◎ Background-image：用于设置元素的背景图像。可以直接输入图像的路径和文件，也可以单击“浏览”按钮选择图像文件。

◎ Background-repeat：用于确定是否以及如何重复背景图像。选择“不重复”选项，在元素开始处显示一次图像；选择“重复”选项，在元素的后面水平和垂直平铺图像；选择“横向重复”和“纵向重复”选项，分别显示图像的水平带区和垂直带区，图像被剪辑以适合元素的边界。

◎ Background-attachment：用于确定背景图像是固定在它的原始位置，还是随内容一起滚动。

◎ Background-position（X）和 Background-position（Y）：指定图像背景相对于元素的初始位置，用于将背景图像与页面中心垂直和水平对齐。如果附件属性为“固定”，则位置是相对于文档窗口而不是元素。

9.2.3 设置“区块”属性

使用“CSS 规则定义”对话框的“区块”类别可以定义标签和属性的间距和对齐

设置，在左侧“分类”列表中选择“区块”选项，在右侧可以设置相应的 CSS 样式，如下图所示。

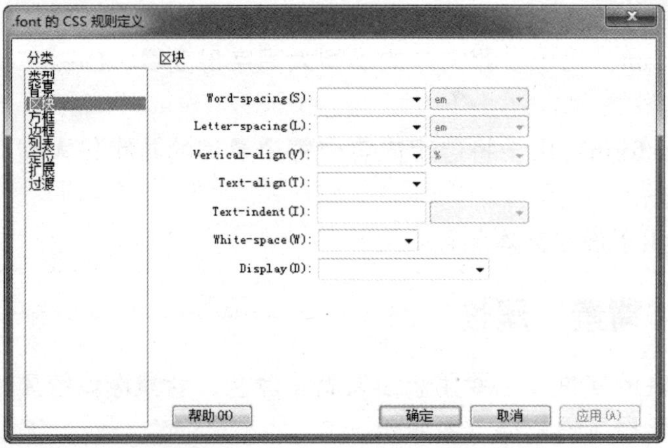

在 CSS“区块”中的各项参数含义如下：

◎ Word-spacing：用于设置单词的间距。若要设置特定的值，则在下拉列表框中选择“值”，然后输入一个数值，在第二个下拉列表框中选择度量单位。

◎ Letter-spacing：用于增加或减小字母或字符的间距。若要减少字符间距，则指定一个负值，字母间距设置覆盖对齐的文本设置。

◎ Vertical-align：用于指定应用它的元素的垂直对齐方式，仅当应用于<image>标签时，Dreamweaver 才在文档窗口中显示该属性。

◎ Text-align：用于设置元素中的文本对齐方式。

◎ Text-indent：用于指定第一行文本缩进的程度。可以使用负值创建凸出，但显示取决于浏览器，仅当标签应用于块级元素时，Dreamweaver 才在文档窗口中显示该属性。

◎ White-space：用于确定如何处理元素中的空白，从下面 3 个选项中选择：“正常”指收缩空白；“保留”的处理方式与文本被包括在<pre>标签中一样（既保留所有的空白，包括空格、制表符和回车）；“不换行”指仅当遇到
标签时文本才换行。Dreamweaver 不在文档窗口中显示该属性。

◎ Display：用于指定是否以及如何显示元素。

9.2.4 设置“方框”属性

使用“CSS 规则定义”对话框的“方框”类别可以为控制元素在页面上的放置方式的标签和为控制元素在页面上的放置方式的标签和属性定义设置。可以在应用填充和边距设置时将设置应用于元素的各个边，也可以选中“全部相同”复选框将相同的设置应用于元素的所有边，如下图所示。

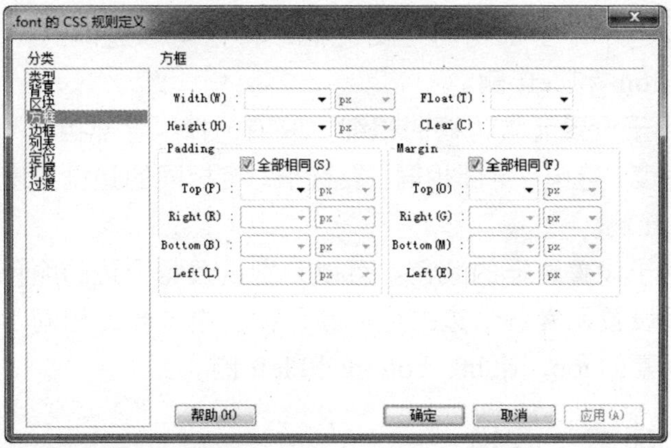

在 CSS“方框”中的各项参数含义如下：

◎ Width 和 Height：用于设置元素的宽度和高度。

◎ Float：用于设置其他元素在哪个边围绕元素浮动。

◎ Clear：用于定义不允许 AP DIV 的边。如果清除边上出现 AP DIV，则带清除设置的元素将移到该 AP DIV 的下方。

◎ Padding：用于指定元素内容与元素边框（如果没有边框，则为边距）之间的间距。取消选择“全部相同”复选框，可设置元素各个边的填充；选中“全部相同”复选框，将相同的填充属性应用于元素的 top、right、bottom 和 left 侧。

◎ Margin：用于指定一个元素的边框（如果没有边框，则为填充）与另一个元素之间的间距。仅当应用于块级元素（段落、标题和列表等）时，Dreamweaver 才在文档窗口中显示该属性。取消选择“全部相同”复选框，可设置元素各个边距；选中“全部相同”复选框，将相同的边距属性应用于元素的 top、right、bottom 和 left 侧。

9.2.5 设置“边框”属性

使用“CSS 规则定义”对话框的“边框”类别可以定义元素周围边框的设置，如下图所示。

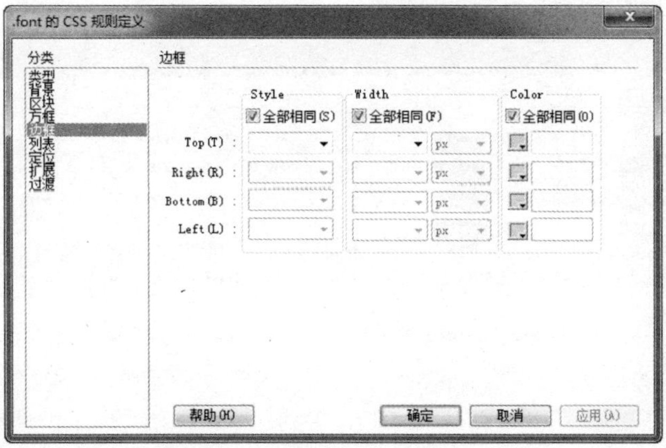

在 CSS“边框”中的各项参数含义如下：

◎ Style：用于设置边框的样式外观。样式的显示方式取决于浏览器。Dreamweaver 在文档窗口中将所有样式呈现为实线。取消选择“全部相同”复选框，可设置元素各个边的边框样式；选中“全部相同”复选框，将相同的边框的样式属性应用于元素的 top、right、bottom 和 left 侧。

◎ Width：用于设置元素边框的粗细。取消选择“全部相同”复选框，可设置元素各个边的边框宽度；选中“全部相同”复选框，将相同的边框宽度应用于元素的 top、right、bottom 和 left 侧。

◎ Color：用于设置边框的颜色。可以分别设置每个边的颜色，取消选择“全部相同”复选框，可设置元素各个边的边框颜色；选中“全部相同”复选框，将相同的边框颜色应用于元素的 top、right、bottom 和 left 侧。

9.2.6 设置“列表”属性

CSS 的“列表”类别为列表标签定义列表设置，如右图所示。

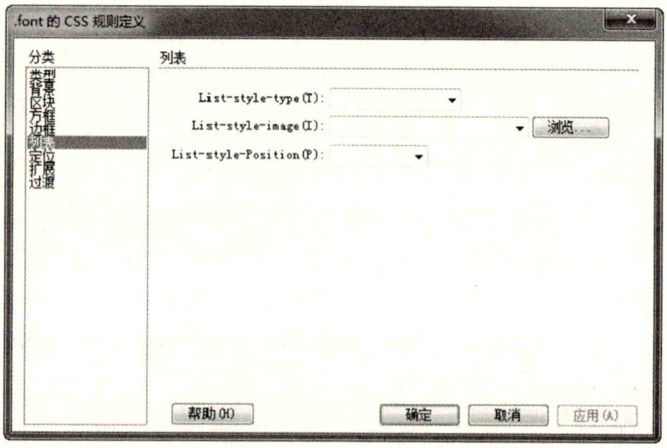

在 CSS“列表”中的各项参数含义如下：

◎ List-style-type：用于设置项目列表或编号列表的外观。

◎ List-style-image：可以为项目符号指定自定义图像。单击“浏览”按钮选择图像，或输入图像的路径。

◎ List-style-Position：用于设置列表项文本是否换行和缩进（外部），以及文本是否换行到左边距（内部）。

9.2.7 设置“定位”属性

CSS 的“定位”样式属性使用“层”首选项参数中定义层的默认标签，将标签或所选文本块更改为新层，如下图所示。

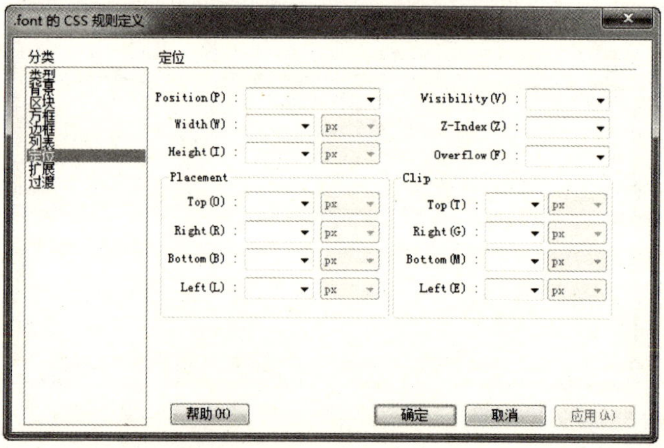

在 CSS“定位”中的各项参数含义如下：

◎ Position：在 CSS 布局中 Position 发挥着非常重要的作用，很多容器的定位都是用 Position 来完成的。Position 属性有 4 个可选值，它们分别是 absolute、fixed、relative 和 static。

absolute：能够很准确地将元素移到想要的位置，绝对定位元素的位置。

fixed：相对于窗口的固定定位。

relative：相对于定位是相对于元素默认位置的定位。

static：该属性值是所有元素定位的默认值，一般情况下不需要特别去声明它，但有时遇到继承的情况，我们不愿意见到元素所继承的属性影响本身，因而可以用 position：static 取消继承，即还原元素定位的默认值。

◎ Visibility：如果不指定可见性属性，则默认情况下大多数浏览器都继承父级的值。

◎ Placement：用于指定 AP DIV 的位置和大小。

◎ Clip：用于定义 AP DIV 的可见部分。如果指定了剪辑区域，可以通过脚本语言访问它，并操作属性以创建像擦除这样的特殊效果。通过使用“改变属性”行为可以设置这些擦除效果。

9.2.8 设置“扩展”属性

CSS“扩展”样式属性包含两部分，如下图所示。

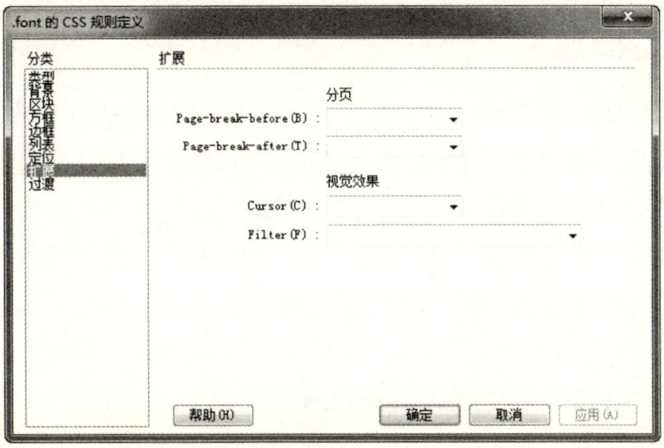

在 CSS“扩展”中的各项参数含义如下：

◎ Page-break-before：用于为打印的页面设置分页符。

◎ Page-break-after：检索或设置对象后出现的页分割符。

◎ Cursor：用于设置指针位于样式所控制的对象上时改变指针图像。

◎ Filter：用于设置对样式所控制的对象应用特殊效果。

9.2.9 设置“过渡”属性

使用 CSS 可以实现过渡效果。“过渡”样式属性如下图所示。过渡效果最明显的表现就是当用户把鼠标悬停在某个元素上时高亮显示它们，如链接、表格、表单域、按钮等。过渡效果可以给页面带来非常平滑的外观。

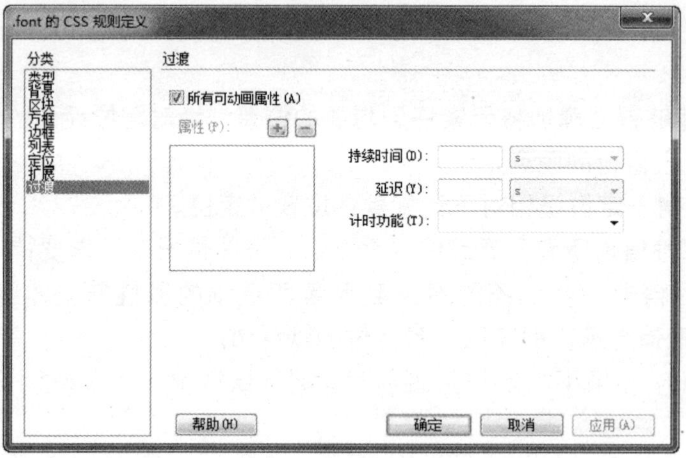

9.3 CSS 定位

许多 Web 站点都使用基于表格的布局页面显示信息。表格对于显示表格数据很有用，并且很容易在页面上创建，但表格会产生大量难于阅读和维护的代码。许多设计者首选基于 CSS 的布局，正是因为基于 CSS 的布局所包含的代码数量要比具有相同特性的基于表格的布局使用的代码少的多。

9.3.1 盒子模型概念

如果想熟练掌握 DIV 和 CSS 的布局方法，首先要对盒子模型有一定的了解。盒子模型是 CSS 布局网页时非常重要的概念，只有很好地掌握盒子模型以及其中每个元素的使用方法，才能正确布局网页中各个元素的位置。

所有页面中的元素都可以看作一个装了东西的盒子，盒子里面的内容到盒子边框之间的距离即填充（padding），盒子本身有边框（boder），而盒子边框和其他盒子之间还有边界（margin）。

一个盒子由 4 个独立部分组成，如下图所示。

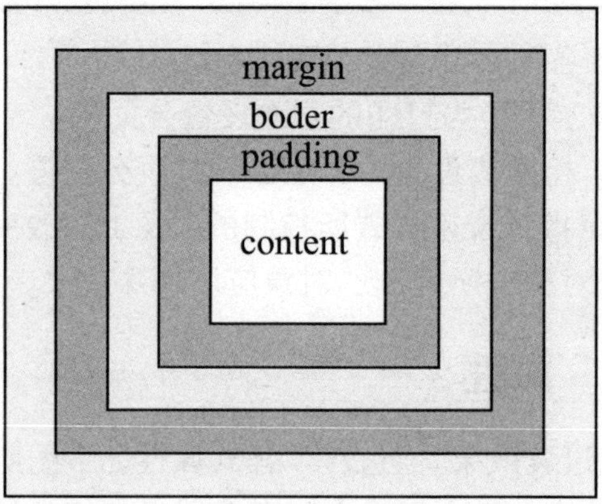

◎ 最外面的是边界（margin）；

◎ 第 2 部分是边框（boder），边框可以有不同的样式；

◎ 第 3 部分是填充（padding），填充用于定义内容区域与边框之间的空白；

◎ 第 4 部分是内容区域。

填充、边框和边界都分为上、右、下、左 4 个方向，既可以分别定义，也可以统一定义。当使用 CSS 定义盒子的 width 和 height 时，定义的并不是内容区域、填充、边框和边界所占总的区域，实际上定义的是内容区域 content 的 width 和 height。为了计算盒子所占的实际区域的必须加上 padding、boder 和 magrin。因此，实际宽度=左边界+左边框+左填充+内容宽度（width）+右填充+右侧框+右侧界，实际高度=上边界+上边框+上填充+内容高度（height）+下填充+下边框+下边界。

9.3.2 float 定位

应用 Web 标准创建网页以后，float 浮动属性是元素定位中非常重要的属性，通常通过对 DIV 元素应用 float 浮动进行定位，不但可以对整个版式进行规划，还可以对一些基本元素如导航等进行排列。

语法：

```
float: none | left | right
```

语法取值：

```
none：默认值，对象不飘浮。
left：文本流向对象的右侧。
right：文本流向对象的左边。
```

CSS 允许任何浮动元素，不论是图像、段落，还是列表。无论先前元素是什么状态，浮动后都成为块级元素。浮动元素的宽度默认为 auto。

float 属性并没有想象中的那么简单，若想要完全明白它的工作原理，需要在实践中不断地总结经验。下面将通过例子来说明它的工作情况。

如果 float 取值为 none 或没有设置 float 时，不会发生任何浮动，块元素独占一行，紧随其后的块元素将在新行中显示，其代码如下：

```
<!doctype html>
<html>
<head>
<meta charset="utf-8">
<title>没有设置</title>
<style type="text/css">
#content_a {
    width:250px ;
    height:150px;
    padding:10px;
    border:2px solid #030303;
    margin:10px;
    background:#C5C5C5
```

```
}
#content_b {
    width:250px ;
    height:150px;
    padding:10px;
    border:2px solid #030303;
    margin:10px;
    background: #989898
}
</style>
    </head>

<body>
<div id="content_a">这时第一个 DIV</div>
<div id="content_b">这时第二个 DIV</div>
</body>
</html>
```

在浏览器中的效果如下图所示，可以看到由于没有设置 DIV 的 float 属性，因此每个 DIV 都单独占一行，两个 DIV 分两行显示。

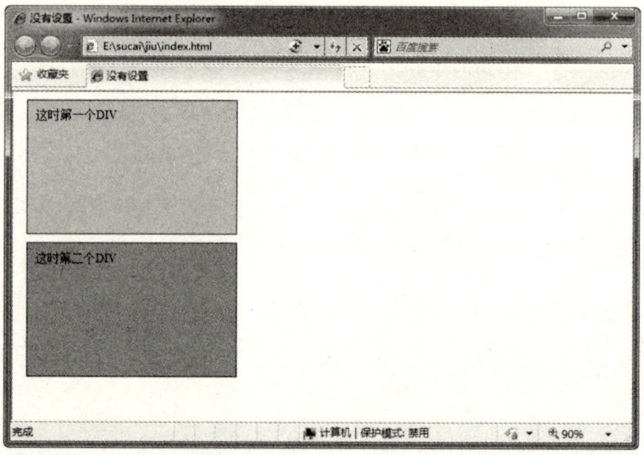

下面修改代码，使用 float:left 对 content_a 应用向左浮动，而 float:rightt 对 content_b 应用向右浮动，其代码如下：

```
<!doctype html>
<html>
<head>
<meta charset="utf-8">
<title>设置浮动</title>
<style type="text/css">
#content_a {
```

```
        width:250px ;
        height:150px;
        float:left;
        padding:10px;
        border:2px solid #030303;
        margin:10px;
        background:#C5C5C5
    }
    #content_b {
        width:250px ;
        height:150px;
        float:right;
        padding:10px;
        border:2px solid #030303;
        margin:10px;
        background: #989898
    }
    </style>
        </head>
    <body>
    <div id="content_a">这是第一个 DIV</div>
    <div id="content_b">这是第二个 DIV</div>
    </body>
    </html>
```

在浏览器中的效果如下图所示，可以看到应用浮动后，content_a 向左浮动，content_b 向右浮动，两个 DIV 占一行，在一行中并列显示。

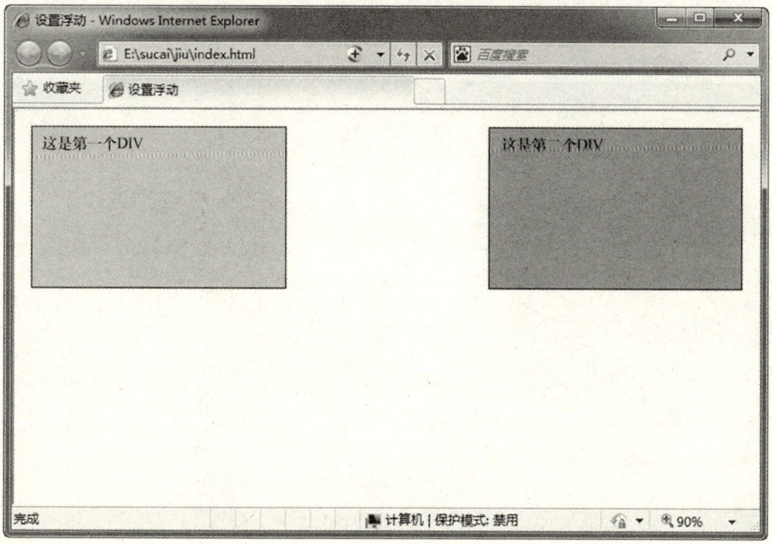

9.3.3 position 定位

在 CSS 布局中，position 属性非常重要，很多特殊容器的定位必须用 position 来完成。position 属性有 4 个值，分别是 static、absolute、fixed 和 relative。

position 定位允许用户精确定义元素出现的相对位置，可以是相对于它通常出现的位置，相对于其上级元素，相对于另一个元素，或相对于浏览器视窗本身。每个显示元素都可以用定位的方法来描述，而其位置由此元素的包含块来决定。

语法：

```
position: static | absloute | fixed | relative
```

static 表示默认值，无特殊地位，对象遵循 HTML 定位规则；absolute 表示采用绝对定位，需要同时使用 left、right、top 和 bottom 等属性进行绝对定位，而其层叠通过 z-index 属性定义，此时对象不具有边框，但仍有填充和边框；fixed 表示当页面滚动时元素保持在浏览器视窗内，其行为类似 absolute；relative 表示采用相对定位，对象不可层叠，但依据 left、right、top 和 bottom 等属性设置在页面中的偏移位置。

当容器的 position 属性值为 fixed 时，这个容器即被固定定位了。固定定位和绝对定位非常类似，不过被定位的容器不会随着滚动条的拖动而变化位置。在浏览器视窗中，固定定位的容器的位置是不会改变的。下面举例介绍固定定位的使用，其代码如下：

```
<!doctype html>
<html>
<head>
<meta charset="utf-8">
<title>position 定位</title>
<style type="text/css">
*{margin:0px;
padding:0px}
#all{
    width:500px;
    height:550px;
    background:#E8E736}
#fixed{
    width:150px;
    height:80px;
    border:15px outset #F34C4F;
    background-color:#35A0ED;
    position:fixed;
    top:20px;
    left:30px;}
```

```
#a{
    width:250px;
    height:60%;
    margin-left:20px;
    background-color:#C1A7A8;
    border:2px outset #4A4545;}
</style>
</head>
<body>
<div id="all">
    <div id="fixed">固定的容器</div>
    <div id="a">无定位的 DIV 容器</div>
</div>
</body>
</html>
```

如下图所示分别为未拖动滚条与拖动滚条之后的对比效果，被固定的的容器位置始终没有改变。

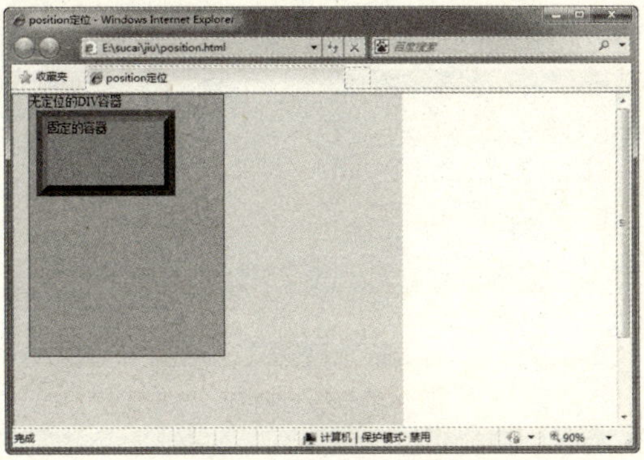

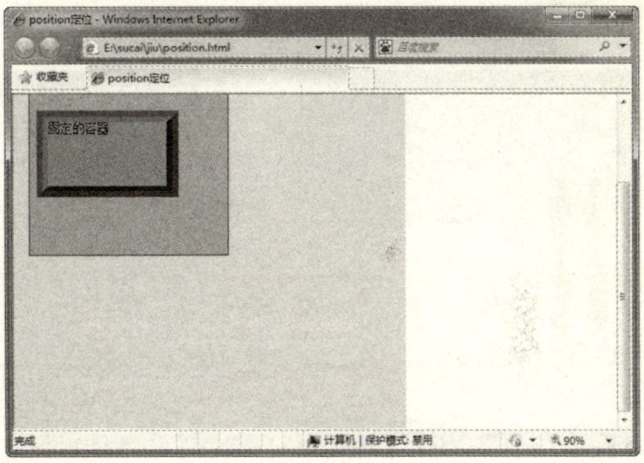

9.4 常见的布局类型

DIV+CSS 是现在最流行的一种网页布局格式。使用 DIV+CSS 的优势在于不仅可以使 HTML 代码更整齐，更容易使人理解，而且浏览网页时的速度也比传统的布局方式快，最重要的是它的可控性要比表格强的多。下面将介绍常见的布局类型。

9.4.1 单行单列固定宽度

单行单列固定宽度也就是一列固定宽度布局，它是所有布局的基础，也是最简单的布局形式。一列固定宽度中，宽度的属性值是固定像素。

在 HTML 文档的<head>与</head>之间相应的位置输入定义的 CSS 样式代码，如下：

```
<style>
#content{
    background:#C4C4C4;
    border:2px solid #494949;
    width:450px;
    height:300px;
}
</style>
```

然后在 HTML 文档的<body>与</body>之间的正文中输入以下代码，DIV 使用 content 作为 id 名称。

```
<body>
<div id="content">单行单列固定宽度</div>
</body>
```

最后在浏览器中预览，由于是固定宽度，无论怎样改变浏览器窗口的大小，DIV 的宽度都不变，如下图。

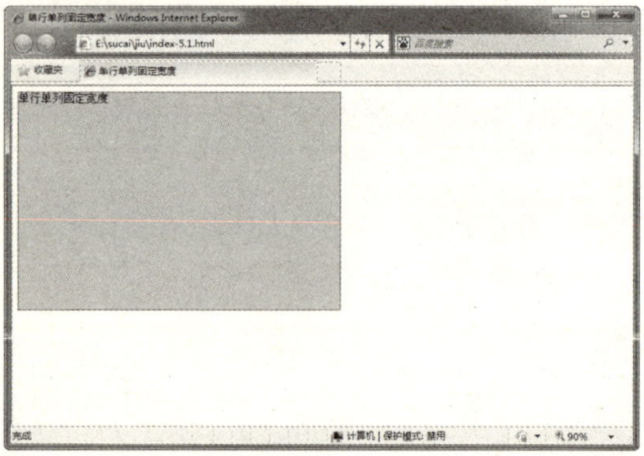

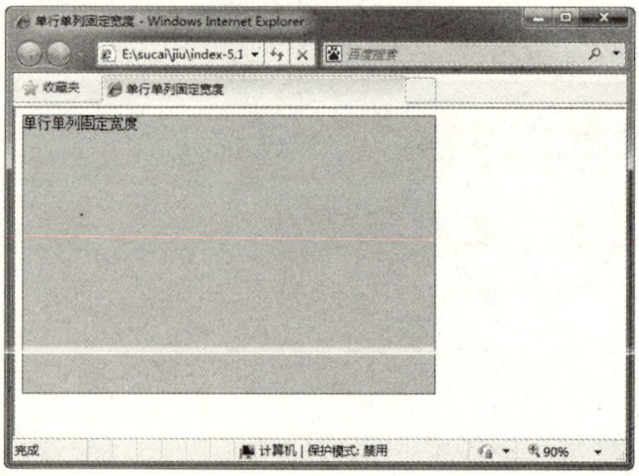

9.4.2 一列自适应

自适应布局是网页设计中常见的一种布局形式。自适应的布局能够根据浏览器窗口的大小自动改变其宽度或高度值，是一种非常灵活的布局形式。自适应布局网页对不同分辨率的显示器都能提供最好的显示效果。自适应布局需要将宽度由固定值改为百分比，下面是一列自适应布局的 CSS 代码。

```
<!doctype html>
<html>
<head>
<meta charset="utf-8">
<title>1 列自适应</title>
<style>
#layer{
    background-color:#A0A0A0;
```

```
        border:2px outset #878484;
        width:60%;
        height:200px;
    }
    </style>
    </head>
    <body>
    <div id="layer">1 列自适应<br>
    </div>
    </body>
    </html>
```

这里将宽度设置为 60%，在浏览器中可以看到 DIV 的宽度已经变为浏览器宽度的 60%，如下图（左）所示。当缩小浏览器窗口时，其宽度仍然维持在浏览器当前宽度比例的 60%，如下图（右）所示。

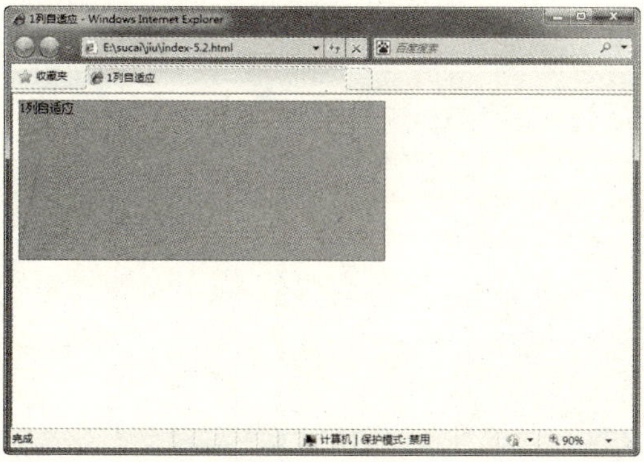

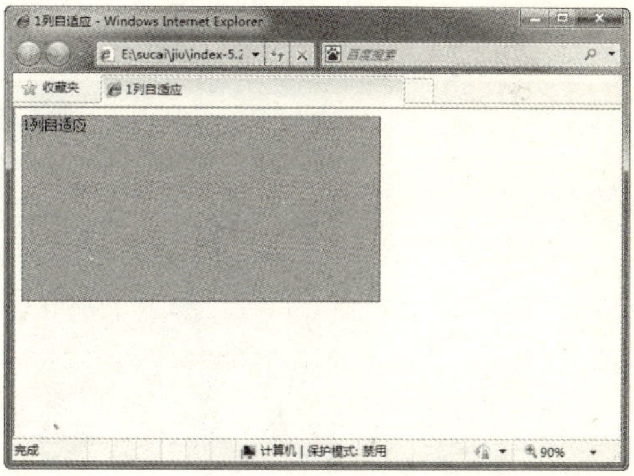

9.4.3 两列固定宽度

两列的布局需要用到两个 DIV，分别把需要的两个 DIV 的 id 设置为 left 与 right，表示两个 DIV 的名称，并为它们设置宽度，让两个 DIV 在水平线上并排显示，从而形成两列式布局。

首先，在 HTML 文档的<head>与</head>之间相应的位置输入定义 CSS 样式的代码，如下：

```
    <style>
    #left{
        background-color:#949494;
        border:2px solid #4E4E4E;
        width:300px;
        height:250px;
        float:left;
    }
    #right{
```

```
    background-color: #C8C8C8;
    border:2px solid #9B9B9B;
    width:300px;
    height:250px;
    float:left;
}
</style>
```

然后，在 HTML 文档<body>与</body>之间的正文中输入以下代码，给 DIV 使用 left 和 right 作为 id 名称。

```
<body>
<div id="left">左列</div>
<div id="right">右列</div>
</body>
```

在使用了简单的 float 属性之后，两列固定宽度的布局就能够完整地显示出来，在浏览器中的预览效果如下图所示。

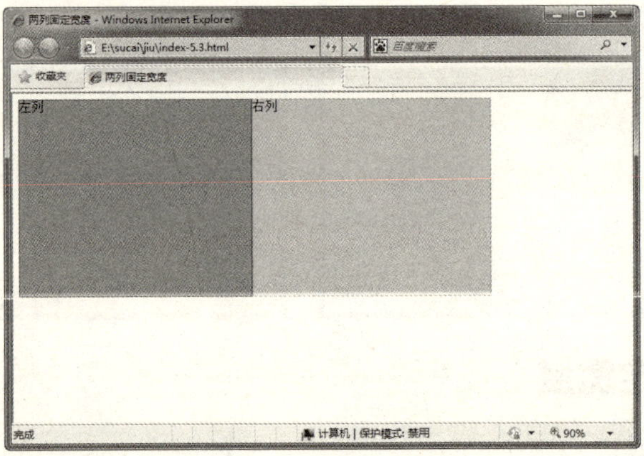

9.4.4 两列宽度自适应

下面使用两列宽度自适应来实现左右栏宽度的自动适应，主要通过宽度的百分比进行设置，CSS 代码修改如下：

```
<style>
#left{
    background-color:#949494;
    border:2px solid #4E4E4E;
    width:30%;
    height:250px;
    float:left;
}
#right{
```

```
        background-color: #C8C8C8;
        border:2px solid #9B9B9B;
        width:60%;
        height:250px;
        float: left;
    }
    </style>
```

这里主要修改了左栏宽度为 30%，右栏宽度为 60%，如下图（左）所示为浏览器窗口变大的效果，如下图（右）所示为浏览器窗口变小的效果。无论怎样改变浏览器窗口的大小，左右两栏的宽度与浏览器窗口的百分比都不会改变。

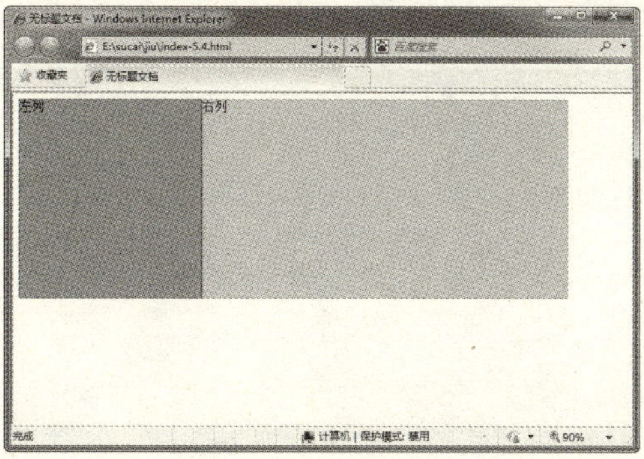

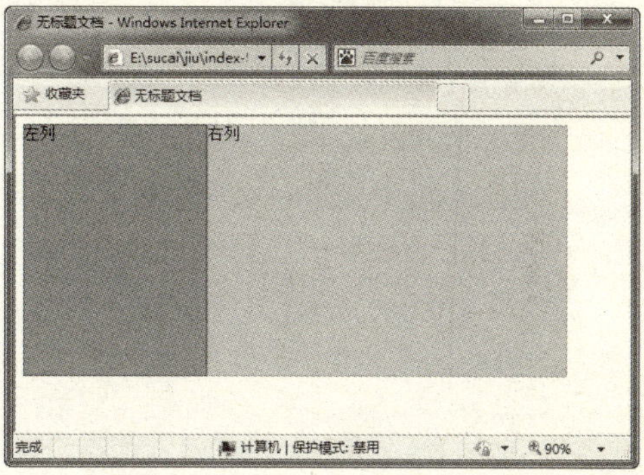

9.4.5 三列浮动中间宽度自适应

使用浮动定位方式，从一列到多列的固定宽度及自适应基本上都可以完成，包括三列的固定宽度，而在这里给我们提出了一个新的要求，希望有一个三列式布局。其中左栏要求固定宽度且居左显示，右栏要求固定宽度且居右显示，而中间栏需要在左栏和右栏的中间，根据左右栏的间距变化自动适应。

在开始实现这样的三列布局之前，需要了解一个新的定位方式——绝对定位。前面的浮动定位方式主要由浏览器根据对象的内容自动进行浮动方向的调整，但当这种方式不能满足定位需求时，就需要用新的方法来实现。除了浮动定位之外，CSS 提供的另一种定位方式就是绝对定位。绝对定位使用 position 属性来实现。

下面将介绍三列浮动中间宽度自适应布局的创建方法。

首先，在 HTML 文档的<head>与</head>之间相应的位置输入定义 CSS 样式的代码，如下：

```
<style>
all{ margin:0px;}
#left{
    width:200px;
    height:400px;
    background-color:#B9B8B8;
    border: 2px solid #9E9E9E;
```

```
        position:absolute;
        top:8px;
        left:0px;
    }
    #center{
        height:400px;
        background-color: #737171;
        border: 2px solid #4D4A4A;
        margin-left:200px;
        margin-right:200px;
    }
    #right{
        width:200px;
        height:400px;
        background-color: #575757;
        border: 2px solid    #000000;
        position:absolute;
        right:0px;
        top:8px;
    }
    </style>
```

然后，在 HTML 文档<body>与</body>之间的正文中输入以下代码，给 DIV 使用 left、center、right 作为 id 名称。

```
<body>
<div id="left">左列</div>
<div id="center">中间列</div>
<div id="right">右列</div>
</body
```

最后在浏览器中进行查看，无论浏览器窗口变大还是变小，左右两列的固定宽度均没有发生改变，而中间列会随着浏览器窗口大小的改变而改变，如下图所示。

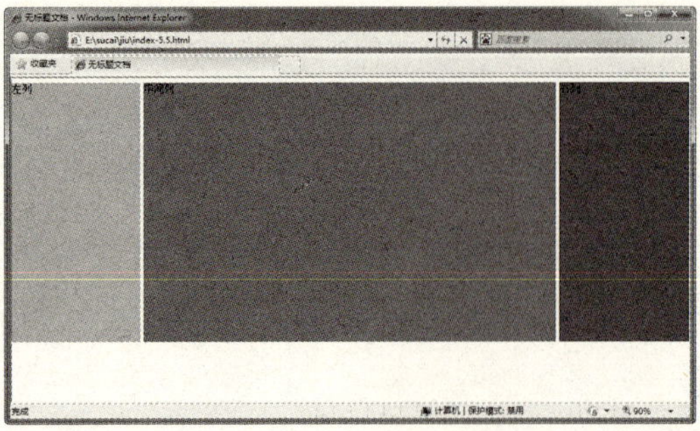

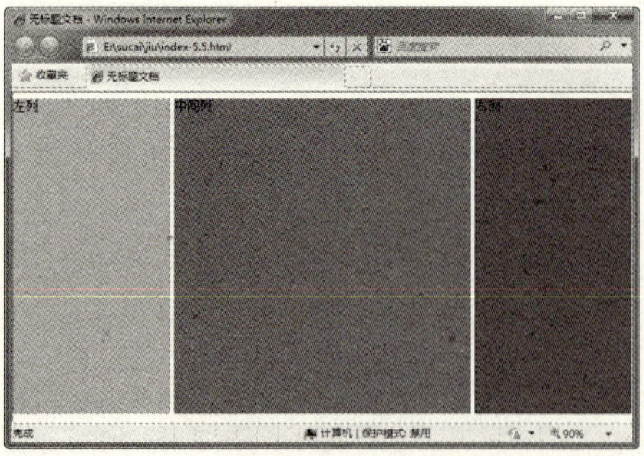

Chapter 10

Flash CC 快速入门

Flash 是一款非常优秀的动画制作软件，利用它可以制作出丰富多彩的动画，创建网页交互程序，还可以将音乐、声效、动画及富有新意的界面融合在一起，制作出高品质的动画。本章将引领读者快速掌握 Flash 入门知识。

本章要点

- Flash CC 简介
- Flash CC 工作界面
- Flash CC 基本操作
- Flash CC 基本工具的使用

知识等级

网页制作初级读者

建议学时

建议学习时间为 60 分钟

10.1 Flash CC 简介

Flash CC 是用于动画制作和多媒体创作以及交互式设计网站的创作平台，软件内包含强大的工具集，具有排版精确、版面保真和丰富的动画编辑功能，能帮助用户清晰地传达创作构思，Flash CC 增加了对 64 位系统的支持、高质量视频导出、简化的用户界面、USB 调试、无限制剪贴板大小和直接通过 HTML 读取数据的网络功能等。

10.1.1 Flash 概述

Flash 是一种动画创作与应用程序开发于一身的创作软件，到目前为止，最新的版本为 Flash CC。Flash CC 为创建数字动画、交互式 Web 站点、桌面应用程序以及手机应用程序开发提供了功能全面的创作和编辑环境。

Flash 广泛用于创建吸引人的应用程序，它们包含丰富的视频、声音、图形和动画。可以在 Flash 中创建原始内容或者从其他 Adobe 应用程序（如 Photoshop 或 Illustrator）导入它们，快速设计简单的动画，以及使用 Adobe AcitonScript 3.0 开发高级的交互式项目。设计人员和开发人员可使用它来创建演示文稿、应用程序和其他允许用户交互的内容。

Flash 可以包含简单的动画、视频内容、复杂演示文稿和应用程序以及介于它们之间的任何内容。通常，使用 Flash 创作的各个内容单元称为应用程序，即使它们可能只是很简单的动画。用户也可以通过添加图片、声音、视频和特殊效果，构建包含丰富媒体的 Flash 应用程序。

10.1.2 位图和矢量图的区别

在 Flash 软件中提供了很多将位图转换为矢量图，或矢量图转换为位图的功能，在实际工作中也经常会在 Flash 软件中同时使用位图和矢量图。

◎ **位图**：位图，也称为点阵图像或绘制图像，是由称作像素的单个点组成的。这些点可以进行不同的排列和染色以构成图样。当放大位图时，可以看见赖以构成整个图像的无数单个方块。位图图像是与分辨率有关的，即在一定面积的图像上包含有固定数量的像素，若把图像放大之后，画面就会变得模糊不清。因此，如果在屏幕上以较大的倍数放大显示图像，或以过低的分辨率打印，位图图像会出现锯齿边缘，会影响图像的清晰度，如下图所示。

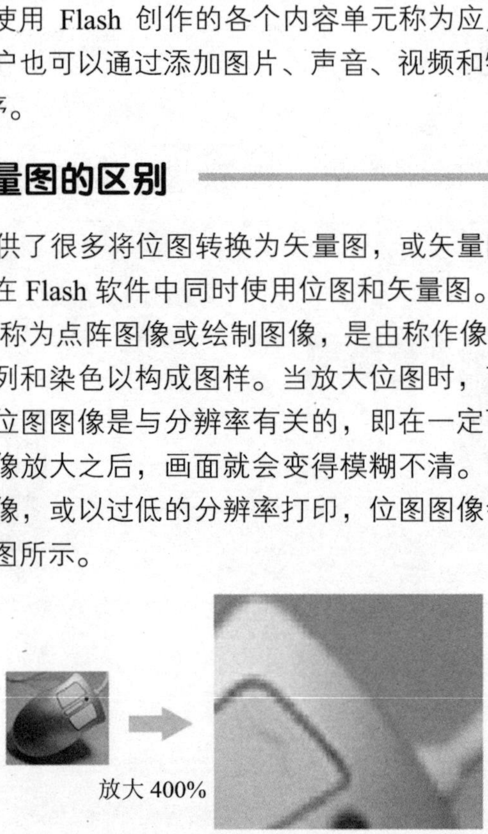

放大 400%

◎ **矢量图**：也称为面向对象的图像或绘图图像，在数学上定义为一系列由线连接的点。矢量文件中的图形元素称为对象，每个对象都是一个自成一体的实体，它具有颜色、形状、轮廓、大小和屏幕位置等属性。矢量图形与分辨率无关，可以将它缩放到任意大小和以任意分辨率在输出设备上打印出来，都不会影响清晰度，如右图所示。

在制作Flash动画时，如果画面中矢量图像过多，在动画播放时就会出现画面缓慢的现象，解决方法是减少矢量图形的画面移动，或将Flash 画面导出位图，矢量图和位图在工作中一个都不能少，要根据需要进行选择。

10.1.3 Flash 动画的优点

Flash 之所以能风靡全球，是因为它具有许多优异的特点，下面将对其中最重要的5 个特点进行介绍。

1. 文件占用空间小，传输速度快

Flash 动画的图形系统是基于矢量技术的，因此下载 Flash 动画文件时很快。矢量技术只需存储少量数据就可以描述一个相对复杂的对象，与以往采用的位图相比数量大大下降，只有原先的几千分之一，因此比较适合在因特网上使用，它有效地解决了多媒体与大数据量之间的矛盾。

2. 矢量绘图，传播广泛

一般的网页动画图像是基于点阵技术的位图图像，这个图像由大量的像素构成，比较逼真，但灵活性较差，并且在对图像进行放大时，由于点与点之间距离的增加，图像的品质会大幅度降低，产生锯齿状的像素块。而 Flash 最重要的特点之一便是能用矢量绘图，只需要少量的矢量数据就可以很好的描述一个复杂的对象。

其次，由于位图是由像素组成的，所以其体积非常大；而矢量图仅由线条和线条所封闭的填充区域组成，体积非常小。此外，Flash 动画采用“流式”播放技术，在观看动画时可以不必等到动画文件全部下载到本地，而可以边观看边下载，从而减少了等待的时间。

3. 动画的输出格式

Flash 是一款优秀的图形动画文件的格式转换工具，它可以将动画以 GIF、QuickTime 和 AVI 的文件格式输出，也可以以阵的形式将动画插入到 Director 中去。

Flash 能够以下面所列的文件格式输出动画：

◎ SWF：Flash 动画文件或 Flash 模板文件。

◎ SPL：Future Splash 动画文件。

◎ GIF：动画 GIF 文件。

◎ AI：Adobe Illustrator 矢量文件格式。

◎ BMP：Windows 位图文件格式。

◎ JPG：JPG 位图文件格式。

◎ PNG：可移植的网络图像文件格式。

◎ AVI：Windows 视频文件。

◎ MOV：Quick Time 视频文件。

◎ MAV：视频文件。

◎ EMF：EMF 文件格式。

◎ WMF:Windows Metafile 文件格式。

◎ EPS：EPS 文件格式。

◎ DXF：AutoCAD DXF 文件格式。

4. 强大的交互功能

在 Flash 中，高级交互事件的行为控制使 Flash 动画的播放更加精确并容易控制。设计者可以在动画中加入滚动条、复选框、下拉菜单和拖动物体等各种交互组件。Flash 动画甚至可以与 Java 或其他类型的程序融合在一起，在不同的操作平台和浏览器中播放。Flash 还支持表单交互，使得包含 Flash 动画表单的网页可以应用于流行的电子商务领域。

5. 可扩展性

通过第三方开发的 Flash 插件程序，可以方便地实现一些以往需要非常繁琐的操作才能实现的动态效果，大大提高了 Flash 影片制作的工作效率。

10.2 Flash CC 工作界面

在学习使用 Flash CC 制作动画之前，下面首先熟悉其工作界面，为后面的学习打下坚实的基础。

10.2.1 工作界面

Flash CC 的工作界面由菜单栏、工具箱、时间轴、面板和舞台等组成，如下图所示。

10.2.2 菜单栏

菜单栏由“文件”、“编辑”、“视图”、“插入”、“修改”、“文本”、“命令”、“调试”、“控制”、“窗口”和“帮助”等 11 个菜单组成，其中汇集了 Flash CC 的所有命令，如下图所示。

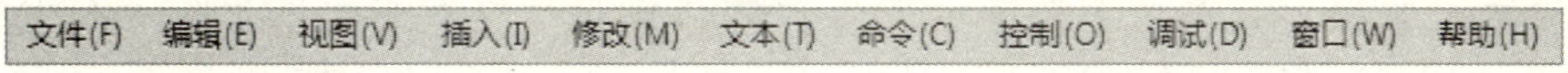

1. “文件”菜单

该菜单中包含所有与文件相关的操作，如“新建”、“打开”、“关闭”和“保存”等命令，如下图（左）所示。

2. “编辑”菜单

该菜单中包含常用的“撤销”、“剪切”、“复制”、“查找”和“替换”等命令，如下图（右）所示。

3. “视图”菜单

视图窗口的缩放，辅助标尺、网格、辅助线的开启与关闭，与对象对齐方式等功能对应的命令均包含在该菜单中，如下图（左）所示。

4. “插入”菜单

该菜单中主要包括有关新元件的插入，时间轴上的各种对象（图层、关键帧等）的插入，以及时间轴特效和场景的插入等命令，如下图（右）所示。

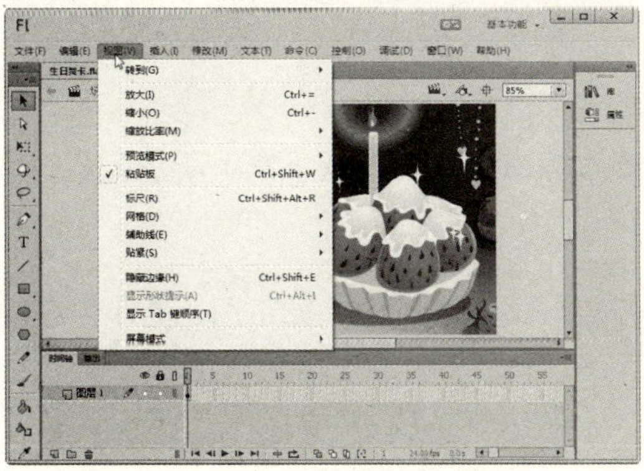

5. “修改”菜单

该菜单主要针对 Flash 文档、元件、形状、时间轴及时间轴特效，此外还包括工作区中各元件实例的变形、排列和对齐等命令，如下图（左）所示。

6. “文本”菜单

该菜单主要用于设置文本字体、大小、样式和对齐等命令，如下图（右）所示。

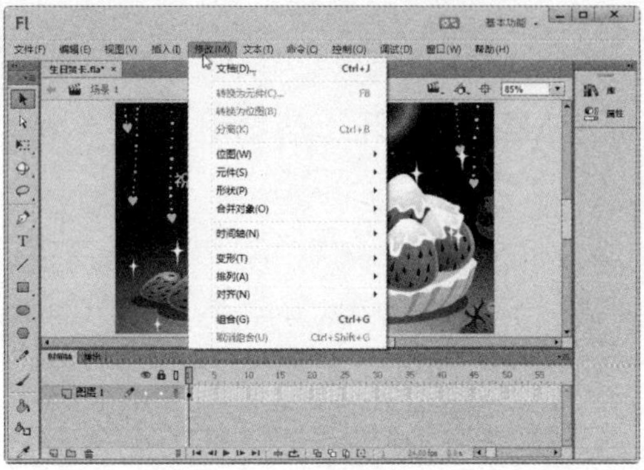

7. “命令”菜单

Flash CC 允许用户使用 JSFL 文件创建自己的命令，在该菜单中可以运行、管理这些命令或使用 Flash 默认提供的命令等选项，如下图（左）所示。

8. “控制”菜单

该菜单中主要包含影片的测试及影片播放时的控制命令等命令，如下图（右）所示。

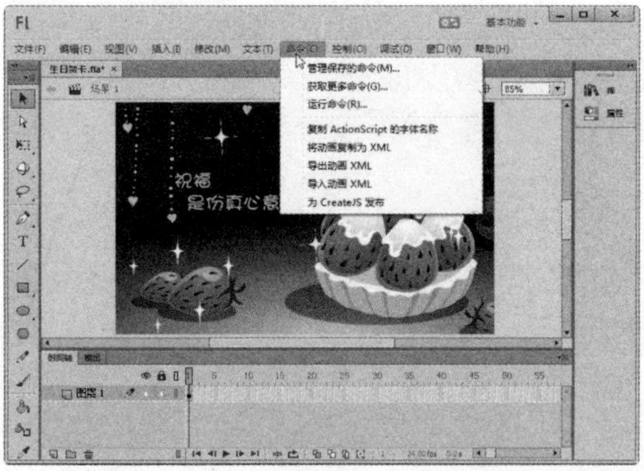

9. “调试”菜单

该菜单主要用于调试当前影片中的动作脚本等命令，如下图（左）所示。

10. “窗口”菜单

该菜单主要用于控制各种面板、窗口的开启与关闭等命令，如下图（右）所示。

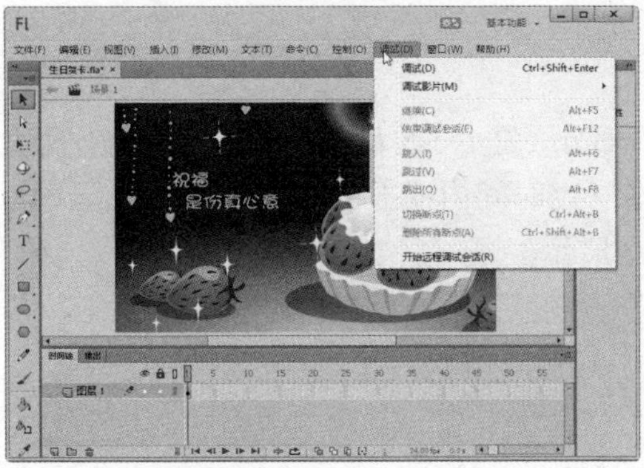

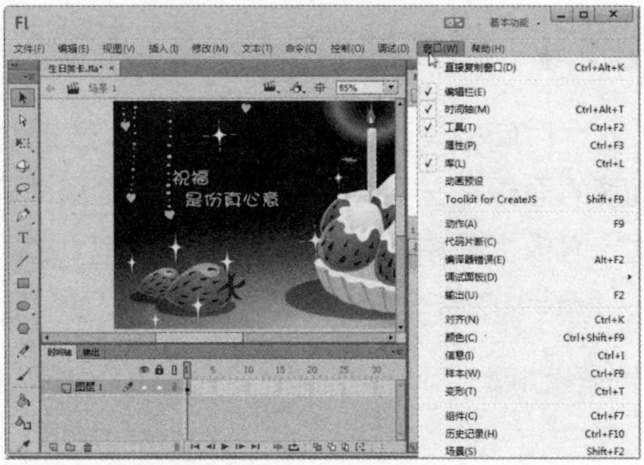

10.2.3 工具箱

工具箱中包含了一套完整的绘图工具，位于工作界面的左侧，如右图所示。其中包括选择、绘图、上色等工具。

◎ **选择工具**：用于进行选定对象、拖动对象等操作。

◎ **部分选取工具**：可以选取对象的部分区域。

◎ **任意变形工具**：用于对选取的对象进行变形。

◎ **3D 旋转工具**：单击此工具出现一个 3D 旋转轴，这时可以进行 3D 变化。

◎ **套索工具**：选择一个不规则的图形区域，还可以处理位图图形。

◎ **钢笔工具**：可以使用此工具绘制曲线。

◎ **文本工具**：在舞台上添加文本，编辑现有的文本。

◎ **线条工具**：使用此工具可以绘制各种形式的线条。

◎ **矩形工具**：用于绘制矩形，也可以绘制正方形。

◎ **椭圆工具**：用于绘制椭圆。

◎ **多角星形工具**：用于绘制多角星形，也可以绘制五角星。

◎ **铅笔工具**：用于绘制折线、直线等。

◎ **刷子工具**：用于绘制填充图形。

◎ **颜料桶工具**：用于编辑填充区域的颜色。

◎ **墨水瓶工具**：用于编辑线条的属性。

◎ **滴管工具**：用于将图形的填充颜色或线条属性复制到别的图形线条上，还可以采集位图作为填充内容。

◎ **橡皮擦工具**：用于擦除舞台上的内容。

◎ **手形工具**：当舞台上的内容较多时，可以用该工具平移舞台以及各个部分的内容。

◎ **缩放工具**：用于缩放舞台上的内容。

◎ **笔触颜色工具**：用于设置线条的颜色。

◎ **填充颜色工具**：用于设置图形的填充区域。

10.2.4 时间轴

“时间轴”面板是 Flash 界面中最重要的部分，是 Flash 动画制作过程中操作最为频繁的面板之一，用于组织和控制文档内容在一定时间内播放的图层数和帧数。“时间轴”面板主要由图层和帧两部分组成，如下图所示。

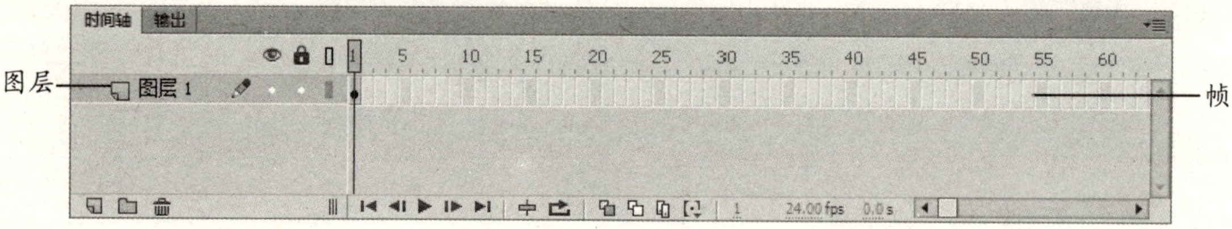

10.2.5 面板

在 Flash CC 中提供了各类面板，用于观察、组织和修改 Flash 动画中的各种对象元素，如形状、颜色、文字、实例和帧等。在默认情况下，面板组停靠在工作界面的右侧。下面将详细介绍几个常用的面板。

1．“库/属性”面板组

默认情况下，“库”面板和“属性”面板合为一个面板组。“库”面板用于查找、组织和调用在 Flash 中创建的各种元件，以及导入的文件，包括位图图形、声音文件和视频剪辑等资源，如下图（左）所示。

“属性”面板的内容取决于当前选定的内容，可以显示当前文档、文本、元件、位图、视频、帧或工具的信息和设置。当选择位图时，在“属性“面板中将显示有关位图的属性设置，如下图（右）所示。

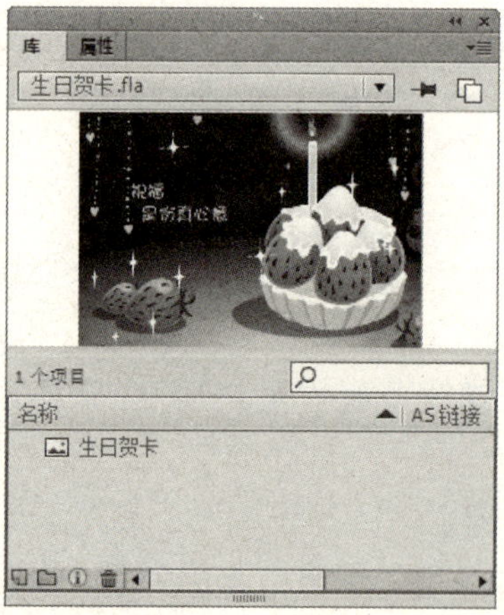

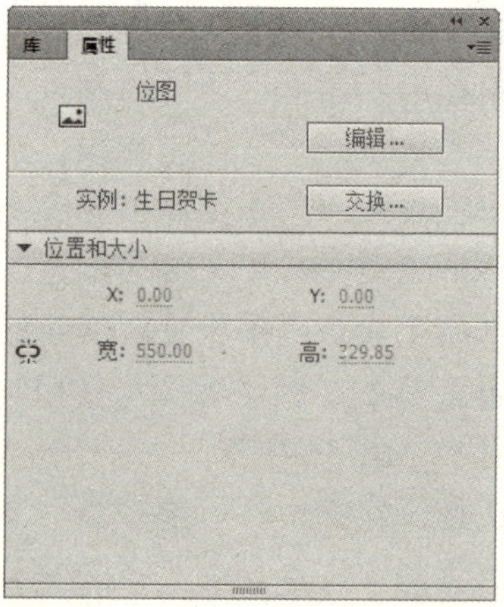

2．“颜色/样本”面板组

在默认情况下，“颜色”面板和“样本”面板合为一个面板组。“颜色”面板可以创建和编辑纯色、渐变填充，调制出大量的颜色，以设置笔触、填充色及透明度等，如下图（左）所示。“样本”面板中存放了 Flash 中所有颜色，单击面板右侧的按钮，在弹出的下拉菜单中可以对其进行管理，如下图（右）所示。

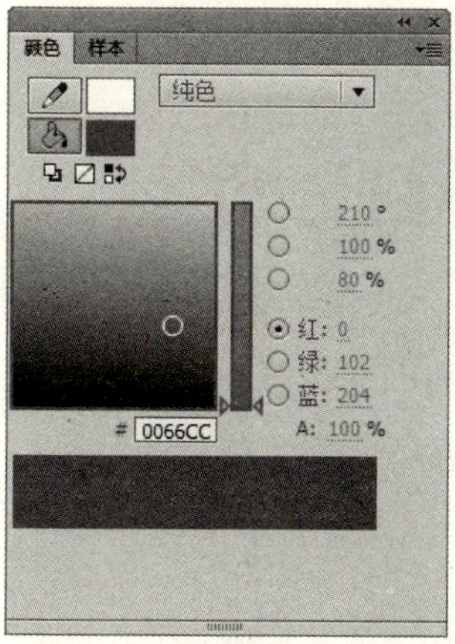

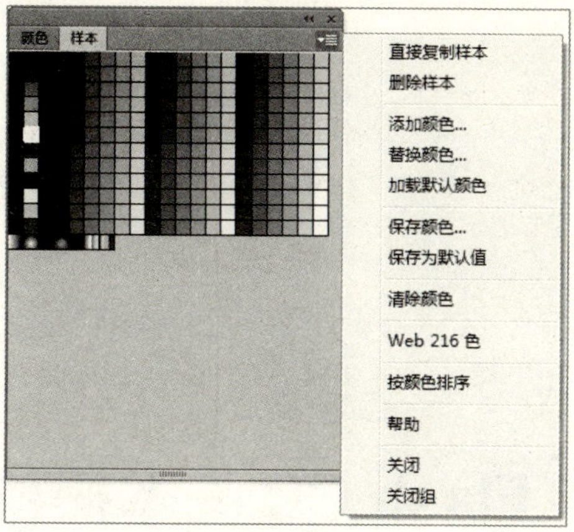

3. “对齐/信息/变形”面板组

在默认情况下，“对齐”面板、“信息”面板和“变形”面板组合为一个面板组。其中，“对齐”面板主要用于对齐同一个场景中选中的多个对象，如下图（左）所示；“信息”面板主要用于查看所选对象的坐标、颜色、宽度和高度，还可以对其参数进行调整，如下图（中）所示；“变形”面板用于对所选对象进行大小、旋转和倾斜等变形处理，如下图（右）所示。

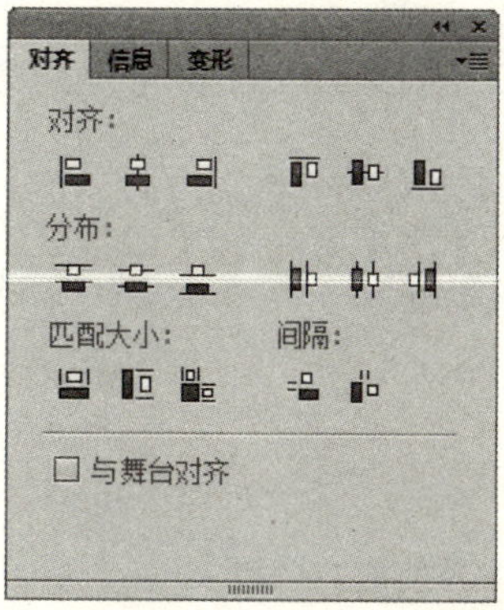

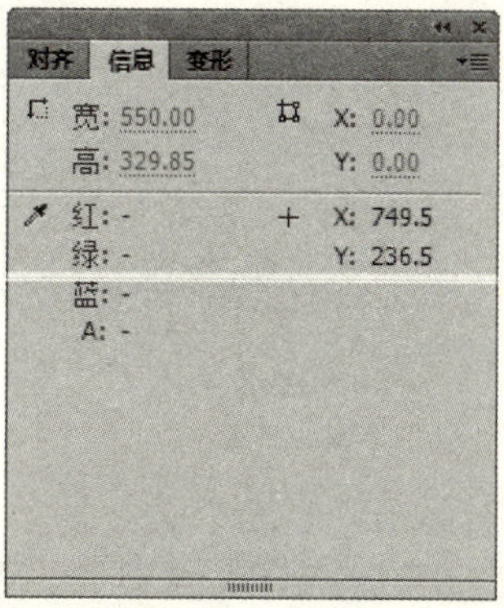

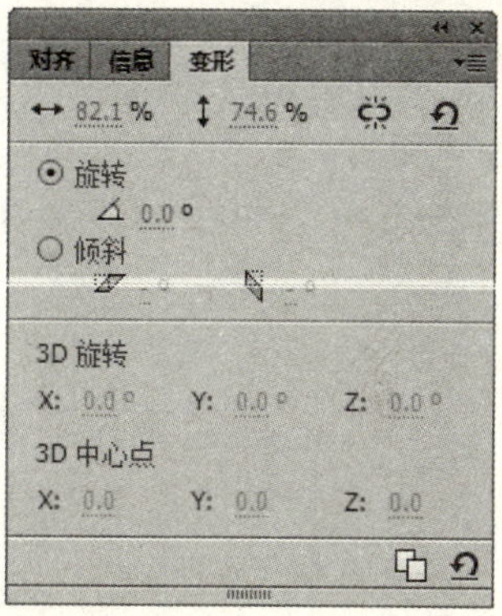

除了上述面板外，Flash CC 还有许多其他面板，如“动作”面板、“动画预设”面板、“代码片断”面板和“组件”面板等，其功能和特点在此不再逐一介绍。这些面板在“窗口”菜单中都可以找到，单击相应的命令即可将其打开。

10.2.6 场景和舞台

舞台是 Flash 创作的工作区域，是放置和编辑动画内容的区域，这些内容包括矢量插图、文本框、按钮、导入的位图图形或视频剪辑等，如下图所示。用户可以在整个场景中绘制或编辑图形，但是最终动画仅显示场景白色区域中内容，这个区域就是舞台。舞台之外的灰色区域称为工作区，在播放动画时不显示此区域。

10.3 Flash CC 基本操作

Flash CC 的基本操作包括如何新建文档、打开文档、保存和关闭文档，如何设置舞台场景，以及如何使用标尺、网格、辅助线等辅助工具，下面将对其进行详细介绍。

10.3.1 文档管理

下面将详细介绍如何对 Flash 文件进行管理，如新建文件、保存文件、打开文件及关闭文件等。

1. 新建文档

新建 Flash 文档是使用 Flash 进行工作的第一步，最常用的新建 Flash 文档的方法如下：

方法一：利用列表新建

启动 Flash CC，显示其初始界面，从中选择合适的文档类型，即可新建相应的文档，如下图（左）所示。

方法二：利用菜单新建

如果在制作过程中需要新建一个 Flash 文档，则单击“文件”|“新建”命令，弹出“新建文档”对话框，选择需要的文档类型，然后单击“确定”按钮即可，如下图（右）所示。

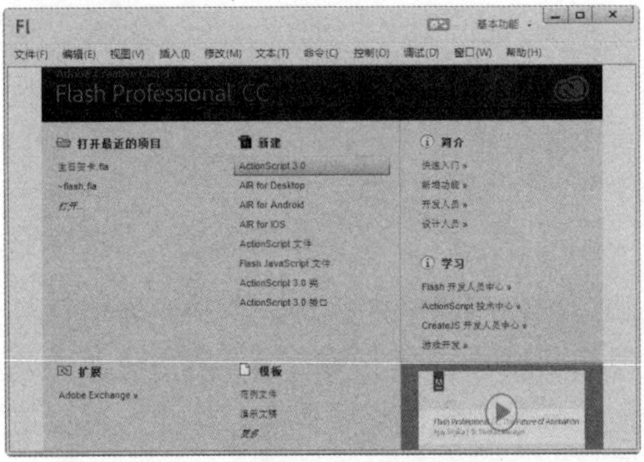

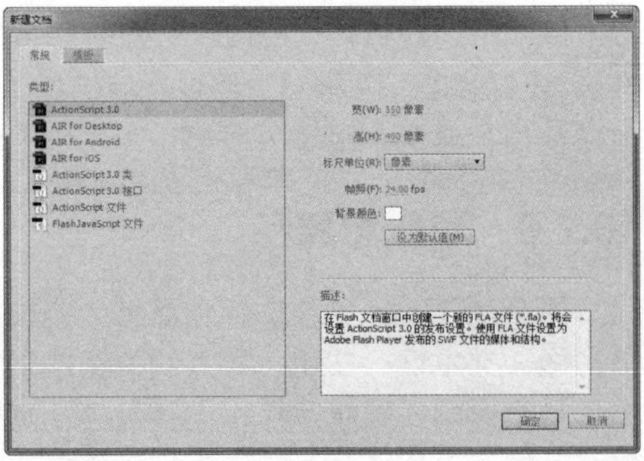

2. 保存文档

当动画制作完成后，需要对文件进行保存，通常有 4 种保存文件的方法，分别为保存文件、另存文件、另存为模板文件和全部保存文件，下面将分别对其进行介绍。

（1）保存文件

如果是第一次保存文件，可单击“文件”|“保存”命令，如下图（左）所示，弹出“另存为”对话框，其中有 2 种保存类型，如下图（右）所示。如果文件原来已经保存过，则直接单击“保存”命令或按【Ctrl+S】组合键即可。

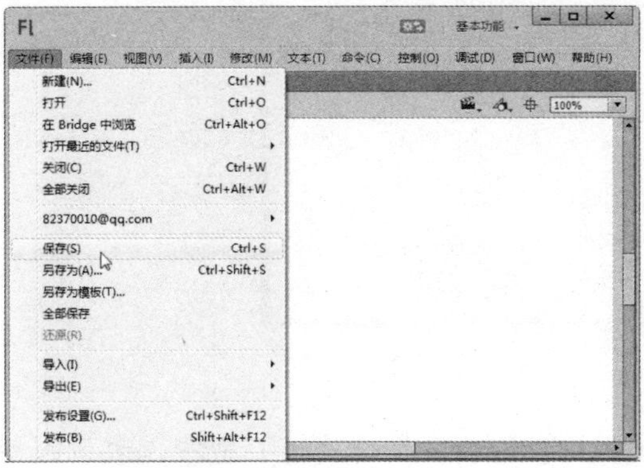

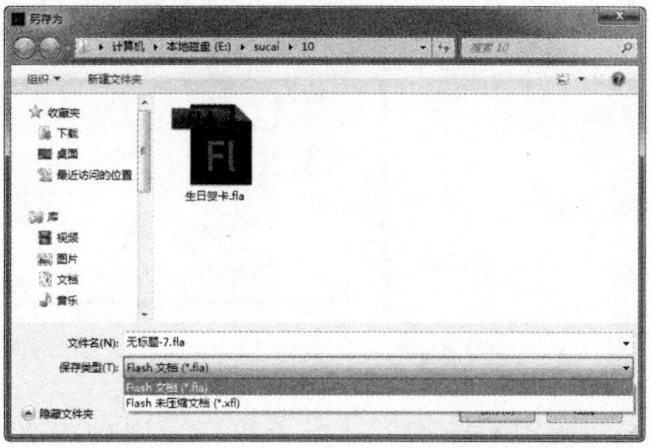

（2）另存文件

单击“文件”|“另存为”命令，可以将已经保存的文件以另一个名称或在另一个位置进行保存。在弹出的“另存为”对话框中可以对文件进行重命名，也可以修改保存类型，如下图（左）所示。

（3）另存为模板

单击“文件”|“另存为模板”命令或按【Ctrl+Shift+S】组合键，可以将文件保存为模板，这样就可以将该文件中的格式直接应用到其他文件中，从而形成统一的文件格式。

在弹出的“另存为模板”对话框中可以填写模板名称，选择其类别，对模板进行描述，如下图（右）所示。

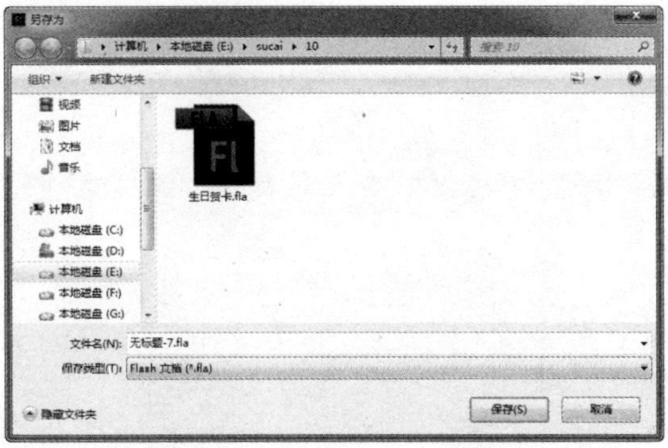

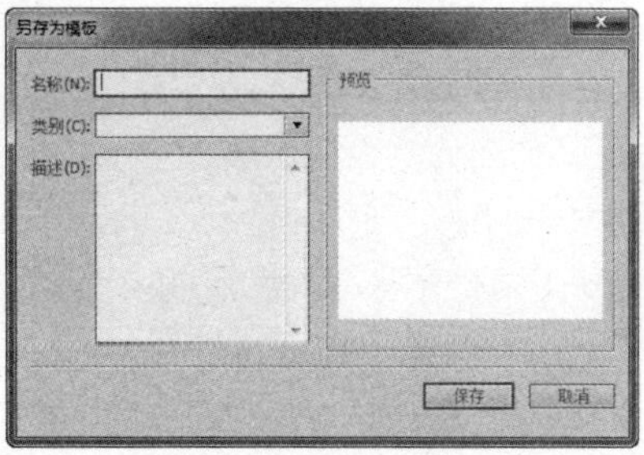

（4）全部保存

“全部保存”命令用于同时保存多个文档，若这些文档曾经保存过，单击该命令后系统会对所有打开的文档再次进行保存；若没有保存过，系统会弹出“另存为”对话框，然后逐个对其进行保存即可。

3．打开文档

单击“文件”|“打开”命令或按【Ctrl+O】组合键，弹出“打开”对话框。选择

要打开文件的路径，选中要打开的文件，然后单击“打开”按钮即可，如下图所示。

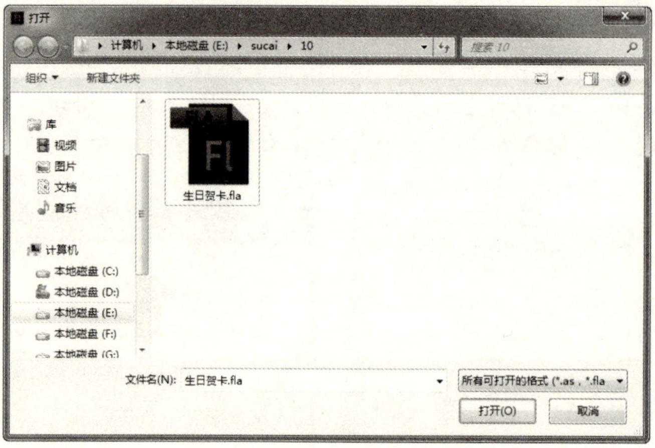

4. 关闭文档

关闭文件的方法有多种，可以利用菜单栏中的“文件“|“关闭”命令，也可以使用【Ctrl+W】组合键。除此之外，还可以单击界面右上角的 × 按钮直接关闭文档。

10.3.2 工作区操作

工作区是进行 Flash 影片创作的场所，其中包括菜单、场景和面板。用户可以根据自己的需要来显示工作面板和辅助功能，创建工作区。

1. 设置动画场景

新建文档后，需要根据制作的实际需要对文档的各项属性进行设置，以便制作动画，其工作窗口如下图所示。在窗口的右侧显示有“属性”面板，主要有 FPS（帧频）、大小、舞台（颜色）3 个选项。

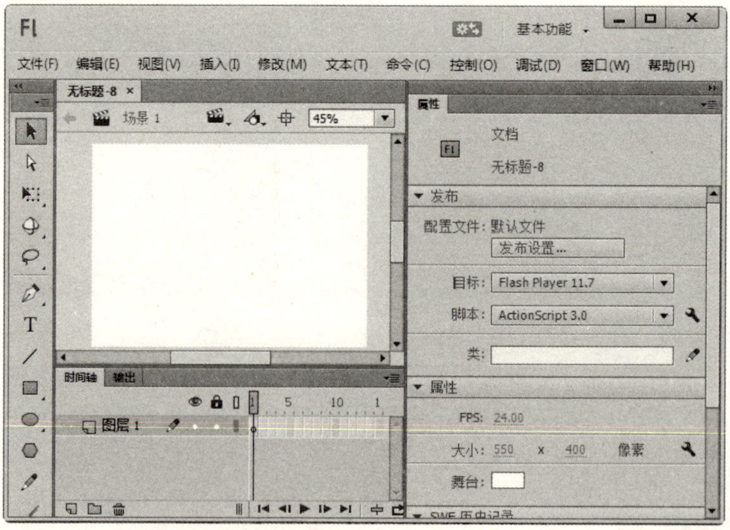

设置动画场景的具体操作方法如下：

01 单击“文档”命令 单击“修改”|“文档”命令，如下图所示。

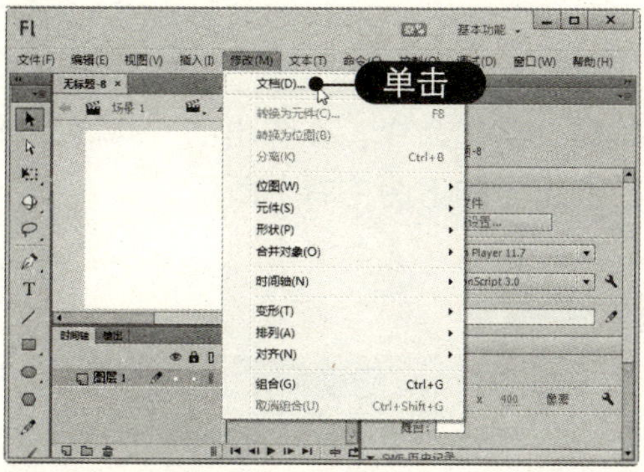

02 输入尺寸 弹出“文档设置”对话框，在“舞台大小”文本框中输入所需的尺寸，如下图所示。

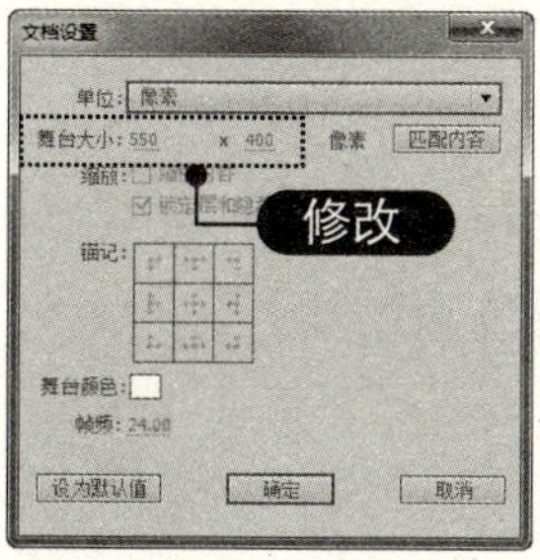

03 选择颜色 单击背景颜色块，在打开的面板中选择所需的颜色，如下图所示。

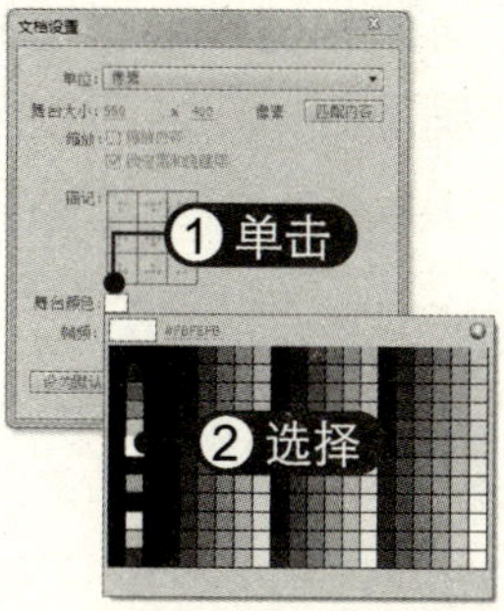

04 设置帧频 在“帧频”文本框中设置当前文档中动画的播放速度，然后单击“确定”按钮，如下图所示。

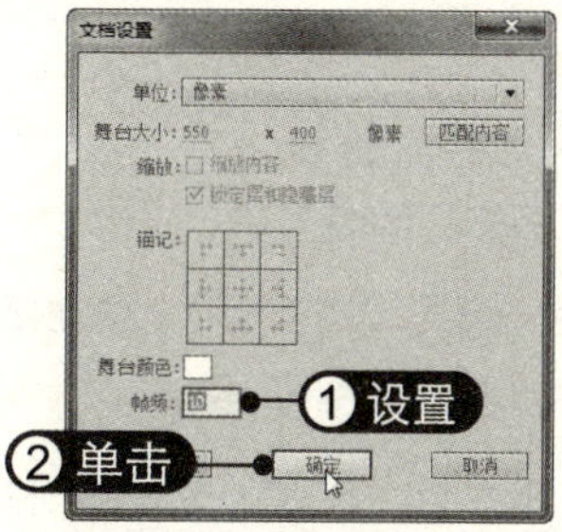

2. 使用标尺、网格和辅助线

在 Flash CC 中，标尺、网格和辅助线可以帮助用户精确地绘制对象。用户可以在文档中显示辅助线，然后使对象贴紧至辅助线；也可以显示网格，然后使对象贴紧至网格，这样可以大大提升设计师的工作效率和作品品质。

（1）使用标尺

在 Flash CC 中，若要显示标尺，可以单击“视图”|“标尺”命令或直接按【Ctrl+Alt+Shift+R】组合键，此时在舞台的上方和左侧将显示标尺，如下图（左）所示。另外，在舞台空白处右击，在弹出的快捷菜单中选择“标尺”命令，也可以将标尺显示出来，如下图（右）所示。

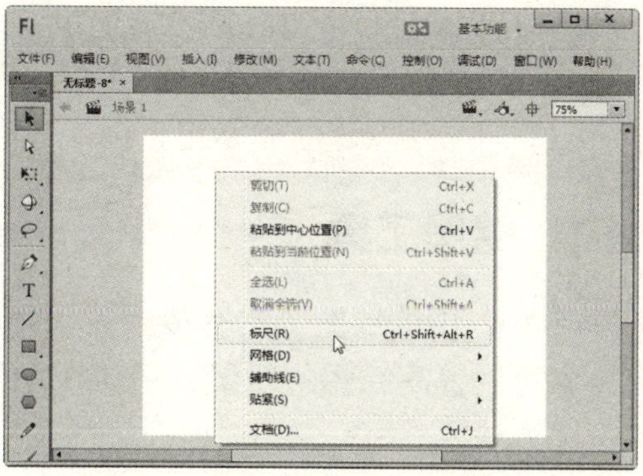

（2）使用网格线

单击“视图”|“网格”|“显示网格”命令或按【Ctrl+'】组合键，舞台中将会显示出网格线，如下图（左）所示。

另外，可以根据需要对网格线的颜色和大小进行修改，以及设置“贴紧至网格”及“贴紧精确度”。单击“视图”|“网格”|“编辑网格”命令，在弹出的“网格”对话框中进行相应的设置，然后单击“确定”按钮即可，如下图（右）所示。

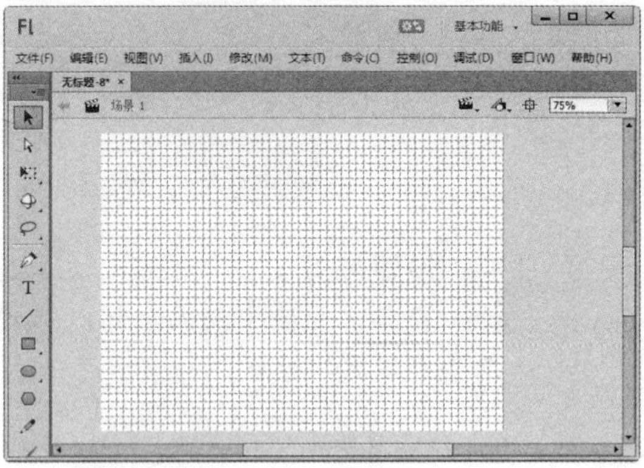

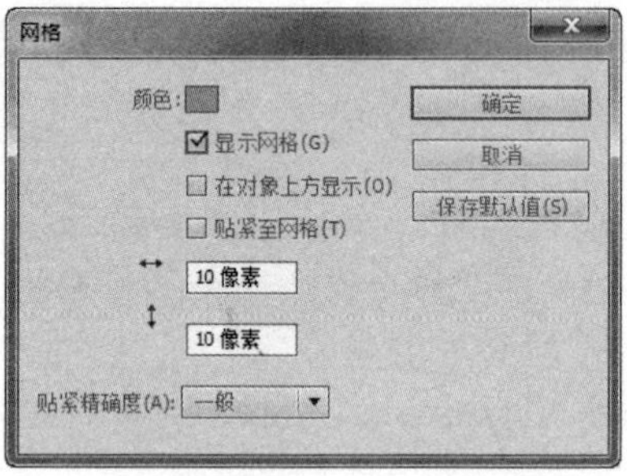

（3）使用辅助线

在显示标尺的情况下，将鼠标指针移至水平或垂直标尺上，单击鼠标时指针下方将会出现一个小三角，按住鼠标左键拖动，移至合适的位置后松开鼠标，即可创建出一条辅助线，如下图所示。

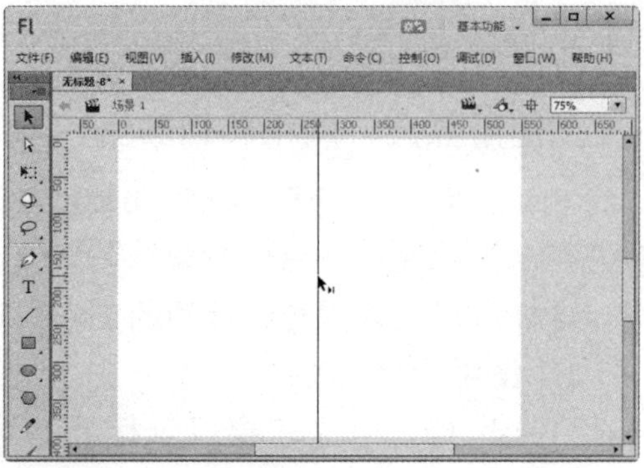

10.4 Flash CC 基本工具的使用

下面主要介绍图形的绘制与编辑、对象的选择和操作、颜色配置和图像填充，以及文本的输入等内容。通过运用这些知识，可以在舞台区域中设计和创作各种基本图形。熟练掌握这些工具的运用，对后期制作动画会起到至关重要的作用。

10.4.1 绘图工具

Flash CC 中的绘图工具有多个，其作用各不相同。在绘制图形时要选择合适的工具，不仅可以提高绘图的质量，还可以加快绘图的速度。下面将介绍绘图工具的使用及其设置方法。

1．线条工具

单击工具箱中的“线条工具”按钮，即可调用线条工具，具体操作方法如下：

01 选择工具 打开素材文件“线条工具.fla”，在工具箱中选择线条工具，如下图所示。

02 绘制线条 在舞台上按住鼠标左键并进行拖动，即可绘制线条，如下图所示。

03 选择线型 选中所绘制的线条，在“属性”面板的“样式”下拉列表框中选择合适的线型，效果如下图所示。

04 查看效果 拖动笔触滑块，调整线条粗细，效果如下图所示。

要更改线条颜色，可选中线条后，单击“笔触颜色”色块，在弹出的颜色面板中选择所需的颜色，如下图所示。

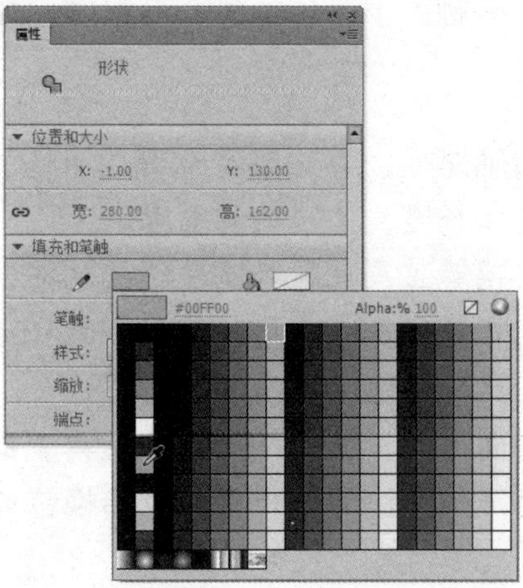

2. 铅笔工具

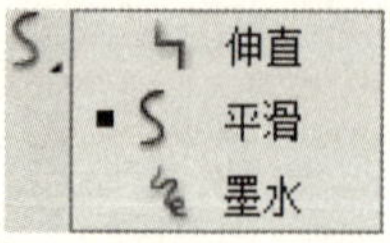

在 Flash 中，铅笔工具是一种功能很强的绘图工具，可以绘制任意形状的线条，选择工具箱中的铅笔工具，会出现“铅笔模式”附属工具选项，有 3 种模式可供选择，如右图所示，通过它可以选择所绘笔触的模式。

◎ **“伸直”模式**：在绘图的过程中使用此模式，会将线条转换成接近形状的直线，绘制的图形趋向平直、规整，如下图（左）所示。

◎ **“平滑”模式**：适用于绘制平滑图形，在绘制的过程中会自动将所绘图形的棱角去掉，转换成接近形状的平滑曲线，使绘制的图形趋于平滑、流畅，如下图（中）所示。

◎ **“墨水”模式**：可随意绘制各类线条，这种模式不对笔触进行任何修改，如下图（右）所示。

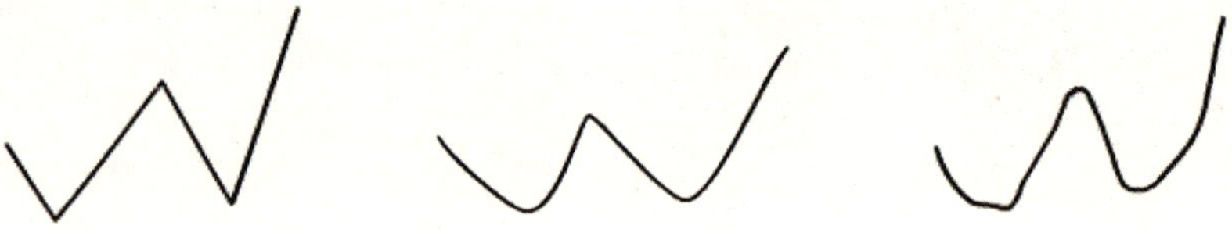

使用铅笔工具绘制图形的具体操作方法如下：

01 **绘制线条** 打开素材文件“铅笔工具.fla”，在工具箱中选择铅笔工具，选择“伸直”模式，绘制线条，如下图所示。

02 **绘制直线** 按住鼠标左键拖动，在舞台中绘制任意形状，线条会自动转换成直线，效果如下图所示。

若需要更改铅笔颜色、笔触大小、样式等，可以在“属性”面板中进行设置。

3. 钢笔工具

钢笔工具用于绘制精确路径、直线或者平滑、流畅的曲线，可以生成直线或曲线，还可以调节直线的角度和长度、曲线的倾斜度。

无论是钢笔工具具有与铅笔工具一样绘制曲线的功能，还是具有与线条工具一样绘制直线的功能，但钢笔工具并不能完全取代线条工具和铅笔工具，毕竟它在绘制直线和各种曲线时没有线条工具和铅笔工具方便。

在绘制一些要求很高的曲线时，最好使用钢笔工具。钢笔工具还可以对路径的锚点进行调整，通过添加锚点工具、删除锚点工具及转换锚点工具对路径进行选择和修改，具体操作方法如下：

01 绘制直线 打开素材文件“钢笔工具.fla”，在工具箱中选择钢笔工具，在舞台中单击鼠标左键，移动鼠标在另一位置单击鼠标左键，即可绘制直线，如下图所示。

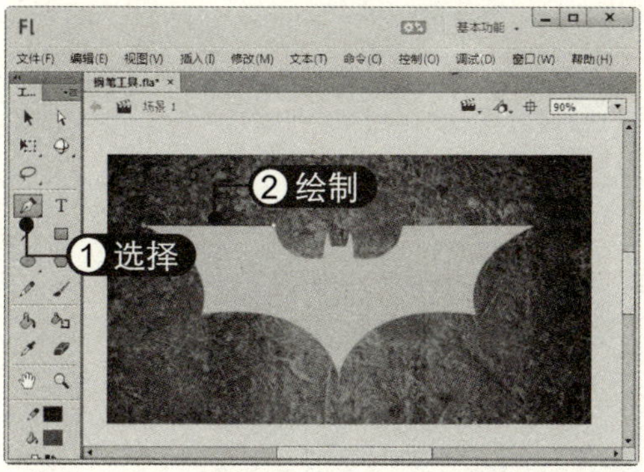

02 绘制曲线 在下一处单击且拖动鼠标，即可绘制曲线，效果如下图所示。若要更改为绘制直线，可在上一点单击鼠标左键。

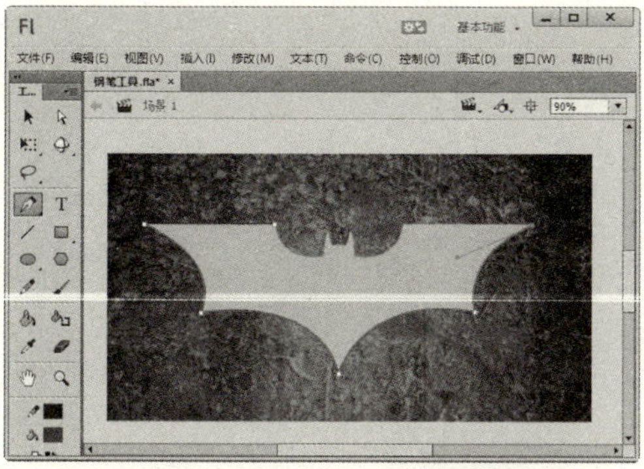

03 闭合路径 当鼠标指针与第一点重合时会出现，单击鼠标左键即可闭合路径，效果如下图所示。

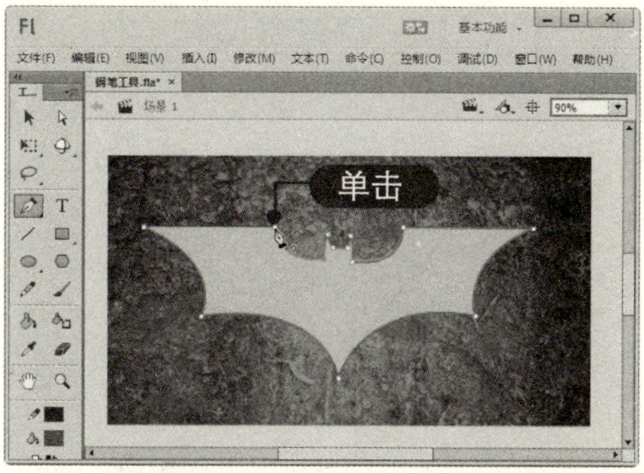

04 编辑路径 使用钢笔工具组中的添加锚点工具、删除锚点工具及转换锚点工具对路径进行选择和修改，效果如下图所示。

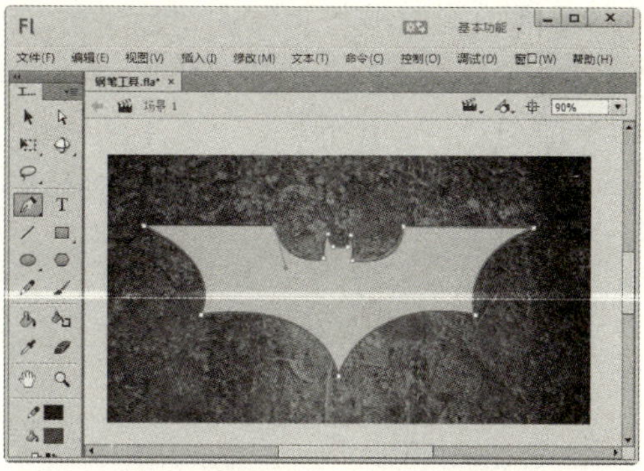

4. 矩形工具和基本矩形工具

使用基本矩形工具绘制的图形为对象，其基本操作方法与矩形工具相同。但使用基本矩形工具绘制图形后，还可以在“属性”面板中进行调整。

（1）矩形工具

在工具箱中单击矩形工具按钮，即可调用该工具。在调用矩形工具后，将鼠标指针置于舞台中，指针变为十字形状，单击并拖动鼠标即可以单击处为一个角点绘制一个矩形，如下图（左）所示。

按住【Shift】键的同时拖动鼠标，可以绘制出正方形；按住【Alt】键的同时拖动鼠标，可以单击处为中心进行绘制；按住【Shift+Alt】组合键的同时拖动鼠标，则可以单击处为中心绘制正方形，如下图（右）所示。

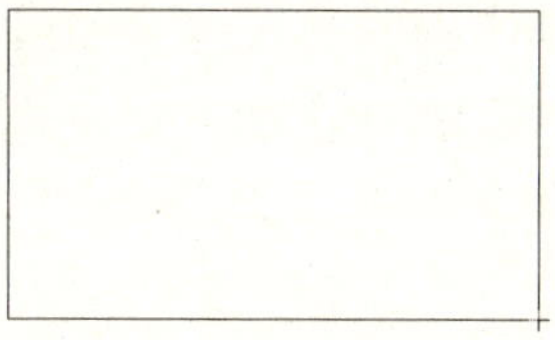

在绘制矩形前，可以对矩形工具的参数进行设置，以绘制出自己需要的图形。例如，在“属性”对话框中设置矩形工具的填充和笔触样式，在“矩形选项”选项区中单击锁定按钮以取消锁定，并分别设置各边角的半径，如下图（左）所示。在舞台中拖动鼠标绘制矩形，效果如下图（右）所示。

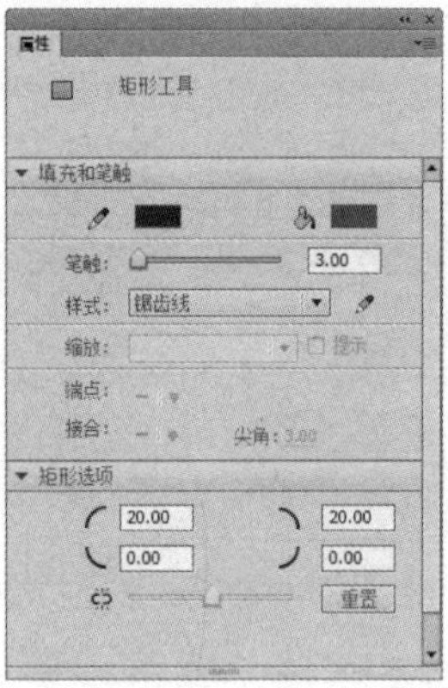

（2）基本矩形工具

使用基本矩形工具绘制的图形为对象，其基本操作方法与矩形工具相同。但使用基本矩形工具绘制的矩形，其四角将会出现 4 个圆形的按制点。使用选择工具或“属性”面板，可以调整矩形的边角半径。

使用基本矩形工具绘制矩形，如下图（左）所示。在“属性”面板中设置该矩形的边角半径，效果如下图（右）所示。

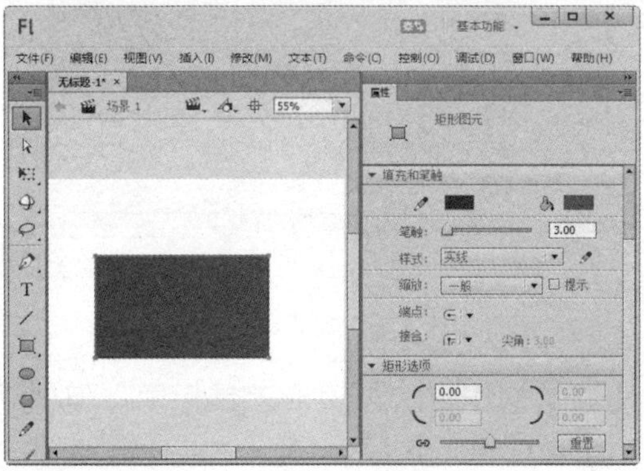

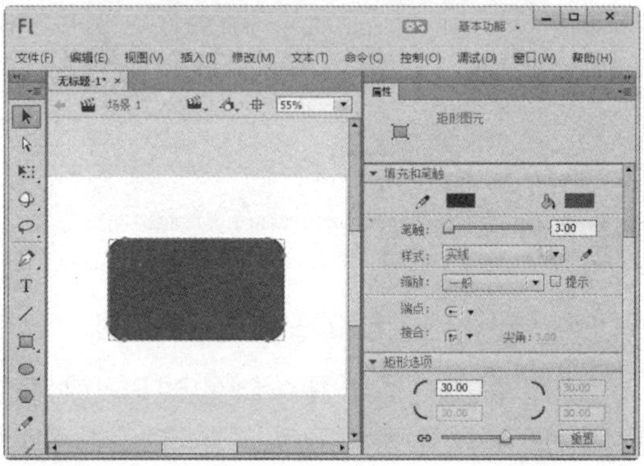

5. 椭圆工具

椭圆工具可用于绘制椭圆和正圆，其操作步骤与矩形工具相似，所不同的是，在“椭圆工具”属性面板中可以设置椭圆的开始角度、结束角度、内径等。

在工具箱中单击椭圆工具按钮，即可调用该工具。在调用椭圆工具后，将鼠标指针置于舞台中，指针变为十字形状，单击并拖动鼠标即可绘制一个椭圆，如下图（左）所示。

按住【Shift】键的同时拖动鼠标，可以绘制出正圆；按住【Alt】键的同时拖动鼠标，可以单击处为中心进行绘制椭圆；按住【Shift+Alt】组合键的同时拖动鼠标，则可以单击处为中心绘制正圆，如下图（右）所示。

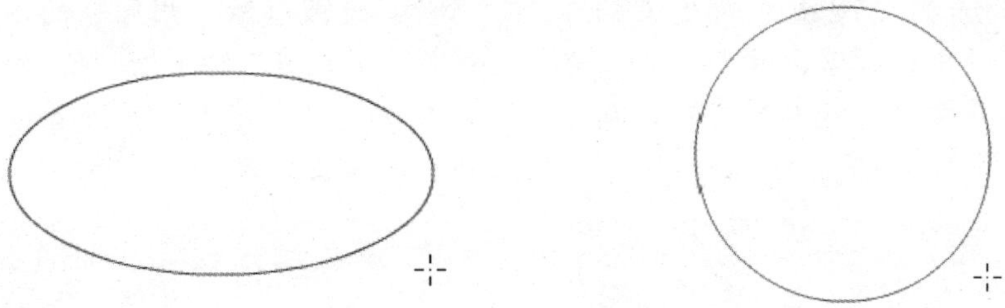

在绘制椭圆之前，可以在属性面板中设置相关属性，效果如下图所示。

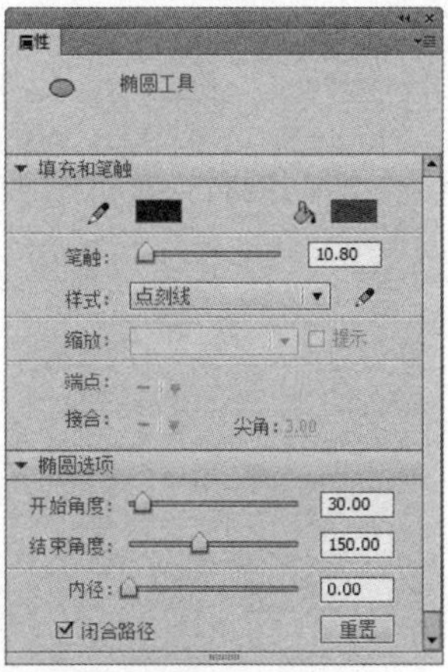

（2）基本椭圆工具

使用基本椭圆工具绘制的图形为对象，其基本操作方法与椭圆工具相同。但使用基本椭圆工具绘制图形后，可以使用选择工具或在“属性”面板中对椭圆形状进行调整，而椭圆工具不可以。

使用基本椭圆工具绘制椭圆，如下图（左）所示。在“属性”面板中设置该椭圆的开始角度、结束角度及内径大小，效果如下图（右）所示。

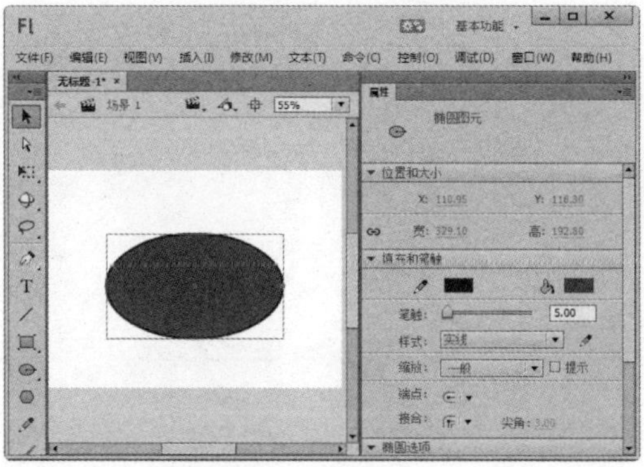

6. 多角星形工具

使用多角星形工具可以绘制多边形和星形工具，并且可以在“属性”面板中设置多边形和星形的边数，以及星形顶点的大小，具体操作方法如下：

01 单击"选项"按钮 新建文档，在工具箱中选择多角星形工具，在"属性"面板中单击"选项"按钮，如下图所示。

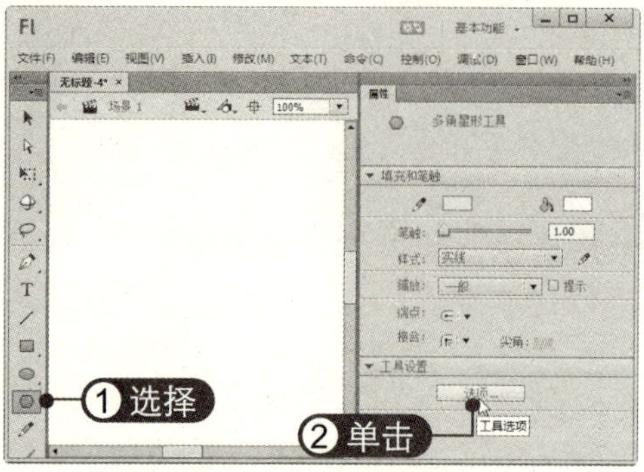

02 设置参数 弹出"工具设置"对话框，在"样式"下拉列表框中选择"多边形"选项，设置边数，单击"确定"按钮，如下图所示。

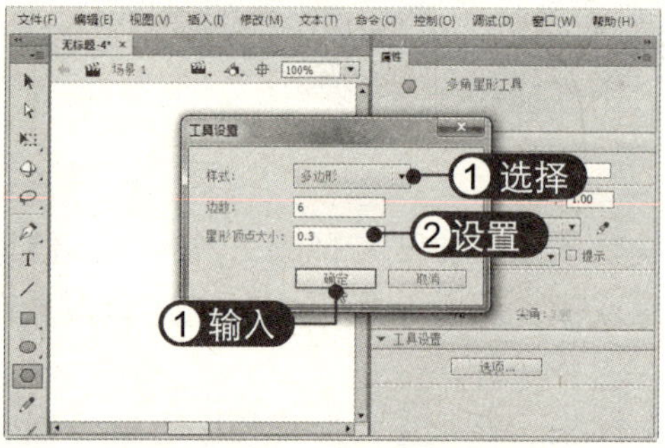

03 绘制多边形 在舞台中拖动鼠标绘制多边形，在"属性"面板中设置其笔触大小、颜色等属性，效果如下图所示。

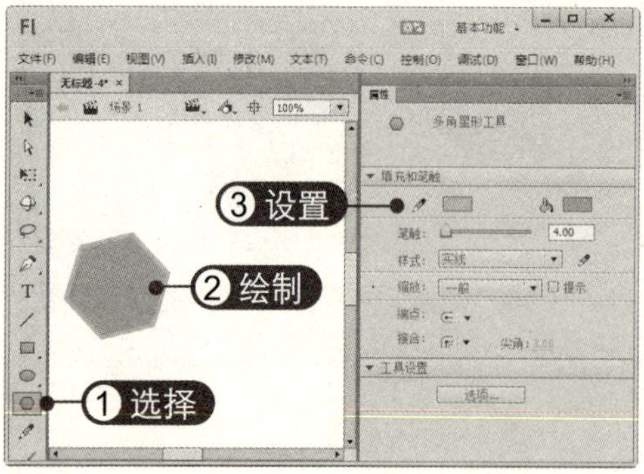

04 设置参数 用同样的方法打开"工具设置"对话框，在"样式"下拉列表框中选择"星形"，设置边数和顶点大小，如下图所示。

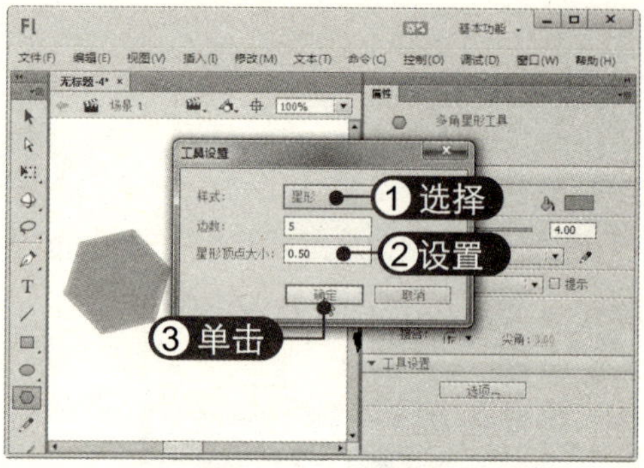

05 绘制星形 在舞台中拖动鼠标绘制星形，如下图所示。

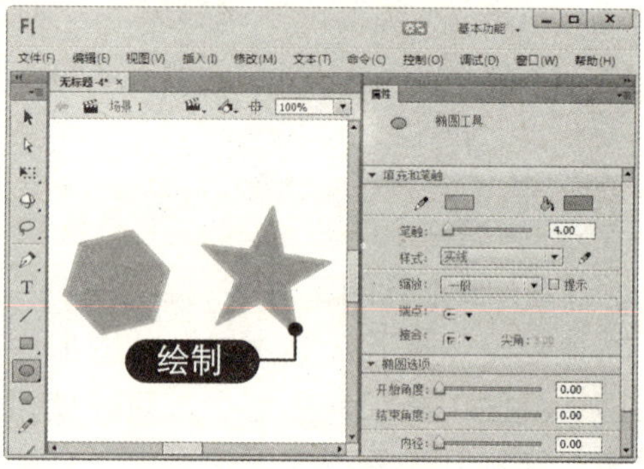

06 编辑星形 在"属性"面板中更改星形的线条样式，效果如下图所示。

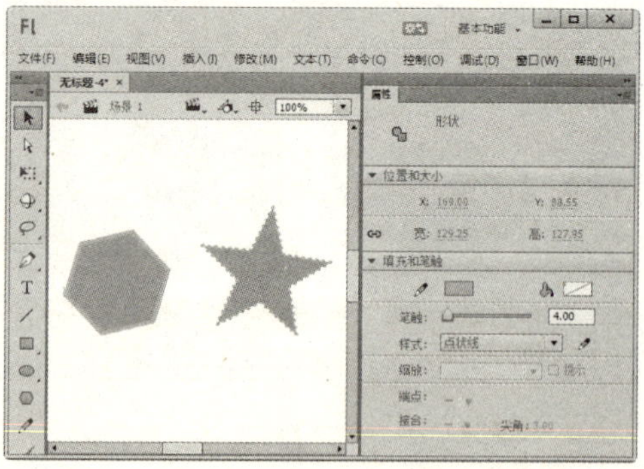

7. 刷子工具

使用刷子工具进行绘画，可以随意地画出色块，就像使用真正的画笔一样，可以使用多种类型的刷子形状和模式生成多种特殊效果，可以在工具"选项"中选择相应的刷子模式、大小和形状，如下图所示。

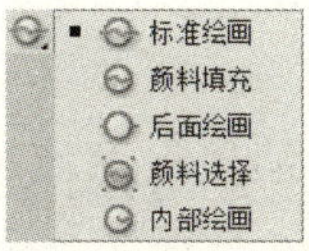

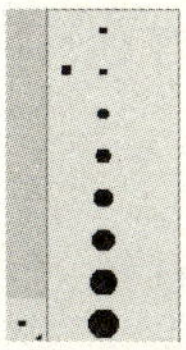

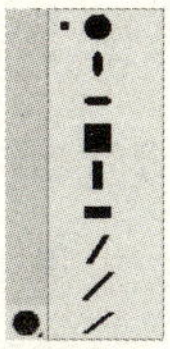

刷子工具是在影片中进行大面积上色时使用的。虽然利用颜料桶工具也可以给图形设置填充色，但它只能给封闭的图形上色，而使用刷子工具则可以给任意区域和图形进行颜色的填充。刷子工具多用于对填充目标的填充精度要求不高的场合，使用起来非常灵活。

刷子工具 5 种绘画模式的效果分别如下图所示。

标准绘画　颜料填充　后面绘画　颜料选择　内部绘画

◎ **标准绘画**：直接在线条和填充区域上涂抹。

◎ **颜料填充**：它只影响填色的内容，不会遮住线条。

◎ **后面绘画**：在图形上绘画时只会在图形的后面，不会影响前面的图像。

◎ **颜料选择**：使用选择工具选择图形的一部分区域，再使用刷子工具绘制。

◎ **内部绘画**：在绘画时，画笔的起始点必须是在轮廓线以内，而且画布的范围也只作用在轮廓线以内。

10.4.2 选取工具

使用 Flash CC 进行绘图时，通常需要选择将要处理的对象，然后对这些对象进行处理，这时就要用到选取工具。选取工具包括选择工具、部分选取工具、套索工具和橡皮擦工具。

1. 选择工具

选择工具用于选择或移动直线、图形、元件等一个或多个对象，也可以通过拖动一些未选定的直线、图形、端点或曲线来改变直线或图形的形状，操作方法如下：

01 选中对象 打开素材文件“选择工具.fla”，选择选择工具，在舞台中单击对象即可选中相应的目标，如下图所示。

02 移动对象 在选择的对象上按住鼠标左键并拖动，即可移动所选的对象，如下图所示。

在 Flash CC 中，若想选择多个对象，可以用鼠标直接框选全部对象，也可以先选择一个对象，再按住【Shift】键的同时选择其他对象。

2. 部分选取工具

使用部分选取工具可以选取并移动对象，除此之外还可以通过它对图形进行变形等处理。当某一对象被部分选取工具选中后，它的图像轮廓上将出现很多空白的方块，单击其中一个或多个点，空白方块变成实心方块，表示该点已被选中，此时即可移动或删除选中的方块，具体操作方法如下：

01 选中对象 新建文档，绘制对象，选择部分选择工具，在对象上单击鼠标左键，即可选中对象，此时对象上出现了多个锚点，如下图所示。

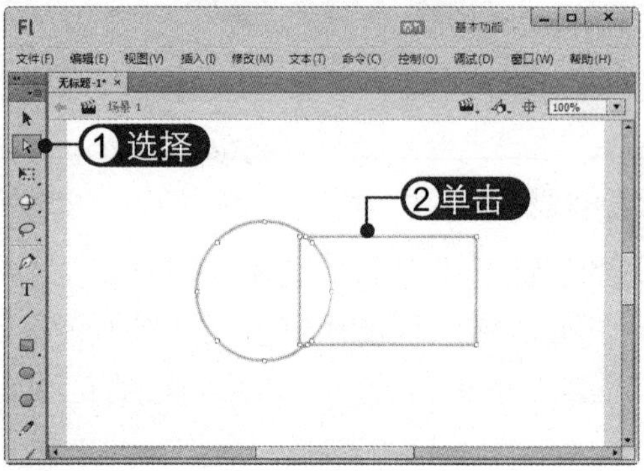

02 拖动锚点 单击锚点即可将锚点选中，同时出现该锚点的切线方向，拖动调节柄可调整曲度，拖动锚点即可调整其位置，如下图所示。

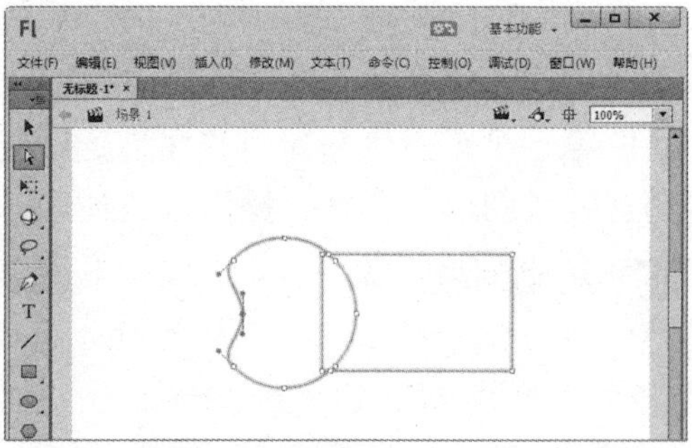

03 选择锚点 若想选择多个锚点，可以先选中一个锚点，然后按住【Shift】键的同时单击其他需要选中的锚点，如下图所示。

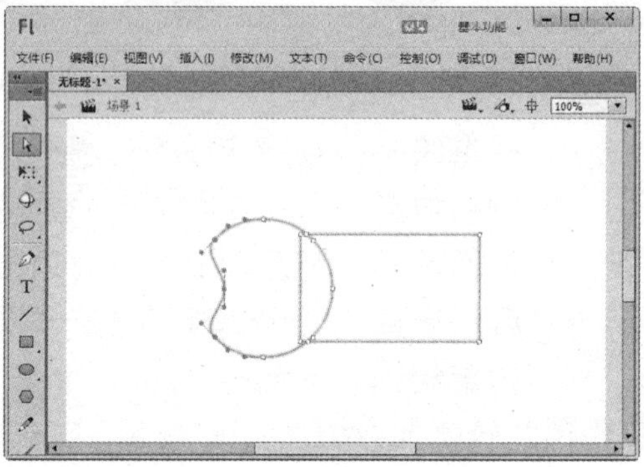

04 删除锚点 若想删除锚点，可以选择一个或多个锚点，直接按【Delete】键即可，效果如下图所示。

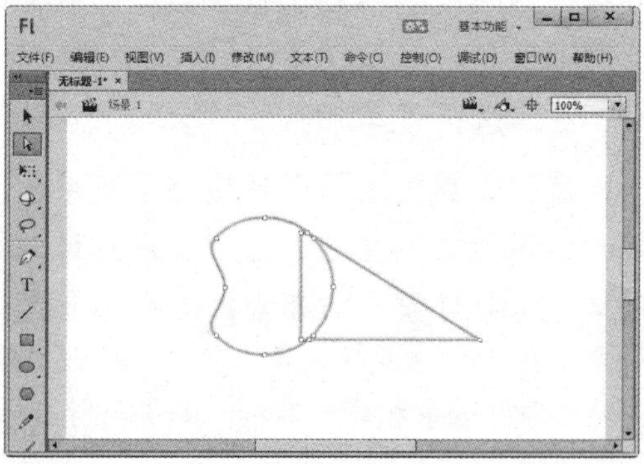

3. 套索工具

使用套索工具可以自由选定要选择对象，无论是规则或不规则的。单击套索工具后出现 3 个附属工具选项，如右图所示。

使用套索工具的具体操作方法如下：

01 分离图像 打开素材文件“套索工具.fla”，按【Ctrl+B】组合键，将位图图像分离成形状，效果如下图所示。

02 选取对象 选择套索工具，在图片中按住鼠标左键并拖动进行选取，效果如下图所示。

03 选择工具 选择套索工具组中的魔术棒工具，在图像中单击鼠标左键，即可将鼠标指针处颜色相近的区域选中，如下图所示。

04 选择多边形区域 选择多边形模式工具，可以选择由多条直线段组成的多边形区域，效果如下图所示。

4．橡皮擦工具

橡皮擦工具可以用于擦除图形的外部轮廓和内部颜色。橡皮擦工具有多种擦除模式，如可以设置为只擦除图形的外部轮廓和侧部颜色，也可以定义只擦除图形对象的某一部分的内容，用户可以在实际操作时根据具体情况设置不同的擦除模式。

在工具箱中选择橡皮擦工具，在工具箱中的最底部会出现一些附加选项，包括橡皮擦模式、水龙头、橡皮擦形状。

橡皮擦模式用于擦除区域，包括“标准擦除”、“擦除填色”、“擦除线条”、“擦除所选填充”和“内部擦除”5个选项。

◎ **标准擦除**：用于擦除同一层上的笔触和填充区域。

◎ **擦除填色**：只擦除填充区域，不影响笔触。

◎ **擦除线条**：只擦除笔触，不影响填充区域。

◎ **擦除所选填充**：只擦除当前选定的填充区域，而不影响笔触。

◎ **内部擦除**：只擦除橡皮擦笔触开始处的填充，如果从空白点开始擦除，则不会擦除任何内容，以这种模式使用橡皮擦并不影响笔触。

使用水龙头工具可以直接清除所选取的区域，使用时只需单击鼠标左键就可以擦除笔触或填充区域。

使用橡皮擦形状可以设置橡皮擦的形状，以进行精确的擦除。

01 **选择工具** 打开素材文件“橡皮擦工具.fla”，按【Ctrl+B】组合键将位图图像分离成形状，选择橡皮擦工具，如下图所示。

02 **涂抹图像** 按住鼠标左键在对象上进行移动涂抹，效果如下图所示。

10.4.3 颜色设置工具

在 Flash 工具箱中，颜色设置工具包括颜料桶工具、墨水瓶工具与滴管工具，下面将分别对其使用方法进行介绍。

1. 颜料桶工具

颜料桶工具是用于填充封闭区域的，它既能填充一个空白区域，又能改变已着色区域的颜色，可以使用纯色、渐变色和位图填充，甚至可以用颜料桶工具对一个未完全封闭的区域进行填充。

在工具箱中选择颜料桶工具，单击工具箱中的“空隙大小”按钮，在弹出的菜单中可以设置填充的属性，其中包括“不封闭空隙”、“封闭小空隙”、封闭中等空隙“和封闭大空隙”4 个选项，如下图所示。

◎ **不封闭空隙**：在使用颜料桶工具填充颜色前，Flash 不会自行封闭所选区域的任何空隙，也就是说所选区域的所有未封闭的曲线内将不会被填色。

◎ **封闭小空隙**：在使用颜料桶工具填充颜色前，会自行封闭所选区域的小空隙。也就是说若所填充区域不是完全封闭的，但是空隙很小，则 Flash 会近似地将其判断为完全封闭而进行填充。

◎ **封闭中等空隙**：在使用颜料桶工具填充颜色前，会自行封闭所选区域的中等空隙，也就是说若所填充区域不是完全封闭的，但是空隙大小中等，则 Flash 会近似地将其判断为完全封闭而进行填充。

◎ **封闭大空隙**：在使用颜料桶工具填充颜色前，会自行封闭所选区域的大空隙。也就是说，若所填充区域不是完全封闭的，而且空隙尺寸比较大，则 Flash 会近似地将其判断为完全封闭而进行填充。

01 选择“不封闭空隙”模式 打开素材文件“颜料桶工具.fla”，选择颜料桶工具，选择“不封闭空隙”模式，在内圆中单击鼠标左键，效果如下图所示。

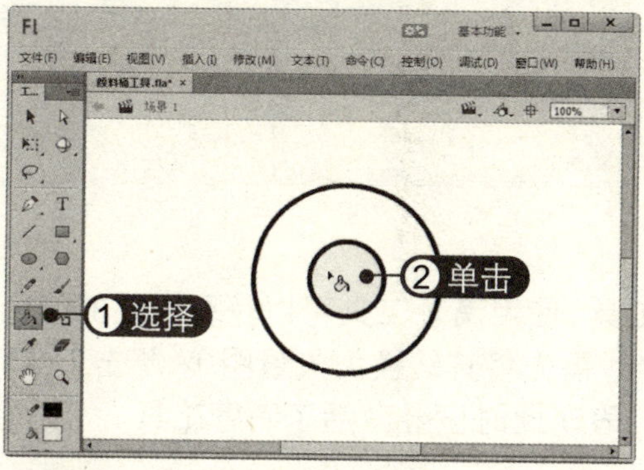

02 选择“封闭中等空隙”模式 选择颜料桶工具，选择“封闭中等空隙”模式，在外圆中单击鼠标左键，效果如下图所示。

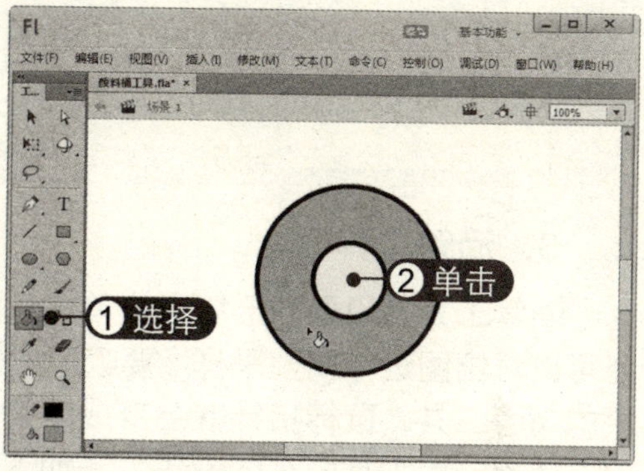

知识加油站

所选区域的空隙不不能太大，否则即使选择“封闭大空隙”选项也不能填充。

2. 墨水瓶工具

墨水瓶工具用于在绘图中更改线条和轮廓的颜色。它不仅能够在选定图形的轮廓线上加上规定的线条，还能在选中线条情况下改变线条的粗细、颜色和线型等属性，还可以给打散后的文字和图形添加轮廓线，但是墨水瓶工具本身不能在舞台中绘制线条，只能对已有线条进行修改。使用墨水瓶工具更改图形颜色的具体操作方法如下：

01 选择颜色 打开素材文件“墨水瓶工具.fla”，选择“工具”面板中的墨水瓶工具，在“颜色”面板中选择需要的笔触颜色，如下图所示。

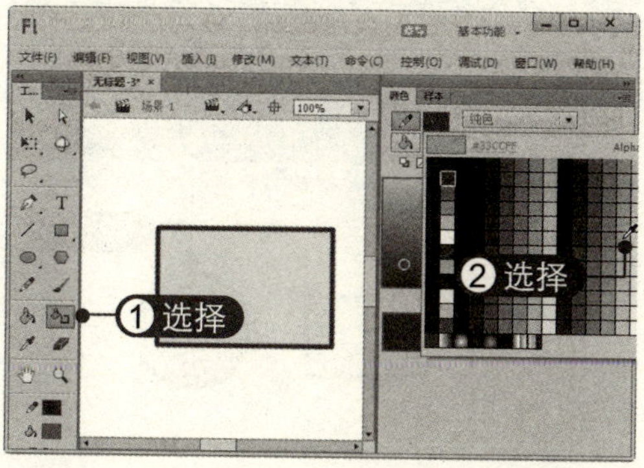

02 更改颜色 在矩形线条上单击鼠标左键，即可更改矩形线条颜色，如下图所示。

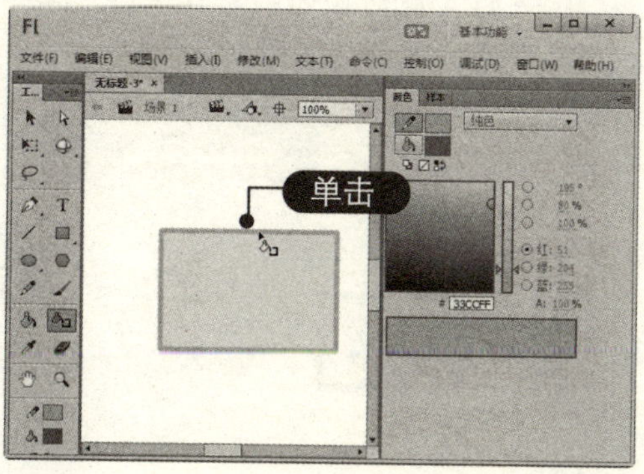

03 设置笔触的大小 在选择墨水瓶工具的情况下，在“属性”面板中设置笔触的大小，如下图所示。

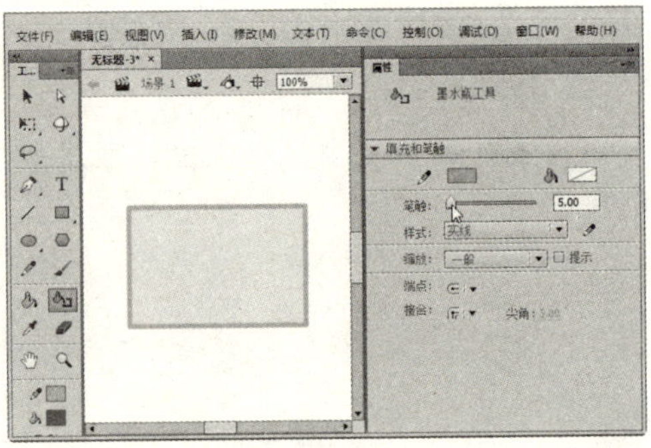

04 更改线条粗细 在矩形的线条上单击即可更改线条粗细，效果如下图所示。

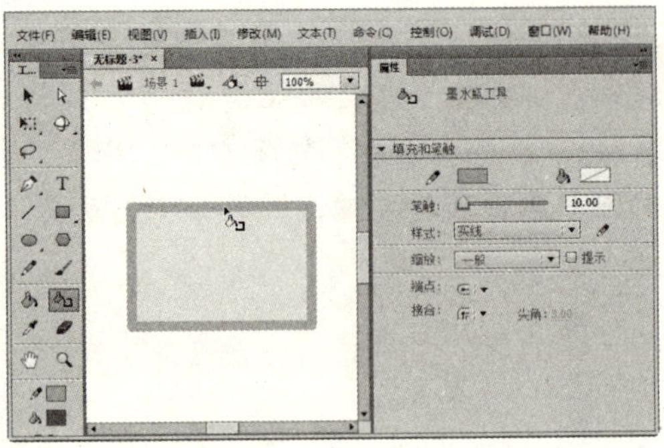

3. 滴管工具

滴管工具是吸取图形填充或笔触属性的工具。使用滴管工具可以获取需要的颜色，还可以对位图进行属性采样（要吸取位图颜色，需先将其转换为矢量图）。单击工具箱中的滴管工具，鼠标指针就会变成滴管形状，表明此时已经激活了滴管工具。

使用滴管工具的具体操作方法如下：

01 吸取填充颜色 打开素材文件“滴管工具.fla”，选中需要填充的图形，选择滴管工具，将鼠标指针移到被吸取颜色的矩形上时，鼠标指针变成形状，如下图所示。

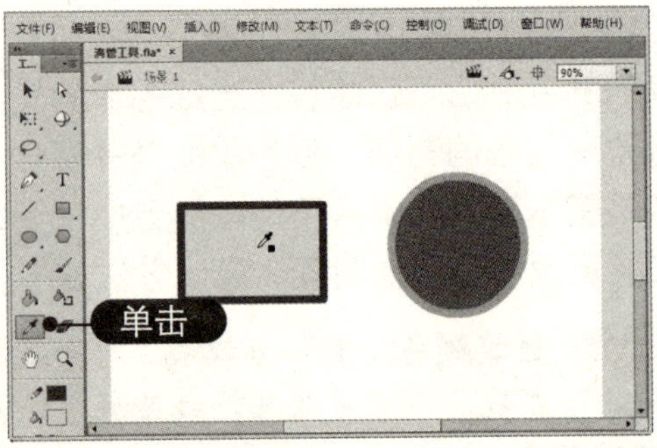

02 应用填充颜色 在矩形中单击鼠标左键，此时圆形即可填充上与矩形相同的颜色，效果如下图所示。

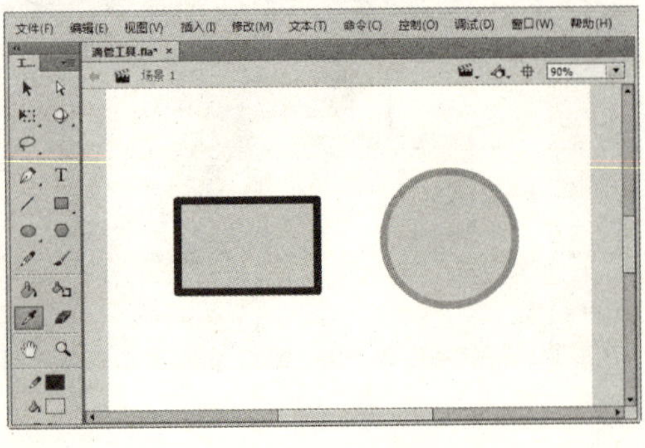

03 吸取笔触颜色 使用滴管工具在矩形的线条上单击吸取其笔触颜色，如下图所示。

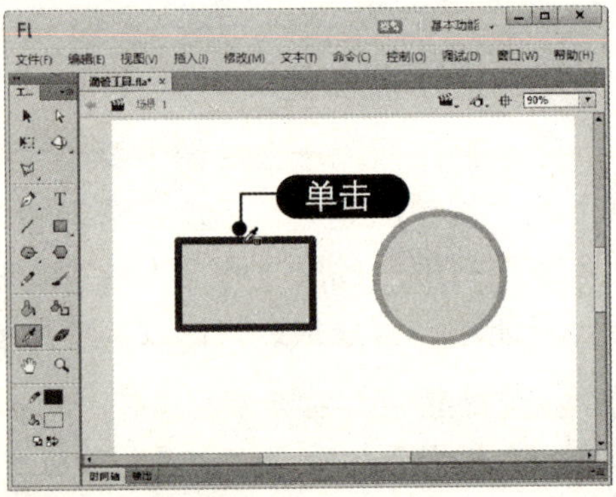

04 应用笔触颜色 此时滴管工具转换为墨水瓶工具，在圆形线条上单击即可应用笔触颜色，如下图所示。

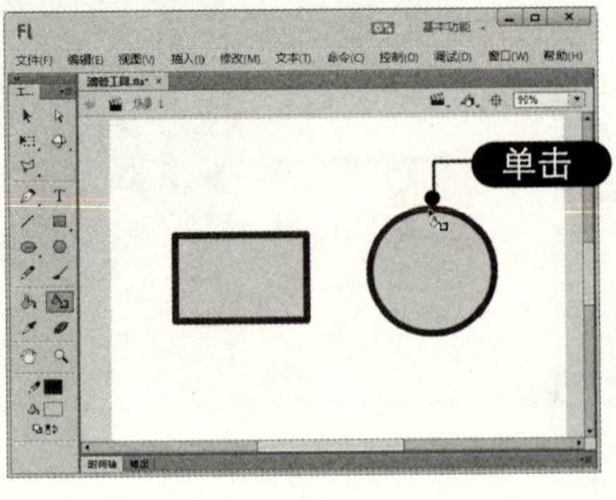

10.4.4 文本工具

在 Flash 中添加文本的方式有多种，包括静态文本、动态文本和输入文本。在舞台上既可以对文本的位置进行精确的定位，也可以随意拖动文本的位置。除了可以准确地添加文本外，也要掌握编辑文本的方法和技巧，这样在后面的动画制作中才能得心应手。

1. 创建静态文本

静态文本就是在动画播放阶段不能改变和编辑的文本，它是一种普通的文本。在静态文本框中可以创建静横排文本和竖排文本，具体操作方法如下：

01 设置文本属性 打开素材文件“静态文本.fla”，选择文本工具T，在“属性”面板的“文本类型”下拉列表中选择“静态文本”选项，并设置字体样式、大小等参数，如下图所示。

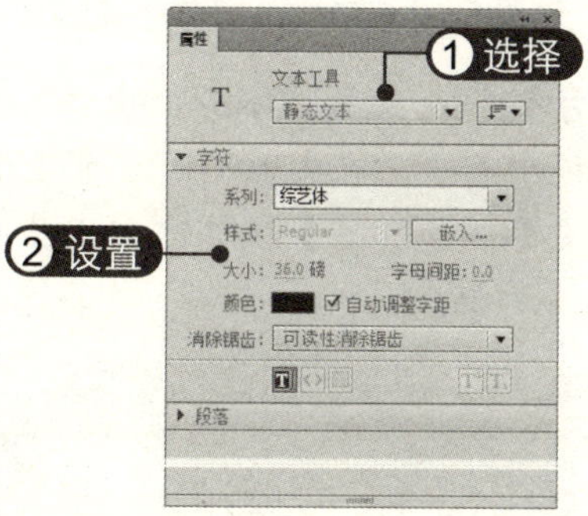

02 输入文本 在图像上单击创建文本框，输入所需的文本，效果如下图所示。

03 添加滤镜 除了可以在“属性”面板中设置字体样式、大小外，还可以添加滤镜效果。单击“添加滤镜”按钮+▾，在弹出的下拉列表中选择“投影”选项，如下图所示。

04 添加投影效果 设置投影参数，查看投影效果，如下图所示。

2. 创建动态文本

动态文本包含外部源（如文本文件、XML 文件及远程 Web 服务）加载的内容。动态文本足够强大，但并不完美，只允许动态显示，不允许动态输入。

创建动态文本的方法如下：

01 选择“动态文本”选项 打开素材文件“动态文本.fla”，选择文本工具T，在“属性”面板的“文本类型”下拉列表中选择“动态文本”选项，如下图所示。

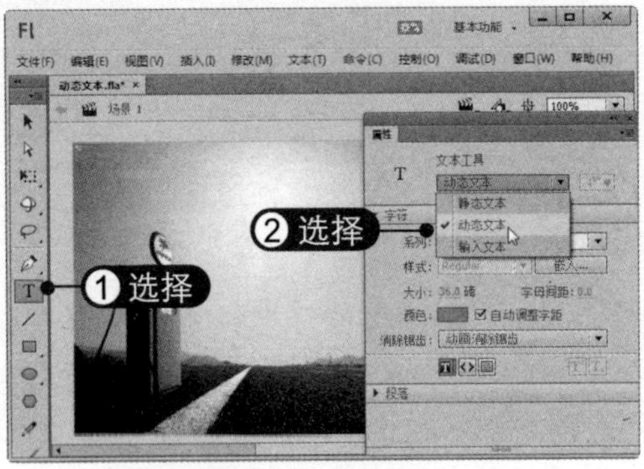

02 输入文本 拖动鼠标绘制动态文本框，输入所需的文本，效果如下图所示。

3. 创建输入文本

输入文本指输入任何文本或可以编辑的动态文本。创建输入文本的操作方法如下：

01 选择“输入文本”选项 打开素材文件“输入文本.fla”，选择文本工具，在“属性”面板的“文本类型”下拉列表中选择“输入文本”选项，如下图所示。

02 绘制文本框 在舞台中按住鼠标左键并拖动，绘制输入文本框，如下图所示。

03 显示边框 选择文本框，在“属性”面板中单击“在文本周围显示边框”按钮▣，按【Ctrl+Enter】组合键测试动画，效果如下图所示。

04 选择使用字体 单击“消除锯齿”下拉按钮，在弹出的下拉列表中选择“使用设备字体”选项，如下图所示。

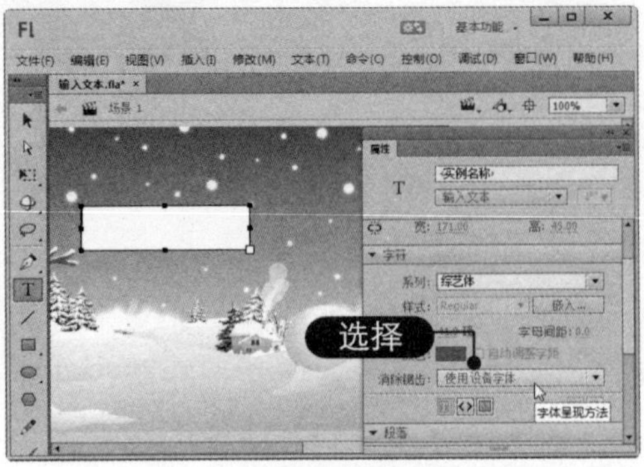

05 测试动画 按【Ctrl+Enter】组合键，测试动画。打开发布的 SWF 文件，如下图所示。

06 输入文本 在文本框中输入所需的文本，效果如下图所示。

Chapter 11

使用元件、实例与库

元件是存放在库中可以重复使用的图形、按钮或动画，将元件在从库中取出并拖放到舞台中，就生成了该元件的一个实例，真正在舞台上表演的是实例。而在“库”面板中就可以对文档中的图像、声音与视频等资源进行统一的管理。本章将详细介绍元件、实例和库在动画制作中的使用方法。

本章要点

- 创建、编辑与使用元件
- 实例的创建与编辑
- “库”的使用

知识等级

网页制作初级读者

建议学时

建议学习时间为 40 分钟

11.1 创建、编辑与使用元件

元件是可以重复使用的图形、动画或按钮，它是 Flash 中一个非常重要的组成部分。通过使用元件可以有效地提高动画制作的工作效率，下面将详细介绍元件的分类、创建与编辑。

11.1.1 元件的创建

在 Flash CC 中，按照功能和类型的不同，元件可以分为图形、影片剪辑和按钮三种类型。

1. 图形元件的创建

图形元件通常用于存放静态图像，也能用于创建链接到主时间轴的可重用动画片段，图形元件与主时间轴同步运行。

（1）创建图形元件

创建图形元件的具体操作方法如下：

01 导入文件 单击“文件”|“新建”命令，新建一个文件并将其保存。单击“文件”|“导入”|“导入到舞台”命令，如下图所示。

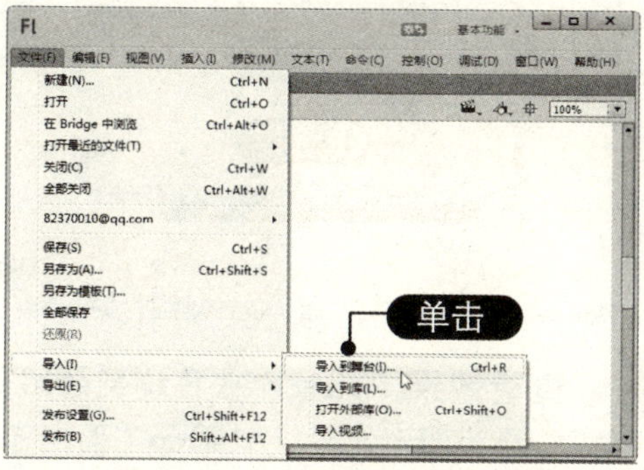

02 选择图像 弹出“导入”对话框，选择要导入的图像，然后单击“打开”按钮，如下图所示。

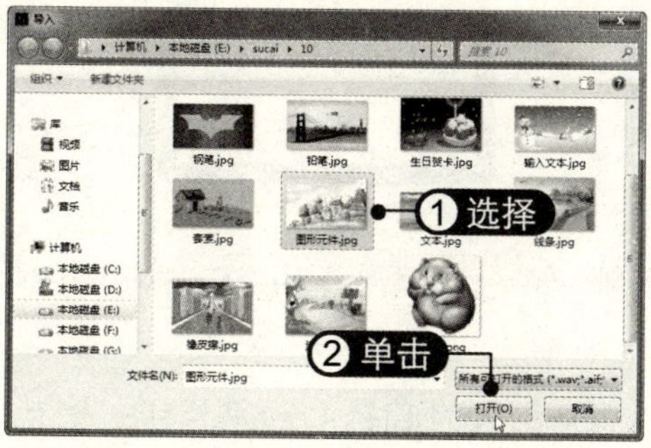

03 选择“图形”选项 按【Ctrl+F8】组合键，弹出“创建新元件”对话框。在“类型”下拉列表中选择“图形”选项，然后单击“确定”按钮，如下图所示。

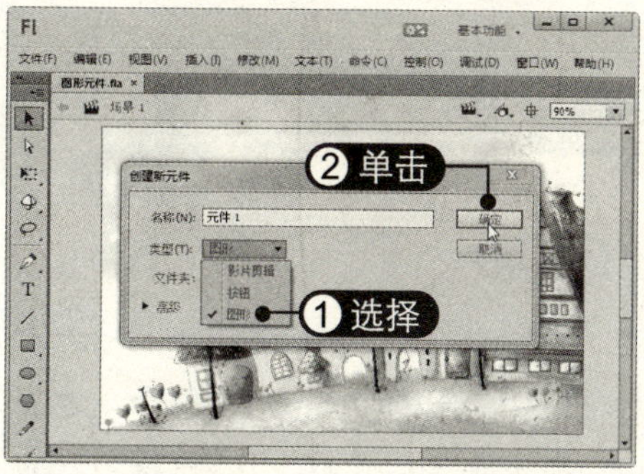

04 绘制图形 进入元件编辑状态，选择多角星形工具，绘制图形，并设置相关属性，如下图所示。

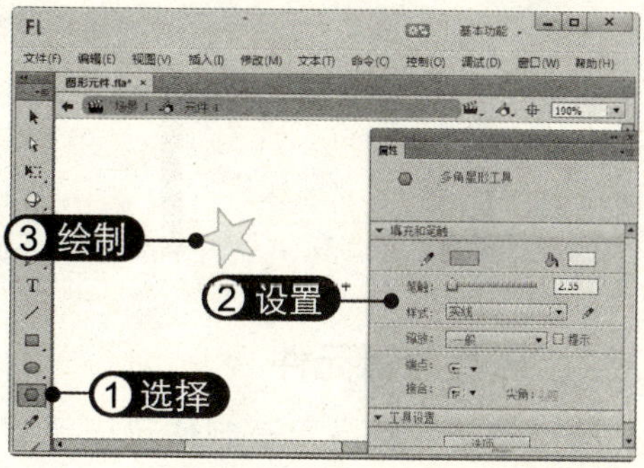

05 拖动元件 单击“场景 1”图标返回场景，在“库”面板中将“元件 1”拖至舞台中，效果如下图所示。

06 查看效果 用同样的方法在“库”面板拖动多个星形，并在“属性”面板中设置大小，效果如下图所示。

（2）将对象转换为图形元件

用户可以将舞台中的对象转换为图形元件，具体操作方法如下：

01 绘制对象 单击“文件”|“新建”命令，新建文档，选择“矩形工具”，在舞台中绘制图形，使用选择工具双击选中整个圆形，如下图所示。

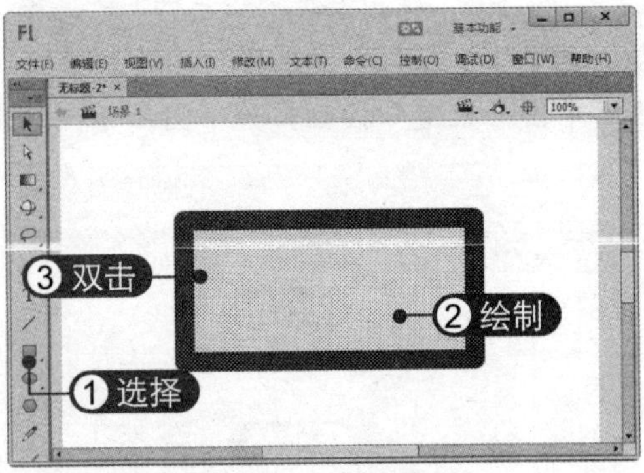

02 单击“转换为元件”命令 在菜单栏中单击“修改”|“转换为元件”命令，如下图所示。

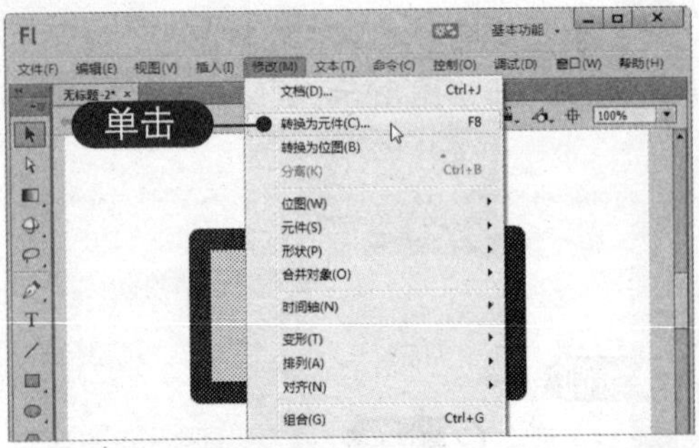

03 选择“图形”选项 弹出“转换为元件”对话框，在“类型”下拉列表中选择“图形”选项，单击“确定”按钮，如下图所示。

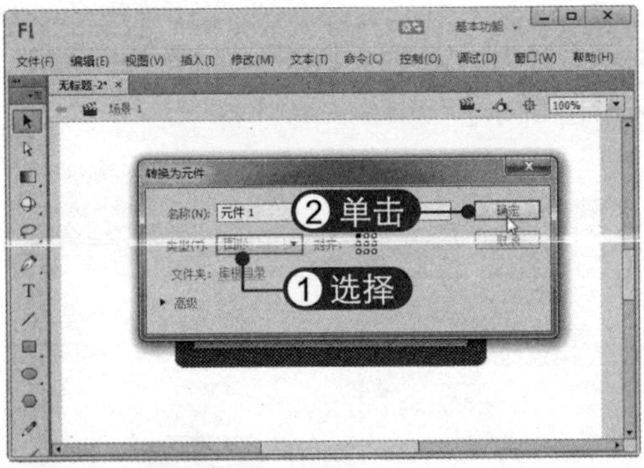

04 查看效果 此时即可将绘制的图形转换为图形元件，效果如下图所示。

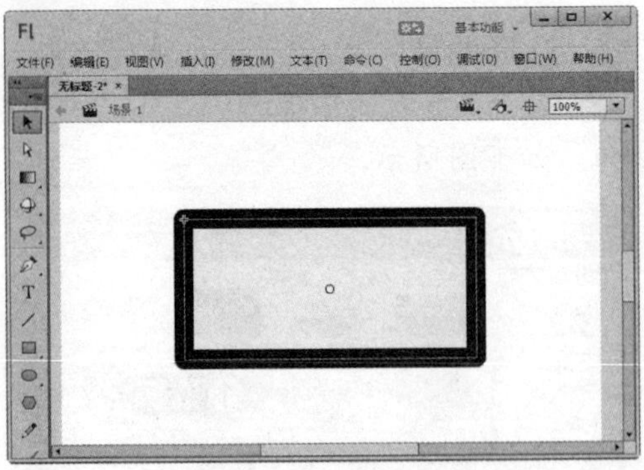

2. 影片剪辑元件

影片剪辑元件是用于制作可以重复使用的独立于影片时间轴的动画片段。影片剪辑元件可以包括交互式控制、声音以及其他影片剪辑的实例，也可以把影片剪辑实例放在按钮元件的时间轴中，以创建动画。创建影片剪辑元件的具体操作方法如下：

01 单击“新建元件”命令 打开素材文件“按钮影片剪辑.fla”，单击“插入”|“新建元件”命令，如下图所示。

02 设置参数 弹出“创建新元件”对话框，在“名称”文本框中输入“水豚”，在“类型”下拉列表中选择“影片剪辑”选项，单击“确定”按钮，如下图所示。

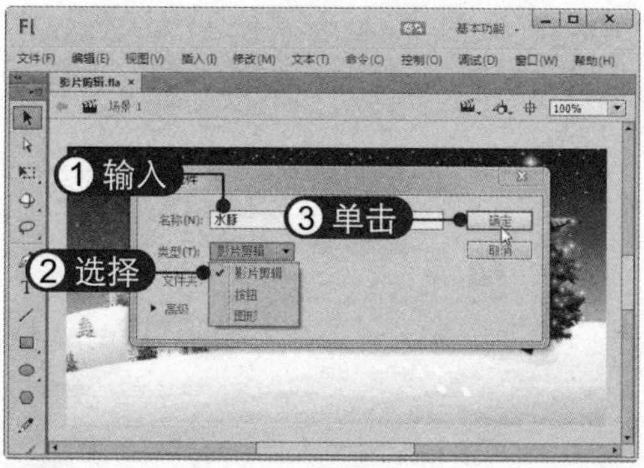

03 打开文件 此时进入元件编辑状态，单击“文件”|“打开”命令，如下图所示。

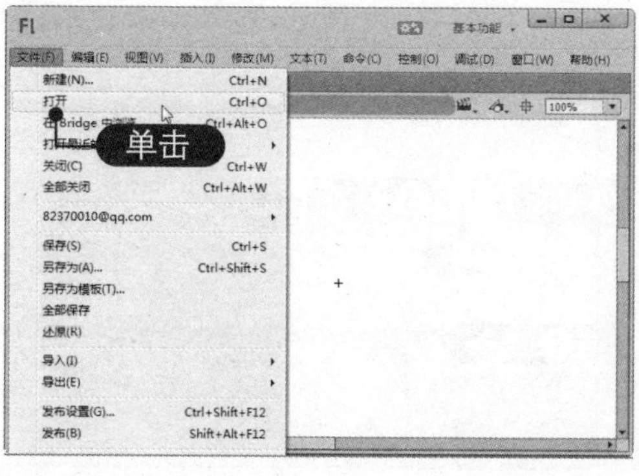

04 选择文件 弹出“打开”对话框，选择要打开的文件，然后单击“打开”按钮，如下图所示。

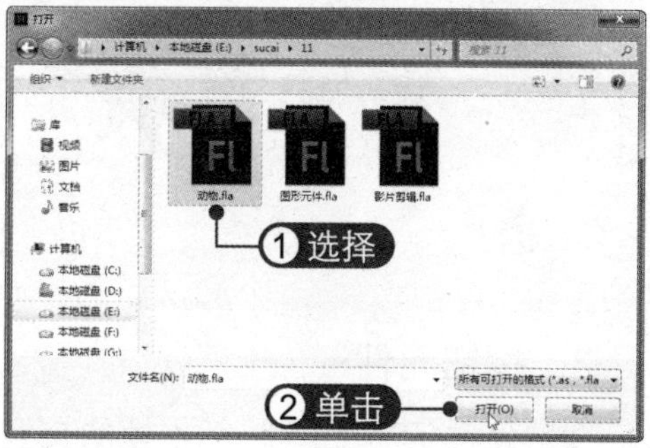

05 复制帧 在打开的“动物.fla”素材文件中选中图层中的所有帧并右击，选择“复制帧”命令，如下图所示。

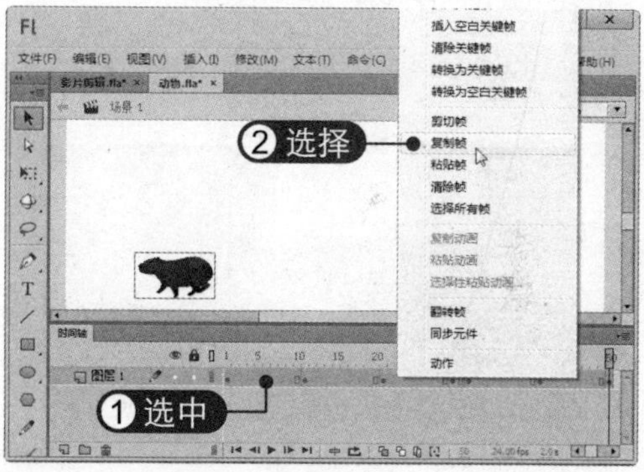

06 粘贴帧 切换到“影片剪辑.fla”文件窗口中，在“时间轴”面板中右击第1帧，选择“粘贴帧”命令，如下图所示。

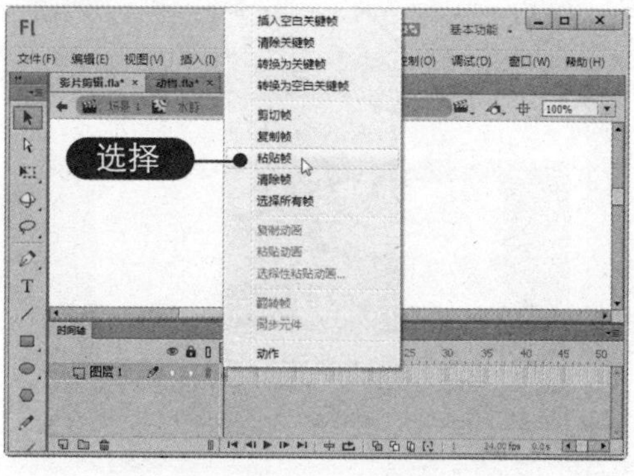

07 拖动元件 单击“场景 1”图标返回场景，在“库”面板中将“水豚”影片剪辑元件拖至舞台中，如下图所示。

08 预览影片 选择任意变形工具，调整实例的大小，按【Ctrl+Enter】组合键预览影片，如下图所示。

3. 按钮元件

按钮元件实质上是一个 4 帧的交互影片剪辑，可以根据按钮出现的每一种状态显示不同的图像、相应鼠标动作和执行指定的行为，可以通过在 4 帧时间轴上创建关键帧指定不同的按钮状态。创建按钮元件的具体操作方法如下：

01 单击“新建元件”命令 打开素材文件“按钮元件.fla”，单击“插入”|“新建元件”命令，如下图所示。

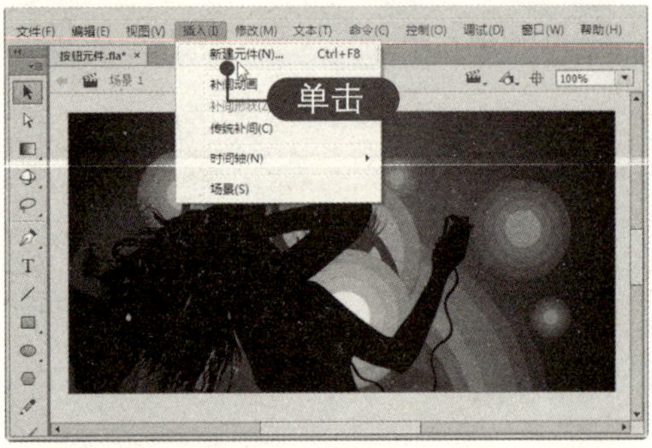

02 选择“按钮”选项 弹出“创建新元件”对话框，在“名称”文板框中输入“按钮”，在“类型”下拉列表中选择“按钮”选项，单击“确定”按钮，如下图所示。

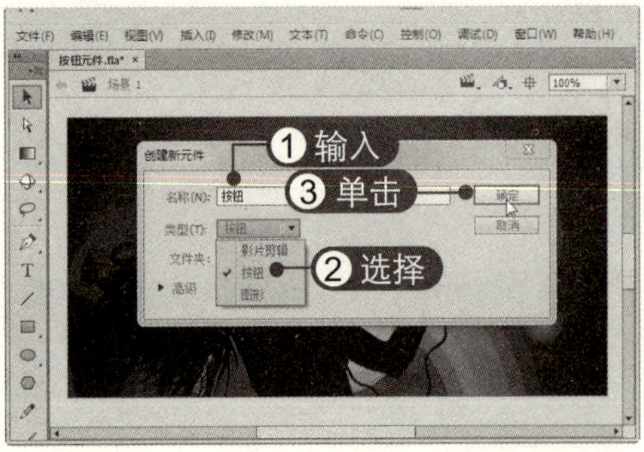

03 绘制圆角矩形 在“弹起”帧下绘制一个圆角矩形，并设置径向填充，如下图所示。

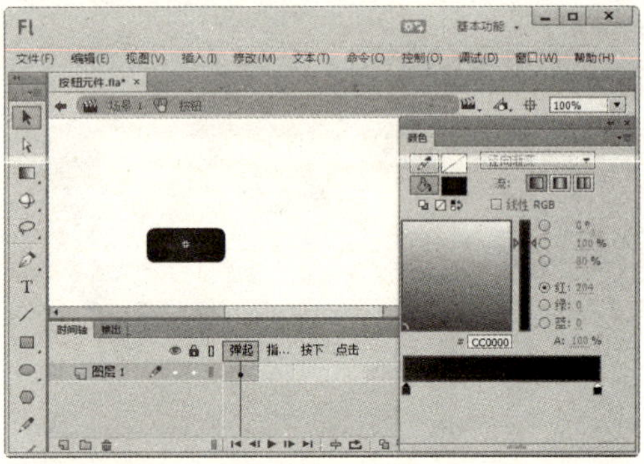

04 输入文本 选择文本工具，输入所需的文本，在“属性”面板中设置相关参数，如下图所示。

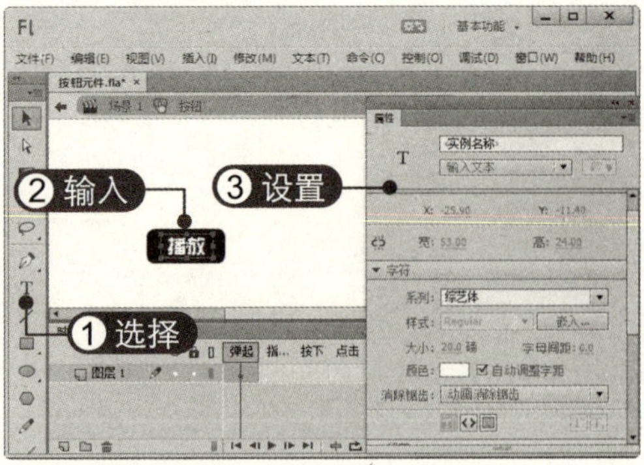

05 制作"指针"帧 在"指针"帧中按【F6】键插入关键帧，并在"颜色"面板中更改颜色，效果如下图所示。

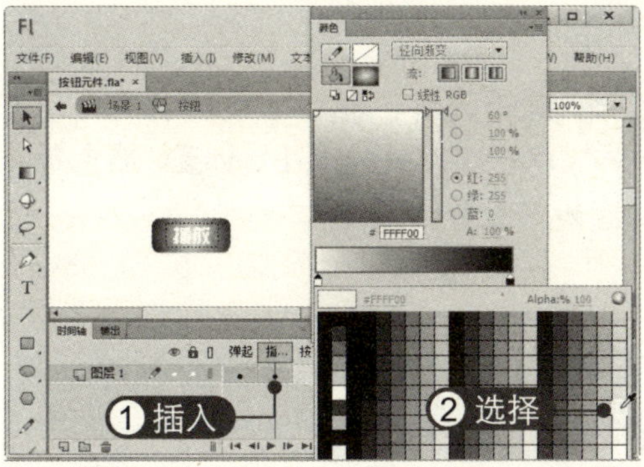

06 制作"按下"帧 在"按下"帧中按【F6】键插入关键帧，并在"颜色"面板中更改颜色，效果如下图所示。

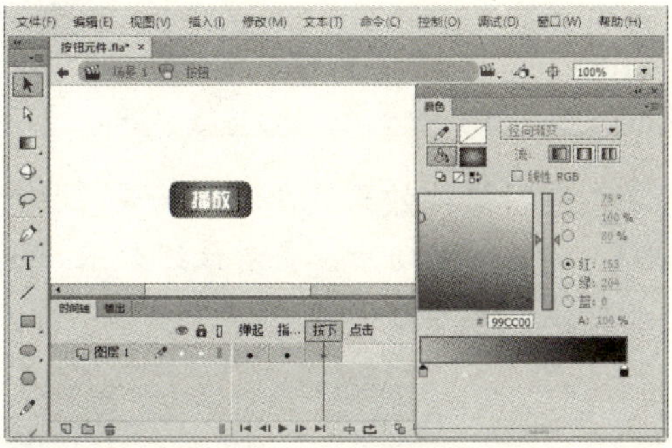

07 制作"点击"帧 在"点击"帧下按【F6】键插入关键帧，并在"颜色"面板中更改颜色，效果如下图所示。

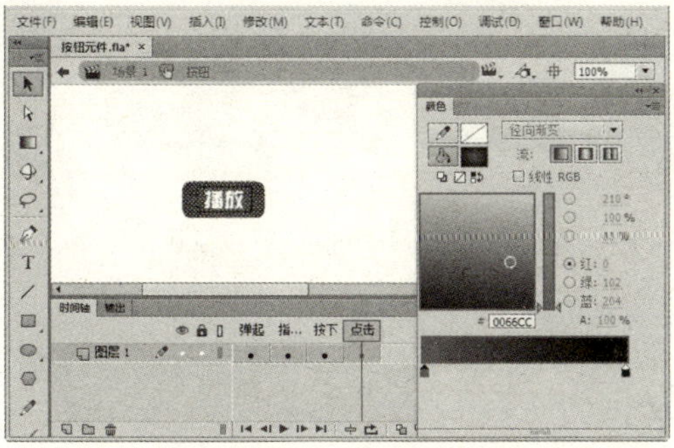

08 拖动按钮 单击"场景 1"图标返回场景，在"库"面板中将"按钮"元件拖至舞台中，如下图所示。

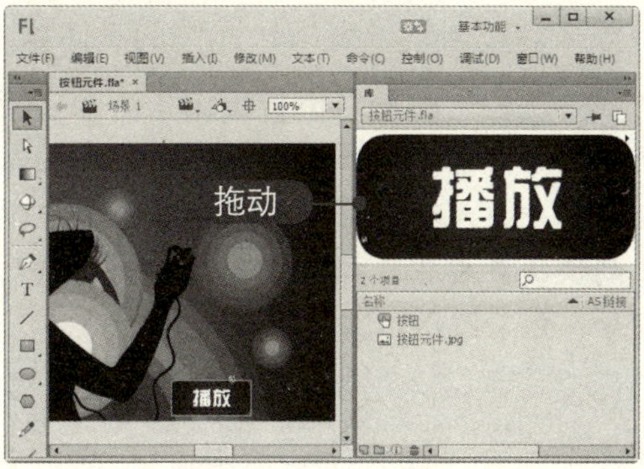

09 预览影片 按【Ctrl+Enter】组合键预览影片，如下图所示。

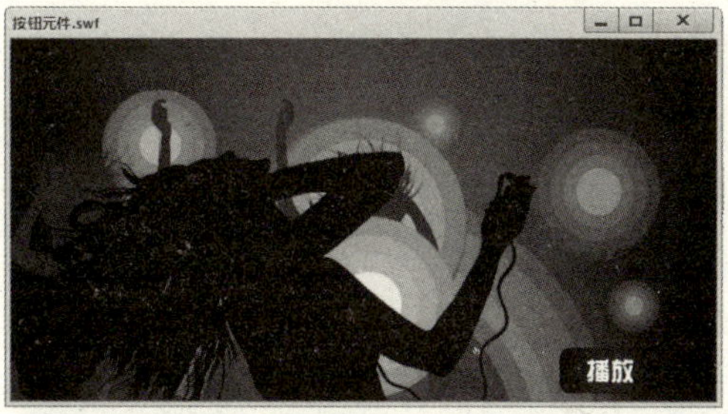

10 查看按钮效果 将鼠标指针放到按钮上时，效果如下图所示。

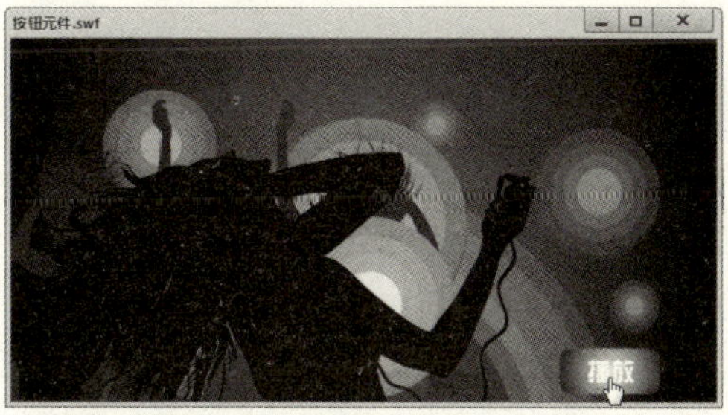

11.1.2 元件的编辑

Flash 提供了 3 种方式来编辑元件，即在当前位置编辑元件、在新窗口中编辑元件和在元件编辑模式下编辑元件。在编辑元件时，Flash 将更新文档中该元件的所有实例。

1. 在当前位置编辑元件

在当前位置编辑元件使用“在当前位置编辑”命令，可以在该元件和其他对象放在一起的舞台上编辑它，其他对象以灰色方式显示，从而将它们和正在编辑的元件区分开来。在当前位置编辑元件的具体操作方法如下：

01 选择“在当前位置编辑”命令 打开素材文件“元件编辑.fla”，在舞台上选中该元件的一个实例并右击，在弹出的快捷菜单中选择“在当前位置编辑”命令，如下图所示。

02 查看效果 进入元件编辑状态，舞台中的其他对象将以灰色方式显示，效果如下图所示。

03 编辑元件 根据需要编辑元件，可以改变元件的大小、位置、颜色等属性，如下图所示。

04 查看最终效果 单击“场景 1”图标返回主场景，查看最终效果，如下图所示。

知识加油站

除了使用菜单命令外，也可以直接双击实例，即可在当前位置编辑元件。

2. 在新窗口中编辑元件

使用“在新窗口中编辑”命令可以在一个单独的窗口中编辑元件。在单独的窗口中编辑元件时，可以同时看到该元件与主时间轴，正在编辑的元件名称会显示在舞台上方的标题栏中。

在新窗口中编辑元件的具体操作方法如下：

01 选择“在新窗口中编辑”命令 在舞台上选择元件的一个实例并右击，在弹出的快捷菜单中选择“在新窗口中编辑”命令，如下图所示。

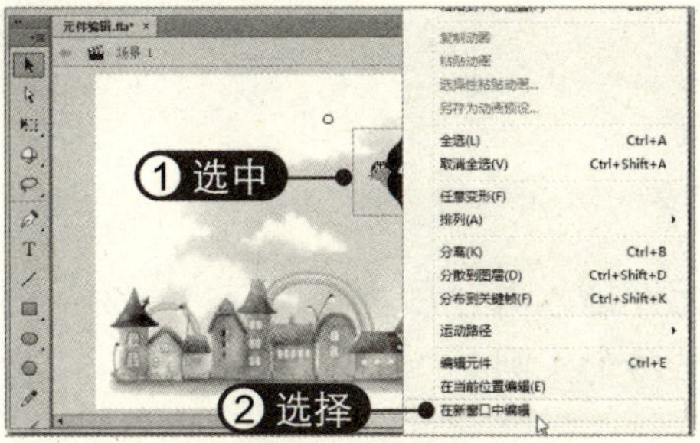

02 编辑元件 进入一个新窗口，根据需要编辑元件。编辑完成后单击标题栏上的“关闭”按钮，返回主场景，如下图所示。

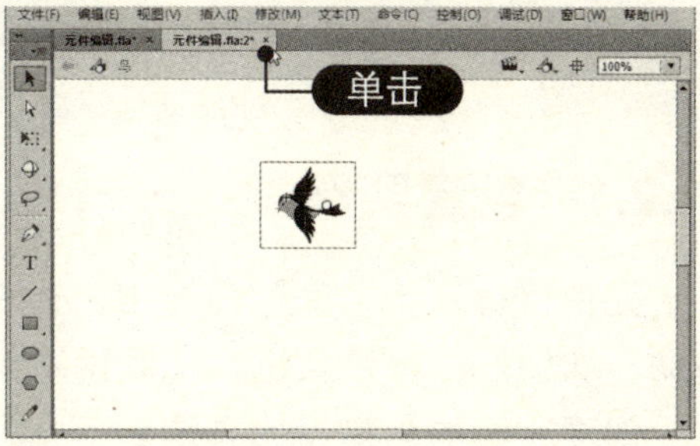

3. 在编辑模式下编辑元件

使用元件编辑模式可以将窗口从舞台视图更改为只显示该元件的单独视图，然后进行编辑。正在编辑的元件名称会显示在舞台上方的标题栏中，位于当前场景名称的右侧。

右击需要编辑的元件实例，在弹出的快捷菜单中选择“编辑元件”命令，即可对元件进行编辑，如下图（左）所示。

也可以在“库”面板中选中元件并右击，在弹出的快捷菜单中选择“编辑”命令，如下图（右）所示。

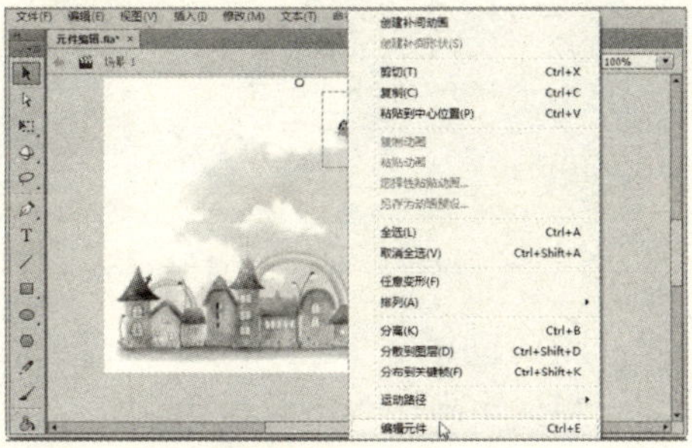

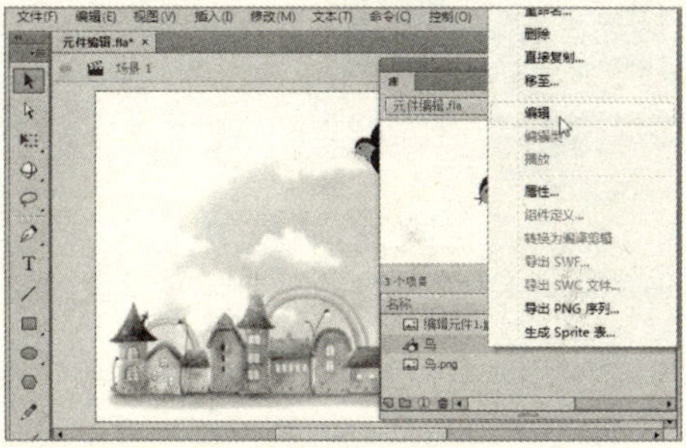

11.1.3 使用元件

制作元件的目的是为了在制作动画的过程中更方便地使用，下面将介绍如何使用库中的元件，具体操作方法如下：

01 打开“库”面板 打开素材文件“使用元件.fla”，按【Ctrl+L】组合键，打开“库”面板，如下图所示。

02 拖入文件 使用选择工具将所需的元件拖入舞台，效果如下图所示。

11.2 实例的创建与编辑

每个实例都有其自身独立于元件的属性。在创建元件后，可以在文档中的任何地方创建该元件的实例。修改元件时，Flash 也会自动更新所有的实例。下面将详细介绍实例的创建与编辑方法。

11.2.1 创建实例

元件仅存在于“库”面板中，当将库中的元件拖入舞台后，它便成为一个实例。拖动一次便产生一个实例，拖动两次则可以产生两个实例。

创建实例的具体操作方法如下：

01 打开“库”面板 打开素材文件“实例.fla”，按【Ctrl+L】组合键，打开“库”面板，如下图所示。

02 新建图层 单击“新建图层”按钮，新建“图层 2”，如下图所示。

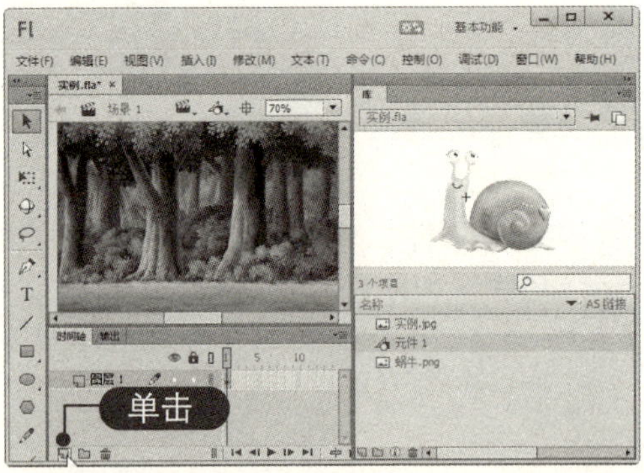

03 拖动“元件 1” 在“库”面板中将“元件 1”元件拖至舞台中，即可创建一个实例，如下图所示。

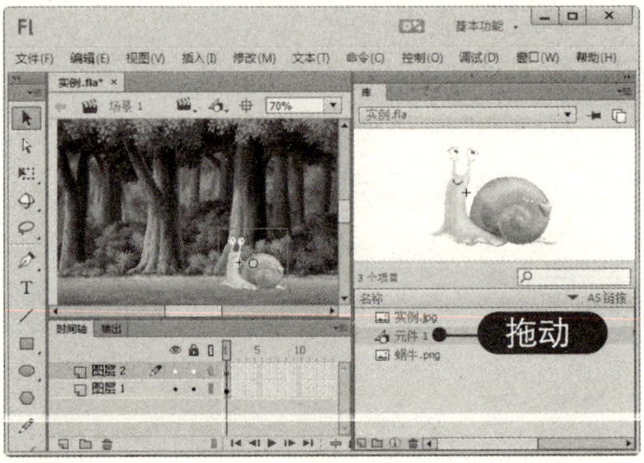

04 测试动画 按【Ctrl+Enter】组合键测试动画，如下图所示。

11.2.2 编辑实例

下面将详细介绍如何对实例进行编辑操作，其中包括复制实例，设置实例颜色样式，改变实例类型，以及分离与交换实例等。

1. 设置实例颜色样式

通过“属性”面板可以为一个元件的不同实例设置不同的颜色样式，其中包括设置亮度、色调和 Alpha 值等。设置实例颜色样式的具体操作方法如下：

01 选择“色调”选项 打开素材文件“编辑实例.fla”，在舞台中选择实例，打开“属性”面板，在“样式”下拉列表中选择“色调”选项，如下图所示。

02 设置参数 选择颜色，拖动各个滑块，调整颜色，效果如下图所示。

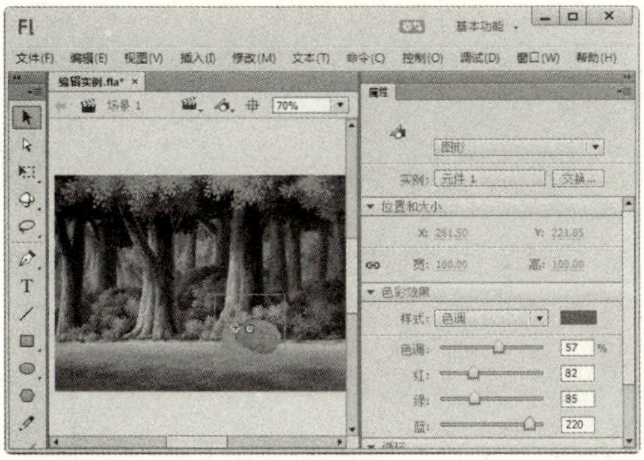

03 选择 Alpha 选项 在“样式”下拉列表中选择 Alpha 选项，如下图所示。

04 设置 Alpha 值 拖动滑块，设置 Alpha 值为 60%，可以看到实例变得半透明，效果如下图所示。

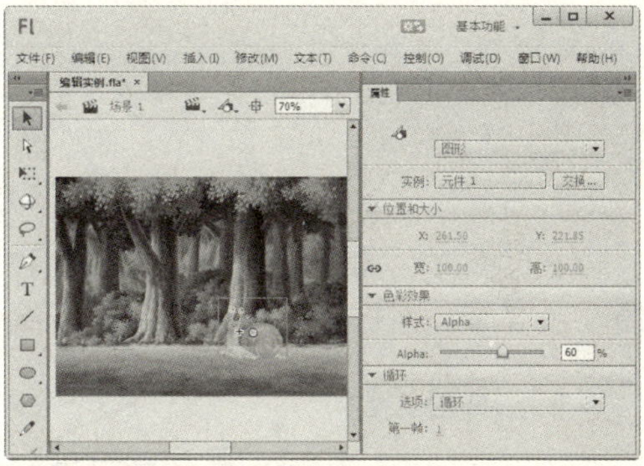

知识加油站

在设置实例颜色样式时，若先设置了实例的色调，然后设置实例Alpha数值的同时，之前设置的实例的色调会变成原来的色调。

2. 改变实例类型

修改实例类型可以对实例进行不同的编辑操作，例如，要将原来的“图形”元件实例编辑为动画，则必须先将其类型更改为“影片剪辑”类型。

打开“属性”面板，在元件类型下拉列表中选择相应的元件类型，如下图（左）所示。

3. 分离实例

分离实例能使实例与元件分离，当元件发生更改后，实例并不随之改变。在舞台中选择一个实例，单击“修改”|“分离”命令，效果如下图（右）所示。

4. 交换实例

选择舞台中的实例，在“属性”面板中单击“交换”按钮，弹出“交换元件”对话框，在其中选择某个元件，然后单击“确定”按钮，即可用该元件的实例替换舞台中选择的元件实例。

11.3 “库”的使用

库是 Flash 中所有可重复使用对象的储存“仓库”，所有的元件一经创建就保存在库中，导入的外部资源，如位图、视频、声音文件等也都保存在“库”面板中。

通过“库”面板可以对其中的各种资源进行操作，为动画的编辑带来了很大的方便。在“库”面板中可以对资源进行编组、排序和整理等。

1. 项目编组

利用文件夹可以对库中的项目进行编组。

（1）新建文件夹

单击“库”面板底部的“新建文件夹”按钮，即可新建一个文件夹，如下图（左）所示。

（2）删除文件夹

选中要删除的文件夹，按【Delete】键即可删除该文件夹。也可以在面板菜单中选择“删除”命令，或单击面板下方的“删除”按钮，如下图（中）所示。

（3）重命名文件夹

双击文件夹名称，输入文件夹名，按【Enter】键确认即可完成重命名操作，如下图（右）所示。

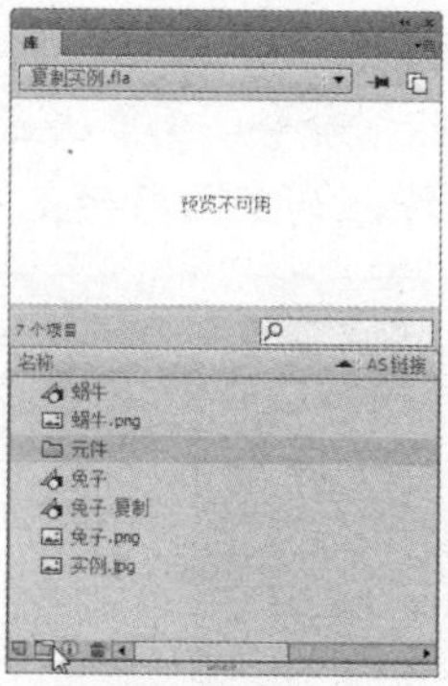

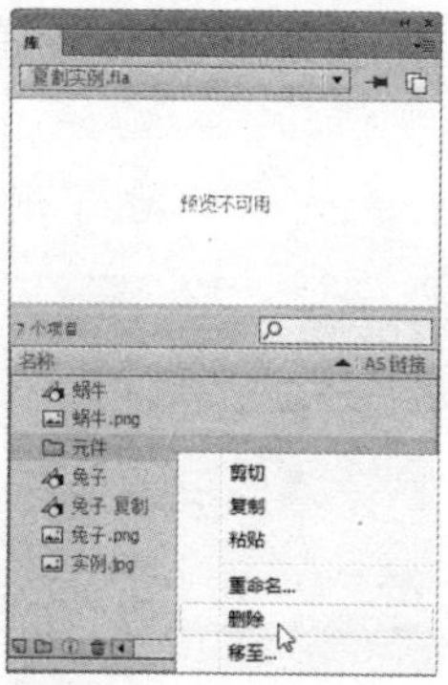

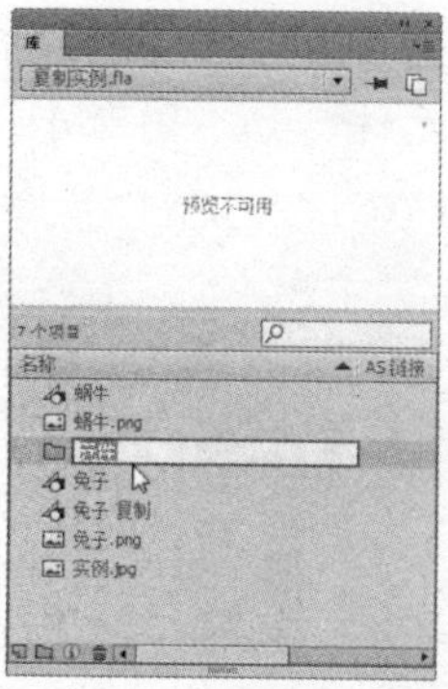

2. 项目排序

用户可以对“库”面板中的项目按照修改日期和类型进行排序。

（1）按修改日期排序

单击任意一列的标题，就会按照该列的属性进行排序。例如，单击“修改日期”标题，就会按照上一次修改时间的先后顺序进行排序，如下图（左）所示。

（2）按类型排序

单击“类型”标题，就会将库中相同类型的对象排列在一起，如下图（右）所示。

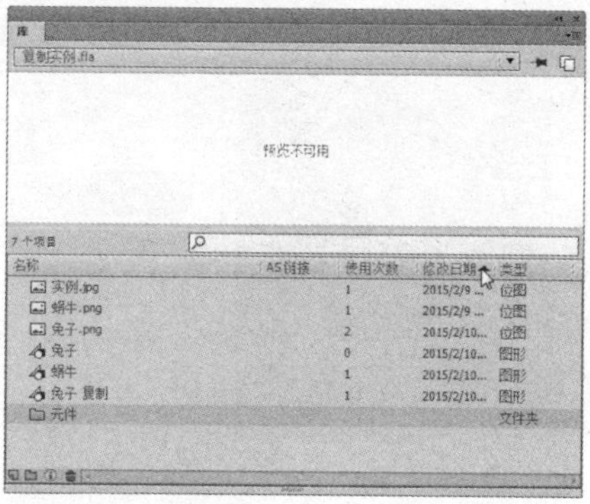

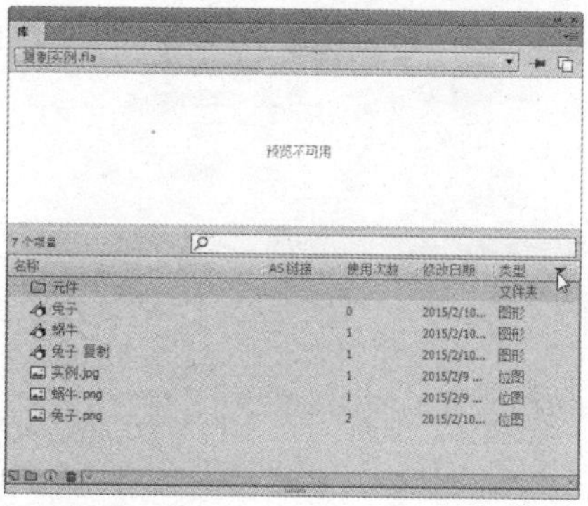

3. 项目整理

在“库”面板中不仅可以随时使用其中的元件，还可以对元件或其他对象进行编辑整理，如元件的复制、重命名、搜索与删除等，具体操作方法如下：

01 选择“直接复制”命令 打开素材文件“库.fla”，在“库”面板中右击选中的“兔子”元件，选择“直接复制”命令，如下图所示。

02 确认复制元件 在弹出的“直接复制元件”对话框中单击“确定”按钮，如下图所示。

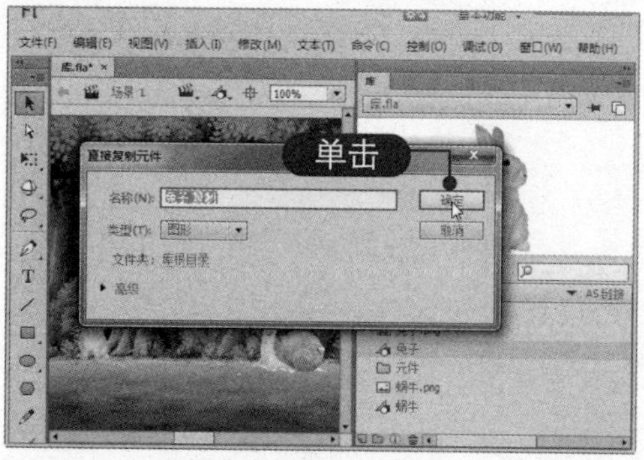

03 查看复制的元件 此时即可查看复制的元件，如下图所示。

04 重命名元件 双击选中的元件，或者单击面板右上角的▤按钮，选择“重命名”选项，即可为该元件重命名，如下图所示。

05 删除元件 右击选中的元件，选择“删除”命令，或单击底部的▤按钮也可删除元件，如下图所示。

06 搜索项目 在“库”面板的搜索框中输入相应的名称，即可显示出符合条件的项目，如下图所示。

Chapter

12

创建基本的 Flash 动画

时间轴是动画的重要载体，也是控制动画播放的编辑器。无论制作什么类型的动画都离不开时间轴，本章将详细介绍如何利用“时间轴”面板制作各种类型的 Flash 动画，如逐帧动画、补间动画等。

本章要点

- 时间轴与帧
- 认识图层
- 基本动画与制作

知识等级

网页制作初级读者

建议学时

建议学习时间为 80 分钟

12.1 时间轴与帧

在 Flash 中，动画的内容都是通过“时间轴”面板来组织的。“时间轴”面板将动画在横向上划分为帧，在纵向上划分为图层。下面将详细介绍时间轴和帧的相关知识。

12.1.1 认识“时间轴”面板

“时间轴”面板用于组织和控制一定时间内图层和帧中的文档内容，它由图层、帧和播放头等组成，如下图所示。

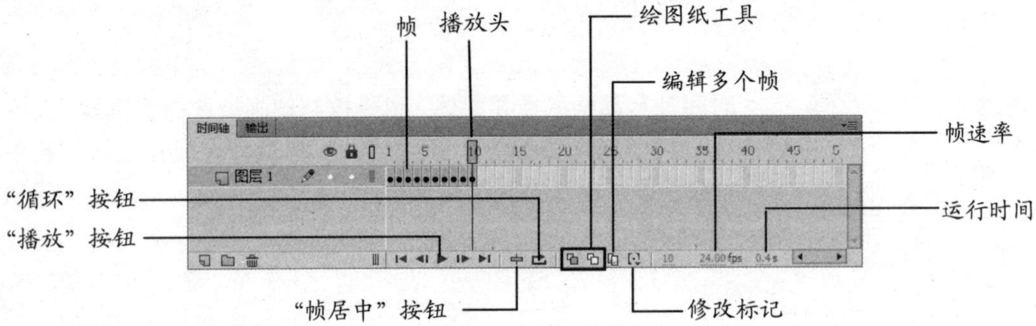

1. 播放头

“时间轴”面板中的播放头用于控制舞台上显示的内容。舞台上只能显示播放头所在帧中的内容，如下图（左）显示了动画第 5 帧中的内容，如下图（右）显示了动画第 15 帧中的内容。

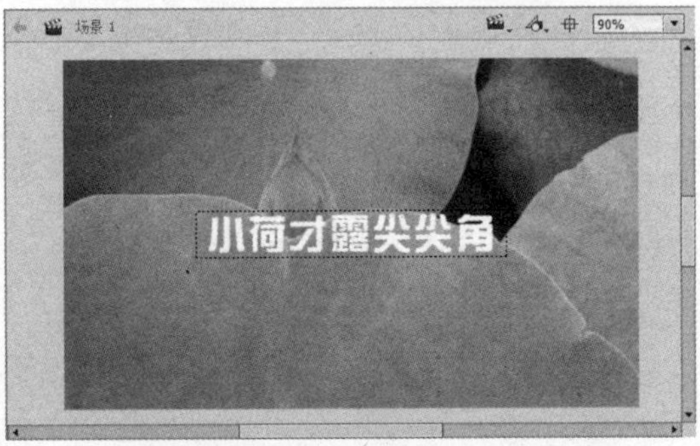

2. 调整播放头开始位置

在播放动画时，播放头在时间轴上移动，只是显示在舞台中的当前帧。使用鼠标直接拖动播放头到所需的位置，按【Enter】键确认即可从该位置播放预览。

3. 更改时间轴中的帧显示

单击“时间轴”面板右上角的“帧视图”按钮，如下图（左）所示。在弹出的下拉列表中选择“预览”选项，效果如下图（右）所示。

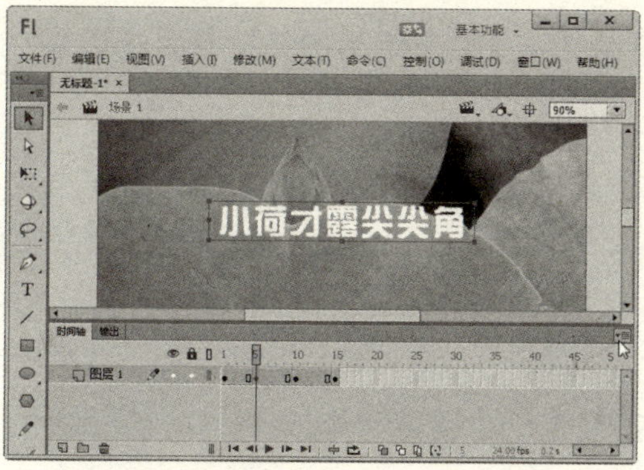

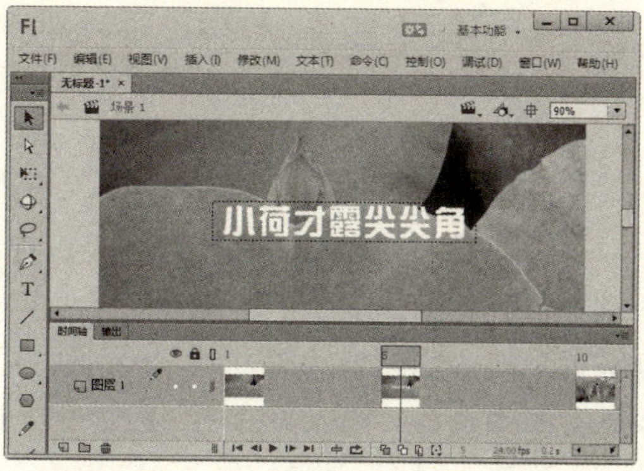

12.1.2 认识帧

帧是创建动画的基础，也是构建动画最基本的元素之一。Flash 中的帧就像电影中的胶片一样，通过连续播放来实现动画效果。帧是 Flash 中的基本单位，“时间轴”面板中的每一个小方格就代表一个帧，一个帧包含了动画某一时刻的画面，在“时间轴”面板中使用帧来组织和控制文档内容。一般新建图层的第一帧都为空白关键帧，一旦在其中绘制图形后，则变为关键帧。

在时间轴中，帧分为 3 种类型，即普通帧、空白关键帧和关键帧。

1. 普通帧

普通帧起着过滤和延长关键帧内容显示的作用，在时间轴中普通帧一般以空心方格表示，每个方格占用一个帧的动作和时间，如下图所示，第 10 帧为插入的普通帧。

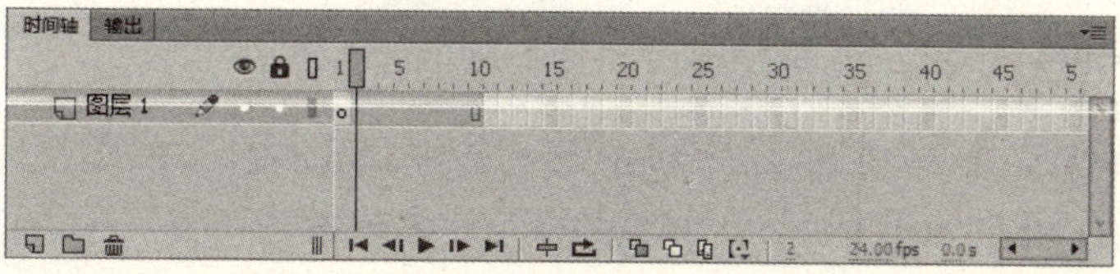

普通帧是依赖于关键帧的，在没有设置动画的前提下普通帧与上一个关键帧中的内容相同。在一个动画中增加一些普通帧可以延长动画的播放时间。若要添加普通帧，可以在“时间轴”面板上右击，在弹出的快捷菜单中选择“插入帧”命令，或直接按【F5】键完成添加操作。

2. 空白关键帧

空白关键帧以空心圆表示。空白关键帧是特殊的关键帧，它没有任何对象存在，可以在其上绘制图形。若在空白关键帧中添加对象，它会自动转换为关键帧。一般新建图层的第一帧都为空白关键帧，一旦在其中绘制图形后，则变为关键帧。同理，若将某关键帧中的全部对象删除，则此关键帧会自动转换为空白关键帧。如下图所示，第 1 帧即为空白关键帧。

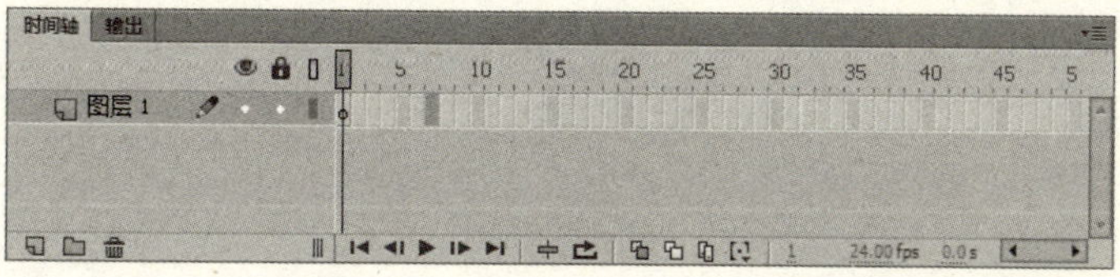

若要添加空白关键帧，可在“时间轴”面板上右击，在弹出的快捷菜单中选择“插入空白关键帧”命令，或直接按【F7】键完成添加操作。

3. 关键帧

关键帧是用于定义动画变化的帧。在动画播放的过程中，关键帧会呈现出关键性的动作或内容上的变化。时间轴中的关键帧显示为实心的小圆球，存在于此帧中的对象与前后帧中的对象的属性是不同的。在“时间轴”面板中插入关键帧时，在弹出的快捷菜单中选择“插入关键帧”命令，或直接按【F6】键完成添加操作。如下图所示，第 1 帧和第 10 帧为关键帧。

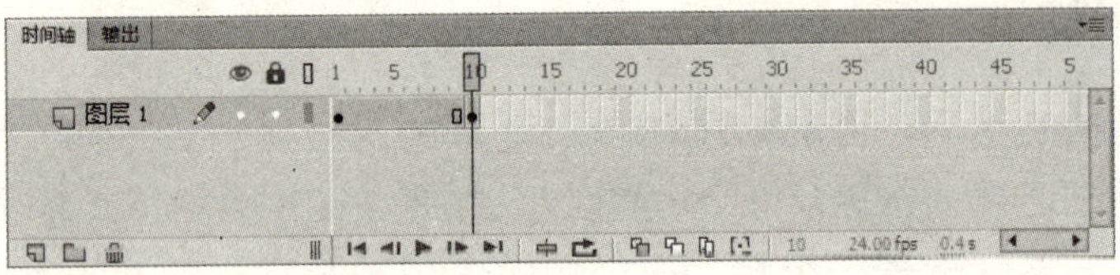

除了上述的时间轴中的三种帧的类型外，还有一种叫作序列帧，它是由一连串的关键帧组成的，一般序列帧都出现在逐帧动画中，如下图所示。

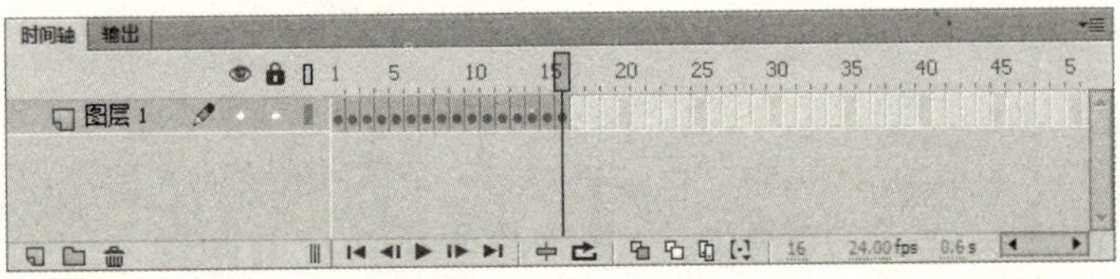

12.1.3 编辑帧

在制作动画的过程中，经常需要对帧进行各种编辑操作。虽然帧的类型比较复杂，在动画中起到的作用也各不相同，但对帧的各种编辑操作都是一样的。

1. 选择帧

在对帧进行操作前，首先要选择帧。在 Flash 中可以选择单个帧，也可以同时选择多个帧。在时间轴上单击要选择的帧，即可将其选中并以黑色显示。单击某个图层的名称即可选中该图层中的所有帧。

要选择不连续的多个帧，可以先选择第一个帧，然后在按住【Ctrl】键的同时单击其他要选择的帧即可；要选择连续的多个帧，可先选择第一个帧，然后在按住【Shift】键的同时单击需要选择的最后一帧，即可将这两帧之间的帧全部选中，如图（左）所示。

还可以通过在要选择的帧上按住鼠标左键，然后向左或向右拖动鼠标来选择连续的多个帧。要选择一个帧序列，即此关键帧（包括此关键帧）到下一个关键帧间的所有帧，可直接在帧上双击，如图（右）所示。

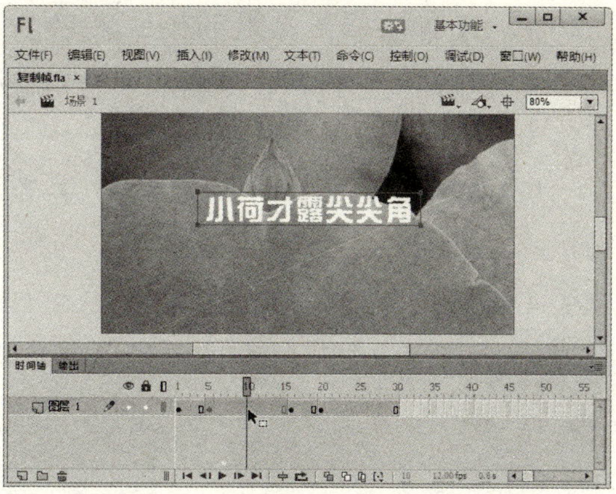

2. 复制帧

选择要复制的帧并右击，在弹出的快捷菜单中选择“复制帧”命令，如下图（左）所示。在要粘贴帧的位置右击，在弹出的快捷菜单中选择“粘贴帧”命令，如下图（右）所示。

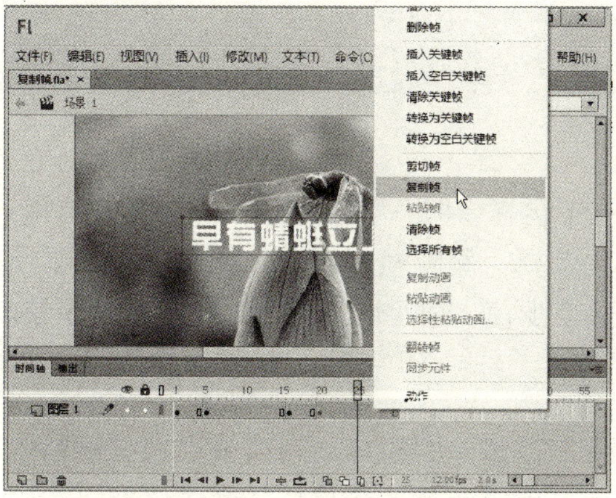

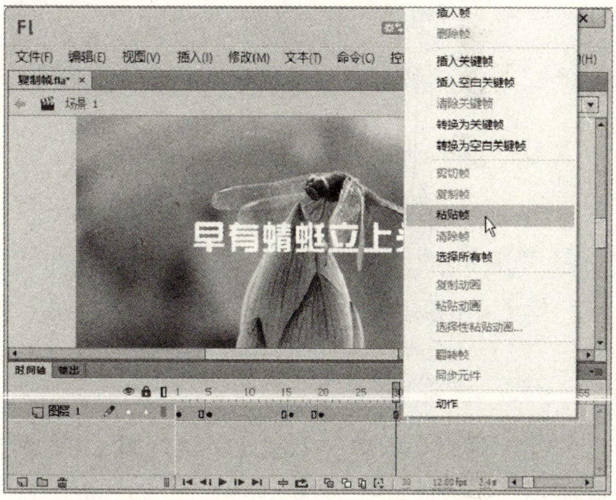

3. 移动帧

在制作动画时，常常需要将帧移到不同的位置，其方法为：在选择的帧上按住鼠标左键并拖动，拖到目标位置后松开鼠标，即可将选择的帧在时间轴上进行移动，如下图（左）所示。移动普通帧，原来的普通帧有可能会变为关键帧；移动关键帧，可以改变帧序列的时间跨度。还可以通过“剪切帧”和“粘贴帧”命令来移动帧，如下图（右）所示。

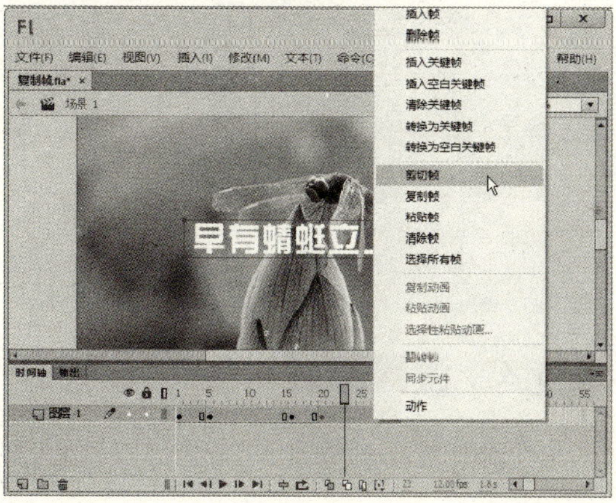

4. 关键帧和普通帧的相互转换

在关键帧上右击，在弹出的快捷菜单中选择“清除关键帧”命令，即可将关键帧转换为普通帧，如下图（左）所示。

也可以将普通帧转换为关键帧，其方法为：选择要转换的普通帧并右击，在弹出的快捷菜单中选择“转换为关键帧”命令，即可将普通帧转换为关键帧，如下图（右）所示。

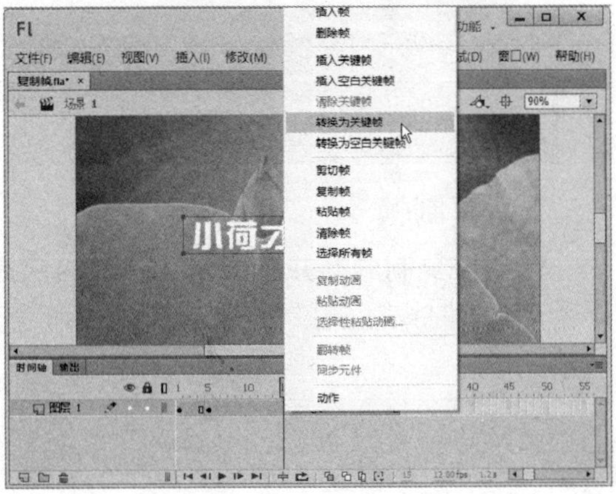

5. 删除帧

在制作动画时，若创建的帧不符合要求或不再需要时，可以将其删除。其方法为：选择要删除的帧并右击，在弹出的快捷菜单中选择“删除帧”命令，如下图（左）所示。按【Shift+F5】组合键也可以删除帧，删除多少帧“时间轴”面板中就会少多少帧。

6. 清除帧

清除帧就是把帧中的内容删除，帧数不变，被清除的帧自动转换成空白关键帧。其方法为：在选择的帧上右击，在弹出的快捷菜单中选择“清除帧”命令，即可清除所选帧中的内容，如下图（右）所示。

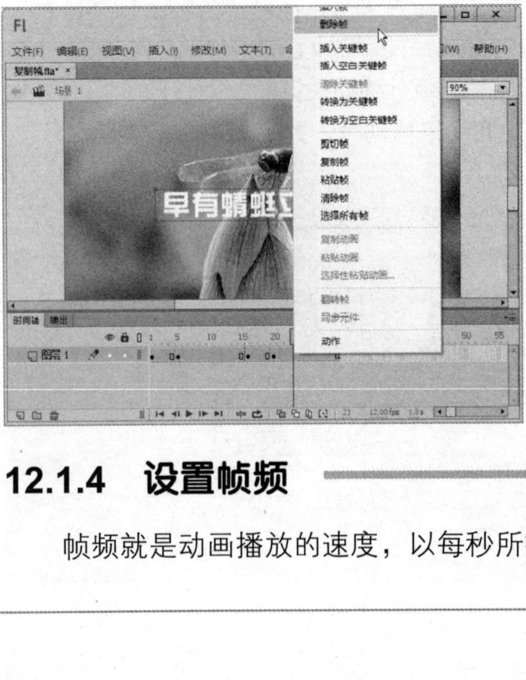

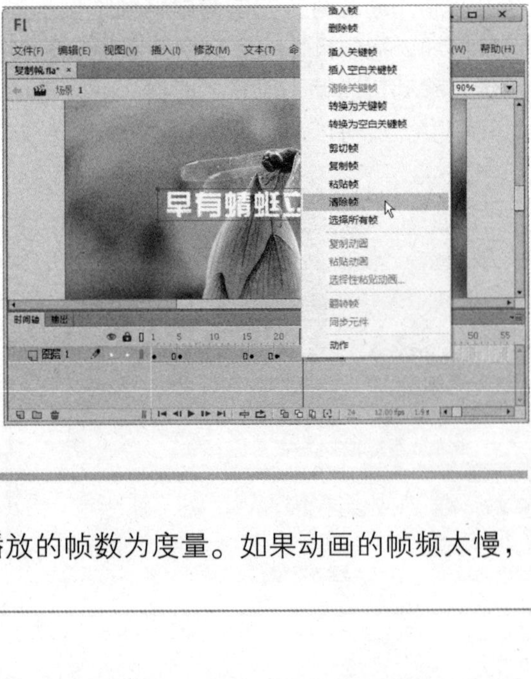

12.1.4 设置帧频

帧频就是动画播放的速度，以每秒所播放的帧数为度量。如果动画的帧频太慢，会使该动画看起来没有连续感；如果帧频太快，就会使该动画的细节变得模糊，以致看不清楚。

通常将在网络上传播的动画帧频设置为每秒 12 帧，但标准的运动图像速率为每秒 24 帧。在 Flash CC 中，默认的帧频为 24fps。

若需要修改 Flash 文档的帧频，可以在新建 Flash 文档后在“属性”面板的“帧频”文本框中设置帧频，如下图（左）所示。也可以单击“修改”|“文档”命令，在弹出的“文档设置”对话框中进行帧频设置，如下图（右）所示。

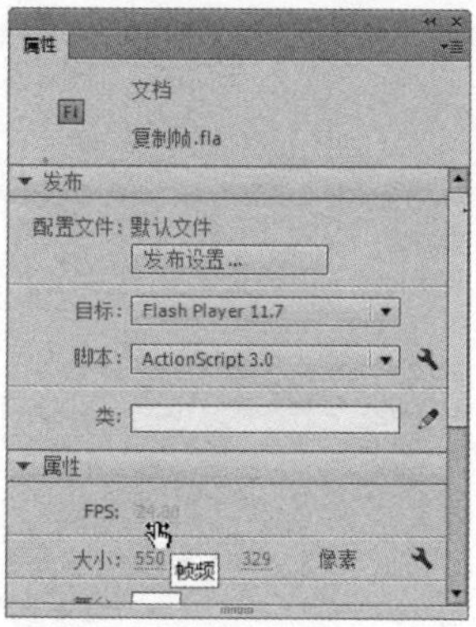

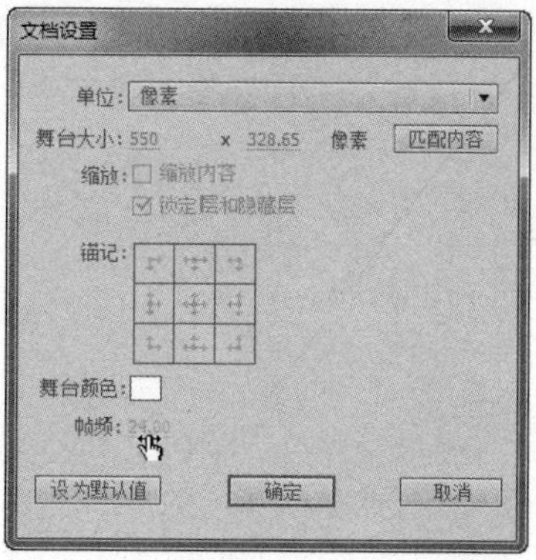

12.2 认识图层

使用图层有许多的好处，除了可以方便管理和修改对象外，还可以使影片中的图形对象相互层叠，使整个动画看起来更有层次感。因此，在制作动画过程中，可以根据需要加入并组织多个图层，并且增加图层不会改变最终输出动画文件的大小。

在 Flash 中，每个图层都是相互独立的，拥有独立的时间轴和独立的帧，可以在一个图层上任意修改图层中的内容而不会影响到其他图层的内容。在新建一个 Flash 文档时，系统会自动新建一个图层，如下图所示。也可以根据需要创建新图层，新建的图层会自动排列在当前图层的上方。

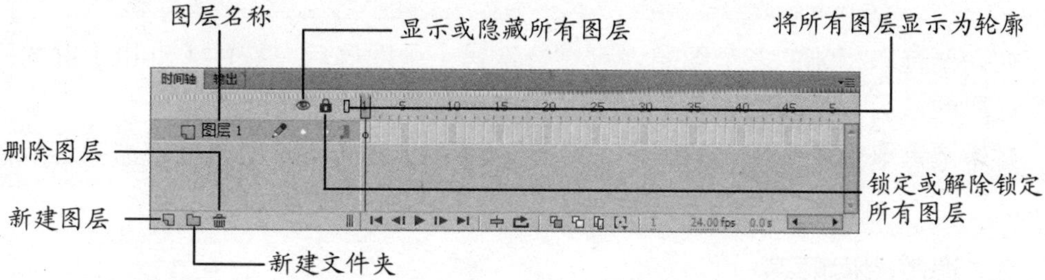

12.2.1 新建图层

新建 Flash 文档后，它只包含一个图层，在“时间轴”面板中也可以为其添加更多的图层，新建图层的方法有以下几种：

方法一：单击“时间轴”面板底部的“新建图层”按钮，即可新建图层，如下图所示。

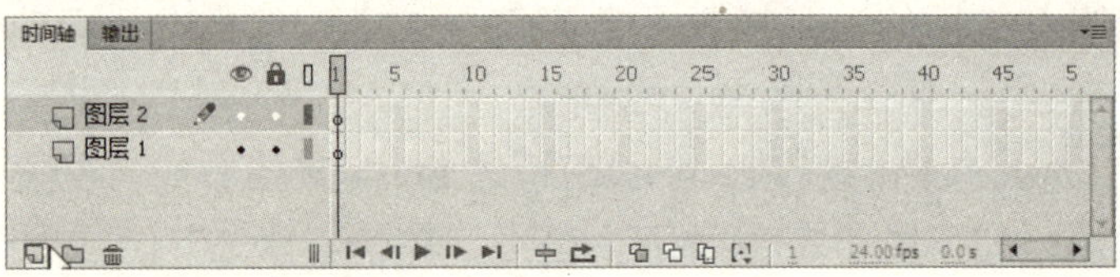

方法二：单击“插入”|“时间轴”|“图层”命令，也可以插入图层，如下图（左）所示。

方法三：在“时间轴”面板中已有图层上右击，在弹出的快捷菜单中选择“插入图层”命令，即可插入一个图层，如下图（右）所示。

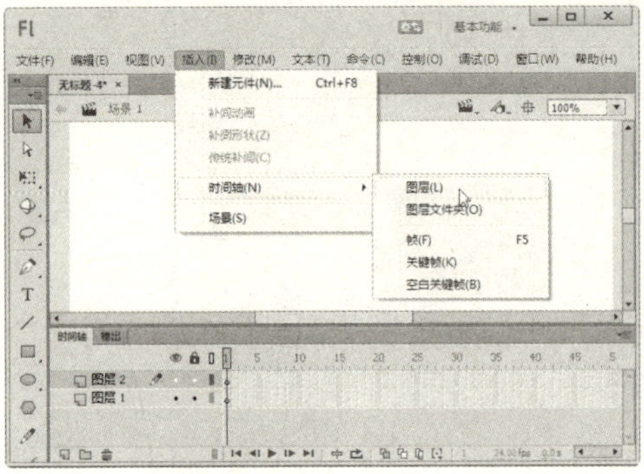

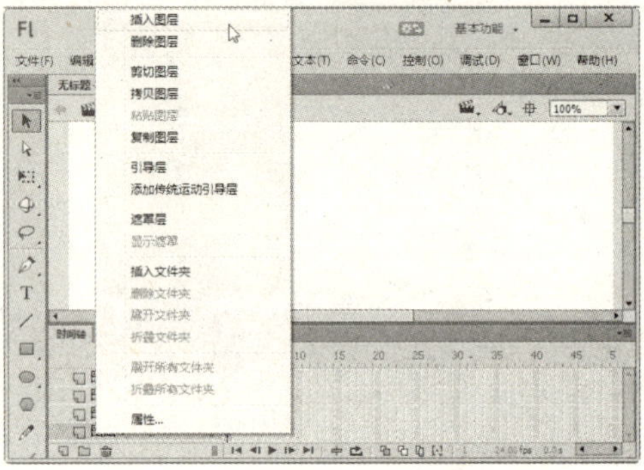

12.2.2 编辑图层

创建图层后，即可对图层进行编辑。图层的编辑主要包括选取图层、移动图层、重命名图层、删除图层及图层的转化等操作。

1. 选取图层

如果要选取一个图层，单击这个图层即可将其选中，如下图所示。

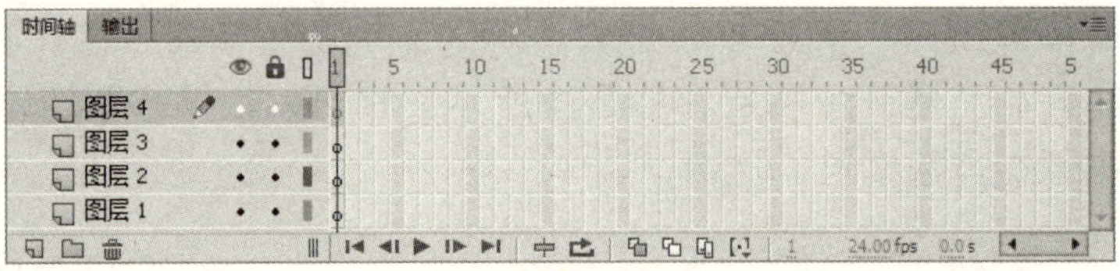

如果要选取相邻的多个图层，可在选取第一个图层后，按住【Shift】键的同时单击要选取的最后一个图层，两个图层之间的所有图层都将被选取。

如果要选取多个不相邻的图层，则按住【Ctrl】键的同时依次单击需要选取的图层即可。

2. 调整图层顺序

在 Flash 中可以通过移动图层来改变图层的顺序，选中要移动的图层，按住鼠标左键并拖动，图层以一条粗横线表示。拖到相应的位置松开鼠标，则图层被放到新的位置，如下图所示。

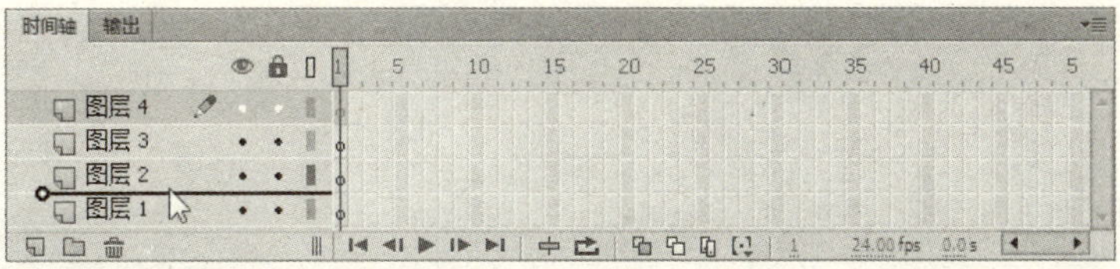

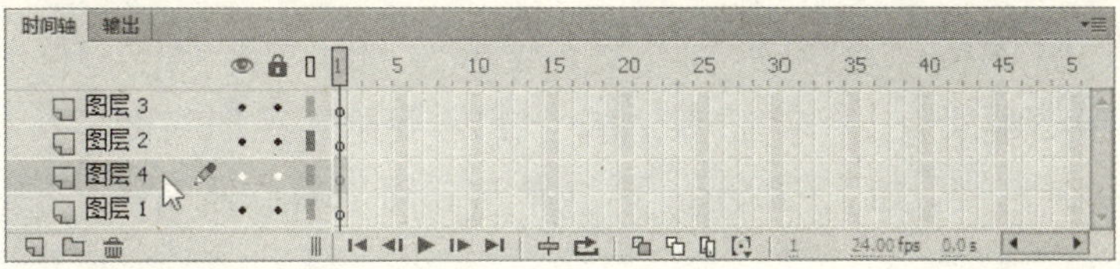

3. 重命名图层

Flash 默认的图层名称为“图层 1”、“图层 2”等，为了便于识别各图层放置的动画对象，可对图层进行重命名。

双击需要重命名的图层，此时图层名称以反白显示，输入新名称后按【Enter】键确认即可，如下图所示。

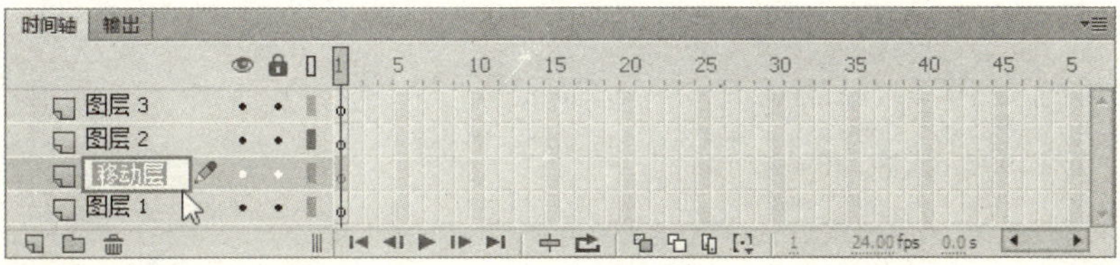

4. 删除图层

选择需要删除的图层，单击“删除图层”按钮，即可将“移动层”图层删除，效果如下图所示。

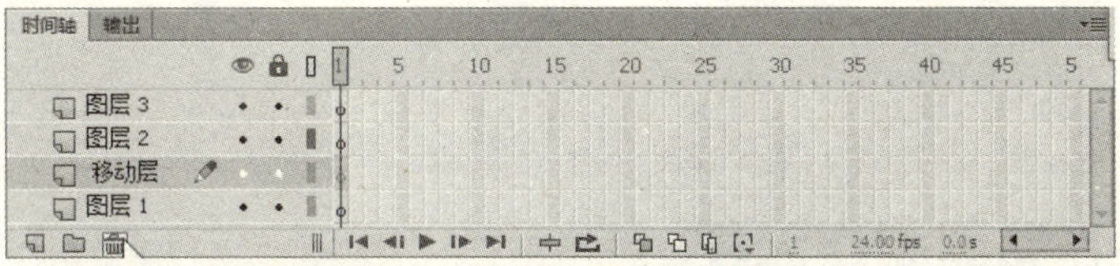

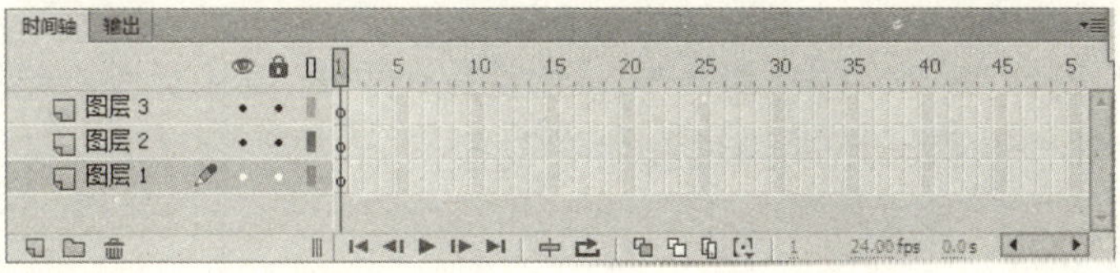

5. 新建文件夹

文件夹可以使图层的组织更加有序，在文件夹中可以嵌套其他图层文件夹。文件夹可以包含任意图层，包含的图层或图层文件夹将缩进显示。

新建文件夹有以下几种方法：

方法一：单击“时间轴”面板底部的“新建文件夹”按钮，即可新建文件夹。

方法二：单击“插入”|“时间轴”|“图层文件夹”命令，也可以插入文件夹。

方法三：在“时间轴”面板中已有的图层上右击，在弹出的快捷菜单中选择“插入文件夹”命令，即可插入一个文件夹，如下图所示。

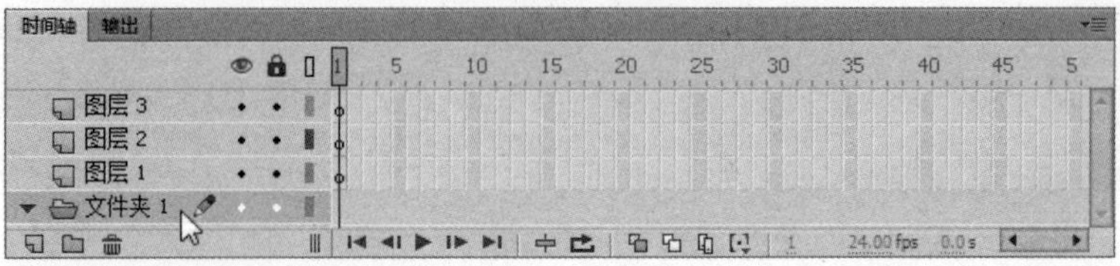

6．锁定和解锁层

单击“显示/隐藏所有层”按钮旁边的“锁定/解除锁定所有图层”按钮🔒，可以锁定所有的图层和文件夹，如下图所示。再次单击它可以解除所有锁定的图层和文件夹。

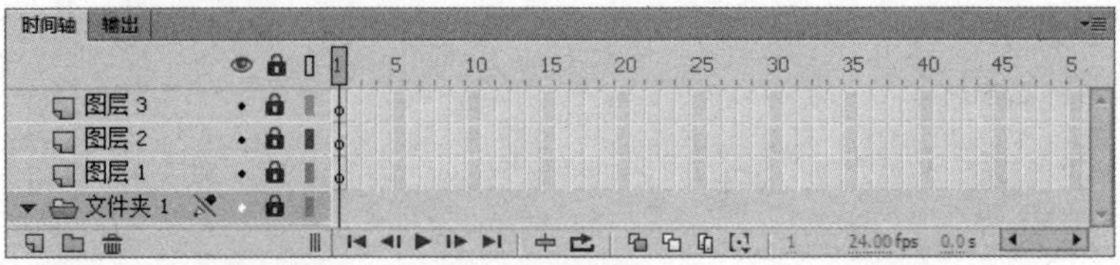

若是想要单独锁定或解锁一个图层或文件夹，只要在对应的图层或文件夹后面单击“锁定/解除锁定所有图层”按钮🔒即可，效果如下图所示。

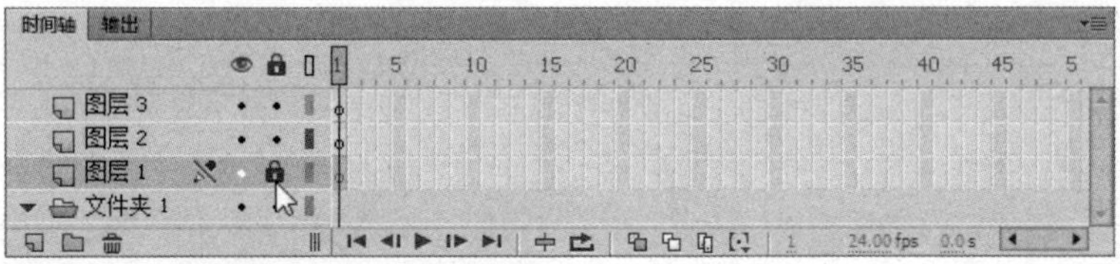

12.3　基本动画的制作

下面将介绍如何创建 Flash 基本动画，包括逐帧动画、形状补间动画、传统补间动画、补间动画，还有一些添加声音的声音动画。一些网站上的大型 Flash 动画都是由基本动画演变而来的，只要学习好基本动画，就能制作出具有专业水平的动画作品。

12.3.1　Flash 动画制作流程

Flash 动画的制作如同拍摄电影一样，无论是何种规模和类型，都可以分为 4 个步骤：前期策划、创作动画、后期测试和发布动画。

1．前期策划

前期策划主要是进行一些准备工作，关系到一部动画的成败。首先要给动画设计“脚本”，其次就是搜集素材，如图像、视频、音频和文字等。另外，还要考虑到一些画面的效果，如镜头转换、色调变化、光影效果、音效及时间设定等。

2．创作动画

当前期准备工作完成后，就可以开始动手创作动画了。首先要创建一个新文档，然后对其属性进行必要的设置；其次，要将在前期策划中准备的素材导入到舞台中，然后对动画的各个元素进行造型设计；最后，可以为动画添加一些效果，使其变得更加生动，如图形滤镜、混合和其他特殊效果等。

3. 后期测试

后期测试可以说是动画的再创作，它影响着动画的最终效果，需要设计人员细心、严格地进行把关。当一部动画创作完成后，应该多次对其进行测试，以验证动画是否按预期设想进行工作，查找并解决所遇到的问题和错误。

在整个创作过程中，需要不断地进行测试。若动画需要在网络上发布，还要对其进行优化，减小动画文件的体积，以缩短动画在网上的加载时间。

4. 发布动画

动画制作的最后一个阶段即为发布动画，当完成 Flash 动画的创作和编辑工作之后，需要将其进行发布，以便在网络或其他媒体中使用。通过进行发布设置，可以将动画导出为 Flash、HTML、GIF、JPEG、PNG、EXE、Macintosh 和 QuickTime 等格式。

12.3.2 制作逐帧动画

逐帧动画是 Flash 中相对比较简单的基本动画，其通常由多个连续的帧组成，通过连续表现关键帧中的对象，从而产生动画效果。

1. 认识逐帧动画

逐帧动画与传统的动画片类似，每一帧中的图形都是通过手工绘制出来的。在逐帧动画中的每一帧都是关键帧。在每个关键帧中创建不同的内容，当连续播放关键帧中的图形时即可形成动画。逐帧动画制作起来比较麻烦，但它可以制作出所需要的任何动画。逐帧动画适合制作每一帧中的图像内容都发生变化的复杂动画。

2. 创建逐帧动画

逐帧动画通常由多个连续的关键帧组成，通过连续表现关键帧中的对象，从而产生动画效果。下面以制作多张图片轮播展现的效果为例介绍如何创建逐帧动画，具体操作方法如下：

01 设置文档属性 新建文件并保存为“逐帧动画.fla”，在“属性”面板中设置文档“大小”为 550×330 像素，帧频为 12，如下图所示。

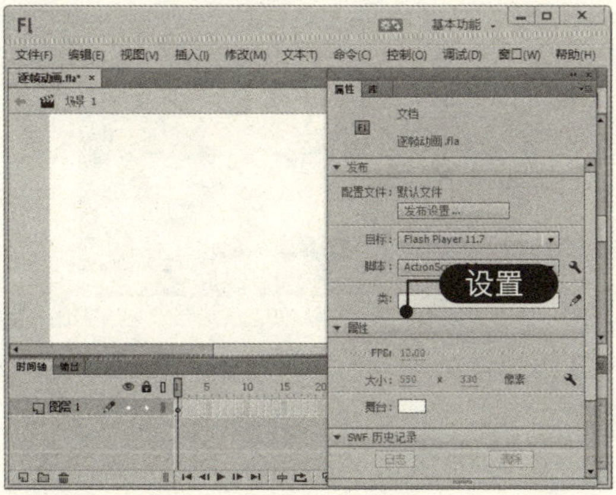

02 导入图片 按【Ctrl+R】组合键，弹出“导入”对话框，选中要导入到舞台的图片，单击“打开”按钮，如下图所示。

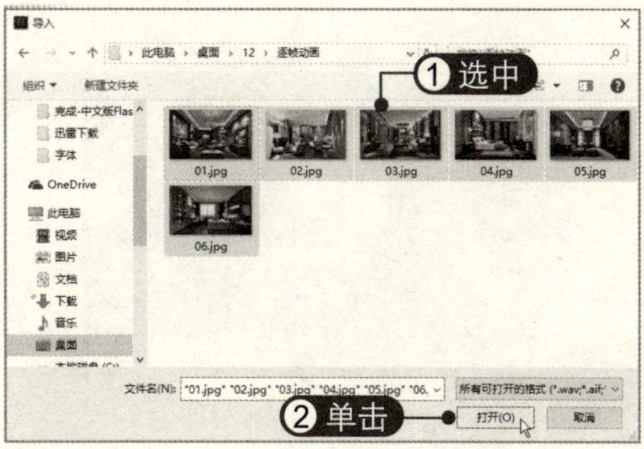

03 设置图片大小 将图片导入到舞台，按【Ctrl+A】组合键全选图片，在“属性”面板中设置图片的大小为550×330，如下图所示。

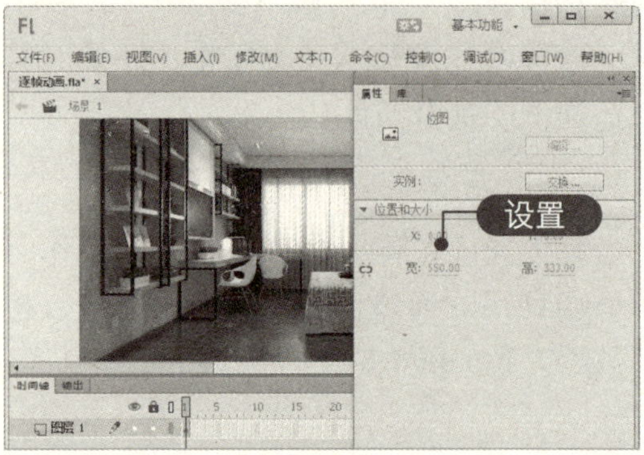

04 选择“分散到图层”命令 按【Ctrl+A】组合键全选图片并右击，在弹出的快捷菜单中选择“分散到图层”命令，如下图所示。

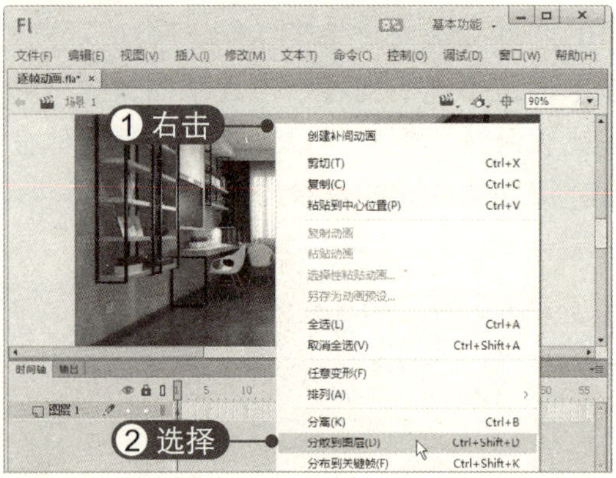

05 删除“图层 1” 此时即可为每张图片创建一个新图层，并以图片名称作为图层名。选择原有的“图层 1”，单击“删除”按钮删除该图层，如下图所示。

06 选择帧 在“06.jpg”图层的第 10 帧上单击并向下拖动鼠标，选中各图层的第 10 帧，如下图所示。

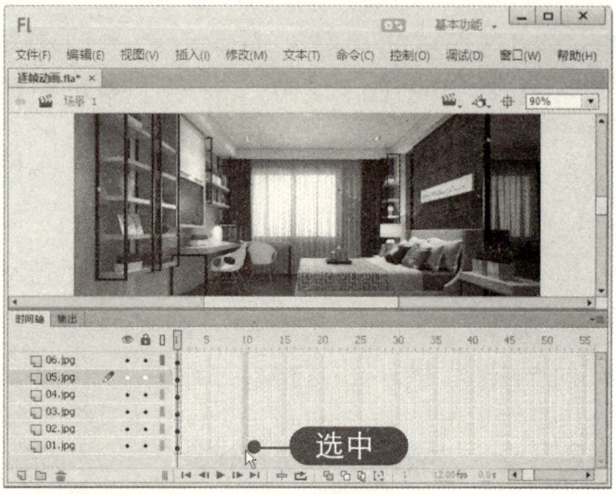

07 插入普通帧 按【F5】键插入普通帧，以延长动画的长度，如下图所示。

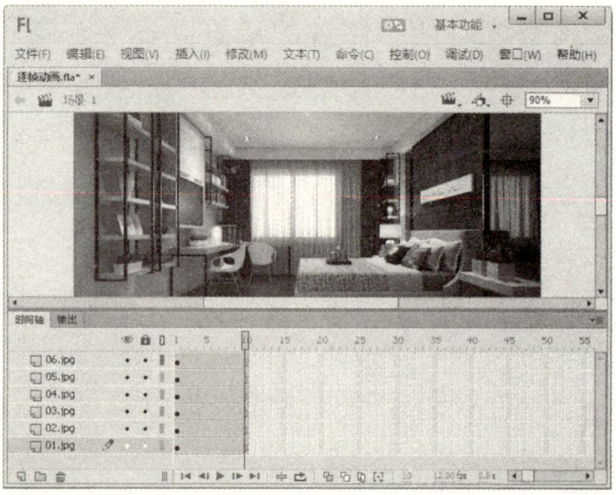

08 选中帧序列 在“02.jpg”图层的帧上双击选中该帧序列，如下图所示。

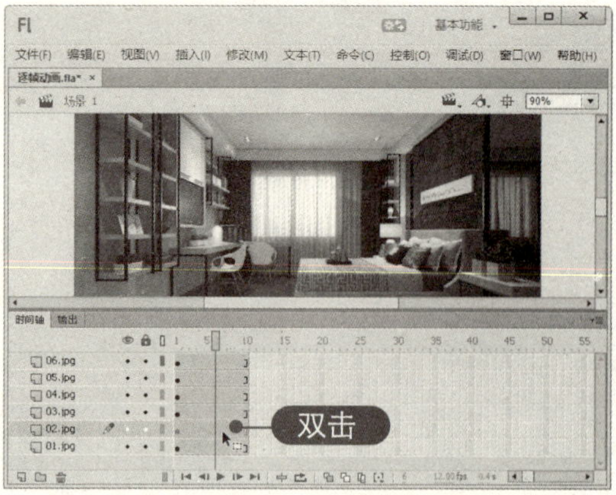

09 移动帧 将选中的帧拖至第 11 帧，如下图所示。

10 移动其他帧 用同样的方法分别移动“03.jpg”图层、“04.jpg”图层、“05.jpg”图层、“06.jpg”图层中的帧，然后按【Ctrl+Enter】组合键测试动画，如下图所示。

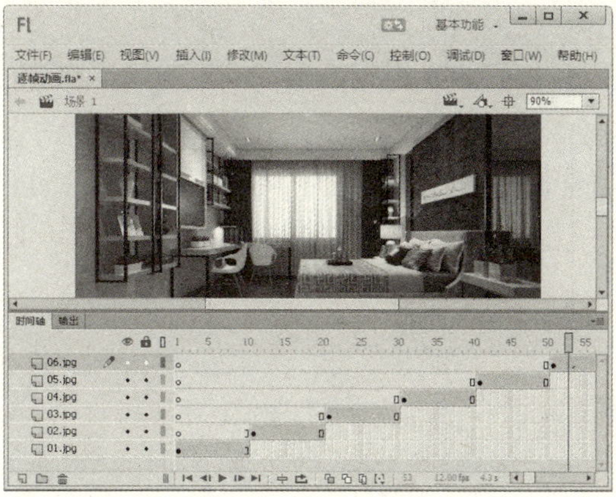

12.3.3 制作传统补间动画

传统补间动画中的变化是在关键帧中定义的，通过插入关键帧并改变关键帧中实例的属性，Flash 程序将自动计算中间过渡帧实例的属性并进行显示。

1. 认识传统补间动画

传统补间动画只能应用于实例，它是表示实例属性变化的一种动画。在一个关键帧中定义一个实例的位置、大小和旋转等属性，然后在另一个关键帧中更改这些属性并创建动画。若对位图或形状应用传统补间，则在补间动画的开始帧和结束帧中的对象将自动转换为实例。

在传统补间中，只有关键帧是可编辑的。可以查看补间帧，但无法直接编辑它们。若要编辑补间帧，可修改一个关键帧，或在起始和结束关键帧之间插入一个新的关键帧。

2. 创建传统补间动画

下面以创建模拟碰撞小球的动画为例介绍如何创建传统补间动画，具体操作方法如下：

01 绘制图形 新建 Flash 文档并将其保存为“传统补间动画.fla”，在“图层 1”中使用直线工具绘制图形，如下图所示。

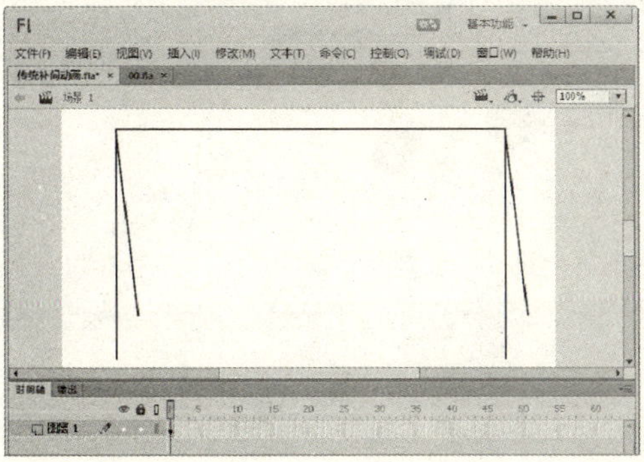

02 新建图层 在第 40 帧处按【F5】键插入普通帧，然后新建图层并将其重命名为“思”，如下图所示。

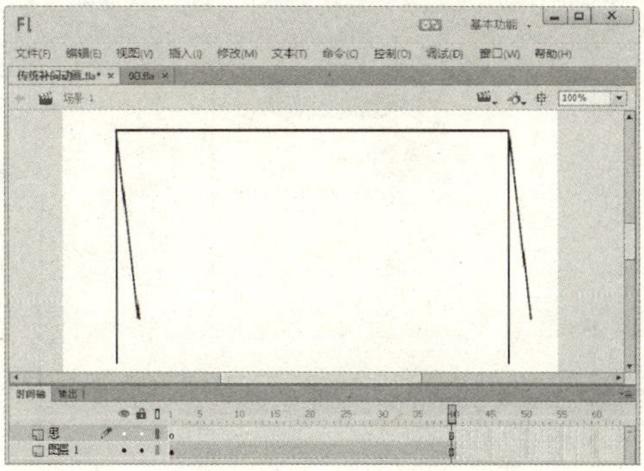

03 转换元件 使用线条工具、椭圆工具和文本工具制作图形，并将其转换为图形元件，如下图所示。

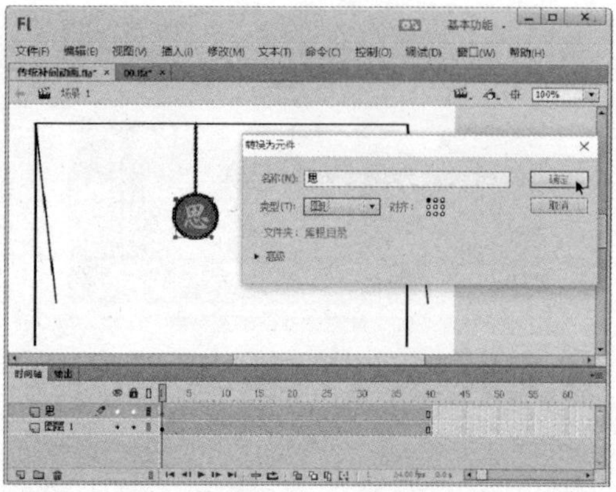

04 复制并修改元件 打开“库”面板，复制“思”元件并将其重命名为“念”，然后修改该元件的颜色和文字，如下图所示。

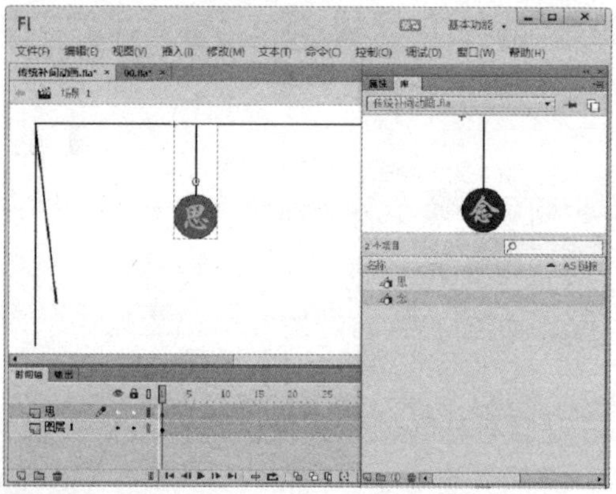

05 选中实例 新建图层并将其重命名为“念”，将“念”元件拖至舞台并调整位置。使用任意变形工具选中“思”实例，查看其中心点位置，如下图所示。

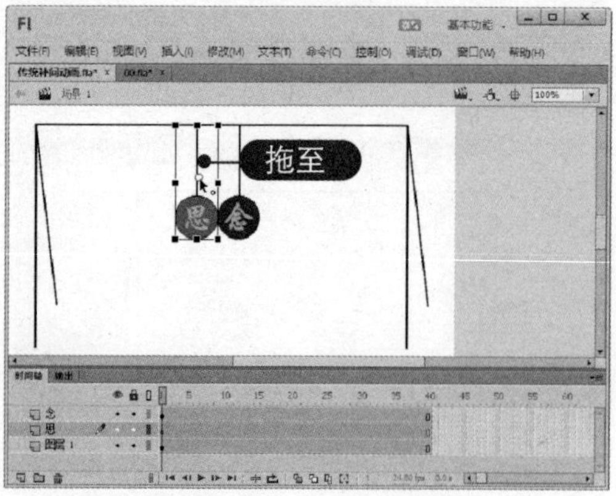

06 调整实例中心点位置 将“思”实例的中心点移到线条的顶点，然后用同样的方法移动“念”实例的中心点位置，如下图所示。

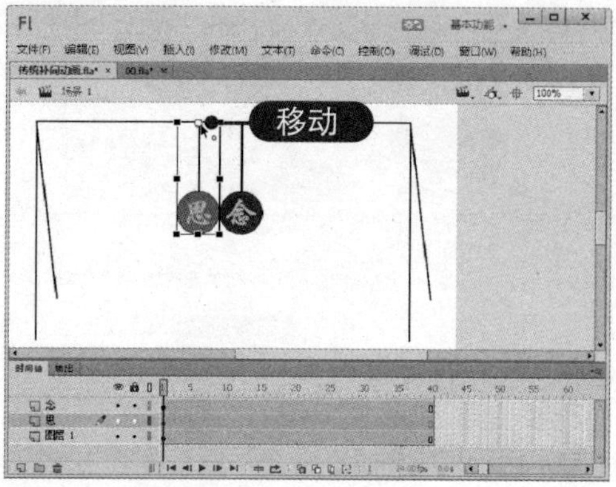

07 插入关键帧 选中“思”和“念”图层的第10帧，按【F6】键插入关键帧，如下图所示。

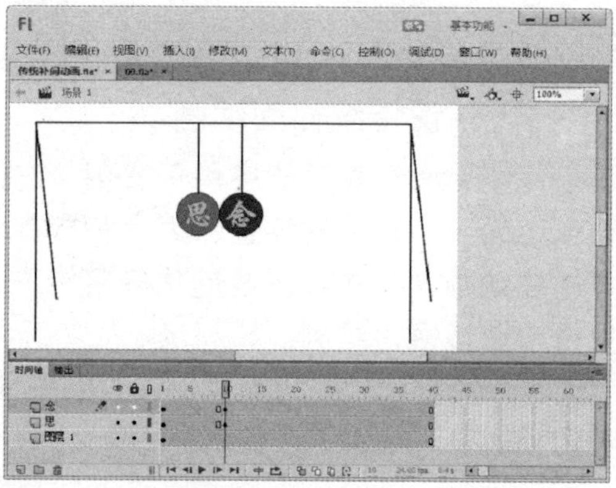

08 旋转实例 选择“思”图层的第1帧，使用任意变形工具在按住【Shift】键的同时旋转实例，使其呈45°角，如下图所示。

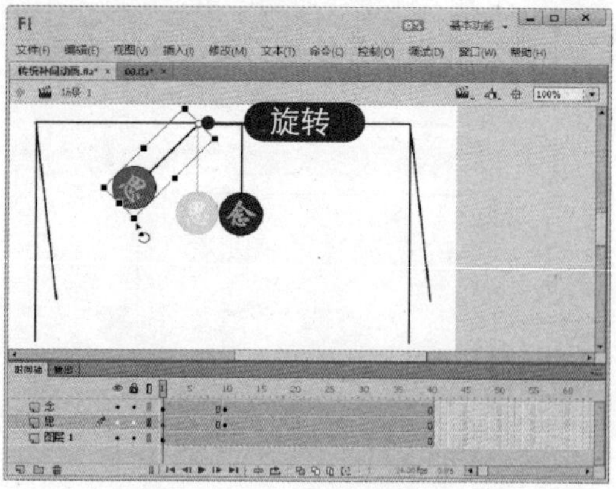

09 选择“创建传统补间”命令 在“思”图层的第1帧到第10帧之间右击，在弹出的快捷菜单中选择“创建传统补间”命令，如下图所示。

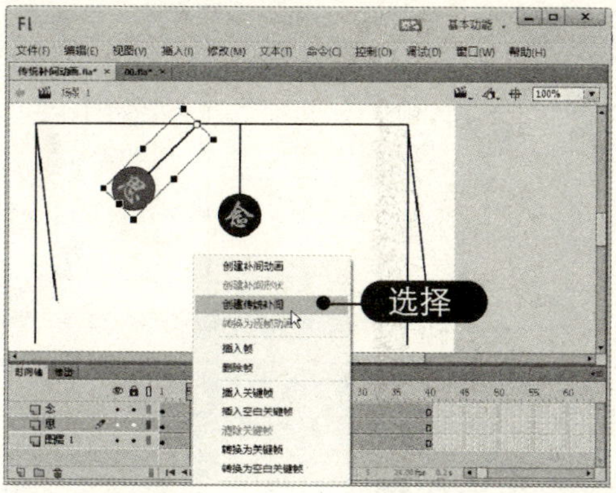

10 查看动画效果 此时即可创建传统补间动画，拖动播放头查看动画效果，如下图所示。

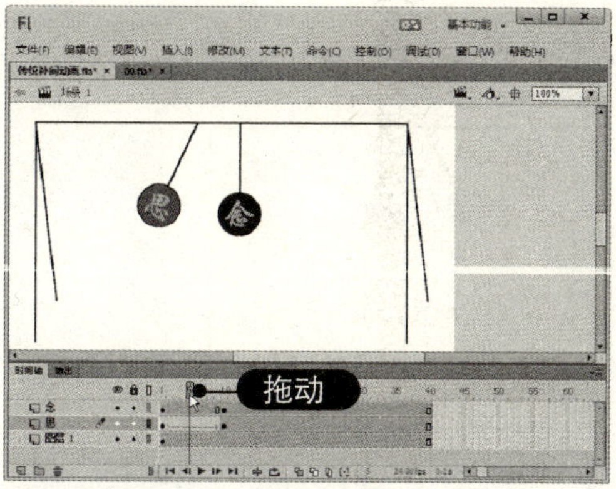

11 设置补间缓动 选中补间动画中的任意帧，打开“属性”面板，从中设置补间缓动为-100，如下图所示。

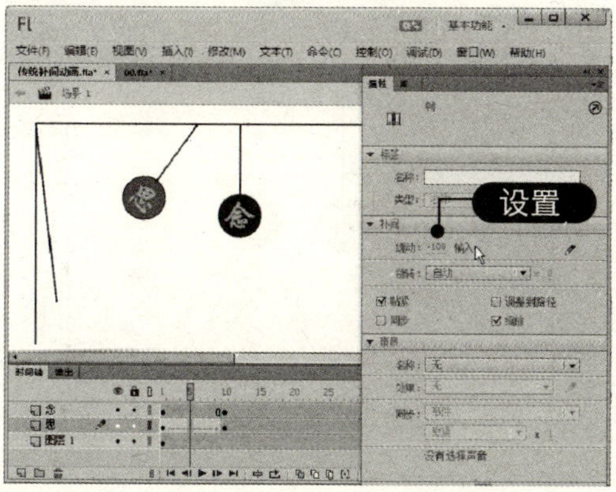

12 旋转实例 在“念”图层的第20帧插入关键帧，并使用任意变形工具在按住【Shift】键的同时旋转实例，使其呈45°角，如下图所示。

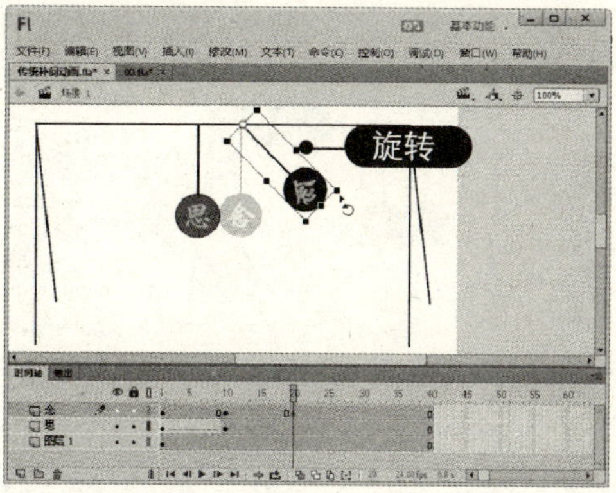

13 创建传统补间动画 在“念”图层的第10帧到第20帧右击，在弹出的快捷菜单中选择“创建传统补间”命令，如下图所示。

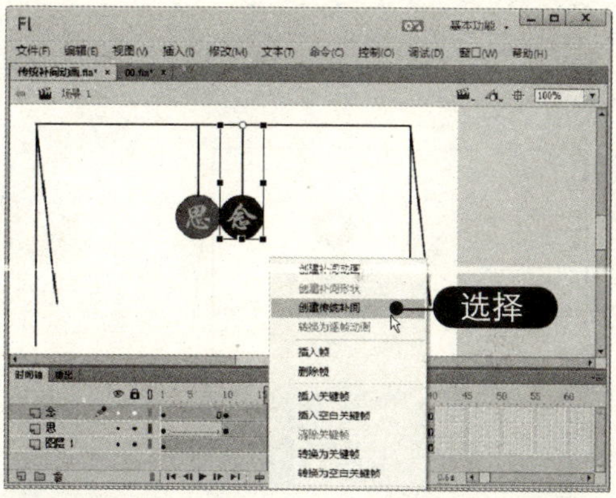

14 设置补间缓动 此时即可创建传统补间动画，选中补间动画的任意一帧，打开“属性”面板，设置补间缓动为100，如下图所示。

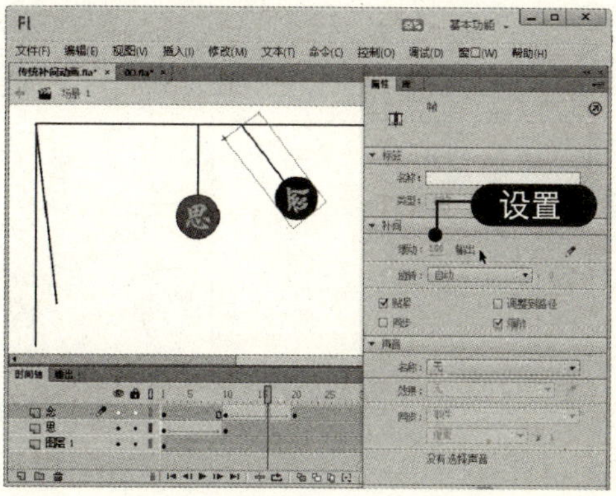

15 **旋转实例** 在“念”图层的第 30 帧插入关键帧，并使用任意变形工具在按住【Shift】键的同时旋转实例，使其呈 90°角，如下图所示。

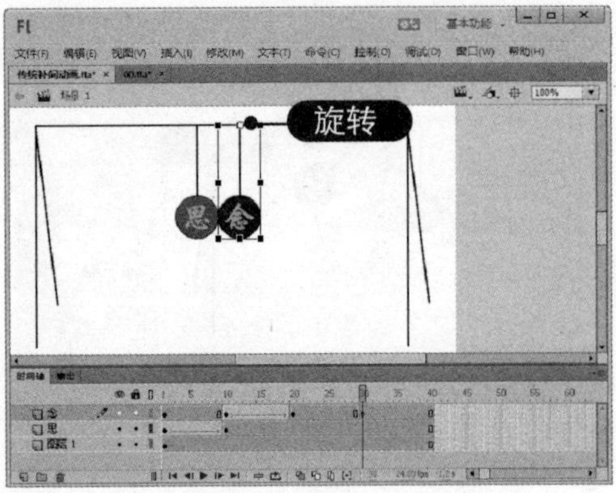

16 **创建传统补间动画** 同样，在“念”图层的第 20 帧到第 30 帧之间创建传统补间动画，并在“属性”面板中设置缓动为-100，如下图所示。

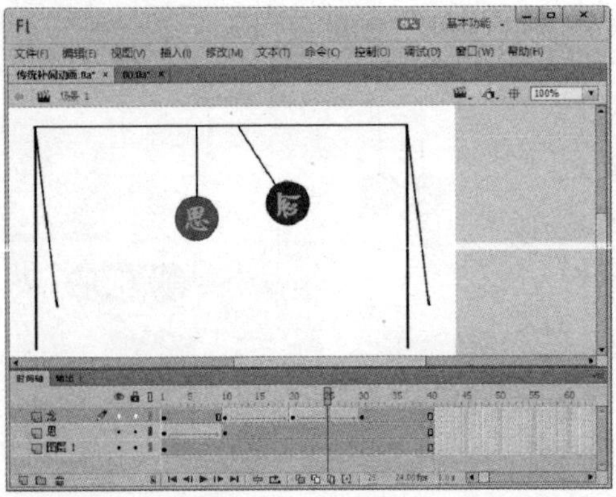

17 **插入关键帧** 在“思”图层的第 30 帧和第 40 帧处按【F6】键，插入关键帧，如下图所示。

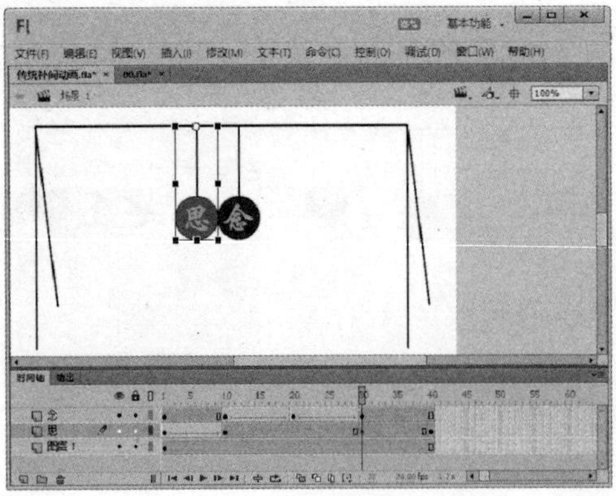

18 **旋转实例** 选中“思”图层的第 40 帧，使用任意变形工具旋转第 40 帧中的实例，使其呈 45°角，如下图所示。

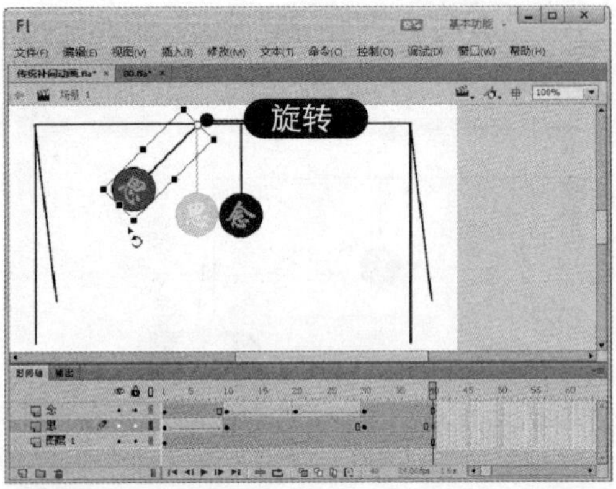

19 **创建传统补间动画** 在“思”图层的第 30 帧到第 40 帧之间创建传统补间动画，并设置缓动为 100，如下图所示。

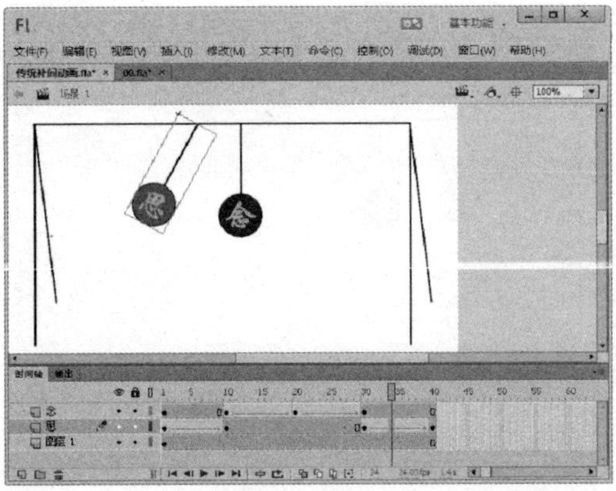

20 **测试动画效果** 按【Ctrl+Enter】组合键测试传统补间动画效果，如下图所示。

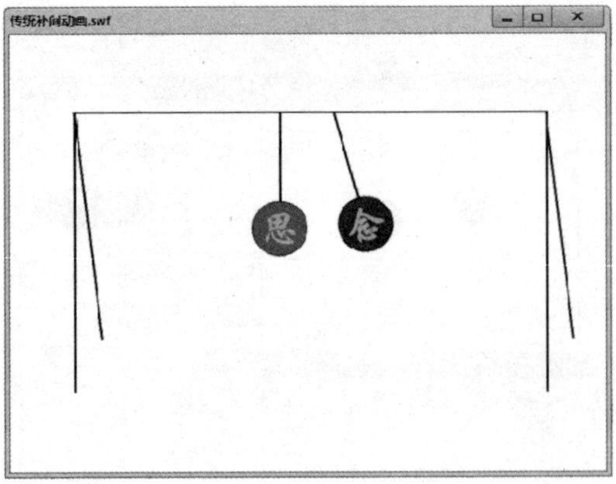

12.3.4 制作补间形状动画

补间形状动画只能用于矢量形状，在时间轴中的一个关键帧绘制一个矢量形状，然后在另一个关键帧更改该形状或绘制另一个形状。Flash 将内插中间帧的中间形状，创建一个形状变形为另一个形状的动画。也可以对补间形状内的形状的位置和颜色进行补间。补间形状动画适用于简单的形状，下面将介绍如何创建补间形状动画。

1. 创建补间形状动画

01 新建并移动图层 打开素材文件“补间形状动画.fla”，可以看到为一个立方体形状，新建“图层 3”并将其移至底层，如下图所示。

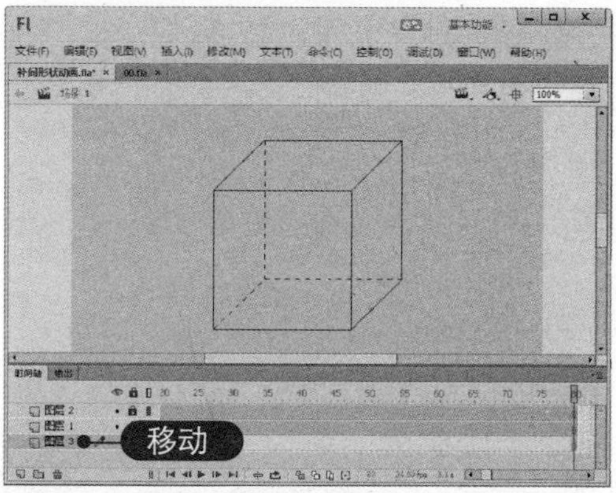

02 绘制矩形 使用矩形工具在“图层 3”中绘制矩形形状，如下图所示。

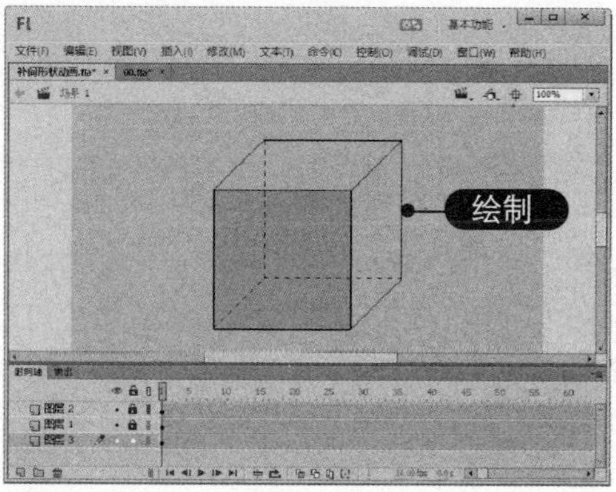

03 定位鼠标指针 选择选择工具，将鼠标指针置于矩形的边角上，此时鼠标指针变为形状，如下图所示。

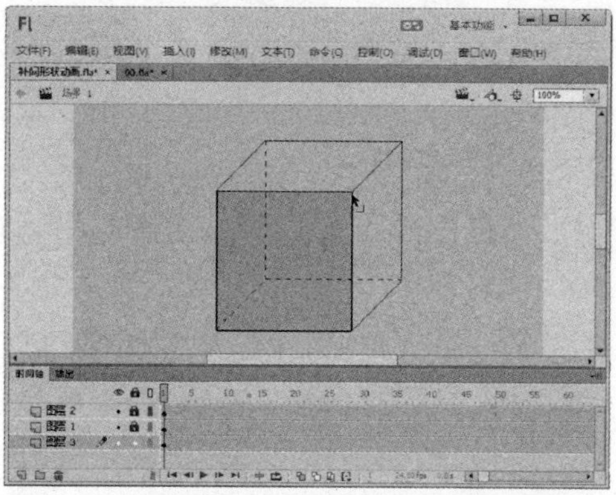

04 调整矩形样式 按住鼠标左键并拖动，调整矩形形状，如下图所示。

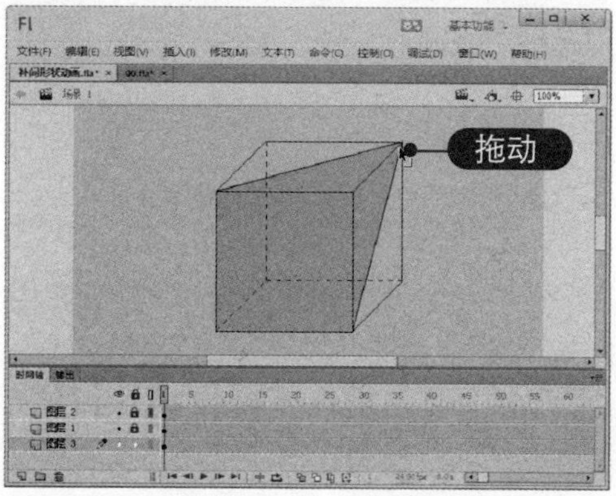

05 调整矩形形状 使用选择工具继续调整矩形形状，效果如下图所示。

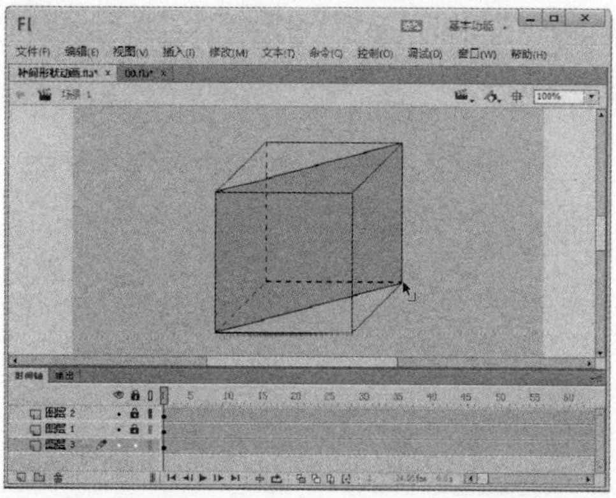

06 **插入关键帧** 在“图层 3”的第 15 帧处按【F6】键插入关键帧，如下图所示。

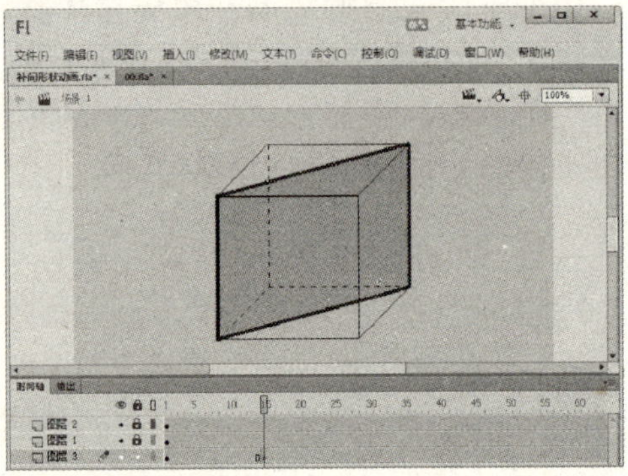

07 **调整矩形形状** 使用选择工具调整矩形形状，如下图所示。

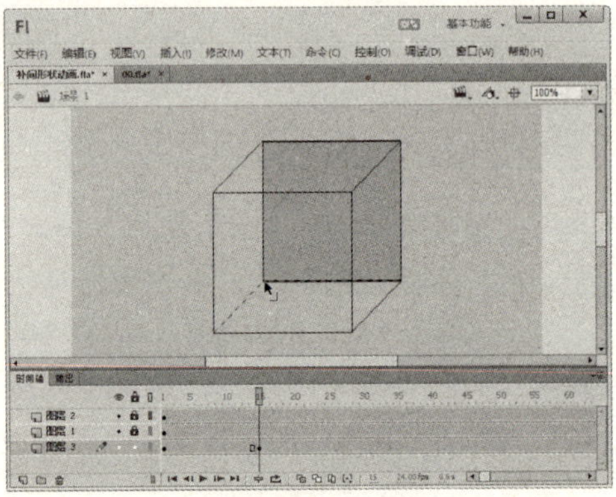

08 **选择“创建补间形状”命令** 在“图层 3”的第 1 帧到第 15 帧之间右击，在弹出的快捷菜单中选择“创建补间形状”命令，如下图所示。

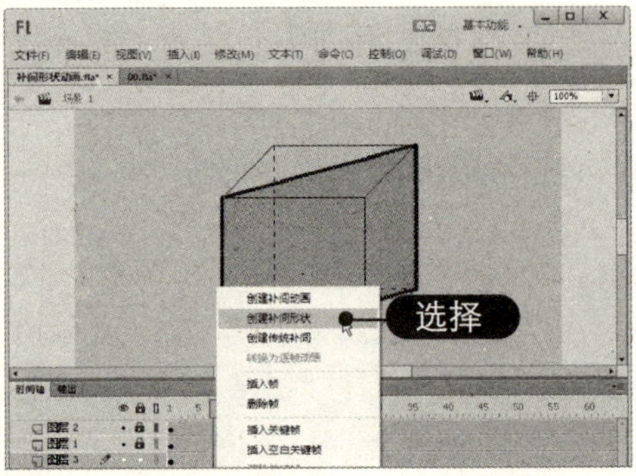

09 **查看动画效果** 拖动播放头，查看补间形状动画效果，如下图所示。

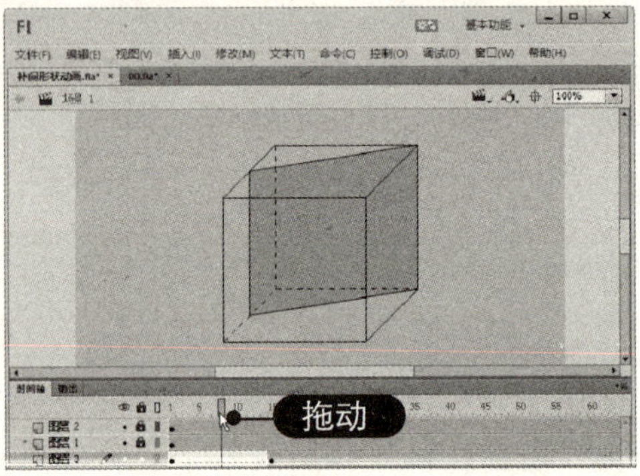

2．使用形状提示

要控制补间形状的变化，可以使用形状提示。形状提示会标识起始形状和结束形状中的相对应的点。形状提示包含从 a 到 z 的字母，用于识别起始形状和结束形状中相对应的点，最多可以使用 26 个形状提示。起始关键帧中的形状提示是黄色的，结束关键帧中的形状提示是绿色的，当不在一条曲线上时为红色。

01 **插入关键帧** 在“图层 3”的第 30 帧处按【F6】键插入关键帧，如下图所示。

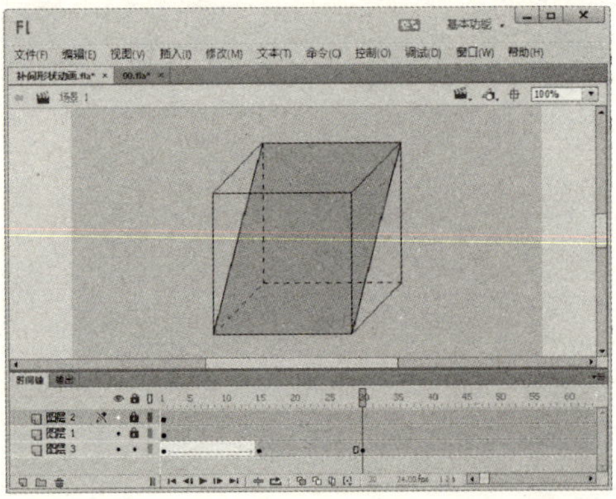

02 **创建补间形状动画** 在“图层 3”的第 15 帧到第 30 帧之间创建补间形状动画，拖动播放头查看效果，可以看到形状发生变化但并未按照立方体的轨道运动，如下图所示。

知识加油站

若要制作精细的动画，可右击补间动画的帧，选择“转换为逐帧动画”命令，然后对动画的每一帧进行细微调整。

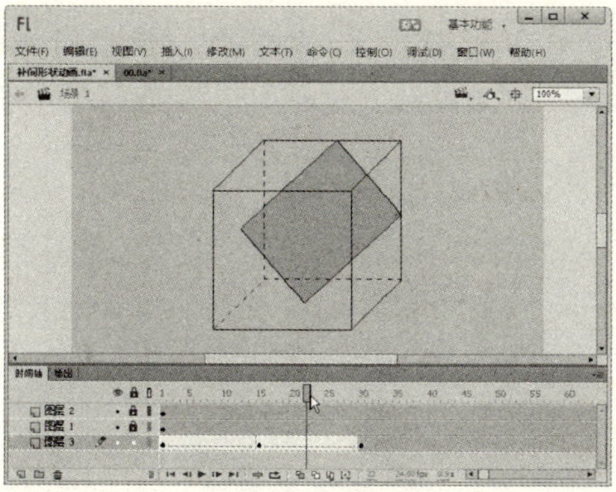

03 单击“添加形状提示”命令

选中第 15 帧，单击“修改”|“形状”|“添加形状提示”命令或按【Ctrl+Shift+H】组合键，添加一个形状提示，如下图所示。

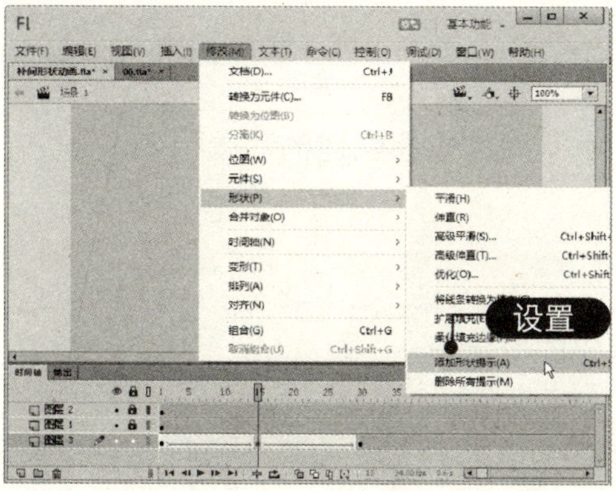

04 移动提示点

此时即可添加提示点 a，将其移到左上角顶点偏右的位置，如下图所示。若要隐藏提示点，可直接按【Ctrl+Alt+H】组合键。

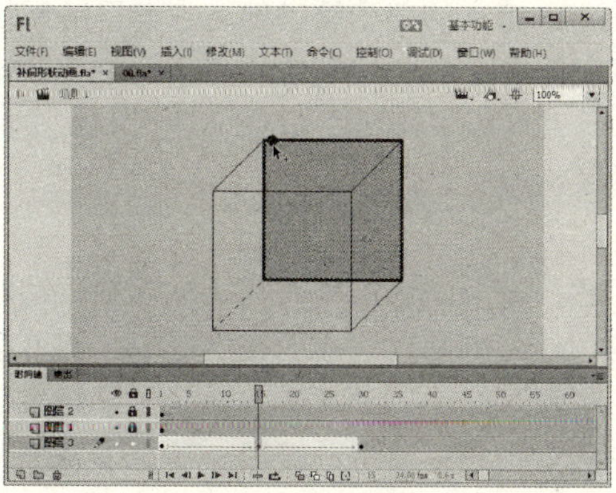

05 继续添加提示点

用同样的方法添加其他 3 个提示点，并分别调至其位置，如下图所示。

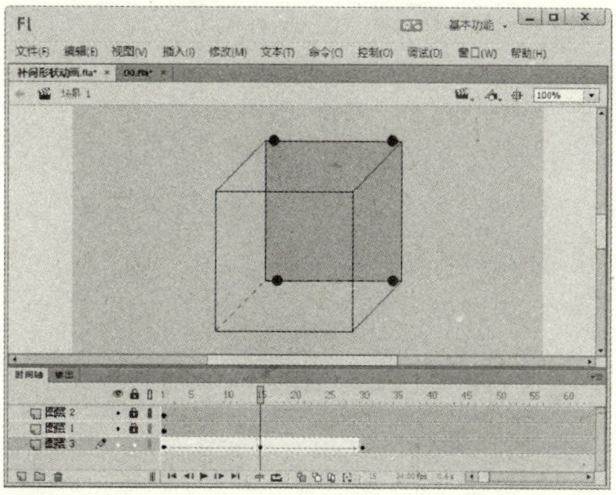

06 查看动画结束位置的提示点

选中第 30 帧，可以看到四个形状提示点都集中在形状的中心位置，如下图所示。

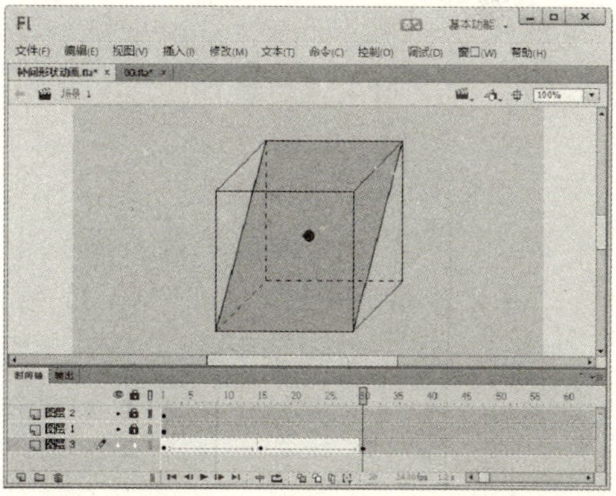

07 调整提示点位置

根据需要分别调整形状提示点到合适的位置，如下图所示。

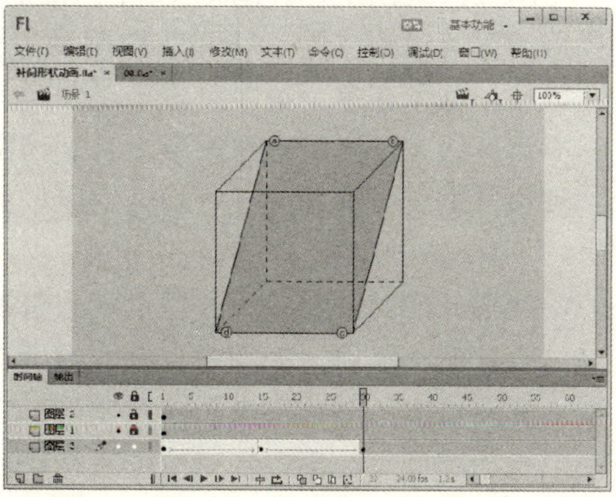

08 查看补间形状动画效果 拖动播放头查看动画效果，可以看到补间形状动画的变化根据提示点的位置按立方体的轨道发生变化，如下图所示。

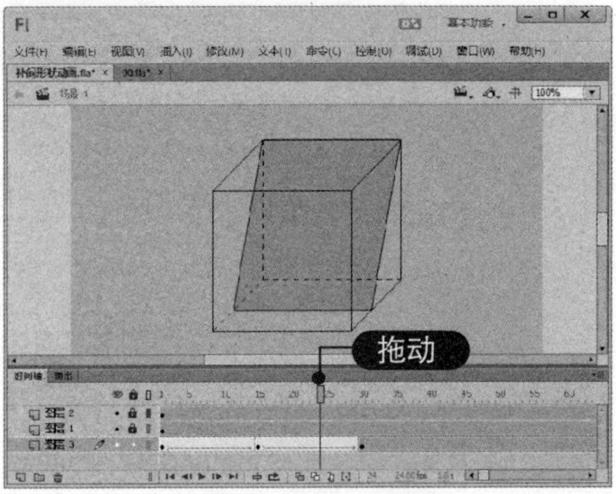

09 创建补间形状动画 采用同样的方法继续创建补间形状动画，如下图所示。

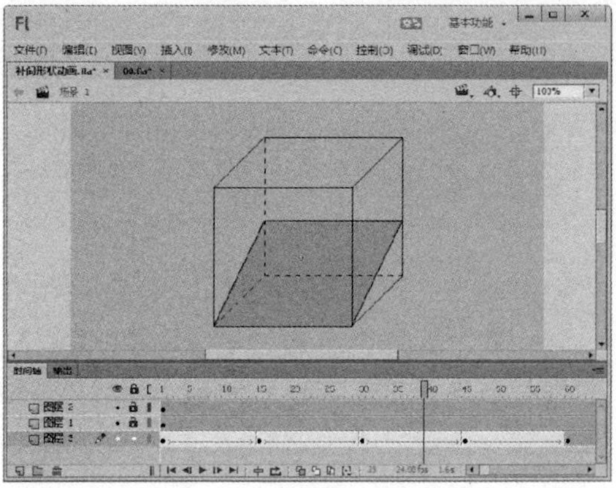

12.3.5 制作补间动画

补间动画是通过为不同帧中的对象属性指定不同的值而创建的动画，Flash 程序计算这两个帧之间该属性的值。

1. 认识补间动画

关于补间动画，有必要先了解其中几个重要的概念：

（1）补间范围

补间范围是时间轴中的一组帧，其中的某个对象具有一个或多个随时间变化的属性。补间范围在时间轴中显示为具有蓝色背景的单个图层中的一组帧。可将这些补间范围作为单个对象进行选择，并从时间轴中的一个位置拖到另一个位置，包括拖到另一个图层。在每个补间范围中，只能对舞台上的一个对象进行动画处理，此对象称为补间范围的目标对象。

（2）属性关键帧

属性关键帧是在补间范围中为补间目标对象显式定义一个或多个属性值的帧。这些属性可能包括位置、Alpha（透明度）和色调等。定义的每个属性都有它自己的属性关键帧。如果在单个帧中设置了多个属性，则其中每个属性的属性关键帧会驻留在该帧中。可以在动画编辑器中查看补间范围的每个属性及其属性关键帧，还可以从补间范围快捷菜单中选择可在时间轴中显示的属性关键帧类型。

（3）运动路径

如果补间对象在补间过程中更改其舞台位置，则补间范围具有与之关联的运动路径。此运动路径显示补间对象在舞台上移动时所经过的路径。可以使用选取、部分选取、转换锚点、删除锚点和任意变形等工具，以及“修改”菜单中的命令来编辑舞台上的运动路径。如果不是对位置进行补间，则舞台上不显示运动路径。还可以将现有路径应用为运动路径，方法是将该路径粘贴到时间轴中的补间范围上。

2. 创建补间动画

下面以制作篮球入框的动画效果为例介绍创建补间动画的方法，具体操作方法如下：

01 创建实例 打开素材文件“补间动画.fla”，新建“图层 2”，并将“库”面板中的“篮球”元件拖至舞台，如下图所示。

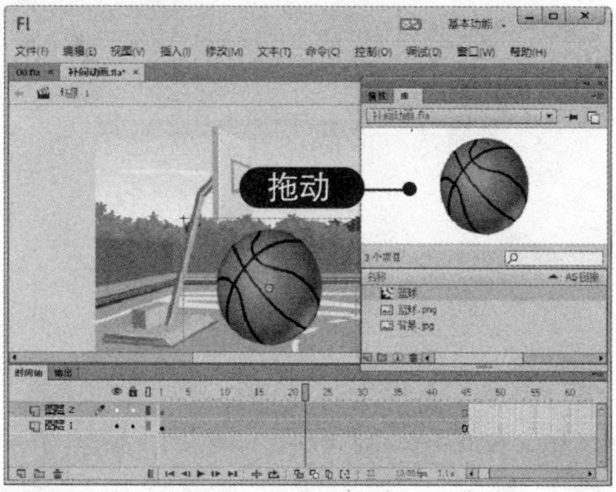

02 调整实例 使用任意变形工具调整“篮球”实例的大小，并将其移至舞台外，如下图所示。

03 选择“创建补间动画”命令 右击“图层 2”中的帧，在弹出的快捷菜单中选择“创建补间动画”命令，如下图所示。

04 移动播放头位置 此时会出现补间范围，默认为关键帧后的整个帧序列，将播放头移至第 25 帧，如下图所示。

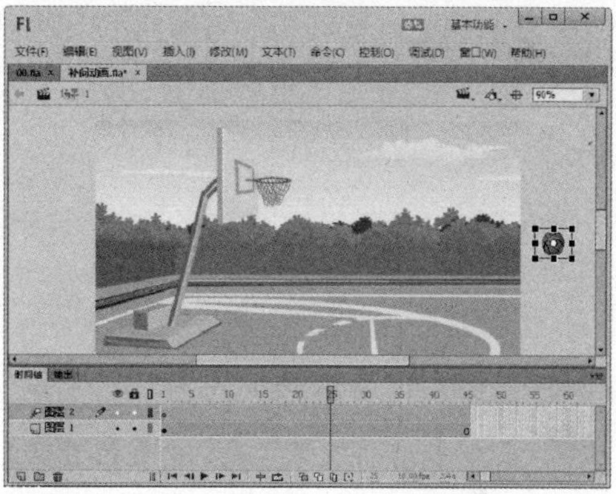

05 调整实例位置 使用选择工具调整实例的位置，此时即可出现一个运动路径，第 25 帧将转换为关键帧，如下图所示。

06 移动指针位置 将鼠标指针移至路径边缘，此时鼠标指针变为形状，如下图所示。

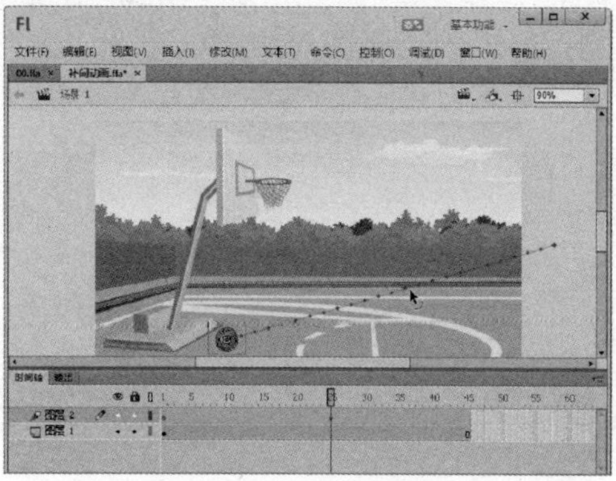

07 调整运动路径 单击并拖动鼠标调整运动路径，如下图所示。

08 选择“拆分动画”命令 拖动播放头查看动画效果，将播放头位置移到“篮球”元件最高处的帧上并右击，选择“拆分动画”命令，如下图所示。

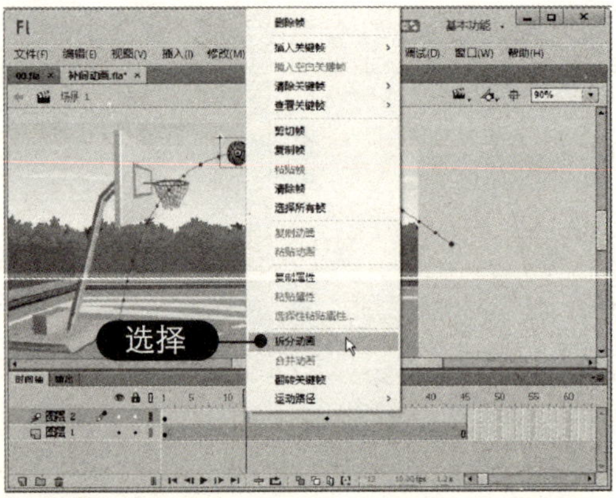

09 拆分动画 此时即可将一个补间动画拆分为两个，如下图所示。

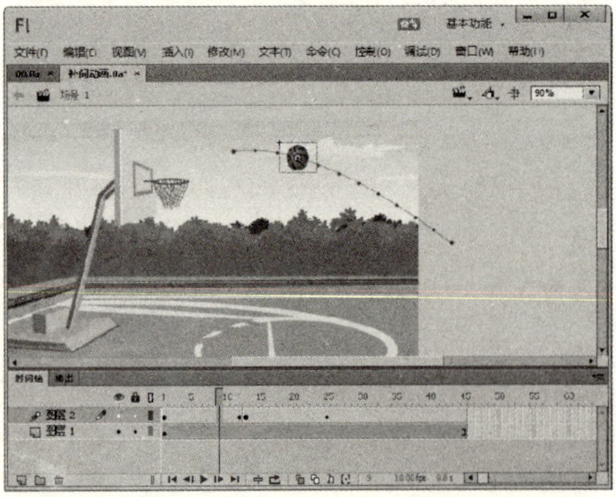

10 设置补间属性 选中第 1 个补间动画中的任意一帧，打开“属性”面板，设置缓动为 80，逆时针旋转 3 次，如下图所示。

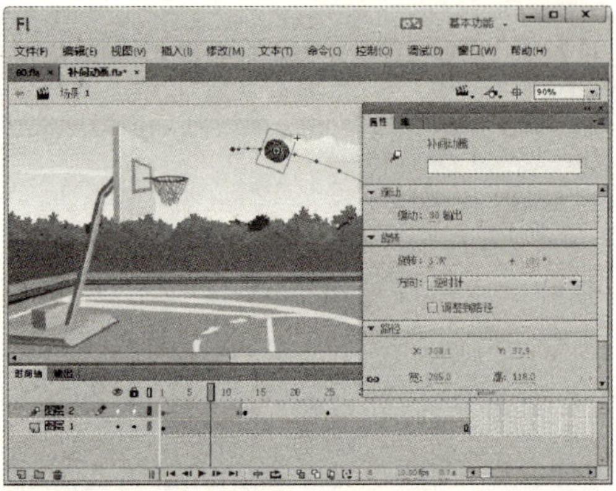

11 选择“拆分动画”命令 选中第 26 帧并右击（即补间关键帧后的一帧），在弹出的快捷菜单中选择“拆分动画”命令，如下图所示。

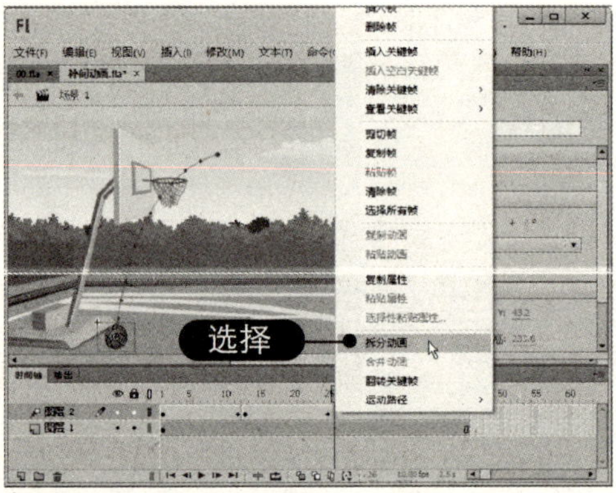

12 设置补间属性 选中第 2 个补间动画中的任意一帧，打开“属性”面板，设置缓动为-80，逆时针旋转 2 次，如下图所示。

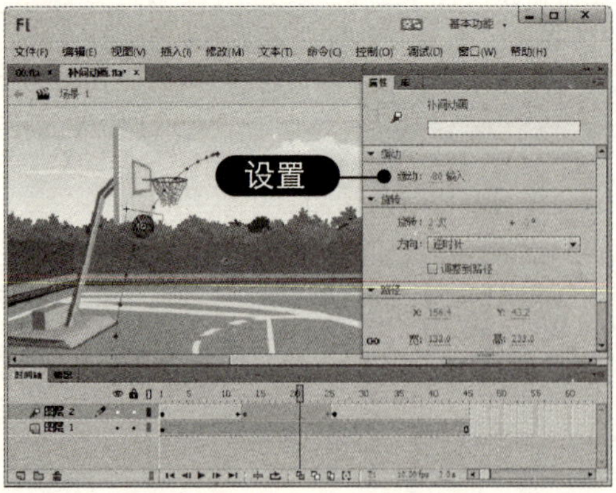

13 调整实例位置 将播放头移至第30帧，使用选择工具调整实例的位置，即可出现一个运动路径，如下图所示。

14 继续创建补间动画 根据需要调整路径，然后采用相同的方法继续添加关键帧并编辑运动路径、设置补间属性，如下图所示。

3. 补间动画与传统补间动画的区别

补间动画和传统补间之间的区别主要体现在以下几个方面：

（1）传统补间使用关键帧。关键帧是其中显现对象新实例的帧。补间动画只能具有一个与之关联的对象实例，并使用属性关键帧，而不是关键帧。

（2）补间动画在整个补间范围上由一个目标对象组成。

（3）补间动画和传统补间都只允许对特定类型的对象进行补间。若应用补间动画，在创建补间时会将一切不允许的对象类型转换为影片剪辑，而应用传统补间会将这些对象类型转换为图形元件。

（4）补间动画会将文本视为可补间的类型，而不会将文本对象转换为影片剪辑。传统补间会将文本对象转换为图形元件。

（5）在补间动画范围上不允许帧脚本，传统补间允许帧脚本。

（6）对于传统补间，缓动可应用于补间内关键帧之间的帧组。对于补间动画，缓动可应用于补间动画范围的整个长度。若仅对补间动画的特定帧应用缓动，则需要创建自定义缓动曲线。

（7）利用传统补间能够在两种不同的色彩效果（如色调和 Alpha）之间创建动画，补间动画能够对每个补间应用一种色彩效果。

（8）只有补间动画才能保存为动画预设。在补间动画范围中，必须按住【Ctrl】键单击选择帧。

（9）对于补间动画，无法交换元件或设置属性关键帧中显现的图形元件的帧数。应用了这些技术的动画要求使用传统补间。

（10）只能使用补间动画为 3D 对象创建动画效果，无法使用传统补间为 3D 对象创建动画效果。

12.3.6 制作引导动画

引导动画即为传统补间动画创建运动路径，可以使用钢笔工具、铅笔工具等工具绘制所需的路径，然后将补间对象贴紧到路径上，使其沿路径运动。下面将学习引导动画的制作方法。

1. 认识引导动画

引导动画是指被引导对象沿着指定的路径进行运动的动画。引导动画是由引导层和被引导层组成的。引导层用于绘制对象运动的路径，被引导层用于放置运动的对象。在一个运动引导层下可以建立一个或多个被引导层。

在绘制引导线时，应注意以下事项：

（1）引导线不能出现中断；

（2）引导线不能出现交叉和重叠；

（3）引导线的转折不能过多或过急；

（4）被引导对象对引导线的吸附一定要准确。

2. 创建引导动画

下面以制作花瓣飘落的动画效果为例介绍如何创建引导动画，具体操作方法如下：

01 打开“库”面板 打开素材文件“引导动画.fla”，打开“库”面板，查看其中包含的项目，如下图所示。

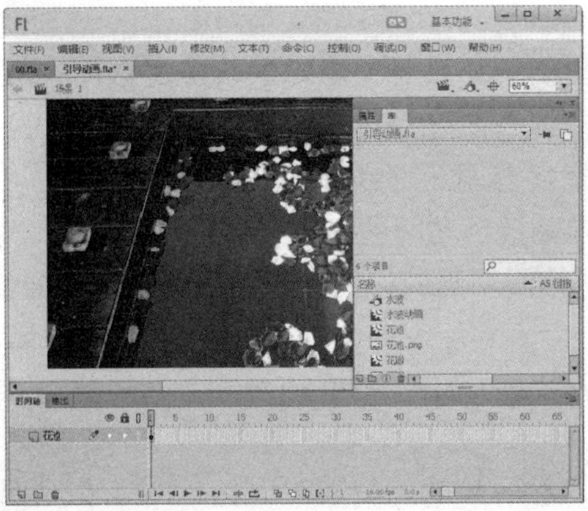

02 创建实例 在“花池”图层的第110帧插入普通帧，然后新建图层并重命名为“花瓣”。将“花瓣”元件从“库”面板中拖至场景中，并将其置于舞台之外，如下图所示。

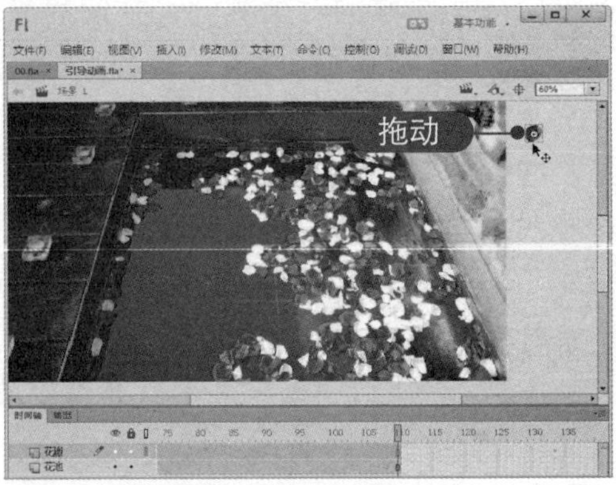

03 绘制路径 新建图层并将其重命名为“路径”，使用铅笔工具绘制路径，如下图所示。

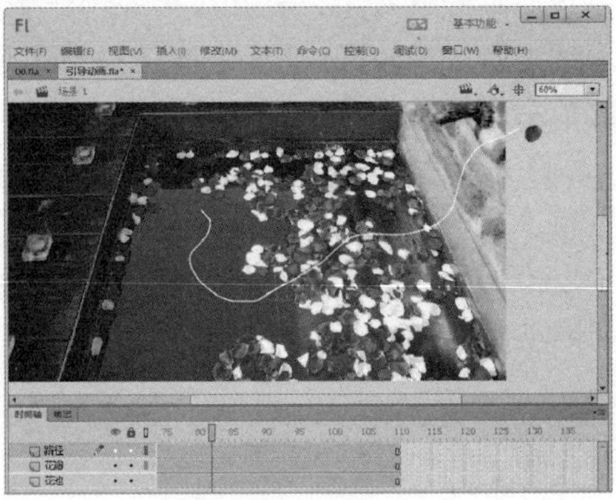

04 选择“引导层”命令 右击“路径”图层，在弹出的快捷菜单中选择“引导层”命令，如下图所示。

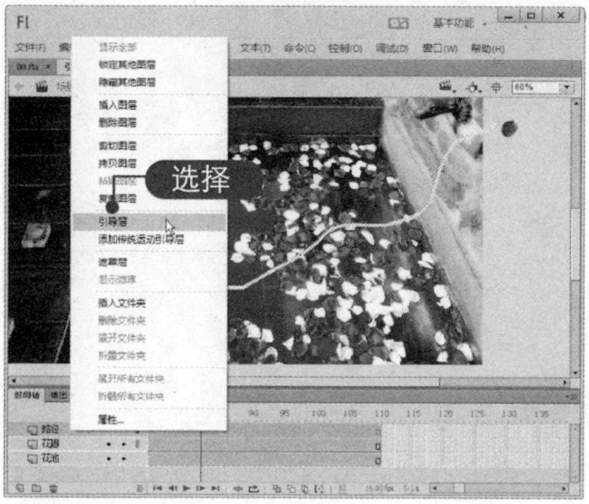

05 创建被引导层 将“花瓣”图层拖入引导层中，如下图所示。

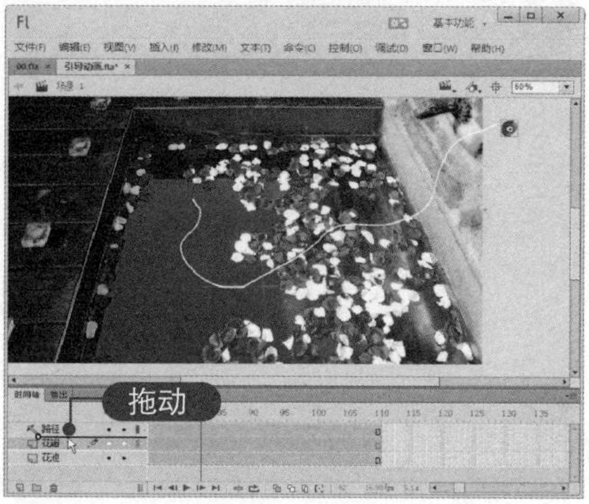

06 插入关键帧 在第85帧处按【F6】键插入关键帧，如下图所示。

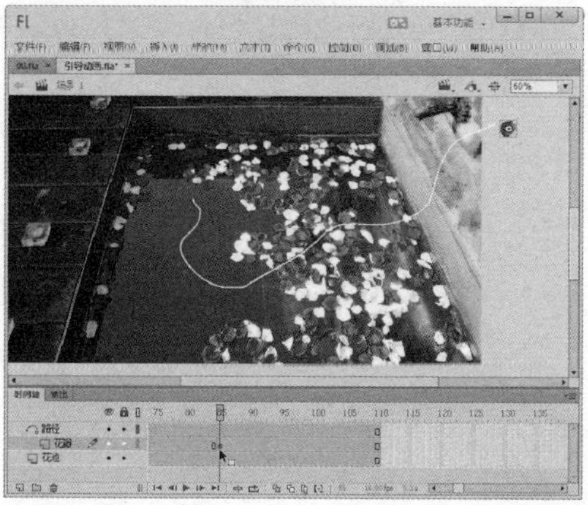

07 将实例拖至路径起点 选择“花瓣”图层第1帧中的实例，并将其拖至线条路径的起点，如下图所示。

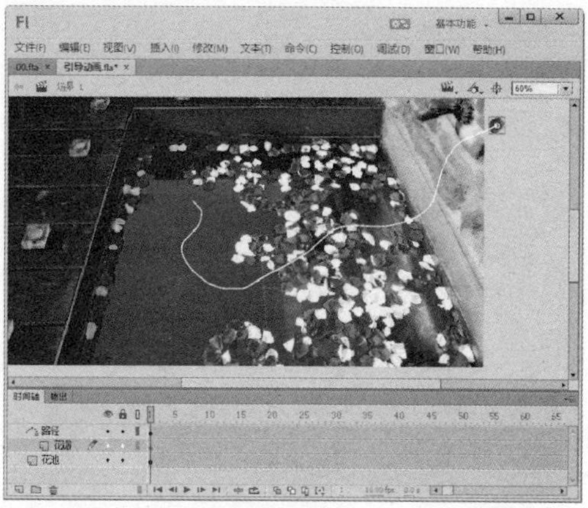

08 将实例拖至路径终点 选择“花瓣”图层第85帧中的实例，并将舞台上的“花瓣”实例拖至线条的终点，如下图所示。

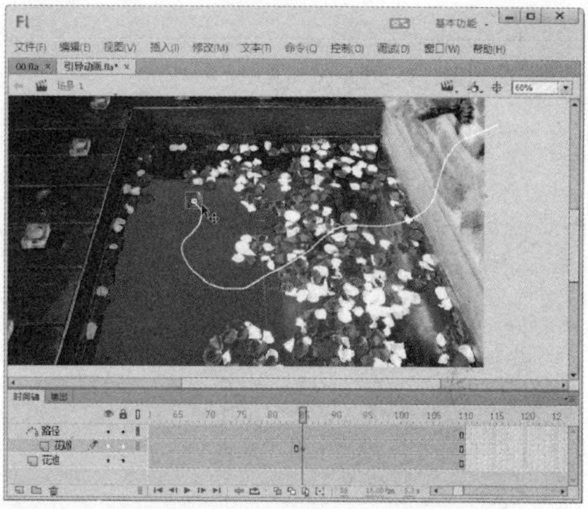

09 创建传统补间动画 在“花瓣”图层的两个关键帧之间右击，选择“创建传统补间”命令，如下图所示。

10 **查看动画效果** 拖动播放头，可以看到花瓣沿路径进行运动，但显得不够自然，如下图所示。

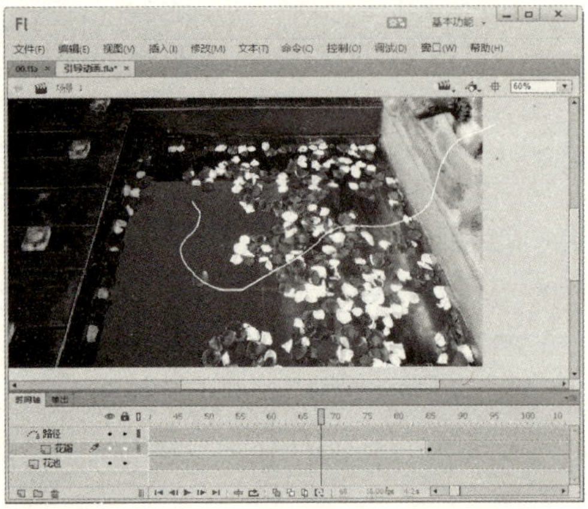

11 **插入关键帧旋转实例** 选中“花瓣”图层，拖动播放头到“花瓣”实例在路径的转弯处，并按【F6】键插入关键帧，然后使用任意变形工具选中“花瓣”实例并旋转一定的角度，如下图所示。

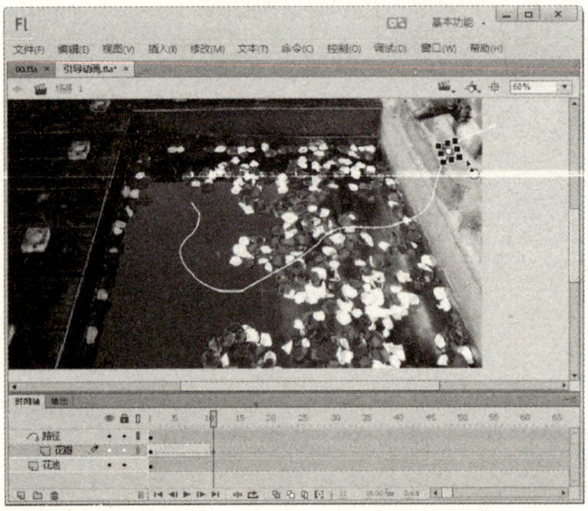

12 **继续操作** 用同样的方法在路径中需要转弯的地方插入关键帧，并使用任意变形工具调整“花瓣”实例的方向，并根据需要设置必要的补间缓动，如下图所示。

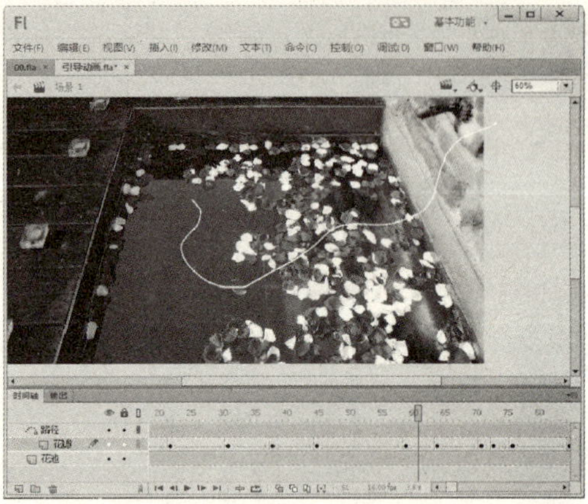

13 **插入关键帧** 在“花池”图层上方新建“水波”图层，在第85帧处按【F6】键插入关键帧，如下图所示。

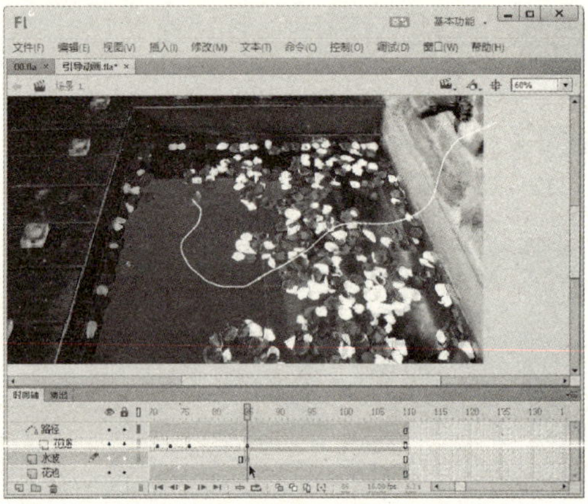

14 **创建“水波动画”实例** 将“库”面板中的“水波动画”元件拖至舞台中合适的位置，如下图所示。

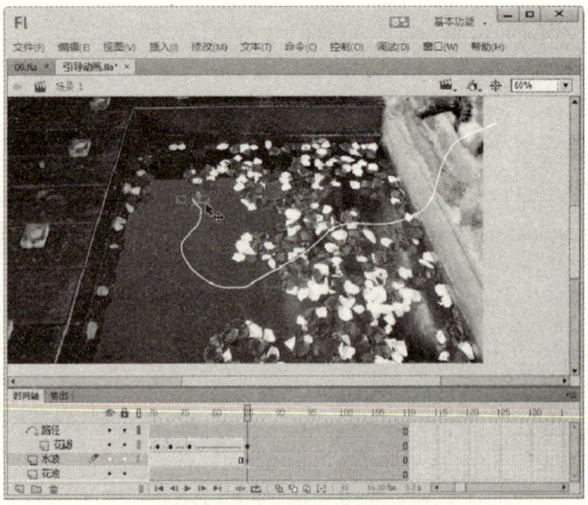

15 插入关键帧 新建图层并将其重命名为“代码”，在第 110 帧处按【F6】键插入关键帧，如下图所示。

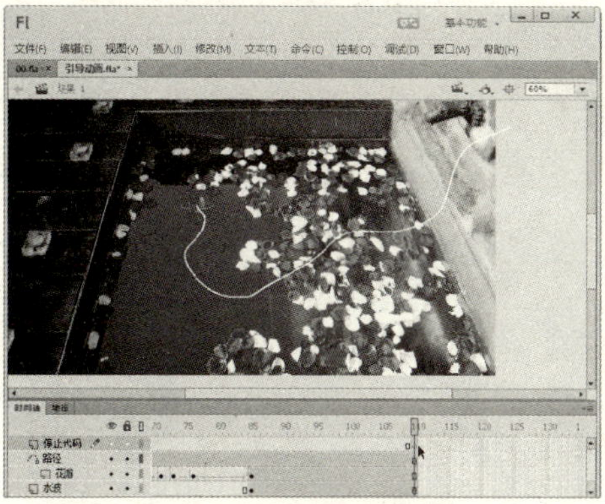

16 输入停止代码 按【F9】键打开“动作”面板，输入停止代码“stop();”，如下图所示。

12.3.7 制作遮罩动画

遮罩动画由遮罩层和被遮罩层组成。遮罩层用于放置遮罩的形状，被遮罩层用于放置要显示的图像。遮罩动画的制作原理就是透过遮罩层中的形状将被遮罩层中的图像显示出来。遮罩动画在 Flash 中的应用非常广泛，下面学习遮罩动画的制作方法。

1. 认识遮罩层

若要获得聚光灯效果和过渡效果，可以使用遮罩层创建一个孔，通过这个孔可以看到下面的图层。遮罩项目可以是填充的形状、文字对象、图形元件的实例或影片剪辑。将多个图层组织在一个遮罩层下，可以创建复杂的遮罩效果。若要创建动态效果，可以让遮罩层动起来。

若要创建遮罩层，应将遮罩项目放在要用作遮罩的图层上。与填充或笔触不同，遮罩项目就像一个窗口一样，透过它可以看到位于它下面的被遮罩层区域。除了透过遮罩项目显示的内容之外，其余的所有内容都被遮罩层的其余部分隐藏起来。

需要注意的是，一个遮罩层只能包含一个遮罩项目。遮罩层不能在按钮内部，也不能将一个遮罩应用于另一个遮罩。

2. 创建遮罩层

下面将介绍如何创建遮罩层，具体操作方法如下：

01 导入图片 打开文件“遮罩层.fla”，将“库”面板中的图片拖至舞台，可以看到为一张雨打玻璃的图片，如右图所示。

02 输入文本并设置格式 新建“图层 2”，使用文本工具输入所需的文字，然后在“属性”面板中设置字符格式，如下图所示。

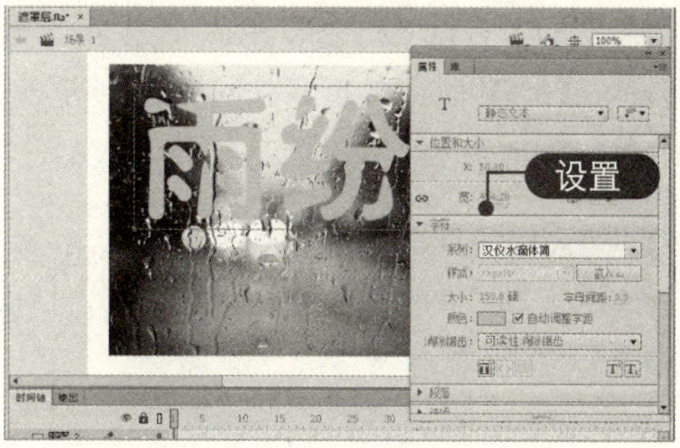

03 选择“遮罩层”命令 右击“图层2”，在弹出的快捷菜单中选择“遮罩层”命令，如下图所示。

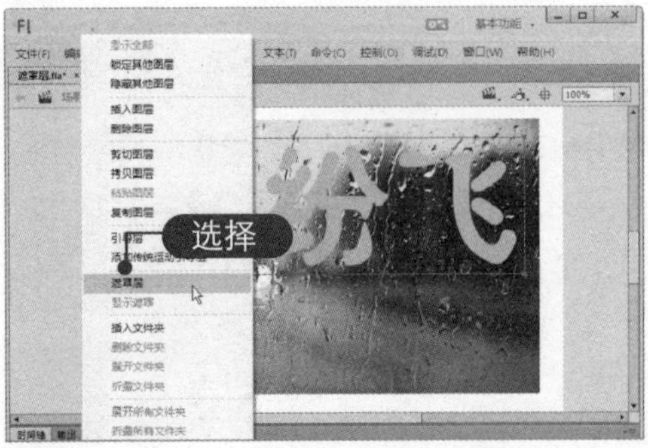

知识加油站

要更改遮罩层的显示效果，可先解锁遮罩层和被遮罩层，然后调整被遮罩层图像的大小或位置。

04 查看遮罩效果 此时将自动锁定“图层1”和“图层2”，以查看遮罩效果。可以看到透过文字将“图层1”中的图像显示出来了，而文字外的图像被隐藏，如下图所示。要对遮罩层进行编辑，只需解锁图层即可。

3. 创建遮罩动画

下面以制作闪光文字动画效果为例介绍如何创建遮罩动画，具体操作方法如下：

01 绘制图形 使用矩形工具绘制形状，并设置渐变填充，如下图所示。

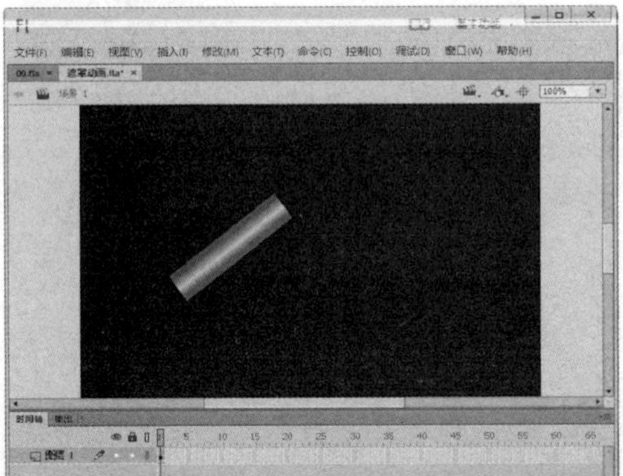

02 转换为图形元件 选中形状后按【F8】键，将形状转换为图形元件，如下图所示。

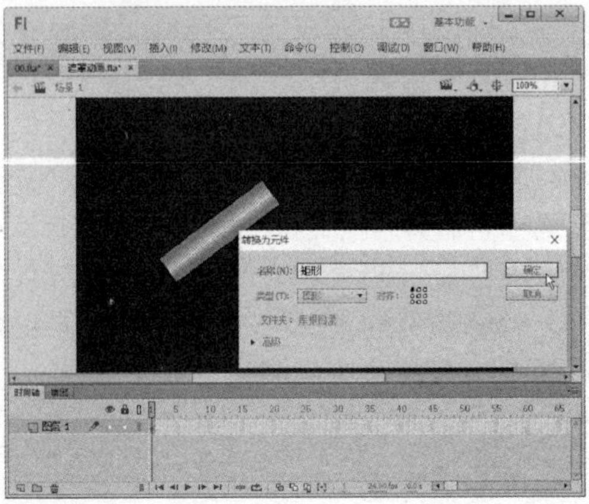

03 输入文字 删除舞台中的“矩形”实例，使用文本工具在舞台中输入文字，在第35帧处按【F5】键插入普通帧，如下图所示。

知识加油站

在制作遮罩动画的过程中，遮罩层中的对象经常因挡住下层的图像，影响视线，无法编辑，可以通过单击遮罩层右侧的轮廓按钮▯使其只显示轮廓。

04 分离文字 按两次【Ctrl+B】组合键，将文字分离为图形。选中图形，在“属性”面板中设置其填充效果为渐变填充，如下图所示。

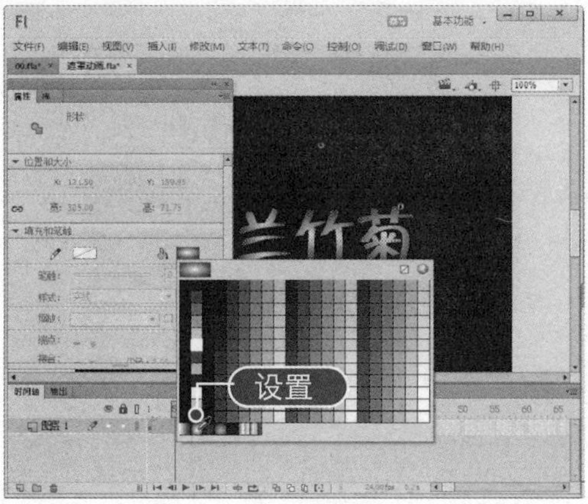

05 创建实例 新建图层并将其重命名为“矩形”。将“矩形”实例移至舞台中，并调整其大小和位置，如下图所示。

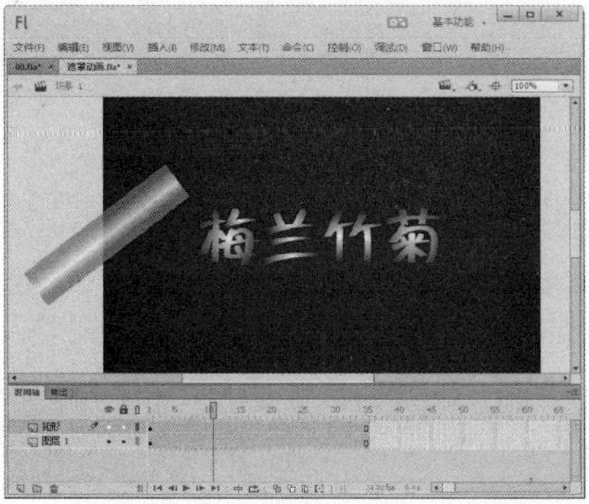

06 调整实例位置 在“矩形”图层的第35帧处按【F6】键插入关键帧，调整“矩形”实例的位置，如下图所示。

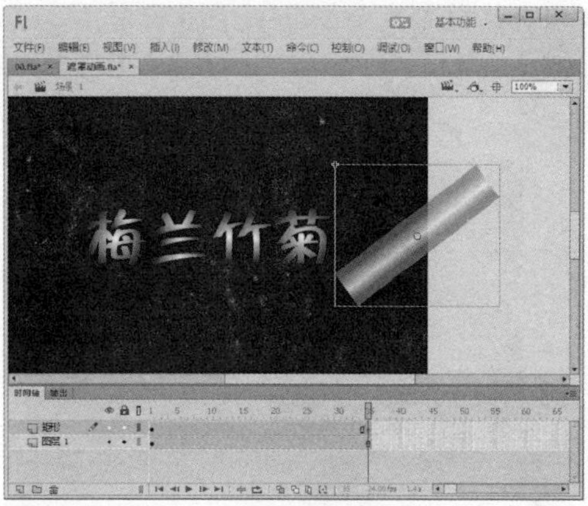

07 创建传统补间动画 在“矩形”图层的两个关键帧之间右击，在弹出的快捷菜单中选择“创建传统补间”命令，如下图所示。

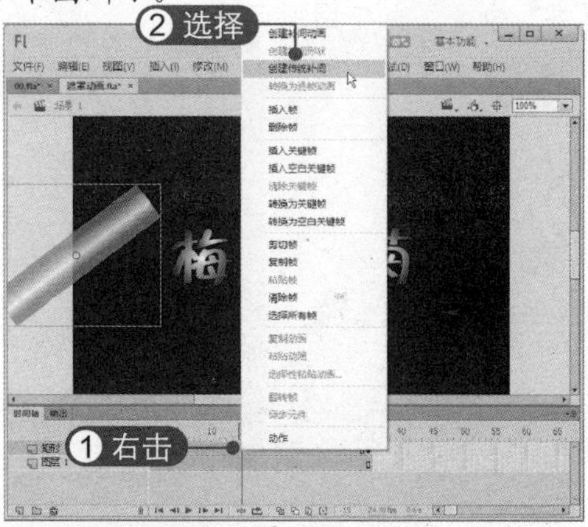

08 复制图形 选中“图层 1”的第1帧即可选中文字图形，按【Ctrl+C】组合键复制图形，如下图所示。

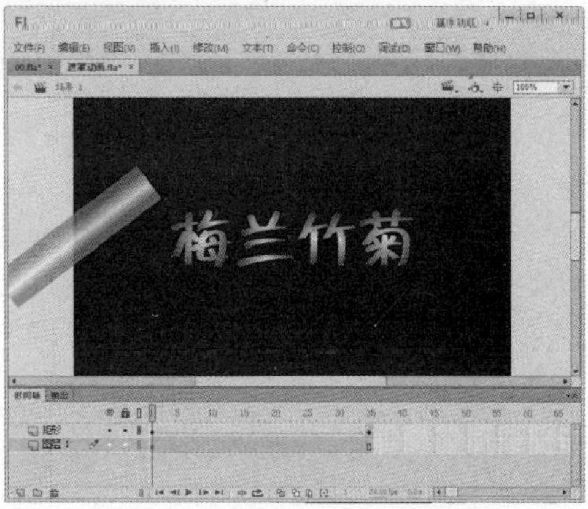

09 新建图层并粘贴图形 新建图层并将其重命名为“遮罩”。右击舞台空白位置，在弹出的快捷菜单中选择“粘贴到当前位置”命令，如下图所示。

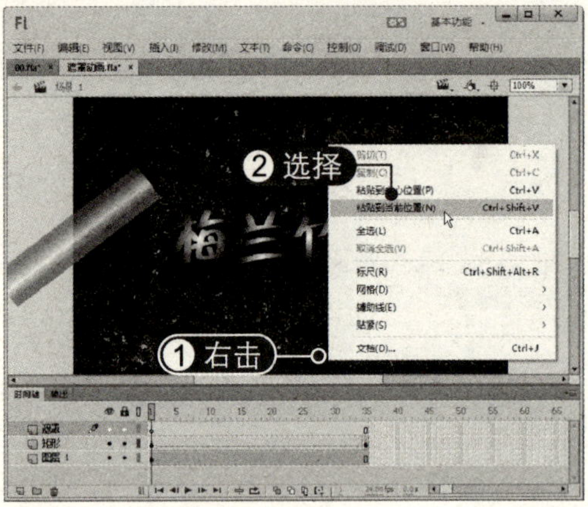

10 选择“遮罩层”命令 右击“遮罩”图层，在弹出的快捷菜单中选择“遮罩层”命令，如下图所示。

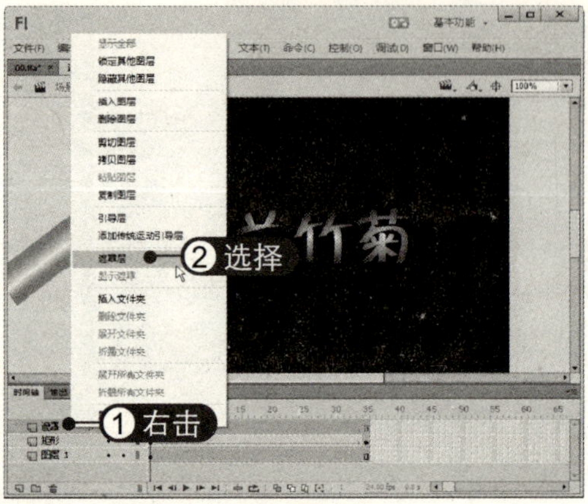

11 查看动画效果 此时即可自动锁定遮罩和被遮罩层，拖动播放头查看遮罩动画效果，如下图所示。

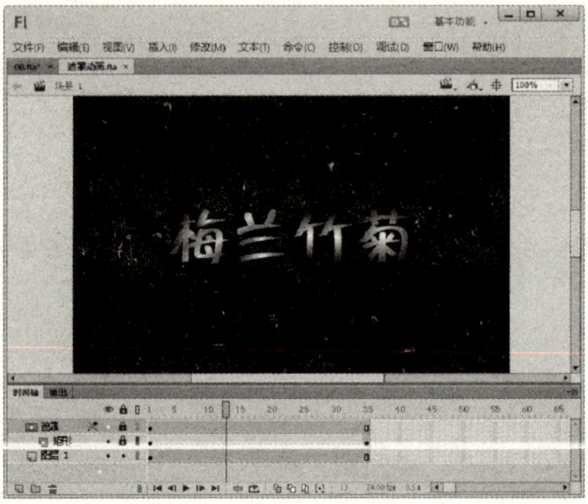

Chapter 13

Photoshop CC 快速入门

随着网页中图像的大量使用，Photoshop 作为一款便利、专业的图像处理软件，它在网页制作中的作用不言而喻。Photoshop 与其他软件的超强组合，已经成为现在网页制作的必备工具。本章将重点介绍 Photoshop CC 网页图像处理的基础知识。

本章要点

- Photoshop CC 工作界面
- Photoshop CC 基本操作
- Photoshop CC 基本工具的使用
- 认识常用面板

知识等级

网页制作初级读者

建议学时

建议学习时间为 120 分钟

13.1 Photoshop CC 工作界面

启动 Photoshop CC，从中打开一个图像文件。此时，即可看到 Photoshop CC 的工作界面，如下图所示。

1. 菜单栏

Photoshop CC 菜单栏包括“文件”、“编辑”、“图像”、“图层”、“类型”、“选择”、“滤镜”“视图”、“窗口”和“帮助”10 个菜单，如下图所示。

◎ **“文件”菜单**：对所修改的图像进行打开、关闭、存储、输出、打印操作。

◎ **“编辑”菜单**：编辑图像过程中所用到的各种操作，如复制、粘贴等一些基本操作。

◎ **“图像”菜单**：用于修改图像的各种属性，包括图像和画布大小、图像颜色的调整、修正图像等。

◎ **“图层”菜单**：图层的基本操作命令。

◎ **“类型”菜单**：用于设置文本的相关属性。

◎ **“选择”菜单**：可以对选区中的图像添加各种效果或进行各种更改而不改变选区外的图像，还提供了各种控制和变换选区的命令。

◎ **“滤镜”菜单**：用于添加各种特殊效果。

◎ **“视图”菜单**：用于改变文档的视图，如放大、缩小、显示标尺等。

◎ **“窗口”菜单**：用于改变活动文档，以及打开和关闭 Photoshop CC 的各个浮动面板。

◎ **“帮助”菜单**：用于查找帮助信息。

2. 工具箱及工具属性栏

Photoshop 的工具箱中包含多种工具，要使用这些工具，只要单击工具箱中的工具按钮即可，如下图（左）所示。

使用 Photoshop CC 绘制图像或处理图像时，需要在工具箱中选择工具，且在工具选项栏中进行相应的设置，如选择渐变工具，属性栏中可设置参数如下图（右）所示。

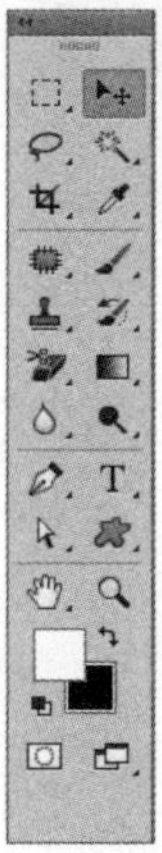

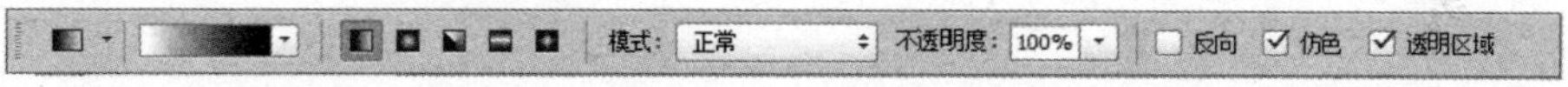

3. 文档窗口

图像文件窗口就是显示图像的区域，也是编辑和处理图像的区域。在图像窗口中可以实现 Photoshop 中所有的功能，也可以对图像窗口进行多种操作，如改变窗口大小和位置，对窗口进行缩放等。如下图所示。

4. 状态栏

状态栏位于图像窗口的底部，可以显示图像的视图比例、当前文档的大小、当前使用的工具等信息。状态栏极大地方便了用户查看图像信息。在状态栏左侧的显示比例窗口中输入数值后，按【Enter】键确认，可以改变图像的显示比例，如下图所示。

单击右侧的▶按钮，弹出一个显示文件信息的下拉菜单，从中可以选择显示文件信息，也可以选择显示文档尺寸、暂存盘大小和当前工具等，如下图所示。

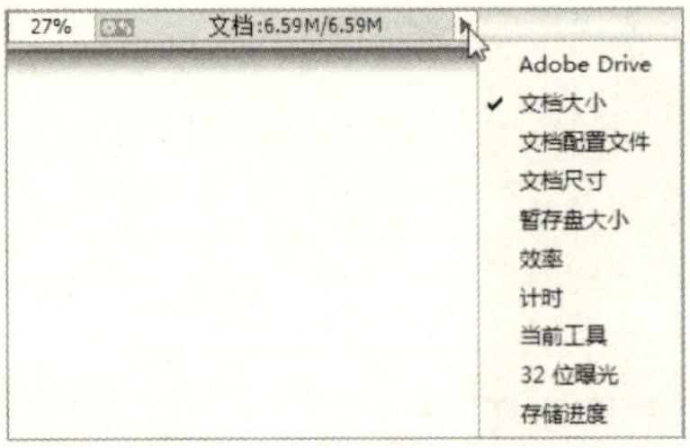

5. 面板

面板默认位于工作界面的右侧，是 Photoshop 软件中一种非常重要的辅助工具，可以帮助用户快捷地完成大量的操作任务。

启动 Photoshop CC 后，在程序窗口的右侧会显示一些默认面板，如下图（左）所示。

要打开其他面板，可以单击“窗口”菜单，在弹出的子菜单中选择相应的面板命令即可，如下图（右）所示。

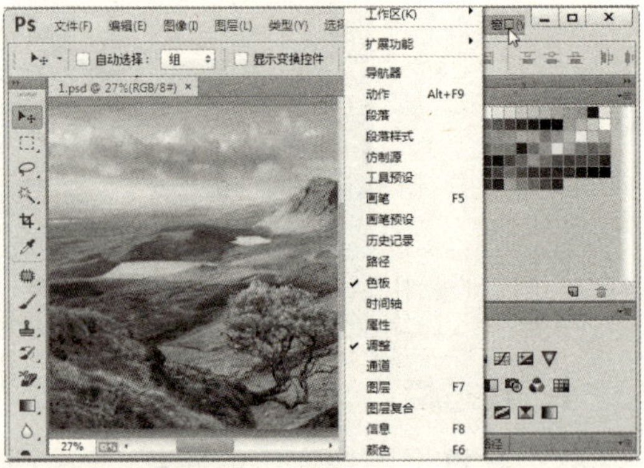

13.2 Photoshop CC 基本操作

下面将介绍 Photoshop CC 中文档的新建、打开、保存以及关闭，以及对画布、图像大小的调整等基本操作。

13.2.1 文件管理

新建文件、打开文件和保存文件等都是有效地管理文件而必须掌握的基本操作。下面将介绍网页图像设计处理过程中会涉及的一些文件操作。

1. 新建文件

单击“文件”|“新建”命令，在弹出的“新建”对话框中设置新建文件的名称、宽度、高度、分辨率、颜色模式和背景内容等属性，如下图（左）所示。

如果需要对创建的文件进行颜色配置和像素长宽比的设置，可以单击“高级”按钮，在“颜色配置文件”和“像素长宽比”下拉列表框中选择相应的选项，从而更精确地设置新建文件的属性，如下图（右）所示。

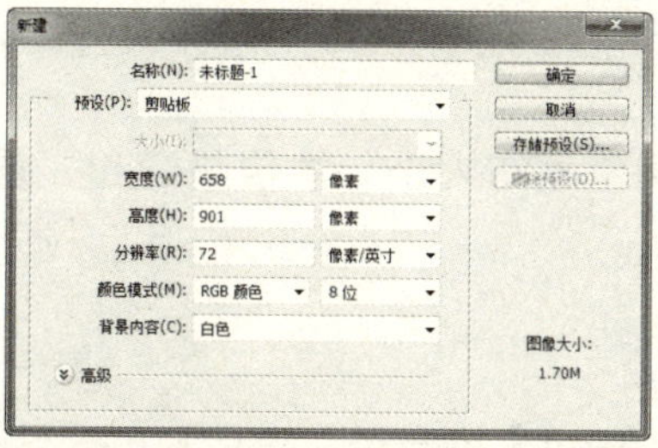

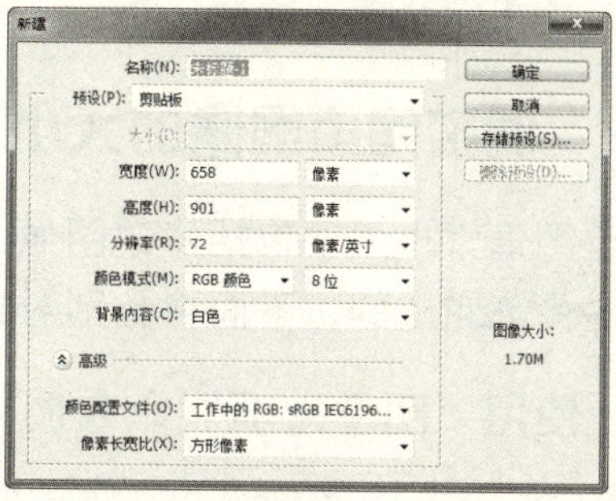

2. 保存文件

如果是一个新建的、从未保存过的文件，要使用“存储为”命令进行存储。单击“文件”|“存储为”命令，将弹出“存储为”对话框，如下图所示。

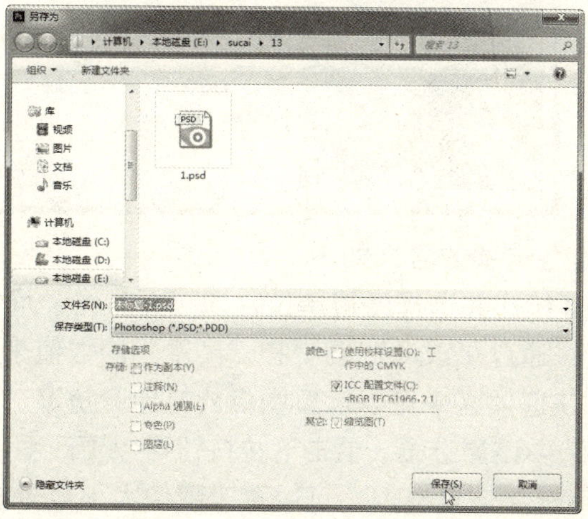

如果是打开一个已经保存过的文件进行编辑，若想保存这次进行的操作，可以单击“文件”|“存储”命令，此时将直接保存所做的修改，而不再弹出对话框。

3. 打开文件

单击“文件”|“打开”命令或按【Ctrl+O】组合键，弹出“打开”对话框。选择要打开文件的路径，选中要打开的文件，然后单击“打开”按钮即可，如下图所示。

4．关闭文件

关闭文件的方法有多种，可以利用菜单栏中的“文件“|“关闭”命令，也可以使用【Ctrl+W】组合键。除此之外，还可以单击界面右上角的 × 按钮，关闭文件。

13.2.2 调整网页图像的大小

调整图像大小主要包括修改图像的大小和调整画布大小，主要是通过“图像”菜单中的命令来完成的，下面将分别对其进行介绍。

1．使用“图像大小”命令调整图像大小

单击“图像”|“图像大小”命令或按【Alt+Ctrl+I】组合键，可以打开“图像大小”对话框，如下图所示。

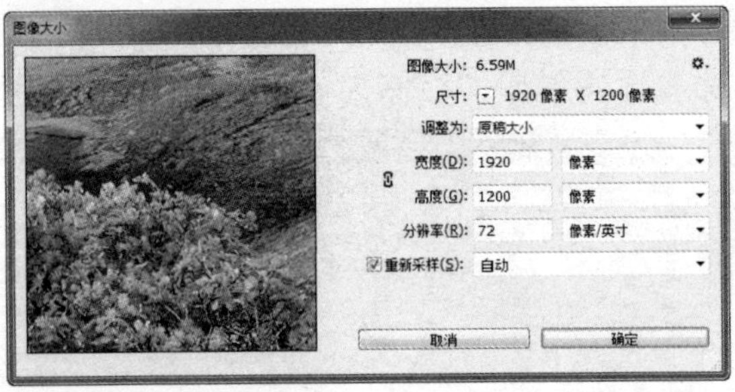

在该对话框中，各选项的含义如下：

◎ **尺寸**：单击按钮并选择度量单位，即可更改像素尺寸的度量单位。

◎ **宽度和高度**：通过更改“宽度”和“高度”的数值来设置图像的像素数量。

◎ **分辨率**：在该选项区中可以设置图像的打印分辨率。

◎ **重新采样**：选中该复选框，单击下拉按钮可以更改图像大小或分辨率及按比例调整像素总数；取消选择该复选框，可以更改图像大小或分辨率而又不更改图像中的像素总数。

2．使用“画布大小”命令调整画布大小

所谓画布，是指绘制和编辑图像的工作区域。如果希望调整画布的尺寸，可以使用“画布大小”命令进行调整。单击“图像”|“画布大小”命令，将弹出“画布大小”对话框，如下图所示。

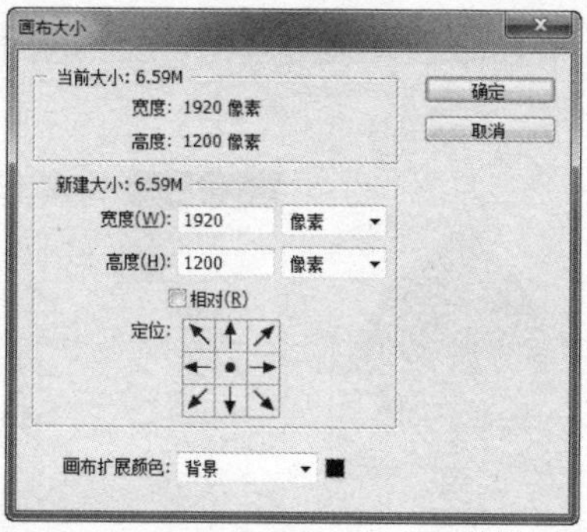

在“画布大小”对话框中，各选项的含义如下：

◎ **当前大小**：显示的是当前画布的大小。

◎ **新建大小**：用于设置新画布的大小。

◎ **相对**：选中该复选框，则在指定新画布的大小尺寸时，在现有的画布大小上进行增减操作。输入的数值为正，则增加画布大小；输入的数值为负，则减少画布大小。

◎ **定位**：在确定更改画布大小后，单击该选项区的方形按钮，可以设置原图像在新画布中的位置。

◎ **画布扩展颜色**：在该下拉列表框中可以选择画布扩展部分的填充色，也可直接单击其右侧的颜色块，在弹出的“选择画布扩展颜色”对话框中设置填充的颜色。

3. 使用裁剪工具裁剪图像

使用 Photoshop CC 的图像裁剪功能可以保留需要编辑的图像区域，并删除图像中多余的部分，下面将详细介绍裁剪图像的各种方法。

（1）使用裁剪工具裁剪图像

在 Photoshop CC 中，使用裁剪工具裁剪图像是最常用、最简便的方法。选择工具箱中的裁剪工具，其工具选项栏如下图所示。

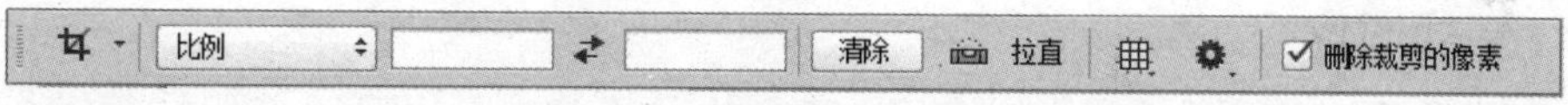

选择裁剪工具后，将鼠标指针移到图像中，按住鼠标左键并拖动，此时图像中将出现一个带有 8 个控制柄的裁剪框。在裁剪框内双击或直接按【Enter】键，即可完成裁剪操作，如下图所示。

（2）使用“裁剪”命令裁剪图像

除了使用裁剪工具裁切图像外，还可以使用菜单栏中的“裁剪”命令裁切图像。在使用“裁剪”命令之前，要先在图像中创建一个选区，选区内即为要保留的图像部分。此时单击“图像”|“裁剪”命令，就可以根据选区的上、下、左、右的界限来裁

剪图像。无论创建的选区是什么形状，裁剪后的图像均为矩形，如下图所示。

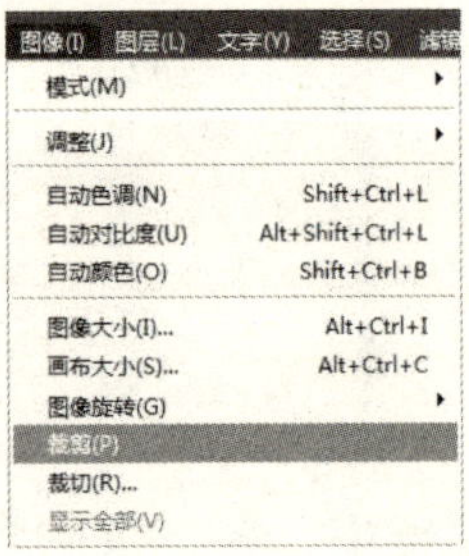

（3）使用“裁切”命令裁剪图像

创建选区后，单击“图像”|“裁切”命令，将弹出“裁切”对话框，如下图所示。

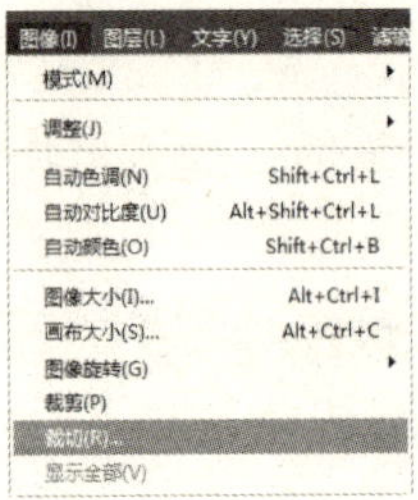

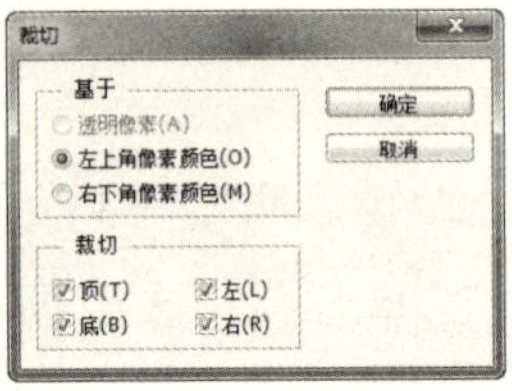

◎ **基于：**该选项区用于选择一种裁剪方式，基于颜色进行裁剪。若选中“透明像素”单选按钮，则修整掉图像边缘的透明区域，留下包含非透明像素的图像；若选中“左上角像素颜色”单选按钮，则从图像中移去左上角像素颜色的区域；若选中“右下角像素颜色”单选按钮，则从图像中移去右下角像素颜色的区域。

◎ **裁切：**该选项区用于选择裁切的区域，包括“顶”、“底”、“左”和“右”4 个复选框。如果选中所有的复选框，则会裁剪图像四周的空白区域。

4．变换图像

变换图像可以使用“编辑”|“变换”菜单中的子命令，也可以使用快捷键【Ctrl+T】对图像进行各种变形操作，如图像的缩放、旋转、斜切和透视等，具体操作方法如下：

01 **旋转图像** 打开素材文件“图像变形.psd”，按【Ctrl+T】组合键调出调整框，将鼠标指针置于调整框的外侧，拖动鼠标即可旋转图像，如下图所示。

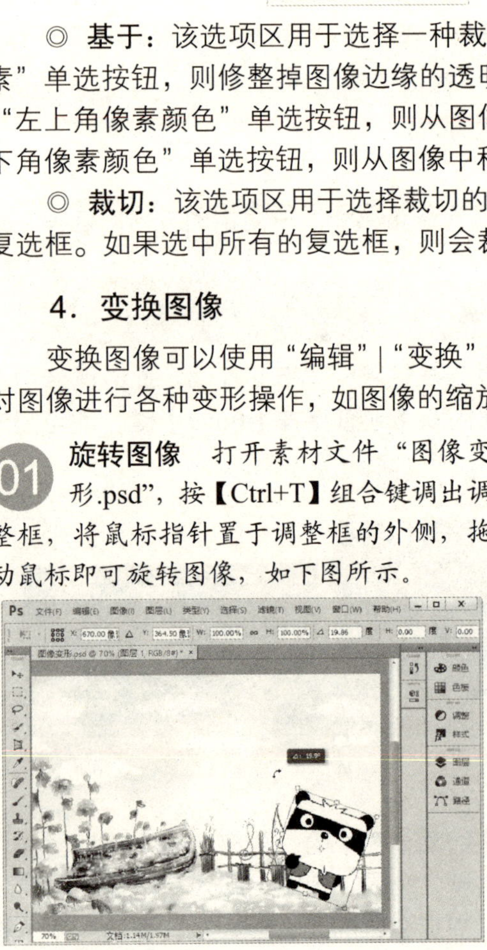

02 **调整图像大小** 将鼠标指针置于调整框上，当其变为双向箭头时拖动鼠标，即可调整图像的高度、宽度及大小，如下图所示。

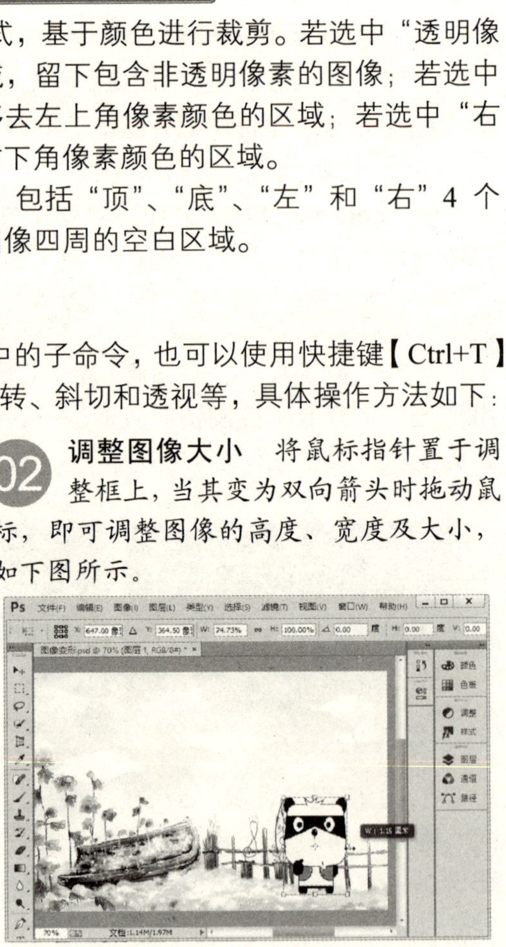

03 选择“变形”命令 右击图像，在弹出的快捷菜单中选择“变形”命令，如下图所示。

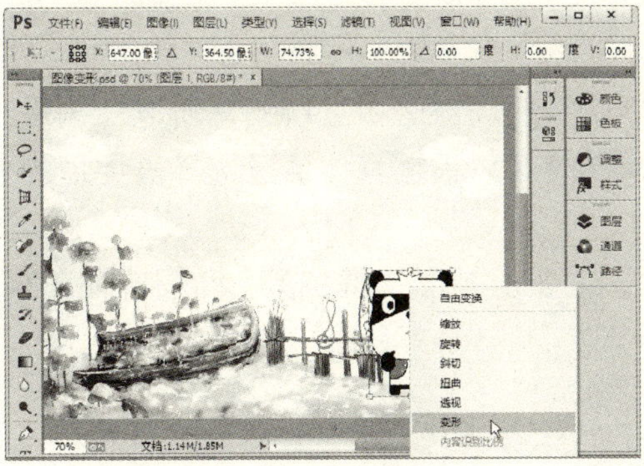

04 变形图像 此时即可出现变形控制线，拖动线条或控制柄即可变形图像，如下图所示。

5. 内容识别比例缩放

使用内容识别功能在调整图像大小时能智能地保留重要区域，使其不发生变形。单击“编辑”|“内容识别比例”命令，此时的属性选项栏如下图所示。

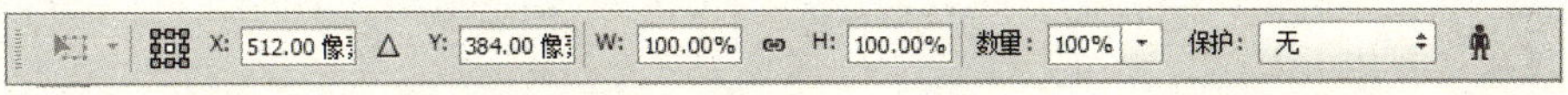

单击属性选项栏中的“保护肤色”按钮，在变换时会自动对图像部分进行保护，如下图所示。可以看出窗口中直接变形的图像变窄了，但受保护的图像没有发生变形，只是两者之间的距离拉近了。

原图像

直接变形效果

单击“保护肤色”按钮效果

知识加油站

在具体操作变换之前，通常要对不需要变形的内容进行“保护”。

13.3 Photoshop CC 基本工具的使用

在 Photoshop 中，基本工具包括创建选区的选框、套索等工具，绘图使用的画笔、填充等工具，创建路径的钢笔工具、形状工具等，以及文字工具。下面将详细介绍 Photoshop 基本工具使用的方法。

13.3.1 创建选区工具

下面将详细介绍如何使用创建选区的各种工具。

1. 选框工具组

利用 Photoshop 编辑网页图像时，很多操作是针对局部区域进行的，所以在编辑时经常会涉及选区。选区的创建方法有多种，在操作时可以根据具体情况选择最便捷的方法进行创建。

选框工具组主要用于创建规则的图像选区，主要由矩形选框工具、椭圆选框工具、单行选框工具及单列选框工具组成，如下图所示。

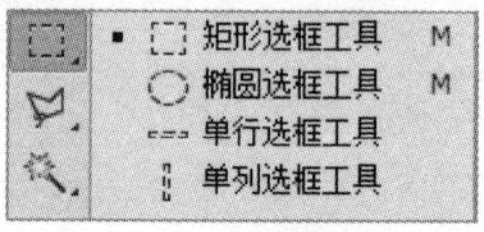

在工具箱中选择工具后，在窗口上方会出现该工具的工具属性栏，在编辑图像之前应先对其进行设置。

下面将以矩形选框工具为例介绍如何进行相关设置，矩形选框工具的属性栏如下图所示。

其中各选项的含义如下：

◎ **羽化**：设置羽化值后可以使创建的选区的边缘更加柔和。

◎ **消除锯齿**：选中工具属性栏中的“消除锯齿”复选框，在创建选区时可以使选区边缘变得比较平滑，但“消除锯齿”复选框只有在选择椭圆选框工具时才可以使用。

◎ **样式**：该下拉列表框中有 3 个选项，分别是“正常”、“固定比例”以及“固定大小”。

◎ **正常**：选择该选项后，将不能对样式进行任何设置。

◎ **固定比例**：选择该选项后，可以在右侧的宽度和高度文本框中设置长宽比例。当设置长宽比例为 1:1 时，可以创建正方形选区。

◎ **固定大小**：选择该选项后，可以在右侧的宽度和高度文本框中设置长、宽值。当设置长、宽值分别为 800px 和 700px 时，在图像窗口中单击即可创建长宽值固定的选区。

下面将介绍使用选框工具的方法，具体操作方法如下：

01 打开素材文件 按【Ctrl+O】组合键，打开素材文件“矩形选框工具.psd”，如下图所示。

02 绘制矩形选区 选择矩形选框工具，按住鼠标左键并拖动，绘制矩形选区，如下图所示。

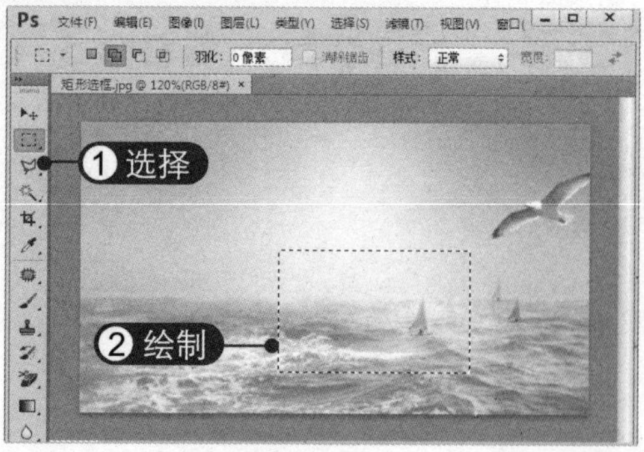

03 单击“添加到选区”按钮 单击“添加到选区”按钮，创建的新选区将与上一个选区相加，如下图所示。

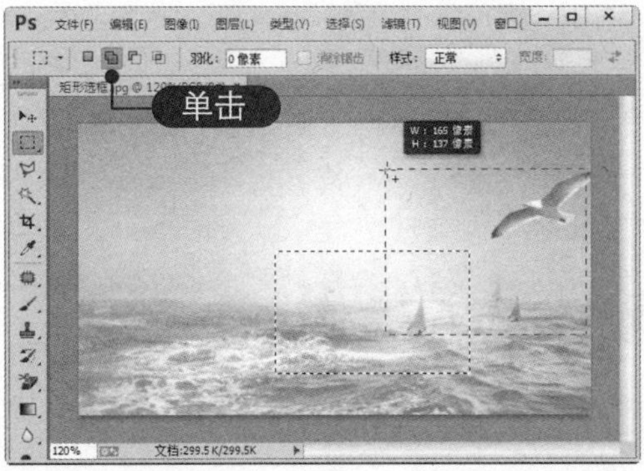

04 查看添加选区效果 此时即可查看添加到选区之后的效果，如下图所示。

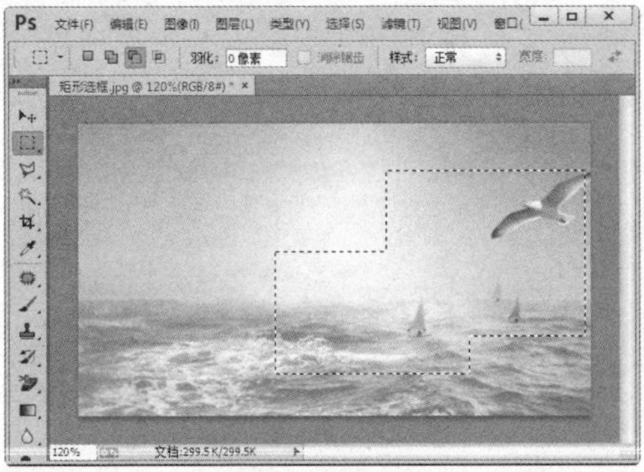

05 单击“从选区减去”按钮 单击“从选区减去”按钮，在图像上绘制一个新的选区，如下图所示。

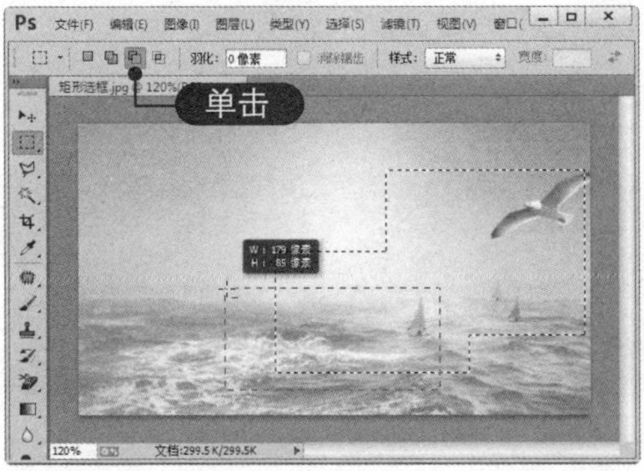

06 查看减去选区效果 此时即可查看减去选区之后的效果，如下图所示。

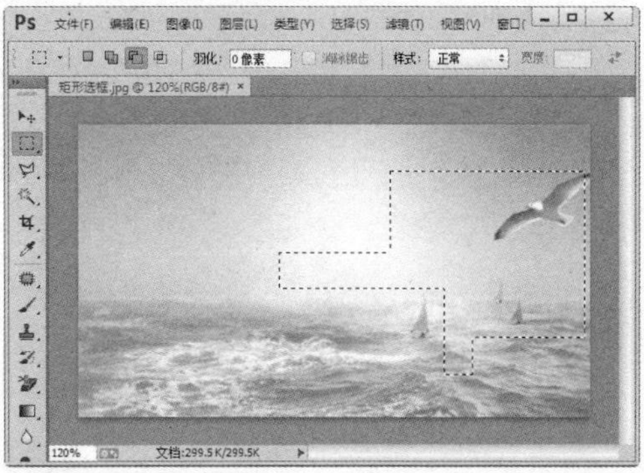

07 单击“与选区交叉”按钮 单击“与选区交叉”按钮，如下图所示。

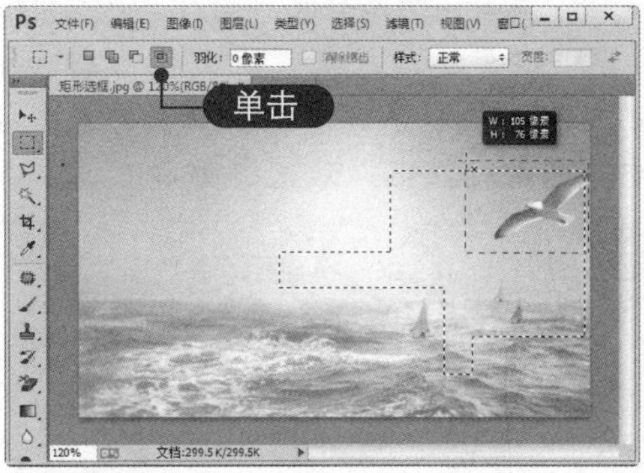

08 查看选区交叉效果 此时即可查看与此时选区交叉之后的效果，如下图所示。

2. 套索工具组

当需要选取不规则的形状时，常常需要使用套索工具。套索工具可用于创建用直线、线段或徒手描绘外框组成的选取范围。套索工具包含套索工具、多边形套索工具和磁性套索工具，如右图所示。

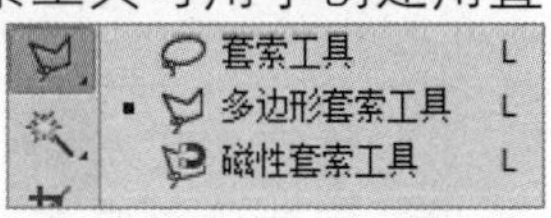

选择工具箱中的套索工具，当鼠标指针变为形状时，在文档窗口中拖动鼠标形成封闭区域后松开鼠标，此时会自动形成一个不规则选区，如下图所示。

多边形套索工具对于绘制选区边框的直边线段十分有用，具体操作方法如下：

01 **选择多边形套索工具** 按【Ctrl+O】组合键，打开素材文件“套索工具.psd”，选择多边形套索工具，在图像中单击鼠标左键，如下图所示。

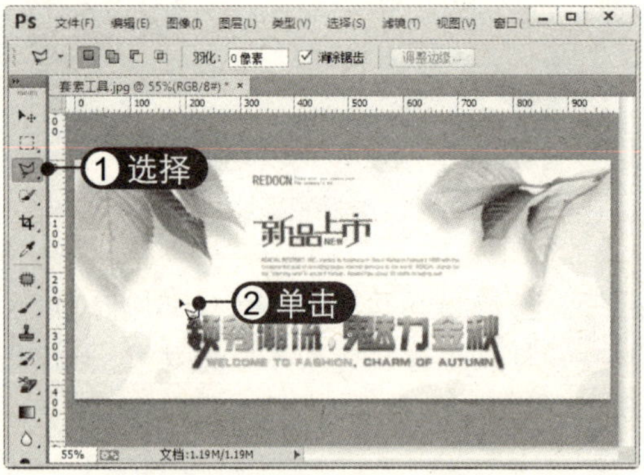

02 **创建直线** 按住【Shift】键可创建直线，在下一处单击鼠标左键，如下图所示。

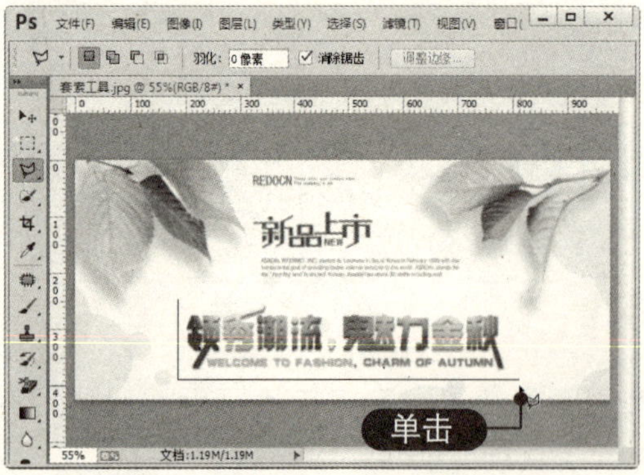

03 **封闭选区** 当鼠标指针移到起始位置时将变为形状，如下图所示。

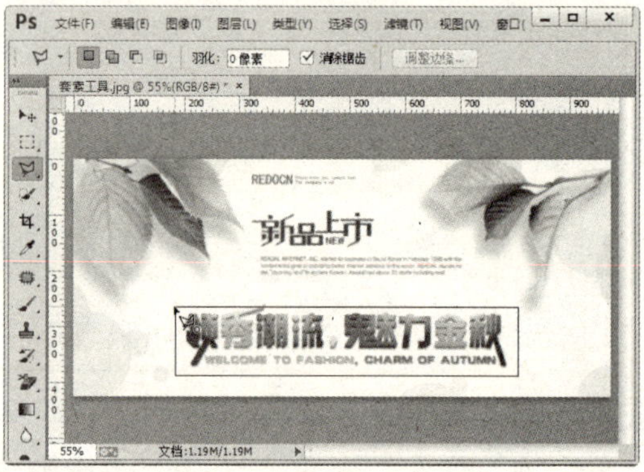

04 **单击闭合选区** 单击即可闭合选区，选区效果如下图所示。

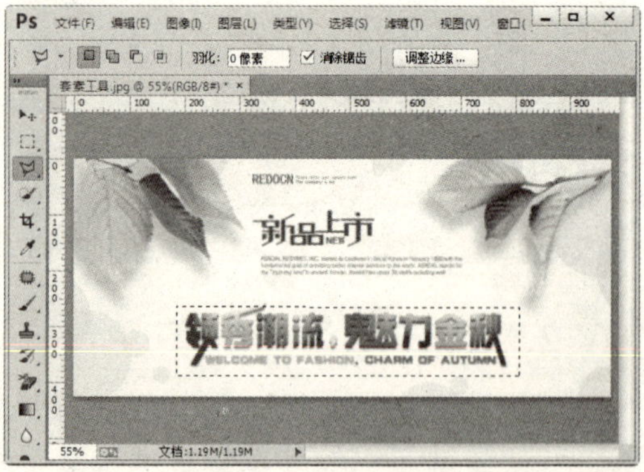

磁性套索工具特别适用于快速选择与背景对比强烈且边缘复杂的图象。如下图所示为使用磁性套索工具选择的图象。

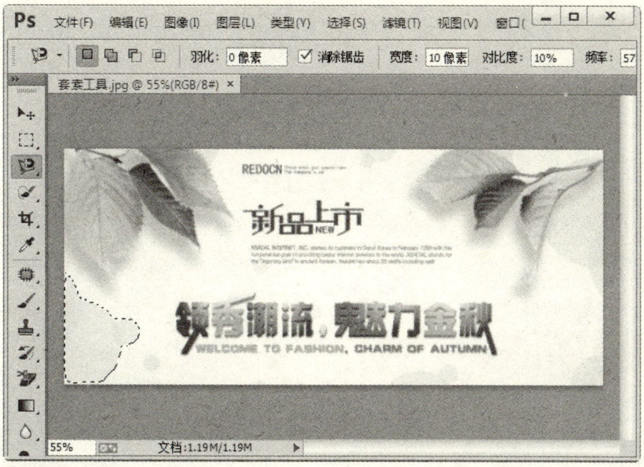

3. 快速选择工具

使用快速选择工具可以利用画笔笔尖快速绘制选区，其属性栏如下图所示。

◎ **“画笔”面板**：单击画笔右侧的下拉按钮，可以打开“画笔”面板，在此面板中可以对画笔的参数进行设置。

◎ **对所有图层取样**：该复选框的作用是从复合图层中进行颜色取样。选中该复选框时，表示可以在所有可见图层中选取颜色相近的区域；取消选择该复选框时，只可以在当前图层中选取颜色相近的区域。

◎ **自动增强**：选中该复选框，可以减小选区边缘粗糙度，使选区边缘更平滑。

下面将介绍如何利用快速选择工具创建选区，具体操作方法如下：

01 打开素材文件 按【Ctrl+O】组合键，打开素材文件“快速选择工具.jpg”，如下图所示。

02 创建选区 选择快速选择工具，在要创建选区的地方按住鼠标左键并拖动，即可粗略地创建选区，如下图所示。

知识加油站

在调整选区的过程中，按住【Shift】键可执行“添加到选区”操作，按住【Alt】键可执行“从选区减去”操作。

03 调整选区 选择“添加到选区”按钮和“从选区减去”按钮，调整所选区域，如下图所示。

04 单击“自动颜色”命令 单击“图像”|“自动颜色”命令，按【Ctrl+D】组合键取消选区，如下图所示。

4. 魔棒工具

通过魔棒工具可以选择颜色一致的区域，而不必跟踪其轮廓。当用魔棒单击某个点时，与该点颜色相似和相近的区域将被选中，可以节省大量的精力来达到意想不到的结果。魔棒工具属性栏如下图所示，它区别于快速选择工具属性栏的两个参数是“容差”和“连续”。

◎ **容差**：用于设置颜色的选取范围，容差值的大小决定了选取范围的大小。容差值越大，则选取范围也就越大，其数值介于 0~255 之间。

◎ **连续**：该复选框决定了是否将不相连但颜色相近的像素一起选中，选中该复选框，可以选择位置相连而且颜色相近的区域；取消选择该复选框，则可以选择所有颜色相近但位置不一定相连的区域。

使用魔棒工具创建选区的具体操作方法如下：

01 选择魔棒工具 打开素材文件“魔棒.jpg”，在工具选项栏中选择魔棒工具，如下图所示。

02 创建选区 在背景上单击鼠标左键，即可将白色背景选中，如下图所示。

03 反选选区 若选择的目标是小熊，则可单击“选择”|“反向”命令，如下图所示。

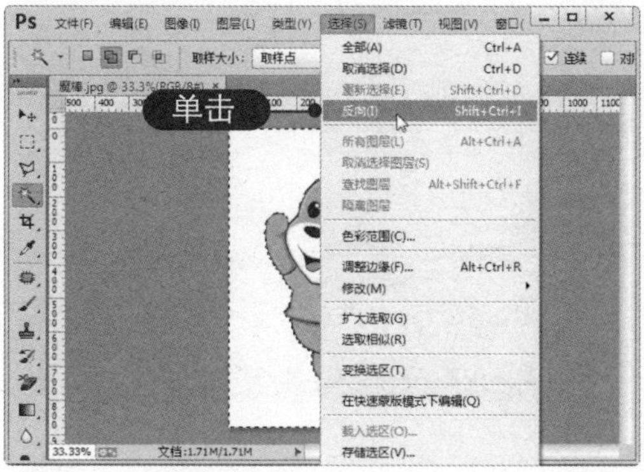

04 查看选区效果 此时小熊已经作为选区被选中，效果如下图所示。

5. 使用“色彩范围”命令

“色彩范围”命令是一个利用图像中的颜色变化关系来创建选区的命令。下面将介绍如何使用该命令创建选区，具体操作方法如下：

01 单击“色彩范围”命令 按【Ctrl+O】组合键，打开素材图像“色彩范围.jpg”，单击“选择”|“色彩范围”命令，如下图所示。

02 单击吸管工具 弹出“色彩范围”对话框，单击吸管工具，如下图所示。

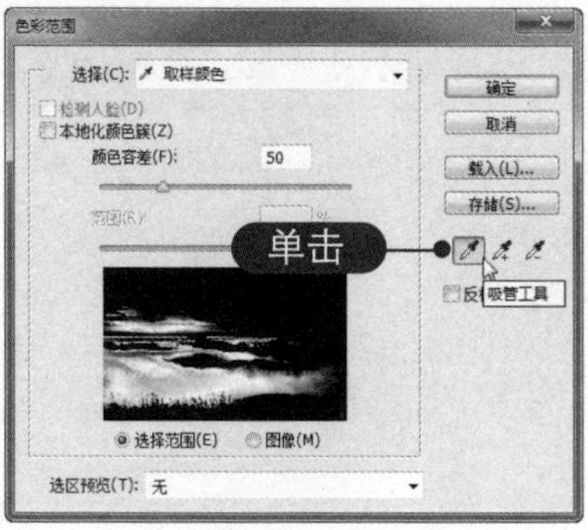

03 吸取颜色 此时鼠标指针变为吸管形状，将其移至图像窗口中单击吸取颜色，如下图所示。

04 调整“颜色容差”值 通过调整对话框中的“颜色容差”值也可以添加颜色到选区，单击“确定”按钮，如下图所示。

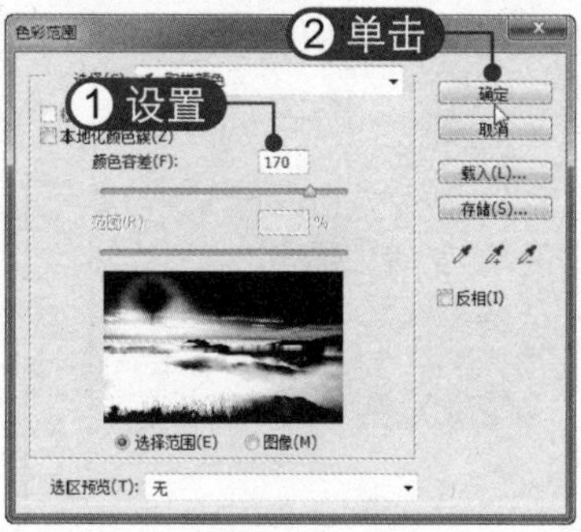

05 **查看效果** 此时即可在图像中生成选区，效果如下图所示。

06 **单击“自动色调”命令** 单击“图像”|“自动色调”命令，按【Ctrl+D】组合键取消选区，如下图所示。

13.3.2 选区的编辑

创建选区之后，为了使编辑图像时更为精确，还需要对选区进行编辑。选区的编辑主要包括选区的移动、选区的隐藏和显示、选区的扩展和收缩、选区的变换、选区的描边，以及选区的存储和载入等。

1. 移动与隐藏选区

在处理网页图像的过程中，可以根据自己的需要移动选区，还可以隐藏或显示选区，下面将分别对其进行介绍。

（1）移动选区

在图像窗口中创建一个圆形选区，选择工具箱中的任意一种选区创建工具，然后将鼠标指针移至选区内，当鼠标指针呈形状时按住鼠标左键并拖动，即可移动选区，在拖动的过程中鼠标指针呈▶形状，如下图所示。

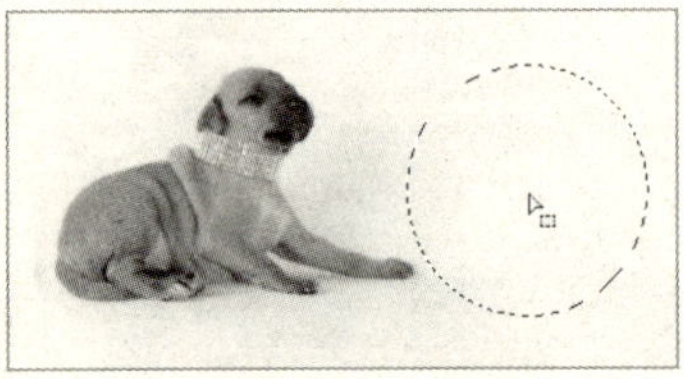

移动前

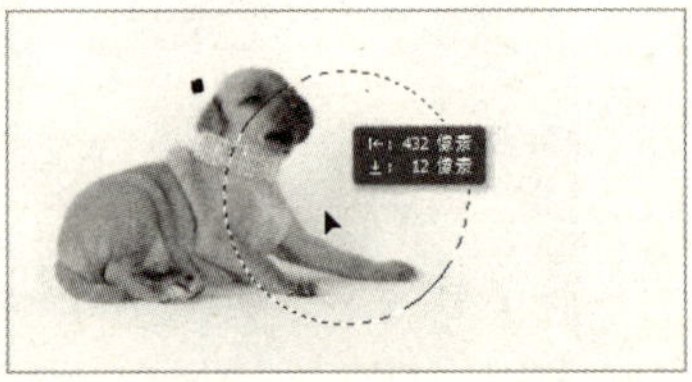

移动中

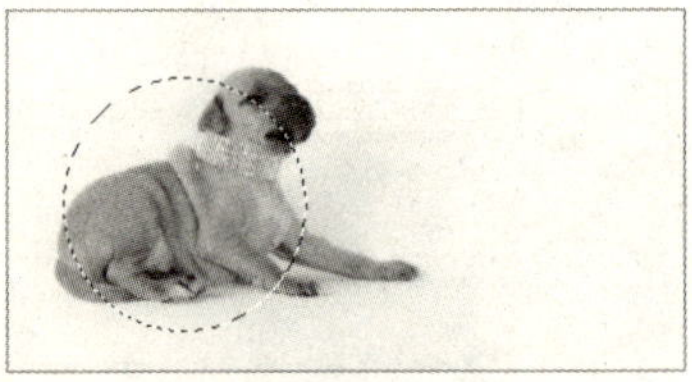

移动后

若要轻微或要求准确地移动选区时，可以使用 4 个方向键，每次移动 1 像素的距离；如果按住【Shift】键的同时再按 4 个方向键，可以一次移动 10 像素的距离。

（2）隐藏或显示选区

为了更好地对图像进行编辑，有时需要动态地对选区进行显示或隐藏。在图像窗口中创建一个矩形选区，单击“视图”|“显示”|“选区边缘”命令，即可隐藏选区，如下图所示。

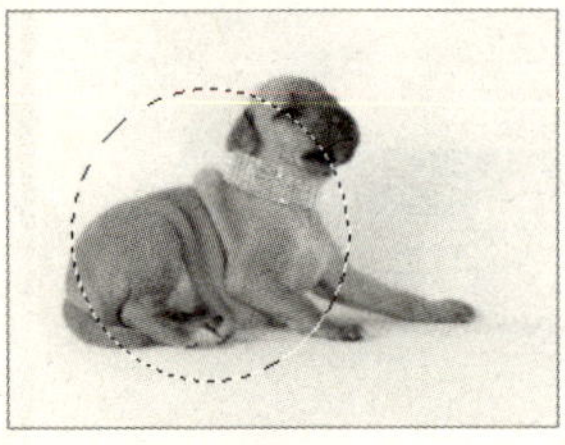

隐藏前

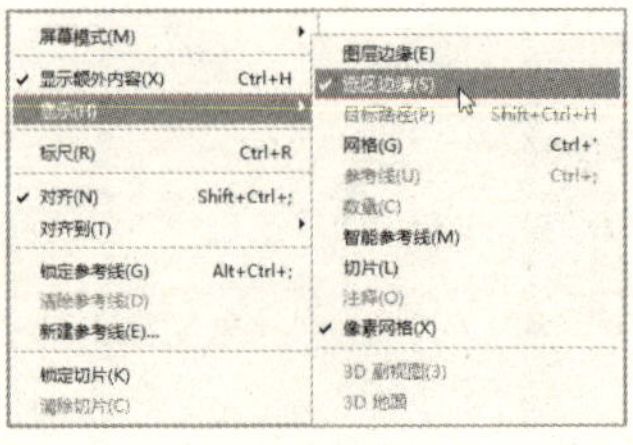

单击“选区边缘”命令

隐藏后

2．修改选区

创建选区后，单击“选择”|“修改”命令，利用弹出的子菜单命令可以对选区进行平滑、扩展和收缩等修改操作，以满足各种操作的需要，如下图所示。

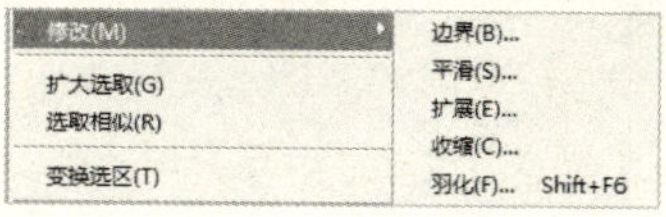

（1）修改边界

边界具有创建双重选区的作用，当在图像中创建一个选区后，如下图（左）所示。单击“单击”|“修改”|“边界”命令，将弹出“边界选区”对话框，如下图（中）所示。其中，“宽度”用于控制从当前选区向外扩展的大小，扩展后的选区减去原来的选区，得到的就是边界的宽度。“宽度”的取值范围在 1~200 之间，数值越大，边缘的宽度越宽，选中的图像也就越模糊，效果如下图（右）所示。

（2）平滑选区

在图像中创建一个选区，如下图（左）所示。使用“平滑”命令可以使当前选区边缘的杂点被清除掉，使边缘更加平滑。单击“选择”|“修改”|“平滑”命令，弹出“平滑选区”对话框，如下图（中）所示。在“取样半径”文本框中可以输入范围为 1~200 之间的数值，数值越大，选区就越平滑，效果如下图（右）所示。

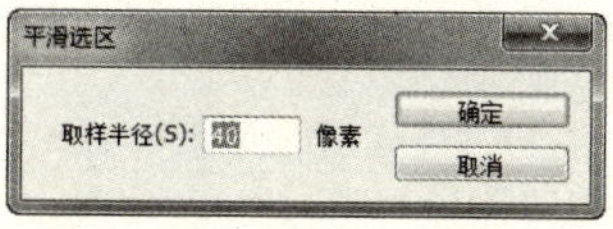

（3）扩展选区

使用“扩展”命令可以扩大当前的选区。创建一个选区，如下图（左）所示。单击“选择”|“修改”|“扩展”命令，将弹出“扩展选区”对话框，如下图（中）所示。在“扩展量”文本框中可以输入选区向外扩展的范围，数值越大，选区向外扩展的范围也就越大，效果如下图（右）所示。

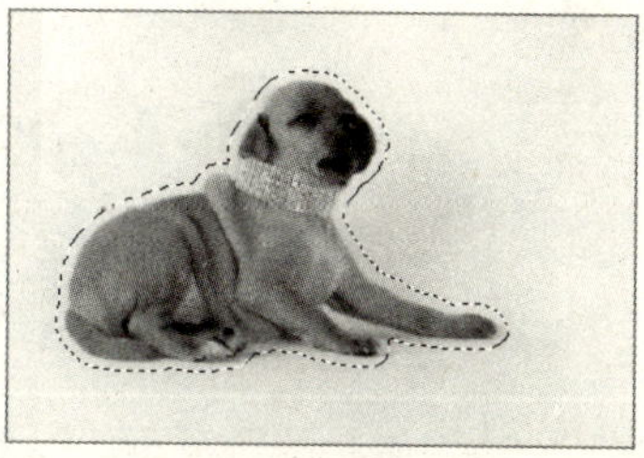

（4）收缩选区

“收缩”命令与“扩展”命令相反，它是将选区以设定的距离向内收缩，从而减少选区的选择范围。在“收缩选区”对话框中输入 1~100 之间的数值，输入的数值越大，选区收缩得就越大，如下图所示。

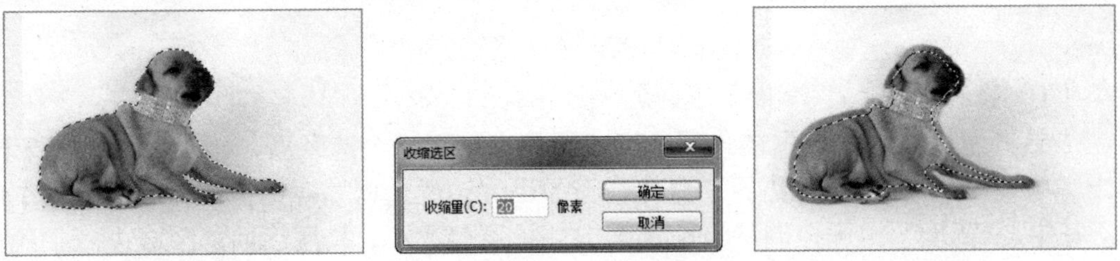

（5）羽化选区

“羽化”命令主要是柔化选区的边缘，使之产生一个渐变过渡的效果，避免选区边缘过于生硬。单击“选择”|“修改”|“羽化”命令，弹出“羽化选区”对话框，在“羽化半径”文本框中设置选区羽化数值，数值越大，选区边缘就越柔和，如下图所示。

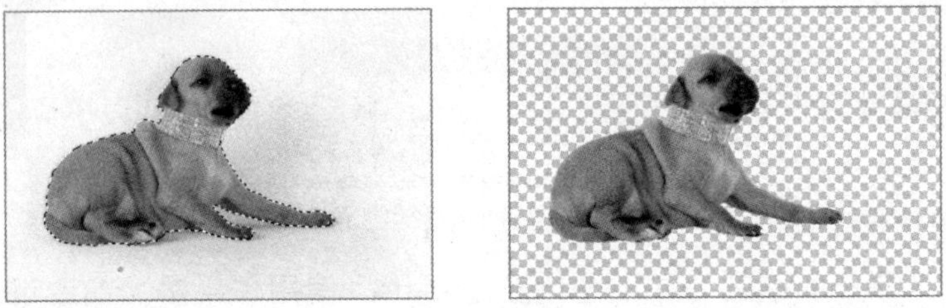

选区未羽化效果

选区羽化效果

3. 变换选区

变换选区就是对选区进行移动、旋转和缩放等变形操作，其只影响选区，而对图像本身没有任何影响。

创建选区后，单击“选择”|“变换选区”命令，在创建的选区中就会显示出变换控制框，如下图所示。

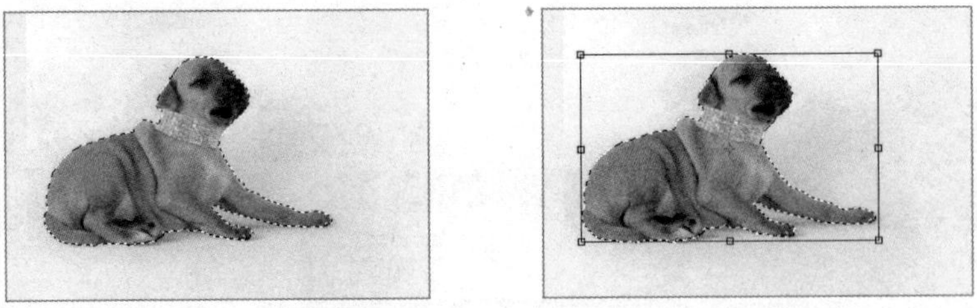

在变换控制框每条边的中间和四个角上都有一个正方形的小格，当将鼠标指针放在变换控制框边上的某个小方格上时，指针将变成、、或形状，此时拖动鼠标可以进行选区的缩放操作，如下图所示。

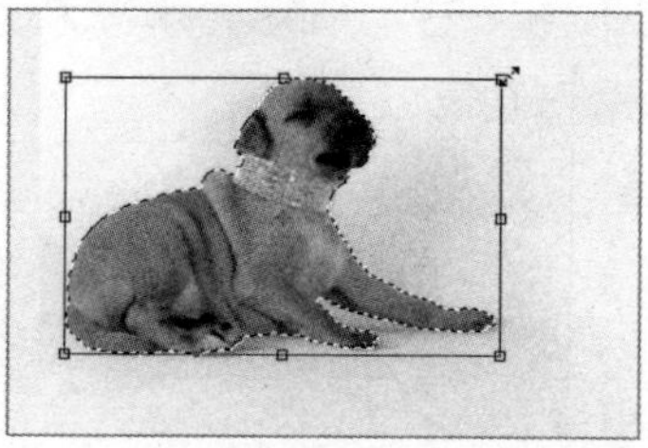
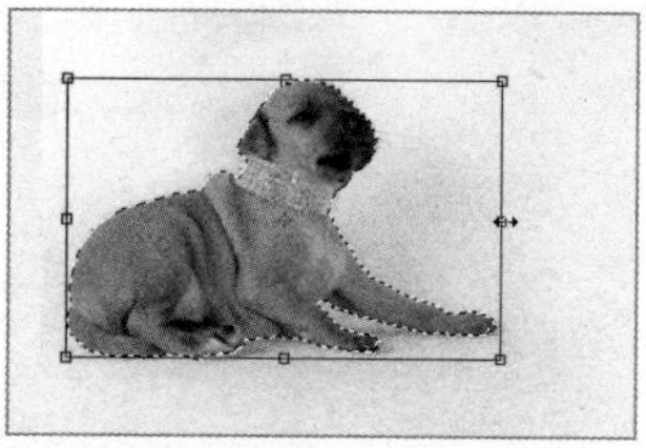

将鼠标指针放在控制点的外侧，当鼠标指针变成形状时按住鼠标左键并拖动，即可旋转选区，如下图所示。

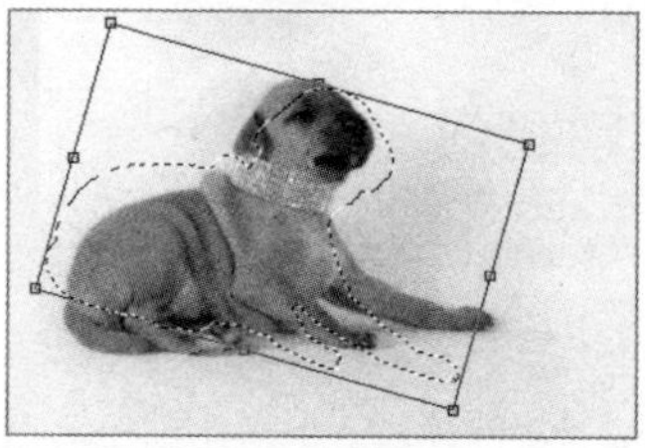
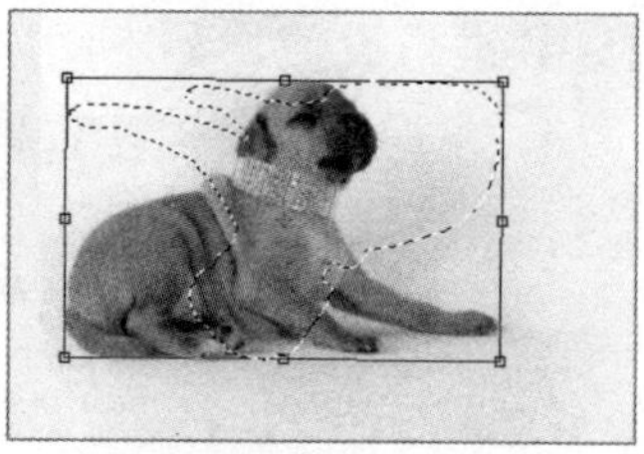

若想对选区进行扭曲操作，则可以按住【Ctrl】键，拖动控制框的某个控制点，如下图（左）所示。变换完选区后，双击或按【Enter】键确认，即可取消变换控制框，得到变换后的选区结果，如下图（右）所示。

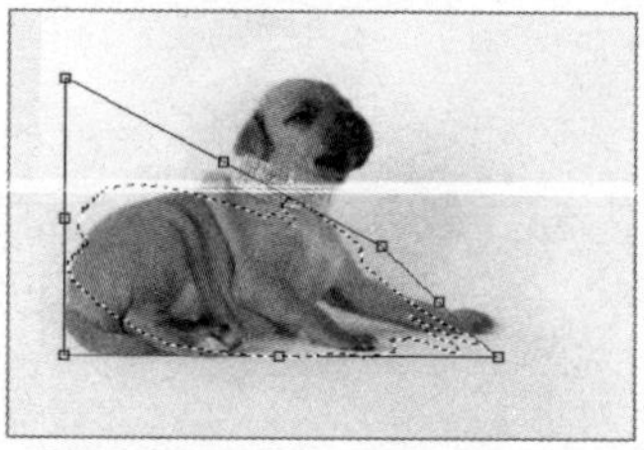
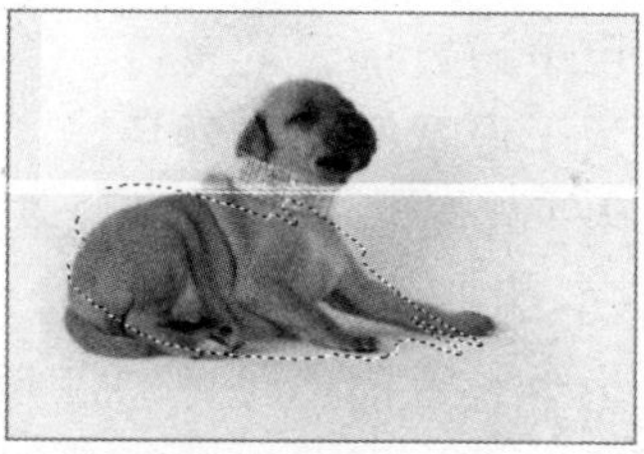

在边框控制框内右击，利用弹出的快捷菜单也可以对选区进行“缩放”、“斜切”、“扭曲”、“透视”、“旋转 180 度”、“水平翻转”和“垂直翻转”等操作，如下图所示。

4. 填充与描边选区

创建选区后，填充和描边选区也是处理网页图像过程中常用的操作方法，下面将分别对其进行详细介绍。

（1）填充选区

创建选区后，可以对选区或图层进行填充。单击“编辑”|“填充”命令，即可打开“填充”对话框，如下图（左）所示。在“使用”下拉列表中可以选择填充颜色，也可以选择一个自定图案。如下图（右）所示为填充灰色后的效果。

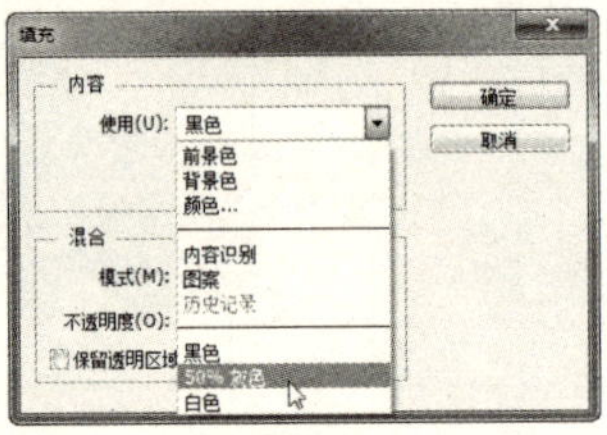

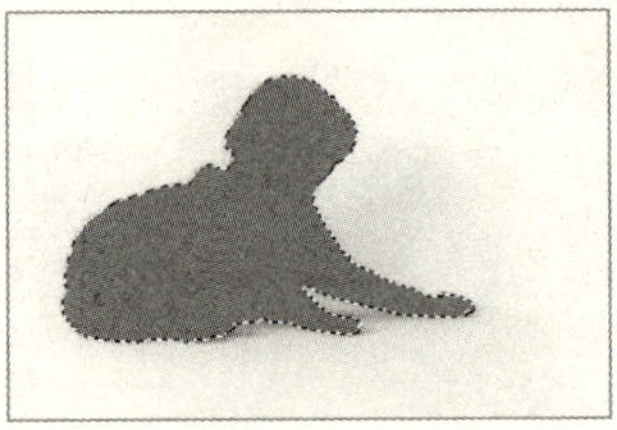

（2）描边选区

创建选区后即可对选区进行描边操作，单击“编辑”|“描边”命令，在弹出的对话框中可以对参数进行设置，如下图所示。

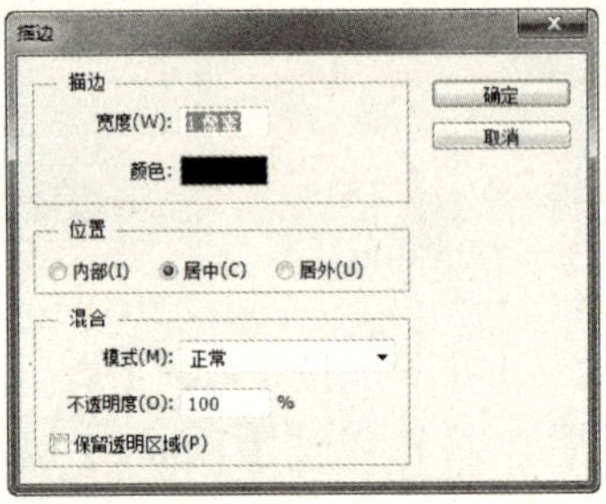

其中，各选项的含义如下：

◎ **宽度**：用于设置描边的宽度。

◎ **颜色**：用于设置描边的颜色。

◎ **位置**：用于设置描边的位置。其中，“内部”表示在选区的边框以内描边，“居中”表示以选区的边框为中心进行描边，“居外”表示在选区的边框以外描边。

◎ **模式**：用于设置描边颜色的混合模式。

◎ **不透明度**：用于设置描边颜色的不透明度。

5. 存储与载入选区

在使用 Photoshop 编辑网页图像的过程中，为了防止操作失误而造成选区丢失，或以后想重复使用，可以将选区长久保存，在需要的时候直接载入即可。

（1）存储选区

单击“选择”|“存储选区”命令，将弹出“存储选区”对话框，从中设置参数，即可将选区存储起来，如下图所示。

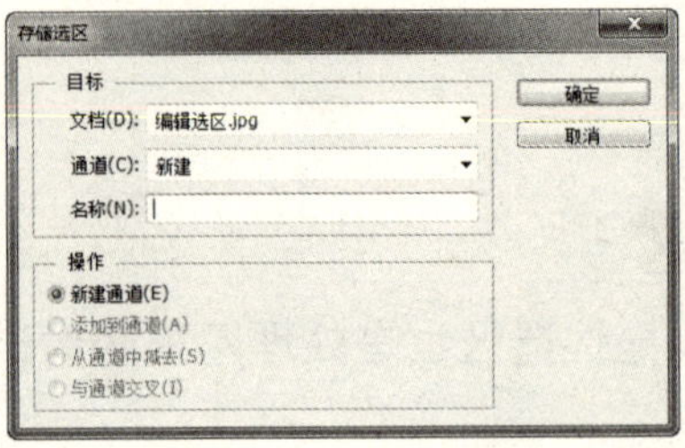

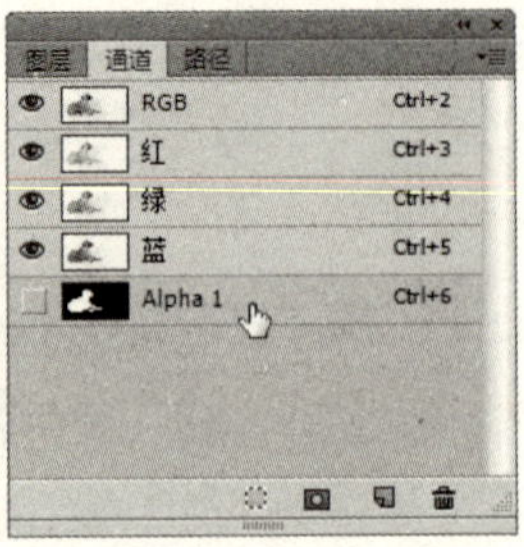

在“存储选区”对话框中，各选项的含义如下：

◎ **文档**：用于选择保存选区的文档。可以选择当前文档、新建文档，或当前打开的与当前文档的尺寸大小相同的其他图像。

◎ **通道**：选择保存选区的目标通道。Photoshop 默认新建一个 Alpha 通道保存选区，也可以从下拉列表框中选择其他现有的通道。

◎ **名称**：可以设置新建的 Alpha 通道的名称。

◎ **操作**：可以设置保存的选区与原通道中选区的运算方式。

（2）载入选区

存储选区后，单击“选择”|“载入选区”命令，可以将选区载入到图像中。单击该命令，将弹出“载入选区”对话框，如下图所示。其中，选中“反相”复选框，将载入选区并进行反选。

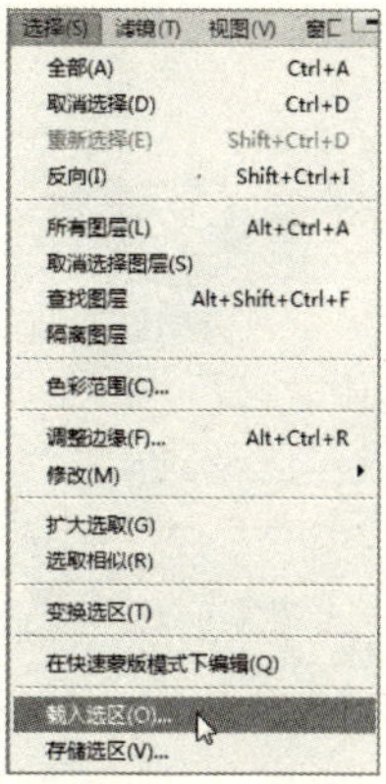

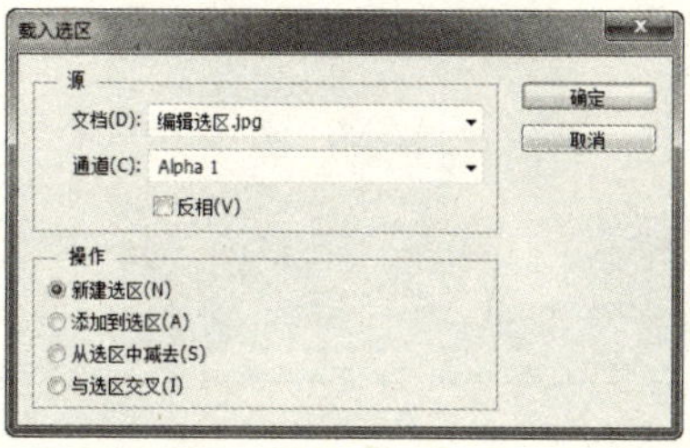

13.3.3 基本绘图工具

Photoshop 不仅是一个优秀的图像处理工具，同时也是一个良好的图像绘制工具。使用 Photoshop 可以摆脱纸和笔，直接在电脑上进行绘画，从而给图像的后期处理带来了极大的方便。

1. 画笔工具组

画笔工具组包括画笔工具、铅笔工具、颜色替换工具和混合器画笔工具，如下图所示。下面将详细介绍 Photoshop CC 工具箱中画笔工具的使用方法。

（1）画笔工具

在使用画笔工具之前，一般需要在其属性栏中对画笔进行相关设置，画笔工具属性栏如下图所示。

◎ **工具预设**：该选项主要用于对画笔进行相关设置，如选择已有的工具预设等。

◎ **画笔预设**：该选项主要用于设置笔刷的大小、硬度及样式。

◎ **设置绘图模式：**可以实现多种特效，系统共提供了 20 多种混合模式，不同的绘图模式能够产生不同的效果。

◎ **不透明度：**决定了所绘图案的显示程度，当设置为 100%时，将完全覆盖背景图像；当设置为 0%时，将完全显示背景图像。

◎ **流量设置：**决定了画笔在绘画时的压力，数值越大，绘制出的颜色就越深。

◎ **喷枪**：在绘制图像的过程中，单击此按钮即可启用喷枪模式，绘制颜色时会随着鼠标指针停留的时间而向外扩展。

（2）铅笔工具

铅笔工具用于随意性的创作，可以随意地绘制出各种线条和形状，与画笔工具的属性设置几乎相同。选择铅笔工具，在工具属性栏中设置属性，如下图（左）所示，在需要绘制图形的地方拖动鼠标即可，效果如下图（右）所示。

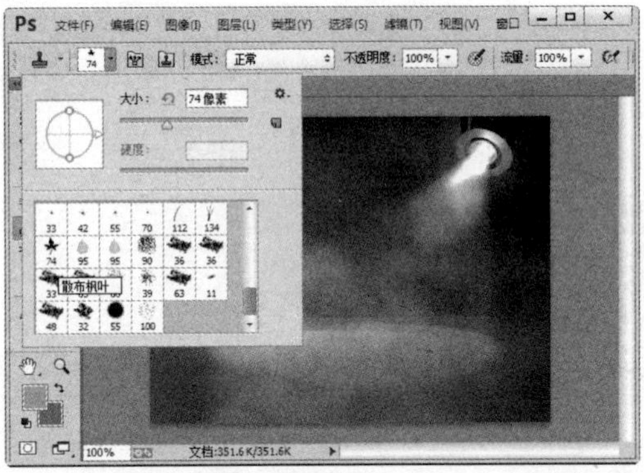

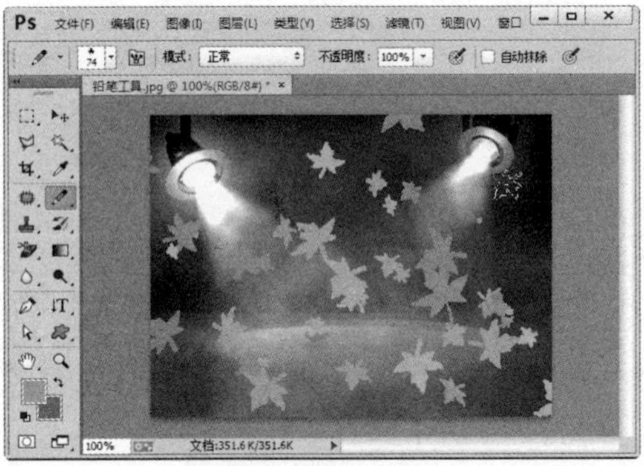

（3）颜色替换工具

使用颜色替换工具可以在保持图像纹理及阴影不变的情况下快速改变图像中任意位置的颜色，其工具属性栏如下图所示。其中：

◎ **模式：**该下拉列表中包含“色相”、“饱和度”、“颜色”和“明度”4 个选项，选择的模式不同，绘制出的效果也不同。

◎ **容差：**调整容差可以设置替换颜色的范围，数值越大，则可替换的颜色单位也就越大，其数值介于 1%~100%之间。

◎ **消除锯齿：**选中该复选框，可以在进行颜色替换时使边缘更加平滑。

下面将介绍颜色替换工具的使用方法，具体操作方法如下：

01 打开素材文件 按【Ctrl+O】组合键，打开素材文件“颜色替换工具.jpg”，如右图所示。

02 **设置颜色容差值** 单击“选择”|“色彩范围”命令，弹出对话框，在模特图像的裙子上单击取样颜色，设置颜色容差值，单击“确定”按钮，如下图所示。

03 **复制图像** 此时即可得到模特裙子的精确选区。按【Ctrl+J】组合键复制选区内的图像，得到“图层 1”，如下图所示。

04 **设置前景色** 选择颜色替换工具，设置前景色，单击“确定”按钮，如下图所示。

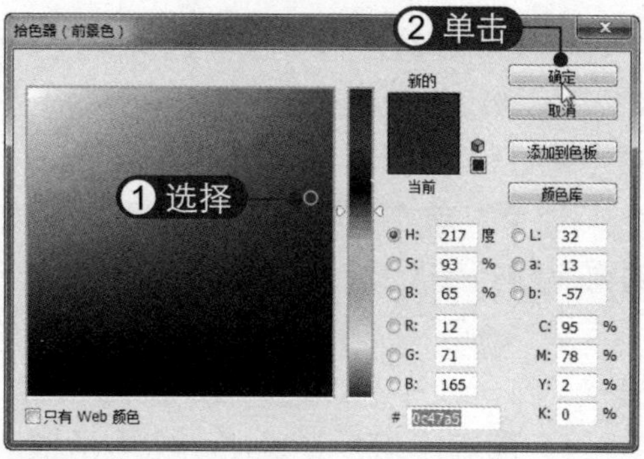

05 **载入图层选区** 按住【Ctrl】键的同时单击图层缩略图，载入图层选区，如下图所示。

06 **查看效果** 在复制的图像上用颜色替换工具进行涂抹，查看替换裙子颜色效果，如下图所示。

（4）混合画笔工具

使用混合器画笔工具可以轻松地绘制出漂亮的图案，混合器画笔工具的属性栏如下图所示。

其中，几个重要参数的含义如下：

◎ **画笔预设**：在属性栏中单击此按钮，在弹出的下拉面板中可以对画笔的大小、硬度和样式进行设置。选择不同的画笔样式，可以绘制出不同效果的图案。

◎ 单击该按钮，表示每次描边后载入画笔，即决定了每一笔涂抹结束后是否对画笔进行更新。

◎ 单击该按钮，表示每次描边后清除画笔，即决定了每一笔涂抹结束后是否对画笔进行清除。

◎ 自定：单击该选项右侧的按钮，在弹出的下拉列表中可以选择混合模式。

◎ **潮湿**：用于设置从画布中拾取的油彩量。

◎ **载入**：用于控制画笔上的油彩量。

◎ **混合**：用于设置颜色的混合比例。

◎ **流量**：用于控制画笔在绘画时的压力。

2. 填充工具组

在编辑图像的过程中，经常需要为某一区域或某一图层进行填充，此时就用到了填充工具。填充工具主要包括渐变工具和油漆桶工具，下面将分别对其进行介绍。

（1）渐变工具

使用渐变工具可以创建不同颜色间的混合过渡效果，其工具属性栏如下图所示。

◎ **渐变条**：单击渐变条右侧的按钮，弹出渐变拾色器面板，可以选择 Photoshop 预设的渐变，如下图所示。

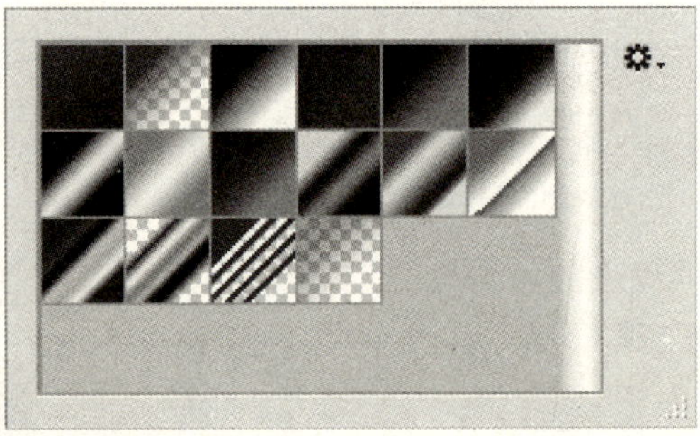

◎ **渐变类型**：用于设置线性、径向、角度等多种渐变类型，填充出不同的渐变效果。

◎ **模式**：用于设置背景颜色和渐变颜色之间的混合模式。

◎ **不透明度**：用于设置渐变颜色的不透明度，参数越小，颜色就越透明。

◎ **反向**：选中该复选框，可以设置将渐变颜色进行翻转。

◎ **仿色**：选中该复选框，可以柔和地渐变渐变色颜色色阶。

◎ **透明区域**：选中该复选框，可以打开渐变图案的透明度设置。

使用渐变工具的具体操作方法如下：

01 新建图层 打开素材文件，设置前景色为白色，背景色为黑色，打开“图层”面板，新建“图层1”，如下图所示。

02 单击渐变属性框 在“工具”面板中选择渐变工具，单击工具属性栏中的渐变属性框，如下图所示。

03 设置渐变色 弹出“渐变编辑器”窗口，在“预设”选项区中选中第一个渐变，即“前景色到背景色渐变”，在下方渐变条上拖动色标调整渐变，然后单击“确定”按钮，如下图所示。

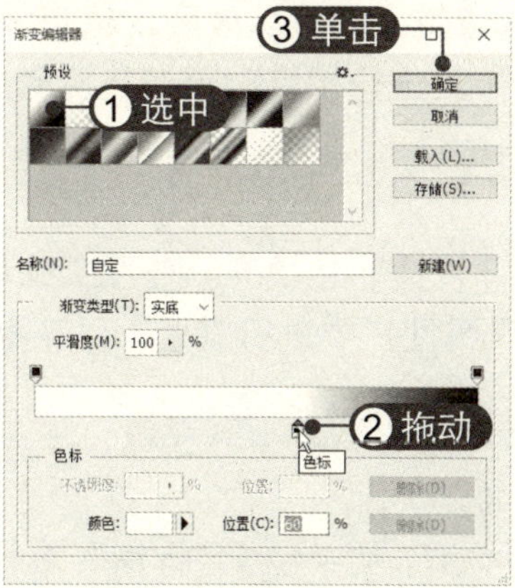

04 绘制渐变 在渐变工具属性栏中单击“径向渐变”按钮，在图像上拖动鼠标绘制渐变，如下图所示。

05 创建渐变图像 此时即可创建渐变图像，查看渐变效果，如下图所示。

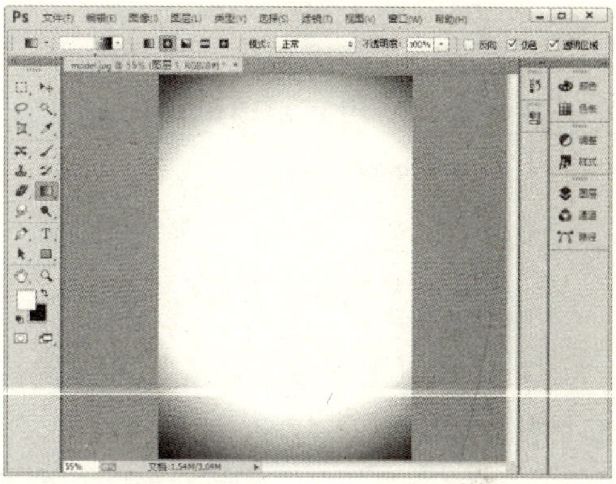

06 设置图层模式 打开“图层”面板，设置图层混合模式为“正片叠底”，调整图层不透明度，如下图所示。

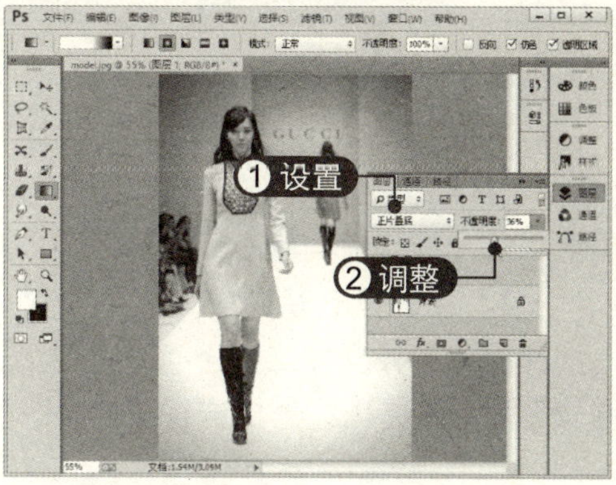

（2）油漆桶工具

油漆桶工具用于在特定颜色和与其相近的颜色区域填充前景色和指定图案，常用于颜色比较简单的图像，其工具属性栏如下图所示。

◎ **填充**：有“前景”和“图案”两种填充方式。选择“图案”选项，可以在其后面的下拉列表框中选择不同的图案进行填充。

◎ **模式**：用于设置颜色或图案与底图的混合模式。

◎ **不透明度**：用于设置填充颜色的不透明度。

◎ **容差**：用于设置油漆桶每次填充的范围，该数值越大，填充的范围也就越大。

◎ **消除锯齿**：选中此复选框，可以使填充图形的边缘保持平滑。

◎ **连续的**：选中此复选框，被填充的区域只填充与鼠标单击点相邻的像素；取消选择该复选框，则填充区域是所有和鼠标单击点像素相似的像素。

◎ **所有图层**：选中该复选框，不管当前在哪个图层操作，都将对所有图层起作用。

3．擦除工具组

橡皮擦工具组中提供了 3 种擦除工具：橡皮擦工具、背景橡皮擦工具和魔术橡皮擦工具，后两种橡皮擦工具主要用于抠图。

（1）橡皮擦工具

使用橡皮擦工具可以擦除图像，该工具的属性栏如下图所示。其中：

◎ **模式**：用于设置橡皮擦的擦除效果，包括“画笔”、“铅笔”和“块”3 个选项，如下图所示。

画笔模式

铅笔模式

块模式

◎ **不透明度**：用于设置橡皮擦的不透明度，数值越大，擦除效果就越明显。

◎ **抹到历史记录**：选中该复选框，使用橡皮擦工具进行擦除时可以将擦除的图像恢复到某一擦除前的状态。

（2）背景橡皮擦工具

利用背景橡皮擦工具可以擦除选定的区域，并以透明色填充。若要精确地擦除图像，可以先选择背景橡皮擦工具，然后在其工具属性栏中进行设置，如下图所示。

在背景橡皮擦工具属性栏中，各个选项的含义如下：

◎ **限制**：利用该下拉列表框可以设置擦除限制类型，其中包含“连续”、“不连续”

和“查找边缘”3 个选项。

◎ **取样按钮组**：利用该按钮组可以设置取样方式。默认按下的是“取样：连续”按钮，在擦除时连续取样；如果按下“取样：一次”按钮，表示仅取样单击时指针所在位置的颜色，并将该颜色设置为基准颜色；若按下“取样：背景色板”按钮，则表示将背景色设置为基准颜色。

◎ **容差**：用于设置擦除颜色的范围，其数值越小，被擦除的图像颜色与取样颜色越接近。

◎ **保护前景色**：选中该复选框，可以防止具有前景色的图像区域被擦除。

（3）魔术橡皮擦工具

魔术橡皮擦工具与魔棒工具类似，具有自动分析功能，可以帮助用户很容易地擦掉图片中不需要的背景部分，如下图所示为原图像与使用魔术橡皮擦之后的对比效果。

13.3.4 路径工具

路径工具组中包括钢笔工具、自由钢笔工具、添加锚点工具、删除锚点工具，以及转换点工具，下面将分别对其进行详细介绍。

1. 钢笔工具

钢笔工具是绘制路径的基本工具，使用钢笔工具可以绘制出各种各样的路径。下面将介绍如何使用钢笔工具绘制直线和曲线。选择钢笔工具，其工具属性栏如下图所示。

其中，重要参数的含义如下：

◎ 橡皮带：选中该复选框，在绘制路径时可以预先看到将要绘制的路径线段，从而判断出路径的走向。

◎ 自动添加/删除：选中该复选框，可以在单击线段时添加锚点，或在单击锚点时删除锚点。

（1）用钢笔工具绘制直线

选择钢笔工具，在其工具属性栏中选择“路径”工具模式，然后在图像中单击鼠标左键，确定起始锚点，在图像其他位置单击确定其他锚点，如下图（左）所示。当鼠标指针移至起始锚点位置时，指针将变为形状，单击鼠标左键即可闭合路径，如下图（右）所示。

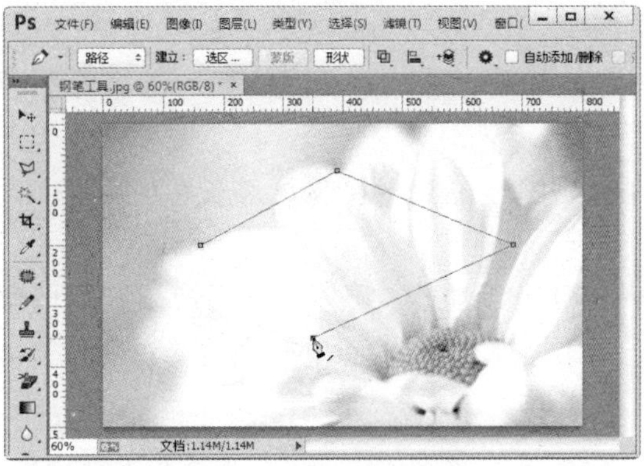
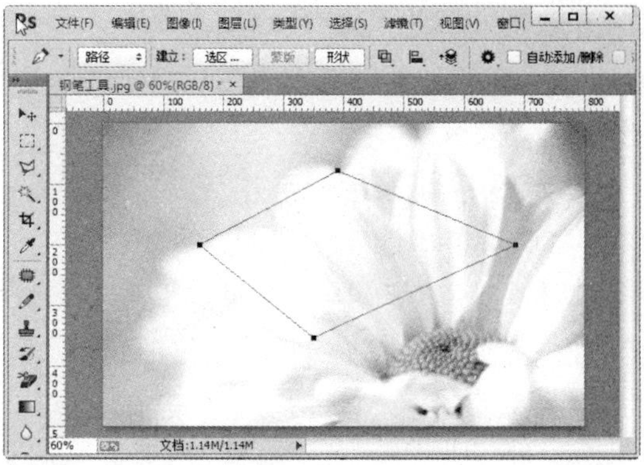

（2）用钢笔工具绘制曲线

选择钢笔工具，在其工具属性栏中选择“路径”工具模式，然后在图像中单击确定起始锚点。将鼠标指针移至适当的位置，按住鼠标左键并拖动，以调整控制线的方向和弯曲程度。

若绘制 C 形曲线，可向前一条方向线的相反方向拖动，如下图（左）所示，然后松开鼠标即可。

若绘制 S 形曲线，可按照与前一条方向线相同的方向进行拖动，然后松开鼠标，如下图（右）所示。

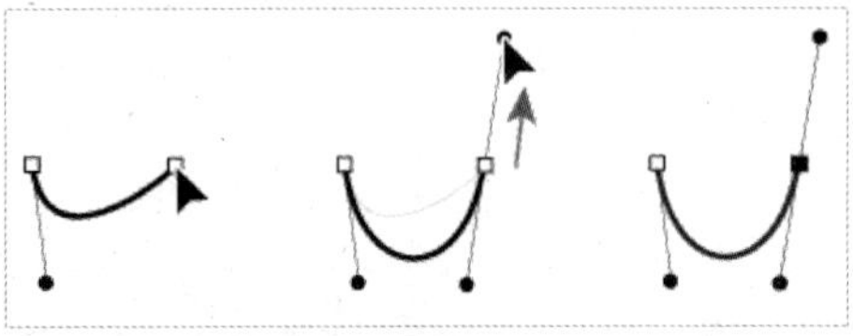
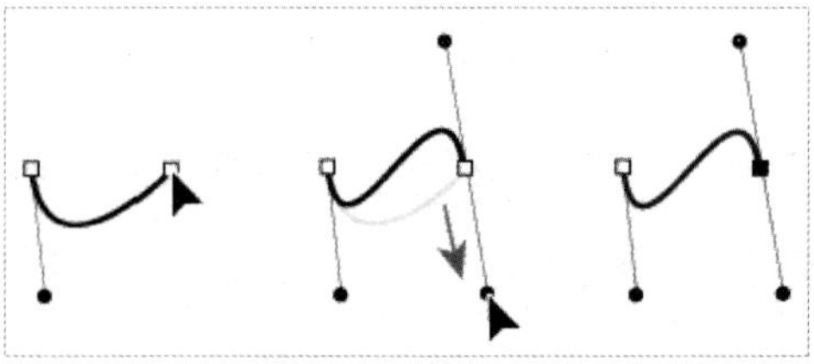

2. 自由钢笔工具

使用自由钢笔工具可以随意绘图，就像用铅笔在纸上绘图一样。在绘制路径的过程中，软件会自动为路径添加锚点。

在工具箱中选择自由钢笔工具，其工具属性栏如下图所示。

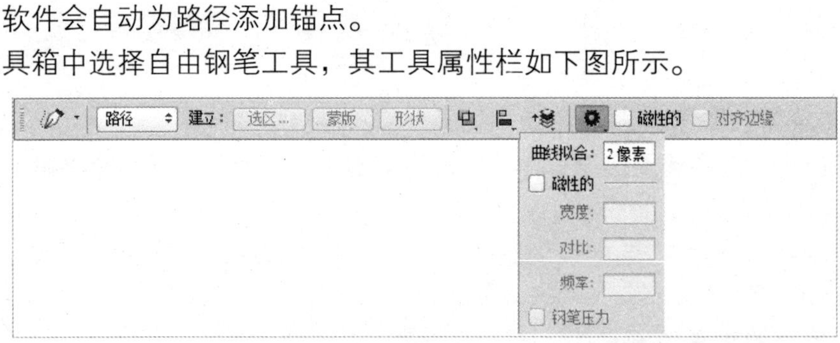

选择自由钢笔工具，移动鼠标指针到图像窗口中，按住鼠标左键并拖动，松开鼠标后即可创建一条路径。在绘制路径的过程中，系统会自动根据曲线的走向添加适当

的锚点和设置曲线的平滑度。

如果要控制最终路径对鼠标移动的灵敏度，可以在“曲线拟合”文本框中输入介于 0.5~10 像素之间的数值。此数值越高，创建的路径锚点越少，路径就越简单。

选中“磁性的”复选框，则自由钢笔工具就具有了磁性套索工具的磁性功能。在单击确定路径的起始点后，沿着图像边缘移动鼠标，系统会自动根据颜色反差创建路径。

3. 形状工具

在创建路径时，除了可以使用钢笔工具和自由钢笔工具外，还可以使用工具箱中提供的形状工具绘制一些常用的图形。

形状工具可以用于绘制各种形状的图形和路径。形状工具组中包括矩形工具、圆角矩形工具、椭圆工具、多边形工具、直线工具和自定形状工具。下面将分别对其进行详细介绍。

（1）矩形工具

在工具箱中选择矩形工具，其工具属性栏如下图所示。其中：

◎“形状“模式：使用矩形工具将创建矩形形状图层，填充的颜色为前景色，如下图所示。

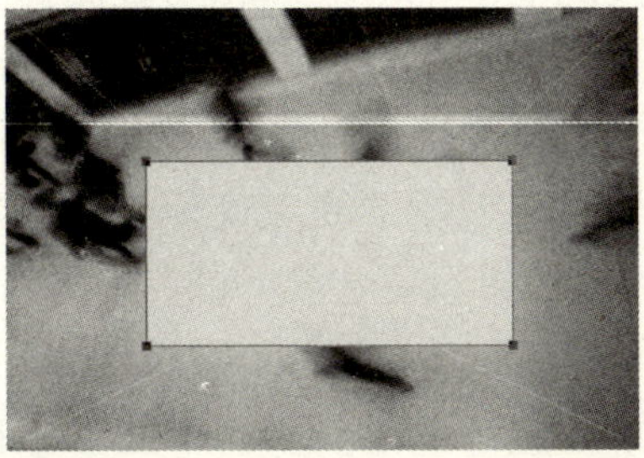

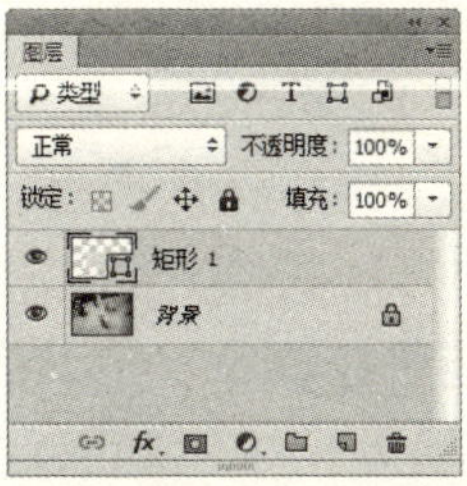

◎“路径“模式：使用矩形工具将创建矩形路径，如下图（左）所示。

◎“像素“模式：使用矩形工具将在当前图层中绘制一个填充前景色的矩形区域，如下图（右）所示。

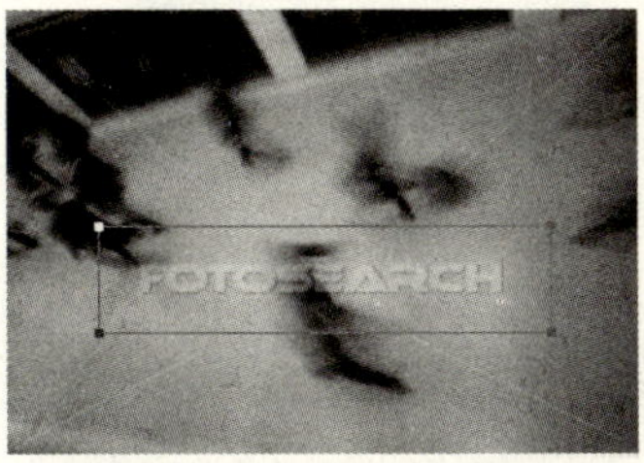

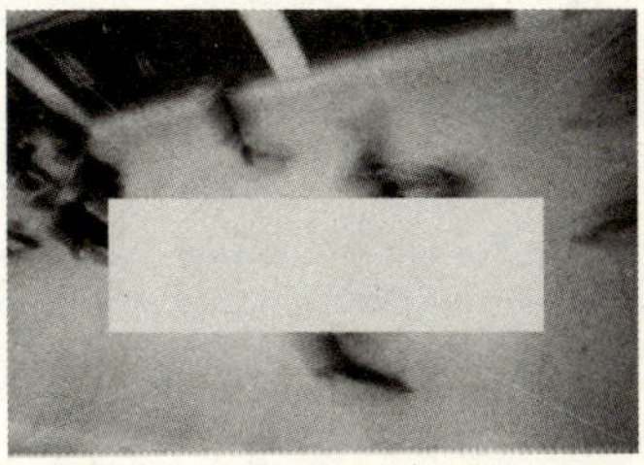

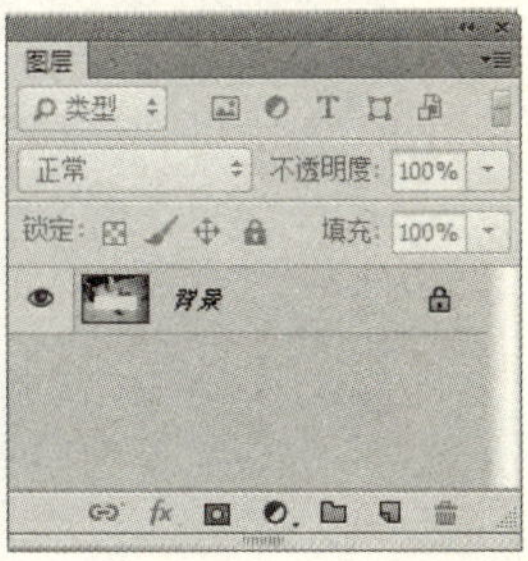

◎ 描边：该选项只有在选择“形状“模式后才可用。在和中可以分别设置形状描边的宽度和类型，在“描边”下拉列表框中可以选择需要的描边，该样

式将应用到绘制的形状图层中，如下图所示。

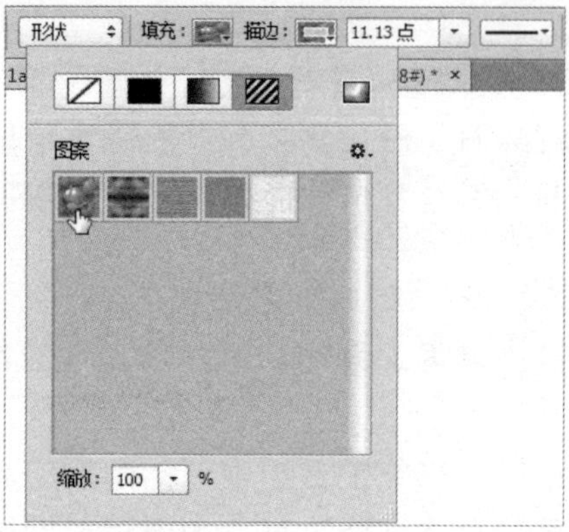

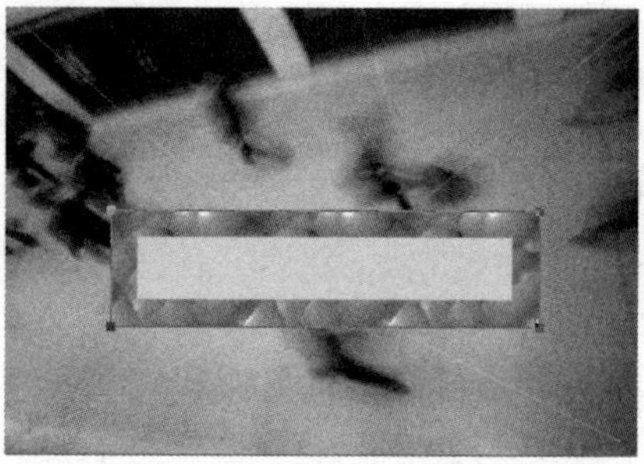

◎ **不受约束**：选中此单选按钮，按住鼠标左键并拖动，即可绘制任意大小的矩形；按住【Shift】键的同时按住鼠标左键并拖动，即可绘制正方形；按住【Alt】键的同时按住鼠标左键并拖动，即可绘制以鼠标单击点为中心的任意大小的矩形；按住【Alt+Shift】组合键的同时按住鼠标左键并拖动，即可绘制以鼠标单击点为中心的正方形。

方形：选中该单选按钮，在文档窗口中按住鼠标左键并拖动，即可绘制任意大小的正方形。

固定大小：选中该单选按钮，即可激活其后面的宽度和高度文本框，在其中输入相应的数值，即可绘制指定大小的矩形。

比例：选中该单选按钮，即可激活其后面的水平比例和垂直比例文本框，在其中输入相应的数值，即可绘制比例固定的矩形。

从中心：选中该复选框，在文档窗口中绘制矩形时将以单击点为中心绘制矩形。

◎ **对齐边缘**：选中该复选框，在文档中绘制矩形时可使矩形边缘对齐图像像素的边缘。

（2）圆角矩形工具

圆角矩形工具用于绘制圆角的矩形。选择该工具后，在图像中按住鼠标左键并拖动，即可绘制出圆角矩形。按住【Shift】键并拖动鼠标，可以创建圆角正方形，如下图所示。

选择工具箱中的圆角矩形工具，其工具属性栏如下图所示。

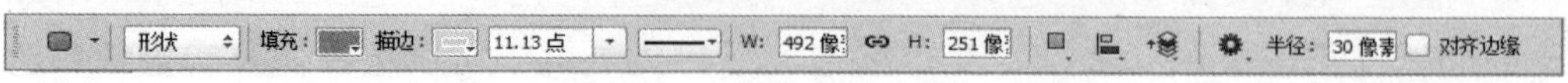

在“半径”文本框中可以设置圆角的半径大小，数值越大，矩形的边角就越圆滑，如下图所示。

在 Photoshop CC 中绘制圆角矩形图形后，可以单独调整每个圆角，并同时对多个图层上的矩形进行调整。

在图像上使用圆角矩形工具绘制一个圆角矩形，打开“属性”面板，如下图所示。

在“属性”面板的“所有角半径值”文本框中输入数值，可以分别调整角半径，如下图所示。

在“属性”面板中的“半径”文本框中输入数值或在相应的图标上拖动鼠标，可将任意两个或三个角调整为相同的半径，或者所有的角都不相同，如下图所示。

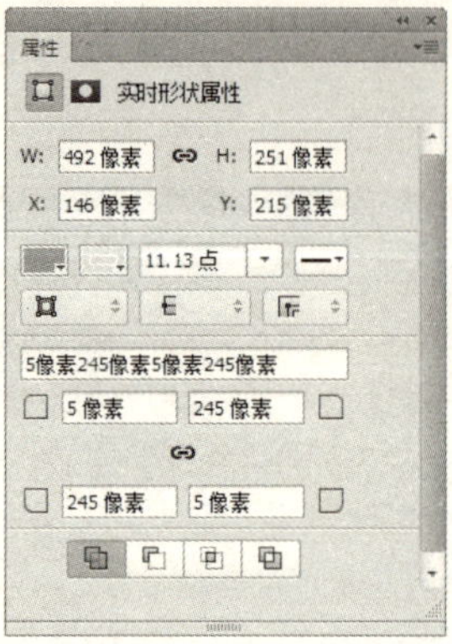

（3）椭圆工具

椭圆工具与矩形工具的工具属性栏基本相同，不同的是绘制的路径是椭圆形，如下图所示。

在图像窗口中按住鼠标左键并拖动，可以创建椭圆形路径；在按住【Shift】键的同时按住鼠标左键并拖动，创建的路径为正圆形路径，如下图所示。

（4）多边形工具

选择工具箱中的多边形工具，在其工具属性栏的“边”数值框中可以设置边的数值，即多边形的边数。在“多边形选项”面板中设置不同的参数，还可以得到不同形状的星形路径，如下图所示。

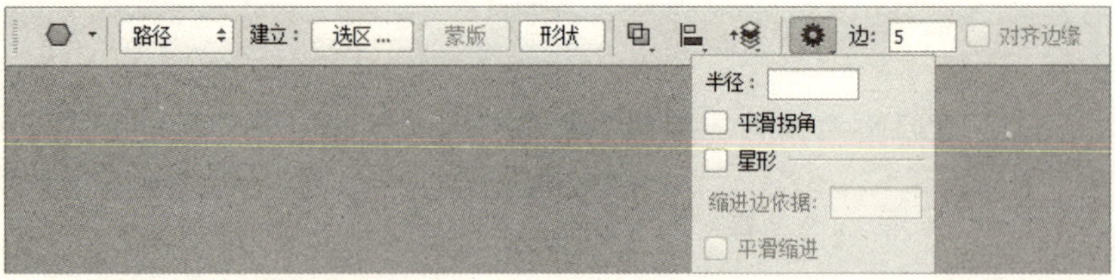

其中，各选项的含义如下：

◎ **半径：**用于设置多边形或星形的中心与外部点之间的距离。

◎ **平滑拐角**：选中该复选框，可以绘制边缘平滑的多边形。

◎ **星形**：选中该复选框，可以绘制星形路径。

◎ **缩进边依据**：可以输入 1%~ 99%之间的数值，用于设置星形半径被占据的部分。

◎ **平滑缩进**：选中该复选框，绘制的星形在缩进的同时平滑边缘。

选择工具箱中的多边形工具，设置"边"为 8 创建多边形路径，如下图所示。

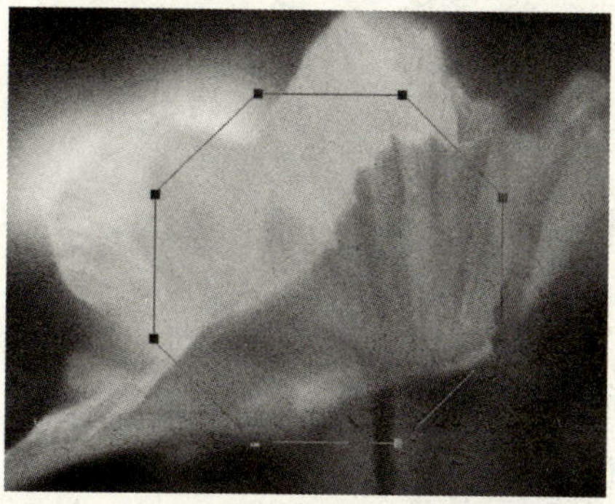

未做设置

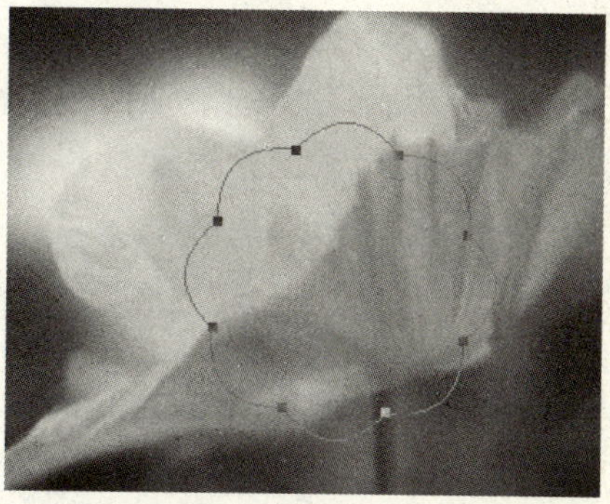

选中"平滑拐角"和"星形"复选框

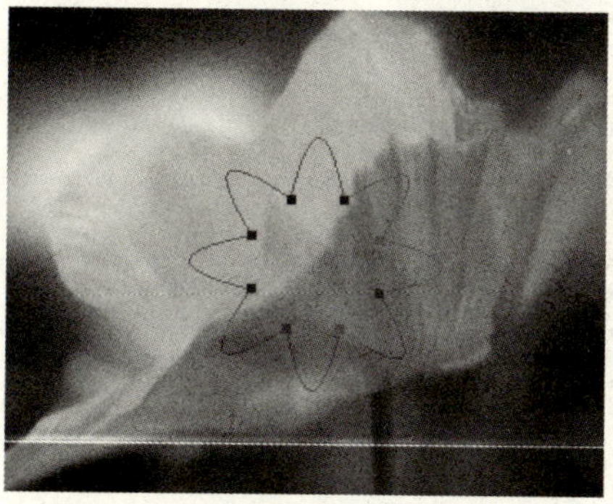

未选中"平滑缩进"复选框

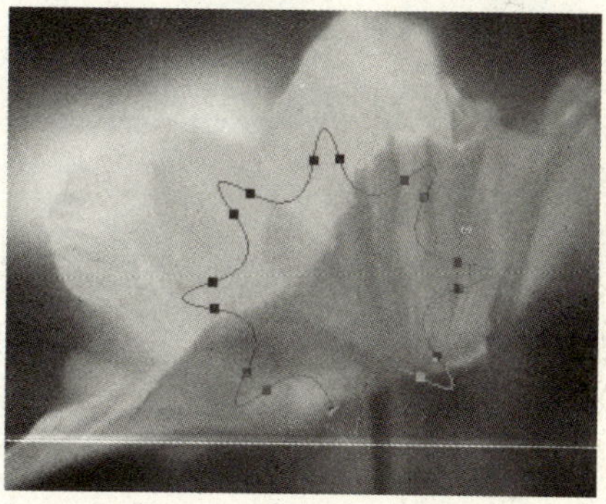

选中"平滑缩进"复选框

（5）直线工具

选择工具箱中的直线工具，在其工具属性栏中设置直线粗细数值，可以绘制不同粗细的直线。单击"形状"按钮，在弹出的"箭头"面板中设置参数，还可以绘制不同类型的箭头路径，如下图所示。

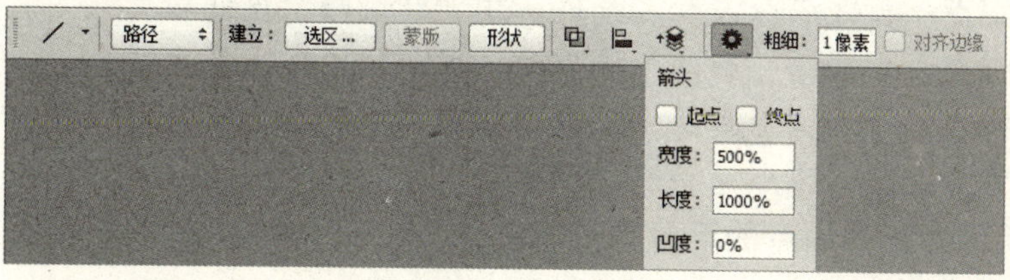

其中，各选项的含义如下：

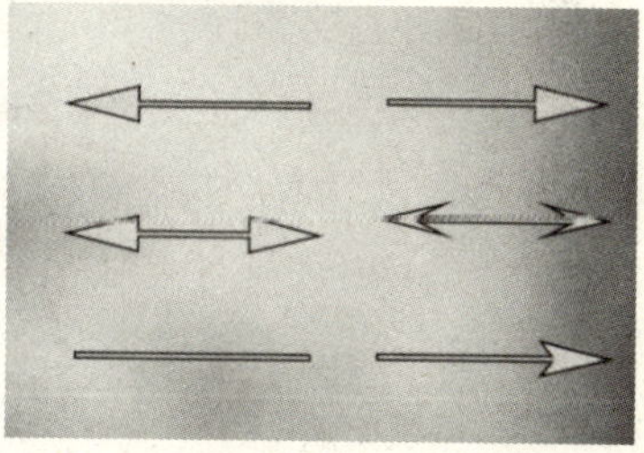

◎ **起点和终点**：选中"起点"复选框，绘制线段时将在起点处带有箭头；选中"终点"复选框，绘制线段时将在终点处带有箭头。

◎ **宽度**：用于设置箭头宽度和线段宽度的百分比。

◎ **长度**：用于设置箭头长度和线段长度的百分比。

◎ **凹度**：用于设置箭头中央凹陷的程度。

如右图所示为用直线工具绘制的各种图形。

（6）使用自定形状工具

使用自定形状工具可以绘制 Photoshop 预设的各种图形。选择工具箱中的自定形状工具，其工具属性栏如下图所示。

单击“形状”右侧的下拉按钮，在弹出的下拉面板中选择所需的形状，在图像窗口中按住鼠标左键并拖动，即可绘制图形。

单击形状面板右上角的按钮，可以弹出面板菜单。在菜单底部包含了 Photoshop 提供的预设形状库，选择一个形状库后，将弹出提示信息框，如下图所示。单击“确定”按钮，可以用载入的形状替换面板中原有的形状；单击“追加”按钮，可以在面板中原有形状的基础上添加载入的形状；单击“取消”按钮，可以取消替换操作。

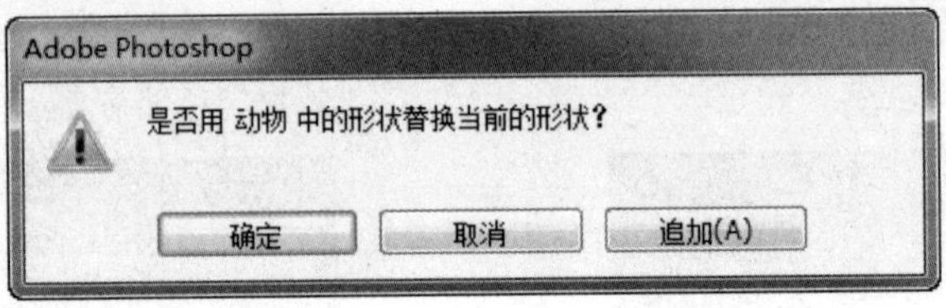

4. 编辑路径

在选择和编辑路径时，经常会用到选择路径工具。选择路径工具包括路径选择工具和直接选择工具。

（1）路径的选择和移动

选择路径选择工具，然后在路径的任意位置单击鼠标左键，即可选中整条路经；选择直接选择工具，然后在要选择路径的两个锚点之间单击鼠标左键，即可选中该路径段，此时两个锚点上的调整柄就会呈现出来。

（2）转换锚点

在路径中，锚点和方向线决定了路径的形状。锚点共有 4 种类型，分别为直线锚点、平滑锚点、拐点锚点和复合锚点。改变锚点的类型，可以改变路径的形状。

◎ **直线锚点**：直线锚点没有调整柄，用于连接两个直线段。

◎ **平滑锚点**：平滑锚点有两个调整柄，且调整柄在一条直线上。

◎ **拐点锚点**：拐点锚点有两个调整柄，但调整柄不在一条直线上。

◎ **复合锚点**：复合锚点只有一个调整柄。

如下图所示为 4 种锚点的示意图。

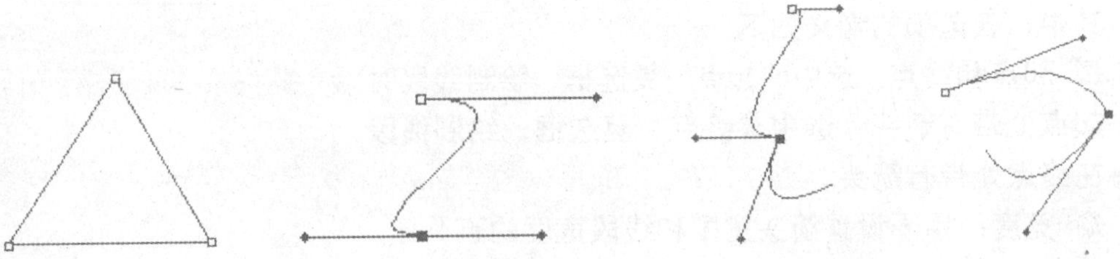

直线锚点　　平滑锚点　　拐点锚点　　复合锚点

13.3.5 文字工具

下面将详细介绍如何使用文字工具创建文字，如何使用文字面板，以及如何编辑文字。

1. 创建文字

在文字工具组中各个文字工具的属性栏是相同的，下面以横排文字工具为例进行介绍。选择横排文字工具，在图像中单击鼠标左键，此时出现文字工具属性栏，从中可以设置字体、字号等选项，如下图所示。

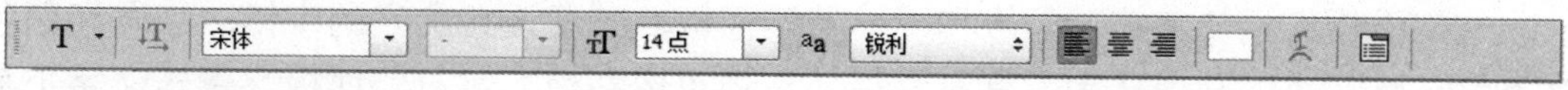

（1）创建点文字

选择横排文字工具T，在图像中的合适位置单击鼠标左键，在光标闪烁处输入所需的文字，并按【Ctrl+Enter】组合键确认操作，此时“图层”面板中会自动新建一个文字图层，如下图所示。

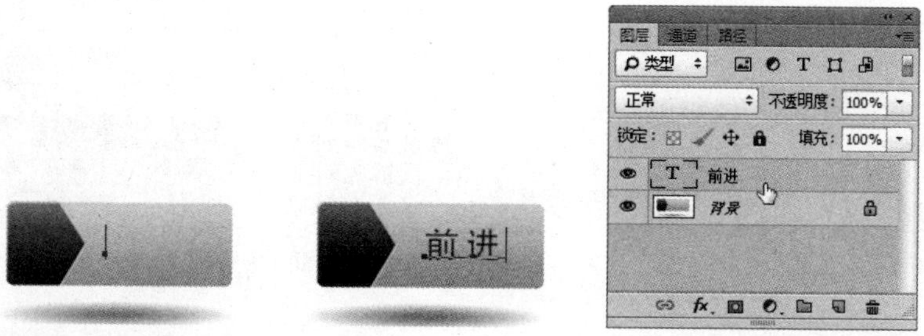

（2）创建段落文字

选择横排文字工具，在图像窗口中按住鼠标左键并拖动，在合适的位置松开鼠标，即可绘制一个文本框，然后在其中输入文字，如下图所示。单击属性栏中的✓按钮或按【Ctrl+Enter】组合键，即可确认输入操作。

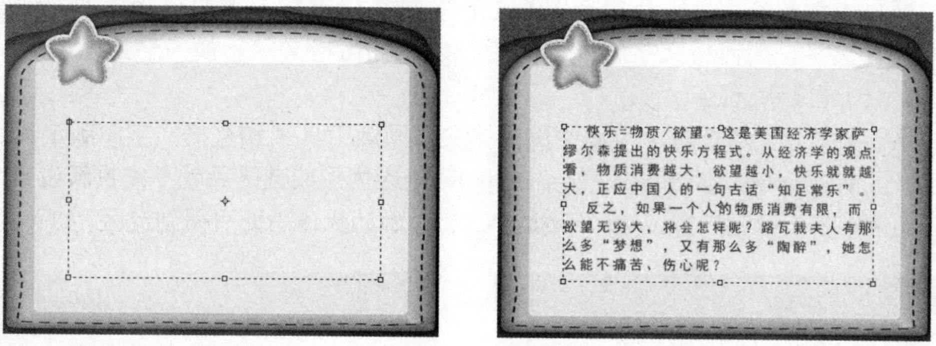

（3）创建路径文字

选择钢笔工具，在图像窗口中绘制一条路径。选择横排文字工具，设置合适的字体和字号。将鼠标指针移至路径起始点处，这时指针变成⌶形状，单击以确定文本插入点，此时将出现一个闪烁的光标，输入文字，然后选择工具箱中的其他工具确认操作，如下图所示。

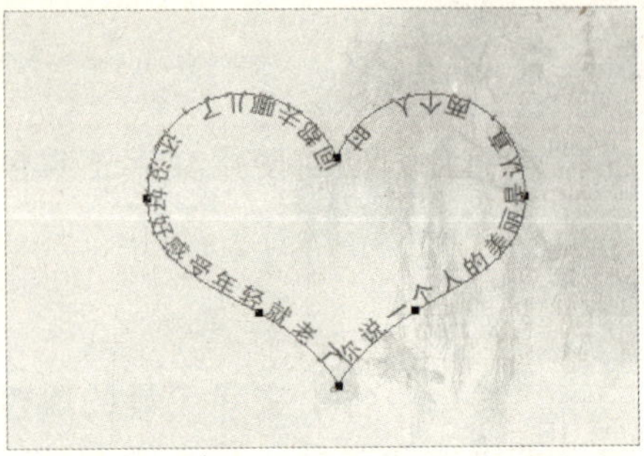

2. 文字面板

文字面板包括“字符”面板和“段落”面板。若要设置文字的字体、字号和颜色等属性，除了可以利用文字工具属性栏外，还可以利用“字符”面板。单击文字工具属性栏中的▤按钮，即可打开“字符”面板，如下图（左）所示。

若要处理文字段落，则可单击“窗口”|“段落”命令，调出“段落”面板，如下图（右）所示。

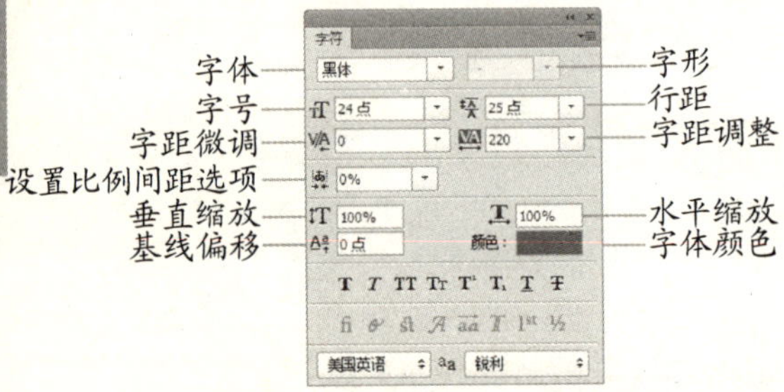

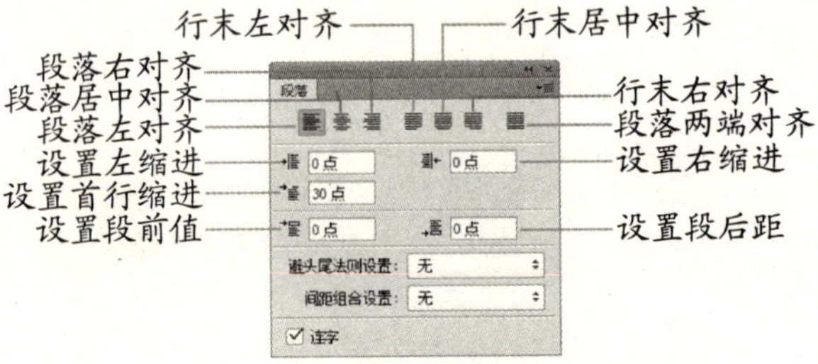

3. 编辑文字

在网页中创建文字后，还需要对其进行各种编辑操作。下面将介绍如何创建文字选区和变形文字，如何将文字转换为路径，以及如何将文字转换为普通图层。

（1）创建文字选区

如果需要创建文字选区，可以使用横排文字蒙版工具和直排文字蒙版工具。创建文字选区前，要先在属性栏中设置字体和字号（因为形成选区后就不能重新设置字体），然后在图像中单击确定光标位置，接着输入文字，确认操作后即可得到选区，如下图所示。

（2）创建变形文字

利用文字变形命令可以扭曲文字生成扇形、弧形、拱形和波浪等各种形态的文字效果。对文字应用变形后，还可以随时更改文字的变形样式，以改变文字的变形效果，如下图所示。

（3）将文字转换为路径

选中文字图层并右击，在弹出的快捷菜单中选择“创建工作路径”命令，也可以单击“类型”|“创建工作路径”命令，即可将文字转换为路径，如下图所示。

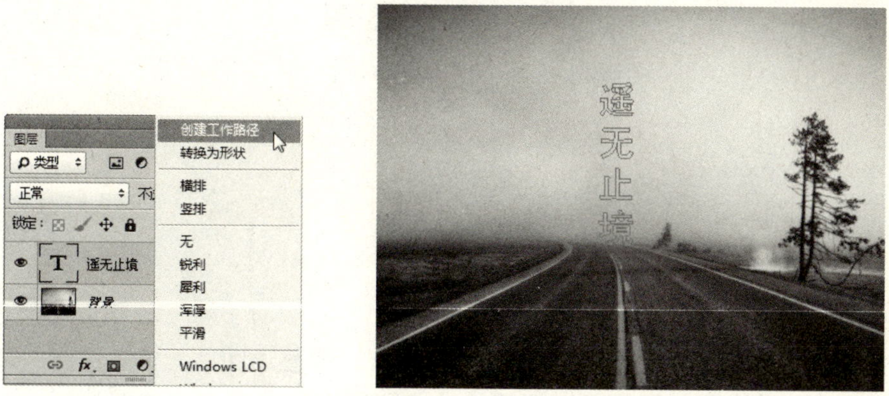

（4）将文字图层转换为普通图层

文字图层和普通图层不同，对它只能进行文字属性的设置。要想对文字图层使用“滤镜”命令和工具箱中的工具进行编辑，需要先将文字图层转换为普通图层，即将文字图层栅格化。

选择文字图层，然后单击“类型”|“栅格化文字图层”命令，即可将文字图层转换为普通图层，如下图所示。

13.4 认识常用面板

面板是 Photoshop 界面中一个非常重要的组成部分，其中存放了用户操作的所有对象。通过这些面板可以对图像窗口中的各个对象进行所需的操作，并实现相应的功能。

13.4.1 “图层”面板

Photoshop 将图像的不同部分分别存放在不同的图层中，这些图层叠放在一起形成完整的图像，用户可以单独对每个图层中的图像内容进行操作，而不会影响其他图层。

1. “图层”面板

“图层”面板是存放图层的地方。启动 Photoshop CC，单击“窗口”|“图层”命令，即可打开“图层”面板，如下图所示。

2. 新建图层

在 Photoshop CC 中可以创建多种类型的图层，即普通图层、背景图层、文本图层和调节图层，每种类型的图层都有不同的功能和用途。

单击“图层”|“新建”|“图层”命令，弹出“新建图层”对话框，如下图（左）所示。单击“确定”按钮，即可新建“图层 1”，如下图（右）所示。

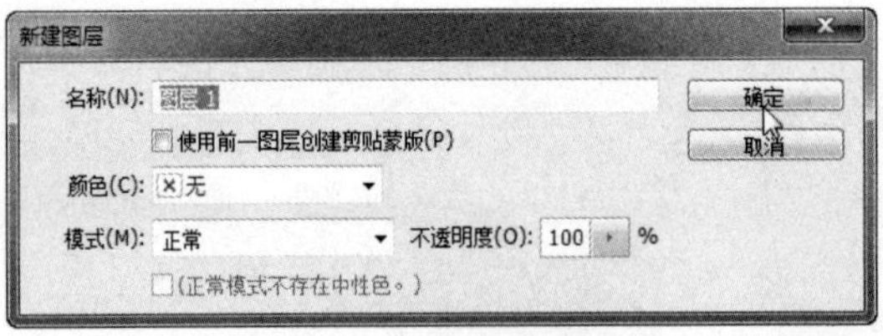

除此之外，还可以在“图层”面板下方单击“创建新图层”按钮，如下图（左）所示。此时，即可在当前所选图层的上方创建一个新的图层，并会自动选择新建的图层，如下图（右）所示。

3．选择图层

在 Photoshop CC 中，当需要在某个图层上绘制或编辑对象时，需要先选中该图层将其置为前层。如果图像中包含多个图层，根据操作需要可以同时选择多个连续或不连续的图层，同时对它们进行编辑操作。

◎ 在“图层”面板中单击即可选择该图层，如下图（左）所示。

◎ 要选择多个图层，可以按住【Shift】键的同时单击首尾两个图层，如下图（中）所示。

◎ 要选择多个不连续的图层，可以按住【Ctrl】键的同时单击要选择的图层，如下图（右）所示。

4．复制图层

当需要对同一幅图像进行不同的操作时，可以对该图像所在的图层进行复制，然后进行下一步的操作。在“图层”面板中选中要复制的图层，将选中的图层拖到“创建新图层”按钮上，如下图（左）所示。或按【Ctrl+J】组合键，也可复制该图层。此外，还可以右击需要复制的图层，在弹出的快捷菜单中选择“复制图层”命令，如下图（右）所示。

5. 删除图层

如果有不需要的图层，可右击要删除的图层，在弹出的快捷菜单中选择“删除图层”命令，如下图（左）所示。执行删除命令后会弹出一个确认删除的提示信息框，此时单击“是”按钮，即可删除图层，如下图（右）所示。

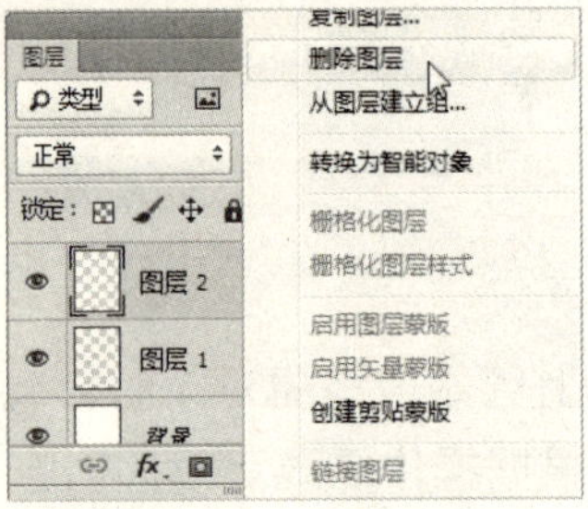

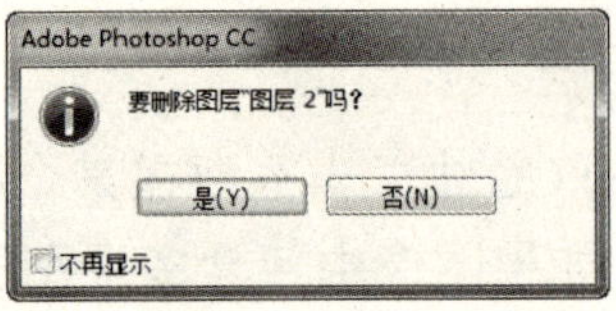

还可以在“图层”面板中选中要删除的图层，将其拖到“删除图层”按钮上或直接按【Delete】键即可删除该图层。

6. 隐藏或显示图层

在编辑图像的过程中，有时需要对部分图层进行隐藏，以便观察当前的图像效果。单击图层缩览图前面的“指示图层可见性”图标，使其变为，即可隐藏选中图层中的图像；再次单击图标，即可重新显示图层内容，如下图所示。

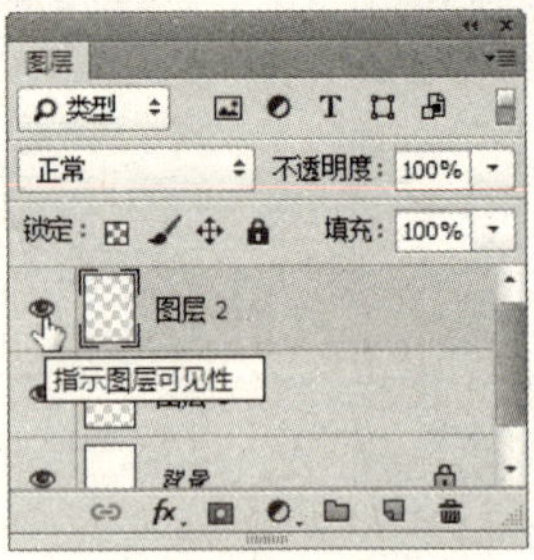

7. 链接图层

在编辑图像的过程中，有时需要对图像中的多个图层进行整体操作，这时可以将需要操作的多个图层进行链接。

按住【Ctrl】键的同时在“图层”面板中单击需要链接的图层，然后单击“图层”面板下方的“链接图层”按钮，如下图（左）所示。当选中的图层名称后面出现图标时，表示选中的所有图层链接在了一起，如下图（右）所示。再次单击“链接图层”图标，即可取消图层的链接。

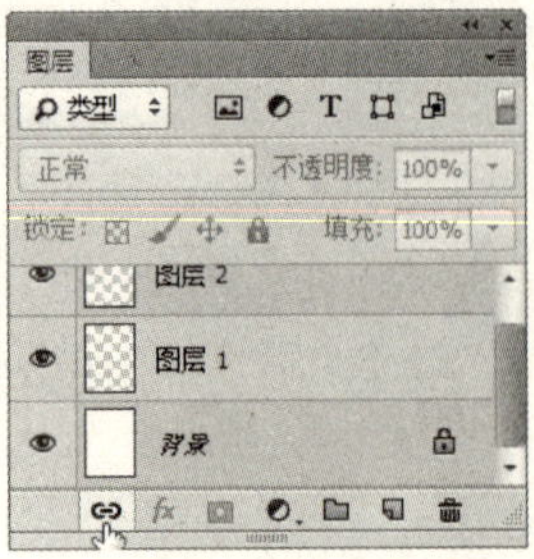

8. 锁定图层

锁定图层后可以防止在编辑完成的图层上进行错误的操作，从而影响图层的效果。

（1）锁定透明像素

单击“锁定透明像素”按钮，当前图层上原本透明的部分被保护起来，不允许被编辑，以后所有的操作只对不透明的图像起作用。

（2）锁定图像像素

单击“锁定图像像素”按钮，当前图层被锁定，不管是透明区域还是图像区域，都不允许填充颜色或进行色彩编辑。此时，如果将绘图工具移到图像窗口中会出现图标，表示该功能对锁定图层像素无效。

（3）锁定位置

单击“锁定位置”按钮，则当前图层像素将被锁定，不允许被移动或进行各种变形操作，但可以对该图层进行填充和描边等其他绘图操作。

（4）锁定全部

单击“锁定全部”按钮，当前图层的所有编辑都将被锁定，不允许对图层图像进行任何操作，此时只能改变图层的叠放顺序。

9. 合并图层

如果要合并两个或多个图层，可按【Ctrl+E】组合键，或右击图层，在弹出的快捷菜单中选择“合并图层”命令，如下图（左）所示。此时即可将选择的图层合并为一个图层，并以上方图层的名称显示，如下图（右）所示。

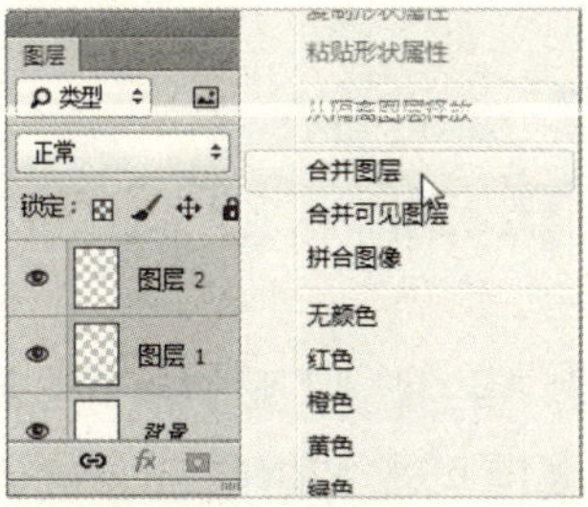

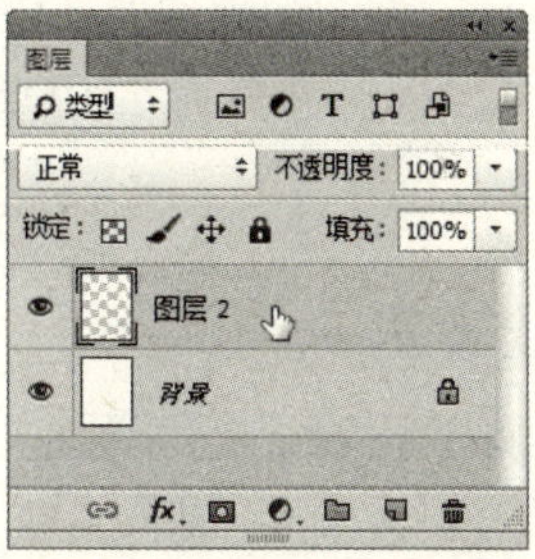

13.4.2 图层样式的应用

在 Photoshop 中提供了各种各样的图层样式，如投影、内/外发光、斜面和浮雕、叠加和描边等，利用这些图层样式可以轻松地创作出各种材质效果。下面将详细介绍如何应用图层样式。

当图层应用了图层样式之后，在对应图层名称的右方就会出现一个 fx 图标和一个小三角，表示该图层含有自动效果。当出现的是向上的小三角时，还能看到该图层应用了哪些自动样式，这样就便于用户对图层样式进行管理和修改，如右图所示。

单击“图层”|“图层样式”命令，出现图层样式菜单，

如下图所示。

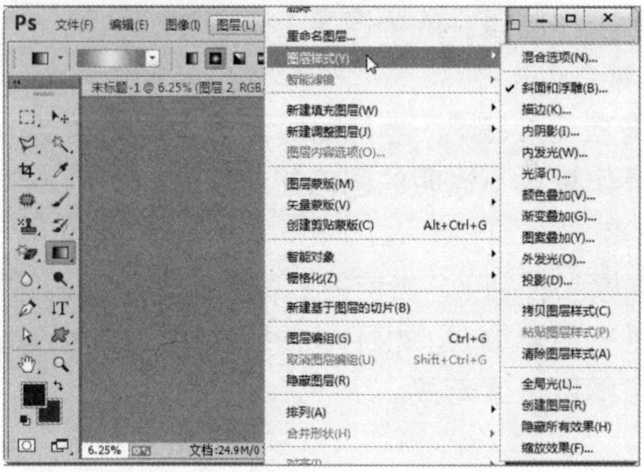

1. 斜面和浮雕

“斜面和浮雕”样式可以使图层内容产生类似于浮雕的立体效果。在“图层样式”对话框中选择“斜面和浮雕”选项，将显示斜面和浮雕参数设置选项，如下图所示。

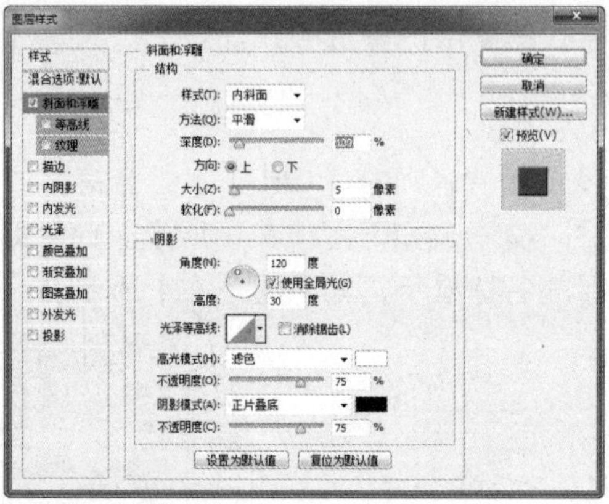

其中，主要参数的含义如下：

◎ **方法**：用于设置进行浮雕的方法，分别为“平滑”、“雕刻清晰”和“雕刻柔和”。

◎ **深度**：用于设置斜面的深度，较大的深度值可增加阴影部分的作用范围。参数值越大，图像效果越深，反之越浅。

◎ **光泽等高线**：用于定义不规则、不均匀的高光和阴影。它不影响图层效果，与其他选项卡中的等高线不同。

◎ **高光模式**：用于设置高光部分的颜色，不透明度与原始图像的作用模式。

◎ **阴影模式**：用于设置立体化后阴影的混合模式，单击其右侧的色块可以设置阴影的颜色。

在“图层样式”对话框的“斜面和浮雕”选项下方还有两个选项，分别为“等高线”选项和“纹理”选项。选择“等高线”选项，将显示等高线参数设置选项。其中：

◎ **等高线**：用于设置立体对象的分布方式。

◎ **范围**：用于设置等高线相对于该立体对象的位置。

在“图层样式”对话框中选择“纹理”选项，将显示纹理参数设置选项，其中：

◎ **图案**：用于设置或选择合适的图案。

◎ **贴紧原点**：单击该按钮，可以使图案返回到原来的位置。

◎ **缩放**：用于图案的扩大或缩小操作，以适合要求。

◎ **深度**：用于设置立体对象的对比效果的强度。

下面将通过实例介绍“斜面和浮雕”图层样式的应用方法，具体操作方法如下：

01 打开素材文件 打开光盘中的素材文件“斜面浮雕.psd”，如下图所示。

02 选择“斜面/浮雕”选项 单击“添加图层样式”按钮fx，选择“斜面/浮雕”选项，如下图所示。

03 选择“外斜面”选项 在“样式”下拉列表中选择“外斜面”选项，此时在图层内容的外边缘创建斜面，效果如下图所示。

04 选择“浮雕效果”选项 选择“浮雕效果”选项，可以模拟使图层内容相对于下层图层呈浮雕状的效果，如下图所示。

05 选择“枕状浮雕”选项 选择“枕状浮雕”选项，可以模拟将图层内容边缘压入下层图层中的效果，如下图所示。

06 选择“描边浮雕”选项 选择“描边浮雕”选项，必须选中“描边”图层样式才可以产生效果，如下图所示。

2. 光泽

“光泽”图层样式可以模拟内放射的效果，通常用于创建金属表面效果的光泽外观，如下图所示。它的选项虽然不多，但很难准确把握，微小的设置差别可能会导致截然不同的效果。可以将光泽效果理解为光线照射下的反光度比较高的波浪形表面(比如水面)显示出来的效果。

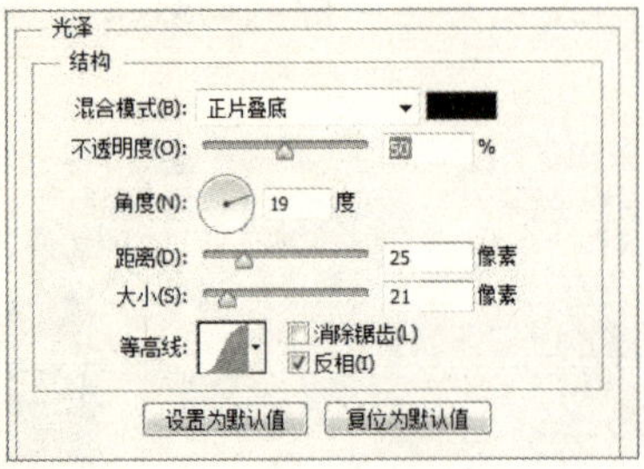

3. 投影、外发光和内发光

在“图层样式”对话框中选择“投影”选项，将显示投影参数设置选项，可以为图层内容添加投影效果，如下图所示。

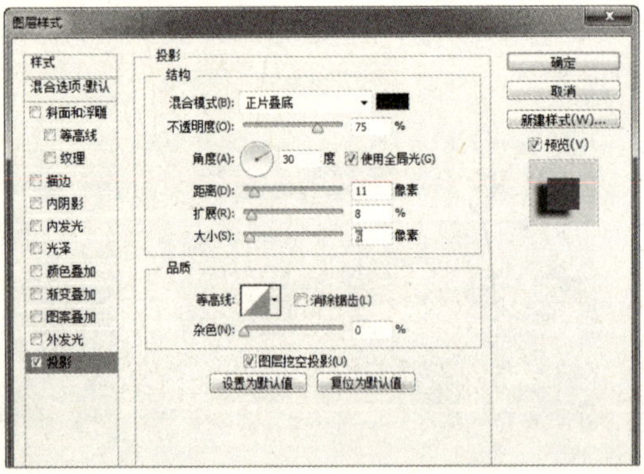

在“图层样式”对话框中选择“外发光”选项，将显示外发光参数设置选项，可以为图像添加从图像外边缘发光的效果，如下图（左）所示。

在“图层样式”对话框中选择“内发光”选项，将显示内发光参数设置选项，可以添加从图像内边缘发光的效果，如下图（右）所示。

4. 颜色叠加、渐变叠加与图案叠加

使用“颜色叠加”样式可以在当前图像上添加单一的色彩。在“图层样式”对话框中选择“颜色叠加”选项，将显示颜色叠加参数设置选项，如下图（左）所示。通过设置颜色的混合模式和不透明度可以控制叠加的效果，如下图（右）所示。

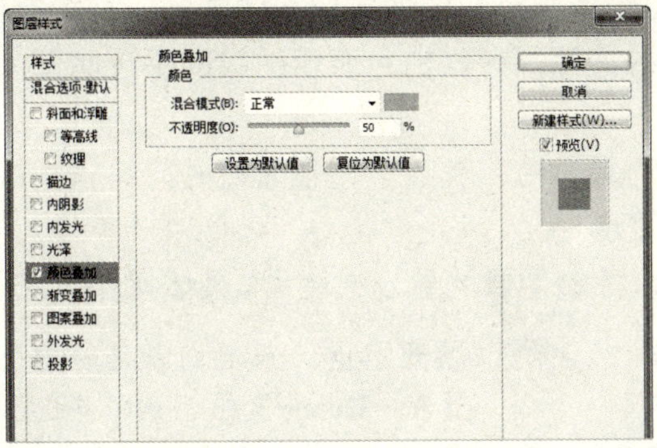

使用“渐变叠加”样式可以在当前图像上添加渐变颜色。在“图层样式”对话框中选择“渐变叠加”选项，将显示渐变叠加参数设置选项，如下图（左）所示。可以通过改变“样式”来控制渐变叠加的类型，如下图（右）所示。

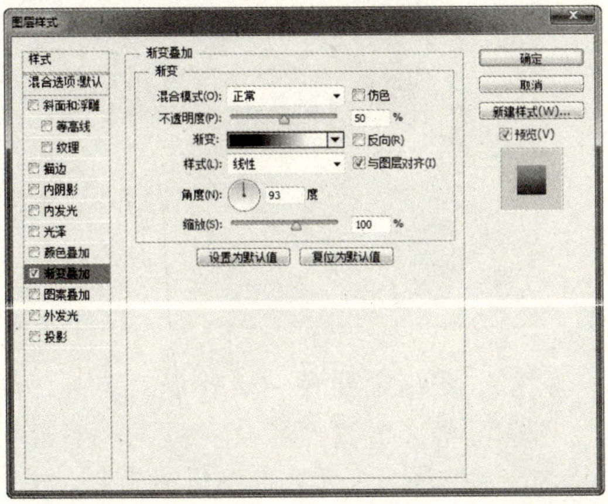

使用“图案叠加”样式可以在当前图像上添加图案填充。在“图层样式”对话框中选择“图案叠加”选项，将显示图案叠加参数设置选项，如下图（左）所示。通过改变“缩放”值可以调整图案的大小，数值越大，图案就越大，如下图（右）所示。

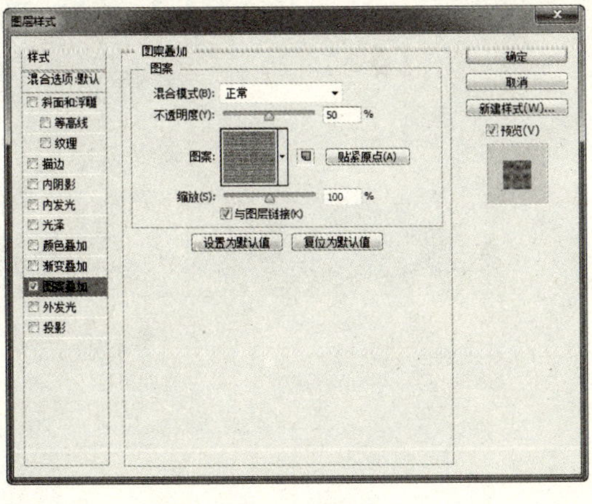

13.4.3 图层蒙版的应用

蒙版是一种图像屏蔽方式，它可以将图像的某部分保护起来，当要在图像的某些区域进行操作时，蒙版能隔离和保护图像特定的区域不受影响。

图层蒙版是Photoshop提供的用黑白图像来控制图像显示与隐藏的一种图层功能，它是一个8位灰度图像，黑色表示图层的透明部分，白色表示图层的不透明部分，灰色表示图层的半透明部分。

编辑图层蒙版实际上就是对蒙版中的黑、白、灰三个色彩区域进行编辑，从而控制其作用图层的不同区域是否被隐藏或显示。

下面将通过实例来介绍使用蒙版可以控制图层的显示或隐藏，具体操作方法如下：

01 添加图层蒙版 打开素材图像“图层蒙版.psd”，单击“添加图层蒙版”按钮，为“图层1”添加图层蒙版，如下图所示。

02 填充选区 选中图层蒙版，在蒙版上绘制一个矩形选区。设置前景色为黑色，按【Alt+Delete】组合键填充选区，如下图所示。

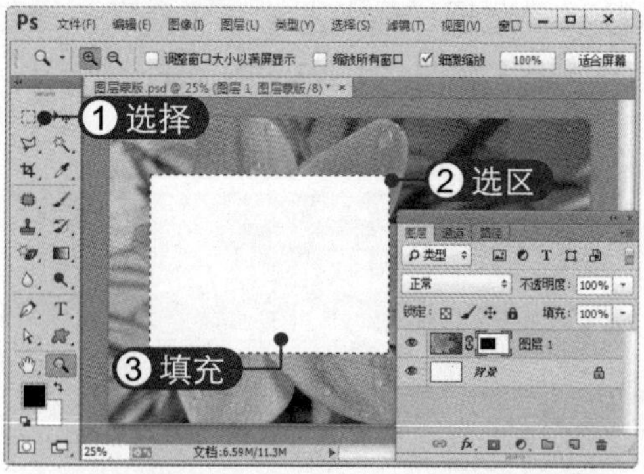

03 填充选区 设置前景色为白色，按【Alt+Delete】组合键填充选区，如下图所示。

04 编辑渐变色 选择渐变工具，设置渐变色为“黑白渐变”，单击线性渐变按钮，在选区内编辑渐变色，效果如下图所示。

13.4.4 认识“蒙版”属性面板

单击“窗口”|“蒙版”命令，即可打开“蒙版”面板，如右图所示。其中，主要参数的含义如下：

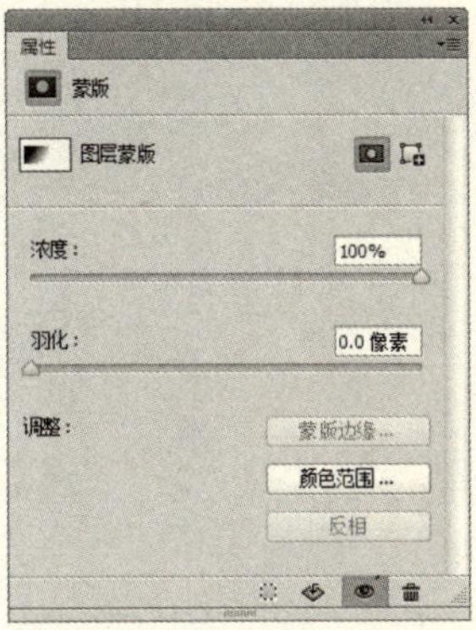

◎ **“添加像素蒙版”按钮**：单击该按钮，即可针对当前图层添加像素蒙版。

◎ **“添加矢量蒙版”按钮**：单击该按钮，即可针对当前图层添加矢量蒙版。

◎ **浓度**：该选项用于设置蒙版的浓度，即蒙版的应用深度。数值越小，蒙版效果就越淡。当设置 0%时，蒙版效果即可被完全隐蔽。

◎ **羽化**：通过设置“羽化”选项可以调整蒙版边缘的羽化效果。设置的参数越大，蒙版边缘模糊区域就越大，即羽化区域越大，如下图所示。

羽化值为 0 像素

羽化值为 40 像素

◎ **调整**：“调整”选项区中的 3 个按钮主要用于对像素蒙版进行编辑。当为图层创建像素蒙版后，可以通过“蒙版边缘”按钮对蒙版的边缘进行编辑；通过“颜色范围”按钮可以选择需要调整蒙版的颜色区域；通过“反相”按钮可以将蒙版区域进行反相处理。

在快速按钮区域中有 4 个按钮，其各自的作用如下：

◎ **“从蒙版中载入选区”按钮**：单击该按钮，即可将蒙版区域载入为选区。

◎ **“应用蒙版”按钮**：当创建蒙版后确认效果不再更改时，单击该按钮，即可将蒙版效果应用到当前图层中。

◎ **“停用/启用蒙版”按钮**：单击该按钮，可以暂时隐藏图像中的蒙版效果，再次单击即可显示蒙版。

◎ **“删除蒙版”按钮**：选择不需要的蒙版图层，单击该按钮，即可将该图层中的蒙版删除。

Chapter

14

使用 Photoshop 处理网页图像

在网页制作过程中，经常需要对网页图像进行各种处理，以达到网页设计的要求。本章将详细介绍如何使用 Photoshop CC 处理网页图像，其中包括修复与修饰图像，以及调整图像色彩等知识。

本章要点

- 图像的修复
- 图像的修饰
- 调整图像色彩

知识等级

网页制作中级读者

建议学时

建议学习时间为 90 分钟

14.1 图像的修复

Photoshop CC 提供了丰富的图像修复工具，可以帮助用户处理图像的一些缺陷等，从而快速得到十分完美的图像作品。下面将详细介绍图像修复方面的知识。

14.1.1 修复工具组

在 Photoshop CC 中，修复工具是经常使用的一组工具，使用它可以轻松地去除图像中的一些瑕疵。修复工具组中包括污点修复画笔工具、修复画笔工具、修补工具及红眼工具，如下图所示。

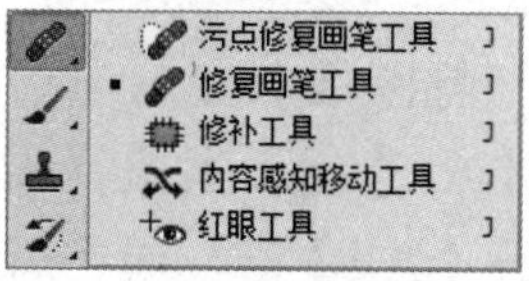

1. 污点修复画笔工具

污点修复画笔工具主要用于去除照片中的污点，如面部疤痕、黑痣等。使用污点修复画笔工具时不需要设置参考点，在修复某一位置时会自动在该修复位置的周围取样，并且与修复位置的图像融合，从而达到理想的处理效果。

在工具箱中选择污点修复画笔工具，其工具属性栏如下图所示。

其中，几个重要参数的含义如下：

◎ **近似匹配**：选中该单选按钮，表示将使用周围图像来近似匹配要修复的图像区域。

◎ **创建纹理**：选中该单选按钮，表示将使用选区中的所有像素创建一个用于修复该区域的纹理。

◎ **内容识别**：选中该单选按钮，在修复某一区域时会自动分析周围图像的特点，然后通过拼接的方式将选区中的图像进行修复。

选择污点修复画笔工具，在其工具属性栏选中“内容识别”单选按钮，在人物脸上有黑痣的地方单击鼠标左键，即可将其去除，如下图所示。

2. 修复画笔工具

在使用修复画笔工具时，首先要选取参考点。对于需要修饰大片区域，或需要不断地控制取样来源时，可以选择修复画笔工具。修复画笔工具的属性栏如下图所示。

在工具属性栏中有几个比较重要的参数，其含义如下：

◎ **取样**：将源设置为“取样”时，将以图像区域中的部分图像作为复制对象进行修复。

◎ **图案**：将源设置为“图案”时，可以使用相应的图案作为复制对象进行修复。

◎ **对齐**：选中该复选框，在不同区域复制图像时参考点都将随之发生变化；取消选择该复选框，在复制图像时将以同一参考点对齐，即使在图像的不同区域进行图像的复制时，复制出来的仍然是同一幅图像。

选择修复画笔工具，按住【Alt】键，当鼠标指针呈⊕形状时，在图像中没有污损的地方单击进行取样，然后松开【Alt】键，单击有污损的地方，即可将刚才取样位置的图像复制到当前单击位置。如下图所示为使用修复画笔工具修复图像的前后对比效果。

原图像

使用修复画笔工具单击

修复效果

3. 修补工具

修补工具适用于对图像的某一块区域进行整体的操作。修补时先要创建一个选区将要修补的区域选中，然后将选区拖到其他要修改为的区域即可。如下图所示为修补工具的属性栏。

该工具属性栏中各选项的含义如下：

◎ **源**：选中该单选按钮后，如果将源图像选区拖至目标区域，则源区域图像将目标区域的图像覆盖。

◎ **目标**：选中该单选按钮，表示将选定区域作为目标区域，用其覆盖需要修补的区域。

◎ **透明**：选中该复选框，可以将图像中差异较大的形状图像或颜色修补到目标区域中。

◎ 使用图案 创建选区后该按钮将被激活，单击其右侧的下拉按钮，可以在打开的图案列表中选择一种图案，以对选区图像进行图案修复。

使用修补工具修复图像的具体操作方法如下：

01 打开素材文件 按【Ctrl+O】组合键，打开素材文件“修补工具.jpg”，如下图所示。

02 创建选区 使用修补工具创建选区，当鼠标指针移到选区内时呈形状，如下图所示。

03 移动选区 按住【Shift】键并拖动鼠标，水平移动选区，如下图所示。

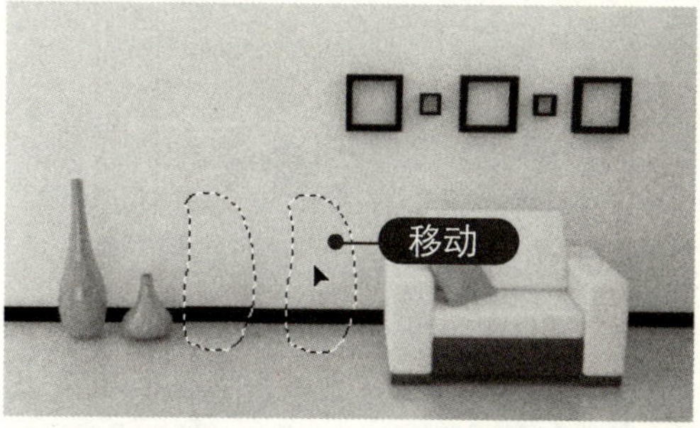

04 查看修补效果 按【Ctrl+D】组合键取消选区，查看使用修补的效果，如下图所示。

知识加油站

修补工具具有自动匹配颜色的功能，复制出的效果与周围的色彩较为融合。

4．内容感知移动工具

使用内容感知移动工具可以在移动图片中选中的某个区域时，智能填充原来的位置。使用内容感知移动工具时先要为需要移动的区域创建选区，然后将选区拖到所需位置即可。选择内容感知移动工具，其工具属性栏如下图所示。

该工具属性栏中各选项的含义如下：

◎ **模式**：包含“移动”和“扩展”两种模式。选择“移动”选项，将选取的区域内容移到其他位置，并自动填充原来的区域；选择“扩展”选项，则将选取的区域内容复制到其他位置，并自动填充原来的区域。

◎ **适应**：包含“非常严格”、“严格”、“中”、“松散”和“非常松散”5个选项，可以设置选择区域保留的严格程度。

◎ **对所有图层取样**：当图像中包含多个图层时，选中该复选框，可以对所有图层中的图像进行取样。

使用内容感知移动工具修复图像的具体操作方法如下：

01 **打开素材文件** 按【Ctrl+O】组合键，打开素材文件“内容感知移动工具.jpg”，如下图所示。

02 **创建选区** 选择内容感知移动工具，在花的周围拖动鼠标创建选区，如下图所示。

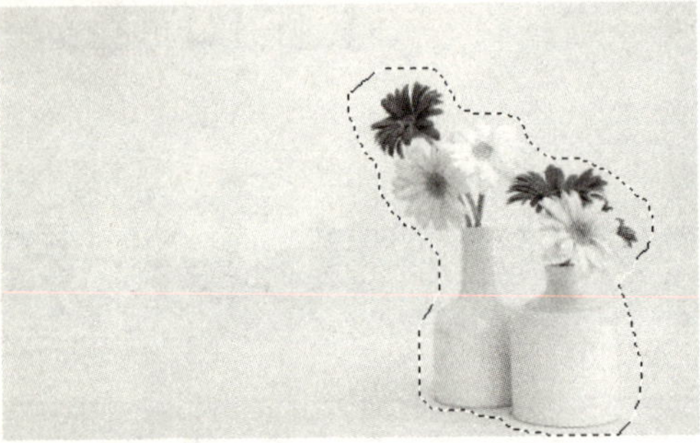

03 **移动选区** 在工具属性栏“模式”为“移动”的情况下，将选区拖到其他区域，会自动根据周围情况填充空出的区域，效果如下图所示。

04 **移动复制图像** 在工具属性栏“模式”为“扩展”的情况下，选取的区域内容将移动复制到另外的地方，效果如下图所示。

5. 红眼工具

使用红眼工具可以轻松地去除人物照片中的红眼。在工具箱中选择红眼工具，在其工具属性栏中可以设置瞳孔放大的比例及变暗量的比例，如下图所示。

红眼工具的使用方法非常简单，只需在工具属性栏中设置参数，然后在图像红眼中的位置单击鼠标左键，即可矫正红眼。如下图所示为使用红眼工具修复人物红眼的过程。

原图像

单击红眼位置

效果图

14.1.2 图章工具组

图章工具组中包括仿制图章工具和图案图章工具，如下图所示。下面将详细介绍

Photoshop CC 中图章工具组的使用方法。

1. 仿制图章工具

选择工具箱中的仿制图章工具，其工具属性栏如下图所示。

其中，几个重要参数的含义如下：

◎ ：单击该按钮，即可打开“仿制源”面板。在此面板中可以定义多个采样点，并且可以切换使用。

◎ **对齐**：在应用取样的图像源时，若由于某些原因停止，再次仿制图像时，若选中“对齐”复选框，仍可从上次仿制结束的位置开始；若未选择该复选框，则每次仿制图像时，将从取样点的位置开始应用，如下图所示。

部分取样

选中“对齐”复选框

未选中“对齐”复选框

◎ **样本**：该下拉列表中包含 3 个选项，即“当前图层”、“当前和下方图层”和“所有图层”。选择“当前图层”选项，只在当前图层进行取样；选择“当前和下方图层”选项，则在当前图层及下方图层中的可见部分进行取样；选择“所有图层”选项，将从所有可见图层中进行取样。

◎ ：该按钮只有在选择“当前和下方图层”或“所有图层”样式时才有效，单击该按钮，将从调整图层以外的可见图层中取样。

在 Photoshop CC 中，使用仿制图章工具可以将一幅图像的全部或局部复制到同一幅图像或另一幅图像中，以去除网页图像中的缺陷。

选择仿制图章工具，在其工具属性栏中选择合适的画笔大小，然后将鼠标指针移到图像窗口中，按住【Alt】键的同时单击进行取样，然后移动鼠标指针到当前图像的其他位置或另一幅图像中，按住鼠标左键并拖动，即可复制取样的图像，如下图所示。

按住【Alt】键单击取样

单击拖动鼠标

效果图

2. 图案图章工具

使用图案图章工具可以将系统自带的图案或自己创建的图案复制到图像中。选择工具箱中的图案图章工具，其工具属性栏如下图所示。

在该工具属性栏中，部分选项的含义如下：

◎ ：单击该按钮，在弹出的图案下拉列表中选择一种系统默认或自定义的图案，单击窗口中的图像，即可将图案复制到图像中，如下图所示。

◎ **印象派效果**：选中该复选框后，在复制图像时将产生类似于印象派艺术画效果的图案，如下图所示。

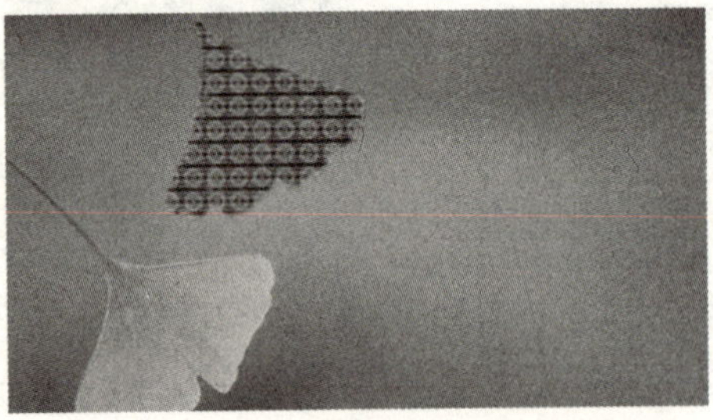

未选中“印象派效果”复选框

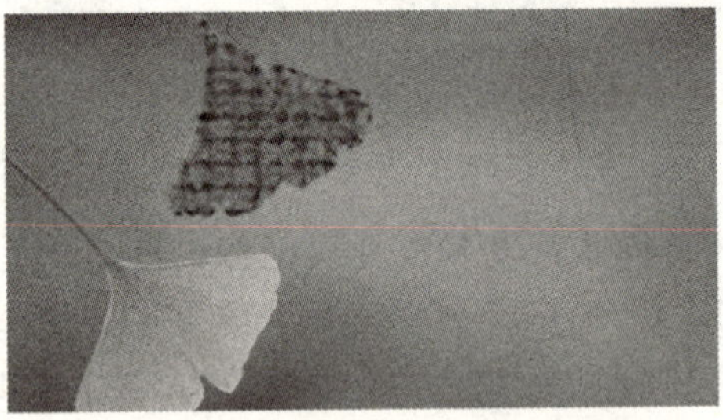

选中“印象派效果”复选框

14.2 图像的修饰

在 Photoshop CC 中不仅可以对图像的缺陷进行修复，还能对图像进行一系列的修饰操作，使图像更加完美。

14.2.1 模糊、锐化、涂抹工具

在处理网页图像时，经常需要用到模糊工具、锐化工具和涂抹工具，下面将分别介绍这 3 种工具的使用方法。

1. 模糊工具

使用模糊工具可以使图像产生模糊的效果，从而柔化图像，减少图像细节。选择模糊工具后，在图像中按住鼠标左键并拖动进行模糊操作，如下图所示为模糊前后的对比效果。

选择工具箱中的模糊工具，其工具属性栏如下图所示。

其中，各选项的含义如下：

◎ **模式**：用于设置操作模式，其中包括“正常”、“变暗”、“变亮”、“色相”、“饱和度”、“颜色”和“亮度”等模式。

◎ **强度**：用于设置模糊的程度，数值越大，模糊的程度就越明显。

◎ **对所有图层取样**：选中该复选框，即可对所有图层中的对象进行模糊操作；取消选择该复选框，则只对当前图层中的对象进行模糊操作。

2. 锐化工具

使用锐化工具可以增强图像中相邻像素之间的对比，使图像产生更加清晰的效果。选择锐化工具后，在图像中按住鼠标左键并拖动，即可进行锐化操作，锐化前后对比效果如下图所示。

3. 涂抹工具

涂抹工具通过混合各种色调颜色，使图像中相邻颜色互相混合而产生模糊感。选择工具箱中的涂抹工具，在图像中按住鼠标左键并拖动，即可进行涂抹操作，涂抹前后对比效果如下图所示。

选择工具箱中的涂抹工具，其工具属性栏如下图所示。

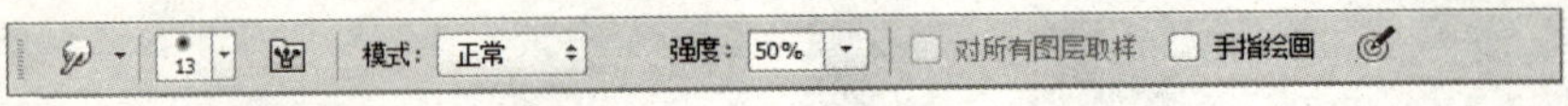

在涂抹工具属性栏选中“手指绘画”复选框，可在使用涂抹工具涂抹时产生类似手指涂抹颜料的效果；取消选择该复选框，则在涂抹时只移动图像中颜色的位置，而不附加任何其他的颜色效果，如下图所示。

14.2.2 减淡、加深、海绵工具

在处理网页图像时，还经常需要用到减淡工具、加深工具和海绵工具，如下图所示。下面将分别介绍 3 种工具的使用方法。

1. 减淡工具

使用减淡工具可以增加图像的曝光度，使图像变亮。选择工具箱中的减淡工具，在图像中按住鼠标左键并拖动，即可进行减淡操作，如下图所示。

选择工具箱中的减淡工具，其工具属性栏如下图所示。

在该工具属性栏中，各选项的含义如下：

◎ **阴影**：选择此选项，减淡操作仅对图像暗部区域的像素起作用。

◎ **中间调**：选择此选项，减淡操作仅对图像中间色调区域的像素起作用。

◎ **高光**：选择此选项，减淡操作仅对图像高光区域的像素起作用。

◎ **曝光度**：用于定义曝光的强度，数值越大，曝光度越强，图像变亮的程度就越明显。

◎ **保护色调**：选中该复选框，可以在操作的过程中保护画面的亮部和暗部尽量不受影响，保护图像的原始色调和饱和度，如下图所示。

原图像

未选中“保护色调”复选框

选中“保护色调”复选框

2. 加深工具

使用加深工具同样可以改变图像的曝光度，从而使图像变暗。在工具箱中选择加深工具，其工具属性栏如下图所示。

选择工具箱中的加深工具，在图像中按住鼠标左键并拖动，即可进行加深操作，效果如下图所示。

3. 海绵工具

使用海绵工具在图像上进行涂抹，可以调整涂抹区域的色彩饱和度，其工具属性栏如下图所示。

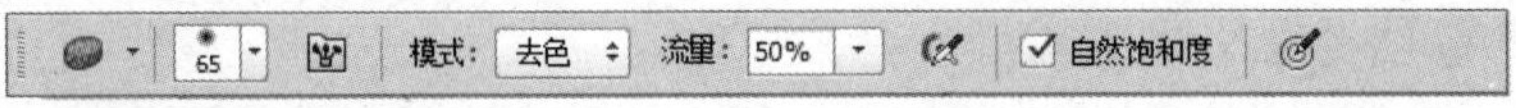

其中，各选项的含义如下：

◎ **模式**：在该下拉列表中选择“去色”选项，然后使用该工具在图像中涂抹，可以看到相应区域的颜色变暗且纯度降低；如果选择“加色”选项，涂抹后相应区域的颜色会变亮，纯度提高，如下图所示。

原图像

去色

加色

◎ **流量**：可以设置饱和度的更改力度。

◎ **自然饱和度**：选中该复选框，可以在增加饱和度时防止颜色过度饱和而出现溢色，如下图所示。

原图像

未选中“自然饱和度”复选框

选中“自然饱和度”复选框

14.3 调整图像色彩

在设计网页的过程中，图像的色彩与色调调整在图像处理中是一项非常重要的内容。在 Photoshop CC 中提供了多种工具和命令，以使用户进行图像色彩的调整，使图像看上去更具有艺术感，从而增加作品的可观赏性。下面将详细介绍在 Photoshop 中常用的调整图像色彩的方法。

14.3.1 使用“亮度/对比度”命令调整图像

使用“亮度/对比度”命令是对图像色调范围进行调整的较为简单的方法。与“曲线”和“色阶”命令不同，“亮度/对比度”命令是一次性调整图像中的所有像素。

单击“图像”|“调整”|“亮度/对比度”命令，弹出“亮度/对比度”对话框，如下图所示。

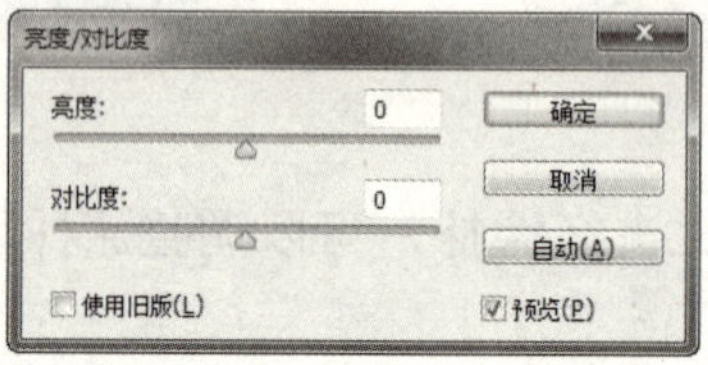

其中，各选项的含义如下：

◎ **亮度**：当数值为负时，表示降低图像的亮度；当数值为正时，表示增加图像的亮度；当数值为 0 时，图像无变化。可以拖动滑块进行调整，也可以直接输入数值。

◎ **对比度**：当数值为负时，表示降低图像的对比度；当数值为正时，表示增加图像的对比度；当数值为 0 时，图像无变化。可以拖动滑块进行调整，也可以直接输入数值。

◎ **使用旧版**：Photoshop CS5 之后的版本对亮度/对比度的调整算法进行了改进，在调整亮度/对比度的同时能保留更多的高光和细节。如果需要使用旧版本的算法，可以选中“使用旧版”复选框。

如下图所示为将亮度调整为 40、对比度调整为 15 之后新旧两个版本的对比效果，可以看出使用旧版本的图像丢失了大量高光和阴影细节。

原图像

新版效果

旧版效果

下面将通过实例来介绍该命令的使用方法，具体操作方法如下：

01 打开素材文件 按【Ctrl+O】组合键，打开素材文件“亮度和对比度.jpg”，如下图所示。

02 打开“亮度/对比度”对话框 单击“图像”|“调整”|“亮度/对比度”命令，弹出“亮度/对比度”对话框，如下图所示。

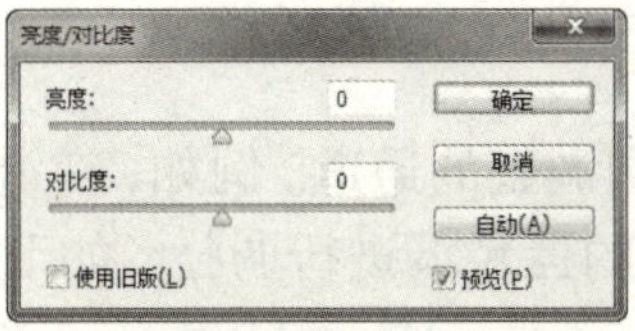

03 设置参数 在“亮度/对比度”对话框中设置“亮度”为-50，“对比度”为-20，单击“确定”按钮，如下图所示。

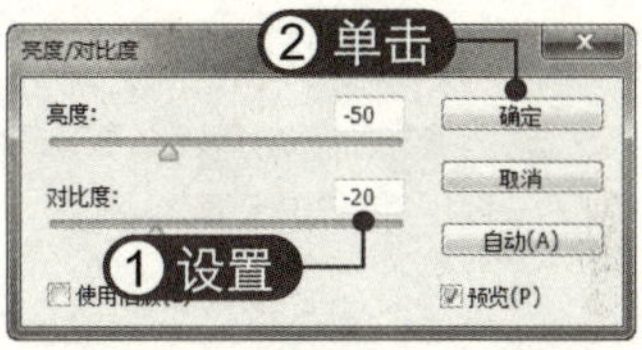

04 查看调整效果 此时即可得到调整亮度和对比度后的图像效果，如下图所示。

14.3.2 使用“色阶”命令调整图像

“色阶”命令是最常用到的调整命令之一，利用“色阶”命令可以通过修改图像的阴影区、中间调区和高光区的亮度水平来调整图像的色调范围和色彩平衡，常用于调整曝光不足或曝光过度的图像，也可以用于调整图像的对比度。单击“图像”|“调整”|“色阶”命令或按【Ctrl+L】组合键，将弹出“色阶”对话框，如右图所示。

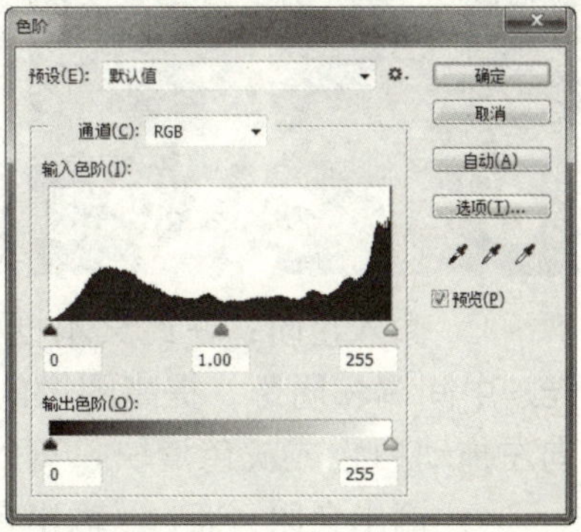

在“色阶”对话框中，中间的直方图显示了图像

的色阶信息。通常情况下，如果色阶的像素集中在左侧，则说明此图像的暗部所占的区域比较多，也就是照片整体偏暗，如下图所示。

偏暗

如果色阶的像素集中在右侧，则说明此图像的亮部所占的区域比较多，也就是照片整体偏亮，如下图所示。

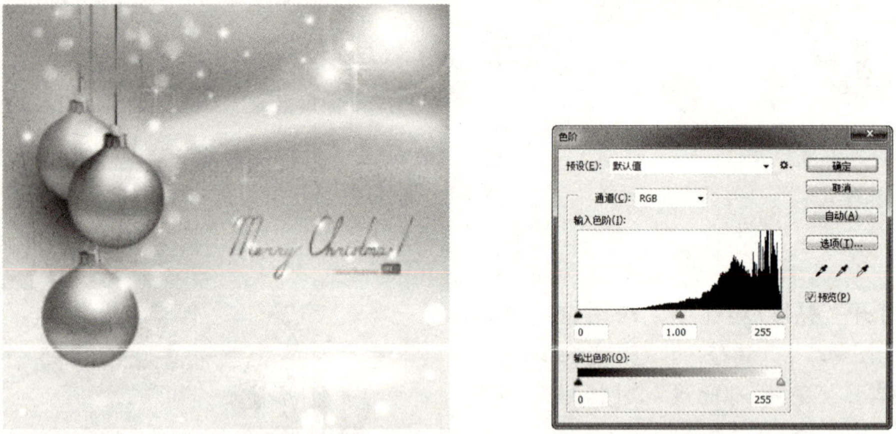

偏亮

在“色阶”对话框中，各项参数的含义如下：

◎ **通道**：在该下拉列表框中可以选择要进行色调调整的通道。例如，在调整 RGB 模式图像的色阶时，选择“蓝”通道，即可对图像中的蓝色调进行调整，如下图所示。

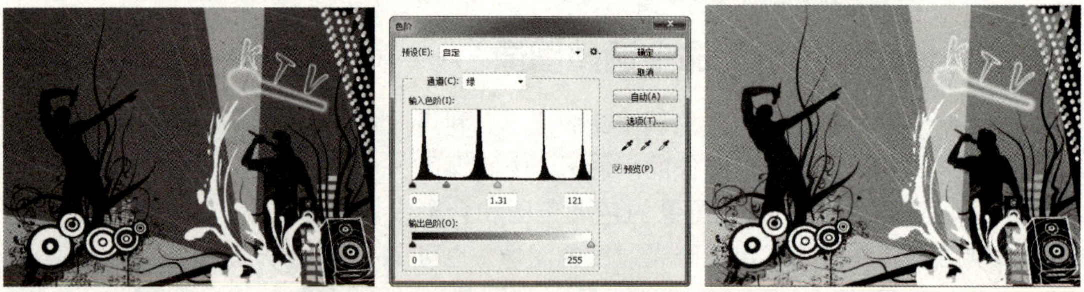

◎ **输入色阶**：在此文本框中输入数值或拖动黑、白、灰滑块，可以调整图像的高光、中间调和阴影，提高图像的对比度。向右拖动黑色或灰色滑块，可以使图像变暗；向左拖动白色或灰色滑块，可以使图像变亮。

◎ **输出色阶**：通过“输出色阶”可以调整图像的亮度，将黑色滑块向右侧拖动时，图像会变得更亮；将右侧的白色滑块向左拖动时，可以将图像的亮度调暗。

使用“色阶”命令调整图像色调的具体操作方法如下：

01 打开素材文件 按【Ctrl+O】组合键，打开素材文件“色阶.jpg”，如下图所示。

02 打开“色阶”对话框 单击“图像”|“调整”|“色阶”命令，弹出“色阶”对话框，如下图所示。

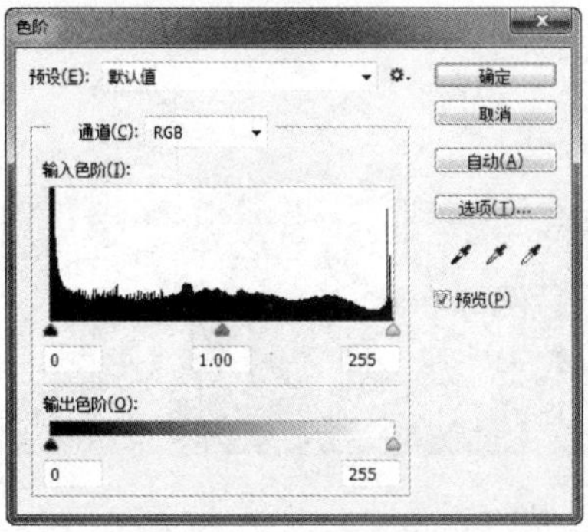

03 调整色阶 拖动“输入色阶”选项区中的滑块，单击“确定”按钮，如下图所示。

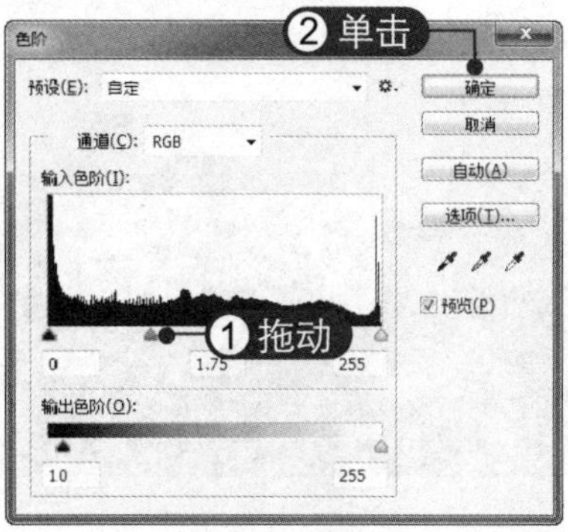

04 查看调整效果 此时即可得到调整色阶后的图像效果，如下图所示。

14.3.3 使用“曲线”命令调整图像

“曲线”命令也是 Photoshop 中最常用的色调调整命令之一，它可以在暗调到高光这个色调范围内对图像中多个不同点的色调进行调整。单击“图像”|“调整”|“曲线”命令或按【Ctrl+M】组合键，即可打开“曲线”对话框，如下图所示。

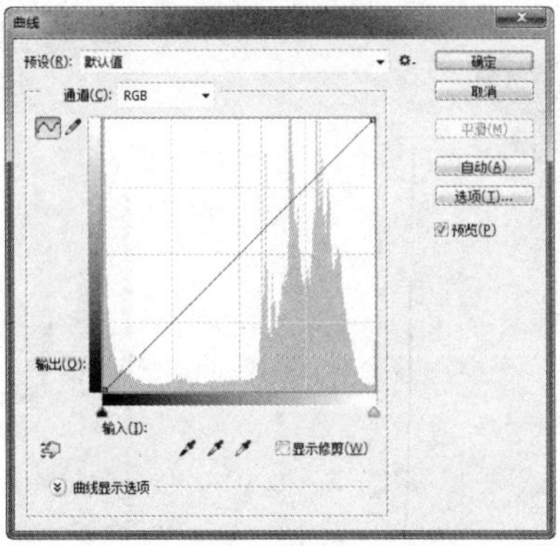

对于色调偏暗的 RGB 颜色模式的图像，可以将曲线调整至上凸的形态，使图像变亮，具体操作方法如下：

01 打开素材文件 按【Ctrl+O】组合键，打开素材文件“曲线.jpg”，如下图所示。

02 打开“曲线”对话框 单击“图像”|“调整”|“曲线”命令，弹出“曲线”对话框，如下图所示。

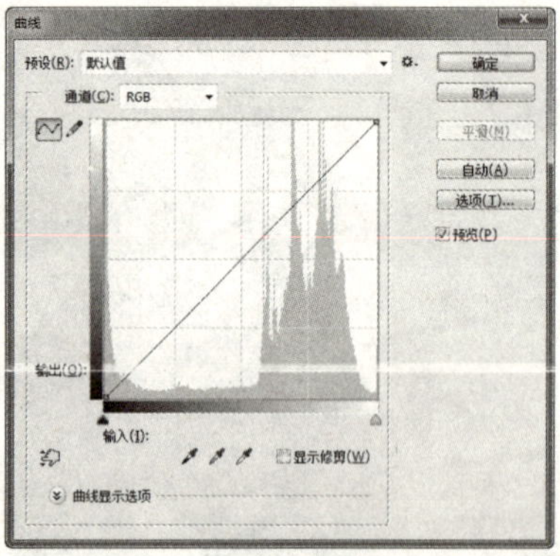

03 调整曲线 向上拖动曲线，可以提高图像的亮度，单击“确定”按钮，如下图所示。

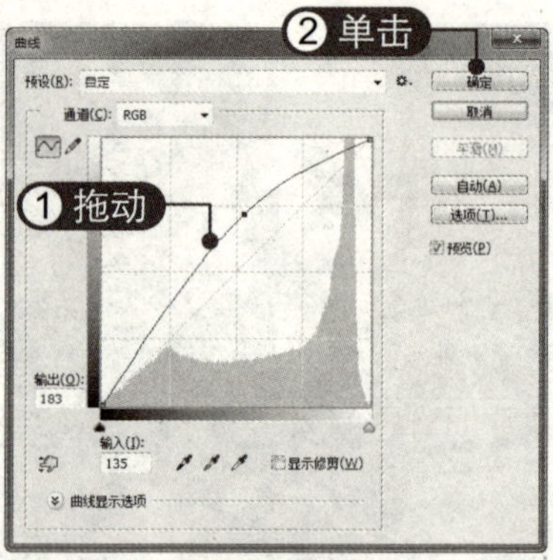

04 查看调整效果 此时即可查看调整图像色调后的效果，如下图所示。

对于色调偏亮的 RGB 颜色模式的图像，可以将曲线调整至下凹的形态，使图像变暗，具体操作方法如下：

01 打开素材文件 按【Ctrl+O】组合键，打开素材文件“曲线 2.jpg”，如下图所示。

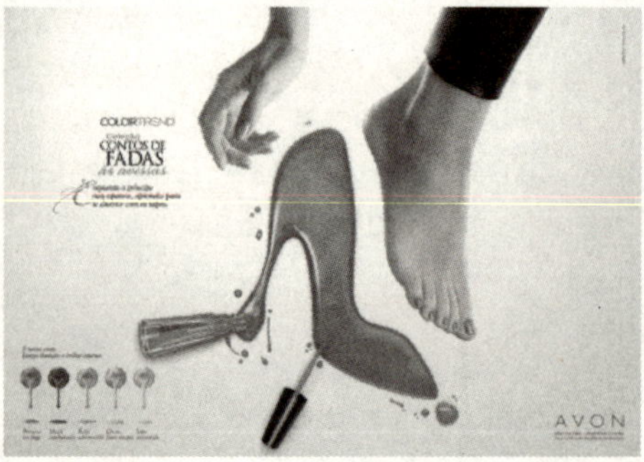

02 打开“曲线”对话框 单击“图像”|“调整”|“曲线”命令，弹出“曲线”对话框，如下图所示。

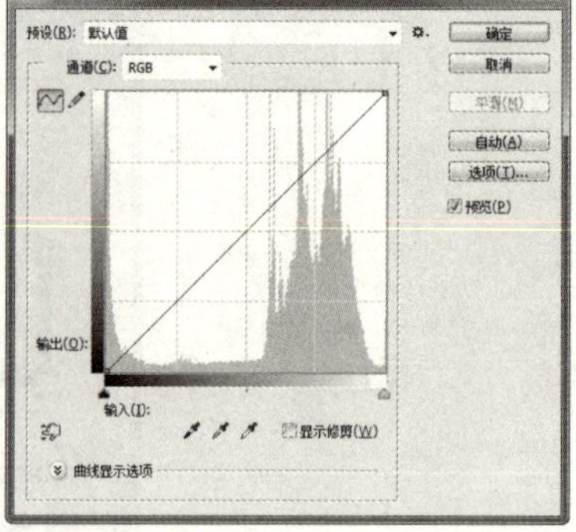

03 **调整曲线** 向下拖动曲线，可以提高图像的亮度，如下图所示。

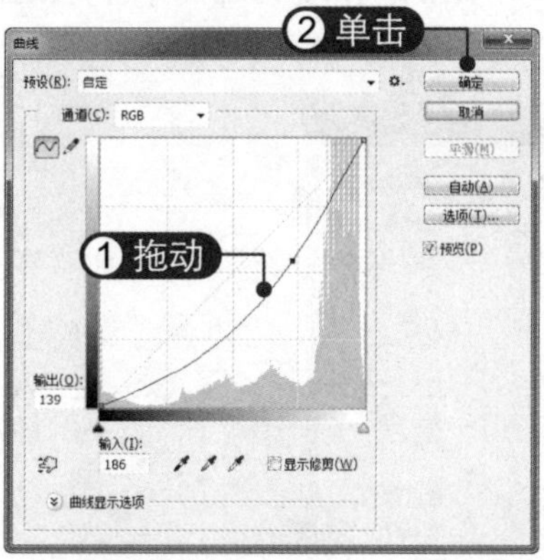

04 **查看调整效果** 此时即可查看调整图像色调后的效果，如下图所示。

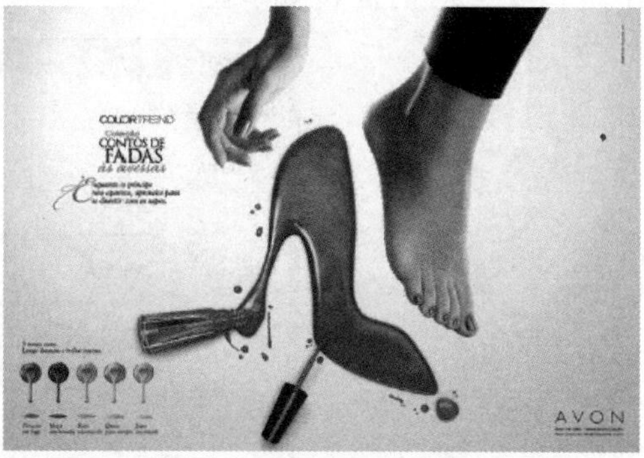

对于色调对比度不明显的照片，可以调整曲线为S形，使图像亮处更亮、暗处更暗，或亮处变暗、暗处变亮，从而增大图像的对比度，具体操作方法如下：

01 **打开素材文件** 按【Ctrl+O】组合键，打开素材文件“曲线3.jpg”，如下图所示。

02 **打开“曲线”对话框** 单击“图像”|“调整”|“曲线”命令，弹出“曲线”对话框，如下图所示。

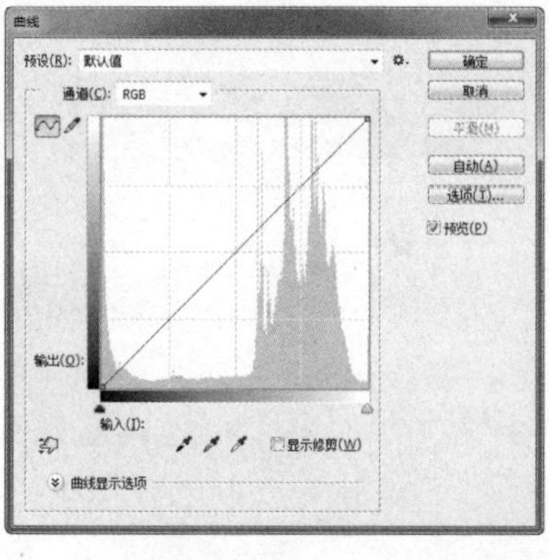

03 **调整曲线** 调整曲线，使图像亮处变暗、暗处变亮，单击“确定”按钮，如下图所示。

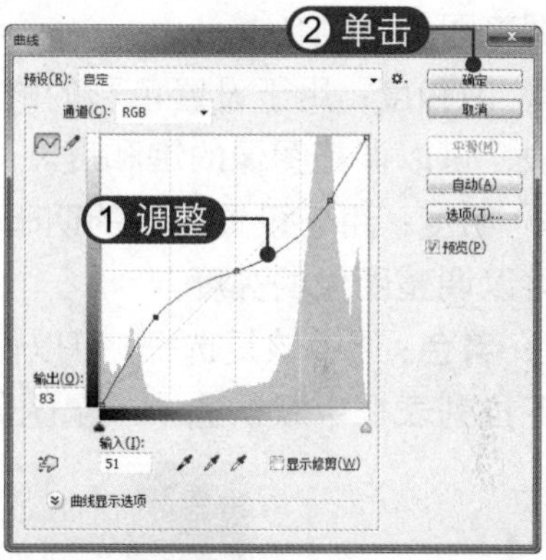

04 **查看调整效果** 此时即可查看调整图像对比度后的效果，如下图所示。

14.3.4 使用“色相/饱和度”命令调整图像

使用“色相/饱和度”命令可以改变图像的颜色，为黑白照片上色，或调整单个颜

色成分的色相、饱和度和明度等。“色相/饱和度”命令可以对色彩的三大属性：色相、饱和度和明度进行调整。单击“图像”|“调整”|“色相/饱和度”命令，将弹出“色相/饱和度”对话框，如下图所示。

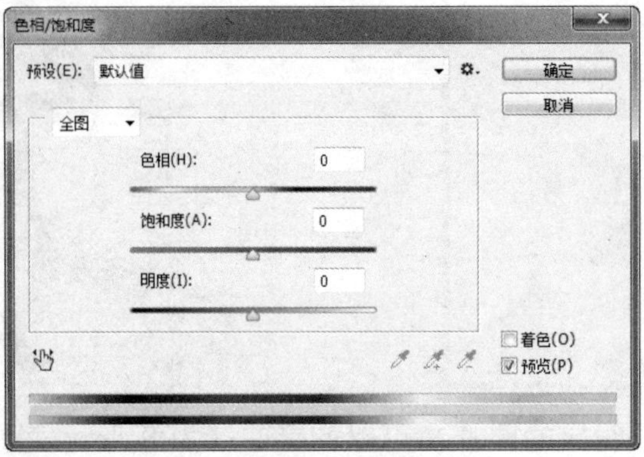

在“色相/饱和度”对话框中，各选项的含义如下：

◎ **全图**：用于设置调整范围。其中，选择“全图”选项，可以一次性调整所有颜色；选择其他单色，则调整参数时只对所选的颜色起作用。

◎ **色相**：用于改变图像的颜色。在“色相”文本框中输入数值或左右拖动滑块，可以调整图像的颜色。

◎ **饱和度**：用于设置色彩的鲜艳程度。在“饱和度”文本框中输入数值或左右拖动滑块，可以调整图像的饱和度。

◎ **明度**：用于设置图像的明暗程度。在“明度”文本框中输入数值或左右拖动滑块，可以调整图像的亮度。

◎ **着色**：选中该复选框，可以使灰色或彩色图像变为单一颜色的图像，此时在“全图”下拉列表框中默认选中“全图”选项，如下图所示。

原图像

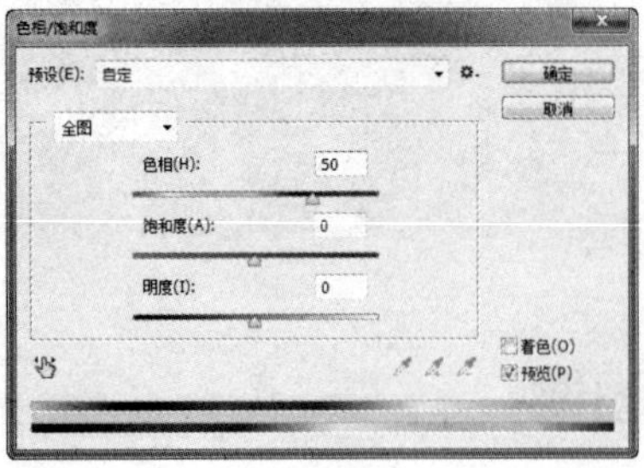

不着色

着色

◎ **吸管工具**：如果在“全图”下拉列表框中选择了一种颜色，便可以使用吸管工具拾取颜色。使用吸管工具在图像中单击鼠标左键，可以选择颜色范围；使用“添加到取样”工具在图像中单击鼠标左键，可以增加颜色范围；使用“从取样中减去”工具在图像中单击鼠标左键，可以减少颜色范围。设置颜色范围后，可以拖动滑块来调整颜色的色相、饱和度和明度。

14.3.5 使用“色彩平衡”命令调整图像

“色彩平衡”命令是通过调整各种色彩的色阶平衡来校正图像中出现的偏色现象，更改图像的总体颜色混合。

单击“图像”|“调整”|“色彩平衡”命令或按【Ctrl+B】组合键，弹出“色彩平衡”对话框，如下图所示。其中：

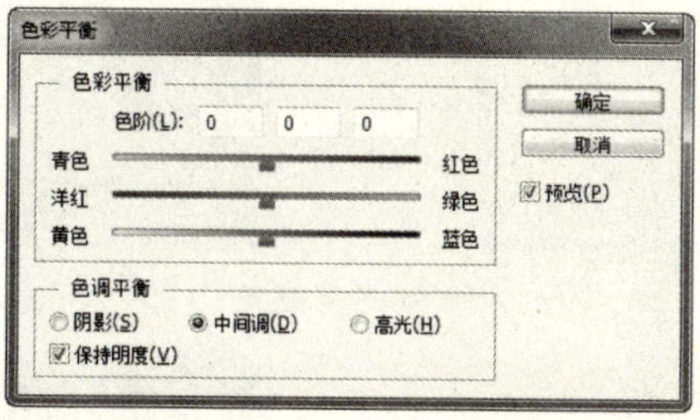

◎ **色彩平衡**：该区域用于调整颜色均衡。将滑块向所要增加的颜色方向拖动，即可增加该颜色，减少其互补颜色（也可在“色阶”文本框中输入数值进行调整）。例如，如果将最上面的滑块拖向“红色”，将在图像中增加红色，减少青色；如果将滑块拖向“青色”，则增加青色，减少红色。如下图所示为调整色彩平衡前后的对比效果。

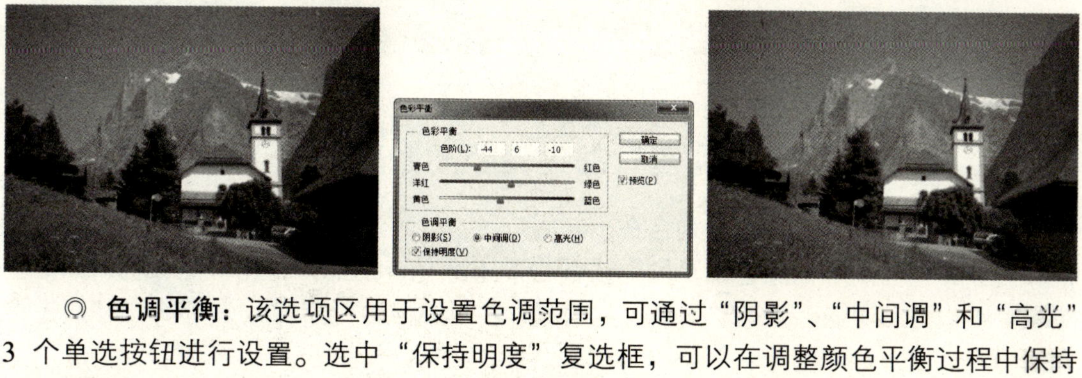

◎ **色调平衡**：该选项区用于设置色调范围，可通过“阴影”、“中间调”和“高光”3 个单选按钮进行设置。选中“保持明度”复选框，可以在调整颜色平衡过程中保持图像的整体亮度不变。如下图所示为调整色调平衡的图像效果。

原图像

调整中间调效果

调整阴影效果

调整高光效果

14.3.6 使用“通道混和器”命令调整图像颜色

图像的色彩是由各种颜色混合在一起组成的，其颜色信息都保存在通道中。“通道混和器”命令利用存储颜色信息的通道混合通道颜色，从而改变图像的颜色，如下图（左）所示为原图像。单击“图像”|“调整”|“通道混和器”命令，将弹出“通道混和器”对话框，如下图（右）所示。

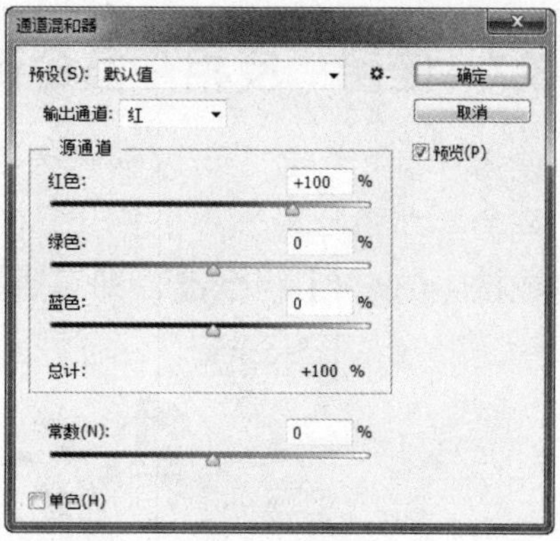

在该对话框中，各选项的含义如下：

◎ **预设**：在该下拉列表框中包含多个预设的调整设置选项，用于创建各种黑白效果。

◎ **输出通道**：在该下拉列表框中可以选择要调整的通道。如下图（左）所示，选择“绿”通道。

◎ **源通道**：可以设置“红”、“绿”、“蓝”3个通道的混和百分比。若按下图（左）的参数调整“绿”通道的源通道，调整效果将反映到“通道”面板中对应的“绿”通道和图像上，如下图（右）所示。

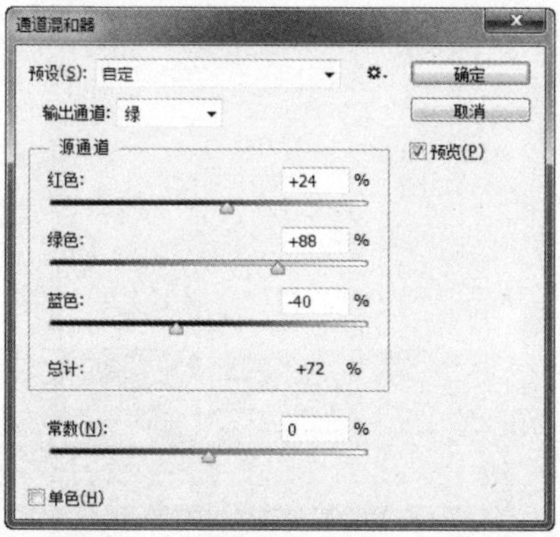

◎ **常数**：可以调整输出通道的灰度值。

◎ **单色**：选中该复选框，图像将从彩色转换为单色图像，如下图所示。

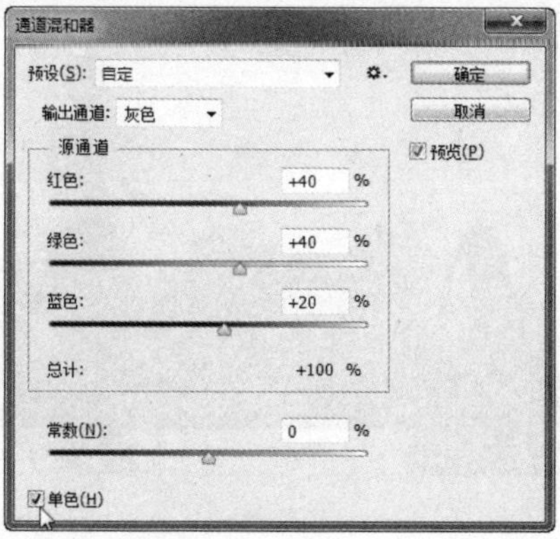

14.3.7 使用“反相”命令调整图像

使用“反相”命令可以翻转图像的颜色，可以将一个正片黑白图像变成负片，或从扫描的黑白负片得到一个正片，创建彩色负片效果。单击“图像”|“调整”|“反相”命令或按【Ctrl+I】组合键，即可进行反相操作，效果如下图所示。

14.3.8 使用“色调分离”命令调整图像色调

使用“色调分离”命令可以按照指定的色阶数减少图像的颜色（或灰度图像中的色调），从而简化图像。单击“图像”|“调整”|“色调分离”命令，将弹出“色调分离”对话框，如下图所示。

在该对话框中，输入 2~255 之间想要的色阶数或拖动滑块，然后单击“确定”按钮即可。数值越大，色阶数越多，保留的图像细节也就越多；反之，数值越小，色阶数越少，保留的图像细节也就越少，如下图所示。

色阶为 2

色阶为 4

色阶为 8

色阶为 50

14.3.9 使用“阈值”命令调整图像

使用“阈值”命令可以将灰度或彩色图像转换为高对比度的黑白图像，可以指定某个色阶作为阈值，所有比阈值色阶亮的像素转换为白色，而所有比阈值暗的像素转换为黑色。单击“图像”|“调整”|“阈值”命令，将弹出“阈值”对话框，其中显示了当前图像像素亮度的直方图，如下图所示。

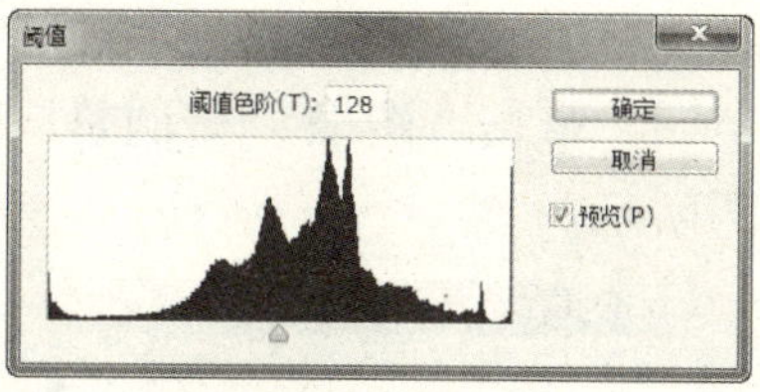

默认设置是以 128 为基准，亮于该值的颜色为白色，暗于该值的颜色为黑色。下图所示为应用“阈值”命令的图像前后对比效果。

14.3.10 使用“渐变映射”命令调整图像

使用“渐变映射”命令可以将相等图像灰度范围映射到指定的渐变填充色，以产生特殊的效果。例如，指定双色渐变填充，在图像中的阴影映射到渐变填充的一个端点颜色，高光映射到另一个端点颜色，而中间调则映射到两个端点之间的渐变。单击“图像”|“调整”|“渐变映射”命令，将弹出“渐变映射”对话框，如右图所示。

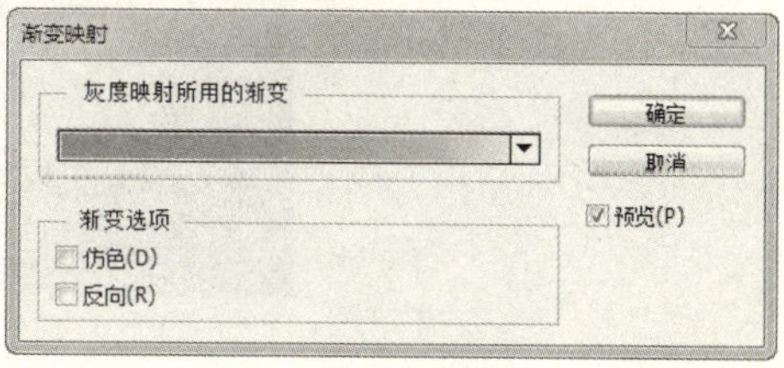

在该对话框中，各选项的含义如下：

◎ **灰度映射所用的渐变**：单击渐变条右侧的下拉按钮，在弹出的下拉面板中可以选择需要的渐变。

◎ **仿色**：选中该复选框，可以随机增加杂色，使渐变填充外观产生平滑渐变。

◎ **反向**：选中该复选框，可以翻转渐变映射的颜色。

如下图所示为使用“渐变映射”命令调整图像的前后对比效果。

14.3.11 使用“可选颜色”命令调整图像

使用“可选颜色”命令可以对图像进行校正和调整，主要针对 RGB、CMYK 和黑、白、灰等主要颜色的组成进行调节。可以有选择性地在图像某一主色调成分中增加或减少含量，而不影响其他主色调。单击“图像”|“调整”|“可选颜色”命令，将弹出“可选颜色”对话框，如下图所示。

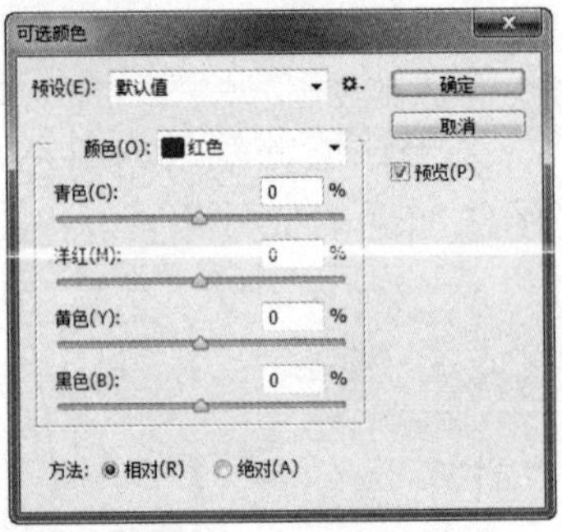

在该对话框中，各选项的含义如下：

◎ **颜色**：在该下拉列表框中可以选择要进行操作的颜色种类，然后分别拖动 4 个颜色滑块，以进行颜色调整，如下图所示。

原图像

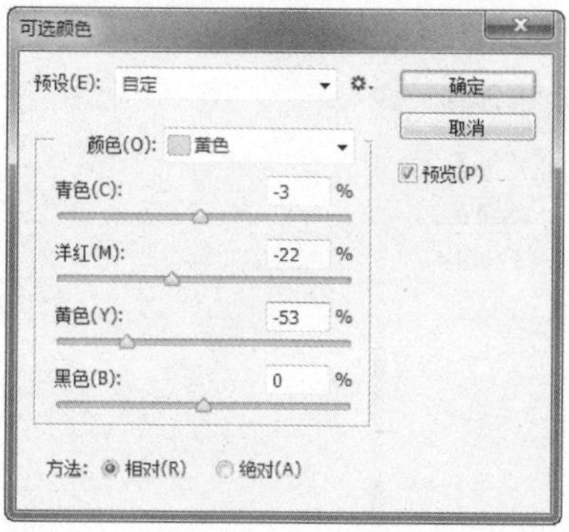

调整黄色

调整效果

14.3.12 使用“阴影/高光”命令调整图像

“阴影/高光”命令不是简单地使图像变亮或变暗，而是根据图像中阴影或高光的像素色调增亮或变暗。该命令允许分别控制图像的阴影或高光，非常适合校正强逆光而形成剪影的照片，也适合校正由于太接近相机闪光灯而有些发白的焦点。

单击“图像”|“调整”|“阴影/高光”命令，将弹出“阴影/高光”对话框，如下图所示。

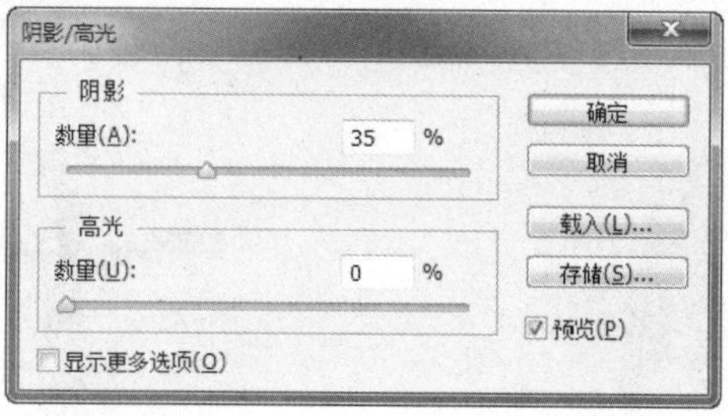

与“亮度/对比度”命令不同的是，使用“亮度/对比度”命令调整图像，高光区域会随着阴影区域同时增加亮度，从而出现曝光过度的现象；而使用“阴影/高光”命令则可以分别对图像的阴影和高光区域进行调整，既不会损失高光区域的细节，也不会损失阴影区域的细节。如下图所示为使用“阴影/高光”命令调整图像的前后对比效果。

原图像

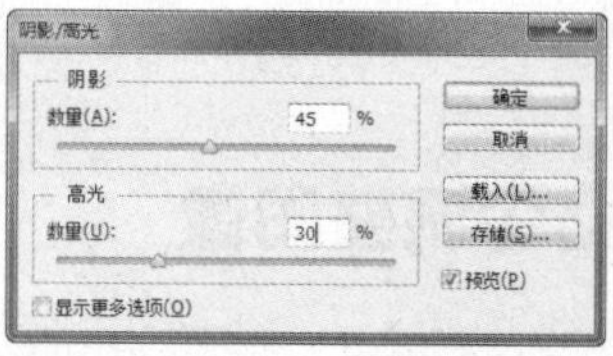

“阴影/高光”对话框

效果图像

14.3.13 使用“HDR 色调”命令调整图像

“HDR 色调”命令可以用于修补太亮或太暗的图像，制作出高动态范围的图像效

果。单击“图像”|“调整”|“HDR 色调”命令，将弹出“HDR 色调”对话框，如下图所示。

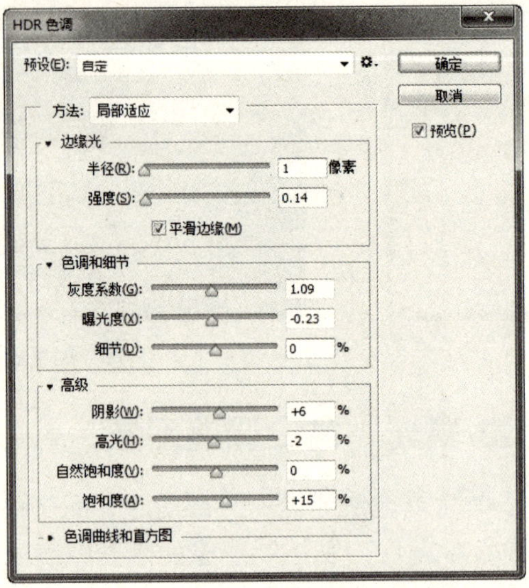

根据上图参数进行设置，如下图所示为使用“HDR 色调”命令调整图像的前后对比效果。

原图像

效果图像

14.3.14 使用“变化”命令调整图像

“变化”命令通过显示图像的缩览图，使用户可以调整图像的色彩平衡、对比度和饱和度，对于不需要精确颜色调整的平均色调图像最为有用。

单击“图像”|“调整”|“变化”命令，将弹出“变化”对话框，如下图所示。

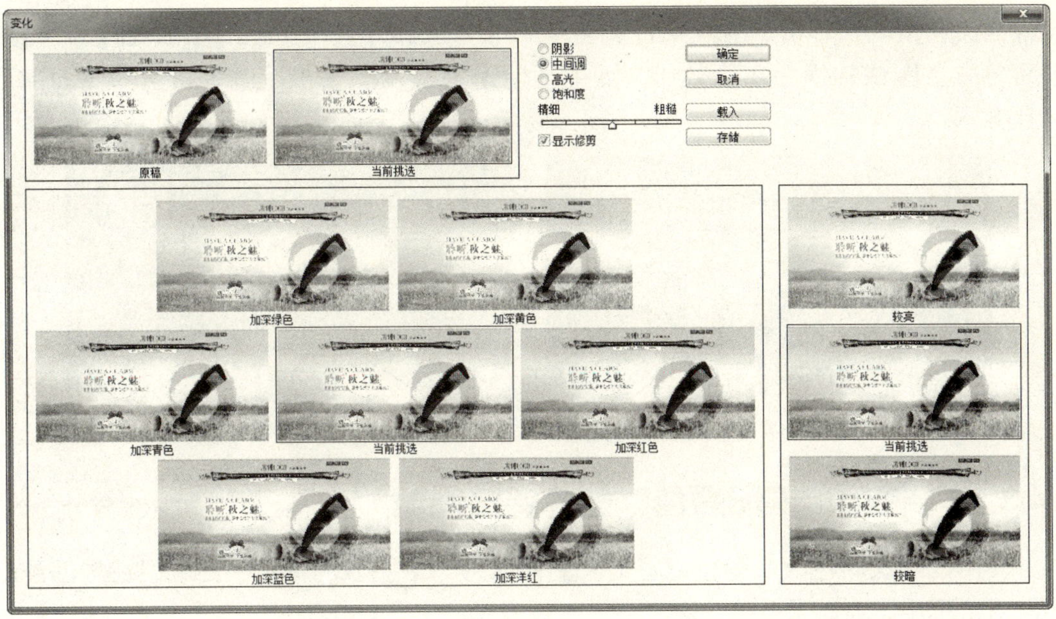

对话框顶部的两个缩览图显示的是原始图像和包含当前选定调整效果的图像（当前挑选）。第一次打开该对话框时，这两个图像是一样的。随着调整操作的进行，“当前挑选”图像将随之更改，以反映所进行的处理效果。

选择图像中要调整的对象，选中“阴影”、“中间调”或“高光”单选按钮，可以调整较暗区域、中间区域或较亮区域；选中“饱和度”单选按钮，可以更改图像中的色相强度。拖动“精细/粗糙”滑块，可以确定每次调整的量，将滑块移动一格可以使调整量双倍增加。

调整颜色和亮度若要将颜色添加到图像，则单击相应的颜色缩览图即可。若要减去颜色，可单击其相反颜色的缩览图。例如，若要减去青色，可单击“加深红色”缩览图。若要调整亮度，可单击对话框右侧的缩览图。需要注意的是，单击缩览图产生的效果是累积的。例如，单击“加深红色”缩略图两次，将应用两次调整。在每单击一个缩览图时，其他缩览图都会更改。3 个“当前挑选”缩略图始终反映当前的选择情况。

如下图所示为使用“变化”命令调整图像的前后对比效果。

原图像

调整效果

14.3.15 使用“去色”命令去除图像颜色

使用“去色”命令可以对图像进行去色，将彩色图像转换为灰度效果，但不改变

图像的颜色模式。单击“图像”|“调整”|“去色”命令或按【Shift+Ctrl+U】组合键，即可将彩色图像转换为灰度效果。如下图所示为使用“去色”命令调整图像的前后对比效果。

原图像

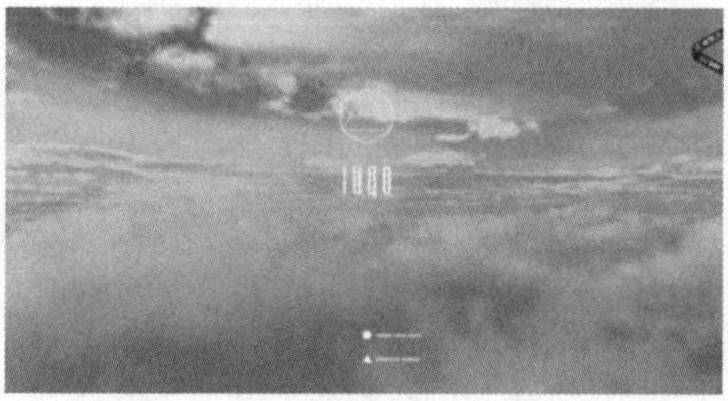

图像去色

14.3.16 使用“匹配颜色”命令调整图像

使用“匹配颜色”命令可以将一个图像与另一个图像的颜色相匹配。在“匹配颜色”对话框中，各选项的含义如下：

◎ **目标图像**：显示被修改图像的名称和颜色模式。

◎ **图像选项**：设置目标图像的色调和明度。其中，通过“明亮度”可以增加或减少图像的亮度；通过“颜色强度”可以调整色彩的饱和度；通过“渐隐”可以控制匹配颜色在目标图像中的渐隐程度；选中“中和”复选框，可以消除图像中出现的色偏。

◎ **图像统计**：可以定义源图像或目标图像中的选区进行颜色的计算，以及定义源图像和具体对哪个图层进行计算。如下图所示为使用“匹配颜色”命令匹配两张图像的前后对比效果。

原图像

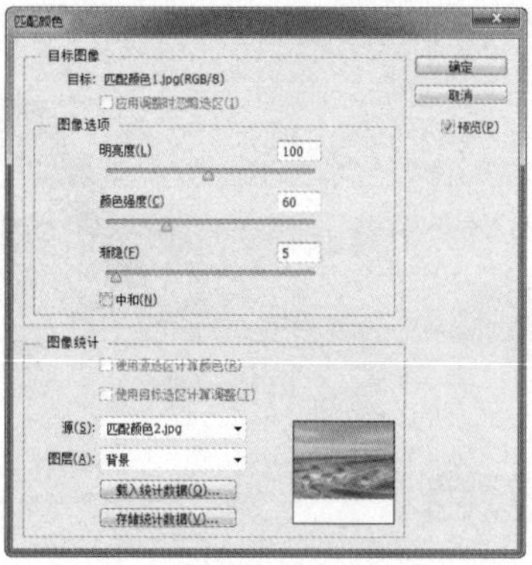

“匹配颜色“对话框

匹配效果

14.3.17 使用“替换颜色”命令调整图像

使用“替换颜色”命令可以选中图像中的特定颜色，然后修改其色相、饱和度和明度。该命令包含了选择颜色和调整颜色两个步骤。选择颜色步骤的原理与“色彩范围”命令相似，而调整颜色的步骤则与“色相/饱和度”命令相似。

单击“图像”|“调整”|“替换颜色”命令，将弹出“替换颜色”对话框，如下图所示。

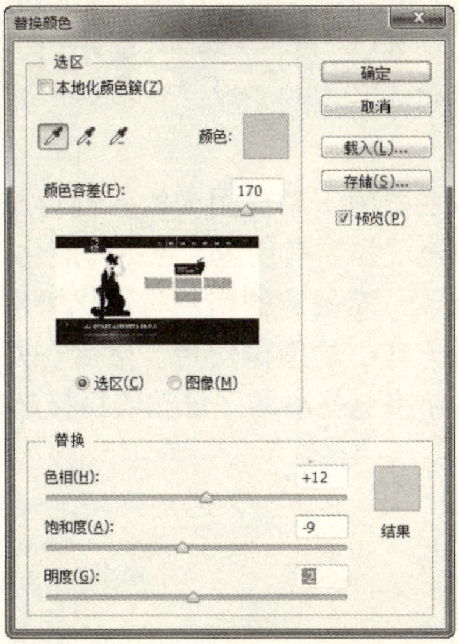

在该对话框中选择吸管工具，单击图像中要选择的颜色区域，使该图像中所有与单击处相同或相近的颜色被选中。如果需要选择不同的几个颜色区域，可以在选择一种颜色后单击“添加到取样”工具，在图像中单击其他需要选择的颜色区域。如果想在已经选择的范围内去除某个部分，则单击“从取样中减去”工具，然后在图像中单击需要去除的颜色区域，拖动滑块，调整颜色区域的大小。最后拖动“色相”、“饱和度”和“明度”滑块，调整图像的颜色即可。

如下图所示为使用“替换颜色”命令调整图像的前后对比效果。

原图像

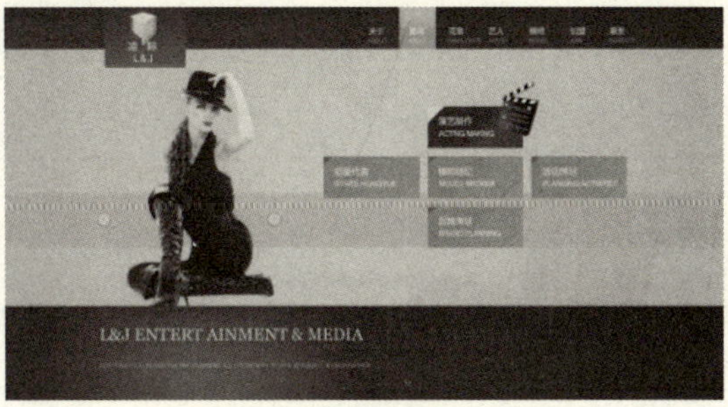

调整效果

Chapter 15 滤镜应用与切割、优化输出

滤镜主要用于制作图像的各种特殊效果，可以使网页图像的效果更加美观和富有创意，包括“液化”、“模糊”、“扭曲”及“锐化”滤镜等。而图像的切割与优化输出就是利用切片将一副大图像分割为一些小的图像切片，然后在网页中通过没有间距和宽度的表格重新将这些小的图像无缝拼接起来，成为一幅完整的图像。

本章要点

- 认识滤镜
- 常用的滤镜效果
- 网页图像的切割
- 网页图像的优化与输出

知识等级

网页制作中级读者

建议学时

建议学习时间为 70 分钟

15.1 认识滤镜

滤镜是 Photoshop 的一大特色，使用滤镜可以快速地制作一些特殊效果，如风格化效果、模糊效果、扭曲效果、光晕效果、杂色效果等。可以这样说，滤镜是 Photoshop 中最神奇的工具。

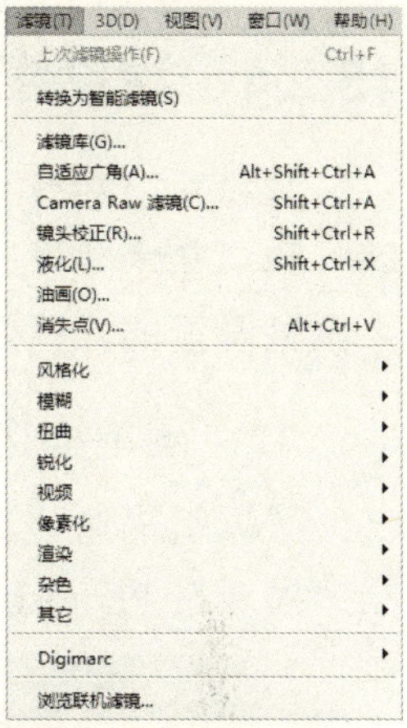

在 Photoshop 中单击菜单栏中的“滤镜”命令，即可弹出菜单选项，如右图所示。Photoshop 中的滤镜全部放在“滤镜”菜单中，该菜单由 6 部分组成，最上面显示的是上次使用的滤镜命令；第 2 部分为将智能滤镜应用于智能对象图层的命令；第 3 部分列出了 7 个较为特殊的滤镜命令；第 4 部分是具体的 9 个滤镜组；第 5 部分是 Digimarc 命令；最后一部分是“浏览联机滤镜”命令。

Photoshop 中滤镜的种类繁多、功能不一，应用不同的滤镜可以产生不同的图像效果如下图所示为应用“凸出”滤镜的前后对比效果。

原图像

使用“凸出”滤镜后的效果

滤镜的功能很丰富，但也存在以下局限性：

◎ 滤镜不能应用于位图模式、索引颜色模式及 16 位/通道的图像。某些滤镜只能用于 RGB 颜色模式，而不能用于 CMYK 颜色模式，所以可先将其他模式的图像转换为 RGB 颜色模式，然后再应用滤镜。

◎ 滤镜是以“像素”为单位对图像进行处理的，因此在对不同分辨率的图像应用相同参数的滤镜时，所产生的图像效果也会不同。

◎ 在对分辨率较高的图像应用某些滤镜时会占用较大的存储空间，并导致电脑的运行速度减慢。

◎ 在对图像的某一部分应用滤镜时，可以先羽化选区的边缘，使其过渡平滑。

在学习滤镜时，不能只单独地看某一个滤镜的效果，应针对滤镜的功能特征进行分析，以达到真正认识并能熟练使用滤镜的目的。

15.2 常用的滤镜效果

在 Photoshop 中滤镜主要分为两种，一种是 Photoshop 的内置滤镜，另一种是第三方开发的外挂滤镜。用户可以选择使用不同的滤镜，轻松地创作各种艺术效果应用到网页图像中。

15.2.1 滤镜库中的滤镜

滤镜库中共有 6 组滤镜，分别为“风格化”、“画笔描边”、“扭曲”、“素描”、“纹理”和“艺术效果”滤镜。在对图像应用这些滤镜时，可以直接在“滤镜库”对话框中预览设置的滤镜效果，并通过右侧相应的滤镜选项进行调整。

1.“画笔描边”滤镜组

“画笔描边”滤镜组主要通过模拟不同的画笔或油墨笔来勾绘图像，从而产生绘画效果。在 Photoshop CC 中有 8 个“画笔描边”滤镜，如下图所示。其中：

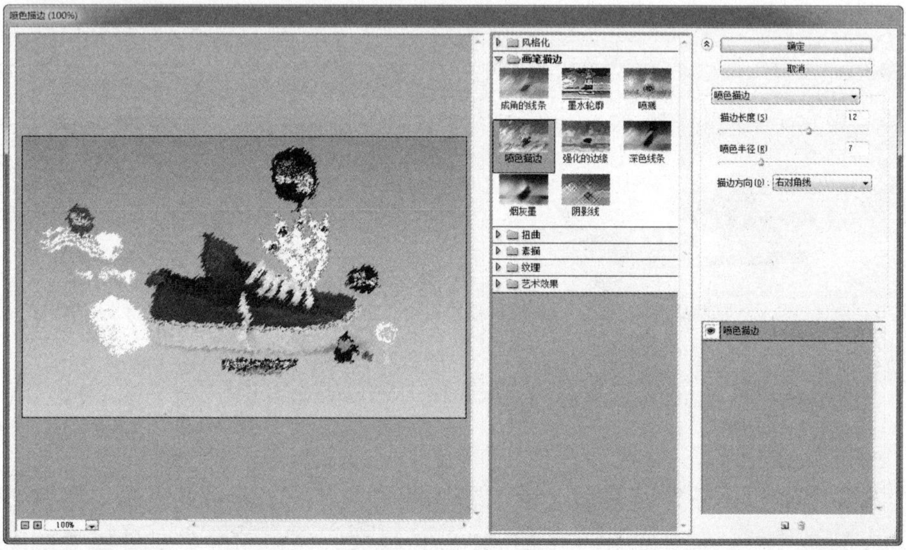

◎**“成角的线条”滤镜**：该滤镜可以利用一定方向的笔画表现油墨效果，制作出如同用油墨笔在对角线上绘制的感觉。

◎**“墨水轮廓”滤镜**：使用该滤镜可以在图像的轮廓上绘制出钢笔勾画的效果。

◎**“喷溅”滤镜**：使用该滤镜可以制作出画面颗粒飞溅的效果。

◎**“喷色描边”滤镜**：该滤镜比“喷溅”滤镜产生的效果更均匀一些，而且可以选择喷射的角度，从而产生倾斜的飞溅效果。

◎**“强化的边缘”滤镜**：使用该滤镜可以强调图像边线，可以在图像的边线部分上绘制，从而形成颜色对比较强的图像。

◎**“深色线条”滤镜**：使用该滤镜可以使图像产生一种很强烈的黑色阴影效果。

◎**“烟灰墨”滤镜**：使用该滤镜可以制作出木炭或墨水被宣纸吸收后洇开的效果。

◎**“阴影线”滤镜**：使用该滤镜可以使图像产生用交叉网线描绘或雕刻的效果，

从而产生一种网状的阴影。

2. “纹理”滤镜组

“纹理”滤镜组可以在图像上添加特殊的纹理材质，如“龟裂缝”、“颗粒”、“马赛克拼贴”和“染色玻璃”等纹理，如下图所示。其中：

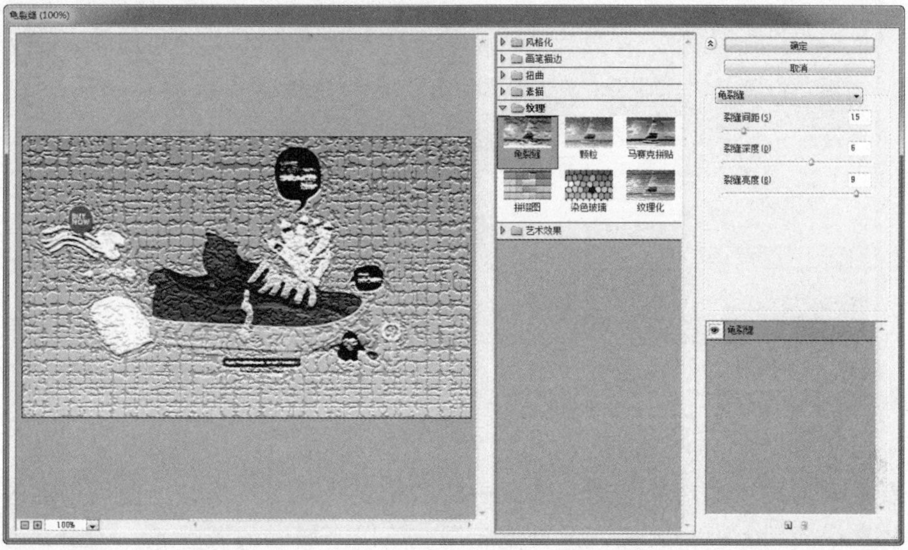

◎ **“龟裂缝”滤镜**：使用该滤镜可以在图像中顺着图像和轮廓产生浮雕和石制品特有的裂变效果。

◎ **“颗粒”滤镜**：使用该滤镜可以在图像上设置杂点效果，可以用不同状态的颗粒改变图像的表面纹理。

◎ **“马赛克拼贴”滤镜**：使用该滤镜可以在图像中制作出好像是由马赛克瓷砖和着水泥铺出来一样的马赛克贴壁效果。

◎ **“拼缀图”滤镜**：使用该滤镜可以表现出矩形的瓷砖效果，通过设置还可以产生浓重的阴影。

◎ **“染色玻璃”滤镜**：使用该滤镜可以用前景色把图像分成像植物细胞般的小块，制作出蜂巢一样的拼贴纹理效果。

◎ **“纹理化”滤镜**：使用该滤镜可以选择多种纹理替代图像的表面纹理，从而产生不同的纹理效果。

15.2.2 Camera Raw 滤镜

在 Photoshop CC 中，Camera Raw 也可作为滤镜对图像进行处理。使用该滤镜进行处理的图像可位于任意图层上，且对图像类型进行的所有编辑操作均不会造成破坏。

单击“滤镜”|“Camera Raw 滤镜”命令，即可打开 Camera Raw 对话框，如下图所示。

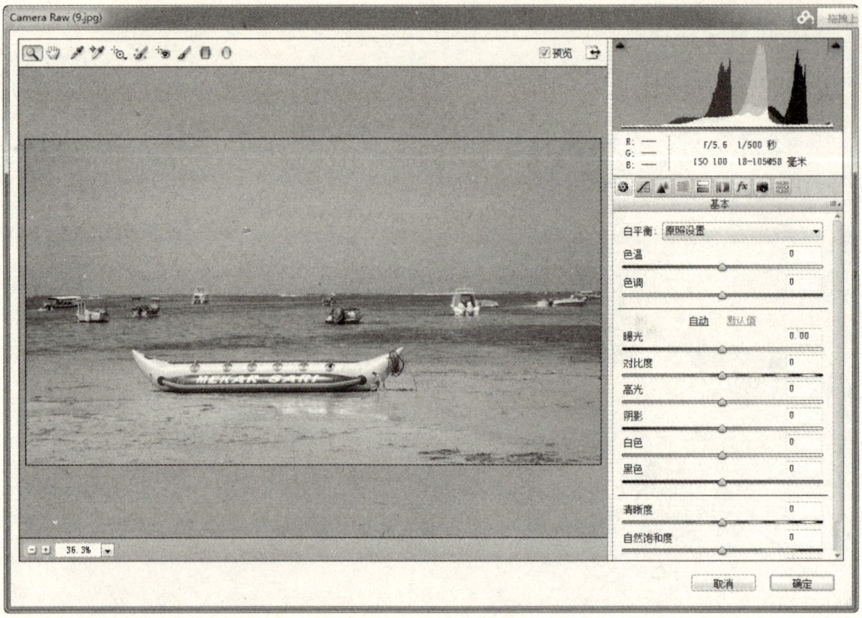

1. 全新的污点去除工具

污点去除工具的功能与 Photoshop 中的修复画笔工具类似。使用污点去除工具在照片的某个元素上进行涂抹，选择要应用在所选区域上的源区域，该工具会帮用户完成剩下的工作，如下图所示。

2. 全新的径向滤镜工具

径向滤镜工具可以自定义椭圆选框，然后将局部校正应用到这些区域；也可以在一张图像上放置多个径向滤镜，并为每个径向滤镜应用一套不同的调整参数，如下图所示。

3．全新的镜头校正工具

Camera Raw 滤镜中的镜头校正工具可以手动校正照片中元素的透视。该功能有 4 个设置，可以根据不同的需要进行选择，如下图所示。

原图像

单击“自动”按钮

单击“水平”按钮

单击“纵向”按钮

单击“完全”按钮

设置“镜头晕影”

15.2.3 “液化”滤镜

“液化”滤镜可以通过交互方式对图像进行拼凑、推、拉、旋转、反射、折叠和膨胀等变形。使用该滤镜创建的扭曲可以是细微的扭曲效果或强烈的扭曲效果，这就使“液化”滤镜成为修饰图像和创建艺术效果的强大工具。

打开图像，单击“滤镜”|“液化”命令，弹出“液化”对话框，其中提供了多种工具和选项，可以根据不同的图像选用不同的参数以满足修改需要。如下图所示为未使用滤镜前的原图像。

下面列出了各液化工具的使用方法，其中：

◎ **向前变形工具**：使用该工具可以移动图像中的像素，得到变形的效果，如下图（左）所示。

◎ **重建工具**：使用重建工具拖动变形部分，可以将图像恢复为原始状态。

◎ **褶皱工具**：使用该工具可以像使用凹透镜一样缩小图像进行变形，如下图（右）所示。

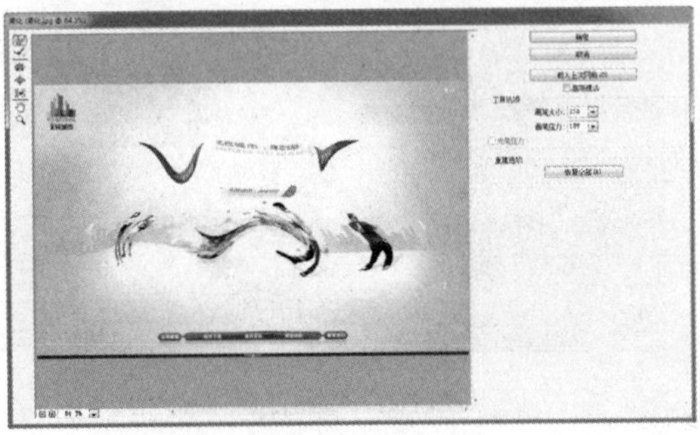

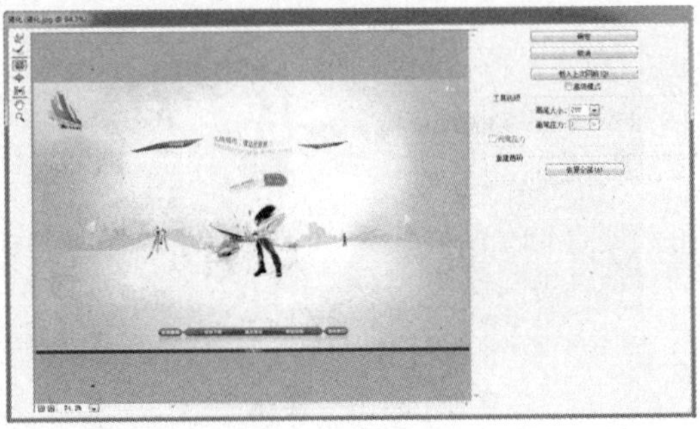

◎ **膨胀工具**：使用该工具可以像使用凸透镜一样放大图像进行变形，如下图（左）所示。

◎ **左推工具**：向左移动图像的像素，扭曲图像，如下图（右）所示。

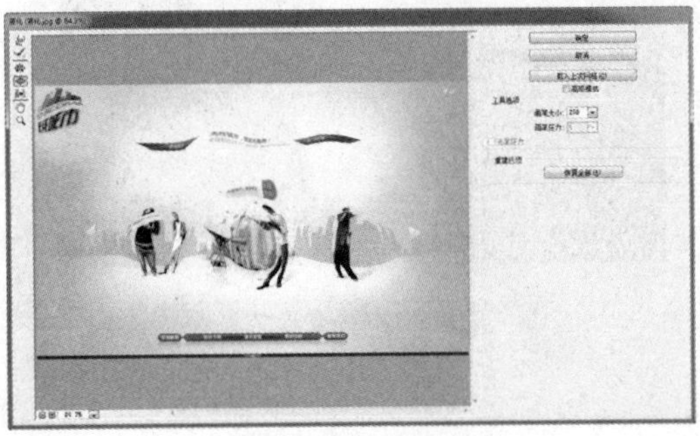

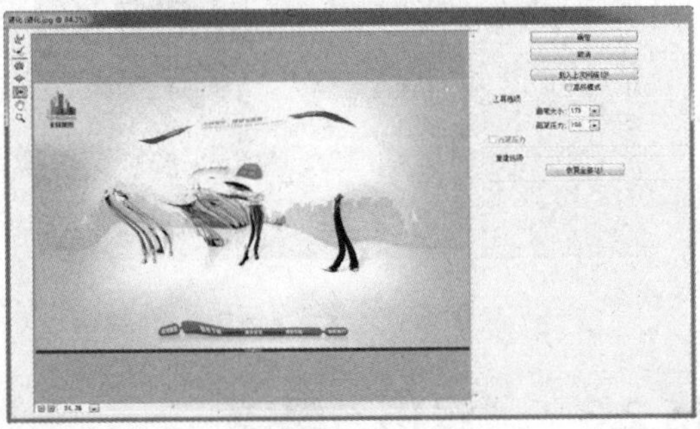

15.2.4 “模糊”滤镜组

“模糊”滤镜组是一组常用的滤镜，它们可以柔化图像、降低相邻像素之间的对比度，使图像产生柔和、平滑的过渡效果。

1.“表面模糊”滤镜

“表面模糊”滤镜可以在模糊图像的同时保留图像边缘的清晰度，经常被用于消除人物照片上的杂色和颗粒，也可以对皮肤进行光滑处理。在“半径”数值框中可以指定模糊取样区域的大小；“阈值”则可以控制相邻像素色调值与中心像素值相差多大时才能成为模糊的一部分，色调值差小于阈值的像素将不被模糊。

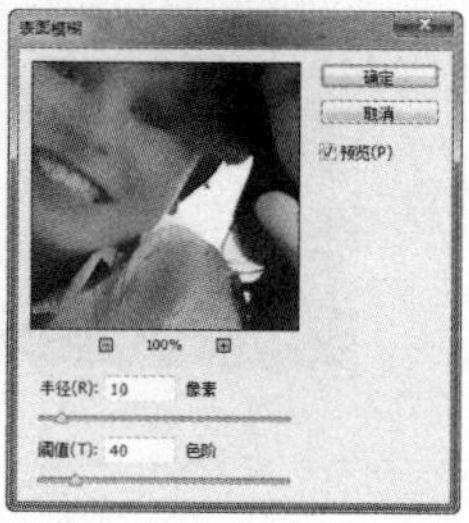

2.“动感模糊”滤镜

使用该滤镜可以产生运动模糊效果，它是模仿物体运动时曝光的摄影手法，增加图像的运动效果，如下图所示。

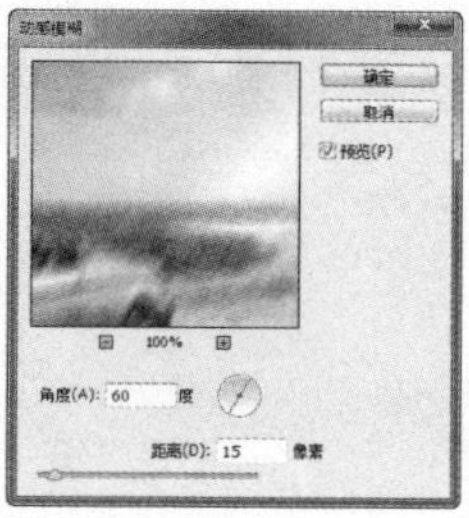

3.“径向模糊”滤镜

“径向模糊”滤镜可以模拟缩放或旋转的相机所产生的模糊效果。如下图所示为未使用滤镜前的原图像。

单击“滤镜”|“模糊”|“径向模糊”命令，弹出“径向模糊”对话框。在“模糊方法”选项区中包括两种选项：如果选中“旋转”单选按钮，将沿同心圆环线模糊图像，然后指定旋转的角度，如下图所示。

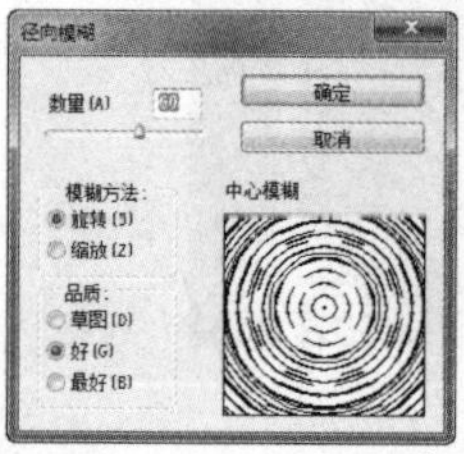

如果选中“缩放”单选按钮，则沿径向线模糊，产生放射状的图像效果，如下图所示。

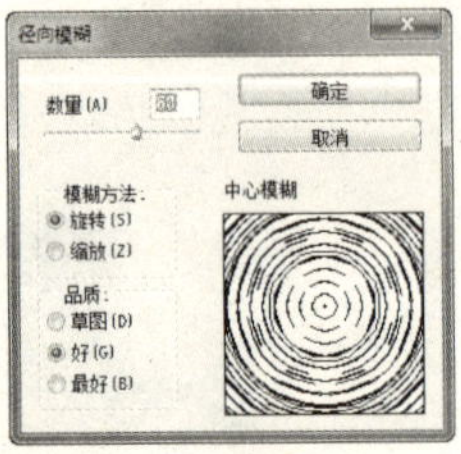

15.2.5 “扭曲”滤镜组

“扭曲”滤镜组中包含 9 个滤镜（如下图所示），它们可以对其图像进行几何变形，从而创建 3D 或其他扭曲效果。

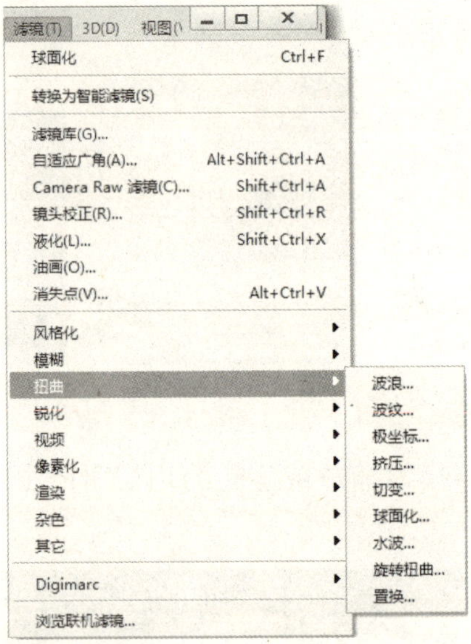

1. “极坐标”滤镜

“极坐标”滤镜以坐标轴为基准，将图像从平面坐标转换为极坐标，或将极坐标转换为平面坐标。单击“滤镜”|“扭曲”|“极坐标”命令，即可打开“极坐标”对话框。如下图所示为使用“极坐标”滤镜将平面坐标转换为极坐标的前后对比效果。

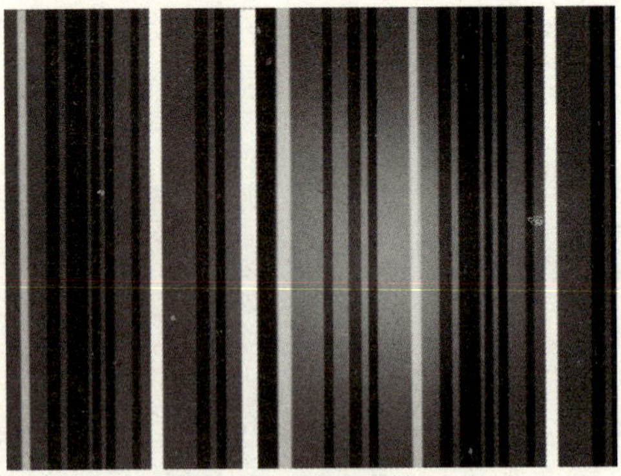

原图像

平面坐标到极坐标

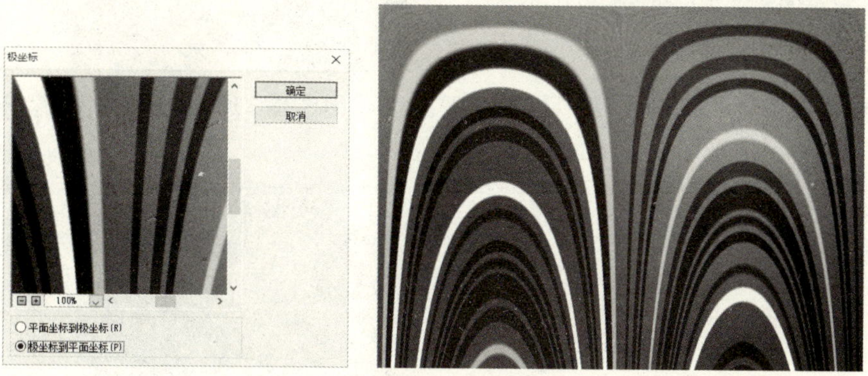

极坐标到平面坐标

2.“切变”滤镜

“切变”滤镜通过调整曲线使图像产生扭曲效果。单击“滤镜”|“扭曲”|“切变”命令，弹出“切变”对话框，如下图（左）所示。如下图（右）所示为未使用“切变”滤镜前的原图像。

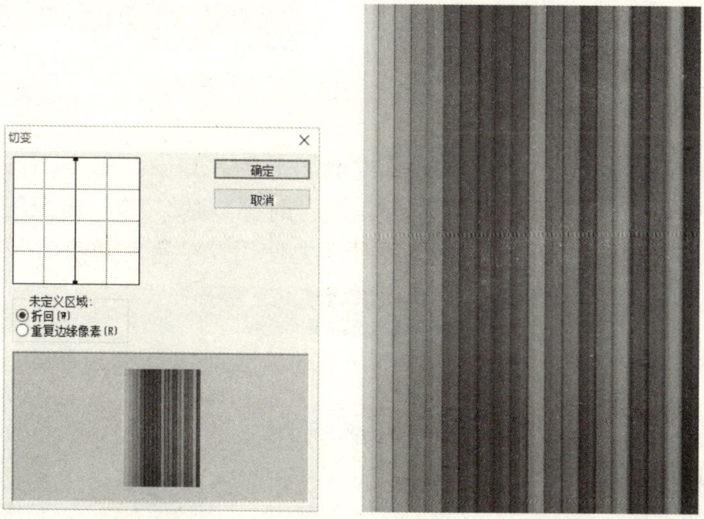

未定义区域的具体参数如下：

◎ **折回**：将切变后超出图像边缘的部分反卷到图像的对边，如下图所示。

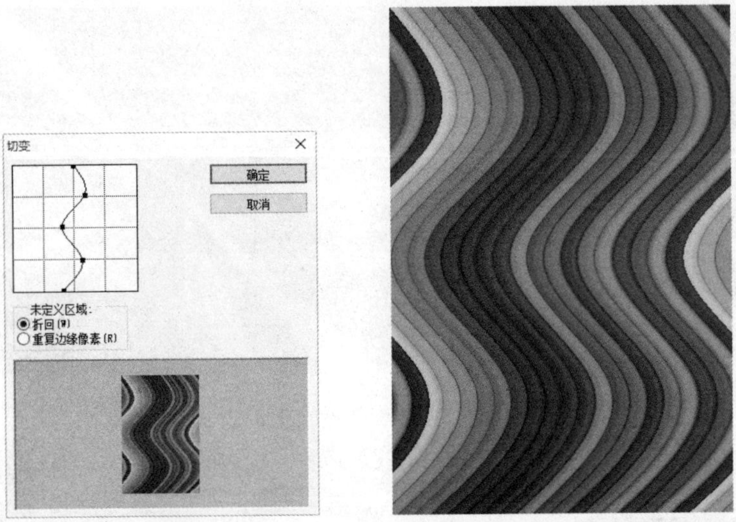

◎ **重复边缘像素：**将图像中因为切变变形超出图像的部分分布到图像的边界上，如下图所示。

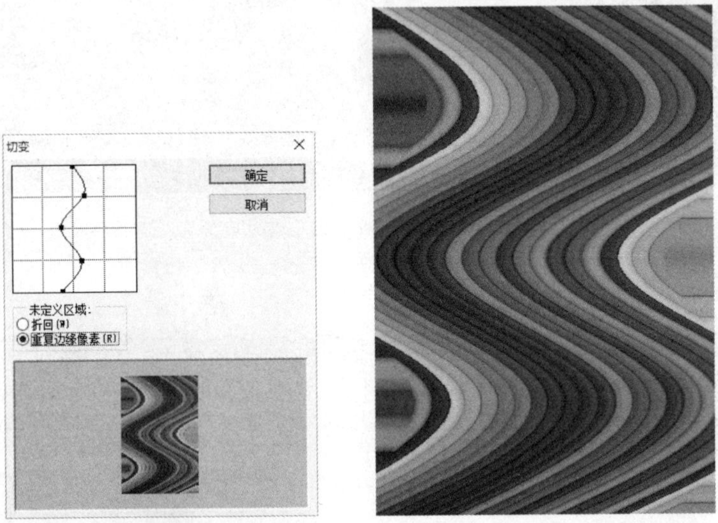

15.2.6 “杂色”滤镜组

应用“杂色”滤镜可以为图像减少或增加杂色。减少图像中不必要的杂色可以提高图像的质量；增加杂色可以消除图像在混合时出现的色带，或用于将图像的某一部分更好地融合与其周围的背景中。如下图所示为使用“杂色”滤镜前后的对比效果图。

15.2.7 “像素化”滤镜组

“像素化“滤镜将图像分成一定的区域，将这些区域转变为相应的色块，再由色块构成图像，类似于色彩构成的效果。此滤镜菜单共包含 7 种特技效果，主要用于将图像分块或将图像平面化。如下图所示为图像应用“马赛克”滤镜前后对比效果。

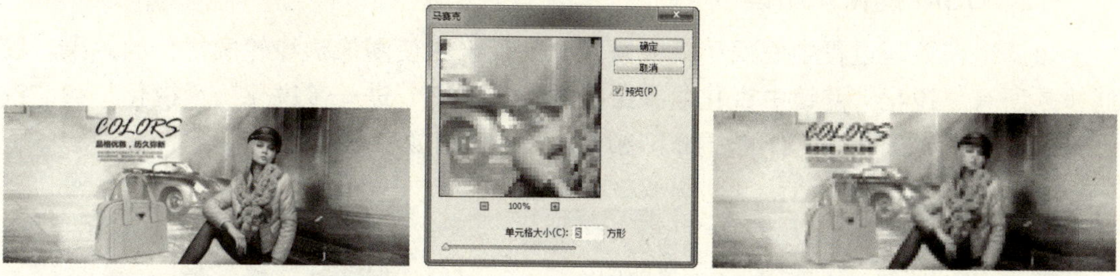

15.2.8 “渲染”滤镜组

“渲染”滤镜能使图像产生照明、云彩以及特殊的纹理效果。若希望在图像上制作各种光照效果，用光照效果滤镜可以制作出许多奇妙的灯光效果。

1.“云彩”和“分层云彩”滤镜

“云彩”和“分层云彩”这两个滤镜的主要作用是生成云彩，但两者产生云彩的方法不同。如下图（左）所示为原图像。“云彩”滤镜是利用前景色和背景色之间的随机像素值将图像转换为柔和的云彩，如下图（中）所示。“分层云彩”滤镜只能对已有的像素进行处理，是在已有的像素上再叠加一层云彩效果，并自带混合模式，如下图（右）所示。

2.“镜头光晕”滤镜

“镜头光晕”滤镜能模拟亮光照射到相机镜头所产生的折射效果。单击“滤镜”|“渲染”|“镜头光晕”命令，将打开“镜头光晕”对话框。在该对话框中，通过单击图像缩览图或直接拖动十字线，可以指定光晕中心的位置；拖动“亮度”滑块，可以控制光晕的强度；在“镜头类型”选项区中可以选择不同的镜头类型。

如下图所示为使用“镜头光晕”滤镜的图像前后对比效果。

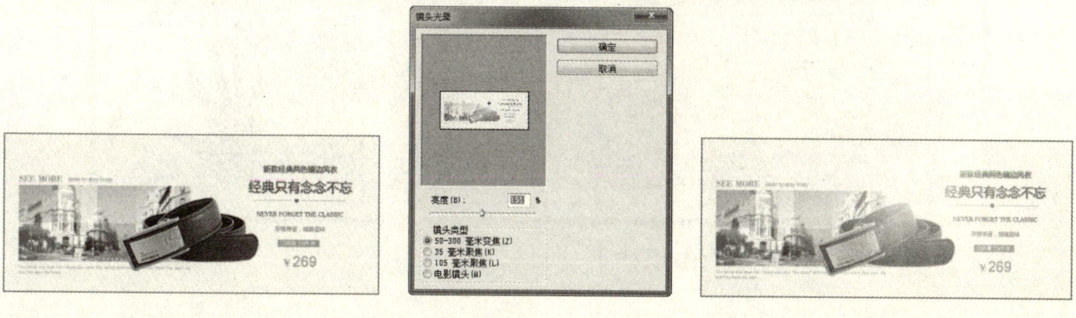

15.2.9 “锐化”滤镜组

“锐化”滤镜组主要通过增强相邻像素间的对比来减弱或消除图像的模糊，从而达到清晰图像的效果。

1．“USM 锐化”滤镜

该滤镜在处理过程中使用了模糊蒙版，从而产生使图像边缘轮廓锐化的效果。该滤镜是所有“锐化”滤镜中锐化效果最强的，它兼有“进一步锐化”、“锐化”和“锐化边缘”3 种滤镜的所有功能。如下图所示为锐化图像前后对比效果。

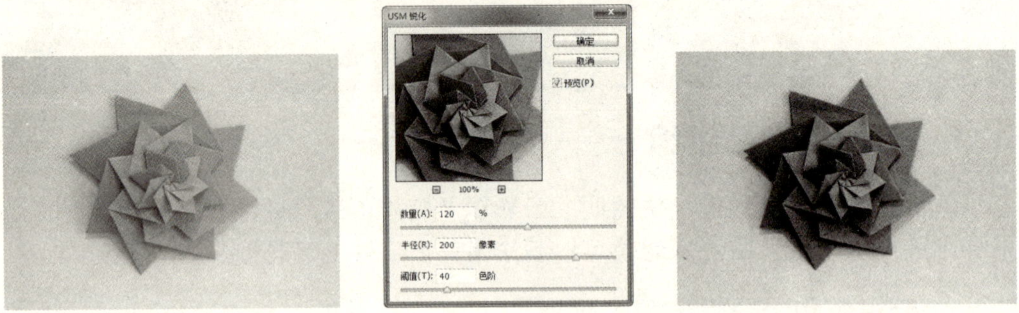

2．“防抖”滤镜

“防抖”滤镜是 Photoshop CC 的新增功能，使用该滤镜可以减少由某些相机运动类型产生的模糊，包括线性运动、弧形运动、旋转运动和 Z 字形运动。单击“滤镜”|“锐化”|“防抖”命令，弹出“防抖”对话框，如下图所示。

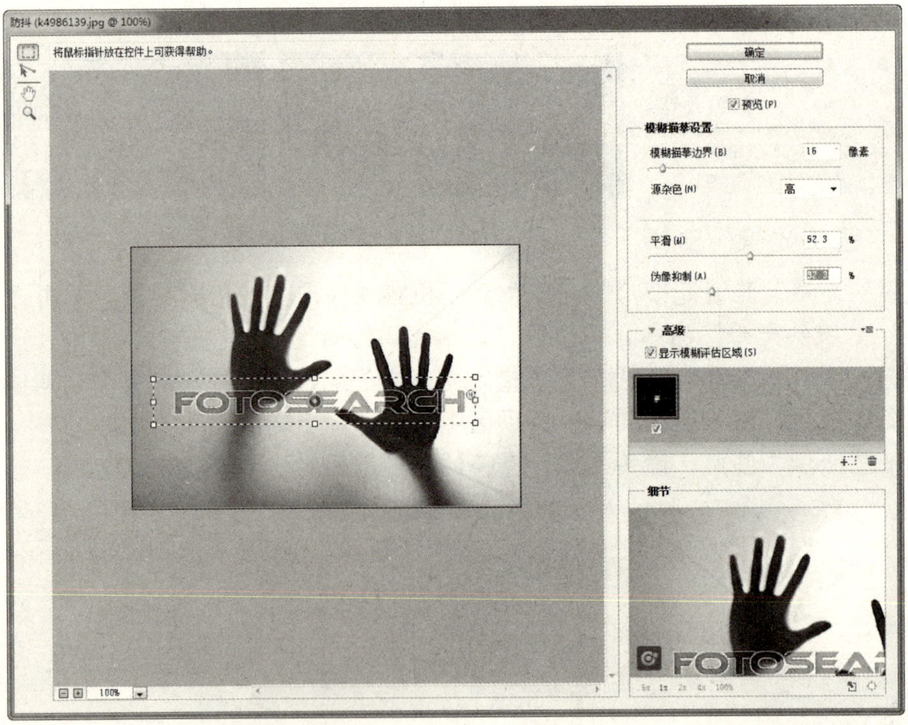

在该对话框中，各选项的作用如下：

◎ **模糊描摹边界**：用于设置模糊描摹的边界大小。

◎ **源杂色**：用于估计图像中的杂色量，根据需要可选择不同的值（自动/低/中/高）。

◎ **平滑**：用于减少高频锐化杂色。

◎ **伪像抑制**：在锐化图像的过程中，可能会观察到一些明显的杂色伪像，此选项用于抑制伪像。

◎ **高级**：模糊描摹设置可以对相机防抖进行进一步的微调。

根据上面对话框参数的设置，可以得到使用“防抖”滤镜前后的对比效果，如下图所示。

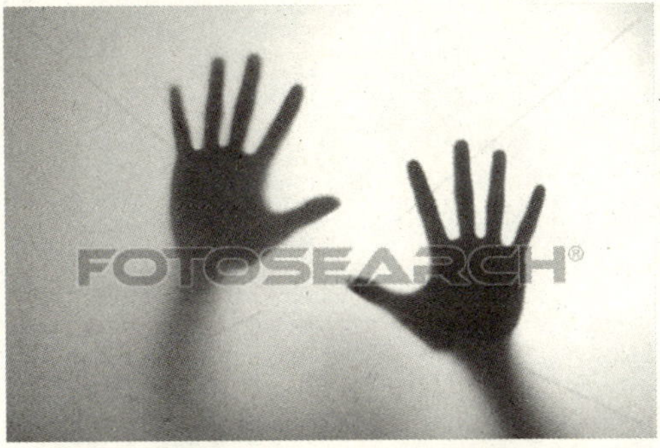

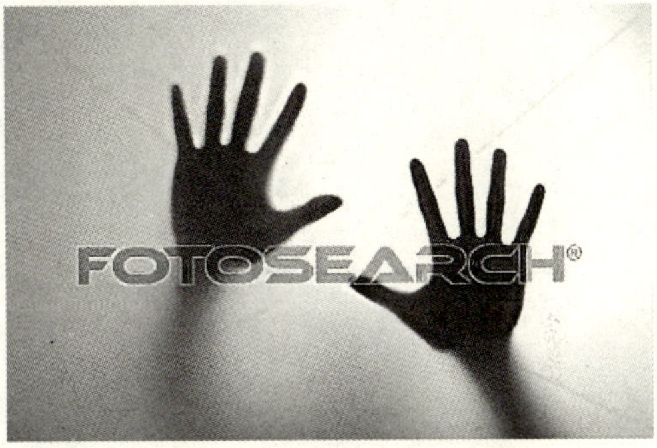

3. “锐化”和“进一步锐化”滤镜

这两个滤镜的主要功能都是提高相邻像素点之间的对比度，从而使图像更清晰。两者的不同之处在于“进一步锐化”滤镜比“锐化”滤镜的锐化效果更为强烈。

4. “锐化边缘”滤镜

该滤镜仅锐化图像的轮廓，使不同颜色之间分界明显。也就是说，在颜色变化较大的色块边缘锐化，从而达到较清晰的图像效果，同时又不会影响图像的细节。

15.2.10 “风格化”滤镜组

“风格化”滤镜搅乱并扩散图像中的像素，使图像产生透过磨砂玻璃观察的效果。

1. “查找边缘”滤镜

“查找边缘”滤镜使图像产生彩色铅笔勾描图像轮廓的效果。此滤镜没有可调整参数，是直接执行命令。如下图所示为应用“查找边缘“滤镜前后对比效果。

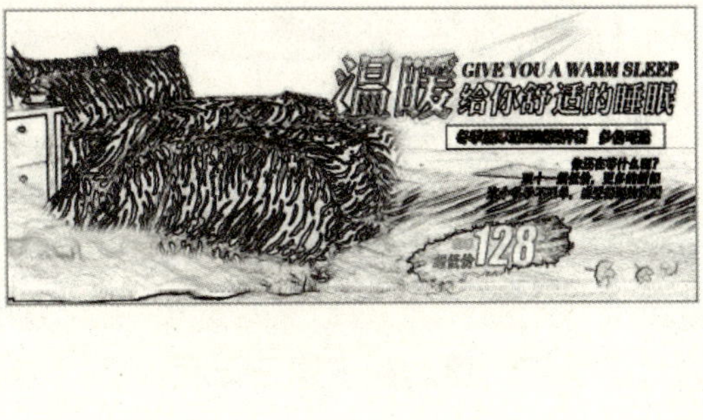

2．“风”滤镜

“风”滤镜是按图像边缘中的像素颜色增加一些小的水平线，使图像产生起风的效果。该滤镜不具有模糊图像的效果，它只影响图像的边缘，单击“滤镜”|“风格化”|“风”命令，弹出“风”对话框，如下图（左）所示。如下图（右）所示为未应用滤镜前的原图像。

知识加油站

在选择使用“风”滤镜时，要结合实际需要选择不同的方法和方向，所产生的效果也不同，风、大风、飓风三种效果逐渐增强，并且方向也愈加明显。

在弹出的“风”对话框中选择“大风”方法、“从左”方向，如下图（左）所示，生成的图像效果如下图（右）所示。

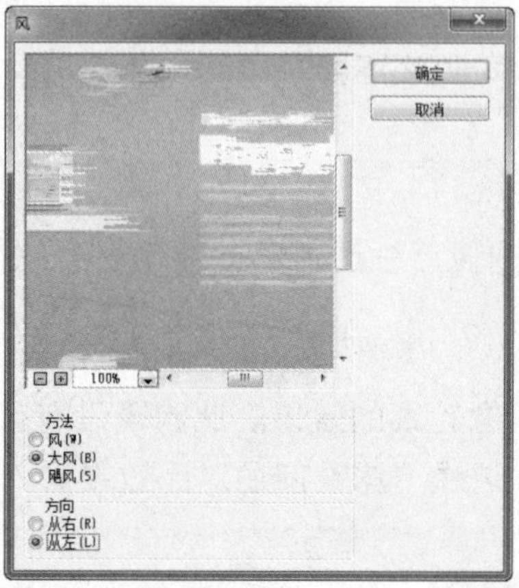

3．“浮雕效果”滤镜

“浮雕效果”滤镜通过降低图像的色值或勾画图像的轮廓，使图像产生浮雕的效果。“浮雕效果”对话框中的“角度”选项用于设置光照的角度；“高度”选项用于设置图像凸起的程度；“数量”选项决定原图像细节和颜色的保留程度，该值越大，图像的边缘就越明显。如下图所示为使用“浮雕效果”滤镜前后对比效果。

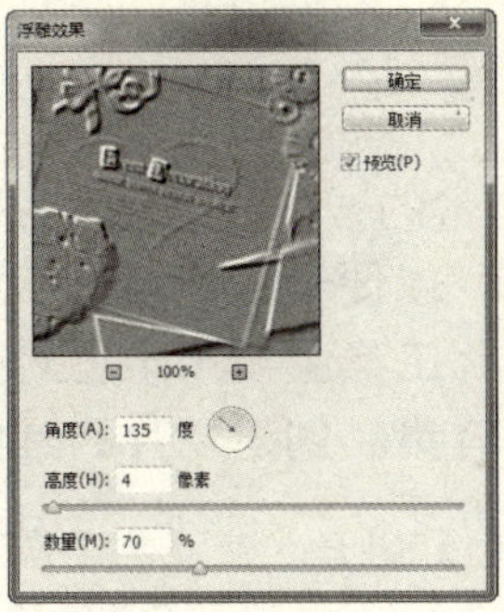

4．“拼贴”滤镜

“拼贴”滤镜是将图像分裂成指定数目的方块，并将这些方块移动一定的距离。此滤镜无法预览，因此在操作过程中可以多尝试几次。如下图所示为使用“拼贴”滤镜的前后对比效果。

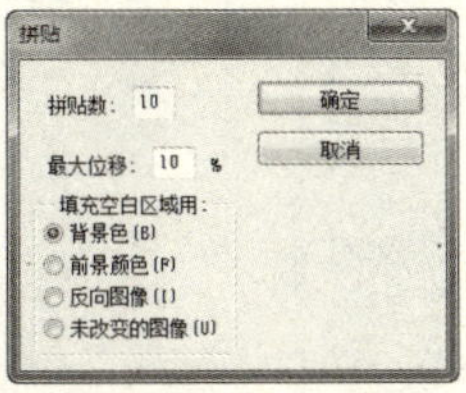

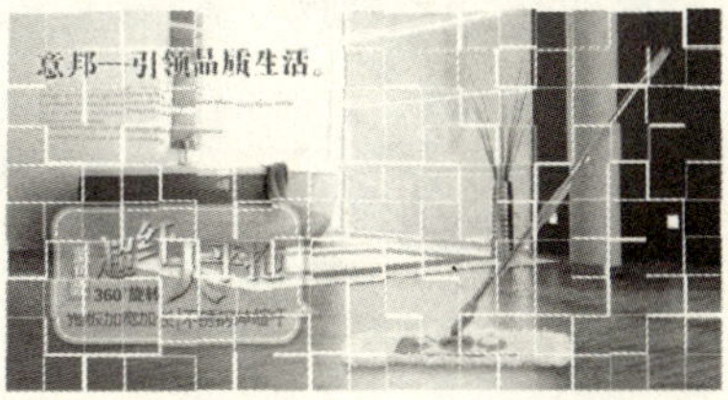

在“拼贴“对话框中，各选项的含义如下：

◎ **拼贴数：**用于设置图像在高度上分割的数量；

◎ **最大位移：**用于设置方块移动的位置最大距离是宽度的百分之几。

◎ **填充空白区域用：**用于设置方块移动后空白区域图像填充的技法。选中“背景色”单选按钮将使用背景色填充空白区域；选中“前景颜色”单选按钮，则使用前景色填充空白区域；选中“反向图像”单选按钮，使用原图像的负像填充空白处，如下图（左）所示；选中“未改变的图像”单选按钮，将以原图像填充空白处，如下图（右）所示。

15.3 网页图像的切割

使用浏览器下载整个图片时，若网页上的图片较大，就会花费很长的时间。而切片就是将一副大图像分割为一些小的图像切片，然后在网页中通过没有间距和宽度的表格重新将这些小的图像没有缝隙地拼接起来，成为一幅完整的图像。这样不仅可以减小图像的大小，也可以减少用户下载网页的时间，同时也可以将图像的一些区域用HTML来代替。

15.3.1 创建切片

切片工具是 Photoshop CC 自带的一个平面图片切割工具。使用切片工具可以将一个完整的网页切割成许多小图片，以便于从网络上下载。

选择切片工具制作网页时切片工具主要用于在对图片进行“瘦身”，它可以在不损失图像效果的前提下减小文件的容量。创建切片的具体操作方法如下：

01 **选择切片工具** 按【Ctrl+O】组合键，打开素材文件“切片工具.jpg”，选择工具箱中的切片工具，如下图所示。

02 **绘制切片** 将光标置于要创建切片的位置，按住鼠标左键拖动，拖到合适的切片大小以绘制切片，效果如下图所示。

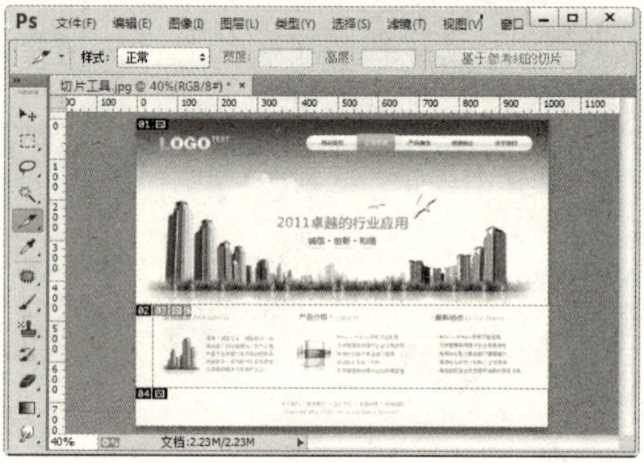

15.3.2 编辑切片

如果切片大小不合适，可以调整和编辑切片。可以在创建好的切片上右击，在弹出的快捷菜单中选择“划分切片”命令，如下图（左）所示。弹出“划分切片”对话框，设置“垂直划分为”3，单击“确定”按钮即可，如下图（右）所示。

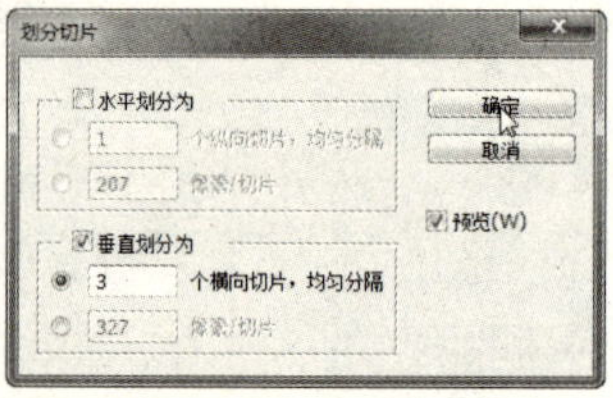

在切片上右击，在弹出的快捷菜单中选择“编辑切片选项”命令，弹出“切片选项”对话框，可以设置切片的 URL、目标、信息文本等，如下图所示。

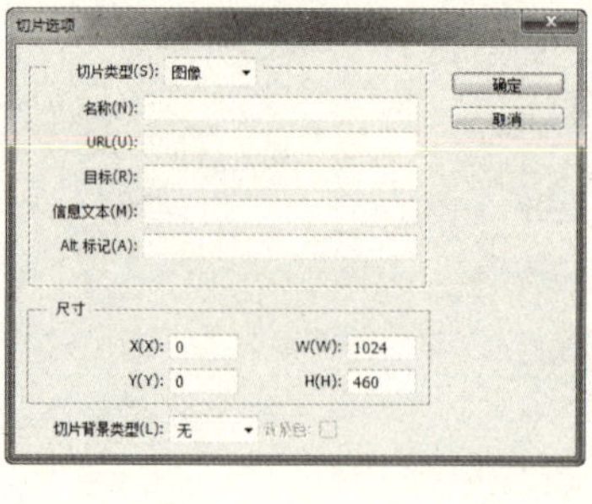

15.3.3 输出切片

通过“存储为 Web 和设备所用格式”命令可以导出和优化切片图像，Photoshop会将每个切片存储为单独的文件，并生成显示切片图像所需的 HTML 或 CSS 代码。

01 绘制切片 选择工具箱中的切片工具，在图像上继续绘制切片，效果如下图所示。

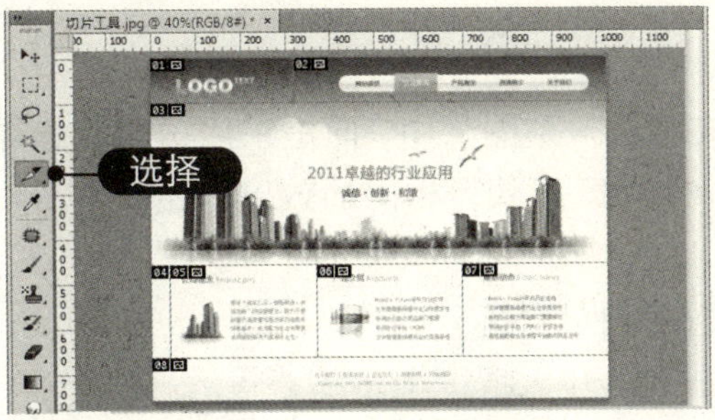

02 查看切片 单击“文件”|“存储为Web所用格式”命令，弹出“存储为Web所用格式”对话框，各个切片都作为独立文件存储，并具有各自独立的设置和颜色调板，单击“存储”按钮，如下图所示。

03 保存文件 弹出“将优化结果存储为”对话框，设置保存的位置、文件名和格式，单击“保存”按钮，如下图所示。

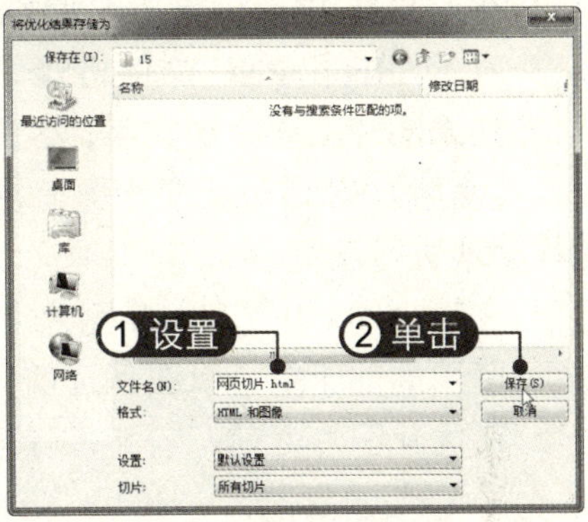

04 打开 Web 页面 找到保存的文件，双击“网页切片.html”文件打开 Web 页面，效果如下图所示。

15.4 网页图像的优化与输出

优化网页使之能快速下载是网页制作中很重要的考虑因素。网页优化涉及方方面面，图片优化则是其中重要手段之一。下面将介绍如何进行网页图像的优化。

15.4.1 图像的优化

现在的网站大量地使用图片，那么如何优化这些图片才好呢？

◎ 在网站设计之初就先要做好规划，如背景图片如何使用，做到心中有数。

◎ 编辑图片时，要做好裁剪，只展示必要的、重要的、同内容相关的部分。

◎ 在输出图片时，图片大小要设置妥当，长度和宽度就设置成所需要的大小，而不要输出大图片，在使用时，再指定较小的长度和宽度，缩放图片。

◎ JPG 图片也可以模糊背景，压缩时，可以压缩得更多。

◎ 页面上的边框和背景尽可能使用 CSS 方式来展示，而不是使用图片。

◎ 图片尽量使用 PNG 格式，以替代过去常用的 GIF 和 JPG 格式。在保证质量的前提下，用最小的文件。

◎ 在 HTML 中明确指定图片的大小。

◎ 对于 GIF 和 PNG 文件格式，最小化颜色位数。

◎ 如果图片上要添加文字，尽量不要把文字嵌入到图片中，而是采用透明背景图片，或者使用 CSS 定位让文字覆盖在图片上，这样既能获得相同的效果，还能把图片更大程度地进行压缩。

◎ 在较小的 GIF 和 PNG 图片上，可以使用有损压缩。

◎ 使用局部压缩可以在保证前景清晰的基础上较大程度地压缩背景。

◎ 在优化图片之前，若能降噪可以获得大于 20%的额外压缩。

15.4.2 保存图像

当制作完成一张图片后需要将它们保存，以备以后使用，这时就需要对图片进行存储。在 Photoshop CC 中单击“文件”|“存储为”命令，弹出“另存为”对话框，选择文件存储的位置，在“保存类型”列表中选择图片格式，单击“保存”按钮，即可保存图像，如下图所示。

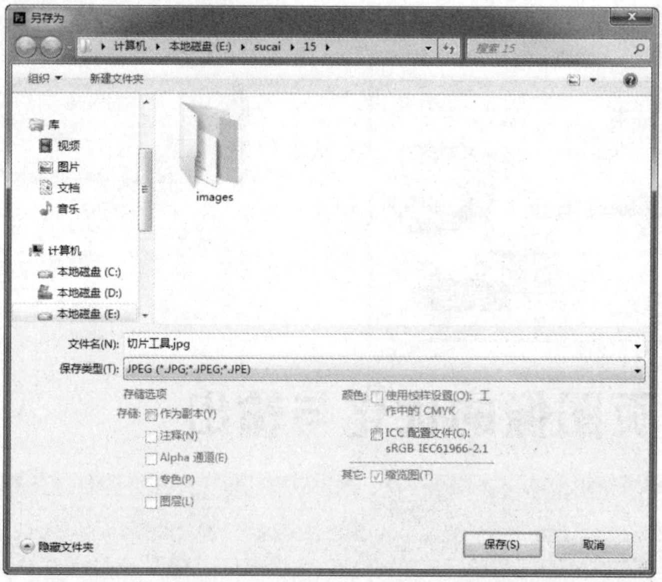

15.4.3 输出透明 GIF 图

使用 Photoshop 可以输出透明背景的 GIF 图像，具体操作方法如下：

01 打开图像文件 单击“文件”|“打开”命令，打开素材文件“GIF图像.psd”，如下图所示。

02 双击“背景”图层 在“图层“面板中双击“背景”图层，弹出“新建图层”对话框，单击“确定”按钮，如下图所示。

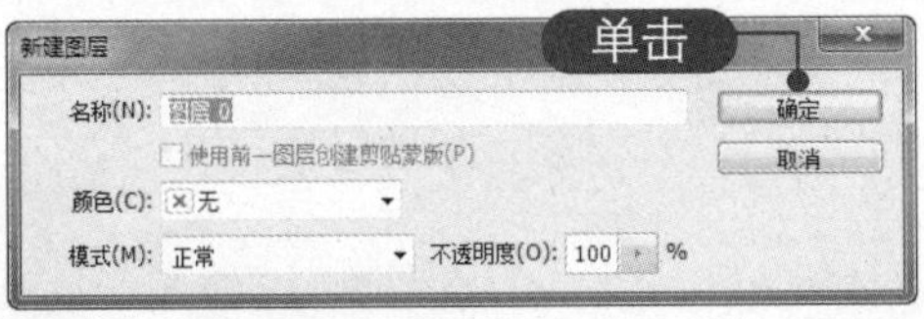

03 转换背景图层 此时即可解锁图层，将背景图层转换为普通图层，效果如下图所示。

04 创建选区 在工具箱中选择魔棒工具，在工具属性栏中将“容差”设置为32，在舞台中单击白色背景区域，如下图所示。

05 删除图像背景 按【Delete】键即可删除白色背景，图像背景变为透明，效果如下图所示。

06 设置“预设”格式 单击“文件”|“存储为 Web 所用格式”命令，弹出“存储为 Web 所用格式”对话框，在文件格式列表中选择 GIF 选项，单击“存储”按钮，如下图所示。

07 保存透明图像 弹出“将优化结果存储为”对话框，设置存储位置、文件名和格式，单击“保存”按钮，如下图所示。

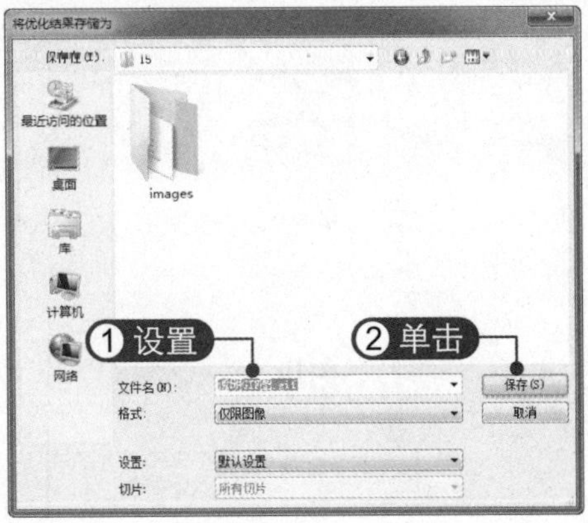

08 **输出透明文件** 此时，即可输出透明 GIF 图像，如右图所示。

Chapter

16

企业网站设计综合实例

本章将为读者完整地展示网站规划设计过程，从前期网站规划，到在 Photoshop 中设计首页的视觉稿，再到在 Dreamweaver 中制作成网页的整个过程。通过学习本章内容，读者能够全面掌握网页设计的流程和方法。

本章要点

- 企业网站设计规划
- 制作企业网站 Banner
- 制作企业网站首页

知识等级

网页制作高级读者

建议学时

建议学习时间为 200 分钟

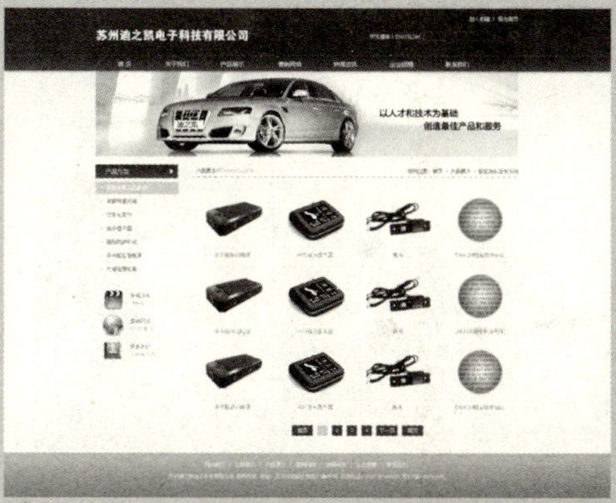

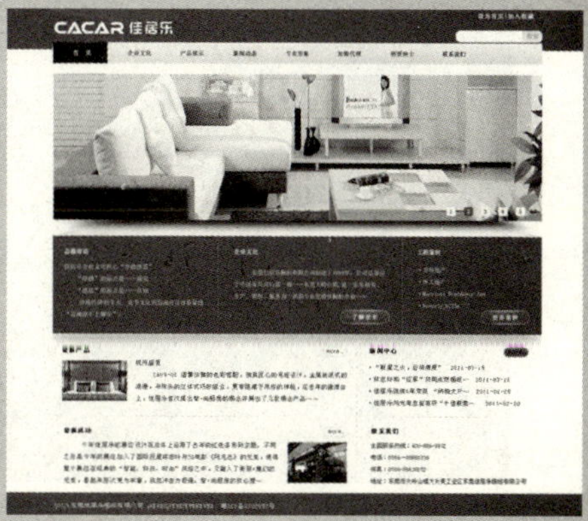

16.1 企业网站设计规划

在企业网站设计中，既要考虑到商业性，又考虑到艺术性，企业网站是商业性和艺术性的结合。优秀的网站设计有助于企业树立良好的社会形象，更好、更直观地展示企业的产品和服务。下面将主要介绍企业网站的分类、功能规划，以及创意分配和色彩搭配等内容。

16.1.1 企业网站分类

企业网站的类型有很多，主要可以分为以下几类：

1. 以形象为主的企业网站

以形象为主的企业网站的目的重在宣传企业文化、塑造企业形象、消除企业与消费者之间的距离感，主要围绕企业及产品、服务信息进行网络宣传，通过网站树立企业的形象。互联网作为一种新型传播媒体，在企业宣传中发挥着越来越重要的地位，成为公司宣传企业形象、开辟营销渠道、加强与客户沟通的必不可少的重要工具。

这类网站设计时要参考一些大型同行业网站进行分析，多吸收其优点，以公司自己的特色进行设计，整个网站要以国际化为主。以企业形象及行业特色加上动感音乐作为片头动画，每个页面配以栏目的动画衬托，通过良好的网站视觉效果创造一种独特的企业文化。如下图所示为以形象为主的企业网站首页。

2. 以产品为主的企业网站

企业网站绝大多数是为了介绍自己的产品，中小型企业尤为如此，在公司介绍栏目中只有一页文字，而产品栏目则是大量的图片和文字。以产品为主的企业网站可以把主推产品放置在网站首页。产品资料分类处理，附带详细说明，使客户能够看明白。为了醒目，可以分出两个导航条，把产品导航放在明显的地方，或是用特殊样式的导航按钮标注出产品分类。网页的插图应以体现产品为主，营造企业形象为辅，尽量做到两方面协调到位。如下图所示为以产品为主的企业网站首页。

3. 商务型企业网站

很多企业不仅需要树立良好的企业形象，还需要建立自己的信息平台。有实力的企业逐渐把网站做成一种以其产品为主的商务型网站。对于企业而言，通过商务网站可以扩大宣传，提高企业知名度；还可以让更多的客户以更便捷的方式了解企业产品，实现网上订购、网上信息实时反馈等电子商务功能。

一方面，网站的信息量大，结构设计要大气、简洁，保证速度和节奏感；另一方面，它不同于单纯的信息型网站，从内容到形象都应该围绕公司产品，既要大气又要有特色。如下图所示为商务型企业网站首页。

16.1.2 功能规划

企业网站是以企业宣传为主题的网站，域名后缀一般为.com。与一般门户型网站不同，企业网站相对来说信息量较少。该类网站页面结构的设计主要是从公司简介、产品展示、服务等几个方面来进行的。一般企业网站的页面结构如下图所示。

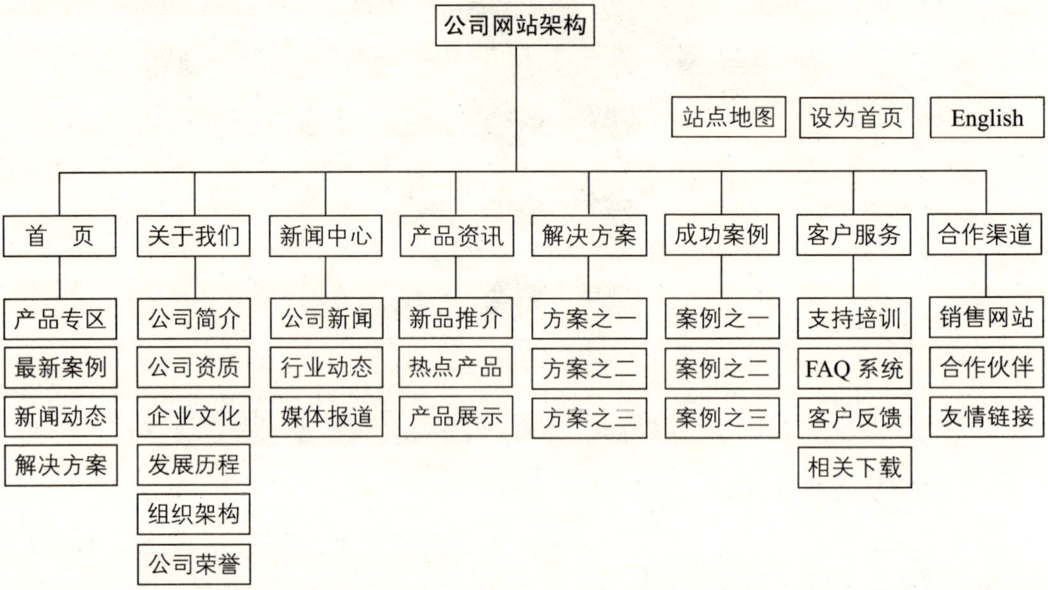

企业网站主要有以下功能模块：

◎ **公司概况：**包括公司背景、发展历史、主要业绩、经营理念、经营目标及组织结构等，让用户对公司的情况有大致的了解。

◎ **企业新闻动态：**可以利用互联网的信息传播优势，构建一个企业新闻发布平台，通过建立一个新闻发布/管理系统，企业信息发布与管理将变得简单、迅速，及时发布本企业的新闻、行业新闻等信息。通过公司动态可以让用户了解公司的发展动向，加深对公司的印象，从而达到展示企业实力和形象的目的。如下图所示为企业新闻动态页面。

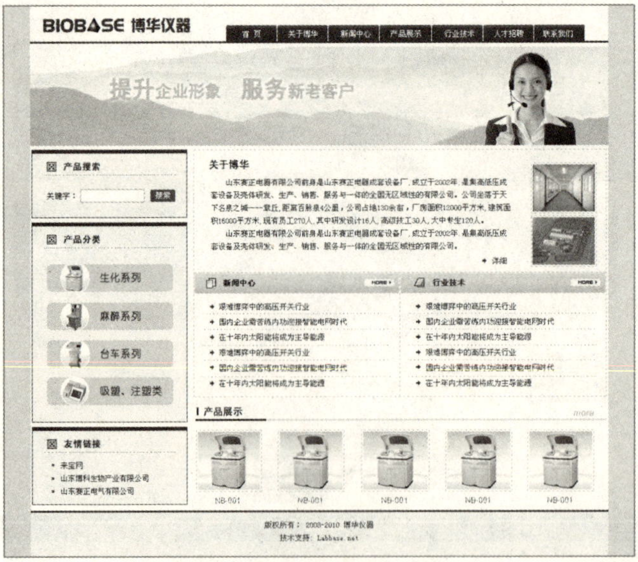

◎ **产品展示**：如果企业提供多种产品服务，可以利用产品展示系统对产品进行系统的管理，其中包括产品的添加与删除、产品类别的添加与删除、特价产品和最新产品、推荐产品的管理、产品的快速搜索等。可以方便、高效地管理网上产品，为网上客户提供一个全面的产品展示平台，更重要的是网站可以通过某种方式建立起与客户的有效沟通，更好地与客户进行对话，收集反馈信息，从而改进产品质量和服务水平。如下图所为企业产品展示系统页面。

◎ **产品搜索**：如果公司产品比较多，无法在简单的目录中全部列出，而且经常有产品升级换代，为了让用户能够方便地找到自己所需要的产品，除了设计详细的分级目录之外，增加关键词搜索功能也不失为有效的措施。

◎ **网上招聘**：这也是网络应用的一个重要方面，可以根据企业自身特点建立一个企业网络人才库。人才库可以进行在线网络即时招聘，方便管理人员对招聘信息和应聘人员进行管理，同时也可以为企业储备人才，为日后需要时使用，如下图所示。

◎ **销售网络**：目前用户直接在网络上订货的越来越多，但在网上看货网下购买的也占很大的比例，尤其是价格比较贵重或销售渠道比较少的商品，用户通常喜欢通过网络获取足够信息后在本地的实体商场购买。因此要尽可能详尽地告诉用户在什么地方可以买到他所需要的产品。

◎ **售后服务**：有关质量保证条款、售后服务措施以及各地售后服务的联系方式等都是用户比较关心的信息，而且是否可以在本地获得售后服务往往是影响用户购买决策的重要因素，对于这些信息应该尽可能详细地提供。

◎ **技术支持**：这一点对于生产或销售高科技产品的公司尤为重要，网站上除产品说明书之外，企业还应该将用户关心的技术问题及其答案公布在网上，如一些常见故障处理、产品驱动程序、软件工具的版本等信息资料，可以用在线提问或常见问题回答的方式体现。

◎ **联系信息**：网站上应该提供足够详尽的联系信息，除公司的地址、电话、传真、邮政编码、公司邮箱等基本信息之外，最好能详细地列出客户或者业务伙伴可能需要的具体部门的联系方式。对于有分支机构的企业，同时还应当有各地分支机构的联系方式，这样在为用户提供方便的同时，也起到了对各地业务的支持作用。

◎ **辅助信息**：有时由于企业产品比较少，网页内容显得有些单调，可以通过增加一些辅助信息来弥补这种不足。辅助信息的内容比较广泛，可以是公司、合作伙伴、经销商或用户的一些相关新闻、趣事或产品保养和维修常识等。

16.1.3 创意分析

企业网站的主要功能是向消费者传递信息，因此在页面设计结构上无须太过花哨，标新立异的设计和布局未必适合企业网站，企业网站更应该注重商务性与实用性。

在设计企业网站时，要采用统一的风格和结构把各页面组织在一起。所选择的颜色、字体、图形即页面布局应能传达给用户一个形象化的主题，并引导他们去关注站点的内容。风格是指站点的整体形象给浏览者的感受，包括站点的 CI 标志、色彩、字体、标语、版面布局、浏览方式、内容价值、存在意义、站点荣誉等诸多因素。用以下方法可以树立网站风格：

（1）必须保证内容的质量和价值；

（2）需要清除自己希望网站给人的印象是什么；

（3）在明确自己的网站印象后，就要建立和加强这种印象。需要找出其中最有特点的东西，就是最能体现网站风格的东西作为网站的特色加以重点强化宣传。再次，审查网站名称、域名、栏目名称是否符合这种风格，是否易记。审查网站标准色彩是否容易联想到这种特色、是否能体现网站的风格等。

◎ 使标志 Logo 尽可能出现在每个页面上。

◎ 突出标准色彩。文字的链接、图片的主色彩、背景色、边框等尽量使用与标准色彩一致的色彩。

◎ 突出标准字体。在关键的标题、菜单、图片中使用统一的标准字体。

◎ 想好宣传标语，把它加入 Banner 中，或者放在醒目的位置，突出网站的特色。

◎ 使用统一的语气和人称。

◎ 使用统一的图片处理效果。

◎ 设置网站特有的符号或图标。

◎ 展示网站的荣誉和成功作品。

对企业网站从设计风格上进行创新，需要多方面元素的配合，如页面色彩构成、图片布局、内容安排等，这需要不同的设计手法表现页面的视觉效果。

突出企业网站风格的设计，往往与产品或企业文化有很大关联。只有把握住企业文化的特征，了解企业产品的性质，才能在企业网站设计中很好地表现其独特的风格。

企业网站的风格体现在企业的 Logo 和 CI、用色等多方面。企业网站的色调和 CI 是区别于其他企业的一种重要的手段。如果风格设计得不好会对用户体验造成不良影响。如下图所示，企业网站的风格与企业的 CI 一致。

16.1.4 色彩搭配

企业网站给人的第一印象是网站的色彩，因此确定网站的色彩搭配是相当重要的一步。一般来说，一个网站的标准色彩不应超过 3 种，太多则让人眼花缭乱。标准色彩用于网站的标志、标题、导航栏和主色块，给人以整体统一的感觉。至于其他色彩在网站中也可以使用，但只能作为点缀和衬托，绝不能喧宾夺主。

企业网站的色彩可以选择蓝色、绿色、红色等，在此基础上再搭配其他色彩。另外可以使用灰色和白色，这是企业中最常见的颜色。因为这两种颜色比较中庸，能和任何色彩搭配，使对比更强烈，突出网站的品质和形象。

16.2 制作企业网站 Banner

Banner 即横幅广告，一个表现商家广告内容的图片，放置在企业网站的页面上，是互联网广告中最基本的广告形式。一般是使用 GIF 格式的图像文件，可以使用静态图像，也可用多帧图像拼接为动画图像。

下面将以在 Photoshop CC 中制作科技公司网站静态 Banner 为例，介绍企业网站 Banner 的制作方法，具体操作方法如下：

01 新建文件 单击“文件”|“新建”命令，在弹出的对话框中设置各项参数，单击“确定”按钮，如下图所示。

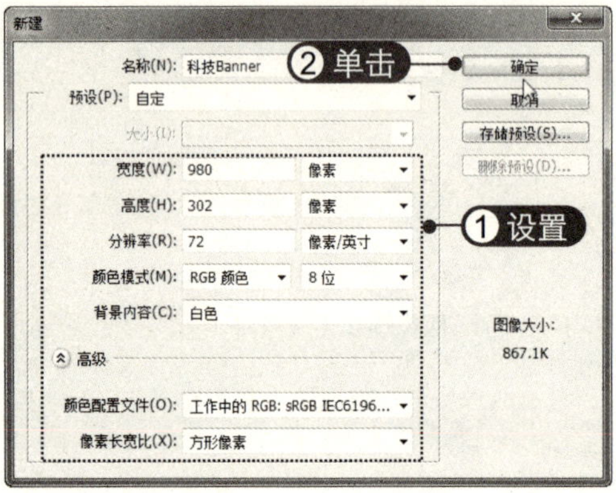

02 填充前景色 单击“创建新图层”按钮，新建“图层 1”。按【Alt+Delete】组合键填充前景色，如下图所示。

03 单击渐变框 单击“添加图层样式”按钮，选择“渐变叠加”选项，在弹出的“图层样式”对话框中单击渐变框，如下图所示。

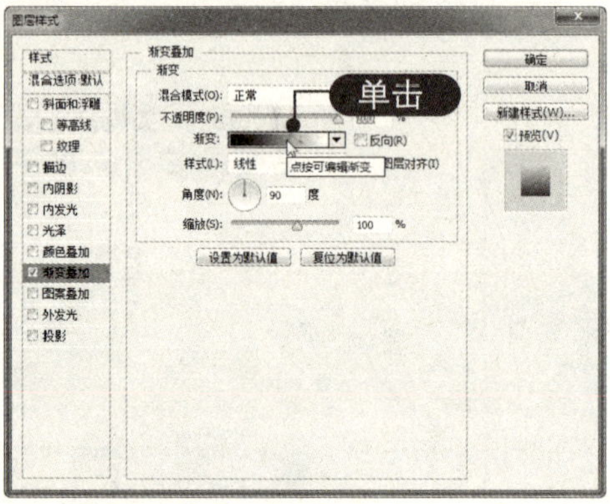

04 设置渐变色 在弹出的“渐变编辑器”窗口中设置渐变色分别为 RGB（9，96，175）、RGB（129，219，228）、RGB（9，96，175），单击“确定”按钮，如下图所示。

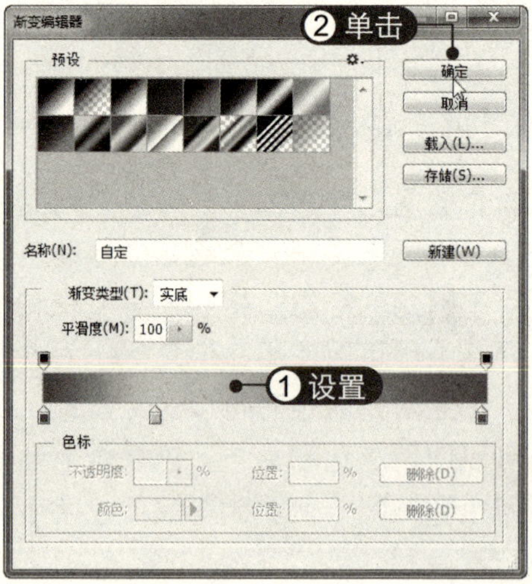

05 设置渐变叠加 在“渐变叠加”选项区中设置各项参数（如角度），然后单击“确定”按钮，如下图所示。

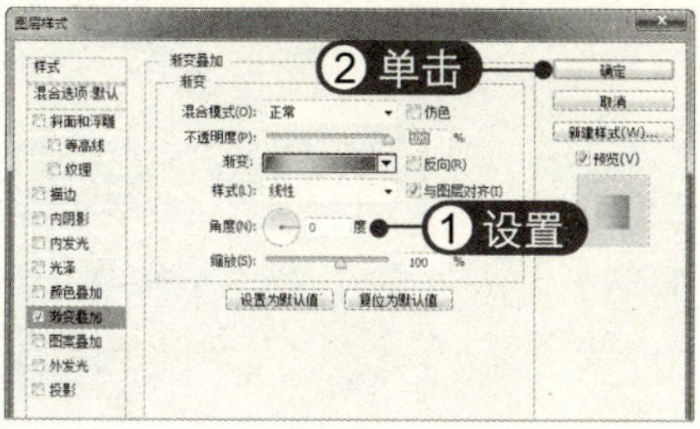

06 查看图像效果 此时即可查看为图像添加“渐变叠加”图层样式后的效果，如下图所示。

07 打开素材文件 按【Ctrl+O】组合键，打开素材图像“光束.psd”，如下图所示。

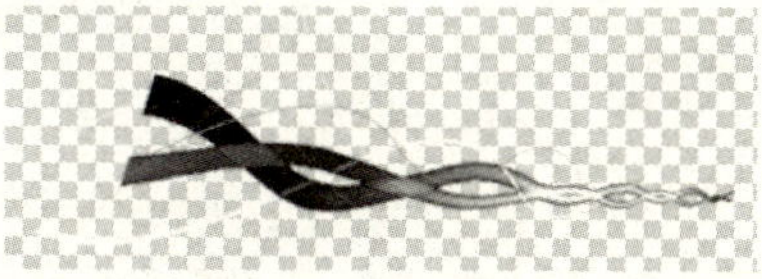

08 调整素材图像大小 将光束拖到Banner窗口中，按【Ctrl+T】组合键调出变换框，调整素材图像的大小，如下图所示。

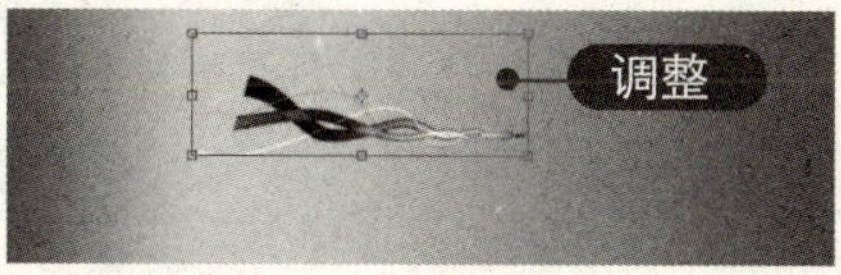

09 设置图层混合模式 按【Enter】键确认操作，设置01图层的混合模式为“颜色减淡”，如下图所示。

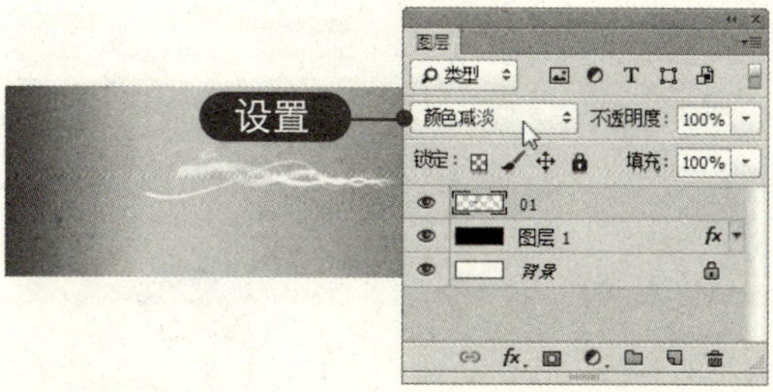

10 绘制路径 单击“创建新图层”按钮，新建“图层2”。选择钢笔工具，在图像上绘制两个三角形路径，如下图所示。

11 填充选区 按【Ctrl+Enter】组合键，将路径转换为选区。设置前景色为白色，按【Alt+Delete】组合键填充选区，如下图所示。

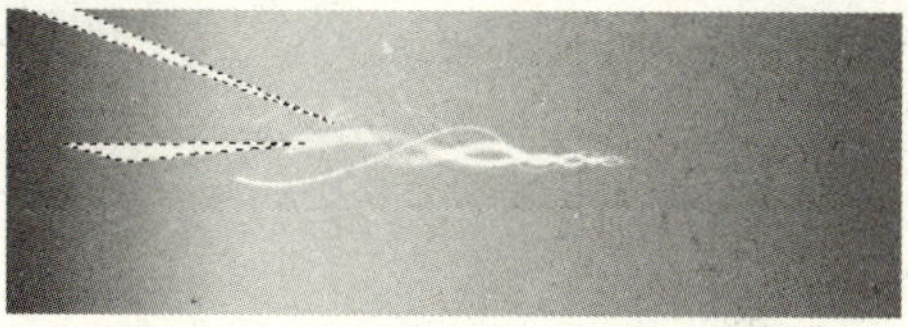

12 设置不透明度 按【Ctrl+D】组合键取消选区，设置“图层2”的不透明度为50%，如下图所示。

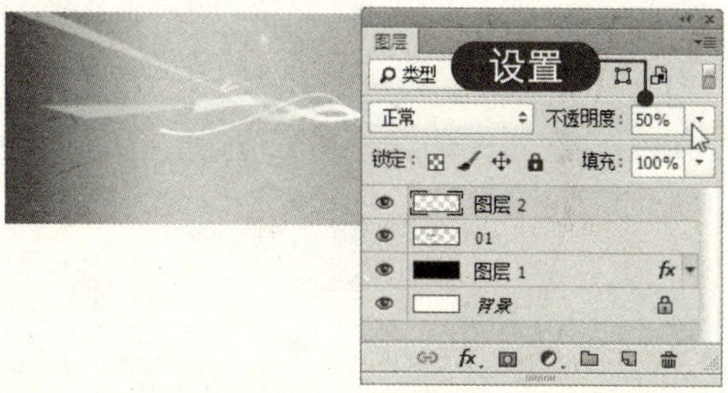

13 打开素材文件 按【Ctrl+O】组合键，打开素材图像01.jpg，如下图所示。

14 调整素材大小 将素材图像拖到 Banner 窗口中，按【Ctrl+T】组合键调出变换框，调整素材大小，如下图所示。

15 绘制矩形选区 按【Enter】键确认操作，选择矩形选框工具，绘制一个矩形选区，如下图所示。

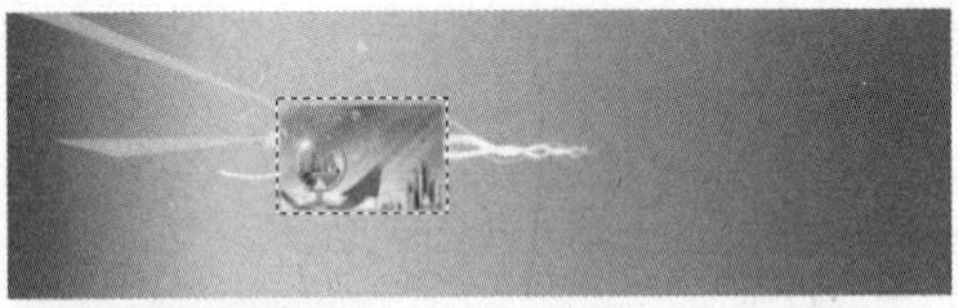

16 填充选区 单击面板底部的“创建新图层”按钮，新建“图层 4”。设置前景色为白色，按【Alt+Delete】组合键填充选区，如下图所示。

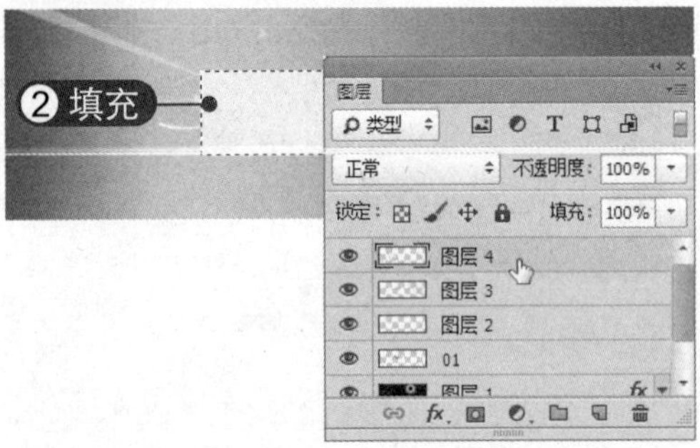

17 移动图层位置 按【Ctrl+D】组合键取消选区，将“图层 4”拖到“图层 3”下方，如下图所示。

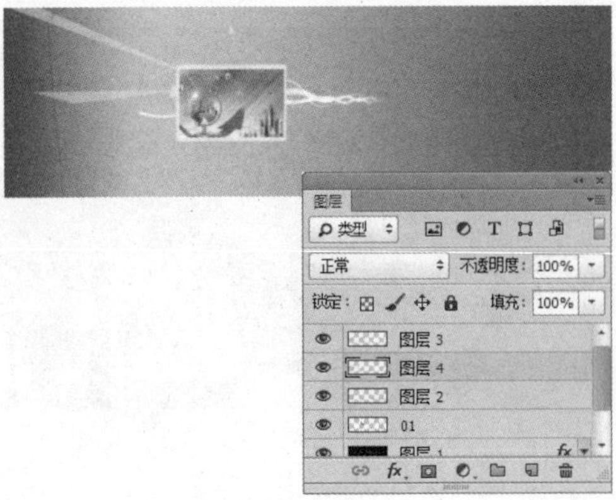

18 变换图像 选择“图层 3”，按【Ctrl+E】组合键合并图层。按【Ctrl+T】组合键调出变换框并右击，在弹出的快捷菜单中选择“透视”命令调整图像，如下图所示。

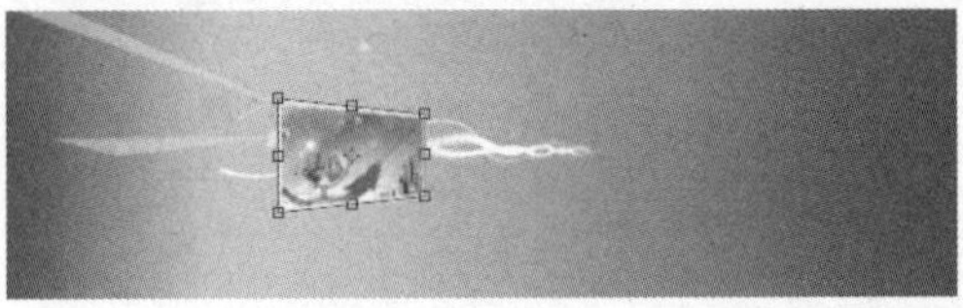

19 载入选区 按【Enter】键确认操作，按【Ctrl+J】组合键复制图层，得到“图层 4 拷贝”。按住【Ctrl】键单击其图层缩览图载入选区，如下图所示。

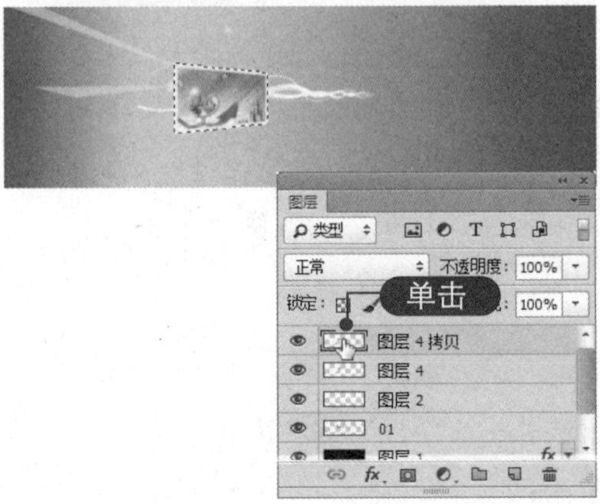

20 填充选区 设置前景色为黑色，按【Alt+Delete】组合键填充选区，按【Ctrl+D】组合键取消选区，如下图所示。

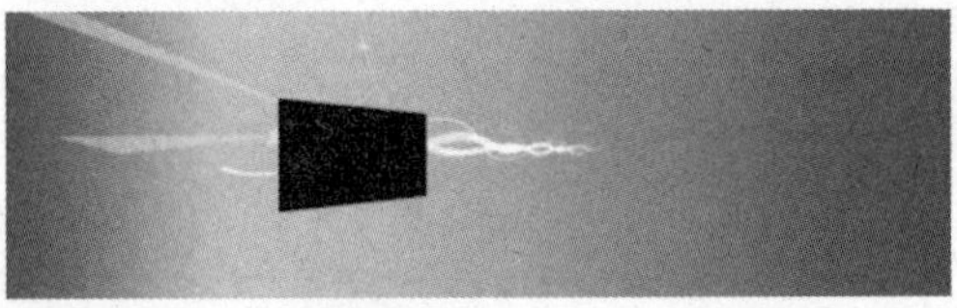

21 设置图像投影 将“图层 4 拷贝”拖到“图层 4”下方，设置其“不透明度”为 50%。选择移动工具，移动投影位置，如下图所示。

22 设置图像投影 采用同样的方法对其他图像素材进行编辑，效果如下图所示。

23 变换图像 选择所有的图片素材，按【Ctrl+T】组合键调出变换框并右击，在弹出的快捷菜单中选择“斜切”命令调整图像，效果如下图所示。

24 绘制椭圆选区 按【Enter】键确认操作，单击“创建新图层”按钮，新建一个图层。选择椭圆选框工具，绘制椭圆选区，如下图所示。

25 绘制渐变色 选择渐变工具，设置渐变色为黑白渐变。单击径向渐变按钮，绘制渐变色，如下图所示。

26 设置图层混合模式 按【Ctrl+D】组合键取消选区，设置图层混合模式为“颜色减淡”，效果如下图所示。

27 调整光斑大小和位置 按【Ctrl+J】组合键复制多个光斑，按【Ctrl+T】组合键调出变换框，调整它们的大小和位置，如下图所示。

28 新建并填充图层 选择所有光斑，按【Ctrl+E】组合键合并图层，设置图层混合模式为“颜色减淡”。单击“创建新图层”按钮新建图层，并将其填充为黑色，如下图所示。

29 设置参数 单击“滤镜”|“渲染”|“镜头光晕”命令，在弹出的对话框中设置参数，单击“确定”按钮，如下图所示。

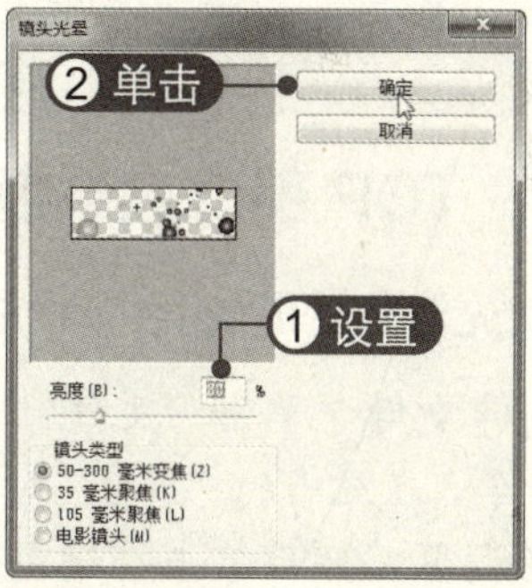

30 设置图层混合模式 设置光晕图层的混合模式为“滤色”，并移动其位置，如下图所示。

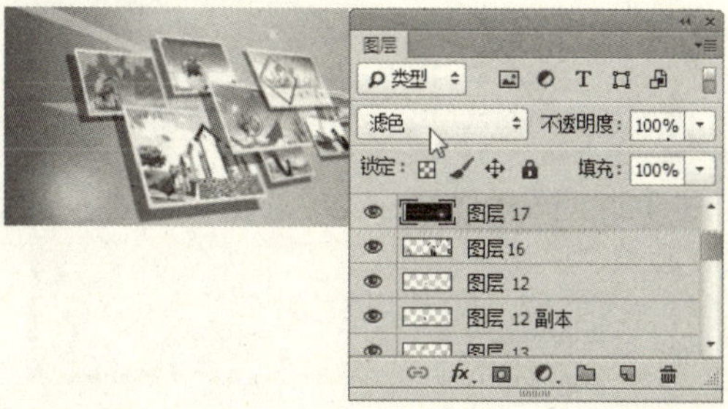

31 输入文字 选择横排文字工具T，打开“字符”面板，设置文字的各项参数，在文档中输入文字，如下图所示。

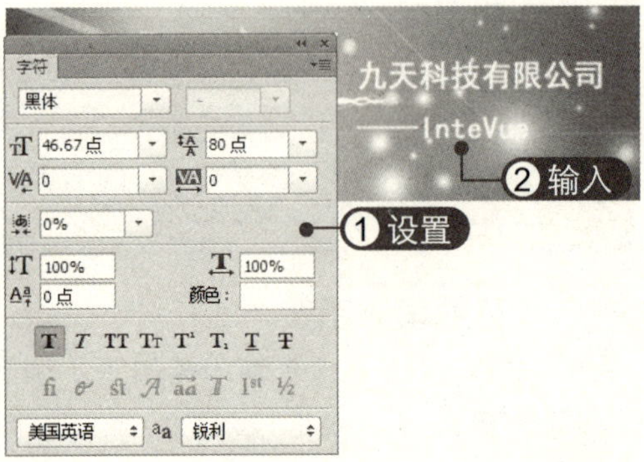

32 设置“投影”参数 单击“添加图层样式”按钮fx，选择“投影”选项，在弹出的对话框中设置各项参数，单击“确定”按钮，如下图所示。

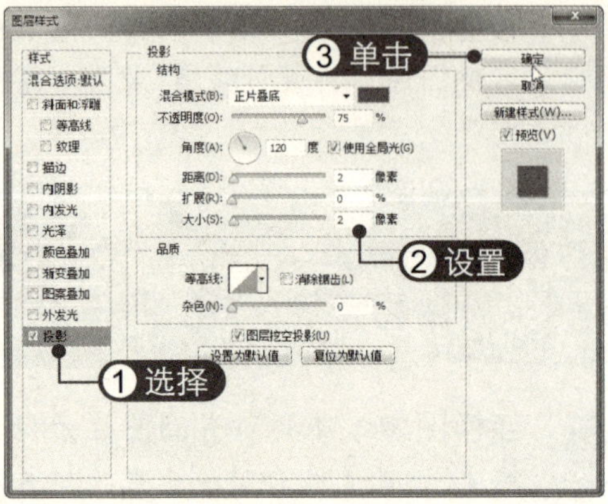

33 查看最终效果 此时即可得到网站Banner的最终效果，如下图所示。

16.3 制作企业网站首页

在制作企业网站的过程中，要注意保持网站内容在风格上的一致性。因为统一的网页形式能体现统一的企业风格，这样更能加强广告传播的统一性和广告效应。下面将以一个企业宣传网站的首页为例，介绍如何利用 Photoshop 制作网页元素及效果图，并对其进行切片，然后利用 Dreamweaver 进行网页制作的操作方法。

16.3.1 TOP 部分效果制作

下面先制作网站首页的 TOP 部分，具体操作方法如下：

01 新建文件 单击“文件”|“新建”命令，在弹出的“新建”对话框中进行所需的设置，然后单击“确定”按钮，如下图所示。

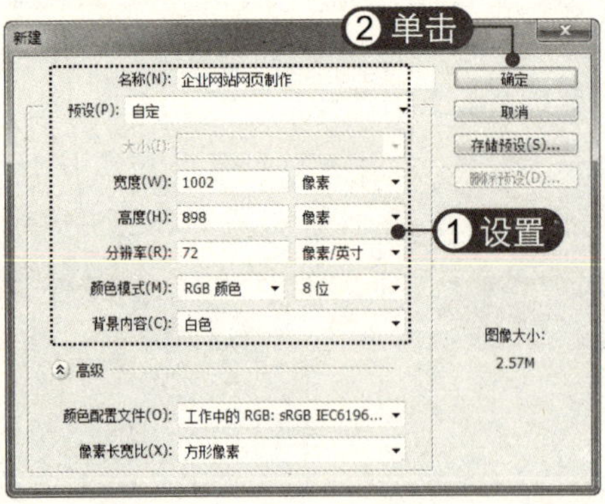

02 打开素材文件 打开素材文件“天空.jpg”文件，如下图所示。

03 调整图像 将“天空”图像拖到网页窗口中，按【Ctrl+T】组合键调出变换框，调整图像大小，并按【Enter】键确认操作，效果如下图所示。

04 设置渐变颜色 单击“添加图层蒙版”按钮，为“图层1”添加图层蒙版。选择渐变工具，设置渐变色为黑白渐变，单击“确定”按钮，如下图所示。

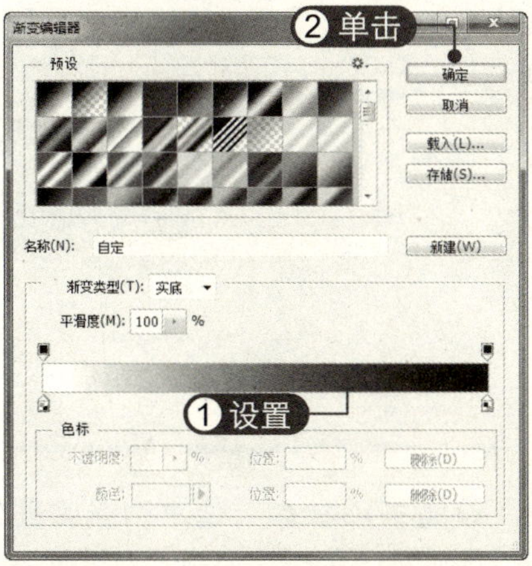

05 绘制渐变色 单击线性渐变按钮，从上到下绘制渐变色，效果如下图所示。

06 打开素材文件 打开素材文件“大图.png”，如下图所示。

07 调整图像位置 将“大图”拖到网页窗口中，选择移动工具，将其移到合适的位置，效果如下图所示。

08 打开素材文件 打开素材文件“素材.psd”，如下图所示。

09 移动 logo 位置 选中 logo 图层，将其拖到网页窗口的左上角，如下图所示。

10 输入文字 选择横排文字工具T，输入文字，然后设置文字属性，如下图所示。

11 输入英文 选择横排文字工具T，继续输入英文，然后设置文字属性，如下图所示。

12 绘制圆角矩形 选择圆角矩形工具，在属性栏中设置“半径”为8像素，绘制一个圆角矩形，如下图所示。

13 设置描边颜色 双击“圆角矩形1”图层，在弹出的对话框中选中“描边”选项，设置颜色为RGB（0，150，255），单击“确定”按钮，如下图所示。

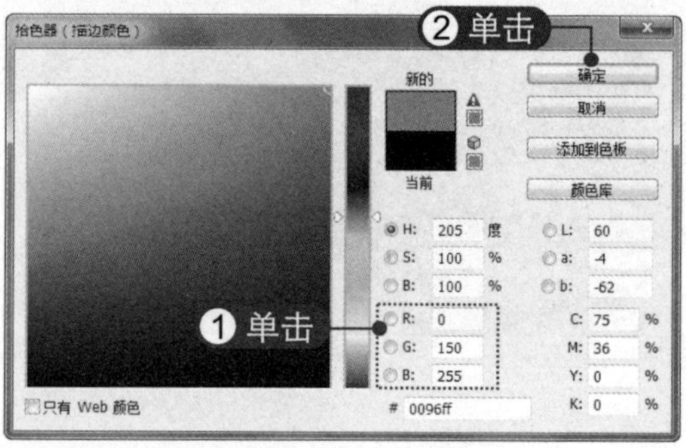

14 设置描边选项 设置描边“大小”为1像素，“位置”为“外部”，如下图所示。

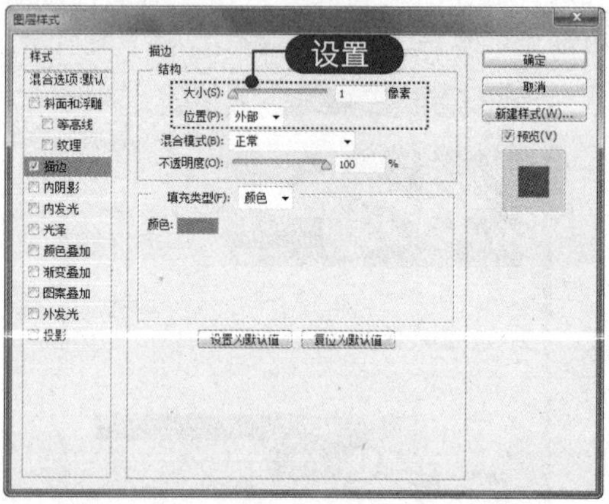

15 设置各项参数 选中“渐变叠加”图层样式，设置各项参数，单击“确定”按钮，如下图所示。

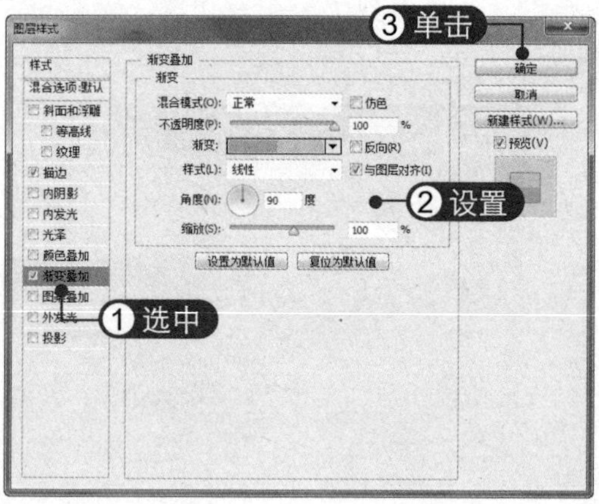

16 设置内发光 选中“内发光”图层样式，设置各项参数，单击“确定”按钮，如下图所示。

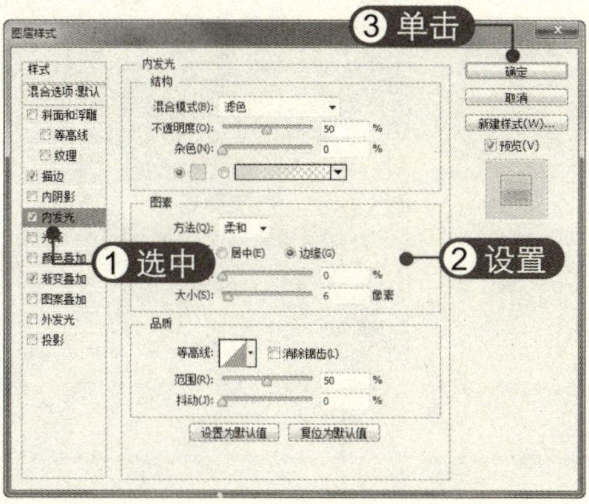

17 查看效果 查看为导航栏添加图层样式后的效果，如下图所示。

18 输入文字 选择横排文字工具T，输入文字，然后设置文字属性，如下图所示。

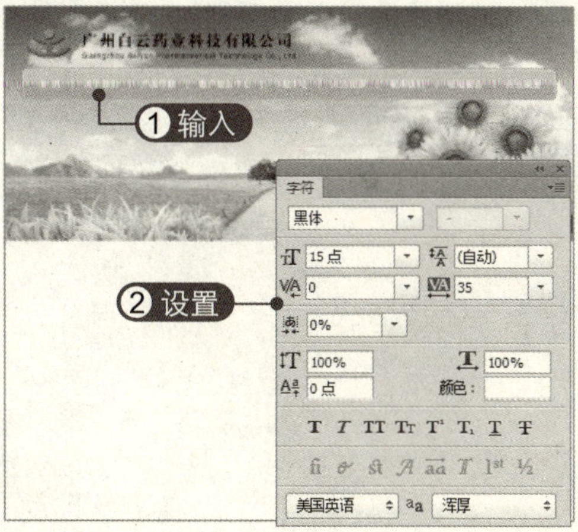

19 设置描边 单击“添加图层样式”按钮fx，选中“描边”选项，在弹出的对话框中设置各项参数，其中颜色为RGB（0，100，164），单击“确定”按钮，如下图所示。

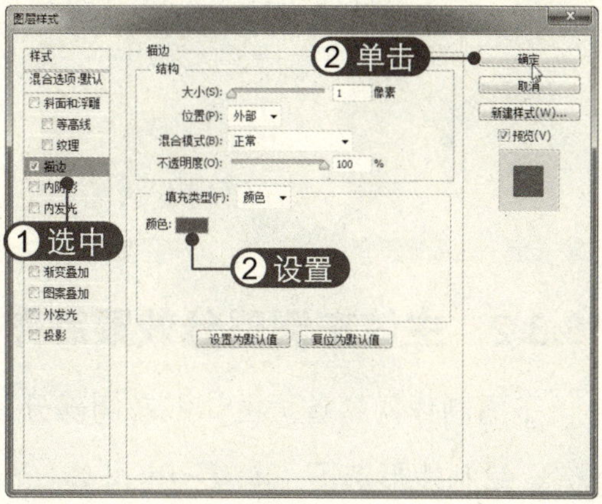

20 查看描边效果 查看添加“描边”图层样式后的文字效果，如下图所示。

21 导入素材 在“素材.psd”窗口中选择“图层 1”，将其拖到网页窗口中，如下图所示。

22 输入文字 选择横排文字工具T，输入文字，然后设置文字属性，效果如下图所示。

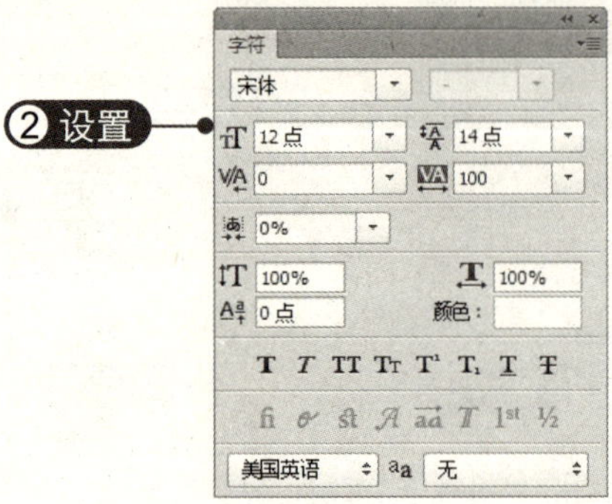

16.3.2 主体左侧部分效果制作

下面制作网站首页主体的左侧部分，具体操作方法如下：

01 绘制矩形选区 新建一个图层，选择矩形选框工具，在图像上绘制一个矩形选区，如下图所示。

02 设置渐变色 选择渐变工具，设置渐变色为前景色到透明渐变，单击“确定”按钮，如下图所示。

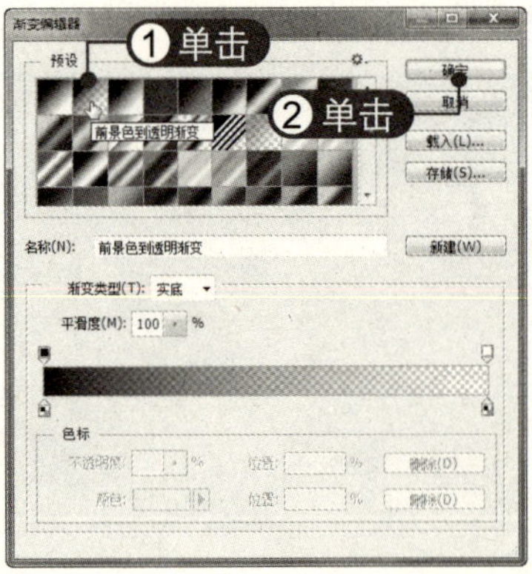

03 绘制渐变色 单击线性渐变按钮，在选区中从下往上绘制渐变色，按【Ctrl+D】组合键取消选区，如下图所示。

04 设置不透明度 设置“图层 3”的“不透明度”为 20%，查看图像效果，如下图所示。

05 拖入其他素材 在“素材.psd”窗口中选择“幻灯片”图层，将其拖到网页窗口中，如下图所示。

06 绘制圆角矩形 选择圆角矩形工具，在属性栏中设置“半径”为8像素，绘制一个圆角矩形，如下图所示。

07 复制图像 按两次【Ctrl+J】组合键复制图像，选择移动工具，将它们移到合适的位置，如下图所示。

08 拖入其他素材 在“素材.psd”窗口中选择“留言”图层，将其拖到网页窗口中，如下图所示。

09 输入文字 选择横排文字工具，输入文字，然后设置文字属性，如下图所示。

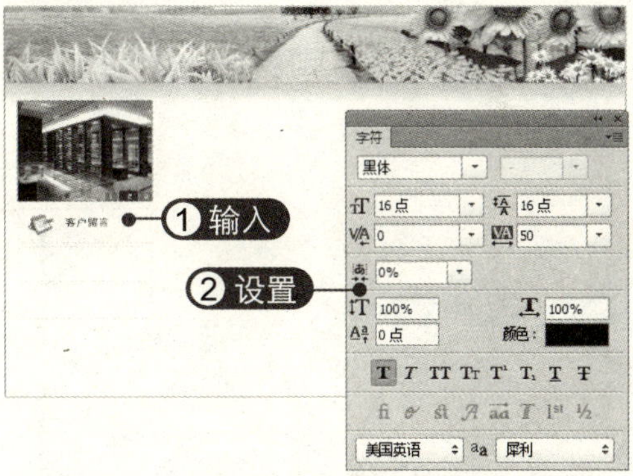

10 输入英文 继续输入英文，然后设置文字属性，如下图所示。

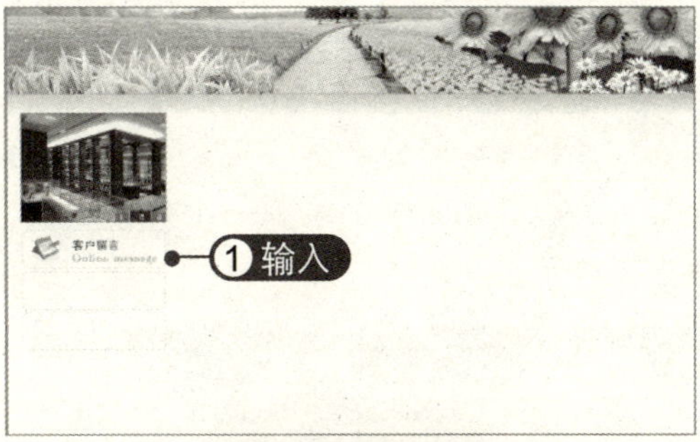

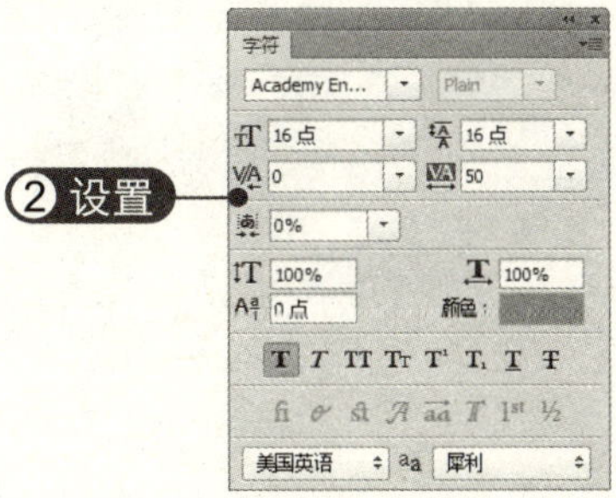

11 添加素材 采用同样的方法继续添加 QQ 和“客服”素材图像，并输入相应的文字，如下图所示。

12 选择图层样式 双击电话号码图层，在弹出的“图层样式”对话框中选中“渐变叠加”选项，如下图所示。

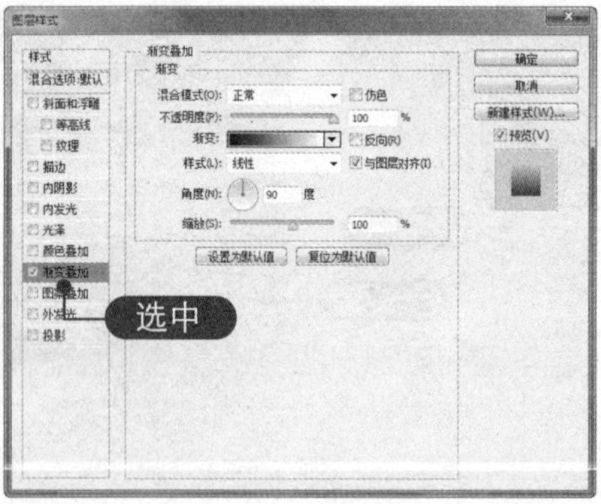

13 设置渐变叠加 设置“渐变叠加”图层样式的相关参数，单击“确定”按钮，如下图所示。

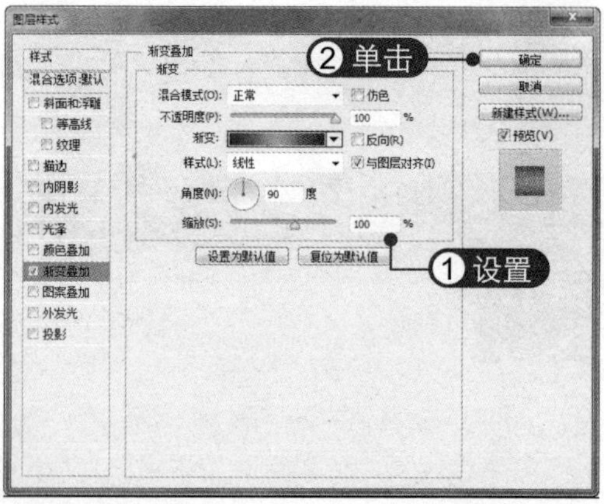

14 查看效果 此时网页主体左侧部分制作完成，效果如下图所示。

16.3.3 主体右侧部分效果制作

下面制作网站首页主体的右侧部分，具体操作方法如下：

01 绘制矩形选区 单击“创建新图层”按钮，新建“图层4”。选择矩形选框工具，在图像上绘制一个矩形选区，如下图所示。

02 填充选区 设置前景色为 RGB（4，123，200），按【Alt+Delete】组合键填充选区，按【Ctrl+D】组合键取消选区，如下图所示。

03 拖入其他素材 在“素材.psd”窗口中选择“叶子”和“更多”图层，并将它们拖到网页窗口中，如下图所示。

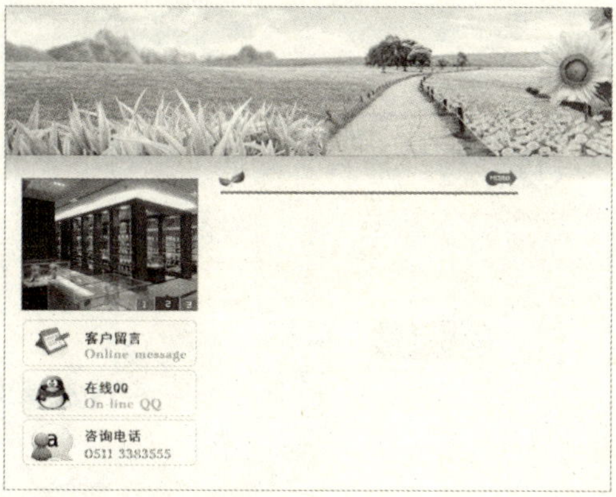

04 输入文字 选择横排文字工具T，输入文字，然后设置文字属性，如下图所示。

05 复制并移动图层 按住【Shift】键选中“图层4”到“公司介绍”4个图层，按【Ctrl+J】组合键复制图层并移动，如下图所示。

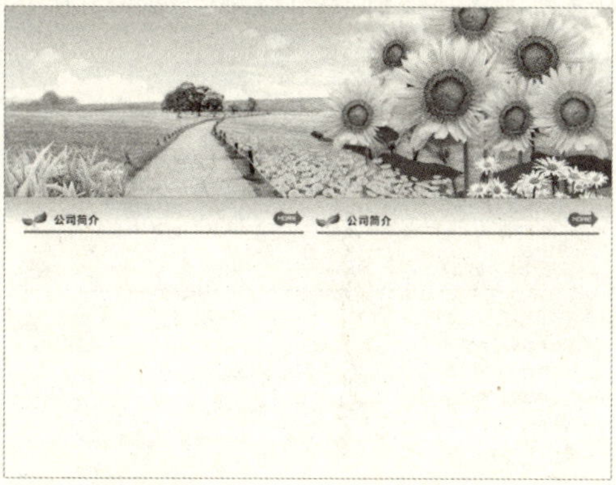

06 输入文字 重新输入“公司简介 副本”图层的文字为“新闻中心”，如下图所示。

07 绘制矩形选区 单击“创建新图层”按钮，新建“图层5”。选择矩形选框工具，在图像上绘制一个矩形选区，如下图所示。

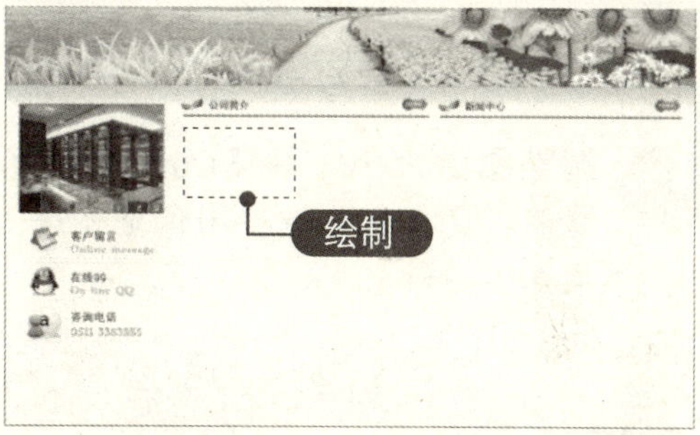

08 设置描边 单击“编辑”|“描边”命令，在弹出的对话框中设置各项参数，单击“确定”按钮，如下图所示。

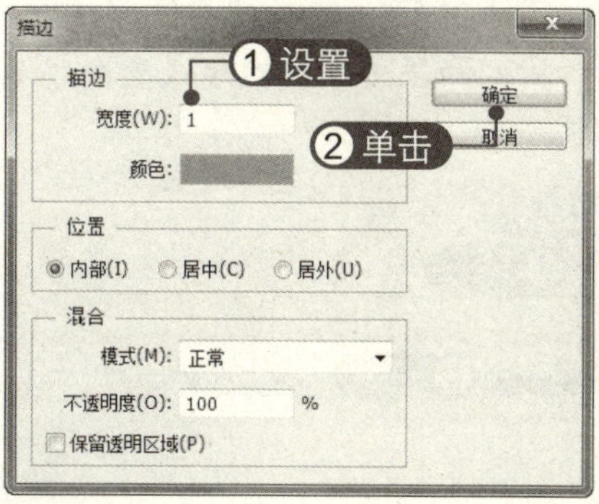

09 查看描边效果 按【Ctrl+D】组合键取消选区，查看描边后的图像效果，如下图所示。

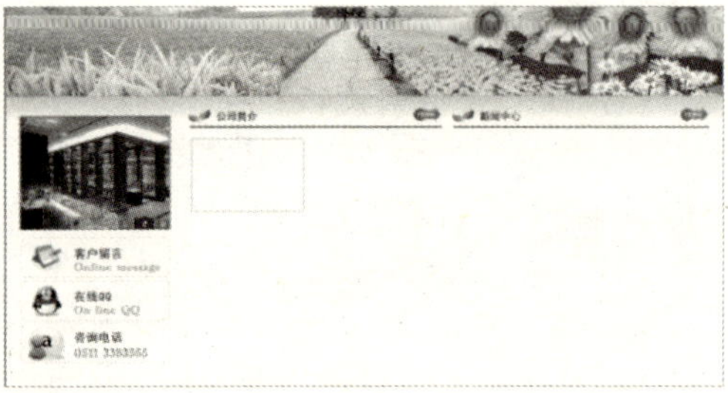

10 拖入其他素材 在“素材.psd”窗口中选择“图层 2”，将其拖到网页窗口中，如下图所示。

11 调整图像大小 按【Ctrl+T】组合键调出变换框，调整图像至合适大小，效果如下图所示。

12 输入文字 选择横排文字工具[T]，输入两段文字，然后设置文字属性，如下图所示。

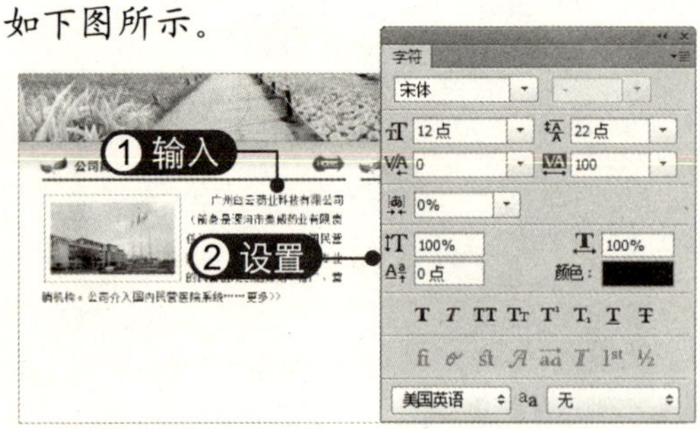

13 输入文字 在“新闻中心”版块下面继续输入一段文字，然后设置文字属性，如下图所示。

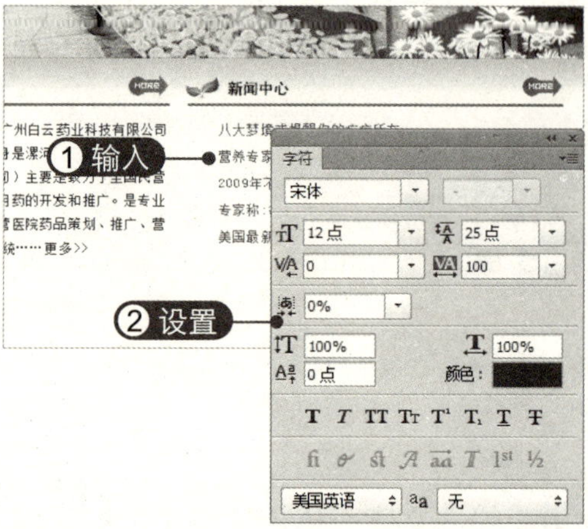

14 创建矩形选区 单击“创建新图层”按钮[▢]，新建“图层 7”。选择矩形选框工具[⬚]，在文字前面创建一个矩形选区，如下图所示。

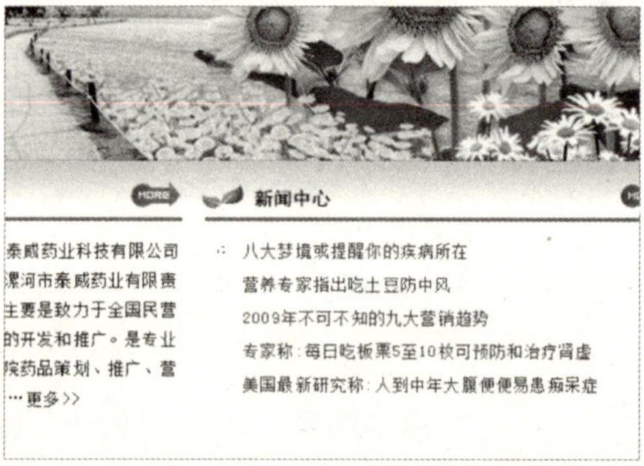

15 填充选区 设置前景色为 RGB（5，124，103），按【Alt+Delete】组合键填充选区，按【Ctrl+D】组合键取消选区，如下图所示。

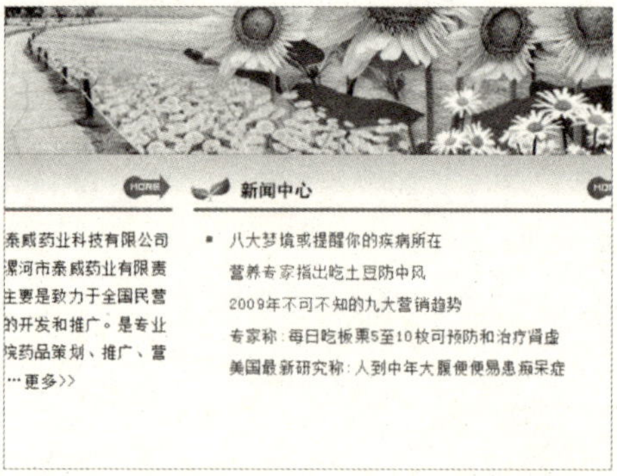

16 **复制并移动小矩形** 按【Ctrl+J】组合键四次复制小矩形，然后将它们分别移到合适的位置，如下图所示。

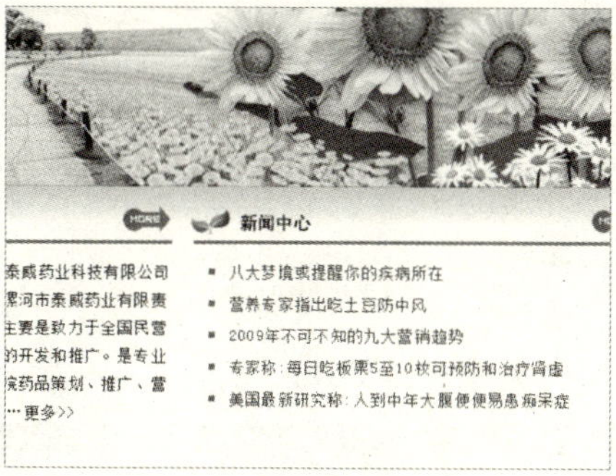

17 **拖入其他文件图层** 在“素材.psd”窗口中选择“圆”图层，将其拖到网页窗口中，如下图所示。

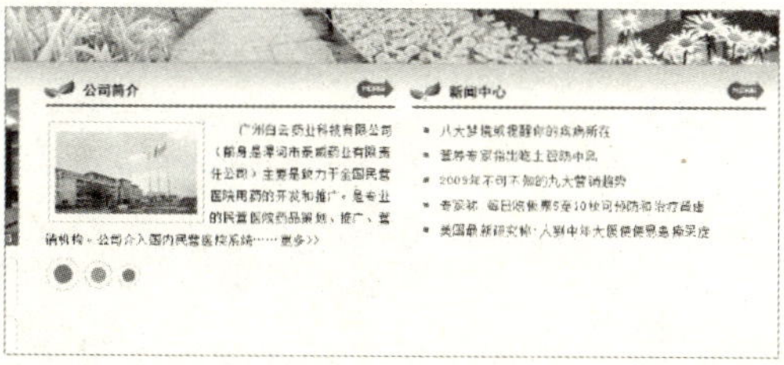

18 **绘制闭合路径** 选择钢笔工具，在图像上绘制一个闭合路径，如下图所示。

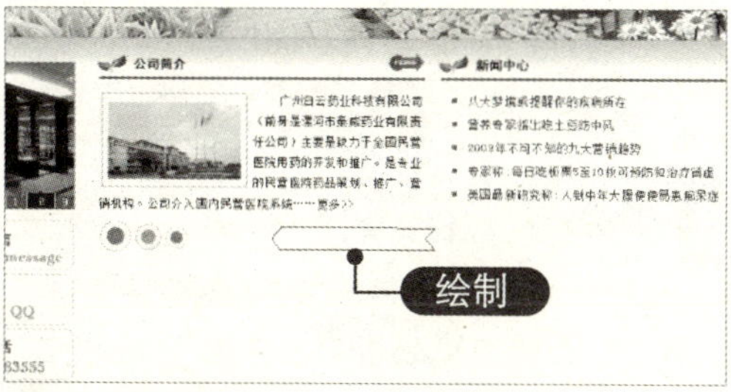

19 **新建图层** 按【Ctrl+Enter】组合键，将路径转换为选区。单击“创建新图层”按钮，新建“图层 8”，如下图所示。

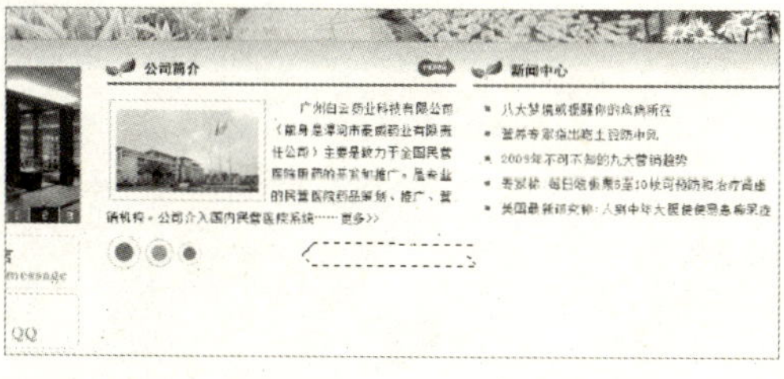

20 **填充选区** 设置前景色为 RGB(33，120，190），按【Alt+Delete】组合键填充选区，按【Ctrl+D】组合键取消选区，如下图所示。

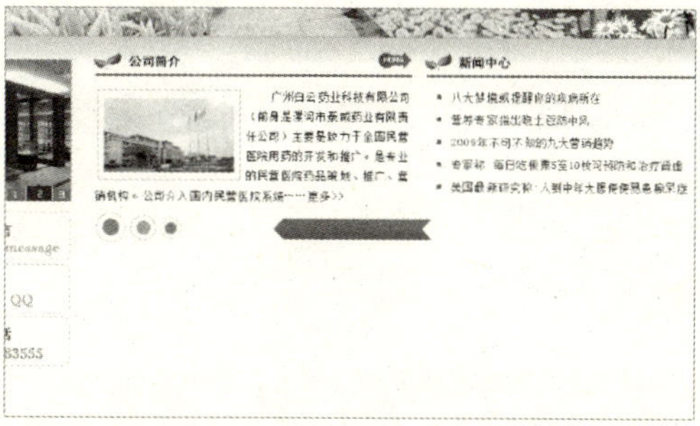

21 **复制并移动图像** 按【Ctrl+J】组合键复制两次图像，然后将它们分别移到合适的位置，如下图所示。

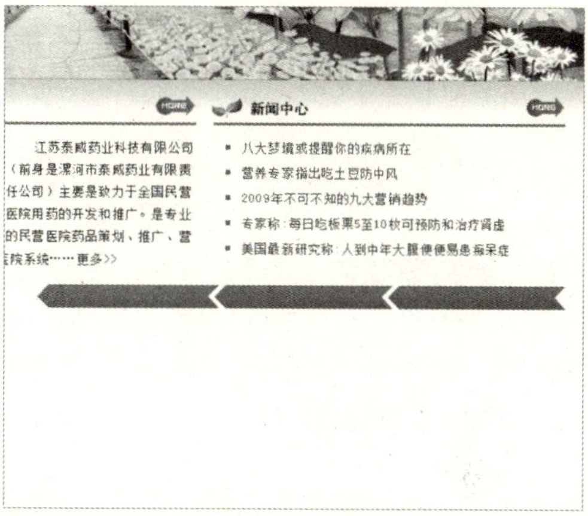

22 **填充颜色** 为复制的两个图像分别填充颜色，色值分别为 RGB（160，21，179）、RGB（151，151，151），如下图所示。

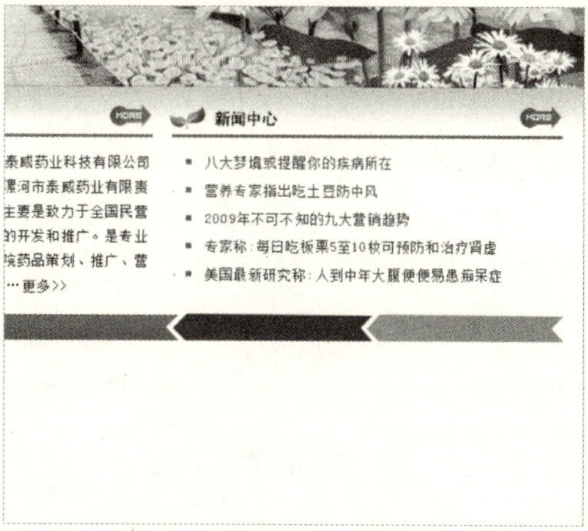

23 合并图层 选中“图层 8”～“图层 8 拷贝 2”三个图层，按【Ctrl+J】组合键复制图层，然后按【Ctrl+E】组合键合并图层并向下移动，如下图所示。

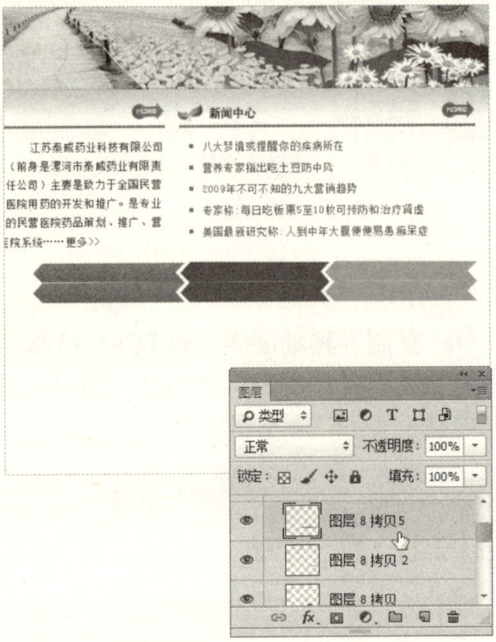

24 绘制渐变色 单击“添加图层蒙版”按钮，为“图层 8 拷贝 5”添加图层蒙版。选择渐变工具，设置渐变色为黑白渐变，单击线性渐变按钮，绘制渐变色，如下图所示。

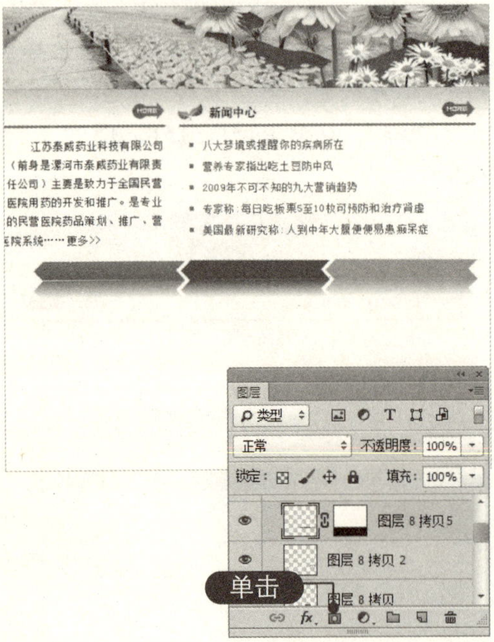

25 设置不透明度 设置“图层 8 拷贝 5”的“不透明度”为 35%，即可得到倒影效果，如下图所示。

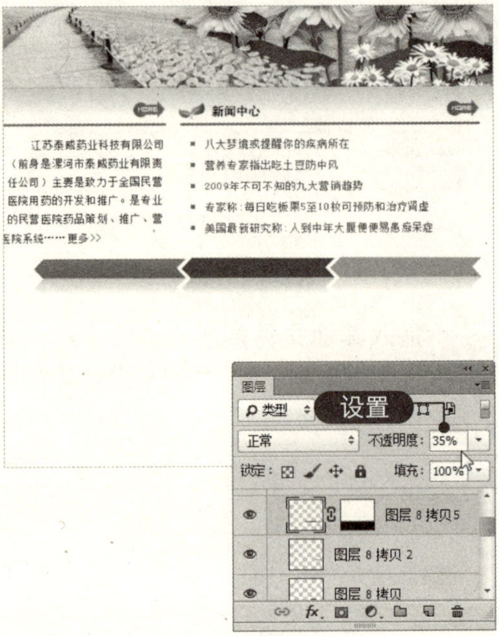

26 输入文字 选择横排文字工具，输入文字“产品导航”，然后设置文字属性，如下图所示。

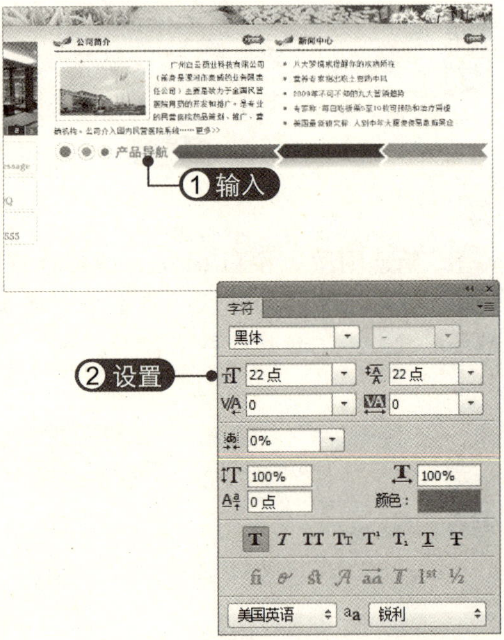

27 绘制矩形选区 选择矩形选框工具，在图像上绘制一个矩形选区。单击“创建新图层”按钮，新建“图层 9”，如下图所示。

28 设置描边 单击“编辑”|“描边”命令，在弹出的对话框中设置各项参数，单击“确定”按钮，如下图所示。

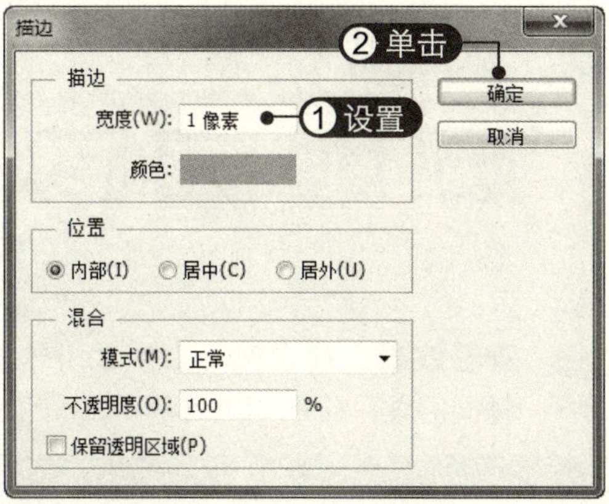

29 查看图像效果 按【Ctrl+D】组合键取消选区，查看图像效果，如下图所示。

30 创建矩形选区 选择矩形选框工具，在图像上创建一个矩形选区。单击“创建新图层”按钮，新建“图层 10”，如下图所示。

31 填充选区 设置前景色为白色，按【Alt+Delete】组合键填充选区，再按【Ctrl+D】组合键取消选区，如下图所示。

32 设置描边 单击“添加图层样式”按钮，选中“描边”选项，在弹出的对话框中设置各项参数，如下图所示。

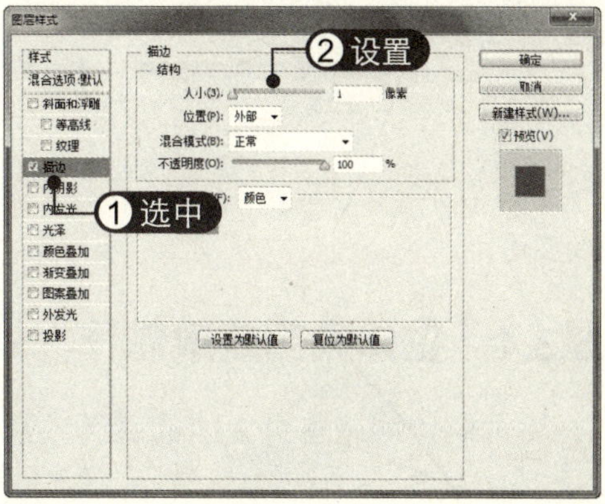

33 设置投影 选中“投影”选项，设置各项参数，单击“确定”按钮，如下图所示。

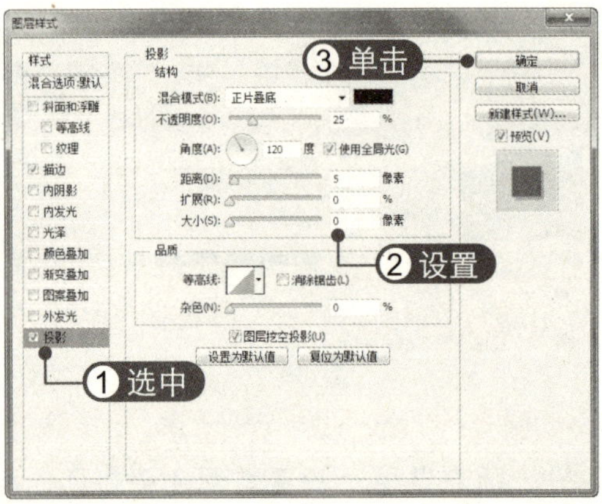

34 查看设置效果 查看为图像添加“描边”和“投影”图层样式后的效果，如下图所示。

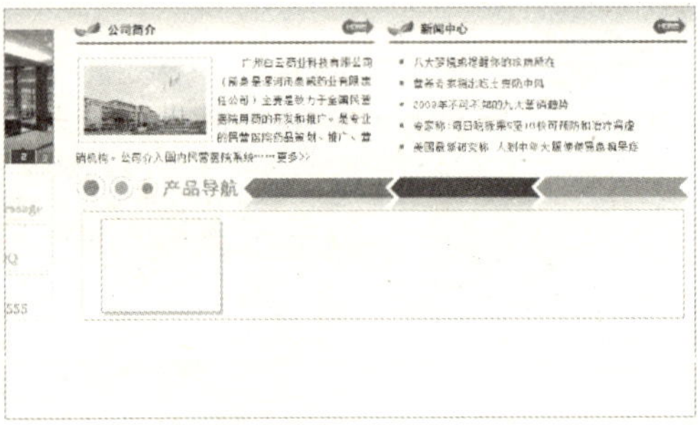

35 复制图像 按【Ctrl+J】组合键复制三次图像，并将它们分别移到合适的位置，如下图所示。

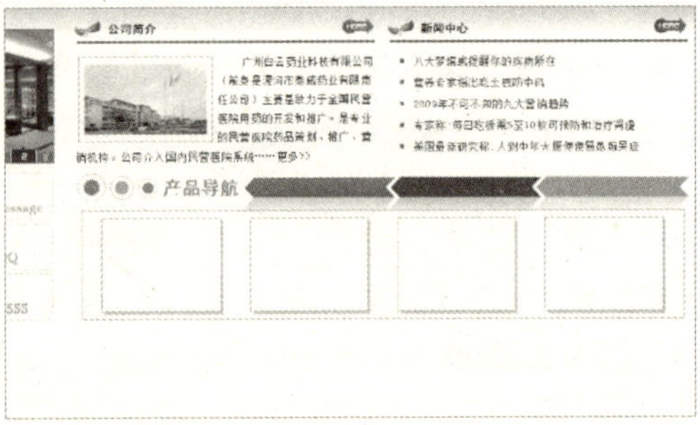

36 拖入其他素材 在“素材.psd”窗口中选择“图层6”，将它们拖到网页窗口中，如下图所示。

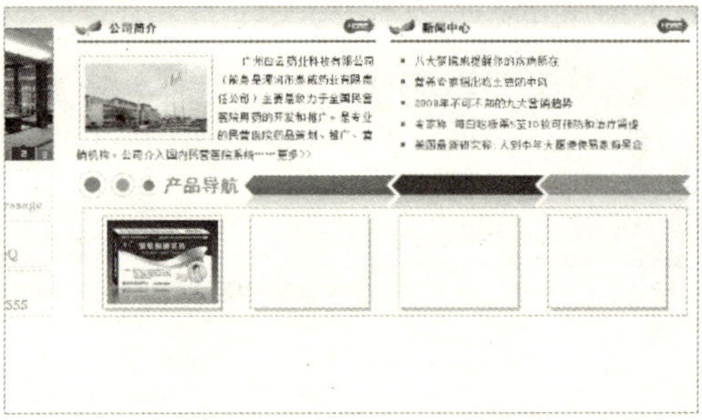

37 拖入其他素材 采用同样的方法继续拖入其他产品素材，并将它们移到合适的位置，效果如下图所示。

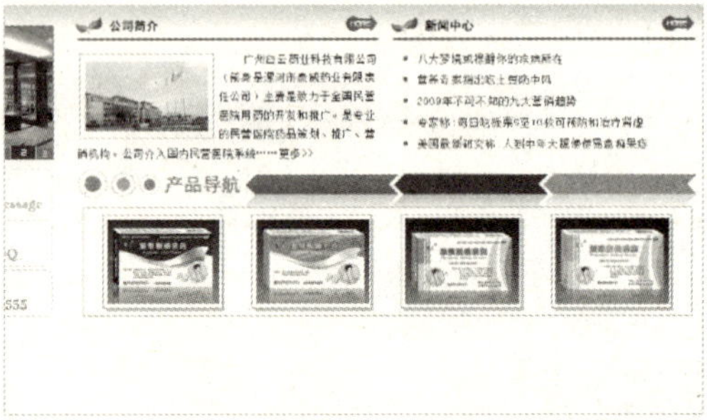

38 查看效果 此时网页主体右侧部分制作完成，效果如下图所示。

16.3.4 主体底部效果制作

下面制作网站首页主体的底部，具体操作方法如下：

01 绘制矩形选区 单击“创建新图层”按钮，新建“图层 15”。选择矩形选框工具，在图像上绘制一个矩形选区，如下图所示。

02 填充背景色 按【Ctrl+Delete】组合键填充背景色，按【Ctrl+D】组合键取消选区，如下图所示。

03 设置渐变叠加 单击“添加图层样式”按钮，选中“渐变叠加”选项，在弹出的对话框中设置各项参数，单击“确定”按钮，如下图所示。

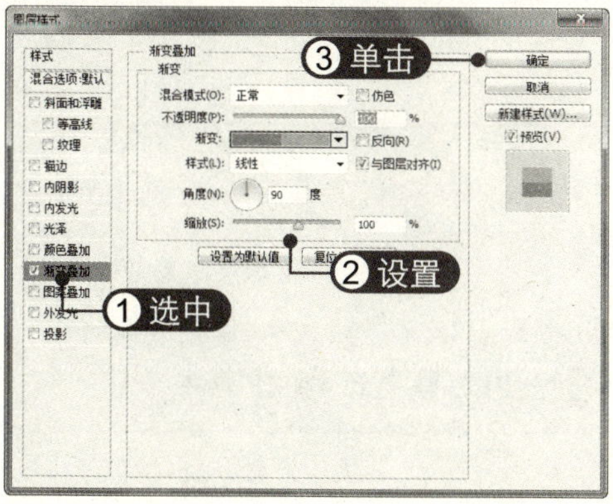

04 查看设置效果 此时即可查看为图像添加“渐变叠加”图层样式后的效果，如下图所示。

05 输入文字 选择横排文字工具，输入文字，然后设置文字属性，如下图所示。

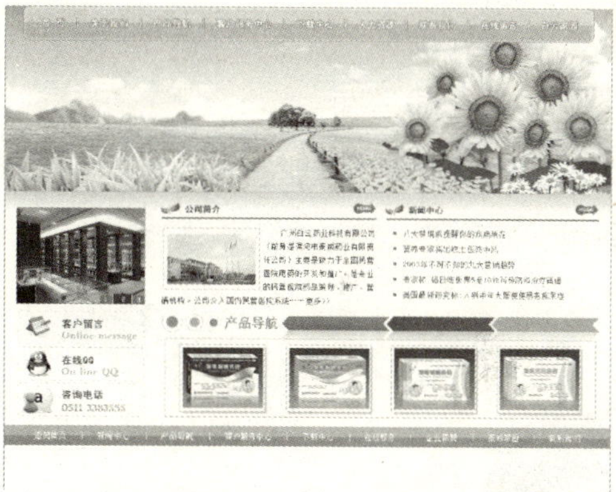

06 继续输入文字 继续在页面底部输入文字，设置文字的属性，即可得到网页首页的最终效果，如下图所示。

16.3.5 将网页效果进行切片

下面在 Photoshop CC 中对制作的首页效果图进行切片，具体操作方法如下：

01 新建文件夹 新建一个文件夹，并重命名为“企业网站首页”，如下图所示。

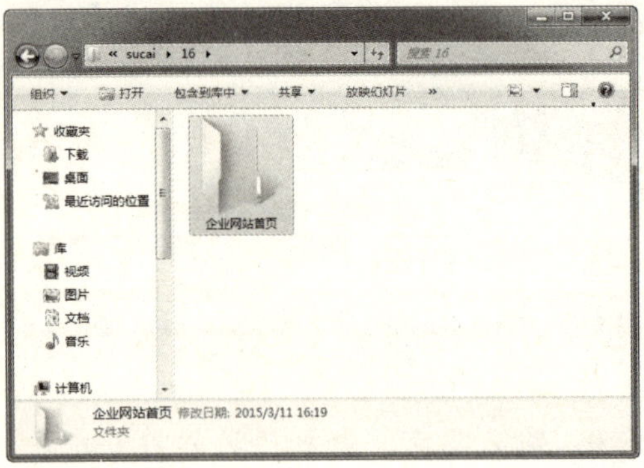

02 图像切片 选择切片工具，在图像上按住鼠标左键并拖动，拖至合适的切片大小后松开鼠标，如下图所示。

03 设置存储选项 单击“文件”|“存储为 Web 和设备所用格式”命令，在弹出的对话框中进行设置，单击“存储”按钮，如下图所示。

04 保存文件 在弹出的“将优化结果存储为”对话框中将文件命名为 image.jpg，单击“保存”按钮，如下图所示。

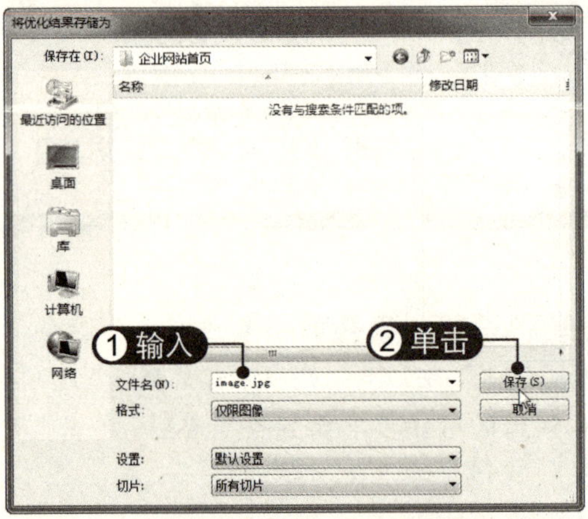

知识加油站

网站效果图设计主要是在Photoshop中进行的，从规划、布局到效果设计，并把效果图设计完成后进行切割、输出为网页格式。在“存储为Web和设备所用格式”对话框中要注意存储的图片格式，如选择JPEG格式还是GIF格式等。

16.3.6 首页顶部部分制作

下面将介绍如何在 Dreamweaver CC 中制作页面顶部部分，具体操作方法如下：

01 新建文件 单击文件”|“新建”命令，弹出“新建文档”对话框，选择页面类型，然后单击“创建”按钮，如下图所示。

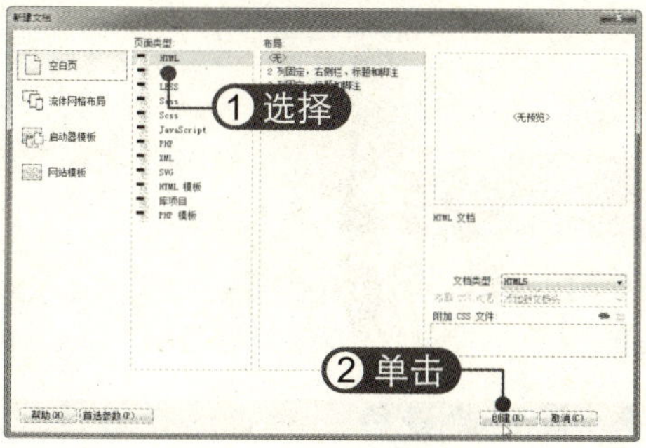

02 保存文件 单击“文件”|“保存”命令，弹出“另存为”对话框，设置文件名和保存位置，单击“保存”按钮，如下图所示。

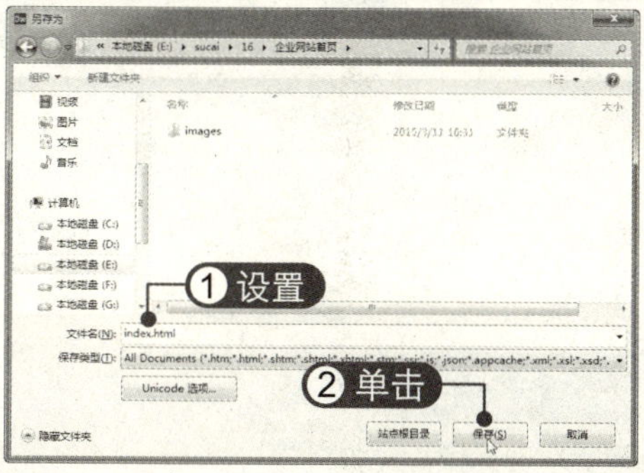

03 重命名文件 打开文件夹，右击空白处，在弹出的快捷菜单中选择“新建”|“文件夹”命令，并将其命名为 CSS，如下图所示。

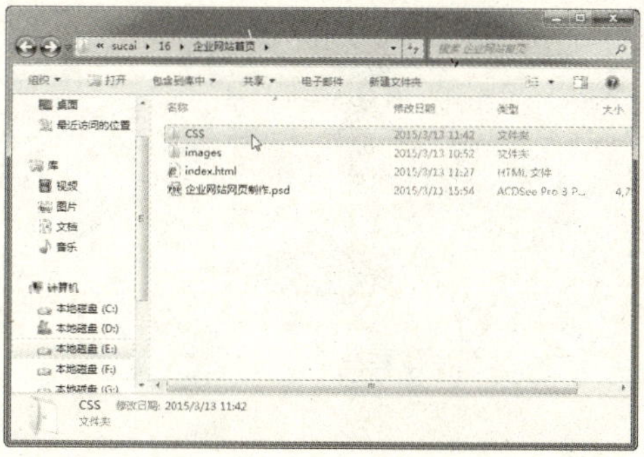

04 单击“CSS 设计器”命令 在 Dreamweaver 的 index.html 窗口中单击“窗口”|“CSS 设计器”命令，如下图所示。

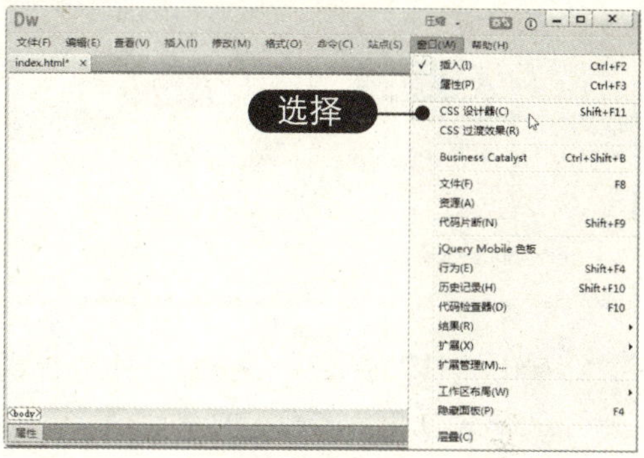

05 选择“创建新的 CSS 文件”命令 在弹出的“CSS 设计器”面板中单击 ＋ 按钮，在弹出的下拉菜单中选择“创建新的 CSS 文件”命令，如下图所示。

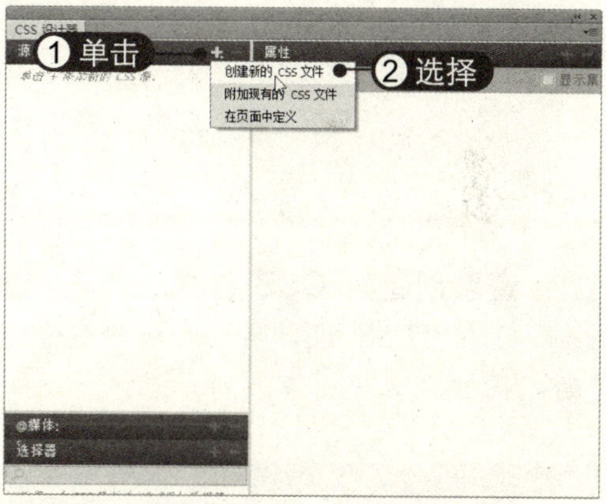

06 单击“浏览”按钮 弹出“创建新的 CSS 文件”对话框，单击“浏览”按钮，如下图所示。

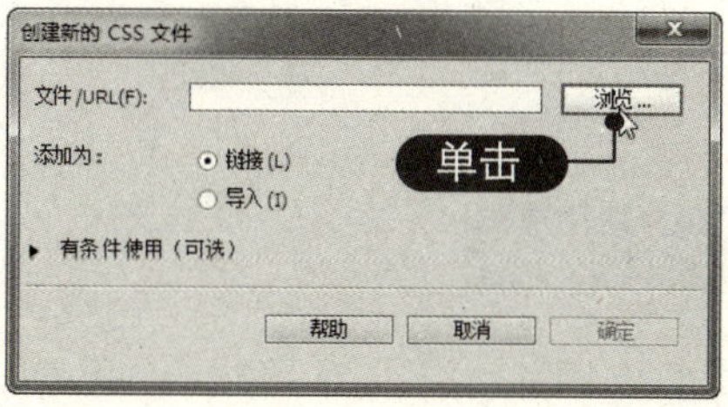

07 保存样式表 弹出“将样式表文件另存为”对话框，选择保存路径，设置文件名和保存类型，然后单击“保存”按钮，如下图所示。

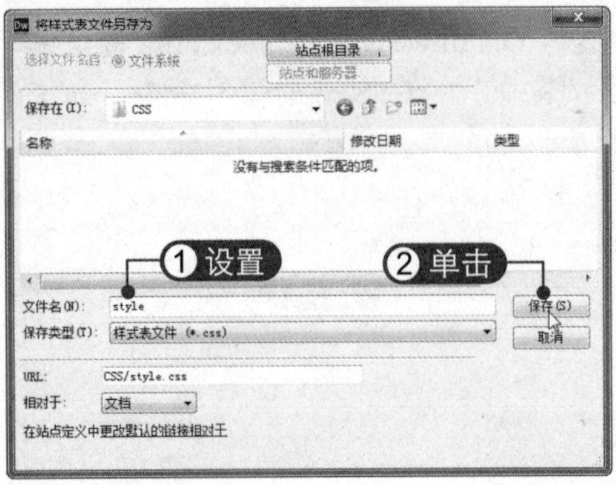

08 确认创建操作 返回“创建新的CSS文件”对话框，单击“确定”按钮，如下图所示。

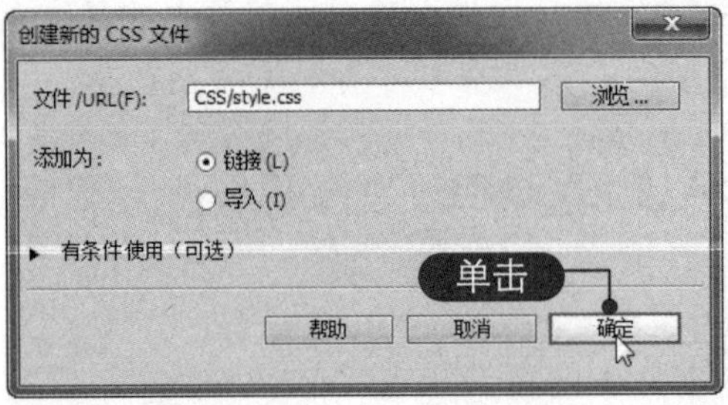

09 查看创建的 CSS 样式表 此时即可在“CSS 设计器”面板中查看创建的CSS样式表，如下图所示。

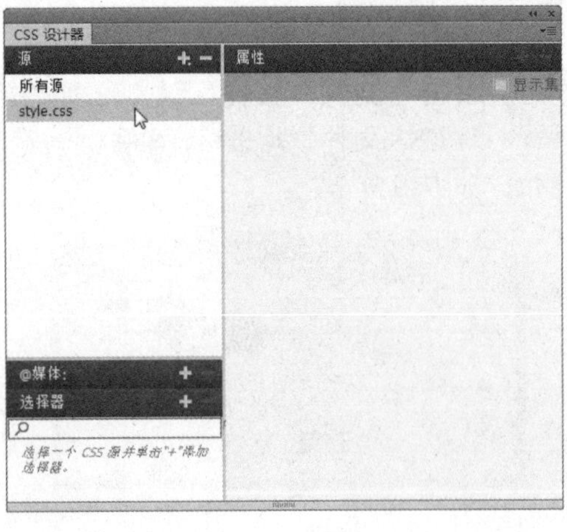

10 添加选择器 选中“style.css”样式，然后单击下面选择器中的“添加选择器”按钮，即可添加选择器，如下图所示。

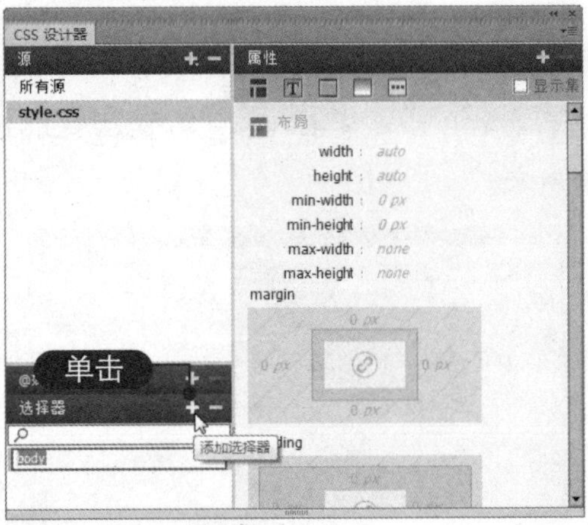

11 设定背景色 双击选择器修改名称，然后在右侧的“属性”面板中单击“背景”按钮，设置背景色为#CCCCCC，如下图所示。

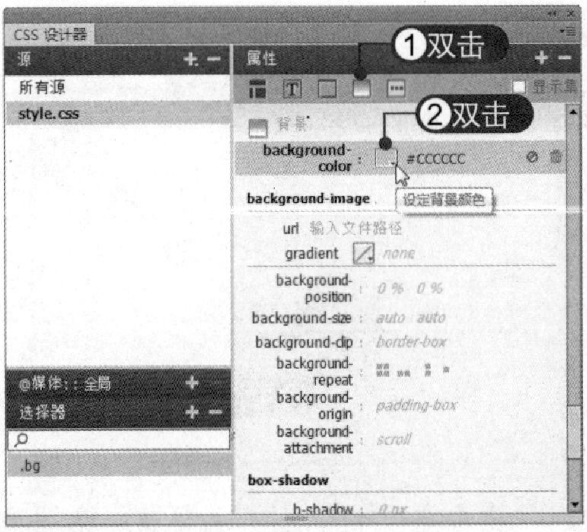

12 单击“表格”按钮 此时页面背景色变为灰色。单击“插入”面板“常用”类别中的“表格”按钮，如下图所示。

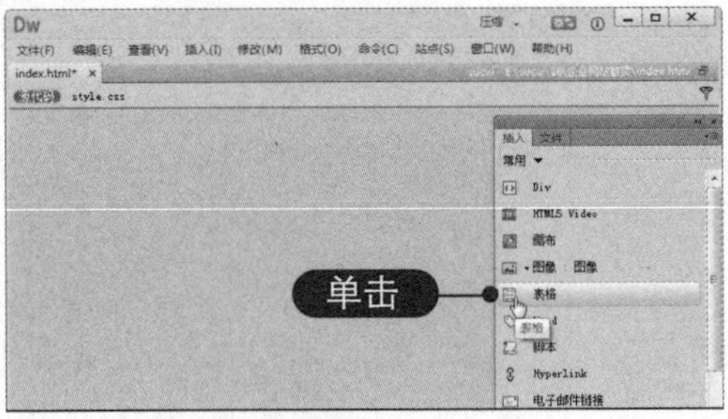

13 设置表格参数 弹出“表格”对话框，设置相关参数，然后单击“确定”按钮，如下图所示。

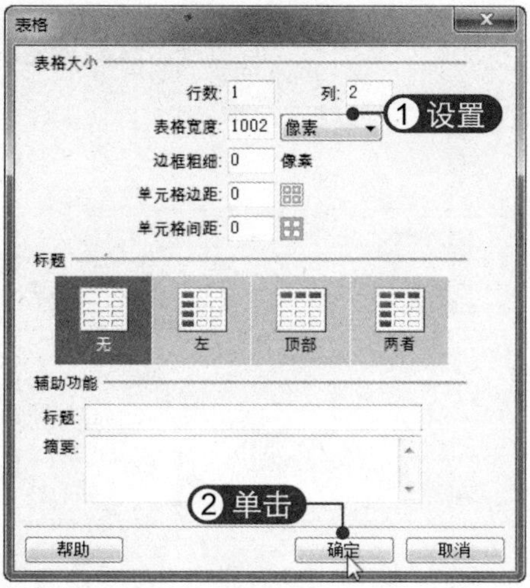

14 设置表格对齐方式 选中表格，在“属性”面板中设置表格的对齐方式为“居中对齐”，如下图所示。

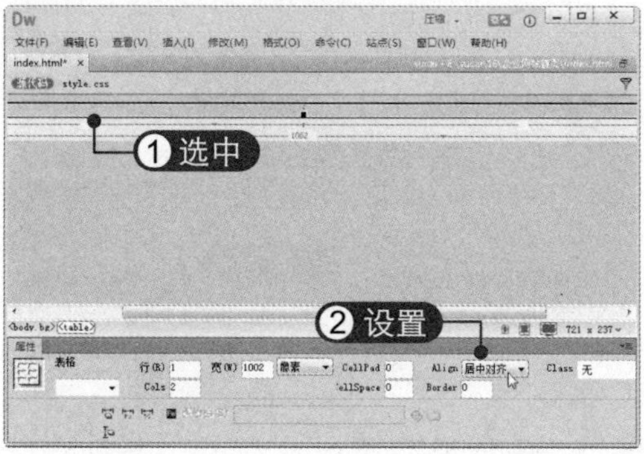

15 设置单元格对齐方式 选中表格的全部单元格，在“属性”面板中设置水平方式为“左对齐”，垂直方式为“顶端”，如下图所示。

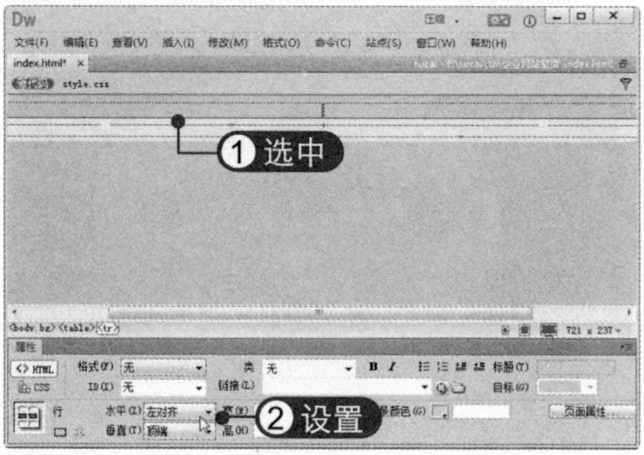

16 设置单元格宽度 选择第 1 列单元格，在“属性”面板中设置宽度为 515px，如下图所示。

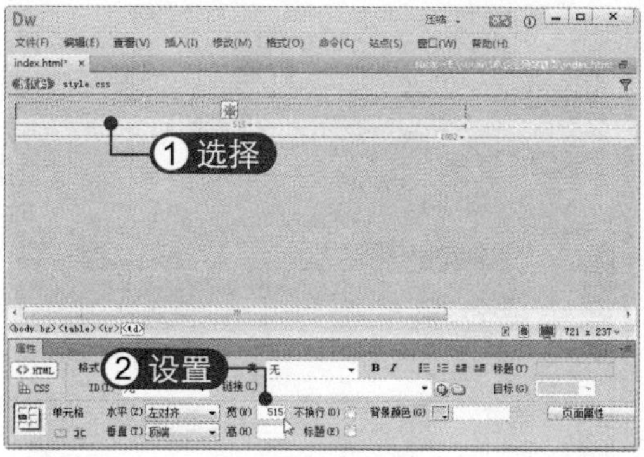

17 设置单元格宽度 选择第 2 列单元格，在“属性”面板中设置宽度为 487px，如下图所示。

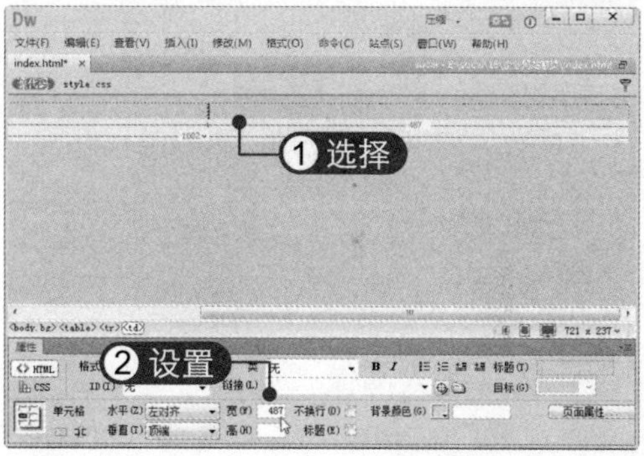

18 单击“插入”|“图像”命令 将光标置于第 1 列单元格中，单击“插入”|“图像”命令，如下图所示。

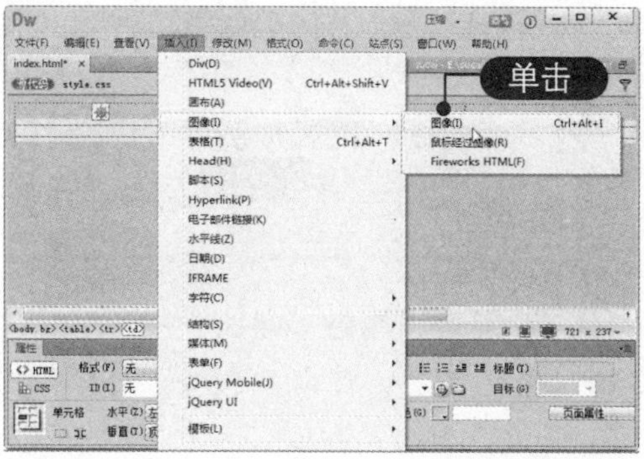

19 **选择插入图像** 弹出“选择图像源文件”对话框，选择要插入的图像，然后单击“确定”按钮，如下图所示。

20 **单击“图像”按钮** 将光标定位于第 2 列单元格，在“插入”面板的“常用”类别中单击“图像”按钮，如下图所示。

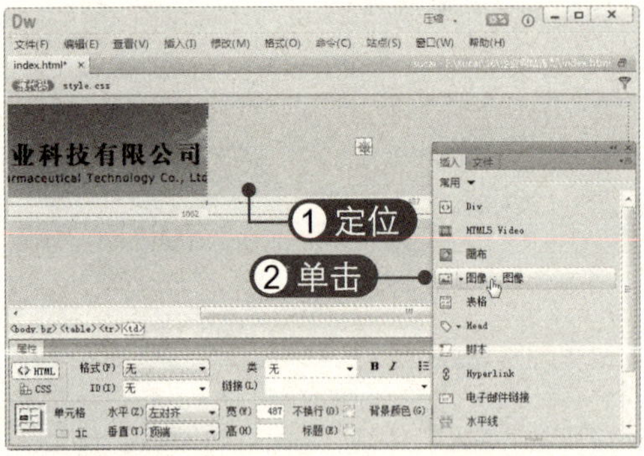

21 **选择插入图像** 弹出“选择图像源文件”对话框，选择要插入的图像，然后单击“确定”按钮，如下图所示。

22 **设置表格属性** 单击“插入”|“表格”命令，弹出“表格”对话框，设置相关属性，然后单击“确定”按钮，如下图所示。

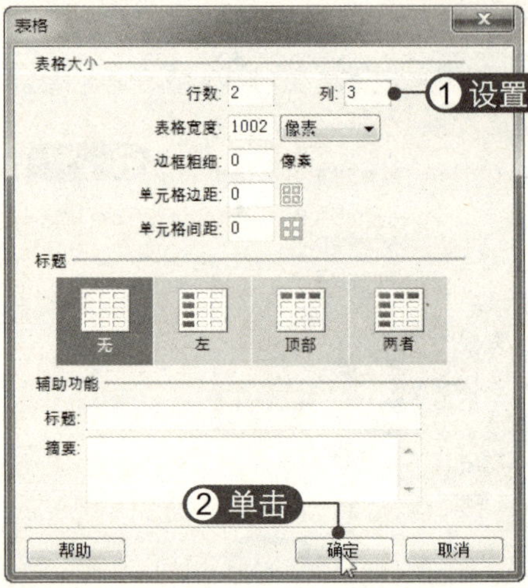

23 **设置表格对齐方式** 在“属性”面板中设置表格的对齐方式为“居中对齐”，如下图所示。

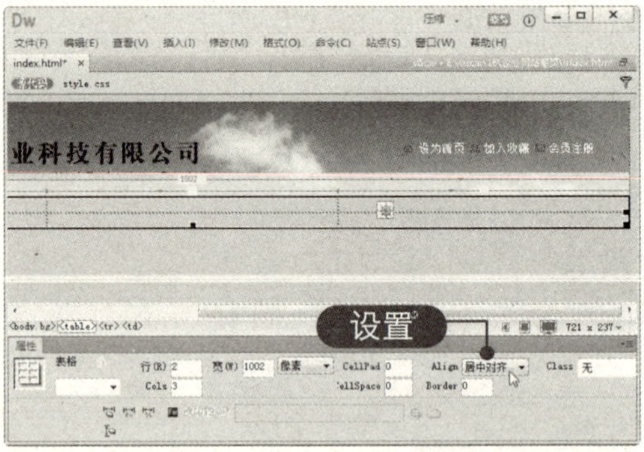

24 **设置单元格对齐方式** 选中单元格，在“属性”面板中设置水平对齐方式为“左对齐”，垂直对齐方式为“顶端”，如下图所示。

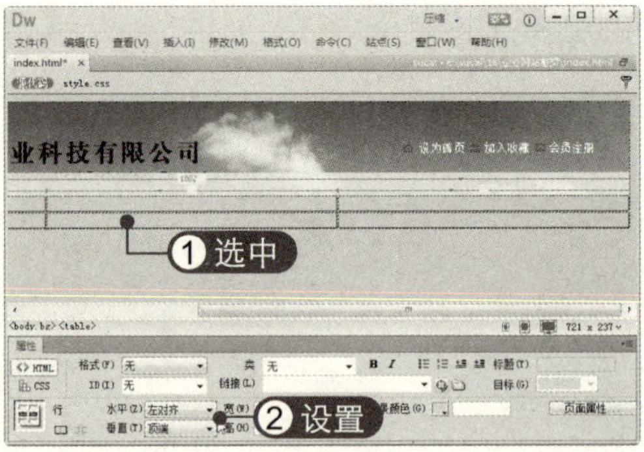

25 单击“合并所选单元格”按钮 选中第1行单元格，在“属性”面板中单击“合并所选单元格”按钮，如下图所示。

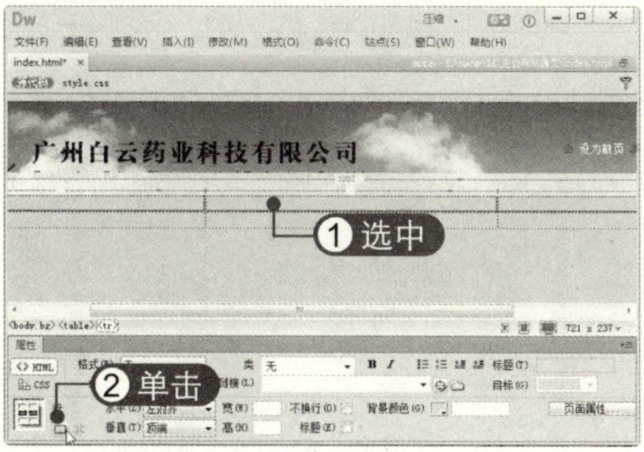

26 插入图像 参照步骤18~19插入图像，效果如下图所示。

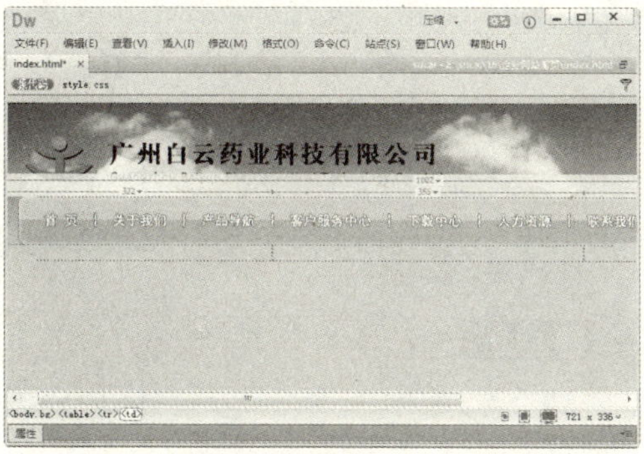

27 调整单元格宽度 从左到右分别将第2行单元格的宽度调整为322px、355px、325px，如下图所示。

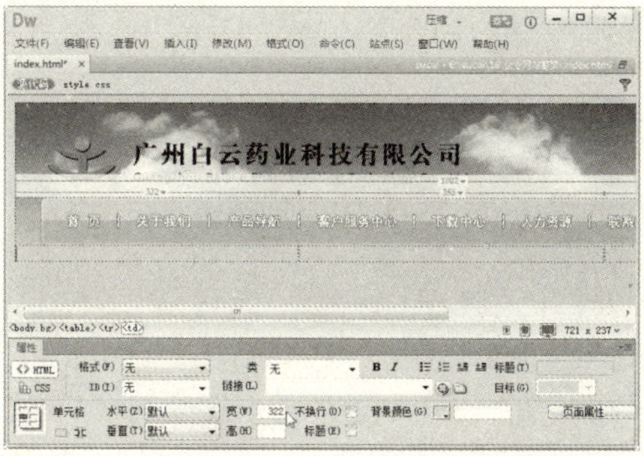

28 插入图像 采用同样的方法在第2行单元格的各列中分别插入图像，效果如下图所示。

16.3.7 首页左侧部分制作

下面将介绍如何在Dreamweaver CC中制作页面左侧部分，具体操作方法如下：

01 插入表格 单击“插入”|“表格”命令，弹出“表格”对话框，设置相关属性，单击“确定”按钮，如下图所示。

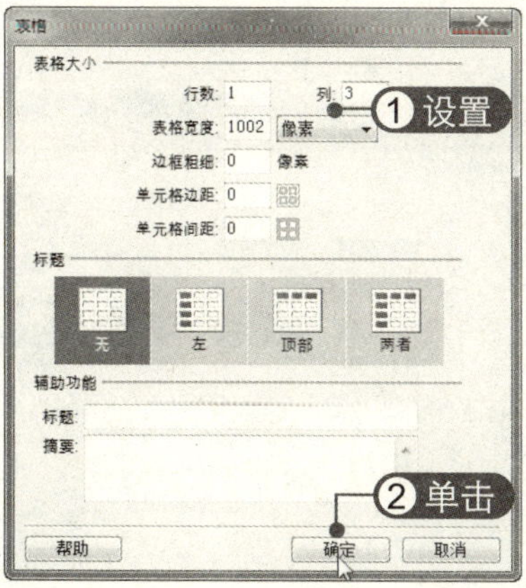

02 设置表格对齐方式 在“属性”面板中设置表格的对齐方式为“居中对齐”，如下图所示。

03 设置单元格属性　选择第 1 列单元格，在“属性”面板中设置宽度为 253px，水平对齐方式为“左对齐”，垂直对齐方式为“顶端”，如下图所示。

04 设置单元格属性　选择第 2 列单元格，在“属性”面板中设置宽度为 368px，水平对齐方式为“居中对齐”，垂直对齐方式为“顶端”，如下图所示。

05 设置单元格属性　选择第 3 列单元格，在“属性”面板中设置宽度为 381px，水平对齐方式为“左对齐”，垂直对齐方式为“顶端”，如下图所示。

06 插入表格　将光标移到第一列单元格中，单击“插入”|“表格”命令，弹出“表格”对话框，设置各项参数，然后单击“确定”按钮，如下图所示。

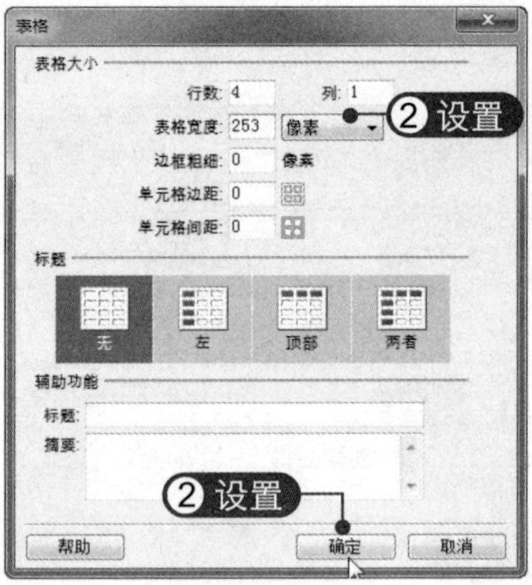

07 插入图像　将光标定位于第 1 列单元格中，单击“插入”|“图像”命令，如下图所示。

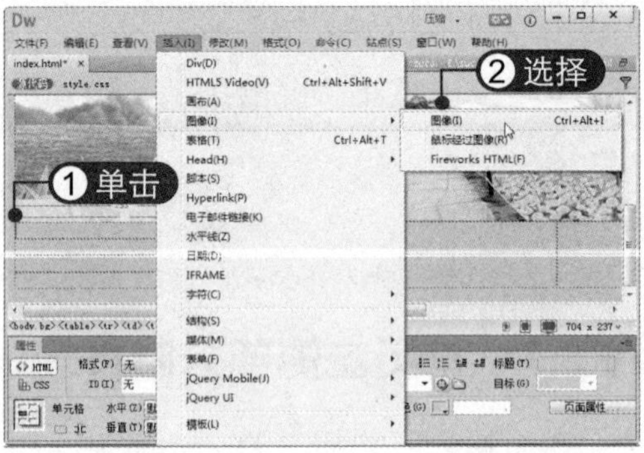

08 选择插入图像　弹出“选择图像源文件”对话框，选择要插入的图像，然后单击“确定”按钮，如下图所示。

09 查看图像效果 此时即可查看插入图像的效果，如下图所示。

10 插入图像 采用同样的方法在下面的单元格中插入图像，效果如下图所示。

16.3.8 首页主体部分制作

下面将介绍如何在 Dreamweaver CC 中制作页面主体部分，具体操作方法如下：

01 单击“合并所选单元格”按钮 选中第 2 列和第 3 列单元格，在“属性”面板中单击“合并所选单元格”按钮□，如下图所示。

02 单击“表格”命令 将光标置于合并的单元格中，单击“插入”|“表格”命令，如下图所示。

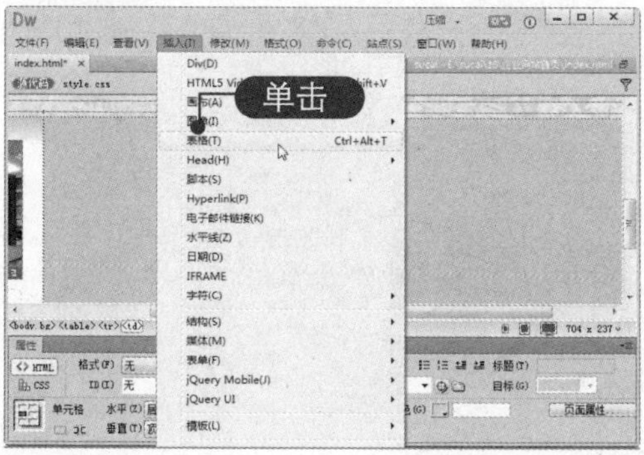

03 设置表格参数 弹出“表格”对话框，设置相关参数，然后单击“确定”按钮，如下图所示。

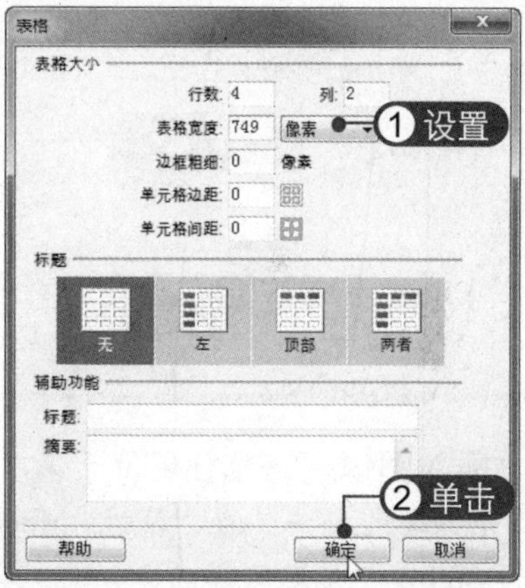

04 设置表格对齐方式 选中表格，在“属性”面板中设置表格的对齐方式为“居中对齐”，如下图所示。

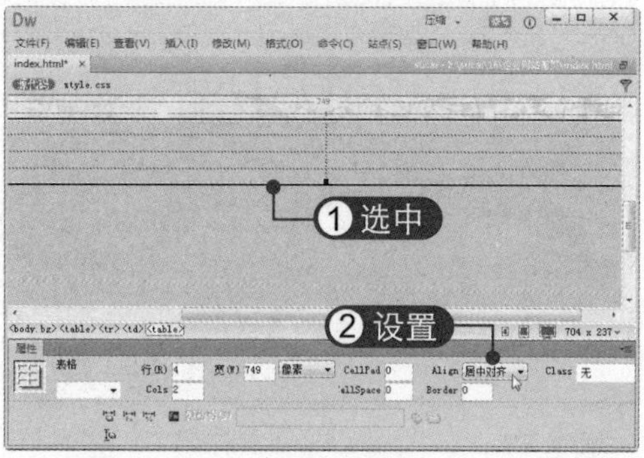

05 单击“图像”命令 将光标置于第1行第1列单元格中，单击“插入”|“图像”命令，如下图所示。

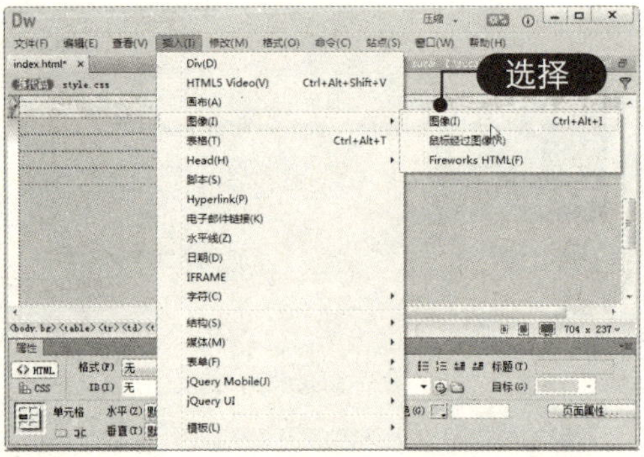

06 选择插入图像 弹出“选择图像源文件”对话框，选择要插入的图像，然后单击“确定”按钮，如下图所示。

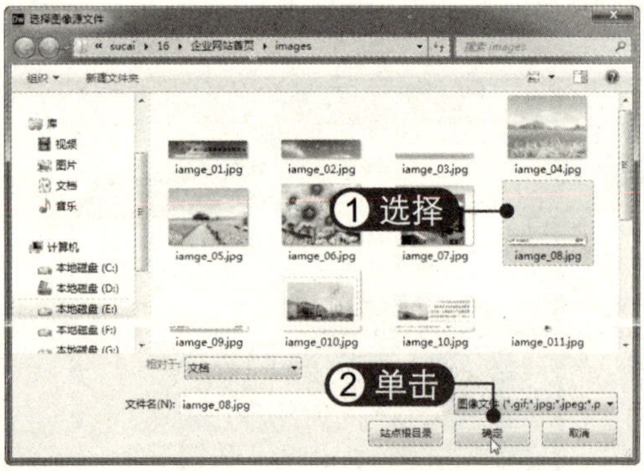

07 插入图像 将光标定位于第2行第1列单元格中，在“属性”面板中设置宽为368px。采用同样的方法插入图像，单击“确定”按钮，如下图所示。

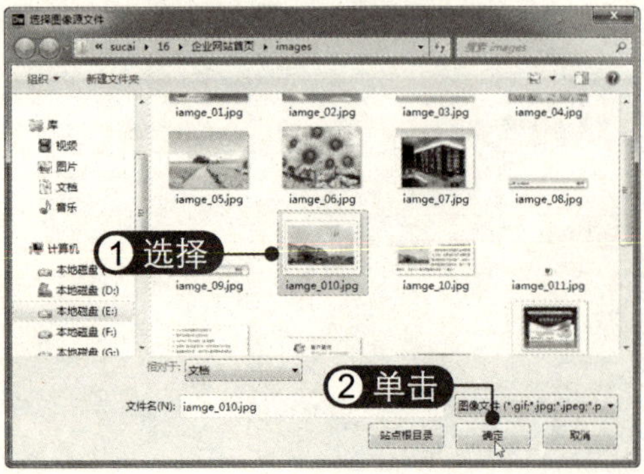

08 输入文字 在单元格中输入公司简介，如下图所示。

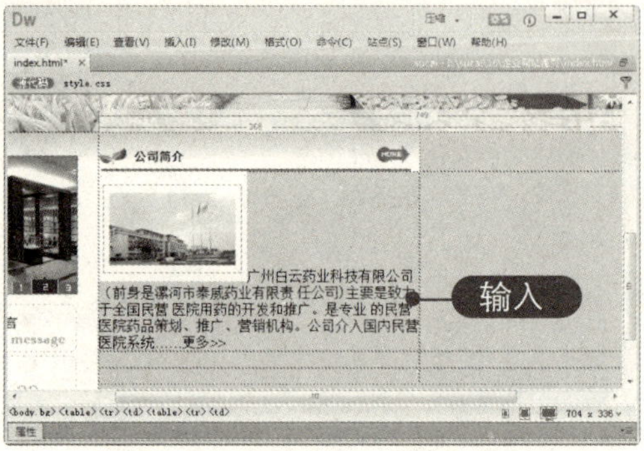

09 新建 CSS 样式 选中“style.css”样式，然后单击下面选择器中的“添加选择器”按钮，创建名为“.wz”的CSS样式，如下图所示。

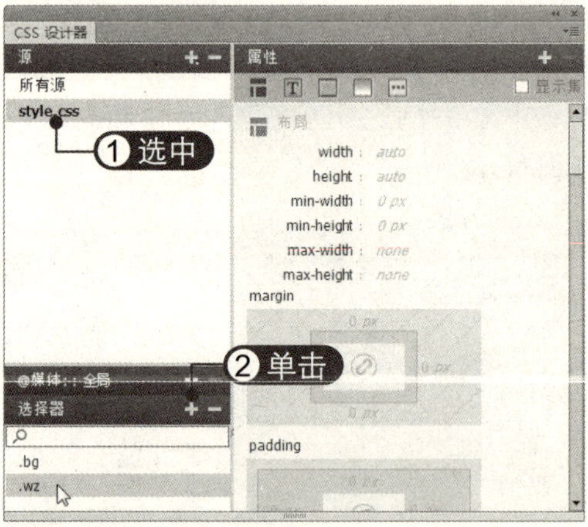

10 设置文本属性 单击“属性“面板中的文本按钮，设置相关属性，如下图所示。

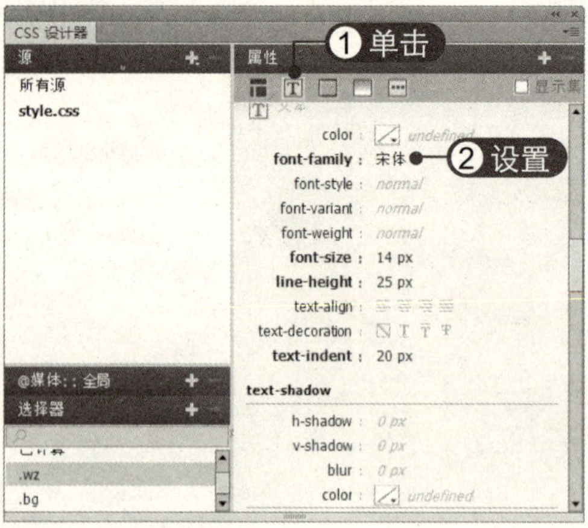

11 设置布局属性 单击“属性”面板中的布局按钮，设置相关属性，如下图所示。

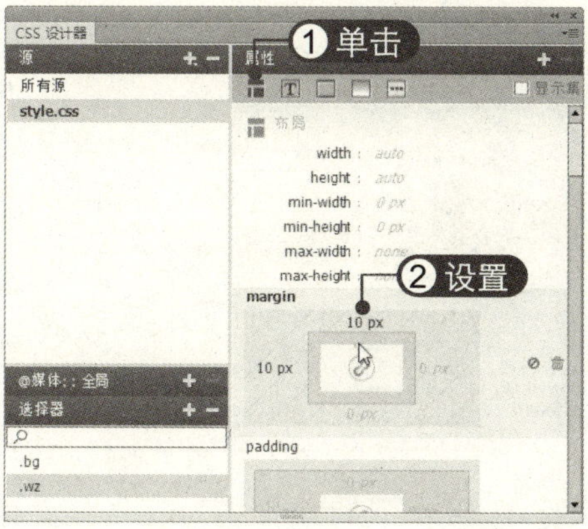

12 新建 CSS 样式 采用同样的方法，单击下面选择器中的“添加选择器”按钮，创建名为“bg01”的 CSS 样式，如下图所示。

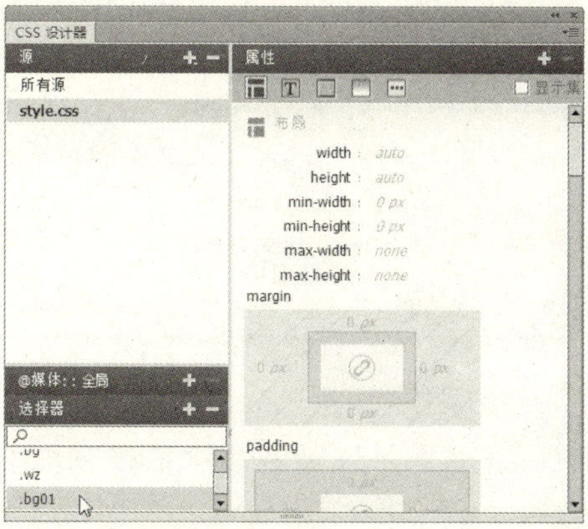

13 设置背景颜色 在右侧的“属性”面板中单击“背景”按钮，设置背景颜色为#FFFFFF，如下图所示。

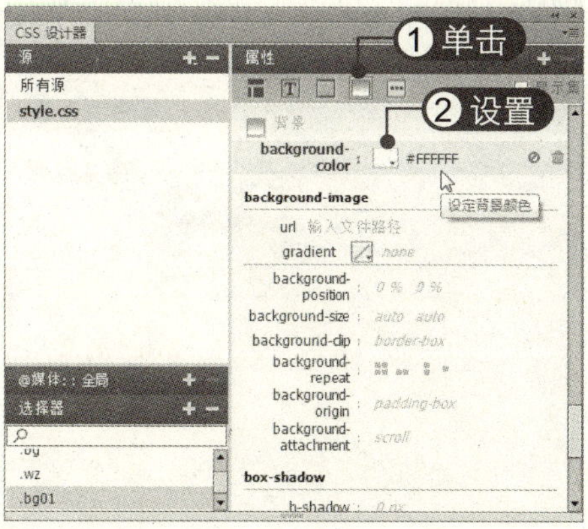

14 应用.bg01 CSS 样式 选中第 2 行第 1 列单元格并右击，在弹出的快捷菜单中选择“CSS 样式”| bg01 命令，如下图所示。

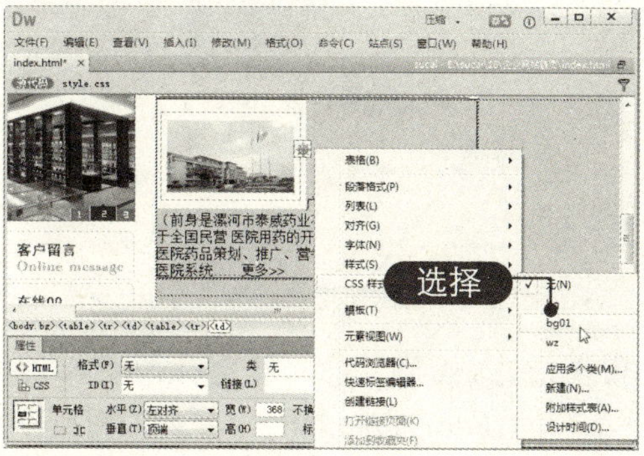

15 应用 wz CSS 样式 选中输入的文本，在“属性”面板的“类”下拉列表中选择 wz 选项，如下图所示。

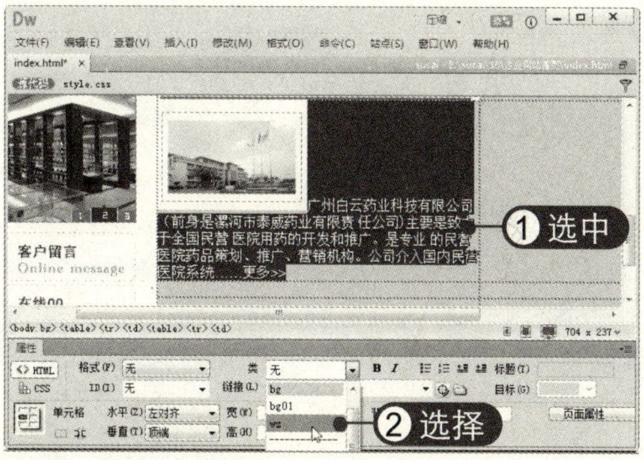

16 查看应用样式效果 此时即可查看应用 CSS 样式后的页面效果，如下图所示。

17 定位光标 选中图片 image_010.jpg，在代码视图中定位光标，如下图所示。

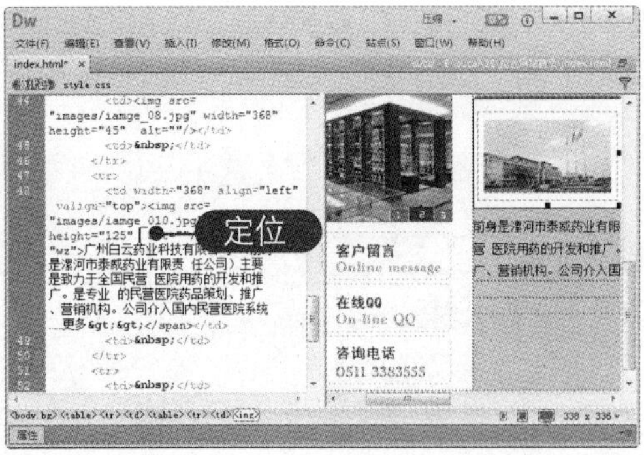

18 输入代码 在光标定位处输入代码“style="float:left"”，如下图所示。

19 查看页面效果 返回设计视图，查看页面效果，如下图所示。

20 单击“页面属性”按钮 在“属性”面板中单击“页面属性”按钮，如下图所示。

21 选择“下划线样式” 在弹出对话框的左侧选择“链接（CSS）”选项，在右侧“下划线样式”下拉列表中选择“始终无下划线”选项，单击“确定”按钮，如下图所示。

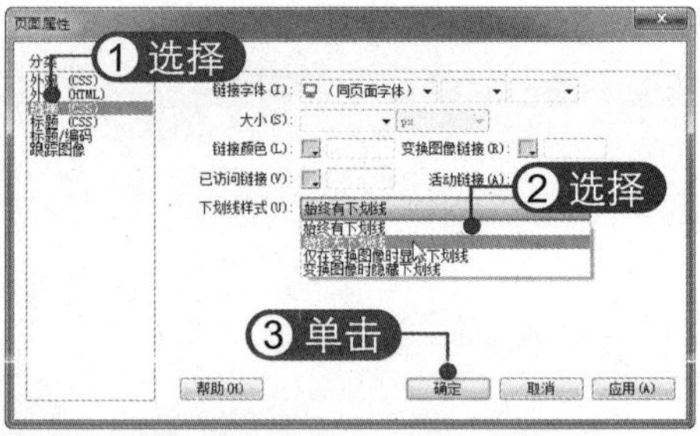

22 设置空链接 选中文字“更多”，在“属性”面板的“链接”文本框中输入“#”，如下图所示。

23 插入图像 将光标置于第 1 行第 2 列单元格中，参照前面介绍的方法插入图像，效果如下图所示。

24 选择 bg01 命令 选中第 2 行第 2 列单元格并右击，在弹出的快捷菜单中选择“CSS 样式”| bg01 命令，如下图所示。

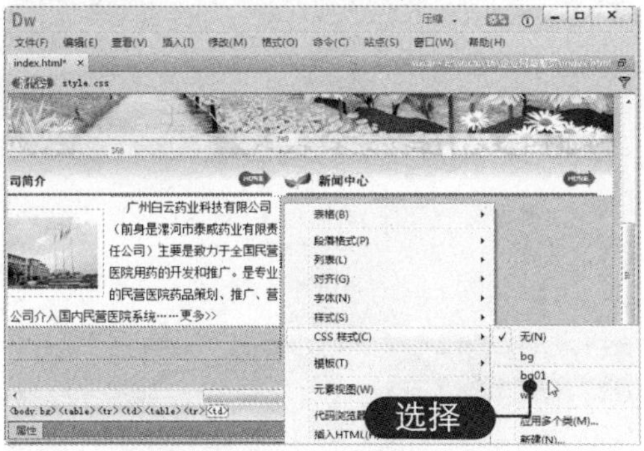

25 设置表格属性 单击“插入”|“表格”命令，弹出“表格”对话框，设置相关属性，然后单击“确定”按钮，如下图所示。

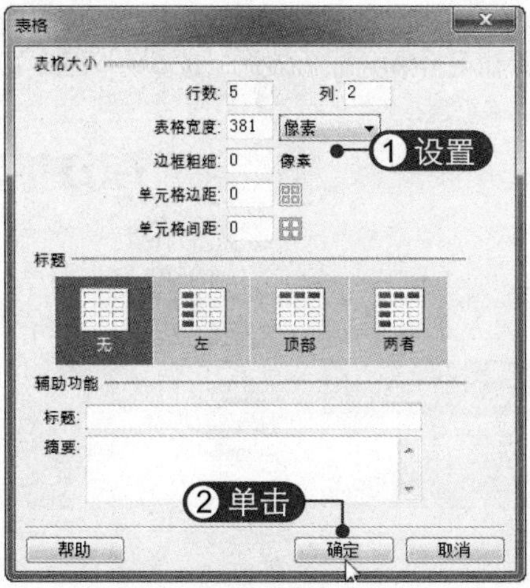

26 设置表格对齐方式 在“属性”面板中设置表格对齐方式为“居中对齐”，如下图所示。

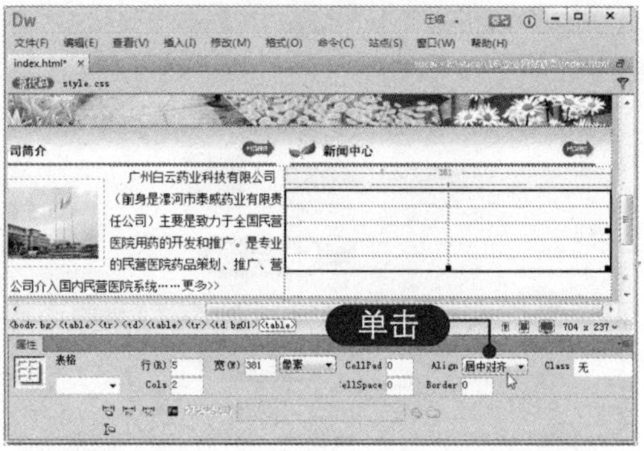

27 设置单元格 选中第 1 列单元格，设置水平对齐方式为“居中对齐”，垂直对齐方式为“居中”，设置宽度为 24px，如下图所示。

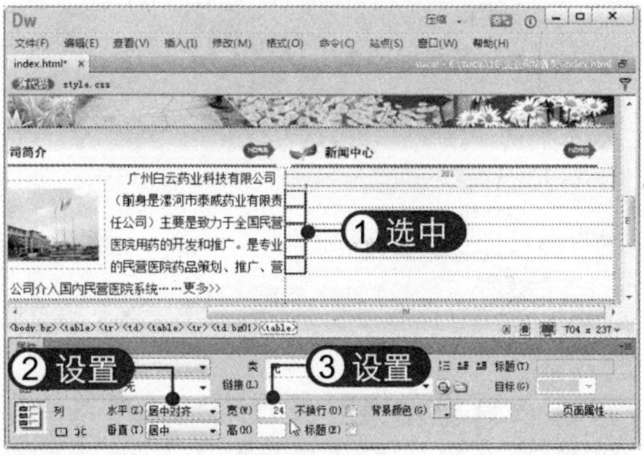

28 单击“图像”命令 将光标定位于第 1 行第 1 列单元格中，单击“插入”|“图像”命令，如下图所示。

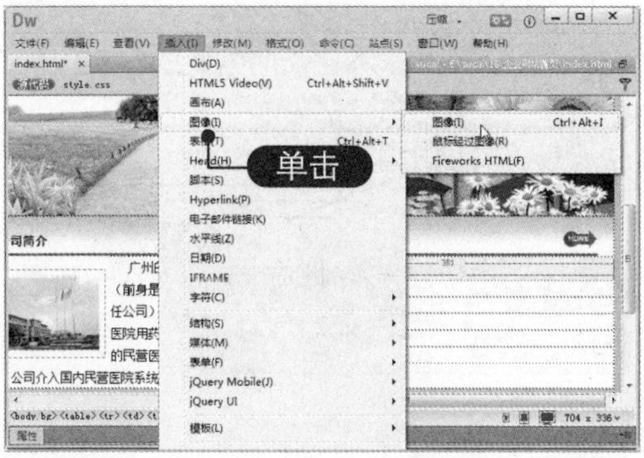

29 选择插入图像 弹出“选择图像源文件”对话框，选择要插入的图像，然后单击“确定”按钮，如下图所示。

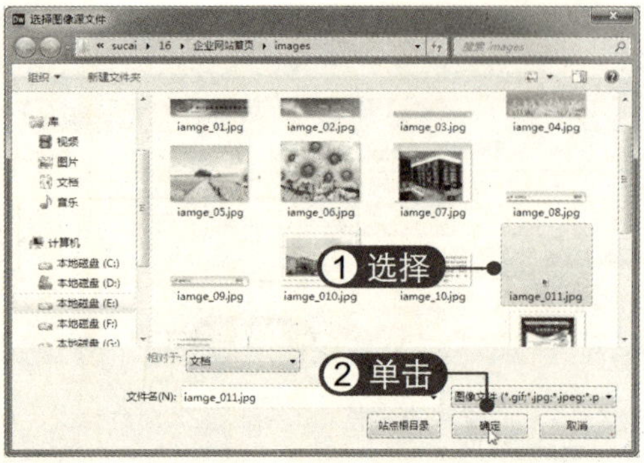

30 复制图像 选中插入的图像，按【Ctrl+C】组合键复制图像。将光标移到第1列的其他单元格中，按【Ctrl+V】组合键粘贴图像，效果如下图所示。

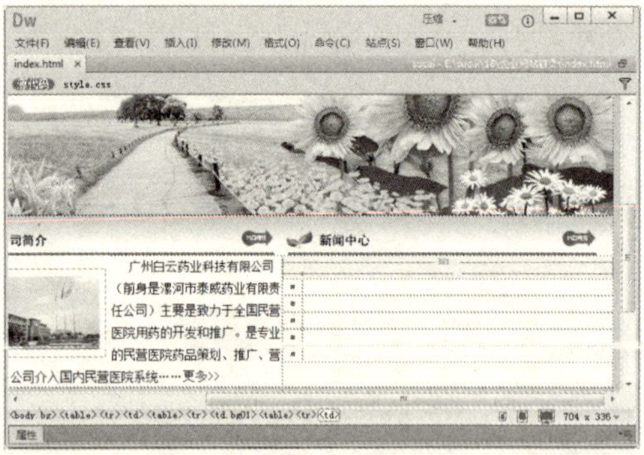

31 设置单元格对齐方式 选中第2列单元格，在“属性”面板中设置水平对齐方式为“左对齐”，垂直对齐方式为“顶端”，如下图所示。

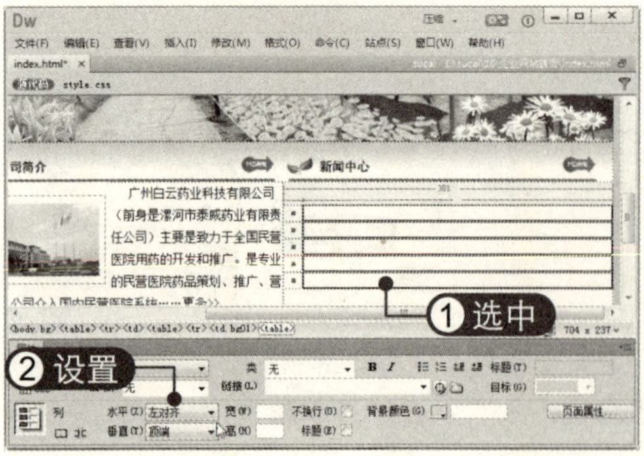

32 输入文本 在第二列单元格中依次输入文本，如下图所示。

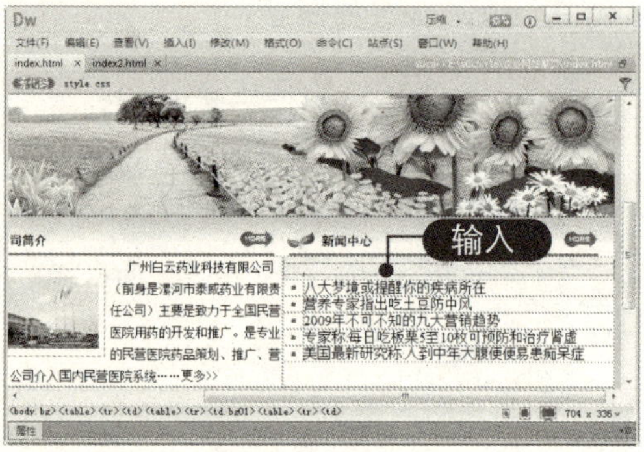

33 新建 CSS 样式 选中 style.css 样式，然后单击下面选择器中的“添加选择器”按钮，创建名为“.wz01”的 CSS 样式，如下图所示。

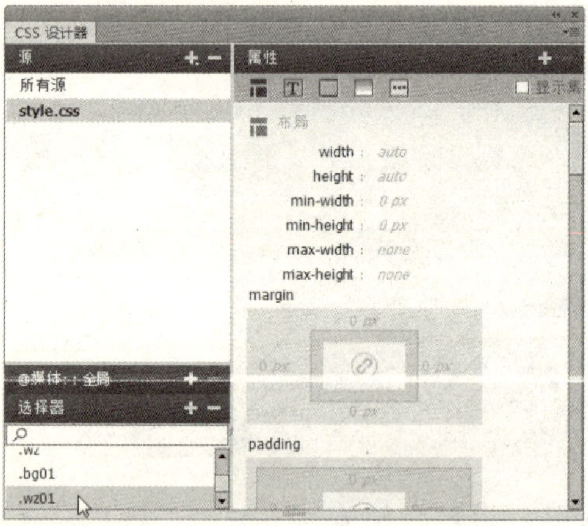

34 设置文本属性 单击“属性“面板中的文本按钮，设置相关属性，如下图所示。

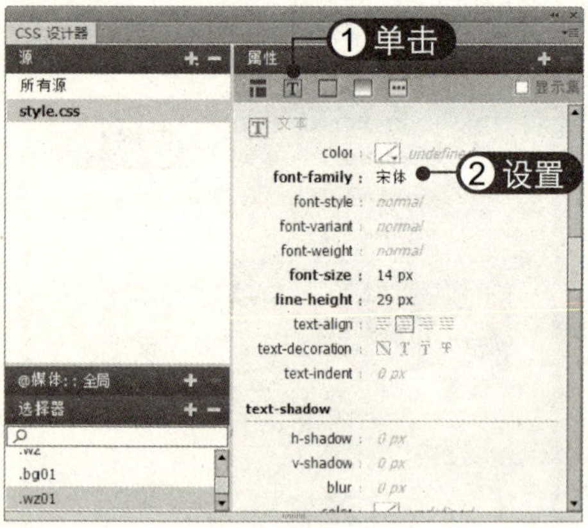

35 应用 CSS 样式规则 选中文本并右击，在弹出的快捷菜单中选择"CSS 样式"| wz01 命令，效果如下图所示。

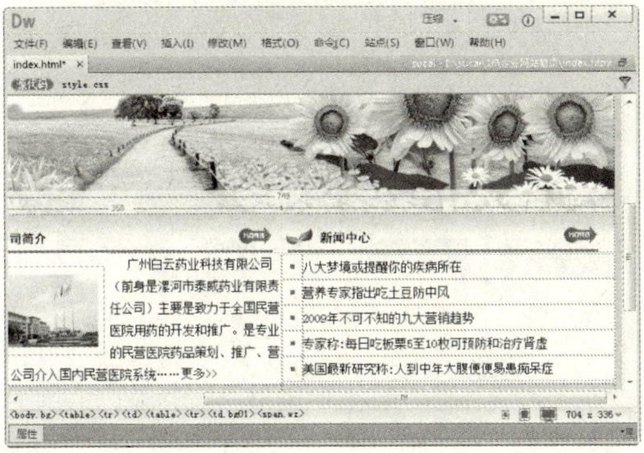

36 设置空链接 选中文本，在"属性"面板中的"链接"文本框中输入#。采用同样的方法，为其他行文本设置空链接，效果如下图所示。

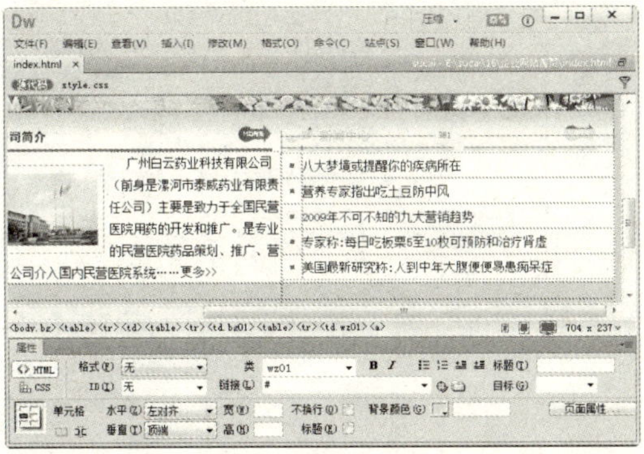

37 单击"合并所选单元格"按钮 选中表格的第 3 行和第 4 行单元格，在"属性"面板中单击"合并所选单元格"按钮▭，如下图所示。

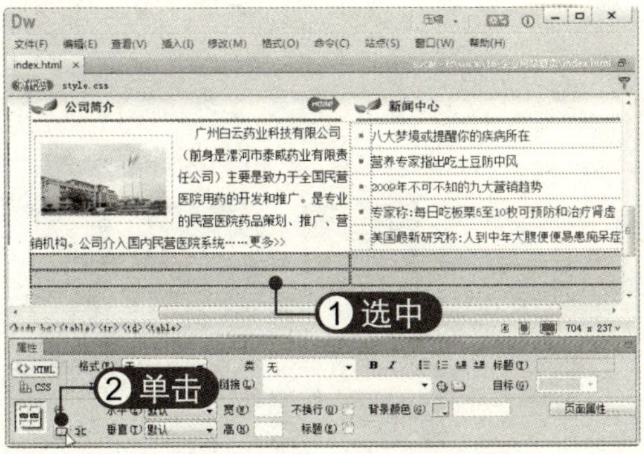

38 选择插入图像 单击"插入"|"图像"命令，弹出"选择图像源文件"对话框，选择要插入的图像，然后单击"确定"按钮，如下图所示。

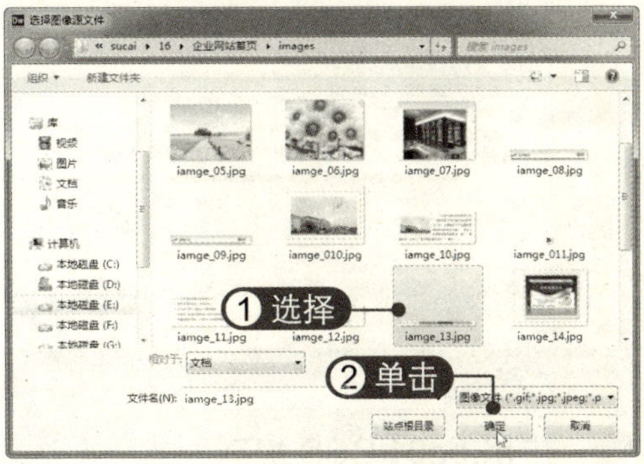

39 单击"表格"命令 将光标置于单元格右侧，单击"插入"|"表格"命令，如下图所示。

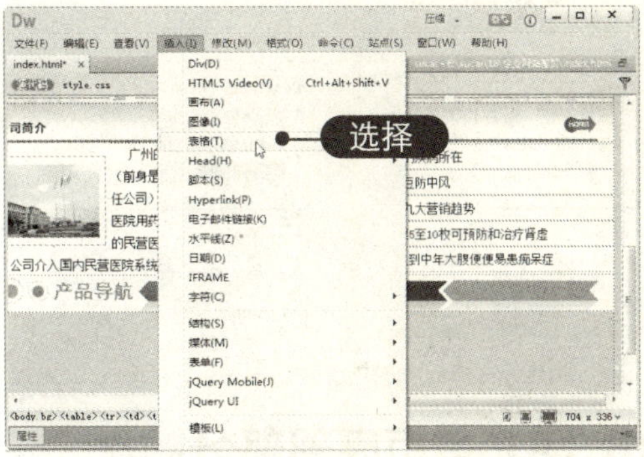

40 设置表格属性 弹出"表格"对话框，设置相关属性，然后单击"确定"按钮，如下图所示。

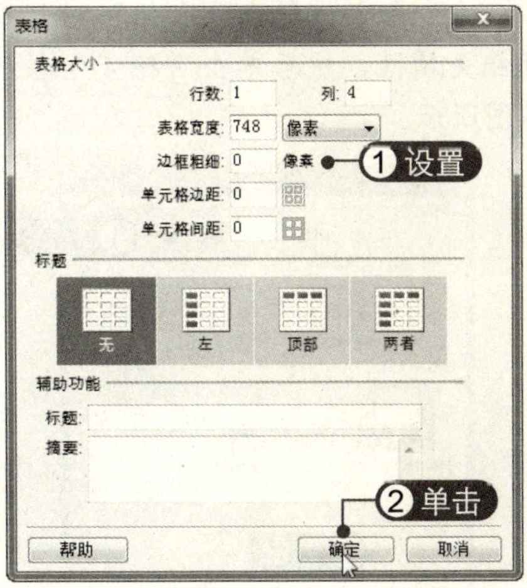

41 设置列宽 在“属性”面板中设置各列的宽度分别为 194px、174px、170px、211px，如下图所示。

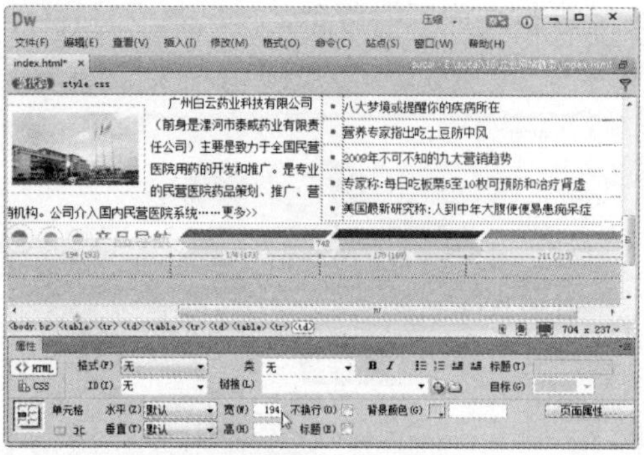

42 应用.bg01 CSS 规则 选中表格并右击，在弹出的快捷菜单中选择“CSS 样式”| bg01 命令，如下图所示。

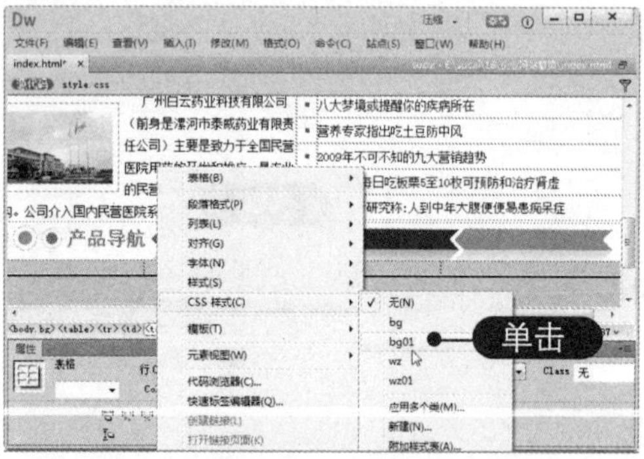

43 插入图像 在 4 列单元格中分别插入图像，效果如下图所示。

44 单击 bg01 命令 选中右侧的整个列，单击“格式”|“CSS 样式”| bg01 命令，如下图所示。

16.3.9 首页底部部分制作

下面将介绍如何在 Dreamweaver CC 中制作页面底部部分，具体操作方法如下：

01 设置表格属性 单击“插入”|“表格”命令，弹出“表格”对话框，设置相关属性，然后单击“确定”按钮，如下图所示。

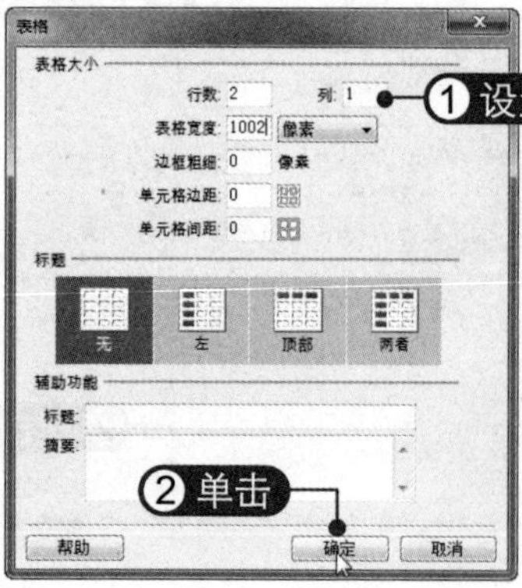

02 设置表格对齐方式 在“属性”面板中设置对齐方式为“居中对齐”，如下图所示。

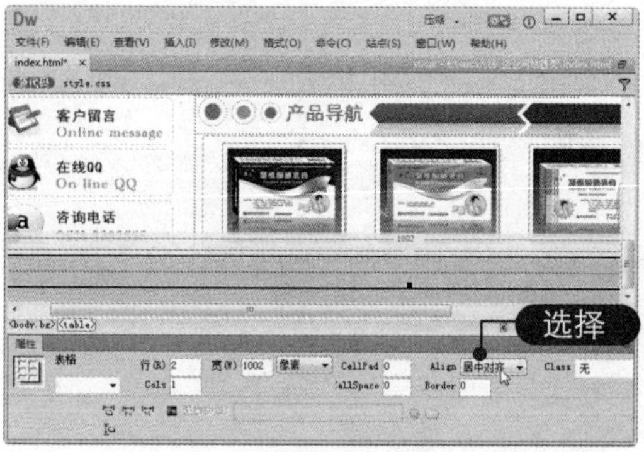

03 单击“图像”按钮 将光标定位于第1行单元格中，在“插入”面板的“常用”类别中单击“图像”按钮，如下图所示。

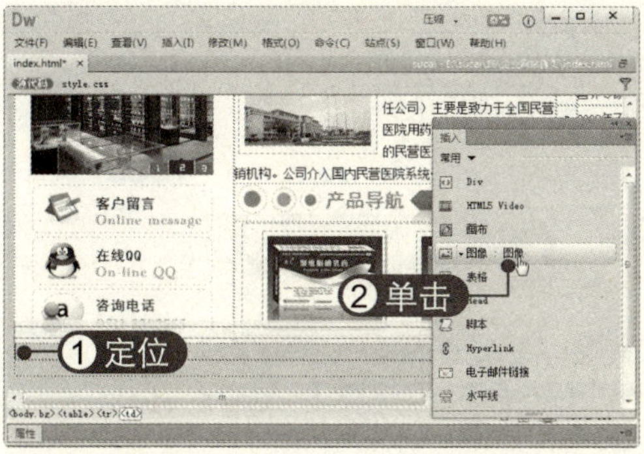

04 选择插入图像 弹出“选择图像源文件”对话框，选择要插入的图像，然后单击“确定”按钮，如下图所示。

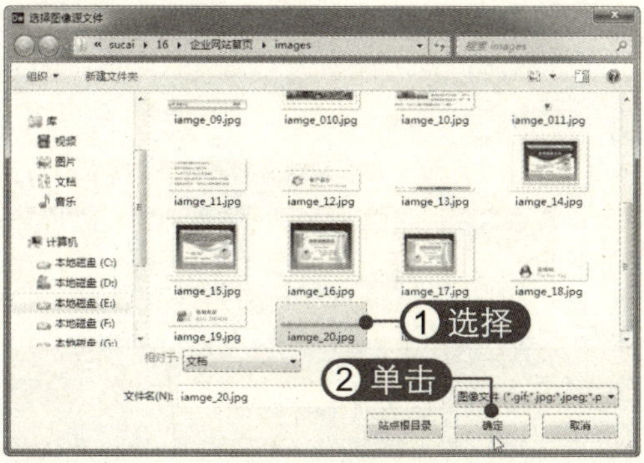

05 应用bg01 CSS规则样式 选中第2行单元格，在“属性”面板的“类”下拉列表中选择.bg01 CSS规则样式，如下图所示。

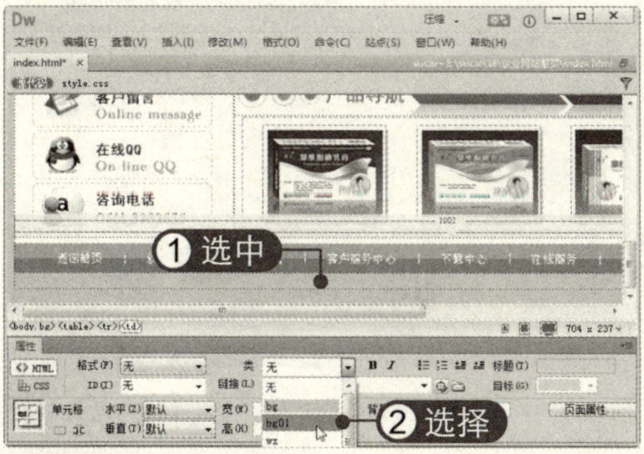

06 设置单元格对齐方式 在“属性”面板中设置单元格的水平对齐方式为“居中对齐”，垂直对齐方式为“居中”，如下图所示。

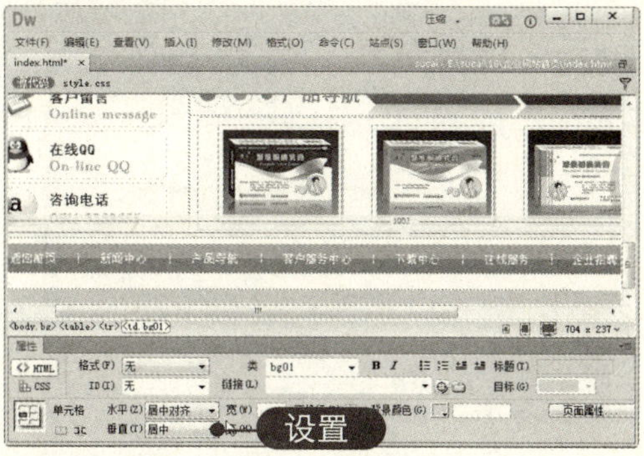

07 选择“版权”选项 在“插入”面板的“常用”类别中单击“字符”下拉按钮，在弹出的下拉列表中选择“版权”选项，如下图所示。

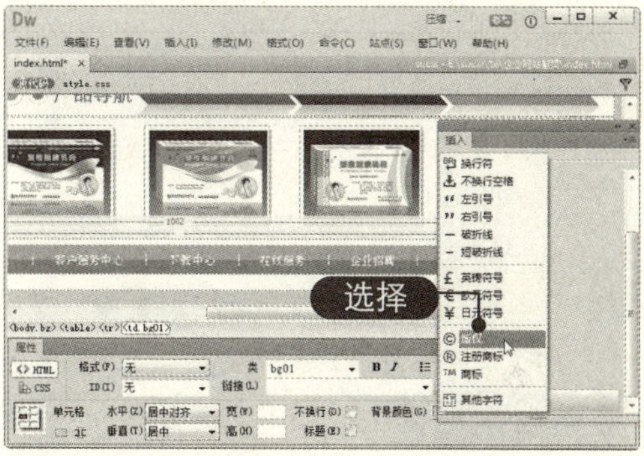

08 输入版权信息 在版权符号后面输入版权信息文本，如下图所示。

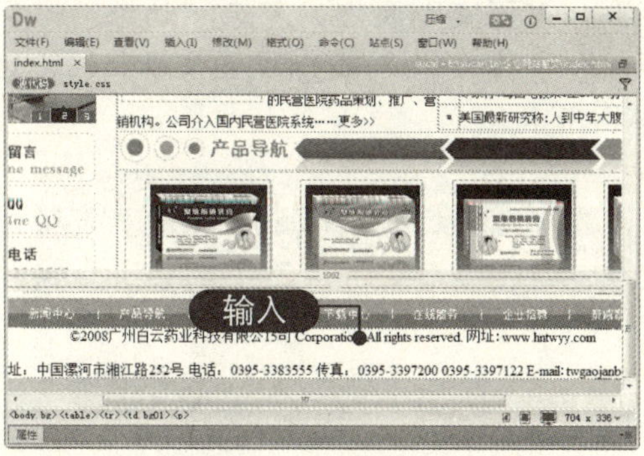

知识加油站

使用CSS样式时，也可选中对象后右击，在弹出的快捷菜单中选择“CSS样式”中的样式。

09 **新建 CSS 样式** 选中 style.css 样式，然后单击下面选择器中的“添加选择器”按钮，创建名为“.bottom”的 CSS 样式，如下图所示。

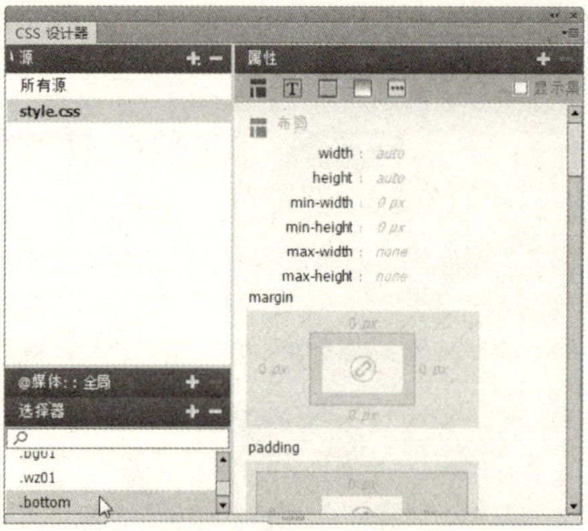

10 **设置布局属性** 单击“属性“面板中的布局按钮，设置布局属性，如下图所示。

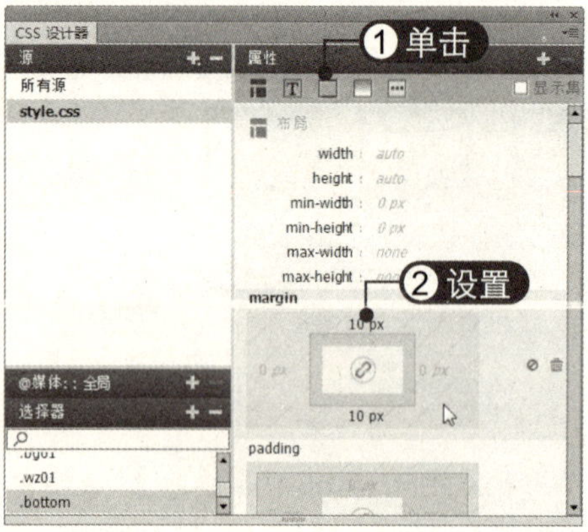

11 **设置文本属性** 单击“属性“面板中的文本按钮，设置文本属性，如下图所示。

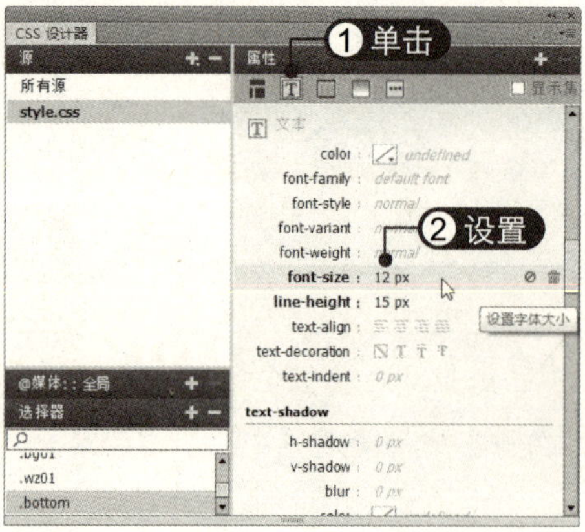

12 **应用 bottom CSS 样式** 选中文本，单击“格式”|“CSS 样式”| bottom 命令，如下图所示。

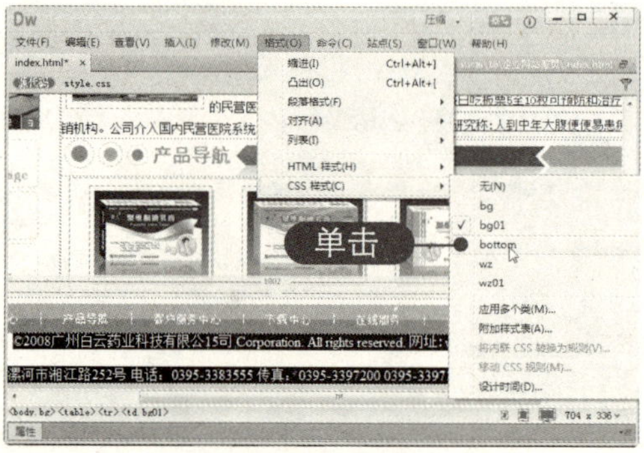

13 **查看应用样式效果** 此时即可查看版权块应用.bottomCSS 样式的效果。至此，页面制作完毕。

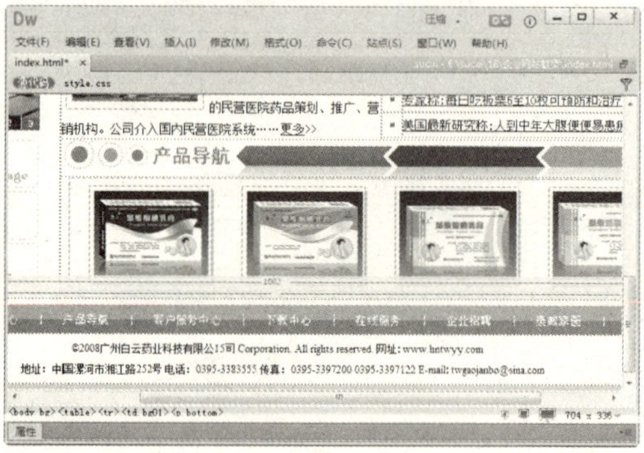

14 **预览网页** 按【Ctrl+S】组合键保存网页文档，按【F12】键进行预览，效果如下图所示。